Naturstoffe der chemischen Industrie

*Für
Katrin, Anselm,
Heike, Clara und Miriam*

Bernd Schäfer

Naturstoffe der chemischen Industrie

 Springer Spektrum

Bernd Schäfer
Dierbach, Deutschland

ISBN 978-3-8274-1614-8   (Hardcover)   ISBN 978-3-662-61017-6   (eBook)
ISBN 978-3-662-61016-9   (Softcover)
https://doi.org/10.1007/978-3-662-61017-6

Die Deutsche Nationalbibliothek verzeichnet diese Publikation in der Deutschen Nationalbibliografie; detaillierte bibliografische Daten sind im Internet über http://dnb.d-nb.de abrufbar.

Planung: Désirée Claus
Springer Spektrum ist ein Imprint der eingetragenen Gesellschaft Springer-Verlag GmbH, DE und ist ein Teil von Springer Nature.
Die Anschrift der Gesellschaft ist: Heidelberger Platz 3, 14197 Berlin, Germany

Vorwort

Natürlich *müssen* Sie dieses Buch nicht lesen. Es handelt sich nicht um ein Lehrbuch im herkömmlichen Sinn, noch weniger um ein Nachschlagewerk, das man unbedingt zum Studium braucht. Viele Studierende vor Ihnen haben ihre Universitätslaufbahn ohne dieses Buch erfolgreich abgeschlossen und viele andere werden ihr Studium bewältigen, ohne sich mit den „Naturstoffen der chemischen Industrie" zu beschäftigen.

Dennoch hoffe ich, dass Sie dieses Buch lesen werden. Es bietet Ihnen einen einzigartigen Einblick in einen Bereich der industriellen organischen Chemie, der sich mit komplexen Molekülen beschäftigt. Naturstoffe stellen hierbei nur einen äußeren Rahmen dar. Vieles lässt sich uneingeschränkt und mühelos etwa auch auf Pflanzenschutz- und Pharmawirkstoffe übertragen, die sich *nicht* von Naturstoffen ableiten.

„Naturstoffe der chemischen Industrie" basiert auf einer Wintersemester-Vorlesung an der Universität Heidelberg, die seit fünf Jahren auf nachhaltiges Interesse dort stößt. Dies war der Anlass für mich, die Thematik einem breiteren Publikum zugänglich zu machen. Das Buch soll eine Orientierungshilfe für den Berufsanfänger sein. Manche Anekdote darin wird nicht nur nett zu lesen sein, sondern berührt eine Fragestellung, mit der ein junger Chemiker in der Industrie in der Praxis rasch konfrontiert wird.

Es geht um die Herstellung „größerer Mengen" komplexer Moleküle (asymmetrischer und heterocyclischer Verbindungen, polycyclischer Strukturen, Makrocyclen und kleiner Ringe). Viele Kapitel beleuchten auch den historischen und gesellschaftlichen Hintergrund, der zur Nutzung des Naturstoffs führte, seine biologische Wirkung und seine Entdeckungsgeschichte. Ein besonderer Schwerpunkt liegt natürlich bei der Syntheseentwicklung. Der Biosynthese stehen in der Regel künstliche Synthesewege gegenüber und oft geht es heute darum, die Vor- und Nachteile, die diese unterschiedlichen Wege mit sich bringen, gegeneinander abzuwägen. Es geht also auch um Ästhetik und Eleganz in der Chemie.

Die meisten Reaktionsschemata sind farbig gestaltet, was Ihnen das Lesen erleichtern soll. Mühelos können Sie im Endprodukt die Synthesebausteine erkennen. Aus der Farbe der Bindungen lassen sich jedoch nicht immer Rückschlüsse auf den Reaktionsmechanismus ziehen. Dieser ist in manchen Fällen außerordentlich komplex, sodass ich hierzu grundsätzlich auf die Primärliteratur verweisen möchte.

Das Buch enthält im Vergleich zu vielen anderen Lehrbüchern zahlreiche meist vierfarbige Bilder. Hierauf habe ich bei der Konzeption des Buches großen Wert gelegt. Zum einen illustrieren sie die Herkunft und Anwendung der Naturstoffe, zum anderen sollen sie aber auch ein didaktisches Hilfsmittel zur Auflockerung der zum Teil anspruchsvollen Thematik sein.

Es ist mir ein wichtiges Anliegen, mich bei einer Reihe von Kollegen für die Mithilfe bei der Entstehung dieses Buches zu bedanken. Ohne ihr Engagement und ihre fundierte Sachkenntnis wäre dieses Werk nicht das geworden, was es ist. Mein herzlicher Dank für viele wertvolle Anregungen und Verbesserungsvorschläge gilt Herrn Dr. H. Reichelt (BASF), Herrn Dr. C. Marschner und Herrn Dr. A.-J. Schmidt (DyStar), Herrn Dr. C. Fehr (Firmenich), Herrn Dr. H. Jaedicke, Herrn Dr. B. Cooper und Herrn Prof. Dr. B. Hauer (BASF), Herrn Dr. B. Janssen (Abbott), Herrn Dr. H.-H. Lenz (BASF), Herrn Dr. R. Wyrwa (Jenapharm), Herrn Dr. B. Buchmann (Schering), Herrn Dr. K. Meyer (früher Hoffmann-La Roche), Herrn Dr. A. Krebs (BASF), Herrn Dr. U. Schirmer (früher BASF) und Herrn Dr. O. Vostrowsky (Universität Erlangen).

Bei Herrn F. Wigger und Frau M. Mechler von Elsevier/Spektrum Akademischer Verlag bedanke ich mich herzlich für die angenehme und freundschaftliche Zusammenarbeit. Herr Wigger hat von Anfang an die Konzeption des Buches unterstützt und den Entwicklungsprozess durch manche Höhen und Tiefen konstruktiv begleitet. Frau Mechler danke ich für die sorgfältige Durchsicht des Manuskripts und die stundenlangen Telefonate, bei denen wir so manche sprachliche Unebenheit beseitigten.

Mein besonderer Dank gilt auch all denjenigen, die mir hervorragendes Bildmaterial zum überwiegenden Teil kostenlos zur Verfügung gestellt haben. Ich habe mich über diese „weltweite" Hilfsbereitschaft sehr gefreut und in Anerkennung dessen die beteiligten Personen und Firmen im Abbildungsverzeichnis namentlich erwähnt.

Nicht zuletzt möchte ich mich bei meiner Frau Wilgard ganz herzlich bedanken, die mich während der mehrjährigen Entstehungsphase dieses Buches auf vielfältige Weise unterstützte.

Dierbach, im September 2006   Bernd Schäfer

Inhaltsverzeichnis

1 | Einleitung

Naturstoffe der chemischen Industrie – erkennen wir da nicht einen Widerspruch, eine rhetorische Verknüpfung zweier sich ausschließender Begriffe, ein Oxymoron? Die Natur auf der einen Seite, mit ihren in Kreisläufen harmonisch eingebunden Stoffen, und auf der anderen Seite der Mensch, der produziert, konsumiert und entsorgt? Das Natürliche steht dem Unnatürlichen, dem Künstlichen – wie leicht sagen wir dem Chemischen – scheinbar unüberbrückbar gegenüber, und wir haben uns damit abgefunden, in solchen Dichotomien zu denken.[1] Dabei lieferte die Naturstoffchemie von Anfang an der chemischen Industrie wichtige Impulse. Und gerade Naturstoffe trugen und tragen in vielfältiger Weise dazu bei, globale Herausforderungen zu meistern und unsere alltäglichen Bedürfnisse zu befriedigen. Einige Beispiele sollen das verdeutlichen.

1.1 Wichtige Anwendungsfelder der Naturstoffchemie

1.1.1 Bevölkerungswachstum

Am 12. Oktober 1999 wurde kurz nach Mitternacht in Sarajewo ein Junge geboren, den die Vereinten Nationen zum 6 000 000 000. Menschen erklärt haben.[2] Und das Bevölkerungswachstum setzt sich unaufhaltbar fort. Im Jahr 2050 werden wir unweigerlich neun bis zehn Milliarden Menschen auf der Erde zählen (Abb. 1.1).

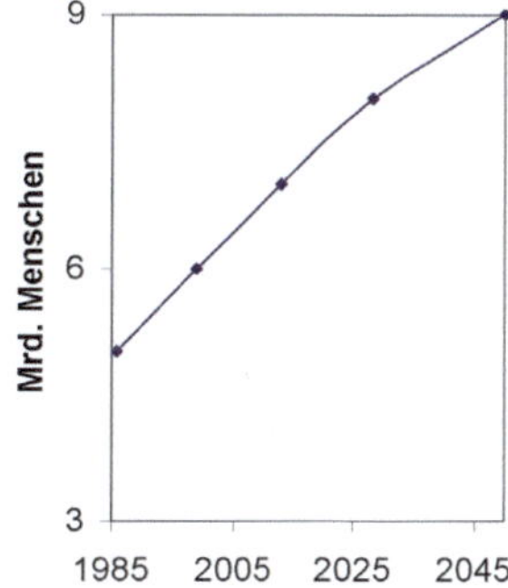

1.1 *Das (prognostizierte) Wachstum der Weltbevölkerung. Die jährliche Zahl der weltweiten Geburten liegt heute bei 130 Millionen, die der Sterbefälle bei 52 Millionen. Der Zuwachs der Weltbevölkerung entfällt zu etwa 98 % auf die Länder der Dritten Welt.*

1.2 *Die Landfläche der Erde beträgt 149 Millionen km², doch nicht überall ist sie bewohnbar, wie z. B. in den Wüstengebieten Afrikas oder der Antarktis. – Das Bild entstand am 7. Dezember 1972 beim Flug von Apollo 17 zum Mond.*

© Springer-Verlag GmbH Deutschland, ein Teil von Springer Nature 2006
B. Schäfer, *Naturstoffe der chemischen Industrie*,
https://doi.org/10.1007/978-3-662-61017-6_1

Schon mit sechs Milliarden Menschen stoßen wir an die Grenzen unseres Lebensraumes. Die Landfläche der Erde beträgt 149 Millionen km^2 (Abb. 1.2). Würde man die Menschheit gleichmäßig über diese Fläche verteilen, so blieben für jeden Menschen 2,5 ha. Dies entspricht einem Quadrat von rund 150 m Kantenlänge. Statistisch gesehen sind wir also nie mehr allein.

Es zählt zu den größten Herausforderungen unserer Zeit, das Wachstum der Menschheit zu kontrollieren. Uns fehlt es nicht an technischen Mitteln hierzu, und die Naturstoffchemie hat daran einen wichtigen Anteil: Der amerikanische Chemiker Russell Marker schuf ausgehend von einem Extrakt aus der Jamswurzel die chemische Grundlage für die Entwicklung hormoneller Kontrazeptiva. Diosgenin war das Ausgangsmaterial für die ersten halbsynthetischen Steroidhormone (▶ Abschnitt 6.1).

Diosgenin

1.1.2 Ernährung

Die mehr als sechs Milliarden Menschen auf der Erde müssen mit Wasser und Nahrung versorgt werden. Gegenwärtig schätzt man, dass 800 Millionen Menschen unterernährt sind. Durch den massiven Einsatz von Pflanzenschutz- und Düngemitteln in der Landwirtschaft gelang es in der Vergangenheit zwar, den Hektarertrag zu verdreifachen. Dies wird sich jedoch nicht wiederholen lassen.[3]

Ein massives Problem stellen z. B. Insekten dar. Schadinsekten fressen unsere Nahrungsmittel und Naturfasern, sie zerstören, was wir gebaut haben (Häuser, Möbel), und übertragen eine ganze Reihe ernstzunehmender Krankheiten. Jeder Mensch investiert durchschnittlich 1,40 Dollar pro Jahr zur Insektenbekämpfung, fünf Dollar jedoch, um die überlebenden Insekten mit unseren Nahrungsmitteln zu ernähren. Der Gesamtschaden beläuft sich auf 30 Milliarden Dollar.

Ausgehend von den Inhaltsstoffen der Chrysanthemen entwickelte man in den 60er und 70er Jahren eine bedeutende Gruppe an Insektiziden, die Pyrethroide, die sich von der Chrysanthemumsäure ableiten. Diese lösten zusammen mit den Phosphorsäureestern die zuvor intensiv eingesetzten Chlorkohlenwasserstoffe ab, zu denen z. B. DDT gehört. Bemerkenswert ist, dass die insektizide Wirkung der Pyrethroide stark von der absoluten Konfiguration abhängig ist (▶ Abschnitt 8.3). So bemühte man sich bei dieser Substanzklasse zum ersten Mal in der Pflanzenschutzgeschichte um die Herstellung enantiomerenreiner Wirkstoffe.

Chrysanthemumsäure

1.1.3 Gesundheitsfürsorge

Alle Menschen auf der Erde haben das Recht auf eine angemessene Gesundheitsfürsorge. Als Robert Koch 1882 den bakteriellen Erreger der Tuberkulose (*Mycobacterium tuberculosis*) entdeckte, starb in Deutschland jeder Siebte an dieser Krankheit. Tuberkulose war die häufigste Todesursache in Europa.[4] Auch bei Pest (Erreger: *Yersinia pestis*) und Cholera (Erreger: *Vibrio cholerae*) handelt es sich um Bakterien, die früher ganze Landstriche entvölkerten. Wir können uns von dem Leid der betroffenen Menschen kaum eine Vorstellung machen, und die folgende Liste prominenter Tuberkuloseopfer (Tab. 1.1) kann nur ein schwacher Abglanz dessen sein, was diese Krankheiten anrichteten.

Tabelle 1.1 *Prominente Opfer der Tuberkulose*

Person	Beruf	Geburtsjahr	Alter
Emily Brontë	Schriftstellerin	1818	22
John Keats	Dichter	1795	26
Anne Brontë	Schriftstellerin	1820	29
Frederic Chopin	Komponist	1810	39
Franz Kafka	Schriftsteller	1883	41
Madame Pompadour	Mätresse	1721	43
Franz von Assisi	Mönch	1181	44
Anton P. Tschechow	Schriftsteller, Arzt	1860	44
D. H. Lawrence	Schriftsteller	1885	45
Friedrich Schiller	Schriftsteller	1759	46
George Orwell	Schriftsteller	1902	47

ℹ Um wieviel reicher an Konzerten, Geschichten, Gedichten und Gemälden könnte die Menschheit heute sein, wäre es diesen Menschen vergönnt gewesen, nur ein paar Jahre länger zu leben.

Erst mit der Entdeckung der Antibiotika gelang es, sich gegen diese Krankheitserreger zur Wehr zu setzen. 1943 entdeckte Selman A. Waksman Streptomycin, einen Wirkstoff aus dem Strahlenpilz *Streptomyces griseus*, der besonders gute Wirkung gegen den Tuberkuloseerreger zeigt. Mit ihm konnte man diese Krankheit zurückdrängen.

Zur gleichen Zeit bemühte man sich intensiv um die Herstellung eines anderen Antibiotikums gegen Meningitis, Kindbettfieber, Lungenentzündung, Gonorrhö und Blutvergiftung: Penicillin (▶ Abschnitt 5.2). Der schottische Bakteriologe Alexander Fleming hatte diesen Wirkstoff bereits 1928 entdeckt. Jedoch erwies sich seine Herstellung als sehr schwierig. In Großbritannien und den USA konnte man erst gegen Ende des zweiten Weltkriegs Penicillin in größerem Umfang herstellen. In Deutschland begann die Produktion bei Schering 1946.

Penicillin G

1.1.4 Riechstoffe

Vermittelt die Chemie durch ihre Produkte wie Kunststoffe, Arzneimittel und Pflanzenschutzmittel oft den Eindruck, eine sehr zweckorientierte Wissenschaft zu sein, so sind Riechstoffe Produkte des Überflusses. Eines Überflusses, der es dem Menschen erlaubt, Kultur zu schaffen. Riech- und Aromastoffe begleiteten den Menschen durch seine gesamte Kulturgeschichte.

Von Henry IV. (1553–1610), dem ersten Bourbonen auf dem französischen Thron, ist folgender Satz überliefert: »Bitte wasche Dich nicht, meine Liebste, ich werde in einer Woche zurückkehren.« Er schrieb diesen an seine Mätresse Gabrielle d'Estrées (Abb. 1.3). Anscheinend hatte er Sehnsucht nach dem unverwechselbaren Duft seiner Angebeteten. Ihm fehlte, wie wir heute wissen, ein Hauch von Pregna-4,16-dien-3,20-dion.

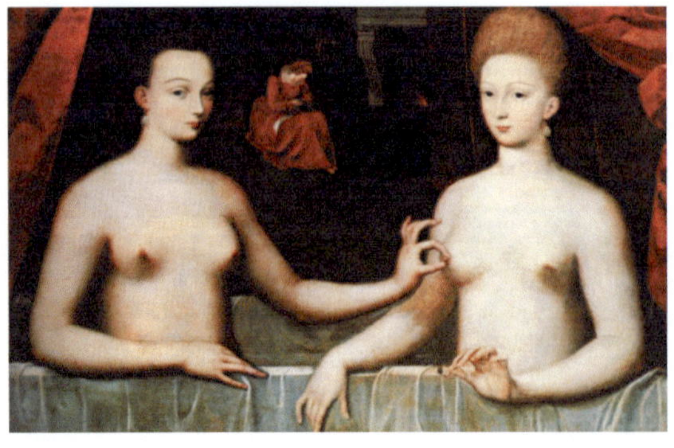

1.3 *Auch der Adel hatte Körpergeruch: Henry IV. und seine Mätresse Gabrielle d'Estrées.*

Aber auch Männer haben ihre chemischen Reize. Ihr körpereigenes 5α-Androst-16-en-3-on wirkt auf Frauen anziehend. In Wartezimmern setzen sie sich z. B. bevorzugt auf Stühle, die man zu Testzwecken mit dieser Substanz präpariert hat.

Die sensationelle Entdeckung des vomeronasalen Organs beim Menschen und seiner faszinierenden Eigenschaften lieferte in den letzten zehn Jahren interessante Ansatzpunkte, in unsere nonverbale Kommunikation einzugreifen. Die Feinparfümerie bietet heute eine breite Produktpalette dieser Naturstoffe an.

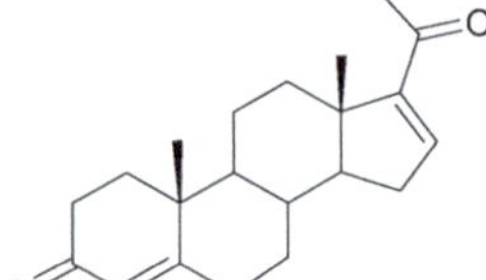

α-Damascon

Pheromon der Frau

Pregna-4,16-dien-3,20-dion

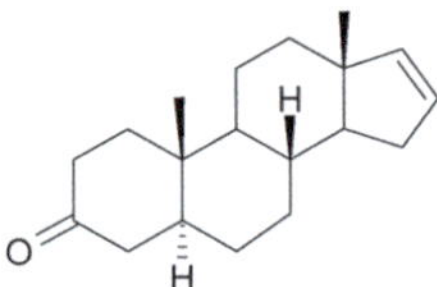

Pheromon des Mannes

5α-Androst-16-en-3-on

Ein aus ganz anderen Gründen faszinierender Duftstoff ist der der Rosen. α-Damascon wird im technischen Maßstab mittels enantioselektiver Protonierung hergestellt (▶ Abschnitt 3.1). Mit dieser neuen enantioselektiven Synthesemethode gelingt es, eine der charakteristischen Komponenten im Rosenduft herzustellen.

1.1.5 Farbstoffe

Wie die Riechstoffe gehören auch die Farbstoffe für Textilien zu den Luxusartikeln der Menschheit. Kleider hatten und haben immer neben der funktionalen Aufgabe, den menschlichen Körper zu wärmen und zu schützen, auch eine ästhetische, schmückende Komponente. Die Kleidung unterstreicht oder verhüllt die Proportionen des menschlichen Körpers. Sie vermittelt Standesunterschiede, Wertmaßstäbe und ist Ausdruck unseres Lebensgefühls. Farben spielen hierbei eine wichtige Rolle. Mit natürlichem Indigo (▶ Abschnitt 2.1) gefärbte Kleider waren früher ein Zeichen der Obrigkeit, heute ist synthetischer Indigo ein unverzichtbarer Farbstoff für unseren Freizeit-Look (Abb. 1.4).

1.4 *Die mit Indigo gefärbte Blue Jeans ist zu einem unverzichtbaren Kleidungsstück geworden. (David von Michelangelo (1475–1564), Florenz, Galleria dell'Accademia)*

Indigo

Aber wir haben auch noch ganz andere koloristische Bedürfnisse. Weltweit werden jährlich 400 000 Tonnen Lachs in Netzkäfigen gezüchtet (Abb. 1.5). Um sicherzustellen, dass Zuchtlachsfilet die gleiche Farbe hat wie das von wildem Lachs, verabreicht man den Fischen zusammen mit dem Futter den naturidentischen Carotinoidfarbstoff Astaxanthin in Form von amorphen Nanoteilchen.

Astaxanthin

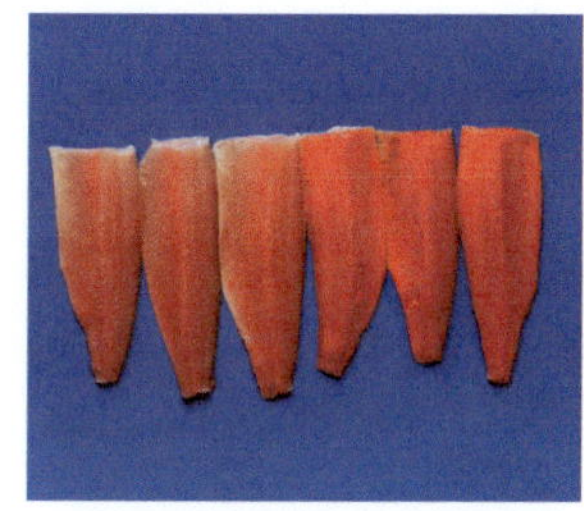

1.5 *Das Lachsfilet auf unserem Teller hat immer die gleiche Farbe.*

Ähnliches gilt für den Carotinoideinsatz in der Geflügelernährung (Abb. 1.6). Hierbei ist es wichtig, landesübliche Dotterfärbungen zu erzielen: bleiche, fast farblose Eidotter in Norwegen, ein kräftiges Gelb in Deutschland und einen orangeroten Dotter bei Enteneiern in Thailand (▶ Abschnitt 7.1).

1.1.6 Inspiration für Innovationen

Neben der unmittelbaren Nutzung von Naturstoffen zur Befriedigung unserer Bedürfnisse, gibt es aber auch noch eine Reihe intellektueller Gründe für die Beschäftigung mit der Naturstoffchemie.

Während der Mensch erst seit ungefähr 200 Jahren organische Chemie im modernen Sinn betreibt, beherrscht die Natur dieses Geschäft schon seit mehreren Milliarden Jahren. Die Biochemie der letzten 50 Jahre hat uns eine faszinierende Vielfalt an Reaktionswegen und Synthesemethoden gezeigt. Wir fangen gerade an, die Natur in diesem Sinn zu verstehen.

In vielen Fällen liefert sie uns schon eine, vielleicht noch unvollkommene Problemlösung. Die Natur hat einen bestimmten Wirkstoff für ein Tier oder eine Pflanze optimiert, nicht für die Therapie einer menschlichen Erkrankung oder zur Bekämpfung von Schädlingen. Strukturvariationen bieten jedoch die Chance, die Wirkung für unsere Anwendungen und Bedürfnisse zu optimieren. Naturstoffe sind oft komplex, lassen sich aber in vielen Fällen unter Erhalt ihrer Wirkung strukturell vereinfachen.

Ein weiterer Aspekt der Naturstoffchemie wird heute immer wichtiger. Die Natur liefert nicht nur interessante Leitstrukturen für Pflanzenschutz- und Pharmaforschung, sondern auch den genetischen Code für die Biosynthese dieser Stoffe. Dies ist ein wichtiger Hinweis für die moderne Gen- und Biotechnolo-

1.6 *Die Nationalität erkennt man an der Dotterfarbe des Frühstückseies.*

28 % der Pharmawirk-stoffe, die in den USA, Europa oder Japan in den letzten 25 Jahren zugelassen wurden, leiten sich von Naturstoffen ab.[5][6]

Entdeckungen beziehen sich auf Objekte oder Sachverhalte (chemische Verbindungen, Organismen, Länder, Kontinente oder Sterne), die ohne menschliches Zutun vorhanden sind. Bei Erfindungen ist Letzteres jedoch unabdingbar. Naturstoffe können also nur entdeckt werden, Methoden zu deren Herstellung oder deren Anwendungen sind dagegen erfinderisch.

gie, z. B. für die Resistenzforschung oder die gentechnische Erzeugung pflanzenschutzmittel- oder schädlingsresistenter Pflanzen. Inzwischen bekommen wir nicht nur die Produkte, sondern auch die „Kochvorschriften" von der Natur.

1.2 Naturstoffchemie in der chemischen Industrie

Wenden wir uns nun der Frage zu, was die Produktion von Naturstoffen oder den von ihnen abgeleiteten Verbindungen im technischen Maßstab besonders charakterisiert. Gemeinsam ist allen Produkten, dass sie auf Entdeckungen basieren. Am Anfang steht immer die Beobachtung einer bestimmten Eigenschaft oder Wirkung eines Naturprodukts. Diese nutzte man in der Vergangenheit oft, ohne die reine Verbindung zu isolieren. In vielen Fällen hatte man auch keinerlei Vorstellung von deren chemischer Struktur. Zwischen der Anwendung des Naturprodukts und der Entdeckung der chemischen Struktur lagen oft Jahrhunderte oder zumindest Jahrzehnte. Ist jedoch einmal die Struktur bekannt, erschließen wir durch gezielte strukturelle Abwandlungen neue oder verbesserte Eigenschaften. Es schließen sich die Erfindung neuer Synthesemethoden und Herstellverfahren an, und auch die Markteinführung und breite Anwendung ist oft begleitet von neuen Erfahrungen, die wieder zu Produktverbesserungen führen.

Die Syntheseentwicklung ist heute ein zentraler Punkt und eine wichtige Voraussetzung für die Produktion von Naturstoffen in der chemischen Industrie. Der Reiz liegt oft darin, komplizierte Moleküle mit den einfachsten Mitteln herzustellen. Es geht um Sparsamkeit mit allen Ressourcen (Abb. 1.7). Prozesse werden umso besser, je weniger Synthesestufen und Verfahrensschritte sie beinhalten, je weniger Chemikalien und Energie erforderlich sind und je mehr Abfall man vermeidet. Auch die Reduzierung des technischen und organisatorischen Aufwands, wie z. B. die Verwendung von Spezialapparaturen oder die Vermeidung von personal- und zeitaufwendigen Reaktionskontrollen, ist von großer Bedeutung.[7]

1.7 Der Franziskanermönch William von Ockham (1286–1347) entwickelte in der philosophischen, theologischen Argumentation die Theorie der Sparsamkeit. Bekannt wurde er durch das nach ihm benannte Rasiermesser (Ockham's razor), mit dem man im übertragenen Sinn alles argumentative Beiwerk abschneidet. Er formulierte treffend: »It is futile to do with more what can be done with fewer.«

Es geht um Eleganz in der Chemie. Barry Trost sprach von Atomeffizienz und meinte damit die Nutzung möglichst vieler Atome aus den Reagenzien zum Aufbau des Wunschmoleküls.

Roger Sheldon definierte den E-Faktor als Quotient aus Abfall und Produkt. Er führte weiterhin einen Q-Faktor ein. Dieser kennzeichnet die Qualität des Abfalls. Der Q-Faktor ist ein Maß für die Umweltunfreundlichkeit, der zum Teil auch durch gesellschaftliche und politische Aspekte definiert wird. Das Produkt beider Größen kennzeichnet die Umweltverträglichkeit einer Synthese. Je kleiner die Zahl, desto besser, desto eleganter ist die Synthese.[8] [9]

> E = [Nebenprodukte]/[Produkt]
> Q = Faktor für Umweltunfreundlichkeit
> Eleganz-Produkt = E × Q
> z. B.: NaCl   Q = 1
>   Cr-Salze   Q = 100 oder 1 000 ?

Nehmen wir als Beispiel die Oxidation von Alkoholen. Chromsalze sind zwar selektiv und vielseitig einsetzbar, doch die Atomeffizienz ist denkbar schlecht.[10] Die katalytische Oxidation mit Sauerstoff ist der stöchiometrischen Oxidation mit Chromsalzen in diesem Sinn bei weitem überlegen.[11] [12]

stöchiometrisch

$$3\ \text{PhCH}_2\text{CH(OH)CH}_3 + 2\,CrO_3 + 3\,H_2SO_4 \longrightarrow 3\ \text{PhCH}_2\text{COCH}_3 + Cr_2(SO_4)_3 + 6\,H_2O$$

Atomeffizienz = [gewünschtes Produkt] / [Summe aller Produkte] = 360 / 860 = 42 %

Nebenprodukte: Chromsulfat, Wasser

katalytisch

$$\text{PhCH}_2\text{CH(OH)CH}_3 + 1/2\,O_2 \xrightarrow{[Pd]} \text{PhCH}_2\text{COCH}_3 + H_2O$$

Atomeffizienz = [gewünschtes Produkt] / [Summe aller Produkte] = 120 / 138 = 87 %

Nebenprodukt: Wasser

Bei neuen technischen Verfahren sind das Ermitteln von Massenbilanzen, die Durchführung von Umweltschutzbetrachtungen und eine entsprechende Bewertung inzwischen generell üblich (Green Chemistry). Aufgrund der modernen Umweltschutzgesetzgebungen rechnen sich in vielen Fällen umweltschonende Verfahren besser als alte Prozesse, die die Umwelt stärker belasten (Abb. 1.8).[13]

Die ideale Synthese ist hoch konvergent, besteht nur aus Additionen oder Umlagerungen und erreicht hohe Komplexität erst gegen Ende der Gesamtsynthese. Konvergente Synthesen haben so nicht nur den Vorteil, dass sie zu höheren Gesamtausbeuten führen, sondern sie vermeiden auch die Anhäufung funktioneller Gruppen, die an den beabsichtigten Reaktionen unbeteiligt

ℹ️ Gemessen an ihren Produkten sind die meisten präparativen organischen Chemiker eigentlich Anorganiker.

1.8 *Wenn wir heute von »Green Chemistry« reden, dann mag mancher dabei auch an die Farbe des (amerikanischen) Geldes denken. Schließlich macht sich die Einführung umweltschonender Verfahren langfristig oft bezahlt.*

sind, und verschieben so die hohe Komplexität des Produkts ans Ende der Gesamtsynthese.

Von mindestens gleich großer Bedeutung wie die Atomeffizienz sind die Reaktionseffizienz und die Chiralitätseffizienz einer Gesamtsynthese. Die Eleganz einer Synthese – und dies ist in der Tat auch ein ästhetischer Anspruch – lässt sich steigern, wenn es gelingt:

- stöchiometrische Reaktionen durch katalytische und
- stereounselektive Synthesen durch stereoselektive zu ersetzen
- Schutzgruppen zu vermeiden
- Reaktionsstufen zusammenzufassen
- Stoff- und Energiebilanzen zu verbessern

1.2.1 Eine kleine Auswahl eleganter Synthesen

Beispiele für in diesem Sinn elegante Synthesen gibt es in vielen Bereichen der industriellen Naturstoffsynthese. Adolf von Baeyer entwickelte z. B. in enger Zusammenarbeit mit der BASF eine Synthese von Indigo ausgehend von *o*-Nitrobenzaldehyd, Aceton und Natronlauge (▶ Abschnitt 2.1.4). Die technische Umsetzung scheiterte damals an der Zugänglichkeit des *o*-Nitrobenzaldehyds.

Die BASF stellt heute für den Riechstoffmarkt und als Synthesebaustein für die Carotinoide Citral ausgehend von Isobutylen und Formaldehyd her. Als einziges Nebenprodukt entsteht Wasser (▶ Abschnitt 3.2).

Rhône Poulenc entwickelte ein elegantes Verfahren zur Herstellung von Vanillin, der neben Menthol wichtigsten Aromachemikalie (▶ Abschnitte 3.4 und 3.5). Die vierstufige Synthese geht von Phenol aus und liefert als einziges Nebenprodukt ebenfalls nur Wasser.[15]

Die Degussa produziert Methionin nach dem Kaliumcarbonat-Kreislaufverfahren, in dem praktisch keine Salze als Abfall anfallen und alle Nebenprodukte rückführbar sind (▶ Kapitel 4).

Der DSM gelang es, die Herstellung des Antibiotikum-Intermediats 6-Aminopenicillansäure wesentlich zu vereinfachen (▶ Abschnitt 5.2). Ein Prozess mit einem immobiliserten Enzym löste die aufwendige chemische Synthese ab.[16]

Penicillin G

6-Aminopenicillansäure

Und schließlich ist auch die von Roussel Uclaf entwickelte Eintopfsynthese der Chrysanthemumsäure in dieser Reihe eleganter Synthesen aufzuführen (▶ Abschnitt 8.3). Die Umsetzung von Maleinaldehydester mit zwei Äquivalenten Isopropylidentriphenylphosphoran liefert einen interessanten Synthesebaustein für die Pyrethroide.

Zusammenfassung in Stichpunkten

- Für die industrielle Naturstoffchemie gibt es eine Fülle an Beweggründen: Kontrolle der Bevölkerungsentwicklung, Sicherstellung der Ernährung, verbesserte Gesundheitsfürsorge, Luxus.
- Die Natur bietet uns eine Reihe von Problemlösungen bereits an.
- Das Spektrum der Anwendungen reicht von Farben und Aminosäuren über eine breite Palette von Pharmawirkstoffen, Riechstoffen, Vitaminen und Hormonen bis zu Pflanzenschutzmitteln.
- Bei der Synthese komplexer Verbindungen geht es immer auch um Atomökonomie, Ökoeffizienz oder schlicht Eleganz in der Chemie.

Literatur

[1] H. Markl, Wissenschaft im Widerstreit, VCH, Weinheim 1990, 23.
[2] Bibliographisches Institut & F. A. Brockhaus AG, Electronic Release, 2001.
[3] Quadbeck-Seeger, Chemierekorde, Wiley-VCH, Weinheim, 2. Aufl., 1999, 122.
[4] www.cell.de/gesundheitspark/tuberkulose.html.
[5] M. S. Butler, Nat. Prod. Rep. **22** (2005) 162.
[6] D. J. Newman, G. M. Cragg, K. M. Snader, J. Nat. Prod. **66** (2003) 1022.
[7] R. A. Sheldon, Pure Appl. Chem. **72** (2000) 1233.
[8] R. A. Sheldon, Chemtech. (1994) 38.
[9] R. A. Sheldon, J. Mol. Catal. **107** (1996) 75.
[10] R. A. Sheldon, J. Chem. Tech. Biotechnol. **68** (1997) 381.
[11] G.-J. ten Brink, I. W. C. E. Arends, R. A. Sheldon, Science **287** (2000) 1626.
[12] L. Jaenicke, Chemie in unserer Zeit **34** (2000) 180.
[13] E. Gärtner, Nachrichten aus der Chemie, **48** (2000) 1357.
[14] Erste Lösung: Ziege rüber, Kohlkopf rüber, Ziege zurück, Wolf rüber, Ziege rüber. Zweite Lösung: Ziege rüber, Wolf rüber, Ziege zurück, Kohlkopf rüber, Ziege rüber.
[15] S. Ratton, Chem. Today, März/April (1998) 33.
[16] Ullmann's Encyclopedia of Industrial Chemistry, Wiley-VCH, Weinheim, 5th Ed., Vol. B8, 302.

2 | Farbstoffe

Schon seit Jahrtausenden nutzt der Mensch getrocknete Stoffe pflanzlichen oder tierischen Ursprungs. Diese „Drogen" wurden sowohl im chinesischen wie auch im europäischen Kulturraum – teils als solche, teils in Form von Extrakten – als Heilmittel aber auch zu technischen Zwecken eingesetzt, etwa als Farbstoffe (Kermes z. B. diente als roter Farbstoff und als Medizin gegen Herzerkrankungen) (Abb. 2.1).[1]

2.1 *Historisch bedeutende Farbendrogen.*

© Springer-Verlag GmbH Deutschland, ein Teil von Springer Nature 2006
B. Schäfer, *Naturstoffe der chemischen Industrie,*
https://doi.org/10.1007/978-3-662-61017-6_2

Als rotfärbende Farbendrogen benutzte man Krapp, Kermes, Karmin, Orseille und Rothölzer. Alizarin (▶ Abschnitt 2.3) bildet die Grundstruktur sowohl für den Krappfarbstoff, den man aus der Wurzel der Färberröte (*Rubia tinctoria* L.) gewann, wie auch für Kermes und Karmin, die man aus Schildläusen (*Kermococcus ilicis* L. bzw. *Dactylopius coccus* Costa) extrahierte. Es handelt sich hierbei um Beizenfarbstoffe, die mit Übergangsmetallsalzen je nach Metall unterschiedlich gefärbte Komplexe auf den Textilien bilden. Orseille ist ein Färbepräparat aus an vielen Meeresküsten wachsenden Flechten, mit denen man Wolle und Seide direkt färbte. Den alkoholischen Extrakt nennt man Orcein. Er besteht aus einer Reihe unterschiedlicher Farbstoffe mit Phenoxazon-Grundstruktur. Brasilein ist die färbende Komponente aus südamerikanischen Rothölzern. Es sind Beizenfarbstoffe zum Anfärben von Wolle, Seide und Baumwolle.

Chemisch mit dem Brasilein verwandt sind die gelben Beizenfarbstoffe Luteolin und Morin. Beides sind Flavonderivate, wobei ersterer aus dem überall in Europa angebauten Färberwau (*Reseda luteola* L.), letzterer aus dem Färbermaulbeerbaum (*Morus tinctoria* L.) gewonnen wurde. Alaun- und Zinnbeizen des Luteolins lieferten ein schönes echtes Gelb auf allen Textilmaterialien. Neben dem Färberwau war Safran der wichtigste Gelbfarbstoff. Schon die Griechen und Römer benutzten diese Krokusart (*Crocus sativus* L.), um aus den getrockneten Blütennarben Crocin zu gewinnen, das mit einer Alaunbeize auf Textilien aufgezogen wurde. Wie Safran dient auch Curcumin als Lebensmittelfarbstoff (z. B. für Senf und Curry) und als intensives Gewürz der orientalischen und südostasiatischen Küche. Kurkuma gewinnt man aus der Wurzelknolle von z. B. *Curcuma longa* L., die in China und Ostindien in großen Pflanzungen kultiviert wird.

Die wichtigste Quelle für blaue Farbstoffe in Europa war der Färberwaid (*Isatis tinctoria*), aus dem man Indigo gewann (▶ Abschnitt 2.1). Chemisch verwandt hiermit ist der antike Purpur aus einer Meeresschnecke der Gattung *Murex* (▶ Abschnitt 2.2). Je nach Schneckenart erhält man violette bis purpurrote Textilfärbungen. Purpur und Indigo sind Küpenfarbstoffe (Küpe = Färbebottich).

Abgesehen von einigen anorganischen Farbpigmenten waren dies die entscheidenden Farbstoffe, mit denen man viele Jahrhunderte Farben herstellte. Im Zuge der ersten industriellen Revolution, mit der Erfindung des mechanischen Webstuhls und der Dampfmaschine, blühte die Textilindustrie auf. In zunehmendem Maße wurden künstliche Bleichmittel benötigt. Anfänglich benutzte man hierzu verdünnte Schwefelsäure, die man nach dem Bleikammerverfahren (John Roebuck, ca. 1750) herstellte. Da diese jedoch die Gewebe zu sehr schädigte, bevorzugte man später Hypochlorit (Charles Tennant, 1799). Gleichzeitig stieg der Bedarf an Textilfarbstoffen. Als William Henry Perkin 1856 Chinin herstellen wollte, aber den ersten synthetischen Steinkohlenteerfarbstoff Mauvein fand, ahnte niemand, dass er hiermit einen wesentlichen Grundstein für einen ganzen Industriezweig legte. Tatsächlich liegen die wichtigsten Wurzeln der chemischen Industrie in der Produktion von Farben, der Herstellung von Arzneimitteln, Aromastoffen und Sprengstoffen (Tab. 2.1).

Gegen Ende des 19. Jahrhunderts entwickelten viele der neu gegründeten Firmen Anilin- und Triphenylmethanfarbstoffe. 1859 begann die Ciba mit

Mauvein

Tabelle 2.1 *Die ursprünglichen Arbeitsgebiete einiger bedeutender Chemieunternehmen*

Firma	Gründungsjahr	erstes Arbeitsgebiet
Geigy	1758	Farbstoffe
Ciba	1859	Farbstoffe
Bayer	1863	Farbstoffe (Ultramarin)
Hoechst	1863	Farbstoffe
BASF	1865	Farbstoffe
Sandoz	1886	Farbstoffe
Merck	1827	Pharma (Morphin)
Boehringer Ingelheim	1885	Pharma
Hoffmann La Roche	1896	Pharma
Haarmann & Reimer	1874	Aromastoffe (Vanillin)
Dragoco	1919	Aromastoffe
Dupont	1802	Sprengstoffe
Nobel Industries	1894	Sprengstoffe

der Herstellung von Fuchsin, mit dem man Seide anfärben konnte. 1877 wurde der BASF das erste deutsche Patent zur „Darstellung blauer Farbstoffe aus Dimethylanilin" (Methylenblau) erteilt (Abb. 2.2).

Im gleichen Jahr synthetisierte Otto Fischer Malachitgrün. Ein Jahr später klärte Adolf von Baeyer die Struktur von Indigo auf. Eine Reihe von Firmen stellten Alizarin her, die großtechnische Indigosynthese folgte aber erst 1897.

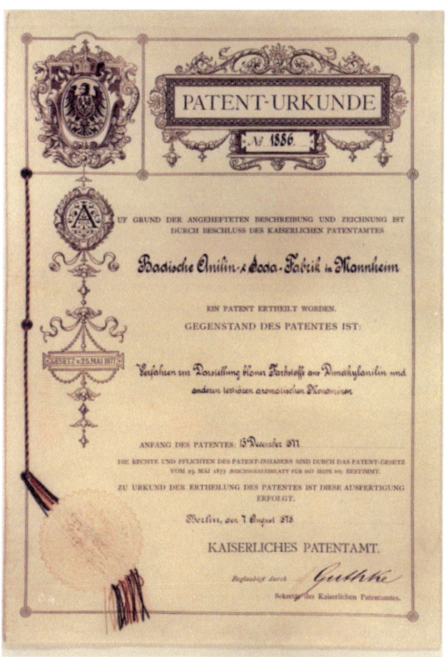

2.2 *Patenturkunde zur Herstellung von Methylenblau.*

Etwa zeitgleich entwickelten und produzierten eine Reihe von Firmen die ersten Azofarbstoffe, nachdem 1884 P. Böttiger Kongorot auf Basis von Benzidin als ersten substantiven Azofarbstoff zur technischen Reife gebracht hatte. 1901 synthetisierte René Bohn den ersten Anthrachinonfarbstoff Indanthrenblau RS. Er ist wie Indigo ein Küpenfarbstoff, aber viel licht- und waschechter als dieser. H. De Diesbach stellte 1927 den ersten Kupferphthalocyanin-Farbstoff her, der wenige Jahre später von verschiedenen Firmen auf den Markt gebracht wurde. Nach dem Zweiten Weltkrieg entwickeln sich die Phthalocyaninfarbstoffe zu einer eigenen wichtigen Farbstoffklasse. Die ersten Perylenpigmente wurden um 1950 technisch verfügbar. Ihr wichtigstes Anwendungsgebiet sind heute die Autolacke. 1952 kommen die ersten Reaktivfarbstoffe mit Vinylsulfongruppen auf den Markt. Die Chinacridonpigmente für hochwertige Druckfarben, Automobillacke und Pulverlacke für Kunststoffe folgen 1958. In den 60er Jahren gewinnen Farbstoffe zur Einfärbung synthetischer Fasern zunehmend an Bedeutung. Die modernsten Entwicklungen auf dem Farbstoff-/Farbpigmentsektor sind Anwendungen als Glanzpigmente, als IR-Absorber für Hausfassaden und Fenster, als Lichtsammelsysteme für Sonnenlichtkollektoren oder für Leuchtdioden in der Elektronikindustrie (Abb. 2.3).

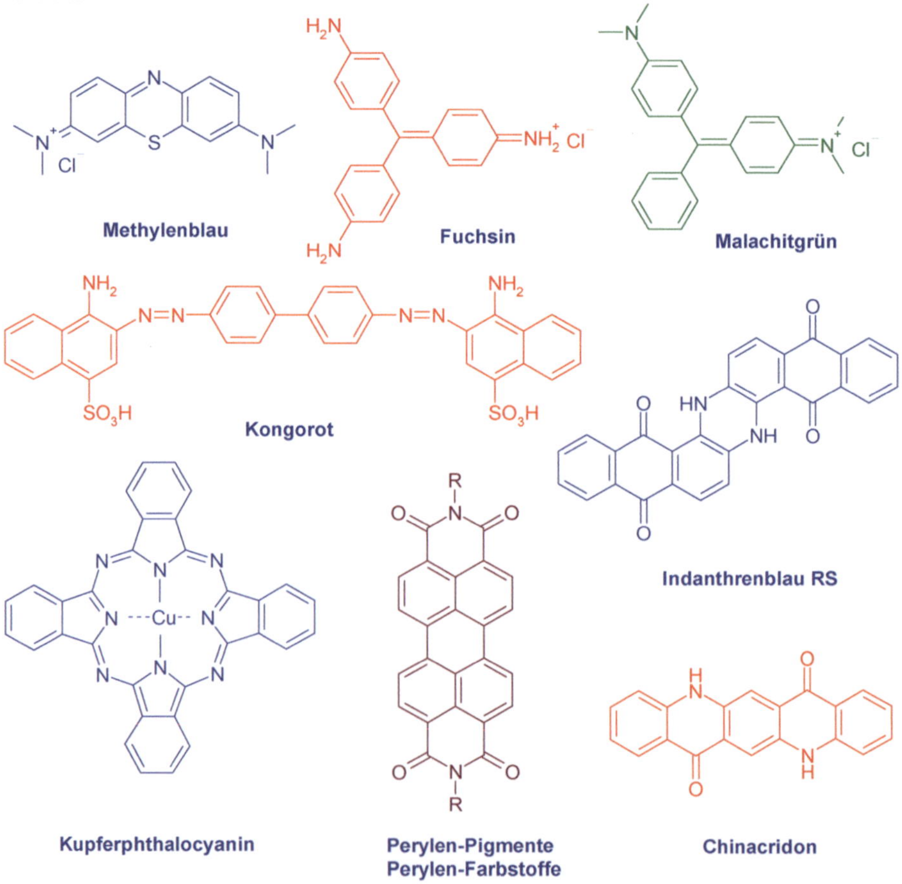

2.3 *Auswahl synthetischer Farbstoffe des letzten Jahrhunderts.*

In den folgenden Abschnitten dieses Kapitels geht es um Indigo, Purpur und Alizarin. Bei diesen drei bedeutenden Farbstoffen werden wir historische Verfahren kennen lernen, welche die chemische Industrie nachhaltig prägten. Alizarin war der erste Naturfarbstoff, der im großen Stil künstlich hergestellt wurde, und kann zusammen mit Indigo als Auslöser für die Entwicklung moderner industrieller Produktionsverfahren einer Reihe anorganischer Grundchemikalien gelten. Die Purpurfärberei hatte bereits in der Antike industriellen Charakter. Mauvein gab der Entwicklung der industriellen Chemie jedoch eine andere Richtung, sodass es nie zu einer industriellen Synthese von antikem Purpur kam. Der Markt wurde von einem synthetischen Produkt eingenommen, bevor er durch synthetischen Purpur überhaupt besetzt werden konnte.

Zusammenfassung in Stichpunkten

- Seit Jahrtausenden benutzt der Mensch Naturfarbstoffe.
- Mit der Synthese des ersten Steinkohlenteerfarbstoffs Mauvein legte W. H. Perkin einen wichtigen Grundstein für die moderne chemische Industrie.
- Moderne Entwicklungen auf dem Farbensektor konzentrieren sich auf Glanzpigmente, IR-Absorber, Lichtsammelsysteme und Leuchtdioden.

Literatur

[1]   E. S. B. Ferreira, A. N. Hulme, H. McNab, A. Quye, Chem. Soc. Rev. **33** (2004) 329.

2.1 Indigo

2.1.1 Einleitung

Zu den frühesten, überlieferten Zeugnissen unserer Kultur zählen die Höhlenmalereien des Cromagnon-Menschen, die er uns vor 10 000 bis 30 000 Jahren z. B. in der Höhle von Lascaux in der Dordogne hinterlassen hat. Die Zeichnungen verfügen über eine breite Farbpalette in nuancierter Abstufung – was ihnen aber fehlt, ist das Blau (und das Grün, das durch Mischen mit Ockergelb hätte hergestellt werden können). Dabei sind Blautöne in der Natur nicht selten, wo sie allerdings sehr oft durch Interferenzphänomene hervorgerufen werden, nicht nur bei Wasser und Luft, sondern auch in den Federn der Vögel und den Flügeln der Schmetterlinge und Käfer (wie etwa beim Rosenkäfer, *Cetonia aurata*; Abb. 2.4).

Neben Ultramarin[1] war Indigo einer der wenigen Farbstoffe, um diese „Blaulücke" zu schließen. Im Altertum schätzte man ihn wegen seiner Schönheit und Lichtechtheit als wertvollen Farbstoff, den man nicht nur zum Anfärben von kostbaren Textilien, sondern auch als Malerfarbe nutzte.

Aus Grabfunden weiß man, dass die Ägypter Leinen gerne mit Indigo färbten. Die Germanen nutzten seit der frühen Eisenzeit, wie der (rekonstruierte) Prachtmantel von Thorsberg (Abb. 2.5) belegt, den Färberwaid zur Herstellung blauer Textilien. Die Griechen und Römer kannten bereits den indischen Indigo, wie wir aus Beschreibungen von Dioskurides und Vitruv wissen, hauptsächlich jedoch als Malpigment. Für das Färben von Textilien benutzten sie den Färberwaid. Plinius der Ältere (23 oder 24 n. Chr. – 79 n. Chr., umgekommen beim Ausbruch des Vesuvs) beschreibt in seiner *Naturalis Historia* die hohe Wertschätzung des Indigos. Er erwähnt auch, dass unredliche Händler das teure Produkt zu strecken versuchten, indem sie Kreide mit Färberwaid färbten.

In der Hochgotik entwickelte sich eine vielfältige Farbensymbolik. Aufgrund des Preises für klare, tiefe Blautöne beschränkten sich die Künstler darauf, in Blau nur das Heilige darzustellen. So wurde Blau zur Symbolfarbe für die Muttergottes (Abb. 2.6).

Das Wort Indigo leitet sich von dem Fluss Indus ab, an dem man Spuren der indischen Harappa-Kultur fand, die als erste mit Indigo färbte.[3] Im gesamten Mittelmeerraum gab es keine heimischen blauen Pflanzenfarbstoffe. Marco Polo (1254–1324) beschrieb als Erster die Herstellung von Indigo aus der Indigopflanze in Indien. 1498 importierte man erstmals Indigo im größeren Stil aus Indien.[4] So leitet sich auch von dem altindischen Wort „nilaa" für dunkel-

Der Name Ultramarin für [i] die als Halbedelstein Lapis lazuli (Lasurstein) auch in der Natur vorkommende Mineralfarbe rührt von der überseeischen Herkunft dieses Stoffes her, der über das Meer nach Italien gebracht wurde: *ultra* (lat.) = jenseits, *mare* (lat.) = Meer. Der beste Lapis lazuli kommt aus Afghanistan. Schon das antike Ägypten importierte das Mineral. So ist z. B. die Totenmaske von Tutanchamun mit Ultramarin reich besetzt.

In *De Bello Gallico* be- [i] schreibt Julius Caesar eine weitere interessante Verwendung des Indigos bei den Kelten Britanniens. Indigo diente als Bestandteil einer Schminke zur Kriegsbemalung: »Alle Britannier aber bemalen sich mit Waid, der eine blaue Farbe erzeugt und ihren Anblick im Kampfe um so schrecklicher macht.«[2]

2.4 *Die Farbe des Rosenkäfers (Cetonia aurata) ändert sich je nach Betrachtungswinkel von bronze bis grün.*

blau der portugiesische Begriff „Anil" für Indigo ab (und davon wiederum Anilin, der Name für ein Abbauprodukt von Indigo; Fritzsche, 1841[5]).

Neben der tropischen und subtropischen Indigopflanze *Indigofera tinctoria* (Abb. 2.7) kultivierte man im südlichen China und Japan den Färberknöterich *Polygonum tinctorium* und im nördlichen Europa den Färberwaid *Isatis tinctoria*. Der Anbau des Färberwaids war im 13. Jahrhundert in ganz Mitteleuropa verbreitet und führte in Frankreich und Deutschland regional, z.B. in Thüringen, zu großem Wohlstand. Heute findet man diese Pflanze noch wild wachsend am Rhein.[6] [7]

Im 18. Jahrhundert ging der Anbau von Färberwaid in Europa zurück, weil britisch-indische Gesellschaften große Plantagen von *Indigofera* besonders in

2.5 *Der Thorsberger Prachtmantel. Im Thorsberger Moor fand man 1858–1861 Gegenstände aus der Bronze- und Eisenzeit (Beginn in Mitteleuropa 700–500 v. Chr.); darunter befand sich auch der sogenannte Prachtmantel von Thorsberg, dessen blaue Farbe von einer Färbung mit Färberwaid herrührt.*

2.6 *Die „Madonna im Rosenhag" von Stephan Lochner (um 1410–1451), dem bedeutendsten Maler der Kölner Malerschule, befindet sich heute im Wallraf-Richartz-Museum in Köln.*

2.7 *Indigofera. Kolorierter Kupferstich von Nicolaus Friedrich Eisenberger, aus dem Kräuterbuch der Elisabeth Blackwell, Nürnberg (1765).*

2.8 *a) Levi Strauss, der Vater der indigogefärbten „Blue Jeans", die ihren ersten Siegeszug zur Zeit des kalifornischen Goldrausches (b) antrat.*

Ostindien anlegten. Denn der Farbstoffertrag war bei der Indigopflanze ca. 30-mal höher. Aus 100 kg Blättern gewann man knapp zwei kg Indigo.[8] 1897 stellte man so 6000 Tonnen natürlichen Indigo her.

Zur Zeit des kalifornischen Goldrausches eröffnete der aus Bayern in die USA ausgewanderte Levi Strauss (Abb. 2.8a) 1853 in San Fransisco einen Großhandel mit Kurzwaren. Zusammen mit dem Schneider Jacob Davis stellte er für die Goldgräber Arbeitshosen her, die mit Nieten verstärkt wurden (Abb. 2.8b). 1873 erhielt Levi Strauss hierfür ein Patent. Den Stoff für die blauen, weißen und braunen Segeltuchhosen bekam er von der Amoskeag Mill in Manchester im US-Bundesstaat New Hampshire. Vor allem die aus indigogefärbtem Denim hergestellten Hosen erfreuten sich besonderer Beliebtheit. Aus ihnen entwickelten sich im Laufe der Jahre die „Blue Jeans".

Schon vor dem Ausbruch des Ersten Weltkrieges hatte der synthetische den natürlichen Indigo fast vollständig vom Markt verdrängt. Allein die Anbaufläche in Indien verringerte sich von 700 000 Hektar im Jahre 1897 auf 121 000 Hektar 1914. Aufgrund der Seeblockade während des Ersten Weltkrieges erholte sich der Naturindigo kurzfristig. Das endgültige Aus kam nach Kriegsende, als viele Farbenfabriken in der Schweiz, USA, Japan und England eigene Indigoproduktionen aufbauten.

Dennoch war auch die Zukunft des synthetischen Indigos im 20. Jahrhundert eher unsicher, denn längst gab es schönere und waschechtere Baumwollfarbstoffe, z. B. Indanthrenblau. Ausgehend von der Chemie des Alizarins war man auf die Spur der Anthrachinonfarbstoffe gekommen. 1901 machte René Bohn eine bemerkenswerte Erfindung. Das Verschmelzen von β-Aminoanthrachinon mit Kaliumhydroxid und Kaliumnitrat ergab einen blauen Farbstoff, den Bohn in Anlehnung an seinen Ursprung und seine Färbeeigenschaften „Indanthron" nannte.

Phthalsäureanhydrid

β-Aminoanthrachinon   **Indanthron**

Erst in den 60er Jahren erlebte Indigo ein unerwartetes Comeback. Es waren insbesondere James Deans Blue Jeans mit Lederjacke, die zunächst zum Symbol des Protests und dann zur Uniform einer ganzen Generation wurden. Indigo, der König der Farbstoffe, der einst dem Establishment vorbehalten war, wurde zum Farbstoff des Non-Establishments und zum Symbol einer Lebenseinstellung.

2.1.2 Strukturaufklärung

Angefangen von den ersten Versuchen der Strukturaufklärung durch den Apotheker Unverdorben 1826 dauerte es über ein halbes Jahrhundert, bis Adolf von Baeyer 1883 die letzten Unsicherheiten bezüglich der chemischen Konstitution beseitigen konnte.

Beim Versuch, Indigo zusammen mit Kalk zu destillieren, erhielt Unverdorben Anilin. Schonendere Bedingungen führten zur Anthranilsäure. Die wichtigste Abbaureaktion des Indigos ist die Salpetersäureoxidation von Erdmann und Laurent (1841), die zu Isatin führte.

Dies war ungefähr der Kenntnisstand, als 1865 Adolf von Baeyer in Straßburg seine Arbeiten zum Indigo begann. Eine der entscheidenden Fragen war, an welcher Stelle des Fünfrings Indigo sauerstoffsubstituiert ist. Baeyer reduzierte hierzu Isatin stufenweise zum Indol.

Isatin   **Dioxindol**   **Oxindol**   **Indol**

Eine Zink/Salzsäure-Reduktion führte ihn zunächst zu Dioxindol, das er mit Natriumamalgam zu Oxindol reduzierte. Indol erhielt er schließlich, indem er Oxindol mit Zinkstaub im Wasserstoffstrom destillierte.

Seine Ergebnisse sicherte Baeyer durch die Totalsynthesen des Oxindols, Isatins und Indols ab. Ausgehend von Phenylessigsäure erhielt er durch Nitrierung o-Nitrophenylessigsäure, deren Reduktion und Ringschluss Oxindol ergab. Umsetzung mit salpetriger Säure führt zum Oxim des Isatins, aus dem durch Reduktion, Dehydrierung mit Eisen(III)-chlorid und Hydrolyse Isatin selbst entsteht.

> **i** Die Zinkstaubdestillation hatte Baeyer bei der Indolsynthese erstmals erprobt. Sie leistete später als generelle Methode zur Überführung von Phenolen in Kohlenwasserstoffe bei der Konstitutionsaufklärung vieler Naturstoffe wertvolle Dienste.

Phenylessigsäure   **Oxindol**

Isatin

Indol synthetisierte Baeyer ausgehend von o-Nitrozimtsäure durch Reduktion mit Eisen und Kaliumhydroxid.

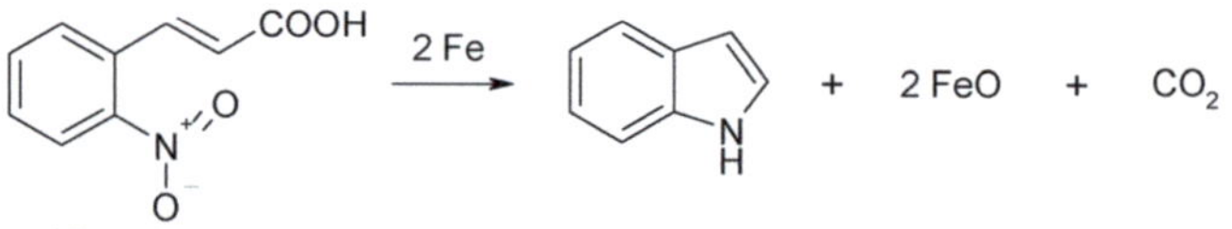

o-Nitrozimtsäure   2 Fe $\longrightarrow$ **Indol**   + 2 FeO + CO_2

Diese Arbeiten waren originell, aber sie lösten nicht die Frage nach der Struktur des Indigos. Mit dem Oxindol hatte Baeyer, wie wir noch sehen werden, das falsche Substitutionsmuster ausgewählt.

Wie so oft kam ein entscheidender Hinweis von ganz anderer Seite. 1879 hatten Baumann und Tiemann aus Urin Harnindican isoliert. Harnindican ist der Schwefelsäureester des Indoxyls, das bei Darmverschluss und Darmfäulnis auftritt.[9] Es handelt sich um einen Metaboliten des Tryptophans.

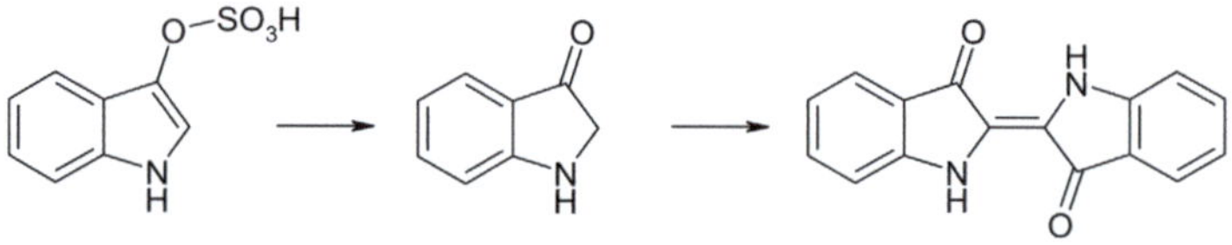

Harnindican   **Indigo**

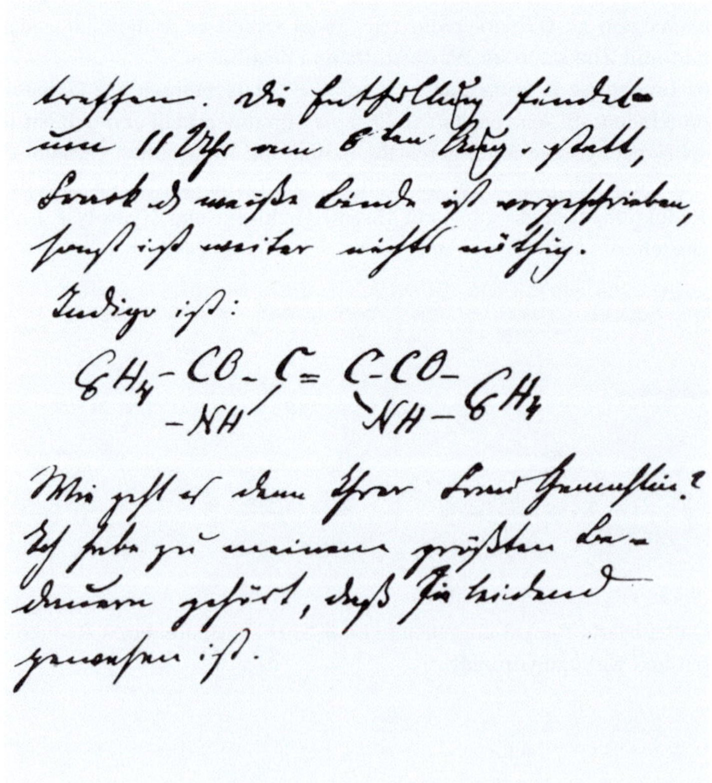

Die saure Hydrolyse des Harnindicans führte zu Indoxyl, das an der Luft spontan zu Indigo oxidierte. Damit war das Rätsel gelöst (Abb. 2.9).[10] Die Frage der *cis/trans*-Isomerie wurde erst 1928 durch Röntgenstrukturanalyse bestimmt.[11]

2.1.3 Biosynthese

Interessanterweise ist nicht der Farbstoff Indigo selbst Pflanzeninhaltsstoff, sondern ein farbloses Vorprodukt, das Indoxyl. Die Biogenese des Indoxyls wurde in der Literatur widersprüchlich beschrieben. Man hielt zunächst Tryptophan für den unmittelbaren Vorläufer von Indoxyl in der Biosynthese (wie beim Harnindican).[12] Ausgehend von Chorisminsäure – deren Vorgeschichte wird im Kapitel über Aminosäuren behandelt (▶ Kapitel 4) – erhält man durch Aminierung und Abspaltung von Brenztraubensäure Anthranilsäure. Diese wird auf Ribose übertragen. Nach Ringöffnung des Zuckers (Hydrolyse des Aminoacetals, Dehydratisierung und Keto/Enol-Tautomerie) kommt es unter Abspaltung von Kohlendioxid zum Ringschluss des Indols. Anschließend wird Glycerinaldehyd-3-phosphat abgespalten (Hetero-Retro-Aldol-Reaktion) und Indol mit Serin zu Tryptophan umgesetzt (formal eine enantioselektive Michael-Reaktion an Dehydroalanin, nach einer pyridoxalabhängigen Eliminierung von Wasser).[13] [14]

Chorisminsäure

Indol **Tryptophan**

Die letzten beiden Stufen der Biosynthese von Tryptophan werden durch die Tryptophansynthase katalysiert (Abb. 2.10). In den α-Einheiten des Enzyms wird Indol (blaues Reaktionszentrum) und in den β-Einheiten Tryptophan (rotes Reaktionszentrum, mit (*L*)-Tryptophan gebunden an Pyridoxal-5′-phosphat) gebildet. Die Reaktionszentren sind jeweils durch einen 25–30 Å langen Kanal (gelb) miteinander verbunden, durch den Indol von dem einen zum anderen Reaktionszentrum transportiert wird. Dies erhöht deutlich die Reaktionsge-

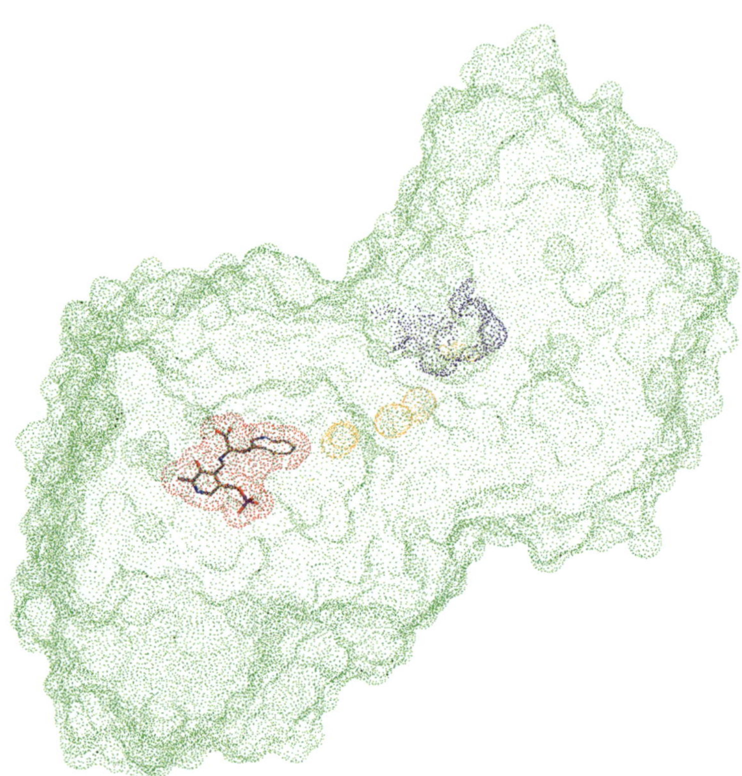

2.10 *Die Tryptophansynthase aus Salmonella typhimurium ist ein 15 nm langer symmetrischer α-β-β-α-Komplex. Die Röntgenstrukturanalyse zeigt die Hälfte des bifunktionellen Enzyms.*

schwindigkeit aufgrund lokal hoher Konzentration der Reaktionspartner. Glycerinaldehyd-3-phosphat verlässt das Enzym auf dem Weg, auf dem Indolylglycerin-3-phosphat an das aktive Zentrum gebunden wird. Entsprechendes gilt für Tryptophan und Serin.

Xia und Zenk konnten 1992 durch „Fütterungsstudien" an verschiedenen Pflanzen, darunter *Polygonum tinctorium*, *Indigofera tinctoria* und *Isatis tinctoria*, mit 3-^{13}C-markiertem Indol und 3-^{13}C-markiertem (*S*)-Tryptophan zeigen, dass nicht direkt Tryptophan in den Stoffwechsel eingebaut wird, sondern Indol.[15] Bei der Biosynthese von Indoxyl wird Tryptophan mittels einer Tryptophanase zu Indol abgebaut und dieses dann hydroxyliert.[16]

Zur Isolierung des Farbstoffs werden die Pflanzenteile einer Gärung unterworfen. In einer Vorschrift aus dem *Papyrus Graecus Holmiensis* (Stockholmer Papyrus) aus dem 3. Jahrhundert n. Chr. heißt es hierzu:

»Fülle etwa 25 kg des gleichmäßig getrockneten Waids in eine Küpe, die in der Sonne steht und mindestens 600 Liter fasst, und schichte es gleichmäßig auf. Dann gieße soviel Urin hinein, dass die Flüssigkeit darüber steht und lass das Gemenge in der Sonne warm werden. Am anderen Tag schließe es dadurch auf, dass du in der Sonne darin herumstampfst, bis es gleichmäßig durchzogen ist. Das muss drei Tage hintereinander geschehen. Dann rühre den Waid und die Menge des darüberstehenden Urins tüchtig durch ...«[17]

Hierbei wird Indican (aus *Indigofera tinctoria*), das *β*-(*D*)-Glucosid des Indoxyls, bzw. Isatan B (aus *Isatis tinctoria* und *Polygonum tinctorium*), der 5-Ketogluconsäureester des Indoxyls, durch *β*-Glucosidasen enzymatisch gespalten.[12 18]

Mit Luftsauerstoff oxidiert Indoxyl spontan zu Indigo. Beim Färbeprozess goss man üblicherweise die Brühe von den Pflanzenteilen ab, weichte in der Küpe (einem hölzenen Bottich) die zu färbenden Textilien ein und hängte sie dann an die Luft. Der so erhaltene Indigo ist schlecht wasserlöslich und haftet in Form kleiner Pigmentpartikel auf der Faser.

Das Färben mit Indigo zählt zusammen mit der alkoholischen Gärung, dem Backen von Brot aus gesäuertem Teig, der Ledergerberei und dem Herstellen von Käse zu den ersten biotechnologischen Verfahren der Menschheit und ist in allen Kulturkreisen, mit Ausnahme von Australien, sehr früh nachweisbar.

2.1.4 Technische Synthese

Die ersten synthetischen Arbeiten Adolf von Baeyers zur Herstellung von Indigo, welche die Frage nach der richtigen Struktur unbeantwortet ließen, waren aufgrund der Unzugänglichkeit der Ausgangsmaterialien technisch nicht verwertbar. Bereits 1870 war es von Baeyer (Abb. 2.11) gelungen, nach der siebenstufigen Isatinsynthese dieses mit Phosphorpentachlorid in Isatinchlorid zu überführen. Die anschließende reduktive Dehalogenierung mit Zink lieferte direkt Indigo.

Die zweite Indigosynthese von Adolf von Baeyer ging von *o*-Nitrobenzaldehyd aus und erschien bestechend einfach und elegant (Baeyer-Drewsen-Reaktion). Der Aldehyd wird in einer Aldolkondensation mit Aceton im leicht Basischen zum 1-Hydroxy-1-(*o*-nitrophenyl)-butan-3-on umgesetzt. Nach Abspaltung von Wasser und Essigsäure dimerisiert das instabile Indolon zu Indigo.[19] Der Reaktionsmechanismus ist ausgesprochen ungewöhnlich. Es gibt kaum ähnliche Beispiele, in denen ein Enol mit einer Nitrogruppe reagiert.[20][21]

2.11 *Adolf von Baeyer.*

o-Nitrobenzol

Indolon

Indigo

Die Zugänglichkeit des *o*-Nitrobenzaldehyds war das Problem. Toluol, das als Ausgangsmaterial diente und das man aus Steinkohlenteer gewann, war in der Menge begrenzt und die Chlorierungs- und Nitrierungsstufe aufgrund mangelnder Selektivität und Ausbeute unbefriedigend.

Hoechst und BASF hatten sich mittlerweile zu einer Arbeitsgemeinschaft zusammengeschlossen – heute würde man von einem „Joint Venture" sprechen – und hatten die Patentrechte von Baeyer erworben und umfangreiche Forschungsaktivitäten aufgebaut. Doch die Arbeiten blieben letztlich erfolglos.

Der Durchbruch ergab sich aus Arbeiten des Züricher Professors Karl Heumann, dem es 1890 gelungen war, Indigo durch eine Alkalischmelze von Phenylglycin herzustellen. Hatte Adolf von Baeyer geglaubt, man müsse zum Aufbau des Indolgerüsts eine N-C-Bindung knüpfen, so führte der Paradigmenwechsel Karl Heumanns, den Ringschluss durch Knüpfung einer C-C-Bindung herbeizuführen, zum Erfolg. Bemerkenswerterweise entspricht dies, was weder von Baeyer noch Heumann wissen konnten, formal dem Biosyntheseweg.

Ausgehend von Anilin und Chloressigsäure war Phenylglycin zugänglich, das beim Verschmelzen mit festem Kaliumhydroxid Indigo ergab.

R = H: 1. Heumannsche Indigosynthese
R = COOH: 2. Heumannsche Indigosynthese

Leider stellte man sehr schnell fest, dass auch unter optimierten Bedingungen die Ausbeute nur 10 % des theoretischen Wertes betrug.

In der so genannten 2. Heumannschen Indigosynthese ging man von Anthranilsäure aus (statt Anilin) und erhielt wesentlich bessere Ausbeuten. Anthranilsäure war über eine Oxidation von Naphthalin zu Phthalsäureanhydrid zugänglich, nachdem Hoogewerf und van Dorp gezeigt hatten, dass der Hofmann-Abbau des Phthalsäurehalbamids das gewünschte Produkt ergab.

Der Schlüsselschritt war die Oxidation von Naphthalin. Die anfallenden Chrom(III)-Laugen konnten nicht einfach zu Dichromat regeneriert werden. Die BASF und Hoechst beschritten nun getrennte Wege. Während Hoechst auf ein fertiges Verfahren zur elektrochemischen Oxidation zurückgriff, nahm die BASF alte erfolglose Versuche der Naphthalinoxidation mit Oleum wieder auf. Hierbei zerbrach ein unachtsamer Laborant ein Quecksilberthermometer – und stellte fest, dass eben dieser Versuch das beste Resultat erbrachte. Aufgrund dieses glücklichen Umstands und der Tatsache, dass Knietsch für die Alizarinsynthese gerade das Kontaktverfahren zur Herstellung von Oleum ausgearbeitet hatte, ergab sich für die BASF ein deutlicher Vorsprung auf dem langen Weg zum „König der Farbstoffe". Dennoch erforderte die technische Realisierung der Indigosynthese insgesamt enorme Anstrengungen (17 Jahre Entwicklungszeit und 18 Millionen Goldmark) und Risikobereitschaft, bevor die BASF 1897 den ersten synthetischen Indigo auf den Markt bringen konnte. [22][23]

Eine gravierende Verbesserung der Indigosynthese ergab sich durch eine Erfindung bei der Degussa. Johannes Pfleger war es 1901 gelungen, durch Zusatz des neuen Produkts Natriumamid zu der Alkalischmelze des Phenylglycins die Ausbeute an Indigo wesentlich zu steigern. Hoechst erwarb das entsprechende Patent und gründete zusammen mit der Degussa die „Indigo GmbH". Fünf Jahre nach der BASF war Hoechst weltweit der zweite Anbieter von synthetischem Indigo.

Unter dem Konkurrenzdruck rationalisierte 1925 die BASF ihr Herstellungsverfahren. Als Ausgangsmaterialen für Phenylglycin dienten Anilin, Formaldehyd und Blausäure, die man bei 85 °C zu Phenylglycinnitril umsetzte. Die Hydrolyse erfolgte im Wässrigen bei 100 °C. Das Natriumamid für die nächste Stufe gewinnt man, indem man über eine Schmelze von Natrium Ammoniak leitet.

In einem eutektischen und dadurch rührbaren Gemisch aus Natriumhydroxid und Kaliumhydroxid löst man bei 220 °C das getrocknete Salz des Phenylglycins und dosiert geschmolzenes Natriumamid zu. Die Umsetzung führt zu Natriumindoxylat, das – einer oxidativen Hydrolyse unterzogen – schließlich Indigo in einer Gesamtausbeute von rund 84 % ergibt. Dieses Verfahren wird bis heute unverändert ausgeübt.

2.1.5 Technischer Färbeprozess

Zum Färben von Baumwolle wird Indigo mit Natriumdithionit im Alkalischen reduziert. Der Färber spricht vom „Verküpen". Wird diese Reduktion in den Färbereien durchgeführt, fallen große Mengen Abwasser an, das sulfit- und sulfatbelastet ist.

Leukoindigo

Zur Verbesserung der Ökoeffizienz wurde deshalb bei der BASF der Verküpungsschritt zur Indigoherstellung verlagert. Der Indigo wird dort direkt nach der Synthese durch katalytische Hydrierung[24] in die Leukoform überführt und unter Stickstoff gelagert. In Gegenwart von Melasse kann die Lösung eingedampft werden und kommt als 60 %iges Granulat auf den Markt. Der so erhältliche, gelbliche Leukoindigo kann direkt vom Färber benutzt werden. Er ist wasserlöslich und hat substantive Eigenschaften. Er zieht auf die Cellulosefaser auf, dringt aber aufgrund der hohen Polarität des Dinatriumsalzes nicht, wie andere Küpenfarbstoffe, tief in die Faser ein. Beim „Verhängen" an der Luft scheidet sich Indigo dann durch Reoxidation in seiner Pigmentform auf der Oberfläche der Faser feinverteilt ab. Zur Erzielung einer ausreichenden Farbstärke sind mehrere Färbevorgänge erforderlich.[25]

Ihr typisches Aussehen erhält eine Blue Jeans nur dann, wenn sie aus indigogefärbtem Denim gefertigt ist. Entscheidend sind hier die Webart und die schlechte Reibechtheit der Indigofärbung. Vor dem Weben wird das Garn für die Kettfäden gefärbt. Das Gewebe besteht also aus blauen Kettfäden (Längsfäden) und weißen Schussfäden (Querfäden). Die Kettfäden liegen hauptsächlich an der Geweboberfläche. An den strapazierten Stellen wird dann durch mechanische Beanspruchung, z. B. bei „stone-washed" Jeans, das nicht angefärbte Innere des Garns wieder sichtbar und es entsteht der charakteristische „Blue-Jeans-Look".

2.1.6 Ausblick

Der Jeansabsatz beträgt gegenwärtig eine Milliarde Hosen pro Jahr. Zum Färben einer Hose werden ungefähr zehn Gramm Indigo benötigt. In Europa ist DyStar (ehemals BASF) der größte Indigohersteller. Der Indigo der DyStar wird ausschließlich in einer einzigen Produktionsanlage in Ludwigshafen hergestellt. Die Weltjahresproduktion liegt bei 30 000 Tonnen. Gemessen an der Produktionsmenge ist Indigo damit der bedeutendste Textilfarbstoff.

Anfang der 80er Jahre entdeckten Wissenschaftler bei der Amgen Inc., dass ein gentechnisch veränderter Bakterienstamm Indigo aus Naphthalin herstellen kann.[26] Rekombinante *Escherichia coli* sind in der Lage, Indigo aus Glucose herzustellen.[16,27]

Jüngst konnte auch gezeigt werden, dass ein aus der Färbeküpe isolierter Bakterienstamm, für den der Name *Clostridium isatidis* vorgeschlagen wurde, Indigo zu Leukoindigo reduziert.[28]

Auch wenn sich dieses Verfahren noch nicht als wirtschaftlich erwiesen hat, zeigt dieses Beispiel doch sehr anschaulich, wie sich Produktionsprozesse verändern, Lebenszyklen durchlaufen werden und sich in Zukunft ein Kreis schließen könnte, der mit Gärprozessen in hölzernen Küpen begann und zu modernen, biotechnologischen Verfahren zur Herstellung des gleichen Produkts hinführt.

Zusammenfassung in Stichpunkten

- Die Bedeutung des Indigos als hochgeschätzter Farbstoff reicht von der Antike bis in die Gegenwart.
- Die Entwicklung der technischen Indigosynthese legte auch den Grundstein für die Produktion einer ganzen Reihe von Basischemikalien.
- Die Aufklärung des Biosyntheseweges bietet Ansätze für eine potenzielle biotechnische Herstellung von Indigo.

Literatur

[1] W. Gerstner, Die BASF (1977) 2, 60.
[2] G. J. Caesar, Der Gallische Krieg, W. Goldmann Verlag, München, 1965, 89.
[3] G. Paul, BASF-Information, 9.8.1995.
[4] J. Altmann, K. Elbl-Weiser, Chemistry & Industry (1997) 654.
[5] W. Langenbeck, W. Pritzkow, Lehrbuch der Organischen Chemie, Verlag Theodor Steinkopff, Dresden, 21. Aufl., (1969) 148.
[6] Etappen der BASF-Forschung, BASF-Druckschrift (1985) 17.
[7] H. Schweppe, Handbuch der Naturfarbstoffe, ecomed Verlagsgesellschaft, Landsberg, 1993, 295.
[8] L. Meinzer, 125 Jahre BASF Stationen ihrer Geschichte, BASF (1990) 18.
[9] CD Römpp Chemie Lexikon, Thieme Verlag, 1995, Indican.
[10] Zur Geschichte der Indigosynthese: A. v. Baeyer, Ber. **33** (1900) Sonderheft, Anlage IV.
[11] A. Reis, W. Schneider, Z. Kristallographie **68** (1928) 543.
[12] D. Gröger, Phytochem. **29** (1990) 817.
[13] E. W. Miles, Adv. Enzymol. **64** (1991) 93.
[14] D. Voet, J. G. Voet, Biochemie, VCH, Weinheim, 1994, 726.
[15] Z.-Q. Xia, M. H. Zenk, Phytochem. **31** (1992) 2695.

16 A. Berry, T. C. Dodge, M. Pepsin, W. Weyler, J. Ind. Microbio. Biotech. **28** (2002) 127.

17 W. Gerstner, Die BASF (1977) 2, 60.

18 S. Struckmeier, Chemie in unserer Zeit **37** (2003) 402.

19 A. v. Baeyer, V. Drewsen, Ber. **15** (1882) 2856; Ber. **16** (1883) 2205.

20 J. R. McKee, J. Chem. Ed. **68** (1991) A242.

21 H. Krauch, W. Kunz, Reaktionen der Organischen Chemie, Dr. Alfred Hüthig Verlag, Heidelberg, 5. Aufl., 1976, 469.

22 Zur Geschichte der Indigofabrikation: H. Brunck, Ber. **33** (1900) Sonderheft, Anlage V.

23 H. Schmidt, Chemie in unserer Zeit **31** (1997) 121.

24 M. Gäng, R. Krüger, P. Miederer, DE 19831291 (1998).

25 E. Steingruber in: Winnacker – Küchler, Chemische Technik, Bd. 7, Wiley-VCH, Weinheim, 2004, 434.

26 J. Hamilton, Business Week, New York, 24.3.1997.

27 D. Murdock, B. D. Ensley, C. Serdar, M. Thalen, Biotechnol. **11** (1993) 381.

28 A. N. Padden, V. M. Dillon, P. John, J. Edmonds, M. D. Collins, N. Alvarez, Nature **396** (1998) 225.

2.2 Purpur

2.2.1 Einleitung

Dem „Onomastikon" (Wörterbuch) des Pollux zufolge hat Herakles als Erster ein Kleid mit Purpur gefärbt, und zwar als Liebesgabe an die Nymphe Tyros (Abb. 2.12). Tatsächlich waren es wohl die Phönizier, die im 13. Jahrhundert v. Chr. entdeckten, dass verschiedene Meeresschnecken der Gattung *Murex*[1] und *Purpura* einen farblosen Schleim absondern, der auf textilen Fasern an Luft und Licht eine tiefviolette Färbung hoher Echtheit ergibt.

Dieser Vorgang wies Parallelen zur antiken Färberei mit Indigo auf. Zur Gewinnung des Farbstoffs wurden die Schnecken getötet, und durch Gärung und Fäulnis trennte man das organische Material ab. Dies alles stank erbärmlich. Sidon und Tyrus waren Zentren der antiken industriellen Purpurgewinnung.

Auch im jüdischen Kulturraum, der unmittelbar an den der Phönizier angrenzte, war Purpur ein sehr geschätzter Farbstoff. Im 2. Buch Mose, Kapitel 28, 4–8, heißt es:

»4. Das sind aber die Kleider, die sie machen sollen: das Schildlein, Leibrock, Purpurrock, engen Rock, Hut und Gürtel. Also sollen sie heilige Kleider machen deinem Bruder Aaron und seinen Söhnen, daß er mein Priester sei.

5. Dazu sollen sie nehmen Gold, blauen und roten Purpur, Scharlach und weiße Leinwand.

2.12 *Von Theodore van Tulden (1606–1676) stammt das Gemälde „Die Entdeckung der Purpurschnecke". Herakles beobachtet, wie sich das Maul seines Hundes rot färbt, nachdem er eine Purpurschnecke zerbissen hat.*

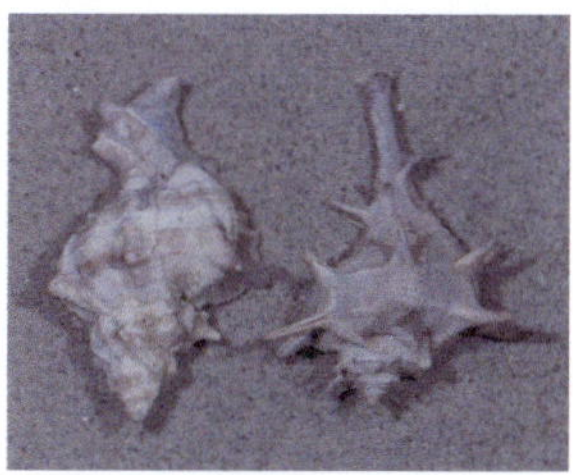 

2.13 *Purpurschnecken: Neben Murex brandaris (rotstichiger Purpur, in Abb. jeweils rechts) benutzte man auch Trunculariopsis trunculus (blaustichiger Purpur, in Abb. jeweils links), Murex erinaceus und Purpura haemostoma zur Purpurherstellung. Beim Südhafen von Saida im Libanon, dem antiken Sidon, ist der Strand auf einer Breite von 25 Meter und einer Länge von hunderten Meter mehrere Meter hoch mit Schalen von Trunculariopsis trunculus bedeckt.*

6. Den Leibrock sollen sie machen von Gold, blauem und rotem Purpur, Scharlach und gezwirnter weißer Leinwand, künstlich;

7. Zwei Schulterstücke soll er haben, die zusammengehen an beiden Enden, und soll zusammengebunden werden.

8. Und sein Gurt drauf soll derselben Kunst und Werks sein, von Gold, blauem und rotem Purpur, Scharlach und gezwirnter weißer Leinwand.«

Unter blauem und rotem Purpur versteht man die Nuancen des Farbstoffs, dessen Farbpalette je nach Schneckenart von Rotviolett bis Blauviolett reicht (Abb. 2.13).[2] [3] [4] Manche Schneckenarten produzieren neben Purpur auch 6-Bromindigo und Indigo.

Die Leukoform des Purpurs ist lichtempfindlich. Diese Eigenschaft führt zur schrittweisen Debromierung, sodass je nach Färbeverfahren der Indigoanteil und damit der Blauanteil unterschiedlich hoch sein kann.

Durch einige Papyrusfunde im unteren Niltal, darunter die Papyri des Griechen Demokritos von Bolos, der wissenschaftlich und handwerklich sehr interessiert war und den ganzen Mittelmeerraum bereiste, wissen wir heute sehr gut, wie man in der Antike mit Purpur färbte, wie man ihn streckte und fälschte.[6]

Obwohl der Purpur nur den höchsten Würdenträgern vorbehalten war, muss es auch im Altertum schon einen regen Handel dieses Farbstoffs gegeben haben. In der Apostelgeschichte, Kapitel 16, 14 heißt es:

»Und ein gottesfürchtiges Weib mit Namen Lydia, eine Purpurkrämerin aus der Stadt der Thyatirer, hörete zu; dieser tat der Herr das Herz auf, daß sie drauf Acht hatte, was von Paulus geredet ward.«

Anschließend lud sie den Apostel Paulus auf seiner Missionsreise von Philippi nach Thessalonich in ihr Haus ein. Thyatira war zu dieser Zeit durch Purpurfärberei und Purpurhandel berühmt.[7]

Von der Antike bis zum Mittelalter entwickelte sich eine blühende Purpurfärberei in Byzanz. Während der Kreuzzüge verlagerte sie sich nach Sizilien, einem Zentrum der Seidenmanufaktur, wo sie unter den Normannen-Königen zu besonderem Ansehen gelangte. Nach der Eroberung von Konstantinopel im Jahr 1453 durch die Türken fand die Purpurfärberei von Textilen dort ihr plötzliches Ende. Neben der Textilfärberei besaß der Purpur sehr früh auch große Bedeutung in der Buchkunst. Man benutzte Purpur, aber auch preiswertere Far-

---

ⓘ Purpurschnecken findet man im Mittelmeer, an der Westküste Afrikas, an der bretonischen Küste, an den Küsten Mittelamerikas und den Küsten von Ecuador und Peru.

ⓘ In dem Schauspiel *Agamemnon* von Aischylos (458 v. Chr.) beschreibt dieser die Rückkehr des Siegers (Agamemnon) von Troja nach Argos (Mykene). Das Volk empfängt Agamemnon mit den höchsten Würden und breitet vor ihm einen purpurnen Teppich aus. Agamemnon zögert jedoch. »So ehrt man Götter nur, wie könnt, ein Sterblicher, ich ohne Scham den Fuß auf dieses Prachtgewebe setzen.« In Wahrheit hat Agamemnon ein schlechtes Gewissen. Nur wenige Helden sind mit ihm zurückgekehrt und schlimmer noch, er hat seine eigene Tochter Iphigenie als Menschenopfer dargebracht. Ungeachtet seiner Skrupel nötigt ihn seine Frau Klytämnestra über den roten Teppich zu gehen. Später rächt sie ihr Kind, indem sie Agamemnon im Bad ermordet. Purpur ist bei Aischylos von hoher metaphorischer Aussagekraft. Er ist ein Zeichen der menschlichen Hybris und des frevelhaften Hochmuts, der unweigerlich bestraft wird.[5]

ⓘ Ein modernes Beispiel für den Wert gefärbten Papiers, ist die Rosafärbung der *Financial Times*. Da sie so am Zeitungsstand unter den weißen Zeitungen besser erkennbar war, stieg ihre Auflage.

2.14 *Der Codex Purpureus Rossanensis, geschrieben und gemalt um das Jahr 600, wird heute im Diözesanmuseum in Rossano (Kalabrien) aufbewahrt.*

ben, wie z. B. Lackmus, um die Pergamentblätter zu grundieren (Abb. 2.14), bevor man sie kunstvoll beschrieb und bemalte.

2.2.2 Biosynthese

1685 hatte der Arzt William Cole als Erster festgestellt, dass sich das ursprüngliche Hypobronchialsekret von Purpurschnecken am Licht zunächst hellgrün, dann dunkelgrün, über tief meergrün, hellblau, purpurrot schließlich dunkelpurpur färbt. Aufgrund biochemischer Untersuchungen geht man heute davon aus, dass sich die Biosynthese der Chromogene von Indigo und Purpur kaum unterscheidet. Manche Purpurschnecken wie *Murex brandaris* und *Purpura haemostoma* produzieren nur ein Chromogen für reinen Purpur, andere jedoch, z.B. *Trunculariopsis trunculus*, synthetisieren unterschiedliche Chromogene für ein Gemisch aus Purpur und Indigo. Dies erklärt z. B. auch, dass der natürliche Purpur unterschiedliche Nuancen haben kann.[5 8]

In der Hypobronchialdrüse von *Trunculariopsis trunculus* konnte man vier unterschiedliche Chromogene nachweisen, die auf verschiedenen Wegen zu Purpur und Indigo führen.[9] In allen Fällen ist der erste Schritt die durch eine Sulfatase vermittelte Freisetzung der Indoxylderivate. Im Fall der in Position 2 unsubstituierten Derivate führt dies in Gegenwart von Sauerstoff direkt zu Indigo und Purpur. Im Fall der methylthio- bzw. methansulfonylsubstituierten Chromogene entstehen die Farbstoffe erst durch Einwirkung von Licht.

2.2.3 Strukturaufklärung

Die Ähnlichkeit des Färbeverfahrens mit Indigo nährte auch den Verdacht der strukturellen Verwandtschaft. 1907 kaufte P. Friedländer auf den Märkten von Triest 12 000 Purpurschnecken der Art *Murex brandaris*, da diese am besten mit der von Plinius beschriebenen Schnecke übereinstimmten, und konnte aus deren Hypobronchialdrüsen (Purpurdrüsen) 1,4 Gramm Purpur isolieren.[10] Diese Menge reichte aus, um die Struktur aufzuklären. Gemessen an den analytischen Möglichkeiten der damaligen Zeit war dies eine ungeheure Meisterleistung. Friedländer fand durch Elementaranalyse und Totalsynthese der denkbaren Stellungsisomeren heraus, dass Purpur der Struktur von 6,6'-Dibromindigo entspricht.

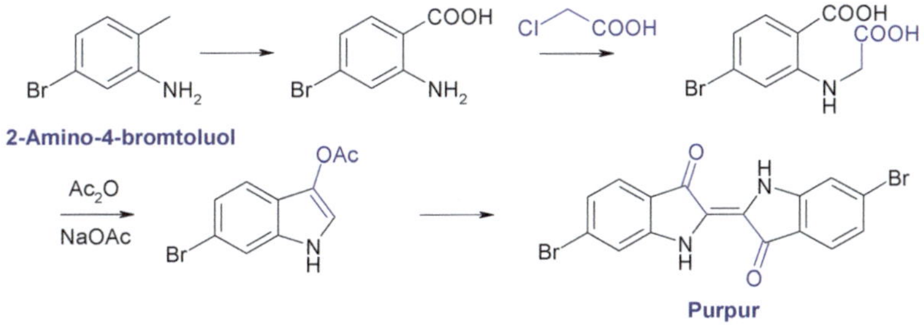

2-Amino-4-bromtoluol

Purpur

Dies ist in mehrerlei Hinsicht bemerkenswert. Zum einen stellt Purpur eines der ersten bekannten Beispiele für natürliche Bromkohlenstoffverbindungen dar. Zum andern ist das Substitutionsmuster ungewöhnlich. Die Bromierung von Indigo in Nitrobenzol ergibt 5,5'-Dibromindigo.

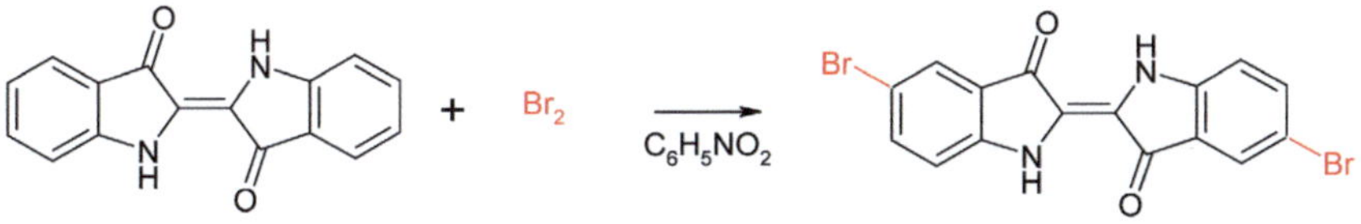

5,5'-Dibromindigo

Aufgrund seines neutralblauen Farbtons ist auch 5,7,5',7'-Tetrabromindigo, den man durch Bromierung in Essigsäure erhält, von gewissem technischen Interesse.[11]

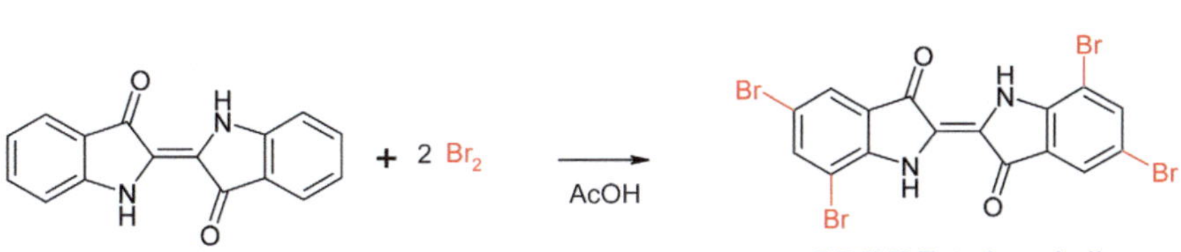

5,7,5',7'-Tetrabromindigo

Eine elegante dreistufige Laborsynthese von antikem Purpur wurde 1989 von Gerlach publiziert.[12] Ausgehend von 2,5-Dibromnitrobenzol wird bei −105 °C durch einen Halogen/Metall-Austausch und Umsetzung mit DMF regioselektiv 4-Brom-2-nitrobenzaldehyd hergestellt. Hiermit kann, analog der zweiten Indigosynthese von Adolf von Baeyer, Purpur in einer Ausbeute von 42 % erhalten werden. Die Ausbeute ist deutlich höher, wenn man 4-Brom-2-nitrobenzaldehyd mit Nitromethan kondensiert und mit Natriumdithionit reduziert. Über mehrere Zwischenstufen bildet sich analog zur Baeyer-Drewsen-Reaktion dann vermutlich zunächst das 6-Brom-3*H*-Indol-3-on, das rasch dimerisiert.

2.2.4 Technische Anwendung

Eine industrielle Anwendung von Pupur gab es wie oben beschrieben bereits in der Antike. Allerdings konkurrierten Färbungen mit Krapp und Kermes auf einer Alaunbeize mit dem teuren Purpur. Die Strukturaufklärung von Purpur durch Friedländer, letztlich die Grundlage für eine technische Syntheseentwicklung, kam zu spät. Längst hatte man unnatürliche und einfach herstellbare Farbstoffe entdeckt, die dieses Farbsegment abdeckten. Perkins Mauvein und andere synthetische Farbstoffe imitierten den Farbton von Purpur, sodass anders als beim Indigo der wirtschaftliche Anreiz, diesen Farbstoff synthetisch herzustellen, nicht mehr so groß war.

Die Färbeeigenschaften von Purpur sind gemessen an den heutigen Echtheitsanforderungen in mehrerlei Hinsicht unzureichend. Es kam deshalb zu keiner industriellen Herstellung dieses Farbstoffs, auch wenn wir hierzu heute technisch in der Lage sind.

2.2.5 Neuere Entwicklungen

Naturfarbstoffe spielen oft auch als Arzneimittel eine wichtige Rolle. So gehören komplexe Mischungen mit Indigopulver zum festen Bestand der traditionellen chinesischen Medizin.[13] Dass halogenierte Derivate des Indigos auch heute noch von großem Interesse sein können, zeigt folgendes Beispiel: Jüngst entdeckte man in dem terrestrischen Streptomycetenstamm GW 48/1497 erstmals Derivate des als Naturstoff bisher unbekannten 5,5′-Dichlorindigos, die man Akashin A, B und C (nepal. *akash*: Himmel) nannte.[14] 5,5′-Dichlorindigo ist unsymmetrisch *N*-glykosidisch an verschiedene Zuckerreste gebunden, deren Struktur bis heute aus Substanzmangel noch nicht vollständig aufgeklärt werden konnte (Abb. 2.15).

	R¹	R²
Akashin A	H	H
Akashin B	H	COCH$_3$
Akashin C	Zucker	Zucker

Indirubin

2.15 *Im Gegensatz zu Indigo besitzen die Akashine sowie Indirubin, ein Bestandteil der chinesischen Droge Danggui Longhui Wan, recht gute Wirkung gegen verschiedene Humantumorzelllinien, z. B. bestimmte Kolonkarzinome, Melanome, Lungenkarzinome, Brustkrebsarten und Nierentumore.*

Zusammenfassung in Stichpunkten

- Der antike Purpur ist als Farbstoff nur von historischer Bedeutung.
- Als eine technische Herstellung möglich wurde, hatten bereits andere Farbstoffe das Marktsegment besetzt.
- Verwandte Verbindungen haben neuerdings Aufmerksamkeit in der Onkologieforschung geweckt.

Literatur

[1] *Trunculariopsis trunculus* wird synonym gebraucht mit *Murex trunculus* und *Hexaplex trunculus*.

[2] P. Friedländer, Ber. Deut. Chem. Ges. **42** (1909) 765.

[3] S. Struckmeier, Chemie in unserer Zeit **37** (2003) 402.

[4] F. P. Möhres, Die BASF (1962) 163.

[5] R. R. Melzer, P. Brandhuber, T. Zimmermann, U. Smola, Biologie in unserer Zeit **31** (2001) 30.

[6] E. Ploss, Die BASF (1962) 168.

[7] C. Schuster, Vom Farbenhandel zur Farbenindustrie, BASF Firmenschrift, 1973, 37.

[8] H. Schweppe, Handbuch der Naturfarbstoffe, ecomed Verlagsgesellschft, Landsberg, 1993, 31 und 282 ff.

[9] K. Benkendorff, J. B. Bremner, A. R. Davis, Molecules **6** (2001) 70.

[10] P. Friedländer, Mh. Chem. **28** (1907) 991.

[11] E. Steingruber in Ullmanns Encyclopedia of Industrial Chemistry, 6. Ed., 2000, Electronic Release, Indigo and Indigo Colorants.

[12] G. Voß, H. Gerlach, Chem. Ber. **122** (1989) 1199.

[13] C.-X. Liu, W.-G. He, J. Ethnopharm. **34** (1991) 83.

[14] R. P. Maskey, I. Grün-Wollny, H. H. Fiebig, H. Laatsch, Angew. Chem. **114** (2002) 623.

[15] R. Jantelat, T. Brumby, M. Schäfer, H. Briem, G. Eisenbrand, S. Schwahn, M. Krüger, U. Lücking, O. Prien, G. Siemeister, ChemBioChem **6** (2005) 531.

2.3 Alizarin

2.3.1 Einleitung

Die Färberröte oder Krapp *Rubia tinctorum*[1] ist eine schon im Altertum im Orient bekannte Pflanze, aus deren Wurzeln man eine rote Lackfarbe gewann (Abb. 2.16). Sie wurde schon von Plinius dem Älteren beschrieben. Der arabische Name für die rote Wurzel ist „alizari".

2.16 *Rubia tinctorum. Kolorierter Kupferstich von Nicolaus Friedrich Eisenberger, aus dem Kräuterbuch der Elisabeth Blackwell, Nürnberg (1765).*

2.17 *Raphael malte Papst Leo X. um 1517. Das Gemälde befindet sich heute in den Uffizien in Florenz.*

Purpurati: Es handelte sich [i] bei dem Farbstoff um eine Fälschung. In Wirklichkeit wurden die Mäntel mit Scharlach, dem Farbstoff der Cochenille- und Kermes-Schildlaus, gefärbt.[3] Dies hatte wahrscheinlich nicht zuletzt schlicht monetäre Gründe. Zum Färben mit diesem Beizenfarbstoff benötigte man Alaun, den man seit dem 12. Jahrhundert aus Syrien, Ägypten, Griechenland und Kleinasien importierte. Im 15. Jahrhundert aber entdeckte man in Italien (bei Tolfa) Alaun, und der Papst erlangte ein Monopol auf den Alaun aus den Minen dort.[4]

Karl der Große ordnete in der Landgüterverordnung *Capitulare de villis* die Kultivierung des Krapps in allen karolingischen Staatsgütern, den Meierhöfen, an. Im Mittelalter bis in die Renaissance wurde Krapp in vielen Gegenden Mitteleuropas in großen Mengen für das Färben von Textilien angebaut. 1467 führte Papst Paul II. die roten Gewänder als Abzeichen der Kardinäle, der „Purpurati", ein (Abb. 2.17).[2] Tizian (1488/90–1576) benutzte Krapplacke für seine Gemälde.

Im 16. Jahrhundert kam das Verfahren zur Herstellung des Farblacks nach Frankreich. 1868 wurden in Frankreich 50 000 Tonnen Krappwurzeln mit 1 % Farbstoffgehalt geerntet.

Je nach Verlackungsmittel schwankt der Farbton der daraus hergestellten Lacke von scharlach (zinnhaltiger Farblack) über karminrot (Aluminiumlack: Türkischrot) und braunviolett (chromhaltige Beizen) bis zu blau oder gar violett (eisenhaltige Komplexe).

Eine andere bedeutende Quelle für Rottöne waren Läuse. Kermes, ein Beizenfarbstoff wie Alizarin, war in Europa seit der Antike der wichtigste rote Farbstoff aus Insekten. Hinweise für das Färben von Gewändern und Teppichen findet man schon im Alten Testament (2. Buch Mose, Kapitel 28, 4–8 und 26, 1).

Den Farbstoff, den man auch Scharlach oder Karmin nannte, gewann man durch Extraktion von getrockneten weiblichen Kermes-Schildläusen (verschiedener Arten, z. B. *Kermes vermilio* und *Kermococcus ilicis* L.) mit Ethanol (Abb. 2.18). Kermessäure dient den auf Kermeseichen (*Quercus coccifera*) im Mittelmeerraum lebenden Läusen als Ameisenabwehrstoff.[5] Die polnische Cochenille-Laus (*Porphyrophora polonica* L.), die an den Wurzeln eines Nelkengewächses (*Scleranthus perennis*) lebt, wurde erstmals 812 in den Kapitularien Karls des Großen erwähnt. Sie war auch als Johannisblut bekannt, weil die „Ernte" traditionsgemäß am Tag des Johannes des Täufers (24. Juni) begann.

Mit der Eroberung Mexikos durch die Spanier kam gegen 1530 das Färben mit Cochenille nach Europa (Abb. 2.19). Den Farbstoff gewann man aus der amerikanischen Cochenille-Schildlaus (*Dactylopius coccus* Costa), die bereits von den Azteken im großen Stil in Kakteenpflanzungen (*Opuntia monacantha*, *Opuntia vulgaris* und *Nopalea cochenillifera*) gezüchtet wurde und die man für deren Früchte hielt. Aufgrund der größeren Farbstoffausbeute verdrängte Cochenille Kermes fast vollständig. Zur Blütezeit der Cochenille-Produktion um 1870 exportierten die Kanarischen Inseln 3000 Tonnen Cochenille (Abb. 2.20).

ⓘ Die wichtigsten Lieferanten für natürliche Cochenille sind heute immer noch die Kanarischen Inseln wie Lanzarote und Fuerteventura sowie Mexiko und Peru.

2.20 *Bis 1954 färbte man die britischen Garde-Uniformen mit natürlicher Cochenille.*

Große Einschnitte erlebte der Export der Cochenille allerdings wenig später mit der Aufnahme der Produktion von Fuchsin und den Azofarbstoffen.[6] Heute wird Cochenille noch zum Färben von Ostereiern, Kosmetika, Tabletten und Getränken benutzt (natürlicher Lebensmittelfarbstoff E 120), jedoch kommt auch hier der synthetische Farbstoff Cochenillerot A (Ponceau 4R, E 124) zum Einsatz, z. B. zum Einfärben von Gummibärchen.[7] [8] [9]

2.3.2 Strukturaufklärung

Der wichtigste Farbstoff der Krappwurzel ist das Alizarin. Es ist in der Pflanze glykosidisch an Glucose und Xylose gebunden (Ruberythrinsäure). Die Struktur wurde 1868 von Graebe und Liebermann (zwei Schülern von Adolf von Baeyer) an der Berliner Gewerbeakademie aufgeklärt.

$$\text{Ruberythrinsäure} \xrightarrow{\text{Hydrolyse}} \text{Alizarin} + \text{Glucose} + \text{Xylose}$$

Aus der Hydrolyse der Ruberythrinsäure schloss man, dass Alizarin eine Dihydroxyverbindung sein musste. Die Zinkstaubdestillation des Alizarins ergab Anthracen.

$$\text{Alizarin} \xrightarrow{\text{Zinkstaub}}$$

Aufgrund der orangeroten Farbe nahmen Graebe und Liebermann an, Alizarin sei ein Derivat des Anthrachinons, wobei die Position der beiden Hydroxyverbindungen noch unklar war. Die Oxidation des Alizarins ergab Phthalsäure. Demzufolge musste ein Benzolring unsubstituiert sein.

$$\text{Alizarin} \xrightarrow{\text{Oxidation}}$$

Da sich umgekehrt Alizarin aus Phthalsäureanhydrid und Brenzcatechin herstellen ließ, mussten die beiden Hydroxygruppen *o*-ständig sein. Es blieben also noch folgende zwei Möglichkeiten für die Struktur:

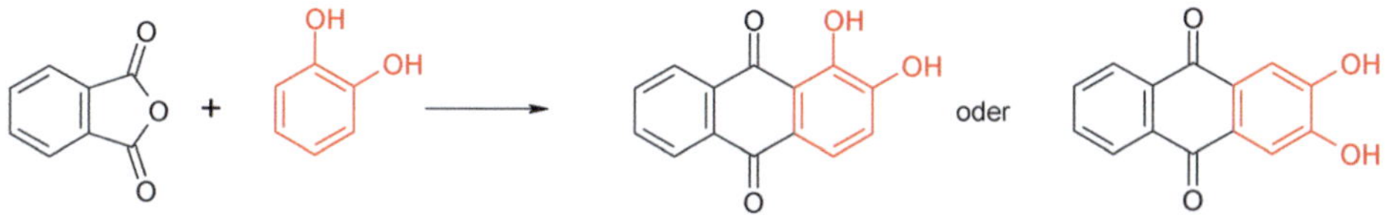

1,2-Dihydroxyanthrachinon   **2,3-Dihydroxyanthrachinon**

In analoger Weise erhielt man aus Phthalsäureanhydrid und Hydrochinon Chinizarin, das sich zu Purpurin, einem Begleitfarbstoff des Alizarins, weiteroxidieren ließ.

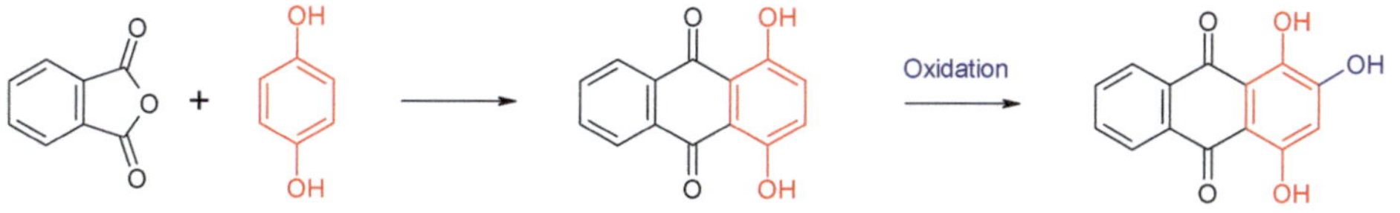

Chinizarin
1,4-Dihydroxyanthrachinon

Purpurin
(1,2,4-Trihydroxyanthrachinon)

Purpurin ist also ein Trihydroxyanthrachinon mit zwei Hydroxygruppen in *p*-Position. Andererseits ergab die Oxidation des Purpurins auch Phthalsäureanhydrid, sodass sicher gestellt war, dass ein Benzolring unsubstituiert war.

Da man aber auch durch Oxidation von Alizarin mit Mangandioxid und Schwefelsäure Purpurin erhielt, blieb für die Struktur des Alizarins nur noch eine Möglichkeit.

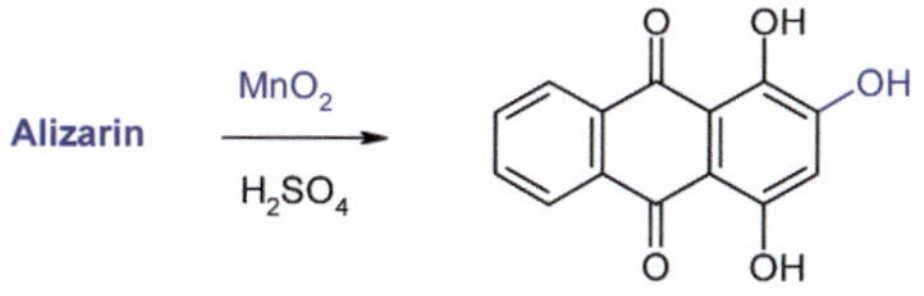

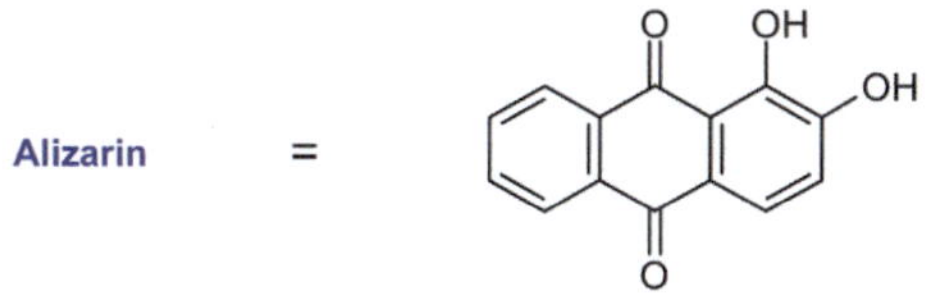

Karminsäure wie Kermessäure lassen sich als höher substituierte Derivate des Alizarins auffassen.

1858 wurde Karminsäure in reiner Form isoliert, und 1916 klärte Dimroth die Struktur auf.[10] Der Farbstoff, die Karminsäure, unterscheidet sich von der Kermessäure durch einen Glucoserest (Abb. 2.21).

2.3.3 Technische Synthese

Ein Jahr nach der Strukturaufklärung von Alizarin gelang Heinrich Caro bei der BASF in Zusammenarbeit mit Graebe und Liebermann dessen Synthese. Sie geht von Anthrachinon und rauchender Schwefelsäure (Oleum) aus.[11] In Abwesenheit von Katalysatoren ist das Hauptprodukt der Sulfonierung aus sterischen Gründen Anthrachinon-2-sulfonsäure.[12] Dieses Zwischenprodukt wird dann einer oxidativen Alkalischmelze unterworfen.

Anthracen

Anthrachinon

Alizarin

2.3.4 Technischer Färbeprozess

Der Färbevorgang umfasst das Beizen der Gewebe und das eigentliche Anfärben. Zum Beizen werden Wolle oder Baumwolle mit Kaliumalaun $KAl(SO_4)_2 \times 12\ H_2O$ getränkt und dann mit Wasserdampf behandelt. Dabei schlägt sich Aluminiumhydroxid feinstverteilt auf der Oberfläche der Faser nieder. Zum Anfärben wurde die mit Alaun gebeizte Wolle oder Baumwolle mit einer feinen Alizarinsuspension längere Zeit gekocht.[13]

2.3.5 Auswirkungen auf die Entwicklung der jungen industriellen Chemie

Alizarin war der erste in größerer Menge gewonnene Naturstoff, der vollständig durch die synthetische Verbindung verdrängt wurde, und ist damit der erste industriell hergestellte Naturstoff.

Zur Herstellung von Alizarin benötigte die BASF immer größere Mengen an Schwefelsäure. Die wichtigsten Anbieter waren böhmische „Vitriolbrennereien", die den steigenden Bedarf bald nicht mehr decken konnten. Die BASF selbst benutzte das Bleikammerverfahren zur Herstellung einer verdünnten Schwefelsäure, die man letztlich in einem Platinkessel aufkonzentrierte, welchen man, da er 30 000 Gulden gekostet hatte, nachts im Portierhaus wegschloss. Aus diesen vollkommen unzureichenden Verhältnissen heraus entwickelte Rudolf Knietsch 1888 das Schwefelsäure-Kontaktverfahren, nach dem Schwefelsäure auf katalytischem Weg hergestellt werden konnte und das die BASF zum weltweit größten Schwefelsäureproduzenten machte.[14] Dieses Verfahren wird heute noch in abgewandelter Form ausgeübt und ist der erste großtechnisch genutzte katalytische Prozess.[15]

$$S \;+\; O_2 \longrightarrow SO_2 \xrightarrow[V_2O_5]{1/2\,O_2} SO_3 \xrightarrow{H_2O} H_2SO_4$$

Letztlich waren die ersten technischen Naturstoffsynthesen Auslöser für eine ganze Reihe von Erfindungen im Bereich der Basischemikalien und damit maßgeblich für die Rückintegration der jungen chemischen Industrie zu Beginn des 20. Jahrhunderts.

2.3.6 Moderne Entwicklungen

Auch wenn Alizarin als Textilfarbstoff ausgedient hat, so findet natürliche Cochenille als Lebensmittelfarbstoff noch breite Anwendung. Aufgrund des großen Aufwands, den man zur Gewinnung des Naturfarbstoffs treiben muss, ist eine vollsynthetische Herstellung von „naturidentischer" Kermes- und Karminsäure nach wie vor attraktiv, wenn man in Rechnung stellt, dass mit naturidentischen Lebensmittelfarbstoffen höhere Preise als mit Textilfarbstoffen erzielt werden können. Eine Totalsynthese von Karminsäure wurde in diesem Zusammenhang von John Tyman und der European Colour plc. beschrieben.[17][18]

Das Anthrachinongerüst der Karminsäure wird durch Friedel-Crafts-Acylierung[19] und eine Diels-Alder-Reaktion aufgebaut. Für die C-Glycosylierung wird das chinoide System mit Natriumdithionit reduziert und schrittweise permethyliert. Die Substitution findet stereospezifisch in Position 7 statt, da die Methoxygruppe an C-Atom 3 dort eine negative Partialladung induziert (rote Pfeile), wohingegen das C-Atom 6 durch die Esterfunktion deaktiviert wird (blaue Pfeile). Nach selektiver Oxidation mit Pyridiniumchlorochromat werden durch Hydrierung die Benzylschutzgruppen abgespalten und mit Essigsäureanhydrid verestert. Der Demethylierung mit Bortribromid schließt sich

1862 stellte Gaspare Campari in Mailand das weltberühmte gleichnamige Getränk her, dessen genaue Rezeptur ein Familiengeheimnis ist. Campari wird nach Firmentradition ausschließlich aus natürlichen Zutaten, 86 Kräutern, Wurzeln, Gewürzen und Zitrusfrüchten hergestellt, die man mit destilliertem Wasser aufweicht und mit reinem Ethanol versetzt. Der Alkoholgehalt beträgt 25 %. Der bittere Geschmack stammt von Chinin, die karminrote Farbe von der Cochenille-Schildlaus.[16]

dann die Einführung der Hydroxygruppe in Position 6 mit Bleitetraacetat in Gegenwart von Essigsäureanhydrid an. Abschließend werden alle Essigsäureester verseift.

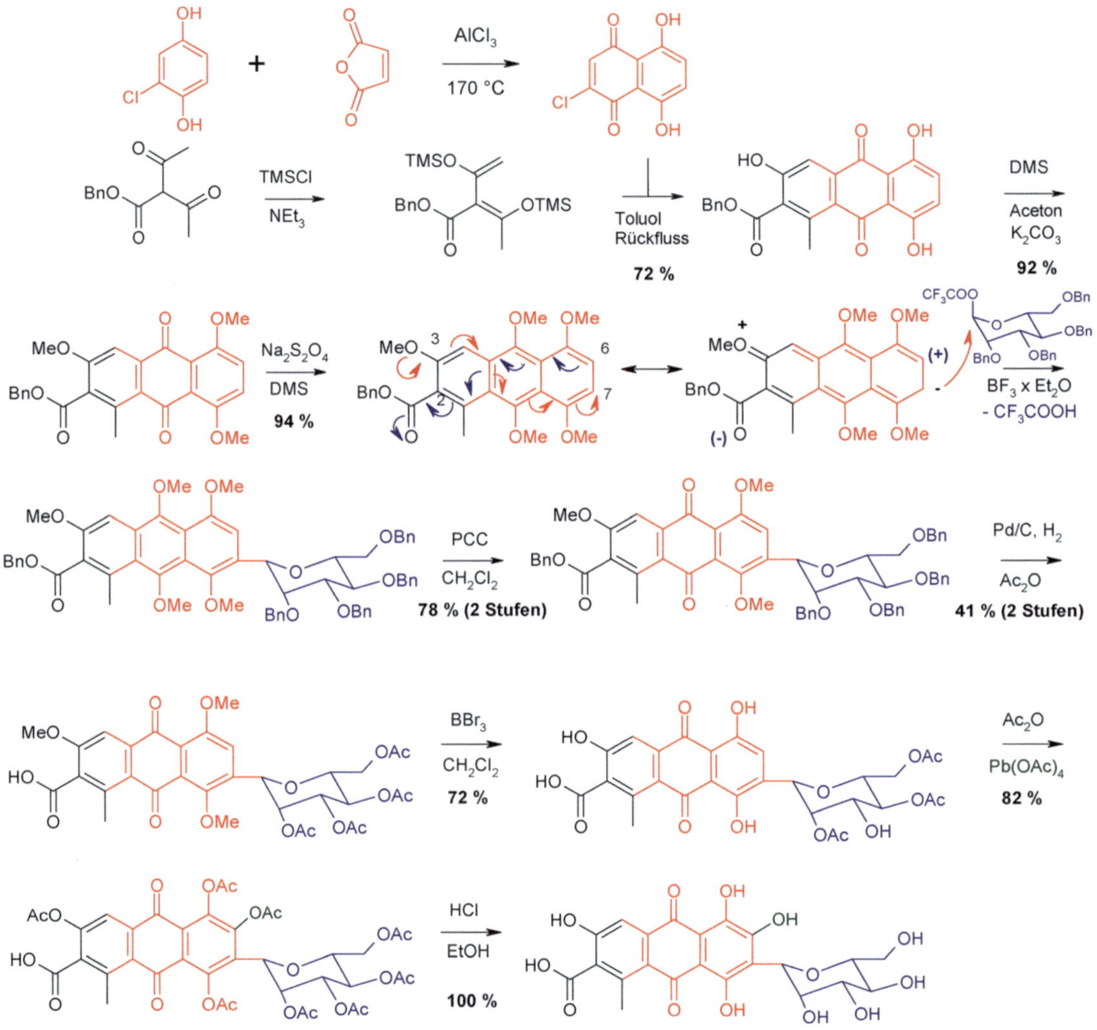

Es handelt sich hierbei mit Sicherheit noch nicht um eine Synthese, die sich ohne weitere Überarbeitung in den technischen Maßstab vergrößern ließe. Problematisch wäre z. B. der Umgang mit Pyridiniumchlorochromat und Bleitetraacetat. Auch die Schutzgruppenstrategie müsste noch verbessert werden.

Zusammenfassung in Stichpunkten

- Alizarin war der erste Naturstoff, der durch Totalsynthese im größeren industriellen Maßstab hergestellt wurde.
- Die Synthese erforderte auch die Entwicklung effizienter Verfahren zur Produktion von Basischemikalien.
- Während Alizarin durch moderne Farbstoffe am Markt verdrängt wurde, besitzen verwandte Anthrachinonfarbstoffe auf dem Lebensmittelsektor zumindest potenziell attraktive Anwendungsfelder.

Literatur

[1] W. Gerstner, Die BASF (1977) 2, 60.

[2] M. C. Whiting, Chemie in unserer Zeit **15** (1981) 179.

[3] R. R. Melzer, P. Brandhuber, T. Zimmermann, U. Smola, Biologie in unserer Zeit **31** (2001) 30.

[4] S. Struckmeier, Chemie in unserer Zeit **37** (2003) 402.

[5] Römpp, Chemie Lexikon, Thieme Verlag, Stuttgart, 1995, Electronic Release.

[6] H. Schweppe, Handbuch der Naturfarbstoffe, ecomed Verlagsgesellschft, Landsberg, 1993, 259.

[7] Cochineal und Natural dyes, Encyclopædia Britannica, Inc., Electronic Release, 1994–2001.

[8] http://www.seilnacht.com/Lexikon/Cochenil.htm

[9] http://www.kremer-pigmente.de/kermes.htm; http://www.kremer-pigmente.de/36040.htm

[10] O. Dimroth, R. Fick, Justus Liebig's Ann. Chem. **411** (1916) 315.

[11] Etappen der BASF-Forschung, BASF-Druckschrift (1985) 5.

[12] In Gegenwart von Quecksilber erhält man kinetisch kontrolliert Anthrachinon-1-sulfonsäure. W. Langenbeck, W. Pritzkow, Lehrbuch der Organischen Chemie, Verlag Theodor Steinkopff, Dresden, 21. Aufl., (1969) 173.

[13] W. Langenbeck, W. Pritzkow, Lehrbuch der Organischen Chemie, Verlag Theodor Steinkopff, Dresden, 21. Aufl., (1969) 353, 372.

[14] L. Meinzer, 125 Jahre BASF – Stationen ihrer Geschichte, BASF, (1990) 10, 11, 22.

[15] Holleman, Wiberg, Lehrbuch der Anorganischen Chemie, Walter de Gruyter, Berlin-New York (1985) 507, 510.

[16] http://www.strawberryfeels.de/campari.htm

[17] J. H. P. Tyman, A. Fiecchi, US 5424421 (1991).

[18] P. Allevi, M. Anastasia, S. Bingham, P. Ciuffredo, A. Fiecchi, G. Cighetti, M. Muir, A. Scala, J. Tyman, J. Chem. Soc., Perkin Trans. 1, (1998) 575.

[19] A. Bekaert, J. Andrieux, M. Plat, Bull. Soc. Chim. Fr. (1986) 314.

3 | Riech- und Aromastoffe

Eine der schönsten und wundersamsten Facetten der Chemie ist das Kapitel der Riechstoffe und Aromastoffe. Ist die Chemie in vielen Fällen eine sehr zweckorientierte Wissenschaft, so sind Riechstoffe Luxusgüter, die augenfällig Naturwissenschaft und Kultur verbinden.

Riechen

Der Riechvorgang beginnt damit, dass Duftstoffe mit der Atemluft in der Riechzone (Riechepithel, *Regio olfactoria*) auf Rezeptorzellen gelangen (Abb. 3.1 und Abb. 3.2). Richard Axel und Linda B. Buck (Nobelpreis für Medizin 2004) identifizierten 339 intakte, transmembrane, olfaktorische Rezeptorproteine, an die sich an Transportproteine assoziierte Duftstoffmoleküle binden können.

Generell binden die Duftstoffmoleküle an mehrere unterschiedliche olfaktorische Rezeptorproteine und an ein olfaktorisches Rezeptorprotein binden verschiedene Duftstoffmoleküle. Hierdurch entsteht für jeden Duftstoff ein charakteristisches Bindungsprofil.[1] [2]

Die olfaktorischen Rezeptoren befinden sich auf geißelförmigen Riechhaaren (*Cilia olfactoria*). Bündel von bis zu zehn dieser Fäden sind mit 20 Millionen Riechzellen verbunden. Jede Riechzelle exprimiert nur einen Geruchsre-

[i] Der Mensch verwendet etwa 1 % des Genoms, um die Geruchsrezeptorproteine zu codieren.

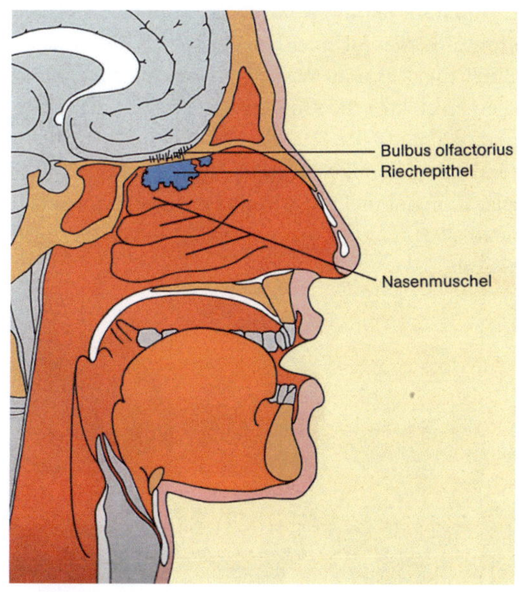

3.1 *Schädelquerschnitt des Menschen.*

© Springer-Verlag GmbH Deutschland, ein Teil von Springer Nature 2006
B. Schäfer, *Naturstoffe der chemischen Industrie*,
https://doi.org/10.1007/978-3-662-61017-6_3

3.2 *Der Riechvorgang beim Menschen.*

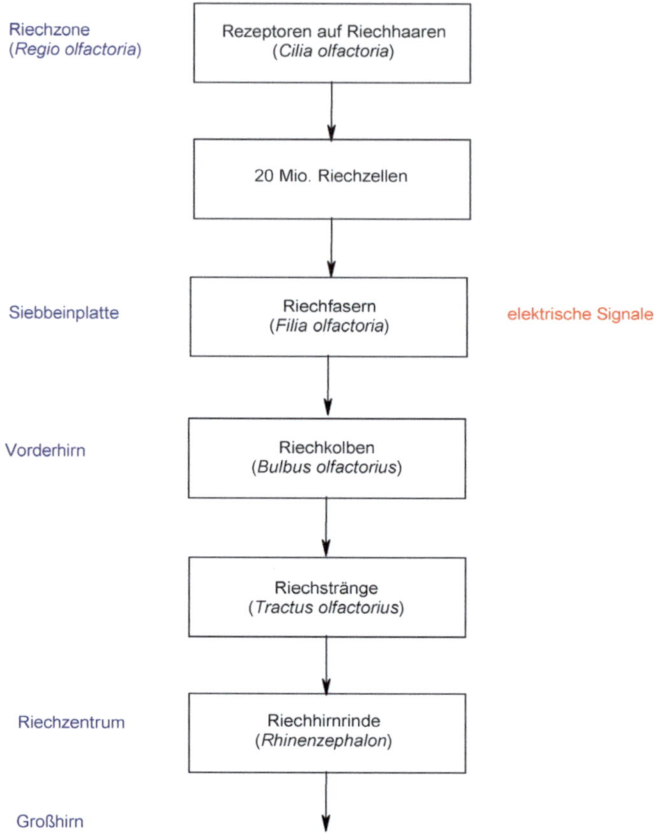

zeptor. Bei der Bindung des Duftstoffs an die Rezeptoren verändert sich die Quartärstruktur des Rezeptorproteins, was zu einer Depolarisation der olfaktorischen Membran und schließlich zum Zusammenbruch des elektrischen Potenzials der Zelle führt. Dies löst einen elektrischen Impuls aus, der in Riechfasern (*Filia olfactoria*) durch die Siebbeinplatte des Nasendachs in den Riechkolben (*Bulbus olfactorius*) des Vorderhirns geleitet wird. Dort befinden sich Cluster von Neuronen, die man Glomeruli nennt und die jeweils einem olfaktorischen Rezeptorprotein zugeordnet sind. Jeder Geruch löst ein charakteristisches Glomeruli-Erregungsmuster aus (Abb. 3.3).[3]

3.3 *Man kann die Erregungsmuster, die ein Duft im Riechkolben auslöst, an der lebenden Maus durch bildgebende NMR-Methoden (fMRI, functional magnetic resonance imaging) sichtbar machen. Dargestellt sind die Muster, die Butanal (C4), Pentanal (C5), Hexanal (C6), Heptanal (C7) und Octanal (C8) auslösen (hohe Aktivität: rot, bis geringe Aktivität: blau).*

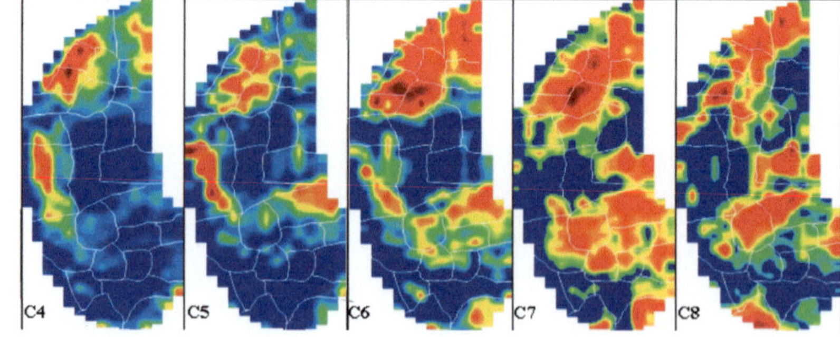

animalisch — Ambra, Moschus, Bibergeil, Schweiß, Fäkalien

grün — Buchenblätter, Gurken, Heu, Myrthe, Galbanum

fruchtig — Zitrusfrüchte, Apfel, Himbeere, Erdbeere, Ananas, Passionsfrucht

blumig — Jasmin, Rose, Veilchen, Mimose, Orangenblüte, Maiglöckchen

harzig — Weihrauch, Myrrhe, Labdanum, Kiefernholz, Mastix

holzig — Sandelholz, Zedernholz, Vetiver, Patchouli, Koniferen

würzig — Zimt, Anis, Vanillin, Nelken, Pfeffer, Kampfer

erdig — Erde, Schimmel, Ozean

3.4 *Der Parfümeur klassifiziert die Düfte nach acht Kategorien. Man unterscheidet bei Düften zwischen Kopfnote, dem ersten Geruchseindruck, der Herznote, dem eigentlichen Charakter des Duftes und der Grundnote, die man nach mehreren Stunden noch wahrnimmt. Durch Fixateure versucht man die leichter flüchtigen Komponenten zu binden und die Verdunstung zu verlangsamen, sodass die Herznote länger wahrnehmbar ist.*

Der Riechkolben transformiert auf diese Weise die elektrischen Signale, die alle molekularen Informationen des Duftstoffs abbilden und leitet dieses Erregungsmuster über die Riechstränge (*Tractus olfactorius*) zur Riechhirnrinde (*Rhinenzephalon*) und in übergeordnete Teile des Gehirns. Der Geruchseindruck wird dann mit denen des Gedächtnisses verglichen.[4] Auf diese Weise sind wir in der Lage, viele tausend verschiedene Gerüche zu unterscheiden (Abb. 3.4).

Menschenduft

Der menschliche Körper hat mehrere tausend unterschiedliche exokrine Drüsen. Über den Hormonhaushalt werden die über Gesicht und Kopfhaut verteilten Talgdrüsen und die apokrinen Schweißdrüsen (= Duftdrüsen), die man vor allem in den Achselhöhlen und im Genitalbereich findet, beeinflusst. Die Sekrete sind geruchlos, werden aber von den auf der Haut angesiedelten Mikroorganismen in riechende Substanzen verwandelt. Der Körpergeruch, der dadurch entsteht, ist abhängig vom Genom, dem Hormonhaushalt, dem Metabolismus, der Ernährung und psychischen und sozialen Einflüssen. Es gibt außerdem große Unterschiede zwischen den verschiedenen Menschenrassen. Zum Beispiel haben Koreaner keine apokrine Schweißdrüsen, Chinesen und Japaner nur wenige, weiße Menschen dagegen deutlich mehr und dunkelhäutige am meisten.

Der Körpergeruch des Menschen lässt sich beschreiben als eine Mischung aus animalischem Moschus mit stark sandelholzartigem Einschlag, einer urinartigen Schweißnote und dem Geruch nach Fettsäuren. Da Körpergeruch auch Teil der Intimsphäre ist, bedeutet darüber zu sprechen, Tabus zu brechen. Normalerweise bleiben wir auf Distanz oder benutzen für alle Fälle ein wohl dosiertes Parfüm.

ⓘ Der Fettsäuregeruch ist für Japaner sehr unangenehm, was den Amerikanern und Europäern den Namen *batakusai* (Butterstinker) einbrachte.

Menschliche Pheromone

Gibt es menschliche Pheromone? Vor 40 Jahren prägten Karlson und Luscher diesen Begriff für Substanzen, die ein Tier aussendet, um eine Verhaltensänderung oder eine physiologische Antwort in einem anderen Tier der gleichen Spezies zu erzielen.[5] Säugetiere registrieren Pheromone an speziellen Rezeptoren des vomeronasalen Organs (VNO, *Vomer*, Pflugscharbein)[6] in der Nasenhöhle.[7] Die Informationen werden an den Hypothalamus weitergeleitet, der das neuroendokrine System beeinflusst. Bis vor wenigen Jahren glaubte man, dass das vomeronasale Organ beim erwachsenen Menschen atrophiert sei. Doch dann entdeckte man ein intaktes VNO in der Nähe der Nasenhöhlenscheidewand (*Septum nasi*).[8] [9]

Stern und McClintock konnten zeigen, dass sich die follikulare Phase der Frau verlängert oder verkürzt, wenn man Frauen geruchlosen Achselschweiß anderer Frauen über mehrere Perioden hinweg auf die Oberlippe streicht, sodass sich schließlich die Ovulation synchronisiert.[10] [11] Dieses Phänomen kennt man schon länger von Frauen, die in enger Gemeinschaft leben. Verhaltensforscher erkennen hierin ein Relikt aus längst vergangener Zeit, als die zeitgleiche Geburt vieler Kinder aufgrund des Überangebots für Raubtiere eine bessere Überlebenschance darstellte.

Riechen Männer Pregna-4,16-dien-3,20-dion im nanomolaren Bereich, führt dies zu einer statistisch signifikanten Herabsetzung des Plasma-Lutropin- und des Follitropinspiegels. Die Atmungsfrequenz wird herabgesetzt, die Herzfrequenz erhöht sich. Die elektrische Leitfähigkeit der Haut und das EEG-Muster verändern sich (Abb. 3.5). Riechen Frauen Pregna-4,16-dien-3,20-dion, beobachtet man dagegen keine hormonellen Effekte.[12]

Lutropin (LH = luteinisierendes Hormon) löst beim Mann die Androgensynthese und die Testosteron-Ausschüttung aus. Follitropin (FSH = follikelstimulierendes Hormon) regt die Spermatogenese an. Während der Schwangerschaft haben Frauen einen permanent hohen Progesteron-Spiegel (=Pregna-4-en-3,20-dion).

3.5 *Der Grund, warum menschliche Duftstoffe in der Evolution konserviert wurden, könnte darin begründet sein, dass die Geruchswahrnehmung mit dem Histokompatibilitätskomplex in Zusammenhang steht.*

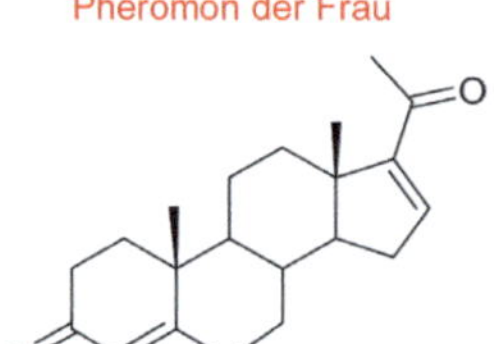

Das als „Dosen-Eber" bezeichnete Pheromonpräparat (eine Mischung aus 5α-Androst-16-en-3-on und 5α-Androst-16-en-3-ol) benutzt man in der Veterinärmedizin zur Stimulation der Sau. Das Pheromon induziert die Freisetzung von Oxytocin, was zur Kontraktion der Eileiter und des Uterus führt. Hierdurch kann man die Trächtigkeitsrate des Schweines erhöhen.[13]

Auch Männer haben ihre chemischen Reize.[14] Prelog und Ruzicka klärten die Struktur von 5α-Androst-16-en-3-on auf, dem Sexualpheromon des Ebers[15] [16] und, wie sich später herausstellte, des Mannes[17], und ordneten ihm einen „Geruch von Gefäßen" zu, „die längere Zeit für die Aufbewahrung von Harn benutzt worden waren". Bei den Steroiden im Achselschweiß des Mannes handelt es sich um endogene Substanzen und nicht um mikrobielle Abbauprodukte. Frauen setzten sich im Wartezimmer lieber auf androstenonimprägnierte Stühle als auf unbehandelte. Auch Fotos von Menschen, Tieren und Häusern wurden unter dem Geruchseindruck von Spuren von 5α-Androst-16-en-3-on freundlicher und wärmer beurteilt als bei fehlendem Eberpheromon.

Historie der Riechstoffe

Riech- und Aromastoffe begleiteten den Menschen durch seine gesamte Kulturgeschichte.[18] Galenus (Galen), der Begründer der Galenik und Leibarzt von Markus Aurelius, entdeckte die Riechnerven, die Leonardo da Vinci in seinen anatomischen Zeichnungen akkurat darstellte. Er kannte auch deren Verbindung mit dem Riechkolben. Titus Lucretius Carus (97–55 v. Chr.), römischer Dichter und Naturphilosoph, entwickelte erste Struktur-/Wirkungsbeziehungen von Riechstoffen. In seinem Werk *De rerum naturae* ordnet er angenehmen Duftstoffen eine runde Gestalt zu und stinkenden Substanzen eine scharfe, stachlige Form. Ein Geruch wird dadurch ausgelöst, dass diese Teilchen durch Schlitze mit komplementärer Struktur hindurchtreten. 2 000 Jahre vor Emil Fischer, nimmt Carus damit dessen Schlüssel/Schloss-Theorie für die Substrat/Enzym-Wechselwirkung vorweg. Linus Pauling übertrug diese Vorstellung auf die Olfaktion, was letztlich die Grundlage der „Stereochemischen Geruchstheorie" von Amoore war. Nach Amoore haben Moleküle mit ähnlicher Moleküloberfläche ähnlichen Geruch.[19]

Parfüm ist das eingedeutschte Wort des französischen Wortes *parfum* und leitet sich von dem lateinischen *per fumum* ab, das Opferrauch bedeutet. Rauchopfer gehören zu den ältesten Formen der Götterverehrung. Der Rauch stieg nach oben und verbreitete Wohlgeruch. Hier ist der Beginn der Duftkultur zu suchen, lange vor der Geschichtsschreibung, also zu Beginn der Menschheitsgeschichte. Ägypter, Perser und Skyten benutzen Harze und wohlriechende Pflanzenöle zur Einbalsamierung der Toten. Bald dienten Duftstoffe auch kosmetischen und anderen Zwecken.

Die Römer übernahmen den Gebrauch von Riechstoffen von den Etruskern, die bereits Myrte, Labdanum, Ginster, Pinusharze und arabischen Weihrauch kannten.[21] Auch übte der luxuriöse Lebensstil der Griechen großen Einfluss auf das junge römische Reich aus. In der Kaiserzeit verfiel Rom in einen wahren Duftrausch. Plinius berichtet, dass die Kosten für die jährlichen Importe an Riechstoffen aus Indien und Arabien 100 Millionen Sesterzen (2 500 000 Dollar) überstiegen. Indien lieferte zur Salbenbereitung hierfür Kardamom, Muskatnuss, Ingwer, Zimt, Pfeffer, Kostuswurzeln, Spikenarde, Aloe, Sandelholz und Nardengras. Außerdem nutzte man die einheimischen Rosen, Schwertlilien, Quitten, Narzissen, den Jasmin und wilden Wein. An tierischen Riechstoffen ist nur die Verwendung getrockneter Riechstoffdrüsen eines weitverbreiteten Tintenfisches gesichert, die im pulversierten Zustand einen angenehmen Moschusgeruch verströmten.

In den Kapitularien Karls des Großen findet man die von dem Benediktinermönch Ansegis verfassten Hinweise auf Rosmarin, Thymian, Salbei, Dill, Petersilie, Majoran, Minze und Raute. Sie wurden als Gewürze und als Arzneimittel in den Klostergärten angebaut. Hildegard von Bingen (1098–1179) widmete dem Lavendel eine eigene Schrift, *De Lavendula*. Mit den heimkehrenden Kreuzfahrern und den berühmten arabischen Ärzten gelangte das umfangreiche Wissen der Araber über Gewürze und Düfte in den Norden Europas. Eine wich-

ⓘ In Salomos Sprüchen lesen wir: »Ich habe mein Lager mit Myrrhe, Aloe und Zimmet besprengt. Komm, lass uns genug buhlen bis an den Morgen, und lass uns der Liebe pflegen.«[20]

ⓘ In der ursprünglichen Bedeutung des Wortes Parfüm spiegeln sich zwei Kriterien für das Menschsein: der Gebrauch von Feuer und der Glaube an das Jenseits.

3.6 *Im Jahr 1875 ließ Ferdinand Mülhens „4711" als Warenzeichen eintragen. Seine Marketingstrategie war, sich deutlich von der Vielzahl anderer „Kölnisch Wasser" abzugrenzen.*

tige Rolle spielten hierbei die Ärzteschule von Salerno, die Übersetzerschule von Toledo und das Handelszentrum Venedig.

Das südfranzösische Städtchen Grasse entwickelte sich zum Zentrum der Parfümherstellung, nachdem Katharina von Medici (1519–1589) für den Apotheker und Alchemisten Tombarelli dort ein Laboratorium einrichtete. An der Universität von Montpellier ließ sie nach neuen Methoden zur Gewinnung von Riechstoffen aus Pflanzen forschen. Das beliebteste Parfüm jener Zeit war *Frangipani*, ein alkoholischer Auszug aus Irispulver, Moschus und Zibet, das von Mauritius Frangipani einem Nachkommen dieses mächtigen römischen Adelsgeschlechts erfunden wurde.

Es waren auch die Italiener, die den Wohlgeruch nach Deutschland brachten, etwa Giovanni Paolo de Femini, der um 1690 einwanderte und in Köln *Aqua mirabilis* nach heimatlichen Rezepturen herstellte und von der Kölner Universität ein Zertifikat und eine Gebrauchsanweisung für sein Produkt erwirkte sowie der aus Mailand stammende Maria Farina, der 1709 die Herstellung von *Kölnisch Wasser* aufnahm.

Ein Kartäusermönch aus der Familie der Feminis schenkte Wilhelm Mülhens an dessen Hochzeitstag, dem 8. Oktober 1792, eine Rezeptur für ein Duftwasser. Mülhens erkannte rasch den Wert des Geschenks und gründete ein Unternehmen zur Herstellung von Kölnisch Wasser. Vier Jahre später, Köln war inzwischen durch französische Revolutionstruppen besetzt, musste nach einem Erlass von General Daurier jedes Haus durchnumeriert werden, um den Soldaten das Auffinden ihrer Quartiere zu erleichtern. Auf das Haus der Familie Mülhens in der Glockengasse fiel die Nummer 4711. Damit war ein Markenname geboren. Das industriell hergestellte Produkt war von Anfang an ein großer Erfolg (Abb. 3.6). Die genaue Rezeptur von *4711* ist geheim, aber einige Essenzen wie Orangenschalenöl, Orangenblütenöl, Zitronenöl, Rosmarinöl, Lavendelöl und Bergamottöl sind bekannt.

Tabelle 3.1 *Wichtige Verbindungen, die durch neue Synthesemethoden im 19. Jahrhundert verfügbar wurden*

Jahr	Verbindung	Erfinder
1855	Benzylalkohol	Canizzarro
1855	Phenylessigsäure	Canizzarro
1866	Cumarin	Perkin
1876	Salicylaldehyd	Reimer
1876	Vanillin	Reimer, Tiemann
1878	Zimtsäure	Perkin
1883	Phenylacetaldehyd	Erlenmeyer, Lipp
1885	α-Terpineol	Wallach
1890	Heliotropin	Ciamician, Silber
1891	Nitromoschus	Baur
1893	Jonone	Tiemann, Krüger

Aimé Guerlain leitete 1889 mit seinem Parfüm *Jicky*® den Wendepunkt in der Parfümherstellung ein. Erstmals verwendete er synthetisch hergestelltes Vanillin, Cumarin und Heliotropin (3,4-Methylendioxybenzaldehyd). Unter den hochnitrierten Benzolen, die große Bedeutung als Sprengstoffe erlangten, fand der französische Chemiker Albert Baur zufällig eine Gruppe von Verbindungen mit Moschusgeruch. Ferdinand Tiemann suchte in Berlin nach einem synthetischen Zugang zu den Duftstoffen der Iriswurzel und fand zufällig die ähnlich riechenden Jonone als erste Vertreter der Veilchenriechstoffe. Houbigant kreierte 1896 daraus das Parfüm *Ideal*. Aus der Gruppe der Salicylate erlangte nicht nur Aspirin große Bedeutung sondern auch Isoamylsalicylat, das an blühenden Klee erinnert und *Tréfle Incarnat* (1889) seine typische Note verlieh. Coco Chanel lancierte 1921 mit der eigenwilligen Komposition *Chanel Nr. 5*® einen ungewöhnlichen Erfolg. Der Bann für synthetische Duftstoffe war hiermit gebrochen (Tab. 3.1). Den 150 natürlichen ätherischen Ölen stehen heute 3 000 synthetische Duftstoffe gegenüber. Weltweit werden mit Riech- und Aromastoffen elf Milliarden Euro umgesetzt (Abb. 3.7).

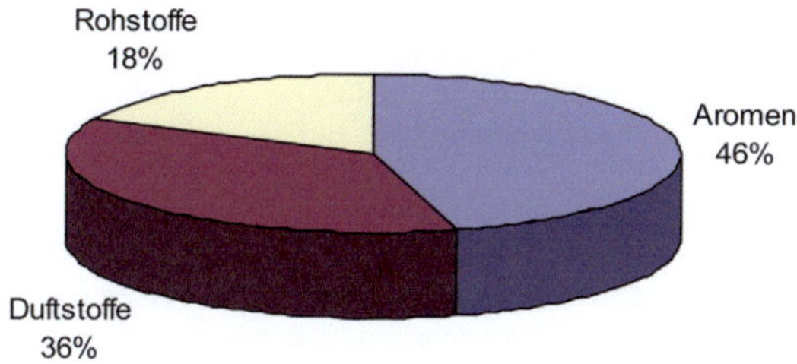

3.7 *Der Riechstoff- und Aromamarkt beläuft sich auf insgesamt elf Milliarden Euro.*

Der Duftstoffbereich mit einem Volumen von vier Milliarden Euro teilt sich in einen Seifen- und Waschmittelbereich mit einem Marktanteil von 35 % und einen Kosmetika- und Körperpflegemittelbereich mit einem Anteil von 30 % auf. Auf die Feinparfümerie entfallen hiervon 20 % und auf Industrieprodukte weitere 10 %. Bedeutende Firmen auf dem Duftstoff- und Aromasektor sind IFF, Givaudan, Symrise und Firmenich.

Von den Parfümrohstoffen werden heute etwa 75 % aller Substanzen durch chemische Synthese hergestellt. Die restlichen 25 % gewinnt man aus Duftpflanzen, die im Mittelmeerraum, in Südostasien und Lateinamerika angebaut werden. Moschus (Moschustier), Zibet (Zibetkatze), Castoreum (nordamerikanischer Biber) und Ambra (Pottwal) sind tierischen Ursprungs.[22]

Zusammenfassung in Stichpunkten

- Riechen ist unser chemischer Sinn. Mit ihm nehmen wir Riech- und Aromastoffe wahr.
- Der Mensch besitzt einen Eigengeruch, der eng mit dem Histokompatibilitätskomplex in Zusammenhang steht.
- Riechstoffe begleiten den Menschen durch seine gesamte Kulturgeschichte.

Literatur

[1] T. Dingermann, I. Zündorf, Pharm. Unserer Zeit **33** (2004) 432.

[2] U. J. Meierhenrich, J. Golebiowski, X. Fernandez, D. Cabrol-Bass, Angew. Chem. **116** (2004) 6570.

[3] F. Xu, N. Liu, I. Kida, D. L. Rothman, F. Hyder, G. M. Shepherd, PNAS **100** (2003) 11029.

[4] G. Ohloff, Riechstoffe und Geruchssinn, Springer Verlag, Berlin, Heidelberg, New York, 1990, 1.

[5] P. Karlson, M. Luscher, Nature **183** (1959) 55.

[6] A. Faller, Der Körper des Menschen, Georg Thieme Verlag, Stuttgart, 7. Aufl., 1976, 98.

[7] Naturwissenschaftl. Rundschau **53** (2000) 35.

[8] L. Monti-Boch, C. Jennings-White, D. S. Dolberg, D. L. Berliner, Psychoneuroendocrinology **19** (1994) 673.

[9] A. Faller, Der Körper des Menschen, Georg Thieme Verlag, Stuttgart, 7. Aufl., 1976, 226.

[10] K. Stern, M. K. McClintock, Nature **392** (1998) 177.

[11] A. Weller, Nature **392** (1998) 126.

[12] D. L. Berliner, L. Monti-Bloch, C. Jennings-White, V. Diaz-Sanchez, J. Steroid Biochem. Molec. Biol. **58** (1996) 259.

[13] O. Vostrowsky, www.organik.uni-erlangen.de/vostrowsky/natstoff/naturstoffe.html

[14] A. Comfort, Nature **230** (1971) 432.

[15] V. Prelog, L. Ruzicka, Helv. Chim. Acta **27** (1944) 61.

[16] V. Prelog, L. Ruzicka, P. Wieland, Helv. Chim. Acta **27** (1944) 66.

[17] R. Claus, W. Alsing, J. Endocr. **68** (1976) 483.

[18] G. Ohloff, Irdische Düfte himmlische Lust, Birkhäuser Verlag, Basel, Boston, Berlin, 1992, 21.

[19] G. Ohloff, Riechstoffe und Geruchssinn, Springer Verlag, Berlin Heidelberg, New York, 1990, 16.

[20] Die Bibel, Salomos Sprüche, Kap. 7, Vers 17, 18, nach der deutschen Übersetzung von Martin Luther, Privelegierte Württembergische Bibelanstalt, 23. Aufl., 1905, 625.

[21] G. Ohloff, Irdische Düfte himmlische Lust, Birkhäuser Verlag, Basel, Boston, Berlin, 1992, 106.

[22] M. Mattner in Winnacker, Küchler, Chemische Technik, Band 8, Wiley-VCH, Weinheim, 2005, 519.

3.1 Damascon

In der *Ilias* und *Odyssee* beschreibt Homer um 800 v. Chr. die Beliebtheit der Rosen. Vergil (79–19 v. Chr.) erwähnt die aus Persien stammende Damaszener Rose (Abb. 3.8) als „Rose von Paestum" und Plinius berichtet von der besonderen Bedeutung der *Rosa gallica* und der „Rose von Milet". Bei den traditionellen Rosenfesten, den *rosalia*, erwarb Nero Rosenblätter im Wert von vier Millionen Sesterzen (100 000 Dollar). Auch Caligula und Vespasian liebten Wohlgerüche. Julius Caesar dagegen bevorzugte eher den Knoblauch. Zu seinen wohlriechenden Generälen sagte er: »Ich wollte, ihr würdet nach Knoblauch stinken.«[1]

Auch im *Nibelungenlied* und der *Edda* wird die Rose verehrt. Das erste Zeugnis der Kultivierung der Rose im transalpinen Raum stammt von Karl dem Großen aus dem Jahr 812. In der christlichen Mystik erlangte die Rose ebenfalls große Bedeutung. Sie wurde zum Sinnbild für das Blut Christi und für die Jungfrau Maria. 1250 beschreibt der Bischof von Regensburg die *Rosa centifolia* L., die Weinrose *Rosa rubiginosa*, die Hundsrose *Rosa canina* und die Feldrose *Rosa arvensis*. Die heimkehrenden Kreuzritter brachten *Eau de Chypre* und Rosenwasser vom Duftzentrum Zypern ins nördliche Europa mit.

3.1.1 Rosenduft aus Rosen

Die übliche Technik zur Gewinnung von wohlriechenden Salben und Ölen in der Antike war die Mazeration (lat. *macere*: einweichen, mürbe machen), wobei die Pflanzen oder Pflanzenteile mit erhitzten Ölen und Fetten behandelt wurden. Die Duftstoffe gingen hierbei auf das Öl oder Fett über (Abb. 3.9).

Die Isolierung des reinen Rosenöls gelang erst im 9. Jahrhundert, nachdem die Araber die Wasserdampfdestillation erfunden hatten (Abb. 3.10).[2] Als Nebenprodukt erhält man zwangsweise Rosenwasser.

Eine weitere Methode zur Gewinnung von Parfümrohstoffen ist die Enfleurage nach dem Cassis-Verfahren (Abb. 3.11). Hierbei werden frisch gepflückte Blütenblätter in mit Rinderfett und Schweineschmalz bestrichene Rahmen gefüllt, wobei die Duftstoffe in das Fett übergehen. Dieser Vorgang wird bis zur Sättigung wiederholt. Die so erhaltene Pomade wird anschließend mit 96%igem Ethanol extrahiert (*lavage*). Das Abdampfen des Alkohols führt zum Absolue. Seit dem 17. Jahrhundert wird die Enfleurage im industriellen Maßstab im südfranzösischen Grasse durchgeführt.

Für die Herstellung von Rosenöl verwendet man heute hauptsächlich die Bulgarische Rose, die Rose de Mai und die *Rosa centifolia*. Hauptanbaugebiete sind Südfrankreich, Ligurien, Kalabrien und Marokko. Die Weltjahresproduktion an Rosenblätter beträgt 52 000 Tonnen. Hieraus gewinnt man 15 Tonnen Rosenöl, eine der teuersten Essenzen für die Feinparfümerie.

Schon sehr früh beschäftigten sich Chemiker mit der Analyse und der künstlichen Herstellung von Rosenöl. Anfang des 20. Jahrhunderts kannte man fünf Verbindungen Citronellol, Geraniol, Nerol, Linalool und β-Phenylethanol, die zusammen genommen 80 Gewichtsprozent des Rosenöls ausmachen. Dennoch ist diese synthetische Mischung relativ einfach von echtem Rosenöl zu unterscheiden.

3.8 *Die Damaszener Rose (Rosa damascena) ist auch als Rose von Kazanlük bekannt und seit dem 17. Jahrhundert der Lieferant für bulgarisches Rosenöl.*

ℹ »Es ist ein Ros entsprungen aus einer Wurzel zart, wie uns die Alten sungen, von Jesse kam die Art und hat ein Blümlein bracht, mitten im kalten Winter, wohl zu der halben Nacht.« (Michael Praetorius (1571/72 – 1621))

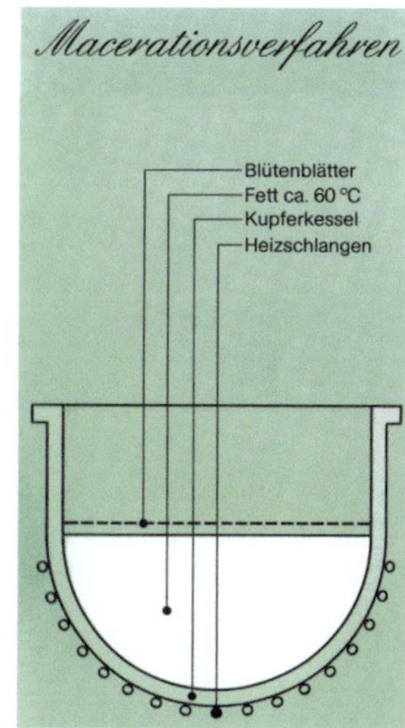

3.9 *Durch Mazeration gewann man aus Rosenblüten das Oleum rosarium.*

3.10 *Gewinnung von Rosenöl durch Wasserdampfdestillation in der Türkei.*

β-Phenylethanol ist aufgrund der guten Wasserlöslichkeit die Hauptkomponente von Rosenwasser. Der Alkohol hat eine leichte, aber sehr typische Rosennote. Aufgrund der guten Anpassungsfähigkeit findet man β-Phenylethanol in über 80 % aller Parfüms. Die technische Synthese geht auf Louis Bouveault (1864–1909) und seinen Studenten G. Blanc zurück, die 1903 herausfanden, dass man Ester in Ethanol mit Natrium zum entsprechenden Alkohol reduzieren kann.[3]

Anfang der 60er Jahre fand Kovats, dass Rosenöl, und darin steckte eine gewisse Ernüchterung, aus mindestens 275 Komponenten besteht. Die den Rosenduft prägenden Substanzen waren noch unbekannt und konnten im ungünstigsten Fall auch nur im Spurenbereich in Rosenöl enthalten sein. Die erste wichtige Komponente, die man entdeckte, war Rosenoxid[4], ein cyclischer Monoterpenether in einer Konzentration von 0,5 %. Rosenoxid hat eine unangenehme, an Erdöl erinnernde Geruchsnote, die erst in hoher Verdünnung einen Rosenduft von strahlender Frische und eine an grüne Blätter erinnernde Nuance verströmt.

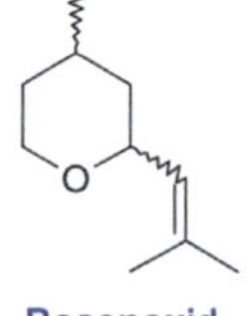

Rosenoxid

3.11 *Heute gewinnt man nach dem Cassis-Verfahren auch das Absolue aus Jasmin, Gardenia, Tuberose (Nachthyazinthe), Narzisse und Jonquille.*

Diastereomerenangereichertes Rosenoxid erhält man durch eine Palladium-BINAP-katalysierte Cyclisierung von Dehydrocitronellol. Durch Verwendung von (*S*)- und (*R*)-Citronellol und (*R*)- und (*S*)-BINAP sind die vier Diastereomere, die sich alle im Geruch unterscheiden, in angereicherter Form zugänglich.[5][6] Das (4*R*)-*cis*-Isomere hat die geringste Geruchsschwelle (0,5 ppb) und einen scharfen, reinen, metallischen Rosenduft.[7]

Der entscheidende Durchbruch gelang 1970 mit der Entdeckung der Rosenketone, die man nach der *Rosa damascena* Damascone nannte. Da sich die Geruchsschwellen um viele Zehnerpotenzen unterscheiden können, berechnete Ohloff den relativen Geruchsanteil der verschiedenen Komponenten im bulgarischen Rosenöl nach der Formel:

Geruchseinheit = Anteil der Komponente (ppb) * 100 / Geruchsschwelle (ppb)

Hieraus erkennt man, dass die olfaktorischen Hauptkomponenten im Rosenöl (–)-Citronellol, (–)-Rosenoxid, β-Damascenon und β-Ionon sind (Tab. 3.2).[8]

> **i** Die Geruchsschwelle ist die Konzentration einer Substanz, die der Mensch unter standardisierten Bedingungen gerade noch wahrnehmen kann.

3.1.2 Biogenese der Damascone

Die Biogenese der Damascone geht von β-Carotin aus, das enzymatisch abgebaut wird.[9][10][11]

Der oxidative Abbau der Carotinoide[14] führt z.B. vom β-Carotin über Neoxanthin zum Grasshopperketon[12], das nach Reduktion, Hydratisierung und Dehydratisierung Damascenon liefert. Analog erhält man aus Deoxyneoxanthin β-Damascon.

> **i** Die Heuschrecke *Romala microptera* produziert als Repellant gegen ihre Feinde, z.B. Ameisen, einen Schaum, der Grasshopperketon Allen enthält.

Tabelle 3.2 *Komponenten des bulgarischen Rosenöls*

Komponente	Anteil im Rosenöl (%)	Geruchs-schwelle (ppb)	Geruchs-einheiten	Rel. Anteil an Geruchs-einheiten (%)
(–)-Citronellol	38	40	9 500 000	4,3
C_{14} - C_{16}-Paraffine	16	0	–	–
Geraniol	14	75	1 866 667	0,8
Nerol	7	300	233 333	0,1
Phenylethanol	2,8	750	37 333	0,0
Eugenolmethylether	2,4	820	29 268	0,0
Eugenol	1,2	30	400 000	0,2
Farnesol	1,2	20	600 000	0,3
Linalool	1,4	6	2 333 333	1,0
(–)-Rosenoxid	0,46	0,5	9 200 000	4,1
(–)-Carvon	0,41	50	82 000	0,0
Rosenfuran	0,16	200	8 000	0,0
β-Damascenon	0,14	0,009	155 555 556	69,8
β-Ionon	0,03	0,007	42 857 143	19,2

β-Damascenon

β-Damascon

β-Carotin

Zeaxanthin

Antheraxanthin

Violaxanthin

Neoxanthin

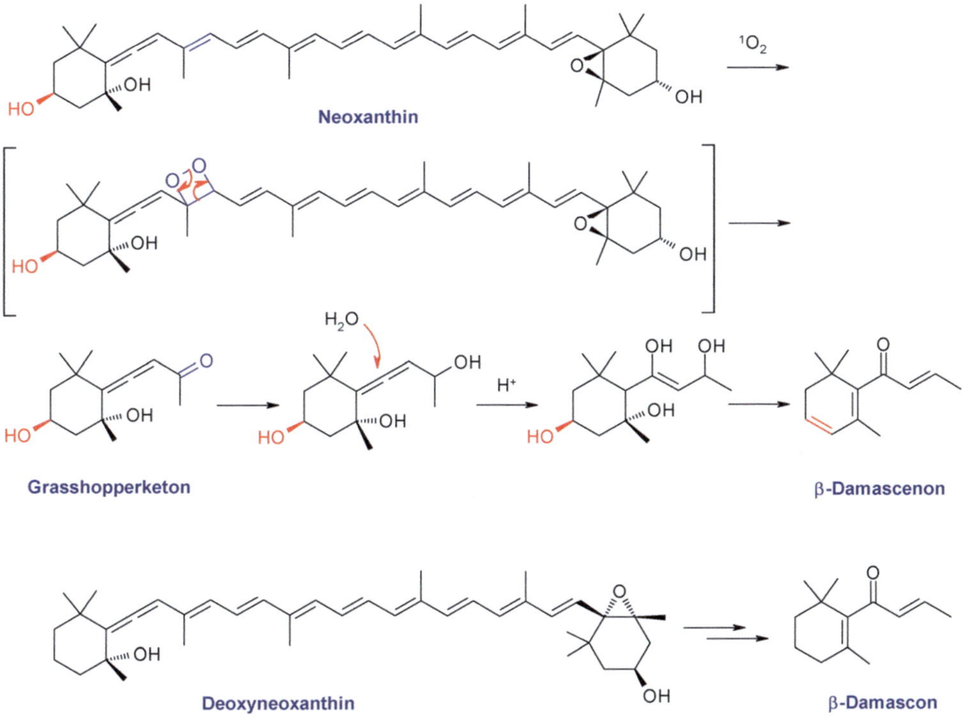

$^1O_2$
HO
OH
Neoxanthin
H_2O
H^+
Grasshopperketon
β-Damascenon
Deoxyneoxanthin
β-Damascon

Da Damascone praktisch immer gemeinsam mit Jononen nachgewiesen wurden, ist auch folgende Genese *in vitro* und analog *in vivo* denkbar.[13 14] Laborversuche legen den folgenden Reaktionsweg nahe:

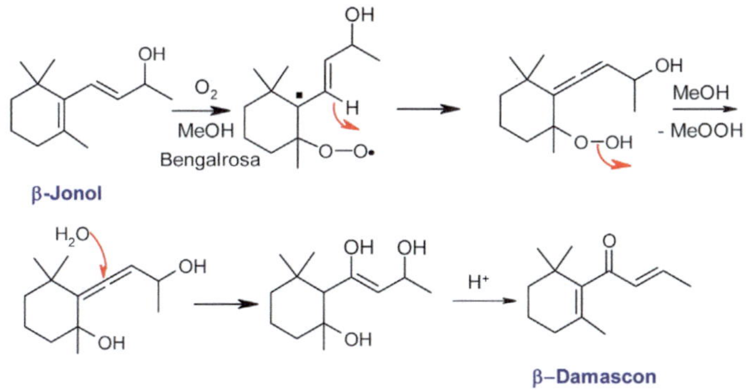

O_2
MeOH
Bengalrosa
β-Jonol
MeOH
- MeOOH
H_2O
H^+
β–Damascon

Zur photochemischen Anregung von Sauerstoff benutzt die Natur im Gegensatz zum Laborexperiment Eisen-Protoporphyrin IX.

Damascone haben einen schweren, narkotisch würzigen Geruch, dessen Unterton an schwarze Johannisbeeren und Backpflaumen erinnert. Der Gewichtsanteil beider Enantiomere am Rosenöl beträgt zusammen höchstens 0,15 %, prägt aber entscheidend dessen Basisnote. Interessant ist die geringe Geruchsschwelle von 0,009 ppb. Rosenoxid und Rosenketone hat man in der Folge auch in einer ganzen Reihe anderer Aromen entdeckt z. B. im Bouquet verschiedener Weinsorten.

3.1.3 Synthese der Damascone

Racemische Synthese

Die ersten Synthesen der Damascone gingen von Cyclocitral aus, das mit Propenylmagnesiumbromid umgesetzt und anschließend oxidiert wurde. Alternativ hierzu war die Umsetzung mit Propinyllithium, was nach ähnlicher Prozedur am Ende noch eine katalytische Hydrierung der Dreifachbindung erforderte.[15 16] In allen Fällen wurden *cis/trans*-Gemische gefunden. Im Fall des α-Damascons sind die Reaktionsprodukte racemisch.

Die steigende Nachfrage nach Rosenketonen führte dazu, dass man bei der Firmenich in den 80er Jahren technische Synthesen für diese Riechstoffe entwickelte. Das Ausgangsmaterial ist Cyclogeraniumsäuremethylester. Während die normale Grignard-Reaktion mit Allylmagnesiumchlorid unter partieller Diallylierung zu dem tertiären Alkohol führt, kann die Folgereaktion durch die Anwesenheit von LDA fast vollständig unterdrückt werden. Das intermediär gebildete Keton wird von LDA zum Enolat deprotoniert, sodass eine zweite Grignard-Reaktion unterbleibt. Die sauer katalysierte Isomerisierung der Doppelbindung führt zu racemischem α-Damascon in befriedigenden Ausbeuten.[17]

Mit Lithiumbasen ist auch die Zersetzung des Esterenolats zum Keten und anschließende Grignard-Reaktion möglich.[18]

Enantioselektive Protonierung

Obwohl die Riechstoffindustrie im Gegensatz zur Pharmaindustrie nicht den strengen Auflagen im Hinblick auf Enantiomerenreinheit unterliegt, unterscheiden sich die Geruchsqualitäten der Enantiomeren oft so sehr, dass eine enantioselektive Synthese wünschenswert wird. Während beispielsweise (*S*)-*a*-Damascon nach Rosenblätter riecht, hat das (*R*)-Enantiomere eine deutliche Apfelnote und einen unerwünschten Korkgeruch. Das (*R*)-Enantiomere hat eine 70fach höhere Geruchsschwelle, sodass kleinere Mengen des unerwünschten Enantiomeren nicht stören. Die Herstellung des reinen (*S*)-Enantiomeren oder eines stark angereicherten Gemischs erschien also wünschenswert und führte zu einem der spannendsten Arbeitsgebiete der modernen organischen Chemie: der enantioselektiven Protonierung (Abb. 3.12).[19] [20] [21]

Wird ein prochirales (*E*)-Enolat selektiv (*Si*)-facial protoniert, so resultiert hieraus das (*R*)-Enantiomere. Die (*Re*)-faciale Protonierung führt zu dem (*S*)-Enantiomeren. Beim (*Z*)-Enolat ist es gerade umgekehrt. Wenn man nicht in der

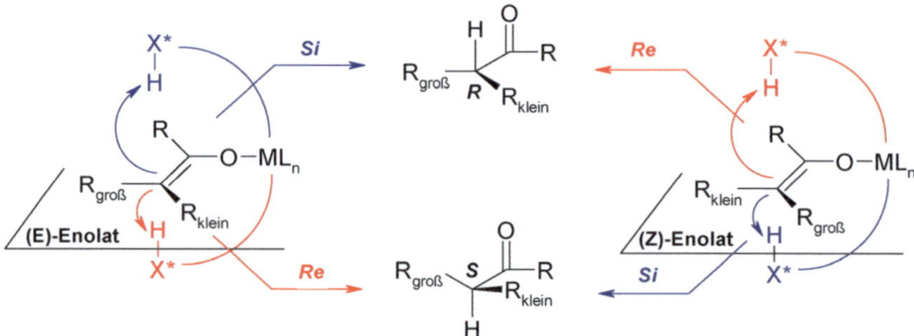

3.12 *Prochirale Enolate besitzen zwei enantiotope Seiten, sodass die kinetisch kontrollierte Protonenübertragung selektiv zu einem Enantiomeren führt (Zählweise für (R)/(S) und (E)/(Z): $R_{groß} > R_{klein} > Rest$).*

Lage ist, die (E/Z)-Konfiguration des Enolats zu kontrollieren, so benötigt man für gute Selektivitäten eine enantiomerenreine Säure, deren Protonierungspräferenz von der Enolatkonfiguration abhängig ist, die beispielsweise bevorzugt (Si)-facial ein Proton auf das (E)-Enolat, (Re)-facial aber auf das (Z)-Enolat überträgt. In vielen erfolgreichen Fällen ist die enantiomerenreine Säure an das Metall des Enolats gebunden. Sie ist also gleichzeitig auch eine Lewis-Base. Selbstverständlich sind enantioselektive inter- und intramolekulare Protonierungen mit achiralen Säuren möglich, bei denen ggf. ein anderer Ligand des Enolatkomplexes enantiomerenrein ist.

Neben den sterischen Aspekten spielt die Kinetik der enantioselektiven Protonierung die entscheidende Rolle. Wichtig hierbei ist, dass Protonenaustauschreaktionen zwischen elektronegativen Atomen in der Regel sehr schnell sind, was die Gefahr mit sich bringt, dass die Reaktionen diffusionskontrolliert ablaufen. Die thermodynamische Kontrolle führt dann aber zum racemischen Produkt.

Die Protonierung muss irreversibel am prochiralen C-Atom erfolgen. Die O-Protonierung ergibt über das Enol ebenfalls das racemische Produkt. Weiterhin wird die enantioselektive Protonübertragung oft von schwer überschaubaren Verhältnisse der Solvatation, Aggregation und Komplexierung beeinflusst.[22]

3.1.4 Technischer Prozess

Ausgangspunkt bei der Herstellung von enantiomerenangereichertem α-Damascon war die schon oben beschriebene Synthese des Racemats und die Idee, enantioselektive Protonierungen mit Ephedrinderivaten durchzuführen. Bei der Grignard-Reaktion des Cyclogeraniumsäuremethylesters erhielt man das Ketonenolat mit einem (E/Z)-Verhältnis von 9 : 1. Die Protonierung des gemischten Lithium/Magnesiumenolats mit (–)-Isopropylephedrin bei $-10\,°C$ ergab einen Enantiomerenüberschuss an (S)-α-Damascon von 70 % ee.

Die Umsetzung des Ketens von Cyclogeraniumsäure mit Allylmagnesiumchlorid liefert reines Magnesiumenolat. Dessen Protonierung mit Isopropylephedrin ergibt allerdings (R)-α-Damascon mit einem Enantiomerenüberschuss von nur 16 % ee. Die vorherige Zugabe von einem Äquivalent Lithiummethanolat führt bei der enantioselektiven Protonierung wieder zu (S)-α-Damascon mit 70 % ee.

OMgCl,MeOLi

(E)/(Z) = 9 : 1

70 % ee

60 %

MeOLi

OMgCl

16 % ee

Offensichtlich spielt die Aggregation der Lithium- und Magnesiumalkoholate
für die enantioselektive Protonierung eine entscheidende Rolle.

Es stellte sich die Frage, ob reine Lithiumsalze bessere Selektivitäten ergeben würden und welchen Einfluss die (*E/Z*)-Konfiguration des Enolats hat. Untersucht wurde dies bei dem reinen Lithiumenolat von n-Butyl-(2,6,6-trimethyl-
2-cyclohexenyl)-keton.

(E)-Enolat

OLi

> 98 % ee

(Z)-Enolat

OLi

40 % ee

Offensichtlich erfolgt die enantioselektive Protonierung mit gleicher Stereoprä-
ferenz aber mit deutlich unterschiedlicher Enantioseitendifferenzierung.

Bei diesen Untersuchungen entdeckte man auch die katalytische enantioselektive Protonierung.[23] Hoch (*E*)-angereichertes, reines Lithiumenolat (98 : 2)
erhält man nach der Grignard-Reaktion durch Zugabe von Trimethylchlorsilan,
fraktionierender Destillation und Umsetzung mit Methyllithium. Für die stereoselektive Protonierung reichen 0,2 bis 0,3 Äquivalente Isopropylephedrin aus,
weil dieses durch den *a*-Allylwasserstoff rückprotoniert wird. (*S*)-*a*-Damascon
wird nach Protolyse in 86 %iger Ausbeute und einem Enantiomerenüberschuss
von 93 % erhalten.

Dies ist wohl die einfachste und eleganteste Synthese von (*S*)-α-Damascon im technischen Maßstab. Aufgrund der substöchiometrischen Verwendung des N-Isopropylephedrins ist der Prozess wirtschaftlich besonders attraktiv.

Zusammenfassung in Stichpunkten

- Rosenduftstoffe zählen zu den wertvollen Komponenten der Feinparfümerie und werden nach wie vor zum Teil aus natürlichen Quellen gewonnen.
- Zu den olfaktorisch wichtigsten Komponenten zählen Damascon und Damascenon. Es handelt sich hierbei um Abbauprodukte des Carotinoidstoffwechsels.
- Schlüsselschritt der technischen Synthese von enantiomerenangereichertem α-Damascon ist die eigens hierfür entwickelte Methode der enantioselektiven Protonierung prochiraler Enolate.

Literatur

[1]   G. Ohloff, Irdische Düfte himmlische Lust, Birkhäuser Verlag, Basel, Boston, Berlin, 1992, 108.

[2]   G. Ohloff, Irdische Düfte himmlische Lust, Birkhäuser Verlag, Basel, Boston, Berlin, 1992, 111.

[3]   L. Bouveault, G. Blanc, Compt. Rend. **136** (1903) 1676.

[4]   M. Wüst, Chemie in unserer Zeit **37** (2003) 8.

[5]   T. Yamamoto, H. Matsuda, Y. Utsumi, T. Hagiwara, T Kanisawa, Tetrahedron Lett. **43** (2002) 9077.

[6]   M. Al-Masum, Y. Yamamoto, J. Am. Chem. Soc. **120** (1998) 3809.

[7]   H. Matsuda, T. Yamamoto, T. Kanisawa, Flavours, Fragrances and Essential Oils, Proceedings 13th Int. Congress of Flavours, Fragrances and Essential Oils, Turkey, 15-19 Oct. 1995, Istanbul, Vol. 3, 85.

[8]   http:/www.leffingwell.com/rose.htm

[9]   G. Ohloff, V. Rautenstrauch, K. H. Schulte-Elte, Helv. Chim. Acta **56** (1973) 1503.

[10] S. Isoe, S. Katsumura, T. Sakan, Helv. Chim. Acta **56** (1973) 1514.

[11] G. Ohloff, Prog. Chem. Org. Nat. Prod. **35** (1978) 431.

[12] J. Meinwald, R. Erickson, M. Hartshom, Y. C. Meinwald, T. Eisner, Tetrahedron Lett. (1968) 2959; S. W. Russell, B. C. L. Weedon, Chem. Commun. (1969) 85.

[13] S. Isoe, S. B. Hyeon, H. Ichikawa, S. Katsumura, T. Sakan, Tetrahedron Lett. (1968) 5561.

[14] S. Isoe, S. Katsumura, S. B. Hyeon, T. Sakan, Tetrahedron Lett. (1971) 1089.

[15] E. Demole, P. Enggist, U. Säuberli, M. Stoll, E. sz. Kováts, Helv. Chim. Acta **53** (1970) 541.

[16] G. Ohloff, G. Uhde, Helv. Chim. Acta **53** (1970) 531.

[17] C. Fehr, J. Galindo, Helv. Chim. Acta **69** (1986) 228.

[18] C. Fehr, J. Galindo, J. Org. Chem. **53** (1988) 1828.

[19] C. Fehr, Angew. Chem. **108** (1996) 2727.

[20] C. Fehr, Chiriality in Industry II, Wiley, Chichester, 1997, 335.

[21] L. Duhamel, P. Duhamel, L.-C. Plaquevent, Tetrahedron: Asymmetry **15** (2004) 3653.

[22] B. Schäfer, Chemie in unserer Zeit **36** (2002) 382.

[23] C. Fehr, Angew. Chem. **106** (1994) 1967.

3.2 Jonon

Die Griechen und Römer schätzten den Duft des Veilchens sehr. Die Parfümeure des Altertums stellten Salben her, die nach Veilchen rochen. Der persische Dichter Muhamad Schams ad-din Hafis schrieb in seinen *Gedichten aus dem Diwan*[1]: »Jetzt, da die Rose aus dem Nichts ins Dasein tritt, zum Schmuck der Auen, in Demut kaum das Veilchen wagt zur Herrlichen emporzuschauen.« Goethe[2] stilisierte 1774 in einem Gedicht das Veilchen zum Sinnbild der Bescheidenheit und Treue, das 1785 von Wolfgang Amadeus Mozart vertont wurde (KV 476).

Im 19. Jahrhundert erlebte der Veilchenduft eine Renaissance. Durch Enfleurage entzog man dem Parma- und Viktoria-Veilchen (*Viola odorata* L.) (Abb. 3.13) die leichtflüchtigen Bestandteile, um sie der Feinparfümerie zugänglich zu machen. Die Gestehungskosten für ein Kilogramm Veilchenöl schätzte man 1904 auf 80 000 Goldmark.[3]

3.13 *Veilchen (viola odorata).*

3.2.1 Veilchen- und Irisöl

Die typische Veilchennote stammt aus den Blüten der Veilchen. Das Veilchenblütenöl enthält zu 22 % enantiomerenreines (*R*)-α-Jonon und β-Jonon sowie deren Dihydroderivaten (Abb. 3.14). Ihre Entdeckung verdanken sie einer ungenauen Strukturaufklärung. Ferdinand Tiemann glaubte 1893 das riechende Prinzip des Irisöls aufgeklärt zu haben. Wie sich 50 Jahre später herausstellte, handelte es sich bei den geruchlich und strukturell verwandten Ironen um methylsubstituierte Jonone.

3.14 *Inhaltsstoffe des Veilchenblütenöls: Unverdünnt riecht α-Jonon nach Zedernholz, bei Verdünnung mit Alkohol tritt deutlich der Veilchengeruch hervor. Die Geruchsschwelle liegt bei 10^{-7} mg pro Liter Luft.*

α-Jonon   **β-Jonon**

Irisöl wird aus den Wurzeln der blau- und violettblühenden Schwertlilienarten *Iris pallida* und *Iris germanica* gewonnen, die hauptsächlich in der Gegend von Florenz und in Marokko angebaut werden (Abb. 3.15). Das ätherische Öl gewinnt man aus den pulverisierten Rhizomen durch Wärmebehandlung mit verdünnter Schwefelsäure und Wasserdampfdestillation. Die besondere Pflege der Irispflanzungen, die dreijährige Lagerung der Wurzelknollen und die komplizierte Verarbeitung machen Irisöl zu einem der teuersten Ingredienzien der Parfümerie. 1989 kostete ein Kilogramm Irisöl 100 000 DM.

Hauptbestandteile des Irisöls aus *Iris pallida* sind (+)-*cis*-γ-Iron, (+)-*cis*-α-Iron und (−)-*trans*-α-Iron, wobei letzteres den reinen Iriston repräsentiert (Abb. 3.16).

3.15 *Iris (Iris germanica).*

3.16 *Inhaltsstoffe des Irisöls.*

Iris germanica enthält die gleichen Irone der spiegelbildlich entgegengesetzten Reihe. Zusätzlich wurden noch die in der Seitenkette gesättigten Derivate von *cis-α*-Iron und *trans-α*-Iron nachgewiesen.

3.2.2 Biosynthese

α- und β-Jonon wurden außer in Veilchen auch in Himbeeren, Brombeeren, Tabak, schwarzem Tee und der gelben Passionsfrucht entdeckt. Man findet sie in verschiedenen Whiskey- und Brandy-Sorten, α-Jonon in Weintrauben und β-Jonon auch in Orangenöl und Zellerieöl. Auch der Geruch von Karotten enthält Jonone und deren Oxidationsprodukte (Epoxide).[4][5]

Jonone sind Metabolite der entsprechenden Carotinoiden. Bereits 1910 beobachtete Willstätter[6] die Oxidation von Carotin. Man konnte experimentell zeigen, dass Carotin photochemisch in Abwesenheit eines Sensibilisators mit Sauerstoff zu β-Jonon und andere Oxidationsprodukte reagiert.[7] Auch die Thermolyse von β-Carotin führt in beachtlichen Mengen zu β-Jonon.[8]

Später konnte man zeigen, dass β-Jonon auch enzymatisch aus Carotin gebildet werden kann. Beispielsweise setzt sich ein Teil des Carotins der grünen Teeblätter während der Fermentation (zur Herstellung von schwarzem Tee) zu β-Jonon um.[9]

Daneben gibt es auch Hinweise für eine *de novo*-Biosynthese der Jonone.[10] Ein denkbares Ausgangsmaterial ist Citral. Die Kondensation mit Acetoacetyl-

Coenzym A (Knoevenagel-Reation) liefert unter Dehydratisierung und Decarboxylierung ebenfalls Jonon.

3.2.3 Technische Synthesen

Jonone

Die technischen Synthesen der Jonone sind in ihren Anfängen identisch mit der Produktion der Carotinoide und wurden zusammen mit ihnen entwickelt. Entsprechend groß sind die Tonnagen. Die bedeutendsten Hersteller sind Hoffmann-La Roche (Vitamin-Division gehört heute zu DSM), BASF und Rhône-Poulenc (heute Rodia bzw. Adisseo). Im Folgenden werden die Firmennamen benutzt, die die Firmen zum Zeitpunkt der Entwicklung der Prozesse trugen. Jede dieser Firmen hat ihre Synthesen auf einem eigenen Ausgangsmaterial aufgebaut: Hoffmann-La Roche auf Acetylen, BASF auf Isobutylen und Rhône-Poulenc auf Isopren. Alle Synthesen haben das gleiche Ziel: 6-Methylhept-5-en-2-on.

Nach einem von Hoffmann-La Roche patentierten Verfahren addiert man in Gegenwart einer Base Acetylen an Aceton. Die Reduktion mit einem Lindlar-Katalysator führt zu 2-Methyl-3-buten-2-ol. Die Carroll-Reaktion[11] mit Diketen und Natriummethanolat liefert einen isolierbaren Acetessigester, der bei 160 °C in einer Claisen-Umlagerung unter Abspaltung von Kohlendioxid in das gewünschte Zwischenprodukt übergeht.

Tatsächlich technisch ausgeübt wird allerdings die Saucy-Marbet-Reaktion. Hierbei wird der Isopropenylmethylether, den man durch Thermolyse des Acetondimethylacetals erhält, mit 2-Methyl-3-buten-2-ol umgesetzt. Das nicht isolierbare Zwischenprodukt geht direkt in einer sigmatropen Umlagerung (Claisen-Umlagerung) in das 6-Methylhept-5-en-2-on über.

Nach einem von der BASF beanspruchten Verfahren wird Isobutylen mit Formaldehyd und Aceton in einem kontinuierlichen Verfahren bei 290 °C unter Druck zu 6-Methylhept-6-en-2-on umgesetzt. Hierbei entsteht zunächst in einer Prins-Reaktion 3-Methyl-3-buten-1-ol, das nach Dehydratisierung in einer En-analogen Reaktion 6-Methylhept-6-en-2-on liefert. Die terminale Doppelbindung wird in einem zweiten Schritt isomerisiert.

6-Methylhept-6-en-2-on

6-Methylhept-5-en-2-on

Der Prozess ist jedoch nicht wirtschaftlich und wurde deshalb, zu Gunsten eines weiter unten vorgestellten Verfahrens, technisch nicht weiter verfolgt.

Das Verfahren, das von Rhône-Poulenc bearbeitet wurde, geht von Isopren aus, an das in 1,4-Position Chlorwasserstoff im Zweiphasensystem addiert wird. In Gegenwart von Kaliumcarbonat oder Aminen kann dieses mit Aceton zu dem gewünschten Zwischenprodukt umgesetzt werden.

Allerdings ist dieses Verfahren nicht nur wegen der Unselektivität der Chlorwasserstoffaddition, sondern auch wegen der Salzfracht zu unattraktiv, um heute noch eine Chance auf technische Realisierung zu haben.

Die Weltjahresproduktion an Methylheptenon beträgt etwa 20 000 Tonnen. Es ist das wichtigste Ausgangsmaterial für Linalool aus petrochemischer Quelle. Die Synthese stellt formal eine Wiederholung der von Hoffmann-La Roche beschriebenen Methode zur Herstellung von Methylheptenon dar.

6-Methylhept-5-en-2-on   **(R/S)-Linalool**

Die vanadatkatalysierte Umlagerung von Linalool führt zu einem Gemisch aus Geraniol und Nerol, das nach Dehydrierung an Kupferkatalysatoren Citral, das thermodynamische Gemisch aus Geranial und Neral, im Verhältnis von ca. 4 : 1 ergibt. Die partielle Hydrierung von Geraniol und Nerol liefert Citronellol. Umgekehrt kann Citral auch selektiv zu Citronellal und dieses zu Citronellol reduziert werden.

Linalool   **Geraniol**   **Nerol**   **Citral**   **Citronellal**   **Citronellol**

(*R/S*)-Dehydrolinalool kann auch direkt Vanadat-katalysiert, formal in einer Meyer-Schuster-Umlagerung, zu Citral umgesetzt werden. Allerdings hat dieser Weg wegen der konkurrierenden Rupe-Umlagerung[12] nie die technische Reife erlangt.

(R/S)-Dehydrolinalool   **Citral**

Rupe-Umlagerung

Exkurs: Maiglöckchenduft ist chemisch gesehen (*R*)-Hydroxydihydrocitronellal. Bereits 1908 wurde diese Verbindung unter dem Namen Cyclosiabase auf dem Markt eingeführt. Als Ausgangsmaterial diente Java-Citronellöl.

Die BASF hat ein originelles Verfahren zur Herstellung von racemischem Hydroxydihydrocitronellal entwickelt, das auf gleicher Weise auch Citronellal liefert.

Ausgangsmaterial ist 6-Methylhept-6-en-2-on, das mit Methylmagnesiumchlorid umgesetzt wird. Die gewünschten Produkte werden durch Hydroformylierung entweder direkt oder nach Wasserabspaltung erhalten.[13][14]

Hydroxydihydrocitronellal

Citronellal

Die stereoselektive Synthese von (*R*)-Hydroxydihydrocitronellal ist im Abschnitt über Menthol beschrieben.

Die BASF übt eine Synthese von Citral aus, die neben Isobutylen und Formaldehyd nur Luft für eine Oxidation benötigt. Als einziges Nebenprodukt entsteht Wasser (Abb. 3.17).

Citral wird hiermit zum zentralen C_{10}-Synthesebaustein, von dem sich eine Fülle von Produkten ableitet. Mit der Domino-Claisen-Cope-Umlagerung erhält man in einem Zug ein hochveredeltes Produkt unter Umgehung dessen schrittweißen Aufbaus.

Citral selbst ist nicht nur ein Synthesebaustein für die Herstellung der Jonone, sondern auch für die Carotinoide und wird deswegen im großen Maßstab produziert. Dank seines starken Geruchs nach Zitronen dient Citral auch als Zitrusriechstoff in der Parfümerie.

Alle technischen Synthesen der Jonone verlaufen über die Pseudojonone. Diese erhält man über die heute noch praktizierte Tiemann-Synthese durch

3.17 *Die Citralanlage der BASF hat eine Jahreskapazität von 40 000 Tonnen.*

Aldolkondensation von Aceton an Citral oder über Saucy-Marbet-Reaktion ausgehend von Dehydrolinalool.

Citral

$-\,H_2O$

Pseudojonon

Base

$-\,$ MeOH

Rhône-Poulenc hat basierend auf Myrcen, das in einer Stufe aus Isopren zugänglich ist (siehe Menthol), ein dreistufiges Verfahren zur Herstellung von Pseudojonon entwickelt. Myrcen wird rhodiumkatalysiert mit Acetessigsäuremethylester umgesetzt. Hierbei isomerisiert die terminale Doppelbindung in die Kette. Nach Umesterung mit Allylalkohol erfolgt eine palladiumkatalysierte Decarboxylierung. Es entstehen nur leichtflüchtige Nebenprodukte.[15]

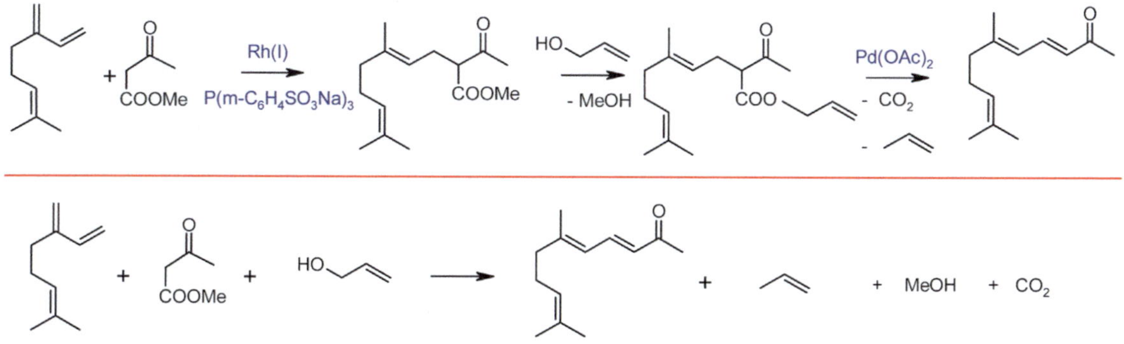

Für die Rhodiumkatalyse wird folgender Mechanismus vorgeschlagen:

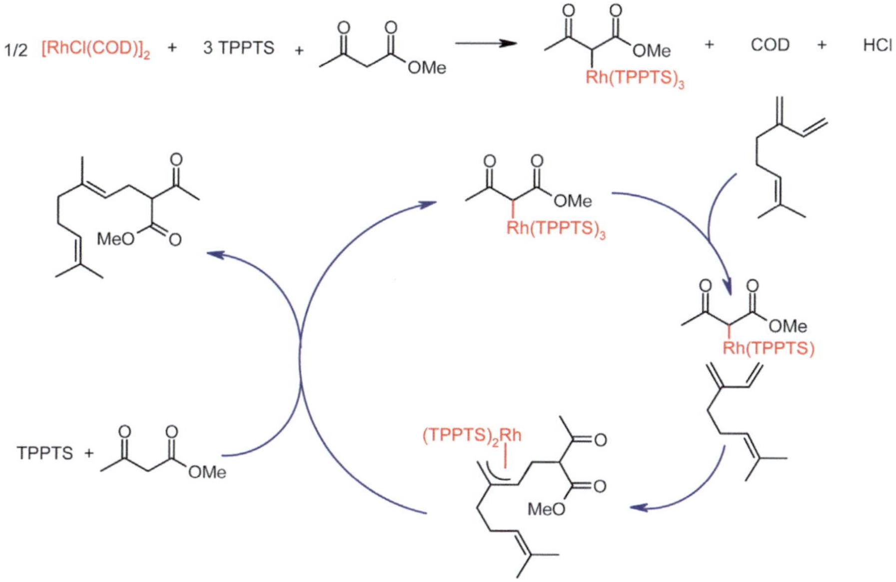

Die palladiumkatalysierte Doppelbindungsverschiebung führt schließlich unter Abspaltung von Propen und Kohlendioxid zur Ausbildung des konjugierten Systems.

Der Prozess ist jedoch nicht zuletzt aufgrund der Edelmetallkatalysatoren unwirtschaftlich und wird deswegen technisch nicht ausgeübt.

Die verschiedenen Jonone erhält man schließlich durch Broensted- oder Lewis-Säure-katalysierte Cyclisierung. Phosphorsäure liefert bevorzugt α-Jonon, Schwefelsäure β-Jonon und Lewis-Säuren und DMF γ-Jonon.[16]

Irone

Zur Synthese der diastereomeren Irone verfolgt man prinzipiell die gleiche Synthesestrategie wie bei den Jononen. An Dimethylbutadien wird Bromwasserstoff addiert und dann in allylischer Position mit Acetessigester substituiert. Während der Hydrolyse decarboxyliert der Ketoester.

Die sich anschließende Synthesesequenz entspricht der Jononsynthese. Es entstehen je nach Cyclisierungsbedingungen Doppelbindungsisomere und Diastereomere. Die racemischen *cis-* und *trans-α*-Irone sind z. B. unter dem Namen Irone alpha® von Givaudan kommerziell erhältlich.

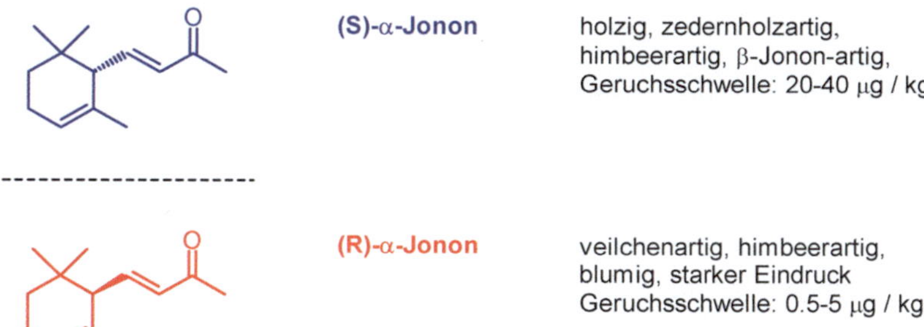

3.2.4 Enantiomerenreine Produkte

Enantiomerenreines α-Jonon

Während racemisches α-Jonon in großen Mengen zugänglich ist, gibt es nur wenige Methoden zur gezielten Herstellung der Enantiomeren. Dabei gibt es durchaus praktische Interessen, so z. B. als Synthesebaustein zur Herstellung von (+)-(R)-α-Carotin oder als Komponente für Riechstoffe. Das natürliche α-Jonon der Veilchen ist das (R)-Enantiomere. Olfaktorisch unterscheidet sich dieses deutlich von dem (S)-Antipoden (Abb. 3.18).[17]

(S)-α-Jonon

holzig, zedernholzartig, himbeerartig, β-Jonon-artig, Geruchsschwelle: 20-40 µg / kg

(R)-α-Jonon

veilchenartig, himbeerartig, blumig, starker Eindruck Geruchsschwelle: 0.5-5 µg / kg

3.18 *Die Enantiomeren des α-Jonons haben einen gut unterscheidbaren Duft.*

R. B. Woodward trennte als erster die Enantiomeren des α-Jonons. Er überführte racemisches α-Jonon in das Menthylhydrazon und trennte die Diastereomeren durch fraktionierende Kristallisation. 20 Umkrisallisationen waren erforderlich, um das (R)-Enantiomere mit 1 % Ausbeute zu erhalten.[18]

Der beste Zugang geht derzeit von (R)-α-Damascon aus und nutzt eine eigens für Jonon entwickelte Enontransposition.[17] Im ersten Schritt wird im Sinn einer 1,4-Addition Benzylalkohol addiert. Nach der Reduktion mit Lithiumaluminiumhydrid wird der Alkohol mit Pivalinsäurechlorid verestert und der Benzylrest reduktiv entfernt. Verestert man statt dessen mit Essigsäureanhydrid erhält man überraschender Weise nach der Reduktion ein Isomerengemisch von 9 : 1 mit dem Acetoxyrest in 7- und 9-Position, verursacht durch eine 1,3-Transposition des Acetylrestes. Jones-Oxidation und basenkatalysierte, thermische Eliminierung ergibt (*R*)-*a*-Jonon in optisch reiner Form und einer Gesamtausbeute von 48 %.

Die enantiomerenreinen *a*-Jonone sind weiterhin auch durch enzymatische Resolution der Jonole zugänglich, wie nachfolgend am Beispiel der *a*-Irone beschrieben.[19] [20]

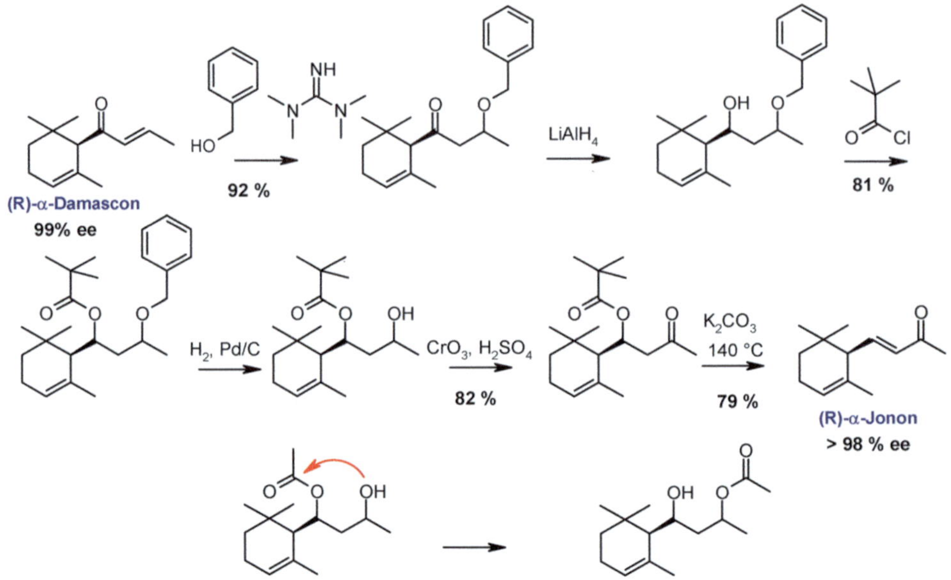

(R)-α-Damascon
99% ee

92 %

LiAlH$_4$

81 %

H$_2$, Pd/C

CrO$_3$, H$_2$SO$_4$

82 %

K$_2$CO$_3$
140 °C

79 %

(R)-α-Jonon
> 98 % ee

Enantiomerenreine *a*-Irone

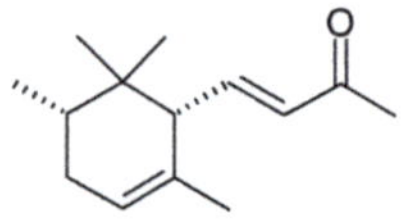

(-)-cis-α-Iron

Wie die *a*-Jonone unterscheiden sich auch die Enanatiomere der Irone in ihren olfaktorischen Eigenschaften. Den reinen Iris-Ton besitzt nur (–)-*cis*-*a*-Iron. Die anderen Enantiomere haben zum Teil einen veilchenartigen, holzigen Duft.

Enantiomerenreine *a*-Irone erhält man mittels zweimaliger chromatographischer Trennung der Epoxide ausgehend von Irone alpha® und enzymatischer kinetischer Resolution. Die Alkohole werden mit Braunstein reoxidiert und die Epoxide mit Natriumiodid/Chlortrimethylsilan unter milden Bedingungen in die Olefine rückverwandelt.

MCPBA
CH$_2$Cl$_2$
Chromatographie

NaBH$_4$
Chromatographie

(rac.)

(rac.)

OAc

KOH, MeOH
MnO$_2$ CH$_2$Cl$_2$

NaI
Me$_3$SiCl
CH$_3$CN

Lipase

Vinylacetat

(+)

(+)

(+)-trans-α-Iron

OH

MnO$_2$
CH$_2$Cl$_2$

NaI
Me$_3$SiCl
Na$_2$S$_2$O$_3$
CH$_3$CN

(-)

(-)

(-)-trans-α-Iron

Auf gleiche Weise erhält man auch (+)- und (–)-*cis-α*-Iron.[21] [22]

Enantiomerenreine γ-Irone

Eine der modernsten Synthesen, die zu enantiomerenreinen γ-Ironen führt, stammt von Monti.[23] Ausgehend von (+)-(2*R*,5*R*)-*trans*-Dihydrocarvon erhält man in 9 Stufen (+)-(2*R*,6*R*)-*trans*-γ-Iron. Nach dem Abbau der Seitenkette des Dihydrocarvons durch Ozonolyse unter Einführung einer Doppelbindung wird an das enantiomerenreine Cyclohexenon Methyllithium addiert und das Alkoholat direkt mit Pyridiniumchlorochromat umgesetzt. Dabei isomerisiert der Chromsäureester zu dem sterisch weniger aufwendigen Allylalkoholat, das dann oxidiert wird (oxidative 1,3-Transposition der Hydroxyfunktion).[24] Im Sinn einer Michael-Reaktion wird eine zweite Methylgruppe eingeführt und das Alkoholat mit einem Chlorphosphorsäureester umgesetzt. Das Enolphosphat reagiert anschließend in Gegenwart von Nickelsalzen im Sinn einer Kreuzkupplung mit Grignard-Reagenzien (bei offenkettigen Enolphosphaten unter Erhalt der Stereochemie).[25] [26] Schlüsselschritt der Synthese ist die mit Dimethylaluminiumchlorid katalysierte, diastereoselektive En-Reaktion.

(+)-(2R,5R)-trans-Dihydrocarvon

(+)-(2R,6R)-trans-γ-Iron

Auch für (+)-(2*R*,6*S*)-*cis*-γ-Iron hat Monti eine elegante Synthese entwickelt.[27] Ausgehend von einer gleichen Zwischenstufe ist der Schlüsselschritt eine diastereoselektive Protonierung.

(+)-(2R,6S)-cis-γ-Iron

In Dimethylcyclohexenon wird in einem Schritt eine Methylgruppe und die Esterfunktion eingeführt. Mit Natriumhydrid wird die Ketofunktion ins Enolat überführt und dadurch vor der anschließenden Reduktion mit Aluminiumhydrid geschützt. Das bei der Reduktion sich bildende Aluminat wird diastereoselektiv protoniert. Hierbei erwies sich tert-Butanol als die Säure der Wahl. Quantenmechanische MP3-Berechnungen zeigten in Übereinstimmung mit dem experimentellen Befund, dass die energieärmste Konformation, bei der alle Reste äquatorial angeordnet sind, protoniert wird. Die Protonierung erfolgt von der sterisch am wenigsten gehinderten Seite.

Nach dem Schützen der Alkoholfunktion wird die Carbonylfunktion mittels Tebbe-Reagenz in eine Methylengruppe überführt. Danach schließt sich noch eine Swern-Oxidation und Horner-Reaktion an.

3.2.5 Bedeutung für die Riechstoffindustrie

Beispiele des Einsatzes von Irisöl sind *Chanel Nr. 19*® (1971) und *Silence*® (Jacomo 1979) (Abb. 3.17). *α*- und *β*-Jonon gehören heute ebenso wie einige homologe Derivate zu den festen Bestandteilen der modernen Kreationen. Der Verwendung der Irone sind jedoch aus Kostengründen Grenzen gesetzt. *α*-Jonon kostet ca. 30 € pro Kilogramm und *α*-Iron das 20fache. *β*-Jonon ist ein wichtiger Synthesebaustein zur Herstellung von Vitamin A und damit der billigste der Veilchenriechstoffe.

Zusammenfassung in Stichpunkten

- Die Jonone sind Metabolite der entsprechenden Carotinoide.
- Die Syntheserouten über Citral (BASF), Dehydrolinalool (Hoffmann-La Roche) oder Myrcen (Rhône-Poulenc) sind besonders elegant.
- *β*-Jonon ist in großen Mengen erhältlich, weil es gleichzeitig ein wichtiger Baustein für die Carotinoidchemie und Vitamin A darstellt.
- Dagegen handelt es sich bei dem enantiomerenreinen *α*-Jonon und den strukturell verwandten enantiomerenreinen Ironen um ausgesprochene Raritäten für die Feinparfümerie.

Literatur

[1] G. Ohloff, Irdische Düfte himmlische Lust, Birkhäuser Verlag, Basel, Boston, Berlin (1992), 118.
[2] H. Brunner, Nachr. Chem. **52** (2004) 445.
[3] G. Uhde, G. Ohloff, Helv. Chim. Acta **44** (1972) 2621.
[4] Y. R. Naves, J. Soc. Cosmet. Chem. **22** (1971) 439.
[5] G. Ohloff, Prog. Chem. Org. Nat. Prod. **35** (1978) 431.
[6] R. Willstätter, H. H. Escher, Z. physiol. Chem. **64** (1910) 47.
[7] S. Isoe, S. Be Hyeon, T. Sakan, Tetrahedron Lett. **4** (1969) 279.
[8] P. Schreier, F. Drawert, S. Bhiwapurkar, Chem. Mikrobiol. Technol. Lebensm. **6** (1979) 90.
[9] G. W. Sanderson, H. Co, J. G. Gonzalez, J. Food Sci. **36** (1971) 231.
[10] W. F. Erman, Chemistry of the Monoterpenes, Part A, Marcel Dekker Inc., New York, Basel (1985), 55.
[11] M. F. Carroll, J. Chem. Soc. (1940) 704.
[12] A. Hassner, C. Stumer, Organic Syntheses Based on Name Reactions and unnamed Reactions, Pergamon, Oxford (1995) 328.

[13] G. Ohloff, Riechstoffe und Geruchssinn, Springer Verlag, Berlin Heidelberg, New York (1990), 113.

[14] H. Siegel, W. Himmele, Angew. Chem. **92** (1980) 182.

[15] C. Mercier, P. Chabardes, Pure & Appl. Chem. **66** (1994) 1509.

[16] G. Ohloff, Riechstoffe und Geruchssinn, Springer Verlag, Berlin Heidelberg, New York (1990), 117.

[17] C. Fehr, O. Guntern, Helv. Chim. Acta **75** (1992) 1023.

[18] R. B. Woodward, T. P. Kohmann, G. C. Harris, J. Am. Chem. Soc. **63** (1941) 120.

[19] E. Brenna, C. Fuganti, P. Grasselli, M. Redaelli, S. Serra, J. Chem. Soc., Perkin Trans. I (1998) 4129.

[20] J. Aleu, E. Brenna, C. Fuganti, S. Serra, J. Chem. Soc., Perkin Trans. I (1999) 271.

[21] E. Brenna, C. Fuganti, G. Fronza, L. Malpezzi, A. Righetti, S. Serra, Helv. Chim. Acta **82** (1999) 2246.

[22] E. Brenna, C. Fuganti, S. Serra, C. R. Chimie **6** (2003) 529.

[23] H. Monti, G. Audran, J.-P. Monti, G. Leandri, J. Org. Chem. **61** (1996) 6021.

[24] W. G. Dauben, D. M. Michno, J. Org. Chem. **42** (1977) 682.

[25] T. Hayashi, T. Fujiwa, Y. Okamoto, Y. Katsuro, M. Kumada, Synthesis (1981) 1001.

[26] K. Takai, K. Oshima, H. Nozaki, Tetrahedron Lett. **21** (1980) 2531.

[27] G. Laval, G. Audran, J.-M. Galano, H. Monti, J. Org. Chem. **65** (2000) 3551.

3.3 Jasmonoide

Der spanische Jasmin stammt aus den unteren Tälern des Himalaja. Es handelt sich meist um *Jasminum grandiflorum* L., den man auf wild wachsenden *Jasminum officinale* L. aufpfropft, um ihn frostresistent zu machen (Abb. 3.19). Die Mauren brachten den Jasmin nach Spanien. Von dort breitete er sich im 16. und 17. Jahrhundert über den ganzen Mittelmeerraum aus. Ab 1860 kultivierte man in Grasse den Jasmin im großen Stil zur Gewinnung des Blütenduftes.[1]

Es ist nicht möglich, ätherisches Öl direkt aus Jasminblüten zu gewinnen. Man erhält den Duftstoff durch Enfleurage und anschließender Extraktion mit Hexan, Benzol oder Ethanol. Jasmin absolue ist eine rotbraune Flüssigkeit, die bei Lagerung nachdunkelt und einen feinen Jasmingeruch besitzt. Aus einer Tonne handgepflückter Blütenblätter erhält man ein bis drei Kilogramm Jasmin absolue. Die wichtigsten Erzeugerländer sind heute Ägypten, Italien, Marokko, Indien und China. Die Weltjahresproduktion beläuft sich auf etwa zehn Tonnen. Jasmin absolue ist auch heute noch eines der wertvollsten Blütendüfte für die Feinparfümerie.[2]

Aufgrund des hohen Wertes des Jasminduftes erregte dieser schon sehr früh das Interesse der Chemiker. Zwischen 1899 und 1904 klärten A. Hesse und F. Müller über 70 % des Riechstoffs, gemessen an den Masseanteilen, auf. Hierbei handelt es sich um den blumig duftenden Benzylalkohol und dessen Essigsäure- und Benzoesäureester sowie den Lavendelriechstoff Linalool. Den charakteristischen Duft von Jasmin konnte man damit aber nicht vollständig erklären (Abb. 3.20).

3.19 *Jasmin (Jasminum grandiflorum L.).*

Benzylacetat 34 % **Benzylbenzoat** 24 % **Benzylalkohol** 5 % **(+)-Linalool** 8 %

3.20 *Hauptbestandteile des Jasmindufts.*

1933 kamen L. Ruzicka und M. Pfeiffer in Zürich und W. Treff und H. Werner in Leipzig mit der Strukturaufklärung von Jasmon dem Ziel näher. Von großer Bedeutung für die Geruchsqualitäten ist ebenfalls das nach menschlichen Fäkalien riechende Indol. In hoher Verdünnung entwickelt es eine kräftig blumige Komponente von ungewöhnlich interessanten Riechstoffeigenschaften. 1962 gelang E. Demole und E. Lederer die entscheidende Isolierung und Aufklärung der dritten charakterprägenden Duftstoffkomponente des Jasmin-Absolue: (*Z*)-(3*R*,7*R*)-Methyljasmonat und (*Z*)-(3*R*,7*S*)-Methyljasmonat (Abb. 3.21).[3]

Heute wissen wir, dass Jasmin-Absolue über 100 weitere Verbindungen enthält.

(Z)-Jasmon
3 %

Indol
2,5 %

(Z)-(3R,7R)-Methyljasmonat
1,7 %

(Z)-(3R,7S)-Methyljasmonat
0,2 %

3.21 *Charakteristische Komponenten des Jasmin-Absolue.*

(-)-(R)-Jasmolacton

3.3.1 Vorkommen in der Natur

Jasmonoide sind in der Natur weit verbreitet. So findet man (Z)-Jasmon z. B. im Orangenblütenöl, Narzissenöl, Bergamotöl, Lavendelöl, Pfefferminzöl und im Cylon-Tee (*Thea chinensis*). Auch im Pheromon des Schmetterlings *Amauris ochlea* hat man Jasmon nachgewiesen.

(Z)-(–)-Methyljasmonat konnte man im tunesischen Rosmarin, in den Stängeln und Blättern des Wermuts (*Artemisia absinthium* L.) und im Absolue von Tubarosen- und Gardeniablüten nachweisen. (Z)-(–)-(3*R*,7*S*)-Methyljasmonat entdeckte man im Zitronenschalenöl und im Pheromon der orientalischen Fruchtmotte (*Grapholitha molesta* B.). Das Kulturfiltrat des Pilzes *Lasiodiplodia theobromae* enthält die freie Säure. In den Blütenölen von Osmanthus, Gardenia und der Mimose fand man (–)-Jasmolacton, das ein wichtiger Bestandteil des Teearomas ist.[1] Das Öl aus Tubarosenblüten enthält dagegen das (+)-Jasmolacton.

3.3.2 Verwendung in Parfüms

„Kein Parfüm ohne Jasmin" beschreibt die außergewöhnliche Bedeutung der Jasminriechstoffe für die Feinparfümerie. Jasmin absolue passt hervorragend zu anderen Blumendüften, rundet sie ab und verleiht ihnen Eleganz. Aufgrund des vergleichsweise guten synthetischen Zugangs verwendet man in Parfüms, aber vor allem in Seifen, künstliche Jasmindüfte. Durch geschickte Komposition synthetischer Riechstoffe kann man heute den natürlichen Riechstoff von Jasmin absolue recht gut imitieren.

Große Bedeutung besitzt in diesem Zusammenhang *Hedion*®, ein Gemisch aus *cis*- und *trans*-Dihydromethyljasmonat. Es verleiht den Parfüms eine blumige, jasminartige, transparente und dennoch warme Note. Dieser frischblumige Duft begründete eine neue Riechstoffkategorie, die der „Eaux Fraîches".

Eaux Fraîches sind die Basis verschiedener Duftwässer und Parfüms mit unterschiedlich hohem *Hedion*®-Anteil, ausgehend von 2 % in *Eau Sauvage*® von Dior bis 63 % in *Odeur 53*® von Comme des Garçons aus dem Jahr 1998.[4]

(+/-)-Dihydromethyl-jasmonat

(+/-)-Dihydromethyl-epijasmonat

3.3.3 Nomenklatur und Struktur/Wirkungsbeziehung

In der älteren Literatur benutzte man oft die Cyclopentannomenklatur, bei der sich die Seitenketten am C-Atom 1 und 2 befinden und das Carbonylkohlenstoffatom die Nummer 3 trägt. Öfters wurde auch die absolute Konfiguration am C-Atom 1 fälschlich mit (*S*) angegeben.

Die neuere Literatur behandelt die Jasmonate als Abkömmlinge der Fettsäuren und nummeriert die Kohlenstoffatome entsprechend durch. Die korrekte absolute Konfiguration des thermodynamisch stabilsten natürlichen Methyljasmonats ist (3*R*,7*R*).[5]

Das Primärprodukt der Biosynthese ist das (3*R*,7*S*)-Jasmonat. Das thermodynamische Gleichgewicht liegt bei 7 : 93 zu Gunsten des *trans*-Isomeren, das sehr leicht durch Keto-Enol-Tautomerie entsteht. Es ist nicht klar, ob schon in der Pflanze Epimerisierung stattfindet oder erst bei der Extraktion.

Die vier Diastereomere des (*Z*)-Methyljasmonats können durch präparative HPLC getrennt werden. Bemerkenswerterweise haben nur die (3*R*)-Diastereomere einen Duft, den der Parfümeur als blumig, jasminartig und leicht fruchtig beschreibt. Die beiden anderen Diastereomere sind geruchlos. Die Geruchsschwellen des (3*R*,7*S*)- und (3*R*,7*R*)-Diastereomeren unterscheiden sich in etwa um den Faktor 20 (Abb. 3.22).[6]

0,012 ng/l 0,24 ng/l geruchlos geruchlos

7 : 93

3.22 *Die Diastereomere des (Z)-Methyljasmonats unterscheiden sich im Duft.*

3.3.4 Biologische Eigenschaften

Die normalen Konzentrationen der Jasmonate in Pflanzen liegen bei 1–50 ng/g Feuchtgewicht. Im Fall einer Verletzung oder mikrobiellen Infektion (Elicitoren; engl. *to elicit*: ent-, hervorlocken) steigt die Konzentration in der gesamten Pflanze zum Teil um das Eintausendfache. Im Fall von Tomaten- und Tabakpflanzen konnte man zeigen, dass durch deren Verletzung die Jasmonatbiosynthese initiiert und die Genexpression von Proteinaseinhibitoren und Sekundärmetaboliten ausgelöst wird (Abb. 3.23). Behandelt man unverletzte Pflanzen nur mit Jasmonat findet man die gleiche Genexpression, was darauf hindeutet, dass die Jasmonate Pflanzenhormone sind, die Verletzungen signalisieren. Ähnliche Ergebnisse fand man auch bei Sojabohnen und Gerste. Tabak akkumuliert z. B. höhere Mengen an Nikotin. Mais produziert einen höheren Anteil flüchtiger Verbindungen zur Abwehr von Fraßfeinden (Herbivoren). Wird er beispielsweise von der Schmetterlingsraupe *Spodoptera exigua* befallen, dann löst deren Speichelsekret Volicitin (N-(17-Hydroxylinolenyl)-(*L*)-glutamin) die Bildung eines Bouquets aus terpenoiden Verbindungen und Indol aus,

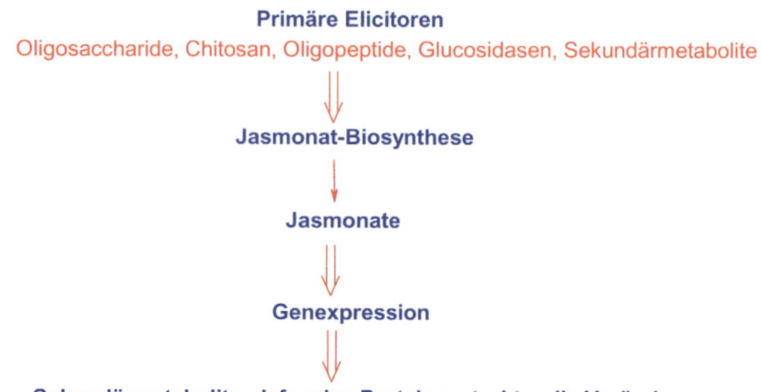

3.23 *Den Jasmonaten kommt also bezüglich der Signaltransduktion in Pflanzen eine ähnliche Funktion zu, wie sie die strukturell verwandten Prostaglandine für Säugetiere haben. Weiterhin sind Jasmonate aber auch beim Alterungsprozess von Pflanzen beteiligt. Sie inhibieren z. B. das Wachstum, fördern das Aufwickeln der Ranken bei Kletterpflanzen und induzieren die Knollenbildung bei Kartoffeln.*

das einen Parasiten dieser Raupe, die Wespe *Cotesia marginiventris*, anlockt. Die Verletzung der Blattoberfläche bei Tomaten führt zur Biosynthese von Proteinaseinhibitoren, die in das Verdauungssystem der Fraßinsekten eingreifen und die Verfügbarkeit essenzieller Aminosäuren begrenzen, was letztlich das Wachstum und die Entwicklung der Schädlinge verzögert.

Die meisten Experimente wurden mit racemischem Methyljasmonat als Standard durchgeführt, sodass nicht ganz klar ist, welches Enantiomer die höchste biologische Wirkung hat. Außerdem kann man Hydrolyse und Epimerisierung prinzipiell nicht ausschließen. Aufgrund von Dosis/Aktivitätsuntersuchungen glaubt man aber, dass die biologische Wirkung hauptsächlich von dem biosynthetischen Primärprodukt, der (3*R*,7*S*)-Jasmonsäure bzw. deren Methylester, ausgeht. [57]

3.3.5 Biosynthese

Die Biosynthese der Jasmonoide in Pflanzen und Pilze besitzt große Ähnlichkeit mit der der Prostaglandine und Leukotriene in Säugetieren. Bei Stress oder Verletzung setzt eine Lipase α-Linolensäure aus der Zellmembran frei und initiiert damit die Jasmonatbiosynthese. Der erste Schritt ist die Bildung eines Hydroperoxids mit Hilfe einer Lipoxygenase (LOX). Diese enthält im aktiven Zentrum ein Eisenatom, das stereospezifisch das (11 pro-*S*)-Wasserstoffatom abstrahiert. Im Fall des Isozyms LOX-1 z. B. aus Sojabohnen entsteht dann durch Reaktion mit Sauerstoff stereo- und regioselektiv das (13*S*)-Hydroperoxid. Im Fall der Isozyme LOX-2 und -3 bildet sich aus dem Pentadienylradikal in etwa zu gleichen Teilen auch das 9-Hydroperoxid.

Die Umwandlung der (13*S*)-Hydroperoxylinolensäure in das instabile Allenoxid wird durch die Allenoxidsynthase katalysiert. Es handelt sich um ein Cytochrom P450, obwohl das Enzym nicht als Oxygenase wirkt. Das Allenoxid kann isoliert werden, hydrolysiert jedoch spontan in Gegenwart von Wasser oder zersetzt sich spontan zu racemischer 12-Oxophytodiensäure. In Gegenwart der Allenoxidcyclase findet eine enzymgesteuerte, konrotatorische, elektrocyclische Reaktion statt, die stereoselektiv zu der *cis*-konfigurierten (9*S*,13*S*)-12-Oxophytodiensäure führt.[8]

Nach der Hydrierung der endocyclischen Doppelbindung erfolgt der Fettsäureabbau durch eine β-Oxidase. Es schließt sich dann noch eine Veresterung zum Methylester und Epimierisierung zur *trans*-Verbindung an.

Mittels deuteriummarkiertem Jasmonat konnte man in Limabohnen nachweisen, dass ein wichtiger Biosyntheseweg zur Desaktivierung des Pflanzenhormons darin besteht, dieses in das flüchtigere (Z)-Jasmon zu überführen. Hierzu wird zunächst oxidativ das entsprechende Enon gebildet, das leicht decarboxyliert.

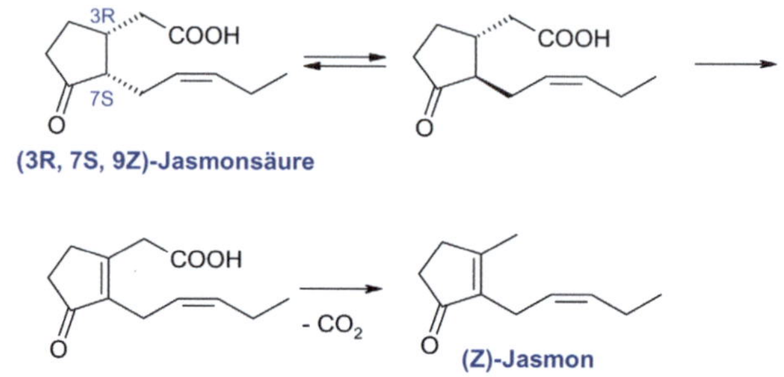

(3R, 7S, 9Z)-Jasmonsäure

(Z)-Jasmon

3.3.6 Chemische Synthesen

Die erste Synthese eines Jasmonoids, des Dihydrojasmons, erfolgte neun Jahre vor der Strukturaufklärung von (Z)-Jasmon. Dies gelang Staudinger und Ruzikka im Jahr 1924 im Zuge ihrer Arbeiten zu den Pyrethroiden.[9] Sie setzten Laevulinsäureethylester in einer Reformatzky-Reaktion mit 2-Bromheptansäureethylester um und erhielten das gewünschte Produkt nach einer Dieckmann-Cyclisierung und anschließender Decarbethoxylierung in schlechten Ausbeuten.

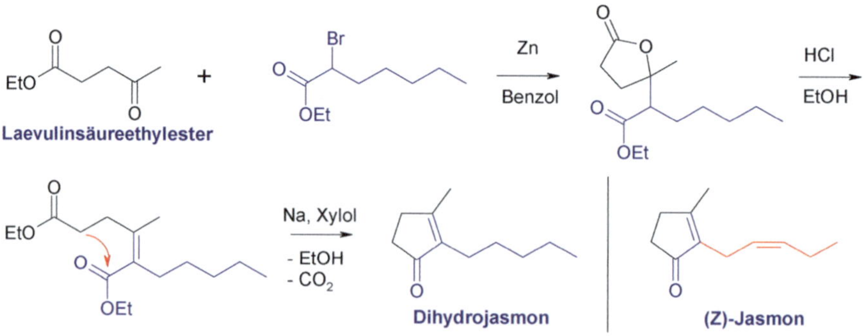

Laevulinsäureethylester

Dihydrojasmon

(Z)-Jasmon

Nach der Strukturaufklärung von Jasmon stellten Treff und Werner 1935 dieses auf dem gleichen Weg her, ausgehend von dem „Blätteralkohol", (Z)-Hex-3-en-1-ol.[10] Die (Z)-Konfiguration der Doppelbindung konnte erst 20 Jahre später durch Harper und Smith bestätigt werden.[11]

Der Blätteralkohol wurde erstmals aus dem Hainbuchenblätteröl isoliert. Er riecht in verdünnter Form nach frisch geschnittenem Gras und grünen Blättern und wurde dadurch in der Parfümerie zum Inbegriff der grünen Duftnoten. Synthetisch ist er aus 1-Butin und Ethylenoxid zugänglich.[12]

(Z)-Hex-3-en-1-ol

Die erste praktische Synthese der Cyclopentenone wurde von Hunsdiecker 1942 publiziert.[13] Sie hat im Fall des (Z)-Jasmons ebenfalls den Blätteralkohol zur Grundlage, den man auch aus dem japanischen Pfefferminzöl gewann. Zentraler Synthesebaustein ist ein 1,4-Diketon, das im wässrig Alkalischen durch intramolekulare Aldolkondensation den Fünfring schließt und nach Hydrolyse und Decarboxylierung schließlich das gewünschte Produkt liefert.

17,5 %
(über alle Stufen)

Eine reizvolle Jasmonsynthese stammt von Grieco.[14] Das bicyclische Keton erhält man durch [2+2]-Cycloaddition von Cyclopentadien und Dichlorketen und anschließender Reduktion mit Zink. Nach Baeyer-Villiger-Oxidation, Reduktion zum Lactol und *cis*-selektiver Wittig-Reaktion gewinnt man das konjungierte Keton durch Jones-Oxidation und Isomerisierung der Doppelbindung. Methyllithium addiert direkt an die Ketofunktion. Durch Oxidation mit Chromtrioxid und Umlagerung des Chromsalzes, erhält man (Z)-Jasmon in knapp 40 %iger Gesamtausbeute.

Auch Dihydrojasmon wird als Duftstoff aufgrund seines blumigen und fruchtigen Charakters sehr geschätzt. Ein günstiger Syntheseweg ist die „vinyloge" Stetter-Reaktion (Acyloinkondensation aliphatischer Aldehyde mit Hilfe von Thiazoliumsalzen) von Methylvinylketon und Heptanal[15], an die sich dann eine intramolekulare Aldolkondensation anschließt.

Aufgrund der großen Bedeutung für die Riechstoffindustrie gibt es in der Literatur eine Fülle von Synthesen zum racemischem Methyljasmonat.[16] Stellvertretend soll die konjungierte Addition/Alkylierung an Cyclopentenon, die formal der Noyori-Dreikomponentensynthese der Prostaglandine entspricht, vorgestellt werden. Die Esterfunktion wird zuerst durch eine Michael-Reaktion mit einem Esterenolat eingeführt. Bemerkenswerter Weise addiert dieses Lithiumesterenolat sehr selektiv in 1,4-Position und nicht wie man erwarten sollte, teilweise auch in 1,2-Position. Das resultierende Lithiumenolat wird abgefangen mit Tributylzinnchlorid. Das Stannylenolat wird dann mit Pentinylbromid alkyliert. Nach dem Abspalten der Trimethylsilylgruppe erhält man durch eine Lindlar-Reduktion der Dreifachbindung racemisches Methyljasmonat.[17]

Eine interessante Synthese von fast reinem *cis*-Dihydromethyljasmonat stammt von Ebert und Krause.[18] Schlüsselschritt ist eine diastereoselektive Protonierung eines aus Pentylcyclopentenon und Lithiumbisallylcuprat hergestellten Enolats. Die Ozonolyse, Oxidation und Veresterung liefert Dihydromethyljasmonat mit einem *cis*-Anteil von 91 %.

3.3.7 Stereoselektive Synthesen

Die erste diastereoselektive Synthese von (3*R*,7*R*)-Methyljasmonat stammt von
G. Quinkert.[19] Im ersten Schritt wird ausgehend von Malonsäurebis-(8-phenyl-
menthyl)-ester diastereoselektiv ein Vinylcyclopropan aufgebaut. Nach Abspaltung des chiralen Auxiliars baut man das Cyclopentanon durch eine Domi-
no-Homo-Michael-Reaktion/Dieckmann-Zyklisierung auf. Hierbei führt der
Angriff des Butinylmalonesters am Asymmetriezentrum des Vinylcyclopro-
pans zu dessen Inversion. Nach der Decarboxylierung wird der Vinylrest
zum Ester umfunktionalisiert und die Dreifachbindung mit einem Lindlar-
Katalysator hydriert.

Eine vergleichsweise kurze stereoselektive Synthese stammt von Posner und Asivatham.[20] [21] Schlüsselschritt ist eine diastereoselektive Michaelreaktion an (R)-(p-Tolylsulfinyl)-cyclopentenon. Anschließend wird der Sulfinylrest reduziert und die Silylgruppen abgespalten. Nach dem Einführen der C_5-Seitenkette wird der Sulfidrest mit Raney-Nickel reduktiv entfernt.

Monforts' Synthese des (3S,7S)-Methyljasmonats geht von einem enantiomerenreinen Acetoxycyclopentenol aus, das auch in der Prostaglandinsynthese eine wichtige Rolle spielt.[22] Im ersten Schritt wird unter doppelter Inversion die Acetatgruppe durch Malonat palladiumkatalysiert substituiert. Nach Demethoxycarbonylierung setzt man den Allylalkohol mit Orthoessigsäuredimethoxydimethylamid um. Gesteuert durch die Hydroxygruppe liefert die Claisen-Umlagerung ein *cis*-substituiertes Cyclopenten. Die Iodlactonisierung erfolgt selektiv mit dem Carbonsäureamid. Nach Deiodierung und Reduktion des Lactons zum Lactol erhält man unter erneuter Lactonisierung und *cis*-selektiver Wittigreaktion das gewünschte Zwischenprodukt, das lediglich noch verestert, oxidiert und epimerisiert werden muss.

Die erste Synthese des enantiomerenreinen (3*R*,7*S*)-Methyljasmonats stammt von Helmchen.[23] Der stereodifferenzierende Schritt ist eine diastereoselektive Diels-Alder-Reaktion von Cyclopentadien und dem Fumarsäureester von (*S*)-Milchsäureethylester. Nach der Abspaltung des chiralen Auxiliars folgt eine Iodlactonisierung mit der *endo*-ständigen Carbonsäurefunktion. Nach Deiodierung, Hydrolyse des Lactons und Oxidation der Alkoholfunktion erhält man durch regioselektive Ringöffnung des Dreirings mit Iodwasserstoff das Norbornangrundgerüst, das man im übernächsten Schritt durch eine Baeyer-Villiger-Oxidation in den Schlüsselbaustein des *cis*-substituierten Jasmonats überführt. Die Umwandlung der Carbonsäurefunktion in die C_5-Seitenkette beansprucht fünf Reaktionsstufen. Wichtige Schritte hierbei sind die Rosenmund-Reduktion und eine „salzfreie" Wittigreaktion, um die (*Z*)-Konfiguration der Doppelbindung sicher zu stellen. Am Schluss steht die Hydrolyse des Lactons, Veresterung und Oxidation der Alkoholfunktion.

3.3.8 Technische Synthesen

Die Firmenich publizierte 1978 eine technische Synthese von (Z)-Jasmon und racemischem Methyljasmonat.[24] Ausgangsmaterial ist Piperylen, das bromiert wird. Es bilden sich eine Reihe von Isomere, die als Rohgemisch mit Cyclopentanon im Zweiphasensystem umgesetzt werden. Im Zuge einer doppelten Substitution entsteht eine Spiroverbindung, die anschließend in der Gasphase thermolysiert wird. Nach einer Epimerisierung der *syn*-Spiroverbindung erhält man durch eine Homo-[1,5]-Wasserstoffverschiebung in beachtlich hohen Ausbeuten das (Z)-Pentenylcyclopentenon. Dieses kann durch Methylierung und Oxidation in Jasmon oder durch Reaktion mit Malonsäuremethylester und Decarboxylierung in racemisches Methyljasmonat überführt werden.

Ein paar Jahre später publizierte die Nippon Zeon eine weitere interessante Synthese von racemischem Methyljasmonat.[25] Ausgangsmaterial ist Adipinsäurediallylester, den man in einem Schritt nach Dieckmann cyclisiert und alkyliert. Die anschließende palladiumkatalysierte Decarboxylierung/Dehydrierung führt zu Pentinylcyclopentenon, das in Gegenwart eines Lindlar-Katalysators hydriert wird. Die Michael-Addition von Malonsäureester und Decarboxylierung ergibt schließlich Methyljasmonat.

Die industrielle Synthese von *Hedion*® geht von Cyclopentanon aus, das mit Pentanal in einer Aldolkondensation umgesetzt wird. An die Michael-Reaktion mit Malonester schließt sich eine Hydrolyse und Decarboxylierung an. Man erhält das *cis/trans*-Isomerengemisch von Dihydromethyljamonat im thermodynamischen Gleichgewicht von 9 : 1,4.[26]

Der Duft wird jedoch hauptsächlich von den *cis*-Isomeren bestimmt, und davon vor allem von dem (3*R*,7*S*)-Enantiomeren. Durch fraktionierende Destillation kann man die *cis*-Isomere abtrennen und durch Erhitzen in Gegenwart von Natriumcarbonat das Gleichgewicht neu einstellen (Abb. 3.24).

3.24 *Auch die Diastereomere des Hedions® unterscheiden sich im Duft.*

Cepionat® war das erste Produkt in dem die *cis*-Isomere auf etwa 30 % angereichert wurden. Es folgten *Kharismal®* und Super *Cepionat®* und letztlich *Hedion HC®* von Firmenich, einem essenziellen Bestandteil von *CK one®* (Calvin Klein, 1994) oder *Pleasures®* (Esteé Lauder, 1995) (Abb. 3.24 und Tab. 3.3). Eine noch höhere Anreicherung der *cis*-Isomeren findet ihre Grenzen in der raschen Epimerisierung, insbesondere unter- und oberhalb des schmalen pH-Bereichs von 5,5 bis 6,5.

Tabelle 3.3 *Der trans/cis-Anteil in verschiedener Qualitäten des Dihydro-methyljasmonats*

Produkt	*trans/cis*	Geruchsschwelle (ng/l)
Hedion	90/10	0,3
Cepionat	70/30	0,1
Kharismal	40/60	0,05
Super Cepionat	30/70	0,04
Hedion HC	25/75	0,03

Ein deutlicher Fortschritt wurde erreicht, als es gelang, Dihydromethyljasmonat durch enantioselektive Hydrierung des entsprechenden Cyclopentenons[27] herzustellen. Problematisch hierbei war jedoch zunächst der hohe Substitutionsgrad der Doppelbindung, sodass alle bis dahin bekannten Katalysatorsysteme versagten. Erfolgreich war man erst bei der Verwendung eines sehr elektrophilen, koordinativ ungesättigten Rutheniumkomplexes. Die Elektrophilie wird gesteigert, indem man durch Zugabe von HBF_4 zu kationischen Komplexen übergeht. Die korrespondierende Base und das Lösungsmittel Dichlormethan komplexieren nur schwach. Der Komplex wird durch ein zweizähniges Phosphan stabilisiert. Geeignete Liganden sind z. B. Ethyl-DuPHOS und Josiphos.[28] [29] Mit ihnen gelingt es, in der von der Riechstoffindustrie geforderten Qualität (3R,7S)-Dihydromethyljasmonat im technischen Maßstab herzustellen.

Eine attraktive Alternativsynthese wurde ebenfalls von Firmenich entwickelt.[30] [31] Ausgangsmaterial ist Pentylcyclopentenol, das enzymatisch mit Malonsäuredimethylester umgeestert wird, wobei das (S)-Enantiomere zurückbleibt und mittels Schwefelsäure racemisiert werden kann. Der Malonsäureester wird in das Allylsilylketenacetal überführt und unterliegt dann einer Claisen-Umlagerung, die gesteuert durch den Allylalkohol bei relativ niedrigen Temperaturen hoch stereoselektiv erfolgt. Nach der Decarboxylierung erfolgt die Schlüsselreaktion der Synthese, eine *syn*-selektive Epoxidierung mit hochelektrophilen Persäuren, wie z. B. der Trifluorperessigsäure. Die hohe *syn*-Selektivität wird durch elektrostatische Effekte zwischen der elektronenreicheren π-Seite der Doppelbindung und der partiell positiv geladenen Trifluorperessigsäure bestimmt.[32] Die durch Aluminiumchlorid verursachte Epoxidöffnung im Sinn einer suprafacialen 1,2-H-Wanderung erfolgt unter Inversion der absoluten Konfiguration am C-Atom 7.

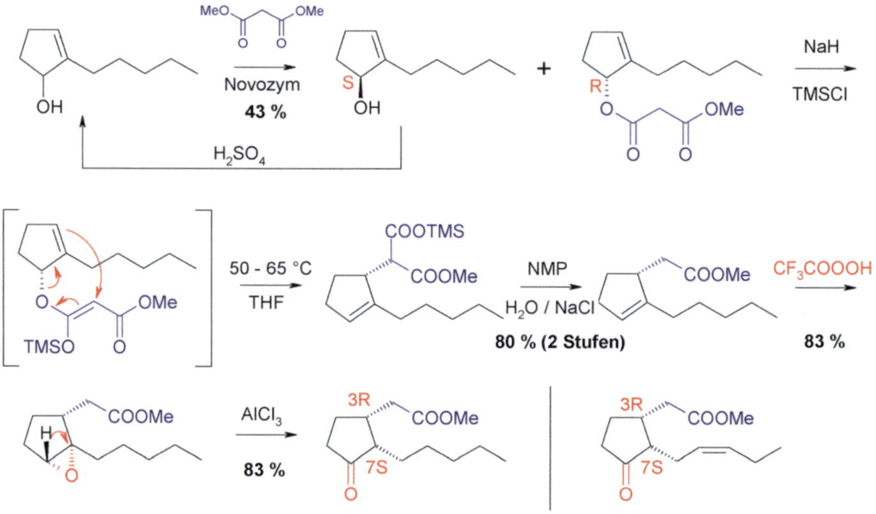

(3R,7S)-Dihydromethyljasmonat   (3R,7S)-Methyljasmonat

Der Vorteil dieses Verfahrens besteht darin, dass ganz analog auch (3*R*,7*S*)-Methyljasmonat hergestellt werden kann, das durch enantioselektive Hydrierung nicht zugänglich ist.

3.3.9 Magnolion

Strukturell und olfaktorisch eng verwandt mit Dihydromethyljasmonat ist Magnolion, das statt der Esterfunktion einen Acetylrest trägt. Der Geruch erinnert an den der Magnolie. Die Synthese entspricht der von *Hedion*® mit dem Unterschied dass man statt Malonester Acetessigsäureester verwendet.[33]

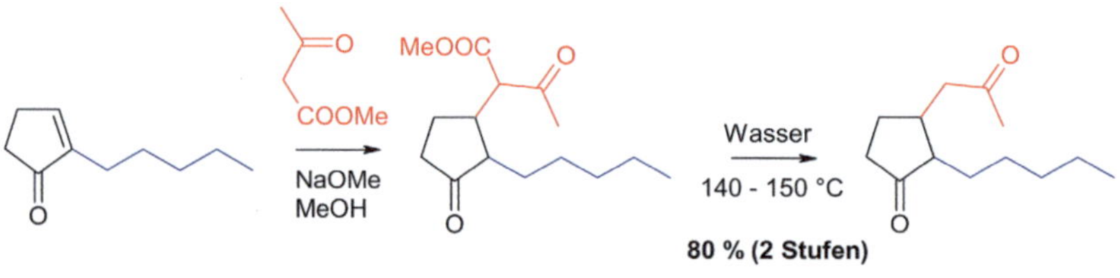

Diese Modifikation führt zu einer verstärkten Geruchsintensität, einer besseren Stabilität und einer eher blumig ausgeprägten Jasminnote. Magnolion findet man z. B. in dem Chypreduft *Coriandre*® (Couturier, 1973) oder in *Eden*® (Cacharel, 1994).

Zusammenfassung in Stichpunkten

- Jasminöl gehört zu den teuersten Bestandteilen wertvoller Parfüms.
- Bei den Jasmonoiden handelt es sich um Folgeprodukte des Fettsäurestoffwechsels. Den Jasmonaten kommt bezüglich der Signaltransduktion in Pflanzen eine ähnliche Funktion zu, wie sie die strukturell verwandten Prostaglandine für Säugetiere haben.
- Ein besonders eleganter technischer Zugang zu enantiomerenangereichertem Dihydromethyljasmonat stellt die enantioselektive, rutheniumkatalysierte Hydrierung des entsprechenden Cyclopentenons dar.

Literatur

[1] G. Ohloff, Riechstoffe und Geruchssinn, Springer Verlag, Berlin, 1990, 149.

[2] Ullmann's Encyclopedia of Industrial Chemistry, Sixth Ed., 1998, Electronic Release, Flavors and Fragrances.

[3] E. P. Demole, The Fragrance of Jasmine, in Fragrance Chemistry, Ed.: E. Theimer, Academic Press, New York, 1982, 349.

[4] P. Kraft, J. A. Bajgrowicz, C. Denis, G. Fráter, Angew. Chem. **112** (2000) 3106.

[5] M. H. Beale, J. L. Ward, Nat. Prod. Rep. (1998) 533.

[6] P. Kraft, G. Fráter, Chirality **13** (2001) 388.

[7] F. Schröder, Angew. Chem. **110** (1998) 1271.

[8] L. Crombie, D. O. Morgan, J. Chem. Soc., Chem. Commun. (1988) 558.

[9] H. Staudinger, L. Ruzicka, Helv. Chim. Acta **7** (1924) 245.

[10] W. Treff, H. Werner, Ber. Dtsch. Chem. Ges. B **68** (1935) 640.

[11] S. H. Harper, R. J. D. Smith, J. Chem. Soc. (1955) 1512.

[12] G. Ohloff, Riechstoffe und Geruchssinn, Springer Verlag, Berlin, 1990, 161.

[13] H. Hunsdiecker, Ber. Dtsch. Chem. Ges. **75** (1942) 460.

[14] P. A. Grieco, J. Org. Chem. **37** (1972) 2363.

[15] H. Stetter, H. Kuhlmann (Bayer AG) DE 2437219 (1974).

[16] T. K. Sarkar, B. K. Ghorai, J. Indian Chem. Soc. **76** (1999) 693 (Review).

[17] H. Nishiyama, K. Sakuta, K. Itoh, Tetrahedron Lett. **25** (1984) 2487.

[18] N. Krause, S. Ebert, A. Haubrich, Liebigs Ann. / Recueil (1997) 2409.

[19] G. Quinkert, F. Adam, G. Durner, Angew. Chem. Int. Ed. Engl. **21** (1982) 856.

[20] M. Hulce, J. P. Mallomo, L. L. Frye, T. P. Kogan, G. H. Posner, Org. Synth. VII (1990) 495.

[21] G. H. Posner, E. Asivatham, J. Org. Chem. **50** (1985) 2589.

[22] F.-P. Montforts, I. Gesing-Zibulak, W. Grammenos, M. Schneider, K. Laumen, Helv. Chim. Acta **72** (1989) 1852.

[23] G. Helmchen, A. Goeke, G. Lauer, M. Urmann, J. Fries, Angew. Chem. Int. Ed. Engl. **29** (1990) 1024.

[24] F. Näf, R. Decorzant, Helv. Chim. Acta **61** (1978) 2524.

[25] H. Kataoka, T. Yamada, K. Goto, J. Tsuji, Tetrahedron **43** (1987) 4107.

[26] G. Fráter, J. A. Bajgrowicz, P. Kraft, Tetrahedron **54** (1998) 7633.

[27] P. Oberhänsli (Givaudan), DE 2008833 (1969).

[28] J.-P. Genêt, Acc. Chem. Res. **36** (2003) 908.

[29] D. A. Dobbs, K. P. M. Vanhessche, E. Brazi, V. Rautenstrauch, J.-Y. Lenoir, J.-P. Genêt, J. Wiles, S. H. Bergens, Angew. Chem. **112** (2000) 2080.

[30] C. Fehr, J. Galindo, O. Etter, E. Ohleyer, Chimia **53** (1999) 376.

[31] C. Fehr, J. Galindo, Angew. Chem. **112** (2000) 581.

[32] C. Fehr, Angew. Chem. **110** (1998) 2509.

[33] C. Celli, DE 224263 (1971).

3.4 Menthol

(–)-Menthol ist der Hauptbestandteil des japanischen Pfefferminzöls. Es wird in Japan seit dem 17. Jahrhundert aus der Ackerminze (*Mentha arvensis* L.) gewonnen (Abb. 3.25). Wichtige Anbaugebiete befinden sich heute in Paraguay, China, Korea und Indien.

Die Pfefferminze (*Mentha piperita* L.) enthält ebenfalls Menthol (Abb. 3.26). Man baut sie hauptsächlich in den USA, China und Europa an. Aus ihr gewinnt man Pfefferminzöl, das als Aromastoff für Arzneimittel und Genussmittel Verwendung findet. Aus den Blättern macht man Pfefferminztee.[1]

3.25 *Ackerminze (Mentha arvensis L.).*

3.4.1 Biosynthese

Die Biosynthese des Menthols geht von Limonen aus, das in allylischer Position oxidiert und zu Piperitenon isomersiert wird. Die Hydrierung der Doppelbindungen erfolgt stufenweise und liefert Menthon, das letztlich zu Menthol reduziert wird.[2]

Dieses Schema wird durch folgende experimentelle Befunde gestützt:
- In *Mentha*-Spezies findet man immer nebeneinander: Piperitenon, Piperiton, Pulegon, Menthon und Menthol.
- Mit dem Alter der Pflanzen nimmt der Gehalt an Menthon und Menthol zu.
- Das zeitliche Auftauchen und Verschwinden von ^{14}C aus radioaktivem Kohlendioxid entspricht dem obigen Reaktionsschema.
- In Gewebestücken wird radioaktiv markiertes Pulegon zu Menthon und Menthon zu Menthol umgesetzt.
- ^{14}C-Pulegon reagiert zu Menthon und Menthol mit zellfreien Extrakten aus *Mentha piperita* L. und NADPH.

3.26 *Pfefferminze (Mentha piperita L.).*

(–)-Menthol aus natürlichen Quellen gewinnt man hauptsächlich aus dem ätherischen Öl der Ackerminze (*Mentha arvensis*), das durch Wasserdampfdestillation oder durch Destraktion mit überkritischem Kohlendioxid (siehe Abschnitt Coffein) hergestellt wird. Man friert das Menthol aus und zentrifugiert den Kristallbrei. Spuren an Verunreinigungen verleihen dem natürlichen Menthol ein leichtes Pfefferminzaroma.

3.4.2 Technische Synthese

Während sich das linksdrehende Menthol durch einen frischen, süßen, minzigen Geruch auszeichnet, riecht sein Antipode staubig, krautig, wenig minzig (Abb. 3.27). Daher ist die Herstellung des enantiomerenreinen (–)-Menthols unumgänglich.

3.27 *Die Enantiomere des Menthols unterscheiden sich in ihren olfaktorischen Eigenschaften.*

Zur Herstellung von synthetischem Menthol werden heute zwei technische Prozesse angewandt: der Haarmann-Reimer-Prozess und der Takasago-Prozess.

Haarmann-Reimer-Prozess

Das Ausgangsmaterial des Haarmann-Reimer-Prozesses ist *m*-Kresol, das mit Propen alkyliert wird. Durch Hydrierung entstehen die Racemate des Menthols, des Neomenthols, des Isomenthols und des Neoisomenthols. (+/–)-Menthol kann, obwohl die Siedepunkte dicht bei einander liegen, durch Rektifikation abgetrennt werden. Nach Veresterung mit Benzoesäure werden die Enantiomere durch fraktionierende Kristallisation nach Animpfen getrennt. (–)-Menthol erhält man durch Hydrolyse des Benzoesäureesters und Umkristallisation. Das (+)-Menthylbenzoat wird ebenfalls hydrolysiert und zusammen mit den anderen Diasteremeren in den Hydrierschritt des Prozesses zurückgeführt. Auf diese Weise erreicht man eine Gesamtausbeute im Bereich von 90 %.[3][4]

Der Monsanto-Prozess zur [i] Herstellung von (*L*)-DOPA bildete 1974 den Grundstein für die industrielle enantioselektive Katalyse. Dazu gesellten sich in der Zwischenzeit eine Reihe anderer asymmetrischer Methoden, wie die der enantioselektiven Sharpless-Epoxidierung (Glycidol (ARCO), Disparlure (Baker) und Cyclopropanierung (Cilastatin (Merck, Sumitomo), Pyrethroide (Sumitomo)). Dennoch bleibt neben der enantioselektiven Hydrierung eines Imins zur Herstellung von Metolachlor (Herbizid, Novartis) der Takasago-Prozess zur Produktion von (–)-Menthol seit 1984 die weltweit größte technische Anwendung der homogenen asymmetrischen Katalyse.[5]

Takasago-Prozess

Das Ausgangsmaterial Myrcen ist aus Isopren zugänglich, das mit der wachsenden Zahl an Steamcrackern aus der C_5-Crackfraktion durch Dehydrierung gewonnen wird. Aufbaureaktionen, z. B. aus Acetylen und Aceton oder durch Metathese von Isobuten und 2-Buten, verlieren an Bedeutung.[6] Die natriumkatalysierte Dimerisierung führt dann zu Myrcen.

Die Kopf-Schwanz-Telomerisierung von Isopren in Gegenwart von Diethylamin führt dagegen in 85 %iger Ausbeute und hoher Selektivität zu N,N,N-Diethylnerylamin.

Mit Lithiumbasen erhält man ausgehend von Isopren oder Myrcen bevorzugt N,N,N-Diethylgeranylamin.

Die natürliche Quelle für Myrcen ist β-Pinen und geht letztlich auf Kiefernrohharz (lat. *pinus*: Kiefer) (die Weltjahresproduktion beträgt 1,5 Millionen Tonnen) zurück. Die Gewinnung des Rohharzes erfolgt meistens durch Lebendharzung, seltener durch Extraktion von verkienten Stubben und Wurzeln. Die Hälfte der Harzgewinnung entfällt auf die USA, gefolgt von China, Russland und den Ländern des Mittelmeerraums. Durch Wasserdampfdestillation trennt man das leichter flüchtige Terpentinöl vom Kolophonium ab. Ein beachtlicher Teil des Terpentinöls fällt beim Holzaufschluss der Zellstoffgewinnung an. Die Zusammensetzung des Terpentinöls ist abhängig von der Koniferenart, der Gewinnung und der Herkunft. Während griechisches Terpentinöl mit 96,5 % fast reines α-Pinen ist, enthält amerikanisches immerhin 28,1 % β-Pinen. Auch die optische Reinheit ist vom Herkunftsland abhängig. Myrcen erhält man durch

Das Einatmen von [i] Terpentinöl verursacht die „Malerkrankheit", die man am Veilchengeruch des Urins erkennt.

thermisches „Cracken" von β-Pinen. Bezeichnender Weise vernichtet man hierbei entgegen der üblichen Synthesestrategie jegliche Asymmetrie, nutzt lediglich das C-Gerüst und induziert die Chiralität neu durch einen katalytischen Prozess.

β-Pinen   Myrcen

ℹ Die Weltjahresproduktion von Terpentinöl beträgt 260 000 Tonnen. Dies ist ein verschwindend kleiner Teil des biologisch erzeugten Materials, wenn man bedenkt, dass jährlich 438 Millionen Tonnen Monoterpene in die Atmosphäre „verduften".

Die Addition von Diethylamin an Myrcen zu racemischem Diethylgeranylamin erfolgt dann wie oben beschrieben regio- und stereoselektiv mit n-Butyllithium als Katalysator.

Setzt man Diethylgeranylamin mit einem enantiomerenreinen Rhodium-BINAP-Katalysator um, erhält man quantitativ und in hoher optischer Reinheit das Enamin von Citronellal.

[Rh(S-BINAP)COD]ClO$_4$

ee > 98 %

Das Katalysator/Substratverhältnis beträgt ca. 1 : 9000. Das Enamin wird im 9 Tonnen-Maßstab hergestellt. Nach der Reaktion wird das Enamin durch Destillation vom Katalysator abgetrennt und der Katalysator wiederverwendet. Nach der Hydrolyse im Sauren erfolgt im Sinne einer Carbonyl-En-Reaktion eine diastereoselektive, Lewis-Säure-katalysierte Zyklisierung mit Zinkbromid oder Zinkchlorid zu Isopulegon und schließlich eine Raney-Nickel katalysierte Hydrierung zu (–)-Menthol.

H$_2$SO$_4$ aq.

ZnBr$_2$

Ni / H$_2$

de > 98 %   (-)-Menthol

Die Stereochemie des Menthols resultiert letztlich aus einem sesselförmigen Übergangszustand, bei dem alle Reste äquatorial angeordnet sind. Die Diastereoselektivität ist größer 98 %.

3.4.3 Katalysatorentwicklung

Die Doppelbindungsverschiebung im Sinn einer formalen 1,3-H-Wanderung ist eine vergleichsweise geringfügige strukturelle Veränderung, aber letztlich der entscheidende Schlüsselschritt für die Erzeugung von drei Asymmetriezentren.

Der Katalysatorentwicklung vorausgegangen waren Versuche von Otsuka und Tani mit einem (+)-DIOP-modifizierten Cobaltkatalysator (Kagan, 1972)[7]. Diethylnerylamin konnte in 23 % Ausbeute und mit einem Enantiomerenüberschuss von 32 % zu dem entsprechenden Enamin von Citronellal umgesetzt werden. Daneben bildet sich in nicht unerheblichen Mengen ein Dienamin. Cyclohexylgeranylamin ergab unter milderen Bedingungen in sehr guten Ausbeuten mit dem gleichen Katalysator das gewünschte Produkt. Auch die Stereoselektivität konnte auf 46 % verbessert werden.

Der Durchbruch gelang, als man zeigen konnte, dass Rhodium(I)-katalysierte Doppelbindungsverschiebungen bei Raumtemperatur oder darunter stereoselektiv ablaufen. Als Ligand diente BINAP (Noyori, 1980)[8]. BINAP ist in beiden enantiomeren Formen erhältlich. Der Rhodiumkomplex katalysiert sehr selektiv die Doppelbindungsisomerisierung. Hierbei gibt es einen interessanten stereochemischen Zusammenhang. Der (*S*)-BINAP-Rhodiumkomplex setzt Diethylnerylamin zum (*S*)-Enantiomeren, Diethylgeranylamin zum (*R*)-Enantiomeren des (*E*)-Enamins von Citronellal um. Der (*R*)-BINAP-Komplex reagiert *vice versa*. Offensichtlich differenziert der Katalysator sehr wirkungsvoll zwischen den enantiofacialen Seiten der $\Delta^{2,3}$-Doppelbindung und dadurch zwischen den beiden enantiotopen H-Atomen an C-1.

Dies ist sehr vorteilhaft, da man je nach Ausgangsmaterial durch die geeignete Wahl des Liganden Edukt und Produkt frei bestimmen kann. Voraussetzung für die Stereoselektivität ist allerdings, dass man reines Diethylnerylamin oder Diethylgeranylamin verwendet.

3.4.4 Mechanismus

Die entscheidenden Schritte des Katalysezyklus sind die β-Hydrid-Eliminierung von C-1 unter Ausbildung einer π-Iminium-Rhodiumhydrid-Spezies und die stereoselektive, suprafaciale Hydridaddition an C-3. Der η^3-Enamin-Komplex kann NMR-spektroskopisch nachgewiesen werden. Der nächste Schritt ist geschwindigkeitsbestimmend. Durch die Ablösung des Produkts wird der Katalysezyklus geschlossen.

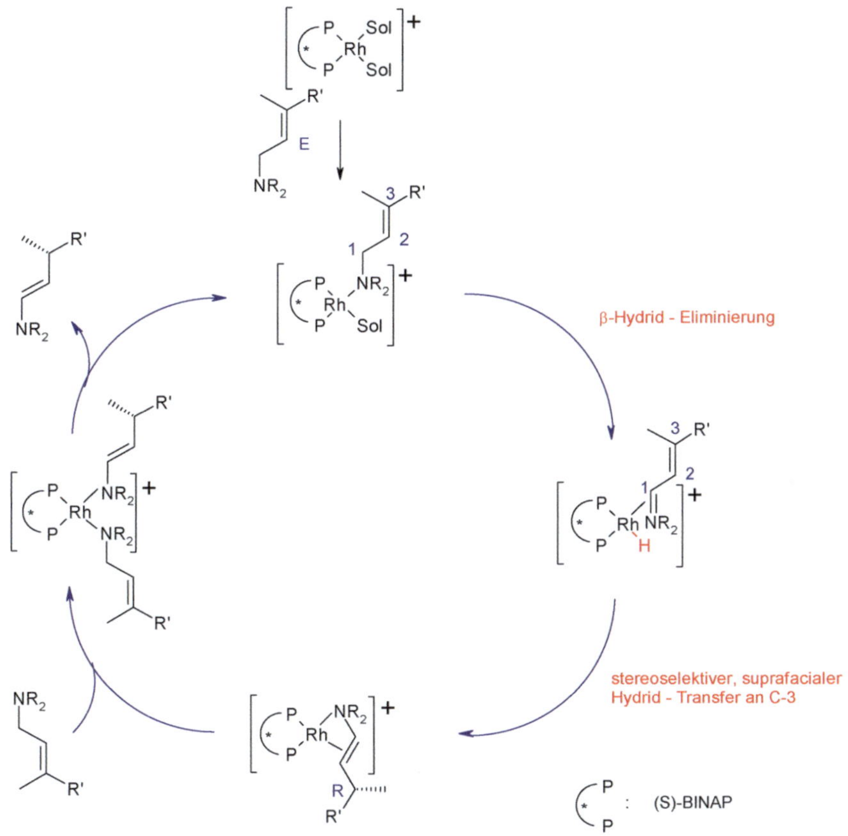

Der (S)-BINAP-Rhodiumkomplex überträgt das (pro-S)-Wasserstoffatom von C-1 auf C-3, der (R)-BINAP-Rhodiumkomplex das (pro-R)-Wasserstoffatom. Aufgrund der selektiv-suprafacialen Wasserstoffübertragung ergibt sich eine gegensätzliche absolute Konfiguration des Produkts in Abhängigkeit von der (E/Z)-Konfiguration des Edukts. Das Produkt ist aus sterischen Gründen in allen Fällen (E)-konfiguriert.[9]

Seit kurzem weiß man aus Arbeiten von Firmenich, dass man sehr wirkungsvoll BINAP durch Josiphos- und Daniphos-Liganden ersetzen kann.[10] Aus dem Diethylgeranylamin erhält man nach Hydrolyse (*S*)-Citronellal, aus Diethylnerylamin (*R*)-Citronellal (analog zu (*R*)-BINAP). Durch Anbringung eines Linkers am unsubstituierten Cyclopentadienylrest konnte der Katalysator an verschiedenen Trägern immobilisiert werden. In manchen Fällen reduziert sich hierdurch die Aktivität, die Stereoselektivität ist jedoch vergleichbar.

Josiphos-Typ

	Umsatz	ee
aus (E)	99 %	92 %
aus (Z)	100 %	97 %

Daniphos-Typ

Umsatz	ee
99 %	96 %

Exkurs: Weitere Anwendungen

Die rhodiumkatalysierte, enantioselektive Doppelbindungsverschiebung findet neben der Mentholsynthese noch weitere interessante Anwendungen: (*R*)-7-Hydroxydihydrocitronellal, der Duftstoff der Maiglöckchen, ist so zugänglich und in Kombination mit einer enantioselektiven Hydrierung kann auch die Seitenkette von a-Tocopherol (Vitamin E) aufgebaut werden.

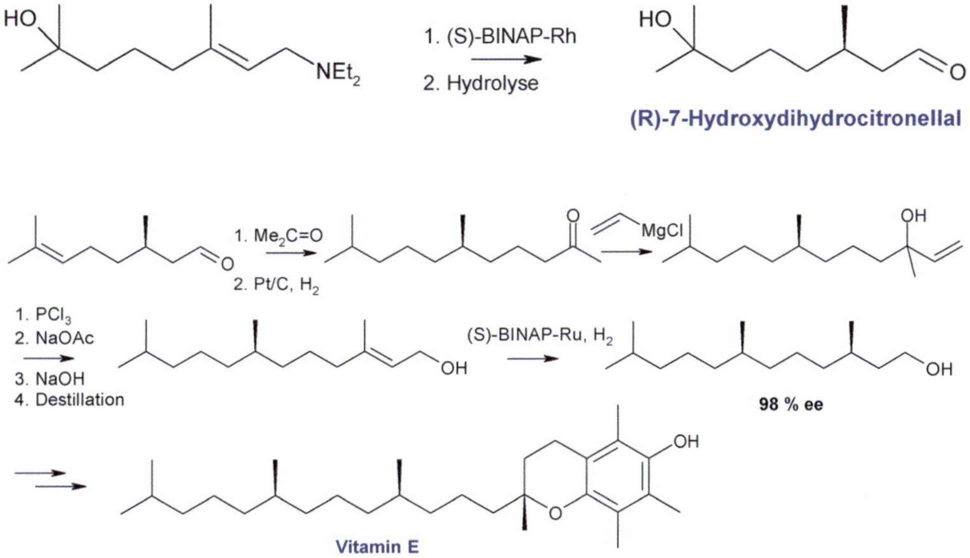

3.4.5 Verwendung von Menthol

Nach Vanillin ist Menthol der zweitgrößte Aromastoff. Neben seiner Verwendung in der Parfümerie findet Menthol auch Verwendung in der Herstellung von Likören, Konfekt, Hustenmitteln, Zigaretten, Zahnpasta, Nasensprays und in der Chemie als chirales Auxiliar. Die Weltjahresproduktion beträgt mehr als 12 000 Tonnen, davon stammen 8 000 Tonnen aus natürlichen Quellen, hauptsächlich aus Indien und China.[11] Der Preis schwankt stark und liegt zwischen 20 und 60 Dollar pro Kilogramm.

Zusammenfassung in Stichpunkten

- Menthol ist ein Oxidationsprodukt des Terpens Limonen.
- Menthol erhält man technisch ausgehend von Kresol nach dem Haarmann-Reimer-Prozess durch klassische Racematspaltung.
- Der Takasago-Prozess ist einer der bedeutendsten enantioselektiven Prozesse, die technisch ausgeübt werden. Schlüsselschritt ist eine rhodiumkatalysierte Doppelbindungsverschiebung.

Literatur

[1] S. Gamez, A. Petitjean, Le BUP **98** (2004) 1411.

[2] W. F. Erman, Chemistry of the Monoterpenes, Part A, Marcel Dekker Inc., New York, Basel, 1985, 70.

[3] E. Brenna, C. Fuganti, S. Serra, C. R. Chimie **6** (2003) 529.

[4] D. H. Pybus, C. S. Sell, The Chemistry of Fragrances, The Royal Society of Chemistry, Cambridge (1999) 70.

[5] K. C. Nicolaou, E. J. Sorensen, Classics in Total Synthesis, VCH, Weinheim, 1996, 343.

[6] K. Weissermel, H.-J. Arpe, Industrielle Organische Chemie, VCH, Weinheim, 4. Aufl., 1994, 125.

[7] H. B. Kagan, T.-P. Dang, J. Am. Chem. Soc. **94** (1972) 6429.

[8] A. Miyashita, A. Yasuda, H. Takaya, K. Toriumi, T. Ito, T. Souchi, R. Noyori, J. Am. Chem. Soc. **102** (1980) 7932.

[9] S. Otsuka, K. Tani, Asymmetric Synthesis, Academic Press, Orlando, Vol. 5 (1985) 171.

[10] C. Chapuis, M. Barthe, J.-Y. de Saint Laumer, Helv. Chim. Acta **84** (2001) 230.

[11] T. Yamamoto in K. A. D. Swift, Current Topics in Flavours and Fragrances, Kluwer Acad. Publ., Dordrecht, 1999, 33.

3.5 Vanillin

Montezuma trank Xocolatl[1], ein Schokoladengetränk, bevor er seine Frauen besuchte, und Casanova war davon überzeugt, dass Schokolade aphrodisierende Wirkungen besitzt. Die Azteken benutzten Vanille zur Aromatisierung von Xocolatl, Jahrhunderte bevor es der spanische Conquistator Hernán Cortés im Jahr 1520 am Hof von Montezuma zu sich nahm (Abb. 3.28).

3.28 *Hernán Cortés brachte Kakao und Vanille zuerst nach Spanien, und von dort aus verbreiteten sich diese Aromastoffe über ganz Europa.*

i Auch in Gefäßen aus der präklassischen Mayazeit (900 v. Chr.–250 n. Chr.) fand man Speisereste, die Kakao enthielten. Es handelte sich um Grabbeigaben, die man bei der Stadt Colha fand. Kakao (*Theobroma cacao*) ist die einzige mittelamerikanische Pflanze, die Theobromin enthält. Dieses konnte in mehreren Rückständen als Leitsubstanz für Kakao mittels HPLC/MS-Kopplungstechniken nachgewiesen werden.[2]

Schokolade essen ist für viele Menschen aufgrund des Geschmacks, des Aromas und der Textur eine hedonistische Erfahrung, die die Stimmung hebt. Wissenschaftlich nachweisbar ist, dass die Kakaoflavonoide starke Antioxidantien sind, die sich bei allen altersbedingten Erkrankungen z. B. des Herzens und bei Krebs protektiv positiv auswirken.

3.5.1 Vorkommen

Man findet Vanillin in Styrax, im Nelkenöl, in den Blüten der Schwarzwurzel, des Spierstrauchs und der Kartoffel. Außerdem enthalten verschiedene Lebensmittel, wie Milch, Wein und Reiswein Vanillin. Der Geruch von altem, vergilbtem und stark holzhaltigem Papier ist ebenfalls auf Vanillin zurückzuführen. Man findet es in kleineren Konzentrationen auch in den Holzanteilen vieler

i Der Vanillingehalt des Limousineichenholzes, das zu Weinfässer verarbeitet wird, trägt zur Aromatisierung des Barrique-Weines bei.

3.29 *Die Fruchtkapseln der gelblich weiß blühenden Vanillepflanze Vanilla planifolia, die sich lianenartig um Baumzweige windet, werden unreif geerntet.*

3.30 *Nach dem Sortieren blanchiert man die Vanilleschoten in heißem Wasser. Anschließend werden sie in der Nachmittagssonne getrocknet. Hierbei setzt die Fermentation ein. Die Schoten färben sich schwarzbraun und es entwickelt sich das einzigartige Aroma.*

Für viele Jahrhunderte [i] blieb Mittelamerika das einzige Erzeugerland für Vanille, weil an anderen Standorten die natürlichen Bestäuber, die Kolibris, fehlten. Ab 1841 wurden Methoden der künstlichen Befruchtung entwickelt, sodass man Vanille auch in Afrika und Westindien anbauen konnte.

Pflanzen. Tabak besitzt einen nennenswerten Anteil Vanillin und auch die Rinde der Ponderosa Pinie (*pinus ponderosa*) enthält es.[3] Außerdem sezernieren die männlichen Wanzen von *Eurygaster integriceps* Vanillin als Lockstoff.[4] Die bedeutendste Vanillepflanze ist eine Kletterorchidee, *Vanilla planifolia*, deren Früchte neun Monate vor der Reife geerntet werden (Abb. 3.29).

Frische Vanillebohnen haben kein Aroma. Beim Trocknen in der Sonne verwandelt sich der Milchsaft durch Fermentation in eine schwarzbraune, balsamige Masse von intensivem Geruch (Abb. 3.30). Das glucosidisch gebundene Vanilin wird dabei freigesetzt und die Schoten bekommen einen süßen Geschmack. Sie überziehen sich beim Altern mit einer weißen Schicht, die aus auskristallisiertem Vanillin besteht. Der Vanillingehalt der Schoten beträgt bis zu 2 %. Vanilleextrakt erhält man aus den getrockneten, zerkleinerten Schoten durch Extraktion mit 35 %igem Ethanol (Tab. 3.4). Das Aroma der echten Vanille wird durch mehr als 120 Geruchsstoffe bestimmt.

Tabelle 3.4 *Die wichtigsten Bestandteile des Vanilleextrakts*

Bestandteil	Konzentration (mg/100 ml)
Vanillin	135 – 175
4-Hydroxybenzaldehyd	10 – 12
Vanillinsäure	7 – 8,5
4-Hydroxybenzoesäure	1,5 – 3,3

Als beste Sorte gilt die Bourbon-Vanille oder Mexikanische Vanille, die in Mittel- und Südamerika heimisch ist. Daneben kennt man noch die Tahiti Vanille *Vanilla tahitensis*, die in Ozeanien wächst. Die wichtigsten Erzeugerländer von Vanille sind Madagaskar, die Komoren, Réunion, Mexiko, Uganda und Französisch Polynesien.[5]

3.5.2 Geruch

Strukturell gehört Vanillin zu einer großen Gruppe von Aromasubstanzen mit ähnlichem Substitutionsmuster (Abb. 3.31). Beeindruckend ist, dass geringe strukturelle Veränderungen Geruch und Geschmack drastisch verändern. Ethylvanillin, ein kommerzieller, synthetischer Aromastoff hat die dreieinhalbfache Aromastärke von Vanillin. Bei fehlender Methoxy- und Hydroxygruppe haben die Verbindungen einen angenehmen Geruch und Geschmack nach Mandel oder Zimt. Mit zunehmender Zahl an Substituenten verändert sich der Aromaeindruck zu bitter und scharf. Capsaicin ist die scharf schmeckende Komponente von Paprika (*Capsicum annuum*) und 1 000-mal schärfer als Zingeron.[6]

[i] Capsaicin verwendet man auch in Repellentsprays: 2%ig gegen Menschen, 3,5–5%ig gegen Hunde und 10%ig gegen Bären (ohne Garantie).

Vanillin
Vanille

Eugenol
Nelkenöl

Zingeron
Ingwer

Capsaicin
Paprika

Zimtaldehyd - Derivat
Jasmin - Geruch

Zimtaldehyd
Zimt

Benzaldehyd
Mandel

p-Salicylsäuremethylester
Immergrün

Ethylvanillin

3.31 *Aromasubstanzen, die mit Vanillin verwandt sind.*

3.5.3 Chemische Synthesen

Erste Synthesen aus Eugenol

Vanillin wurde erstmals 1858 von Gobley aus Vanilleschoten isoliert und dessen Struktur aufgeklärt. Aufgrund des hohen Preises der Vanille und den witterungsbedingt stark schwankenden Produktionsmengen war der Anreiz groß, Vanillin synthetisch herzustellen. Dies war die Geburtsstunde der Duft- und Geschmackstoffindustrie.

Bereits 1874 war in Frankreich und den USA synthetisches Vanillin für einen Preis von 176 Dollar pro Kilogramm erhältlich. Ausgangsmaterial war Eugenol, zu 85–95 % der wichtigste Bestandteil des Nelkenöls (*Eugenia caryophyllata*).

3.32 *Patent von Wilhelm Haarmann zur Herstellung von Vanillin.*

Die Isomerisierung der Doppelbindung mit Kaliumhydroxid bei 200 °C führt zu Isoeugenol. Nach der Neutralisation mit Schwefelsäure wurde Isoeugenol mit Benzol extrahiert, die Hydroxygruppe acetyliert und schließlich die Doppelbindung mit Ozon, Kaliumpermanganat oder Kaliumdichromat gespalten.

Zur gleichen Zeit entwickelte Wilhelm Haarmann in Holzminden ein Verfahren, Vanillin direkt aus dem im Cambialsaft der *Coniferen* enthaltenen Coniferin durch Oxidation herzustellen (Abb. 3.32).[7]

Der Preis des synthetischen Vanillins orientierte sich damals am Preis des natürlichen aus Vanilleschoten. Er lag zwischen 180–800 Dollar pro Kilogramm. Bis Ende der 20er Jahre diente Eugenol aus Nelkenöl als Ausgangsmaterial für Vanillin.

Synthese aus Lignosulfonaten

Holz enthält neben der Cellulose Inkrusten aus Lignin, Holzgummi und Harze (Abb. 3.33).

Für die Papierherstellung müssen die Inkrusten entfernt werden. Hierfür gibt es prinzipiell zwei Verfahren: den Aufschluss mit Natronlauge (Natronzellstoff) und den mit Calciumhydrogensulfit (Sulfitzellstoff). Beim Natronzellstoff-Verfahren entstehen wasserlösliche Phenolate des Lignins. Bemerkenswerter Weise erhält man beim Hydrogensulfit-Verfahren Benzylsulfonsäuren (Holmberg-Aufschluss).

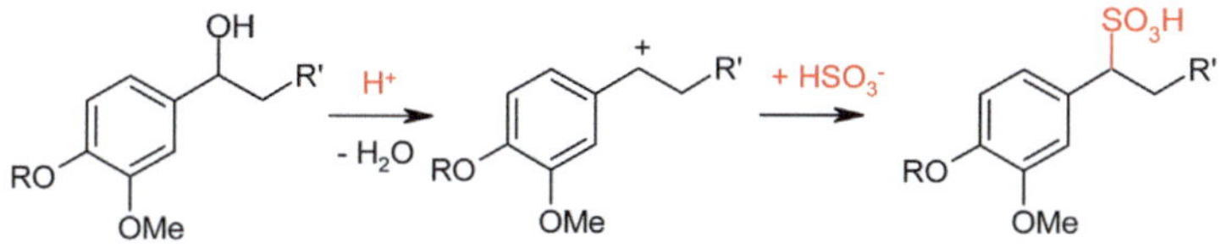

Im Howard-Prozess werden die Lignosulfonate mit einem Überschuss an Kalkmilch ausgefällt. Je nach Aufschlussbedingungen erhält man unterschiedliche Qualitäten an Lignosulfonaten. Einflussgrößen sind die Temperatur (125–130 °C oder 140–145 °C), die Verweilzeit (7 oder 6 Stunden) und das Ca^{++}/SO_2-Verhältnis.

Die ersten Hinweise, dass man Vanillin aus den Sulfitablaugen der Papierherstellung gewinnen könnte, stammen aus dem Jahr 1875 und rührten von dem vanillinartigen Geruch dieser Lösungen her. Zur Vanillinherstellung werden die sulfonierten Ligninfragmente im Alkalischen oxidiert. Als Oxidationsmittel

[i] Bereits 1956 gelang es K. Freudenberg mit einem Enzym aus Champignons (Phenol-Oxidoreductase) Coniferylalkohol zu oligomerisieren und damit die Biosynthese von Lignin zu simulieren.[8]

[i] Das Sulfitzellstoff-Verfahren wurde von Alexander Mitscherlich 1876 erfunden.

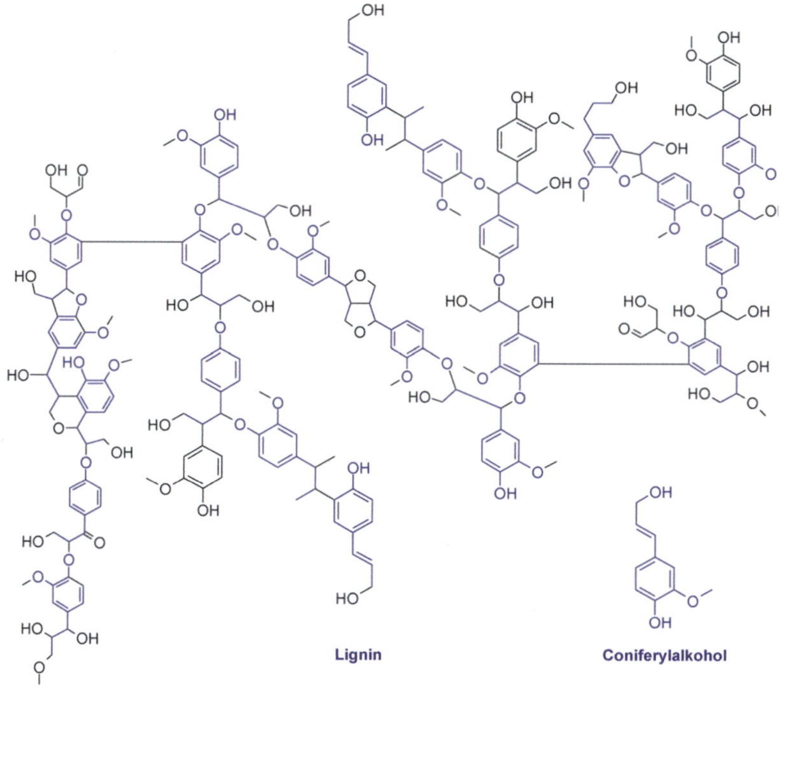

3.33 *Lignin besteht aus hochmolekularen verzweigtkettenförmigen Verbindungen, deren Bausteine Derivate des Dihydroxyphenylpropans sind.*

dient oft Luftsauerstoff oder Persulfat unter Zusatz eines Kupfersalzes. Auch Cer- oder Cobaltsalze sind effiziente Katalysatoren. Der Mechanismus verläuft über freie Benzylradikale. Die Vanillin-Ausbeuten liegen im Bereich von 4–6,2 %.

Zur Reinigung wurde Vanillin mit Natronlauge zurückextrahiert und mit schwefliger Säure das wasserlösliche Sulfitadukt hergestellt. Durch Filtration konnte so Acetovanillon und andere Phenole abgetrennt werden. Für Ernährungszwecke musste Vanillin neutralisiert und vakuumdestilliert und zum Schluss noch einmal umkristallisiert werden.

Acetovanillon

Lediglich Borregaard in Sarpsborg, Norwegen, stellt noch Vanillin aus Lignin her. Borregaard betreibt in Lizenz von Monsanto ein Verfahren, das sich durch eine Ultrafiltration der Sulfitablauge von den bis dahin üblichen Verfahren unterscheidet. Hierdurch werden niedermolekulare Bestandteile, die nicht zu Vanillin oxidiert werden können, abgetrennt.

Synthese aus Guaiacol

Synthetisches Vanillin gewinnt man heute überwiegend aus petrochemischen Quellen.

Die Schlüsselverbindung für Vanillin ist Guaiacol (*o*-Methoxyphenol). Dieses erhielt man anfangs aus Holzteer, Steinkohlenteer, Holzvergasung oder Braunkohlenschwelung. Gezielte Synthesen gehen von Benzol aus. Über Dichlorbenzol erhält man Brenzcatechin, das monomethyliert wird. Der zweite Weg verläuft über die Hocksche Phenolsynthese, Nitrierung, Methylierung, Reduktion, Diazotieren und Verkochen der Diazoniumverbindung[9].

Brenzcatechin **Guaiacol**

Cumol **Phenol** **Guaiacol**

Auch für die Einführung der Aldehydgruppe gibt es eine Reihe von Möglichkeiten. Die Fries-Umlagerung von Guaiacolacetat ergibt Acetovanillon, das dann zu Vanillin abgebaut werden muss. Die Oxidation des Umlagerungsprodukts mit Nitrobenzol führt zu Vanilloylameisensäure, die decarboxyliert wird. Nachteil dieser Sequenz ist die Anzahl der Reaktionsstufen und unter Umständen der stöchiometrische Anteil des Koppelprodukts Anilin und anderer Reduktionsprodukte des Nitrobenzols.

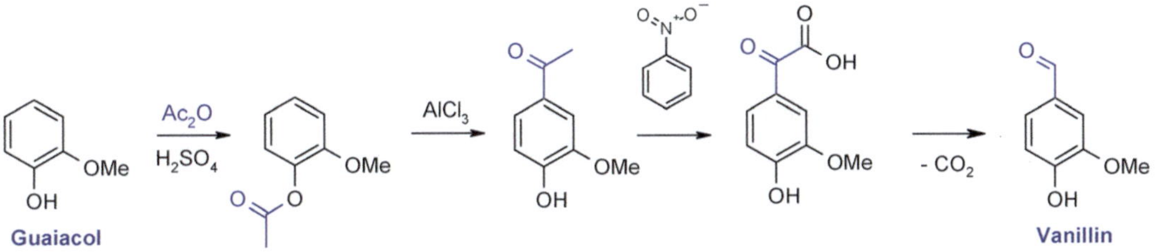

Der Mechanismus der Oxidation mit Nitrobenzol im Basischen ist nicht gesichert.[10] Interessant ist die Ähnlichkeit mit der zweiten Indigosynthese von Adolf von Baeyer.

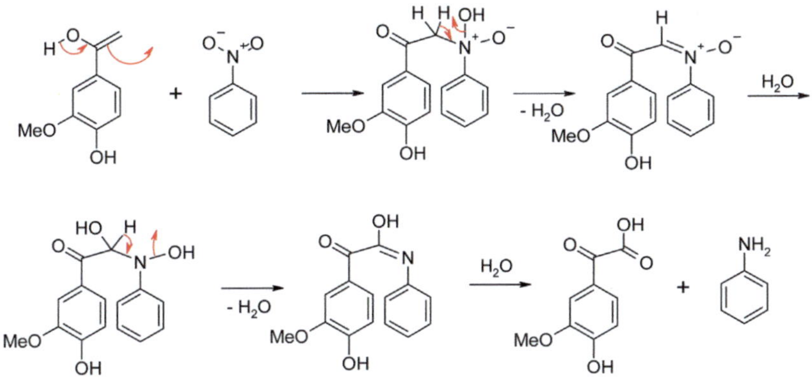

Rhône-Poulenc betrieb seit den 70er Jahren einen Prozess, bei dem Phenol im Sauren mit Wasserstoffperoxid zu Brenzcatechin oxidiert wurde. Die Einführung der Formylgruppe nach einer Modifikation des Riedel-Prozesses erfolgt mit Glyoxylsäure, die als Nebenprodukt bei der Herstellung von Glyoxal aus Acetaldehyd anfällt, oder die auch durch Salpetersäureoxidation aus Glyoxal zugänglich ist. Nach der Methylierung des Brenzcatechins[18], wird dieses im schwach Alkalischen mit einem Salz der Glyoxylsäure bei Raumtemperatur umgesetzt. Man bevorzugt aufgrund der höheren Löslichkeit das Kaliumsalz gegenüber dem Natriumsalz. Außerdem benutzt man, um Doppelalkylierung zu vermeiden, einen Überschuss an Guaiacol, das anschließend wieder zurückgewonnen wird. Die Oxidation der 4-Hydroxy-3-methoxymandelsäure erfolgt Kupfer(II)-katalysiert mit Luft.[11] [12] Rohvanillin erhält man durch Ansäuern und spontaner Decarboxylierung. Die kommerzielle Qualität erreicht man durch Vakuumdestillation und Umkristallisation.

Phenol — Brenzcatachin — Guaiacol — 4-Hydroxy-3-methoxy-mandelsäure — Vanillin

Vorteil dieses Verfahrens ist die Vermeidung von Koppelprodukten und die Alkylierung des Aromaten, die sehr selektiv *para* zur Hydroxygruppe erfolgt, sodass aufwendige Trennoperationen vermieden werden.

Die Rhône-Poulenc entwickelte das Verfahren weiter mit dem Ziel, die Atomeffizienz noch zu verbessern und insbesondere Dimethylsulfat und Glyoxylsäure zu ersetzen. Dies gelang durch eine Gasphasenmethylierung an einem Lanthankatalysator und eine Hydroxymethylierung mit Formaldehyd unter Verwendung eines Zeolithkatalysators.[13] [14]

3.5.4 Moderne Entwicklungen

Neuere Arbeiten in der Literatur weisen darauf hin, dass man Vanillin in Zukunft durch biotechnische Prozesse herstellen wird. Wichtige Kritierien hierbei sind der Preis des Ausgangsmaterials, die Raum/Zeit-Ausbeute und die Entsorgung der Abwässer und Nebenprodukte.

Die Biosynthese von Vanillin ist komplex. Zenk schlug 1965 aufgrund der Beobachtung, dass Ferulasäure besser als Vanillinsäure in den Biosyntheseweg eingebaut wird, folgenden Syntheseweg vor:[15]

Coniferylalkohol wird mittels Coniferylalkohol-Glucosyltransferase an Glucose gebunden. Die Oxidation des Alkohols führt zum Glucosid der Ferulasäure und unter *β*-Oxidation, Esterspaltung der *β*-Dicarbonylverbindung und NADPH-Reduktion zu Glucovanillin, das während des Reifungsprozesses der Vanilleschoten durch eine *β*-Glucosidase gespalten wird.

Coniferylalkohol UDP - Glucose **Coniferin** **Gluco - Ferulasäure**

NADPH **Glucovanillin** **β-(D)-Glucose** + **Vanillin**

UDP - Glucose:

Seit den Arbeiten von Zenk gab es eine Reihe von Beiträgen, die auch andere Biosynthesewege vorschlugen. Ferulasäure ist ein bedeutendes Intermediat im Phenylpropanoid-Biosynthese-Weg. Ausgehend von Phenylalanin wird diese an membranassoziierten Multienzymkomplexen gebildet. Praktisch an jeder Zwischenstufe können weitere Wege zu Derivaten des Benzaldehyds und letztlich zu Vanillin abzweigen.[16] [17]

Phenylalanin **Zimtsäure**

Gluco-Ferulasäure

Ferulasäure ist aber auch in einem aeroben Prozess in Gegenwart eines *Pseudomonas*-Stamms aus Eugenol zugänglich. In Asien gewinnt man Ferulasäure aus Reisquellwasser.

Givaudan entwickelte einen Streptomycetenstamm, der aus Ferulasäure Vanillin herstellt. *Pseudomonas*-Stämme zeigen diese Fähigkeit und die Fermentation mit *Amycolatopsis* führt ebenfalls zu Vanillin.

Pseudomonas → Ferulasäure-CoA-Ligase → 4-OH-Zimtsäure-hydratase/lyase → 4-OH-Zimtsäure-hydratase/lyase, - AcSCoA

Eugenol   **Ferulasäure**   **Vanillin**

Frost entwickelte einen weiteren fermentativen Prozess zur Synthese von Vanillin.[18] Das Ausgangsmaterial hierfür ist preiswerte Glucose, die mit genetisch veränderten *Escherichia coli* zu Vanillinsäure umgesetzt wird. Die Reduktion zu Vanillin wird katalysiert durch ein Arylaldehyd-Dehydrogenase-Enzym aus dem Pilz *Neurospora crassa*.

gen. mod. *Escherichia coli* → Dehydrogenase

Glucose   **Vanillinsäure**   **Vanillin**

Ausgangsprodukte der Biosynthese von Vanillinsäure im genetisch modifizierten *Escherichia coli* sind Erythrose-4-phosphat und Phosphoenolpyruvat. Die Erythrose ist ein Zwischenprodukt im Kohlenhydratstoffwechsel (Calvin-Zyklus, Dunkelreaktion der Photosynthese).[19] [20] Phosphoenolpyruvat wird in einem mehrstufigen Prozess aus 3-Phosphoglycerinsäure gebildet, kann aber auch durch Zugabe von Bernsteinsäure über den Zitronensäurezyklus dem Prozess zugeführt werden.[21]

Die Kondensation von Erythrose und Phosphoenolpyruvat führt enzymkatalysiert zu 3-Deoxy-(*D*)-arabinoheptulonsäurephosphat (Heptulose) die unter Abspaltung von Phosphat ein Enol ergibt, das zu 3-Dehydrochinasäure zyklisiert. Aromatisierung erfolgt unter zweifacher Abspaltung von Wasser. Schließlich überträgt eine Catechol-O-Methyltransferase von S-Adenosylmethionin (SAME) eine Methylgruppe auf die Hydroxyfunktion. Vanillinsäure ist das Endprodukt des Mikroorganismus.

Für die Synthese von Vanillin schließt sich jetzt in einem separaten Schritt noch eine enzymatische Reduktion der Carbonsäurefunktion an. Zur Wiedergewinnung von NADP$^+$ wird das aufgearbeitete Reaktionsprodukt zusammen mit Glucose in Gegenwart der Arylaldehyddehydrogenase aus *Neurospora crassa* und Glucosephosphatdehydrogenase sieben Stunden lang bei 30 °C gerührt.

Aufgrund der fehlenden Shikimisäure-Dehydrogenase kommt es zur Anreicherung von 3-Dehydroshikimisäure. Die Catechol-O-Methyltransferase ist nicht sehr selektiv. Neben der Methylierung in *meta*-Position wird auch die

Erythrose — 3-Deoxy-(D)-arabino-heptulonsäure-7-phosphat — 3-Dehydrochinasäure

3-Dehydroshikimisäure — Pyrocatechousäure — Vanillinsäure — Vanillin

Shikimisäure — Chorisminsäure — Phe, Thr, Zimtsäure

para-Hydroxygruppe zu ca. 20 mol% methyliert. Der Zusatz von Methionin erhöht signifikant den Vanillinsäuregehalt des Reaktionsgemischs.

Wichtig für einen technischen Produktionsprozess wäre in erster Linie die Verbesserung der Selektivität der Methylierung. Catechol-O-Methyltransferasen sind weit verbreitet, sodass die Chancen gut stehen, hier eine Verbesserung zu erzielen.

Die abschließende Reduktion von Vanillinsäure mit einem Enzym aus *Neurospora crassa* ist eine Hilfskonstruktion. Für einen technischen Prozess ist es unumgänglich, diesen Schritt mit einem zweiten intakten Organismus durchzuführen. Denkbar ist aber auch, in Zukunft die gesamte Synthese mit einem einzigen Mikroorganismus zu bewerkstelligen.

Die Vorteile der biotechnischen Synthese von Vanillin zeigen sich augenfällig darin, dass toxische und mutagene Verbindungen wie Phenol und Dimethylsulfat vermieden werden. Auch korrosive Stoffe wie Wasserstoffperoxid sind nicht erforderlich. Schließlich ist Glucose ein preiswerter, nachwachsender Rohstoff, den man über definierte Zwischenprodukte gezielt zu Vanillin umsetzt.

Frosts Synthese ist elegant und hätte nach ausstehender Optimierung und Verbesserung an verschiedenen Stellen vielleicht die Chance, der Grundpfeiler für eine vierte Generation der technischen Vanillinsynthesen zu werden.

3.5.5 Verwendung

Das erfolgreichste Parfüm aller Zeiten ist *Chanel Nr. 5*® aus dem Jahr 1921. Es besteht aus an ranzige Butter und Kerzengeruch erinnernde Fettaldehyde, exotischen Blütendüften, Zibet, Moschus und Vanille. *Chanel Nr. 5*® war nicht nur der Beginn einer neuen Geruchsepoche, sondern auch der Durchbruch neuer synthetischer Duftstoffe. Moschus und Vanille sind die charakteristischen Bestandteile dieser Parfüms mit orientalischer Note. Ein modernes Produkt dieser Kategorie ist z. B. *Un Bois Vanille*® (Serge Lutens) (Abb. 3.34).

Vanillin ist gemessen an der Produktionsmenge der bedeutendste Geruchs- und Geschmacksstoff. Es ist die Hauptkomponente von natürlichem Vanillearoma, das man als Gewürz seit Jahrhunderten kennt.

Vanille findet heute als Aromastoff Verwendung in vielen Süßspeisen, Getränken, Schokolade, Konfekt, Eiscreme, Backwaren und in der Parfümerie.

Der Weltjahresbedarf an Vanillin beläuft sich auf 15 000 Tonnen. Hauptabnehmer mit bis zu einem Anteil von 84 % ist die Aromaindustrie, 13 % finden in der Arzneimittelherstellung (z. B. (*L*)-DOPA, Papaverin) und nur 3 % in der Parfümerie Verwendung. Bei einem Preis von 10–15 Euro pro Kilogramm ergibt sich ein Markt von 180 Millionen Euro pro Jahr. Nur 20 Tonnen Vanillin stammen unmittelbar von natürlichen Quellen.[18] Dies entspricht ungefähr 1 500–2 000 Tonnen getrockneter Vanilleschoten.

3.34 *Un Bois Vanille*® *ist ein wertvolles Parfüm aus dem Absolue der mexikanischen Vanille.*

Zusammenfassung in Stichpunkten

- Vanillin ist ein wichtiger Aromastoff, der zum Teil in Form von Vanille auf den Markt kommt.
- Der überwiegende Teil wird durch chemische Synthese nach einem Prozess von Rhône-Poulenc hergestellt.
- Biotechnische Prozesse haben gute Chancen, die chemische Synthese abzulösen.

Literatur

1   H. Schmitz, Chem. Ind. (2001) 803.
2   J. Hurst, S. M. Tarka jr., T. G. Powis, F. Valdez jr, T. R. Hester, Nature **418** (2002) 289.
3   M. B. Hocking, J. Chem. Educ. **74** (1997) 1055.
4   CD Römpp Chemie Lexikon, Version 1.0, Stuttgart/New York, Georg Thieme Verlag, 1995.
5   A. S. Ranadive, in G. Charalambous, Spices, Herbs and Edible Fungi, Elsevier Science B.V., 1994, 517 (Review über Vanille).
6   W. Freist, Chemie in unserer Zeit **25** (1991) 135.
7   W. Haarmann, Fortschritte der Theerfarbenfabrikation, J. Springer Verlag, Berlin, (1888) 583.
8   K. Freudenberg, Angew. Chem. **68** (1956) 508.
9   Organikum, VEB Deutscher Verlag der Wissenschaften, 15. Auflage, Berlin, 1981, 661.
10   A. v. Wacek, K. Kratzl, Chem. Ber. **76** (1943) 891.
11   Ullmann's Encyclopedia of Industrial Chemisitry, 6. Ed., 1999, Electronic Release, Glyoxylic Acid.
12   Haarmann & Reimer, DE 2115551 (1971).

13 S. Ratton, Chem. Today, März/April (1998) 33.
14 C. Moreau, Catalysis of Organic Reactions, F. E. Herkes, 1998, 51.
15 M. H. Zenk, Z. Pflanzenphysiol. **35** (1965) 404.
16 B. Winkel-Shirley, Physiol. Plant. **107** (1999) 142.
17 N. J. Walton, M. J. Mayer, A. Narbad, Phytochem. **63** (2003) 505.
18 K. Li, J. W. Frost, J. Am. Chem. Soc. **120** (1998) 10545.
19 P. Karlson, Biochemie, Georg Thieme Verlag, Stuttgart, 7. Aufl. 1970, 256.
20 D. Voet, J. G. Voet, Biochemie, VCH, Weinheim, 1994, 608.
21 K. Li, J. W. Frost, J. Am. Chem. Soc. **121** (1999) 9461.

3.6 Muscon

Auch tierische Sekrete, Drüsen und Organteile mit intensiven Geruchseigenschaften haben für den Menschen seit Jahrtausenden große Bedeutung. Tierische Drogen nutzte man für religiöse Zwecke, als Arzneimittel und Duftstoffe. Bis heute finden Ambra, Moschus, Zibet und Bibergeil breite Anwendung in der Feinparfümerie. Ähnlich wie bei den Rosenketonen ist hierbei weniger oft mehr. Frische Moschusdrüsen haben einen urinartigen, süßlichen Gestank. Auch das Drüsensekret der Zibetkatze hat einen unangenehmen, süßlich-fäkalischen Geruch der durch Spuren Skatol (3-Methylindol) verursacht wird.[1] In hoher Verdünnung aber entfaltet es einen wunderbaren Duft.

3.6.1 Natürliche Quellen

Die Zibetkatze gehört zur Familie der Schleichkatzen. Obwohl sie in der Washingtoner Artenschutzkonvention als gefährdete Tierart gelistet ist, gilt ihr Fleisch in China als Delikatesse. Neuerdings wird sie mit der Übertragung der Lungenkrankheit SARS in Verbindung gebracht.

Das Wort „Moschus" rührt von einem anatomischen Irrtum her. Es kommt aus dem Indischen und bedeutet Hoden.

Zibet ist das gelbliche, viskose Sekret der äthiopischen Zibetkatze (*Viverra zibetha*). Beide Geschlechter nutzen es als Sexualduftstoff und zur Markierung ihres Lebensraums. Der Duftstoff wird durch Curettage (Ausschabung der Duftdrüse) der in der Nähe der Geschlechtsorgane liegenden, taschenförmigen Drüsen wild lebender Zibetkatzen gewonnen. In Gefangenschaft lebende Katzen produzieren praktisch kein Zibet.

Als Moschus bezeichnet man die exokrinen Duftdrüsen des hirschähnlichen Moschustieres (*Moschus moschiferus*) (Abb.3.35), die äußerlich sichtbar in der Nähe der männlichen Geschlechtsorgane liegen. Während der Brunftzeit haben sie die Größe von Hühnereiern. Ihr Sekret dient der Markierung des Territoriums und zur Anlockung von Weibchen (Pheromon). Das Moschustier lebt in den Hochtälern des Himalaya, Nepal, Burma, Tibet, im Tongking-Dreieck bis nach Sibirien. Erste authentische Beschreibungen dieser Duftdrüsen in Europa stammen aus den Reiseberichten von Marco Polo. Die Verwendung als Arzneimittel, insbesondere gegen die Pest, geht auf die Ärzteschule von Salerno zurück. Erst 1891 verschwand Moschus aus den Pharmakopöen. Hochbegehrter Tongking-Moschus hatte damals den doppelten Goldpreis (4 000 Reichsmark pro Kilogramm). Um 1920 wurden in China jährlich weit über hunderttausend Tiere erlegt, wodurch die Spezies fast ausgerottet wurde. Die chinesische Form des Artenschutzes – man hackte den Wilddieben beide Hände ab – verhinderte dies.

Die Bisamratte (*Ondatra zibethica*) ist ein zu den Wühlmäusen gehörendes, ungefähr 30 cm großes Nagetier, das man besonders als Pelztier schätzte. Ursprünglich in Nordamerika beheimatet kommt die Bisamratte heute auch in Mitteleuropa vor. Die Bisamratte hat in der Nähe der Geschlechtsorgane Taschen, in denen sie einen moschusartigen Duftstoff produziert (aus hebräisch bęśęm: Wohlgeruch).

3.35 *Seit 1973 stehen Moschustiere in allen Teilen Ostasiens unter Artenschutz und auch der Schwarzmarkt ist auf ein Minimum geschrumpft. In jüngster Zeit versucht man durch Curettage an lebenden, in Farmen gehaltenen Tieren Moschus zu gewinnen.*

3.6.2 Strukturaufklärung

Heinrich Walbaum isolierte 1906 Muscon aus sieben Kilogramm Tongking-Moschus durch Extraktion mit Ether, Wasserdampfdestillation des Rückstands und erneuter Fraktionierung.[2] Die Ausbeute lag, bei guter Qualität des Ausgangsmaterials, bei 1,2 %.

Der Duftstoff der Bisamratte (*Ondatra zibethica*) besteht aus elf Ketonen, wobei anteilmäßig die wichtigsten Cycloheptadecanon (41 %) und Cyclopentadecanon (21 %) sind.

Zibeton, der wichtigste Geruchsträger im natürlichen Zibet, wurde 1915 von Erwin Sack entdeckt.[3] Äthiopien exportiert heute noch circa zwei Tonnen Zibet pro Jahr. In einer chinesischen Varietät wurden 14 weitere strukturell ähnliche Verbindungen und Spuren von Muscon gefunden. 1926 klärte Ruzicka[4][5] die Struktur von Muscon und Zibeton auf und erkannte deren strukturelle Verwandtschaft.

Diese Strukturaufklärung war nicht nur eine Sternstunde der Riechstoffchemie, sondern auch bahnbrechend für die organische Chemie, hatte man doch die Existenz von Makrozyklen aus theoretischen Gründen für unmöglich gehalten (Adolf von Baeyer, 1885).

Während die Moschusdüfte von Tieren meistens von den makrozyklischen Ketonen herrühren, isolierte man aus Pflanzen entsprechende Lactone. Im Jahr 1927 entdeckte M. Kerschbaum im Moschuskörneröl aus einer indonesischen Malvenart (*Hibiscus abelmoschus* L.) Ambrettolid, ein siebzehngliedriges ungesättigtes Lacton.[6]

Der Duftstoff aus der Angelikawurzel (*Archangelica officinalis* Hoffm.) ist ein Gemisch aus Ambrettolid und Exaltolid®. Letztes ist auch für den Moschuston des Orienttabaks verantwortlich.

Exalton® kam Ende der zwanziger Jahre und Exaltolid 1933 auf den Markt. Der Verkaufspreis für diese beiden Riechstoffe war anfänglich ebenfalls exorbitant hoch (50 000 bzw. 20 000 Schweizer Franken pro Kilogramm), was neben den faszinierenden Strukturen Anlass genug war, sich mit den Synthesen auch wissenschaftlich zu beschäftigen.

(R)-(-)-3-Methylcyclopentadecanon
Muscon

Cyclopentadecanon
Exalton

(Z)-9-Cycloheptadecen-1-on
Zibeton

(Z)-7-Hexadecen-16-olid
Ambrettolid

15-Pentadecanolid
Exaltolid

3.6.3 Biosynthese

Über die Biosynthese von Zibeton und Muscon ist relativ wenig bekannt. Ruzicka erkannte schon die strukturelle Verwandtschaft von Zibeton mit der Ölsäure. Man kann sich vorstellen, dass Zibeton durch terminale Oxidation und Dieckmann-Zyklisierung aus Ölsäure entsteht.

Ölsäure 18 → → **(Z)-9-Cyclohetadecen-1-on** 17
Zibeton

(14S)-Methylpalmitinsäure 16 → → **(R)-(-)-3-Methylcyclopetadecanon** 15
Muscon

Gänse produzieren in der **i** Bürzeldrüse eine besonders hochverzweigte Fettsäure.[8]

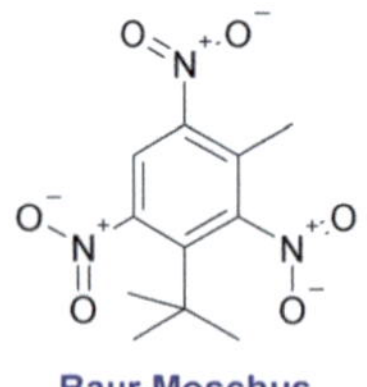

Den Aufbau von Muscon kann man so erklären, dass der Multienzymkomplex der Fettsäurebiosynthese durch Acetyl-CoA gestartet wird. Es wird dann einmal Propionyl-CoA eingebaut, worauf weitere sechs Acetyl-CoA folgen. Hierdurch entsteht die einfach verzweigte (14S)-Methylpalmitinsäure. Der Ringschluss erfolgt analog zum Zibeton.[7]

3.6.4 Surrogate

1888 entdeckte Albert Baur zufällig, dass manche mehrfach nitrierte Toluole, die im Allgemeinen als Sprengstoffe große Bedeutung haben, moschusartigen Geruch besitzen.[9][10][11] Die Jahresproduktion beträgt heute ca. 5 000 Tonnen. Ihre Hauptanwendung finden sie bei der Herstellung von Seifen und Reinigungsmitteln. Allerdings sind einige der Nitroverbindungen ökologisch und toxikologisch nicht unbedenklich. Ihr Marktvolumen ist deshalb stark rückläufig. Inzwischen kennt man auch andere nach Moschus riechende, aromatische Verbindungen, die keine Nitrogruppen enthalten und sich vom Tetralin ableiten, z. B. Galaxolide, deren Jahresproduktion inzwischen bei rund 4 000 Tonnen liegt.

Erst jüngst gelang die diastereoselektive Synthese und präparative Trennung der Enantiomeren von Galaxolide (Givaudan).[12] Die durch Titantetrachlorid katalysierte Friedel-Crafts-Alkylierung von 1,1,2,3,3-Pentamethylindan mit (S)-Propylenoxid führt zu zwei epimeren Alkoholen (wobei keine Racemisierung beobachtet wurde), die mit Paraformaldehyd und katalytischen Mengen Schwefelsäure zu dem gewünschten Isochroman umgesetzt werden. Die Trennung der Epimeren erfolgt über die entsprechenden Chromtricarbonylkomplexe. Die diastereomeren Chromkomplexe konnten durch Flash-Chromatographie getrennt werden. Die Zersetzung der Metallkomplexe gelingt mit dem Jones-Reagenz oder durch Bestrahlung mit UV-Licht an der Luft.

Baur-Moschus

Ambrette-Moschus

Galaxolide

Tabelle 3.5 *Olfaktorische Unterschiede der verschiedenen Enantiomere des Galaxolides*

Enantiomere	Geruchsschwelle (ng/l)	Beschreibung
(4*S*,7*R*)	0,63	reiner Moschusgeruch
(4*S*,7*S*)	1,0	ähnlich wie (4*S*,7*R*), jedoch trockener Charakter
(4*R*,7*S*)	130	uncharakteristisch
(4*R*,7*R*)	440	fruchtig bis geruchlos

Aufgrund der olfaktorisch unterschiedlichen Eigenschaften der Enantiomere (Tab. 3.5) zielte eine der ersten diastereoselektiven und technisch realisierbaren Synthesen von Galaxolide darauf, das Asymmetriezentrum in 4-Position zu kontrollieren.[13] Die Bromierung des Pentamethylindans mit Kaliumbromat/

Natriumhydrogensulfit vermeidet den technisch nicht ganz einfachen Umgang mit elementarem Brom. Der Sonogashira-Reaktion mit dem gut verfügbaren Methylbutinol schließt sich direkt ohne Aufarbeitung die Abspaltung der Schutzgruppe an. Nach der palladiumkatalysierten Carbonylierung folgt der Schlüsselschritt der Synthese, die enantioselektive Hydrierung in Gegenwart eines Ruthenium-BINAP-Komplexes. Die Reduktion dieses Strukturtyps ist von allgemeinerem Interesse, z. B. zur Herstellung der „Profene" (wichtige NSAID; *nonsteroidal antiinflammatory drugs*). Die Carbonsäure wird unter milden Bedingungen reduziert und der Pyranring mit Paraformaldehyd geschlossen.

Die Vielseitigkeit der Verwendung von (–)-Isopropylephedrin als chirales Auxiliar bei der enantioselektiven Protonierung demonstrierte Fehr nicht nur bei den Damasconen, sondern auch bei Tetralin-Moschus-Riechstoffen.

Die Deprotonierung von 2,2,4,5-Tetramethylhex-4-en-3-on mit LDA liefert zu 90 % das (Z)-Dienolat, das sehr selektiv mit Isopropylephedrin enantioselektiv protoniert werden kann. Nach destillativer Abtrennung des Ausgangsmaterials folgt eine Friedel-Crafts-Alkylierung mit *o*-Xylol. Erstaunlicherweise findet man weder hierbei noch bei der späteren sauer katalysierten Zyklisierung nennenswerte Racemisierung. Den Tetralin-Moschus-Riechstoff erhält man schließlich durch selektive Oxidation einer Methylgruppe der *meso*-Verbindung.[14]

3.6.5 Historische Synthesen von Makrozyklen

Die ersten Synthesen[15] der makrozyklischen Duftstoffe basierten auf der Piria-Zyklisierung terminal funktionalisierter, aliphatischer Vorläufer. So ergab die Pyrolyse von Thoriumsalzen der Thapsiasäure nach Reinigung über das Semicarbazid Exalton in 5,5 % Ausbeute (Ruzicka-Zyklisierung). Der Mechanismus dieser Reaktion ist nicht endgültig geklärt. Man nimmt an, dass an der Zyklisierung freie Radikale beteiligt sind.[16] Die Oxidation mit Caroscher Säure ergab dann Exaltolid in 47 %iger Ausbeute.

Einen technischen Fortschritt stellte die intramolekulare Thorpe-Ziegler-Reaktion von Hexadecadinitril mit Lithiumethylanilid nach dem Rügglischen Verdünnungsprinzip dar. Bei einer Konzentration von 0,067 Mol pro Liter lag die Ausbeute bei 60–70 %.

Den technischen Durchbruch erzielte man aber erst mit dem Stoll-Hansley-Prelog-Verfahren zur Herstellung von Exalton. Pentadecandisäureester wird mit Natrium zum Acyloin[17] umgesetzt, dessen Reduktion mit Zink/Salzsäure (Clemmensen-Reduktion) zu Exalton führte. Die Dehydratisierung des Acyloins an heißem Aluminiumoxid ergab dagegen Exaltenon, das Kupfer(I)-katalysiert mit Methylmagnesiumbromid zu (+/–)-Muscon umgesetzt werden konnte.

ⓘ Die Thapsiasäure isolierte man aus den getrockneten Wurzeln des Doldengewächses *Thapsia garganica*.

3.6.6 Synthesen des Exaltons

Eine wesentliche Verbesserung der Verfügbarkeit der Einsatzstoffe kam aus der Polymerforschung. 1953 hatte Karl Ziegler die Normaldruckpolymerisation von Ethylen gefunden. Es war gelungen, Ethylen in einem Fünf-Liter-Einweckglas mit einer Mischung aus Titantetrachlorid und Diethylaluminiumchlorid zu Polyethylen zu polymerisieren. Ende der 50er Jahre wollte Günther Wilke mit Ziegler-Katalysatoren aus Acetylen und Ethylen Butadien herstellen. Vorversuche zeigten jedoch, dass bestimmte Ziegler-Katalysatoren sehr heftig mit Butadien reagierten. Das Reaktionsprodukt war kein Polymer sondern Cyclododecatrien. Mit „nacktem Nickel" so fand Wilke später, lässt sich das Isomerenverhältnis deutlich auf die Seite der all-*trans*-Verbindung verschieben.

	ttc	ttt	cct
Kat.: TiCl$_4$, Et$_2$AlCl	95	5	0
Ni(COD)$_2$	5	85	10

Über Hydrierung und Oxidation wurde Cyclododecanon in großen Mengen zugänglich. Wie Cyclohexanon ist auch Cyclododecanon ein Zwischenprodukt für die Herstellung von Polyamiden und Polyestern.[18]

Die Ringerweiterung um drei C-Atome[19] durch die Stobbe-Kondensation mit Bernsteinsäureester[20], die Behandlung mit Polyphosphorsäure und decarboxylierender Verseifung führte zunächst zu einem ungesättigten, bizyklischen Keton. Alternativ kann Cyclododecanon mit Propagylalkohol umgesetzt werden. Eine Meyer-Schuster-Umlagerung liefert ein kreuzkonjugiertes Dienon, das schließlich in einer Nazarov-Zyklisierung zum gewünschten Bizyklus reagiert. Elegant ist auch die radikalische Umsetzung von Cyclododecanol mit Acrylsäuremethylester zu einem Spirolacton, das katalysiert mit Polyphosphorsäure zum Produkt umlagert.

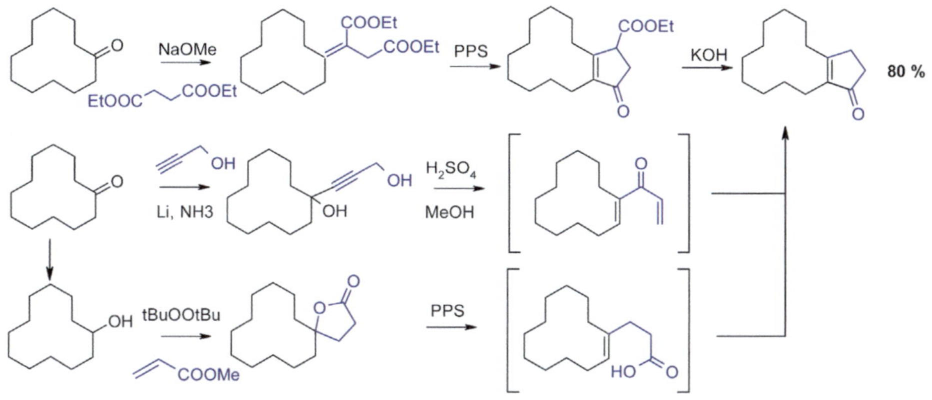

Für die Ringerweiterung wurde eigens eine Methode entwickelt, die heute als Eschenmoser-Fragmentierung[21][22] bekannt ist. Nach einer Weitz-Schaefer-Epoxidierung und Hydrazonbildung erfolgt die Zersetzung im Gegensatz zur sonst ähnlichen Wolff-Kishner-Reduktion bei $0\,^{\circ}$C im schwach Sauren.

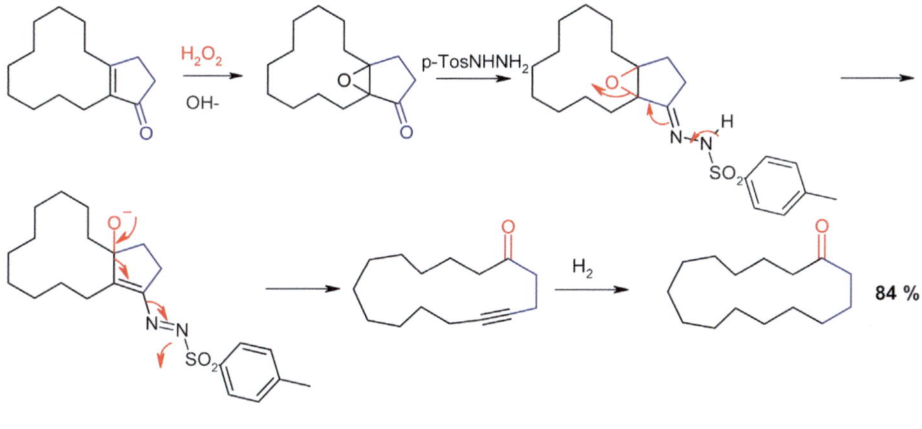

Durch die Epoxidierung des ungesättigten Ketons ist die Ausbeute und Anwendungsbreite begrenzt, da sie von einer Baeyer-Villiger-Oxidation überlagert wird. Diese Reaktion führt deshalb nur zu 50 % Umsatz. Ein anderer Ausweg ist die Persäureepoxidierung des entsprechenden Allylalkohols und Chromtrioxidoxidation. Die Umsetzung ist dann quantitativ.

Die Epoxidierung kann man umgehen, wenn man das Hydrazon mit N-Bromsucccinimid bromiert und im schwach Basischen fragmentiert. Die Ausbeute beträgt dann 80 %.[23]

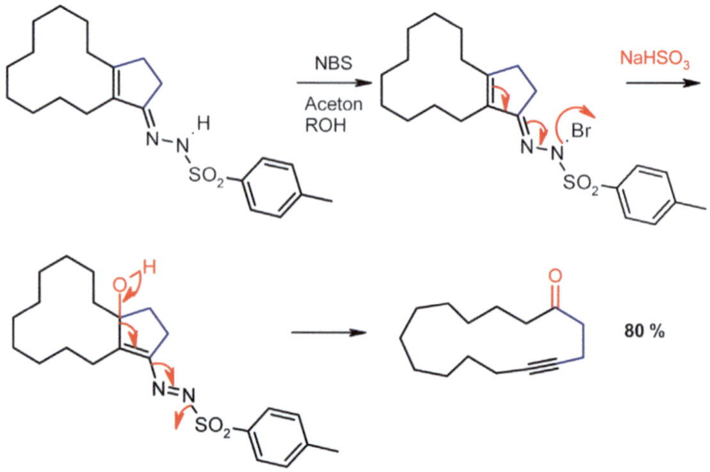

Eine moderne Methode der Ringerweiterung um zwei C-Atome von mittleren und großen Ringen ist die Flash-Vakuum-Pyrolyse (FVP) der Allylalkohole. Unter den Reaktionsbedingungen beobachtet man nur in Spuren die zu erwartende [1,5]H-Wanderung. Die Hauptreaktion ist vermutlich die über eine radikalische Zwischenstufe verlaufende [1,3]C-Verschiebung. Mit gutem Erfolg kann die Ringerweiterungssequenz auch wiederholt werden.[24]

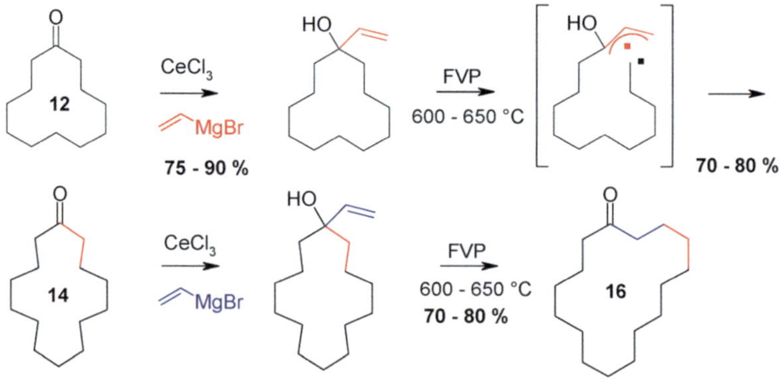

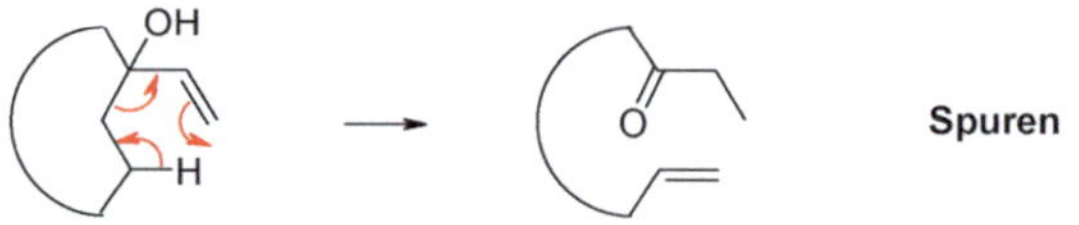

Durch eine Ringerweiterung um ein C-Atom im Sinn einer Tiffeneau-Demjanov-Umlagerung kommt man in die Reihe der ungeradzahligen Makrozyklen. Das Vorprodukt ist durch Cyanhydrinbildung und Hydrierung oder Corey-Epoxidierung und Epoxidringöffnung mit Ammoniak gut zugänglich.

3.6.7 Synthesen des racemischen Muscons

Eine der ersten industriellen Musconsynthesen stammt von der BASF.[25] In Analogie zur Herstellung von Exalton kann Cyclododecanon mit But-3-in-2-ol zu einem Diol umgesetzt werden, das nach Meyer-Schuster-Umlagerung und Nazarov-Zyklisierung zu dem methylsubstituierten Bizyklus führt. Ein sehr kurzer Weg wurde von den Mitsui Petrochemical Industries ein paar Jahre später beschrieben: Die direkte Umsetzung von Cyclododecen mit Crotonsäure in Gegenwart von Polyphosphorsäure ergibt mit beachtlichen 54 % Ausbeute das gleiche Produkt.[26]

Zu Muscon gelangt man über die Reaktionssequenz: Reduktion zum Allylalkohol, Ozonolyse der Doppelbindung, Wolff-Kishner-Reduktion der beiden Carbonylgruppen und Jones-Oxidation. Die Gesamtausbeute liegt bei 40 % bezogen auf Cyclododecanon.

Obwohl der Prozess technisch durchführbar ist, erfordert die Ozonolyse Spezialapparaturen und birgt ein gewisses Gefahrenpotenzial.

Eine andere effiziente Musconsynthese wurde durch die intramolekulare Prins-Reaktion möglich.[27] Ausgangspunkt ist Cyclododecatrien, das einer Ozonolyse unterworfen wird. Nachdem eine Aldehydfunktion geschützt und die andere mit Isobutenylmagnesiumchlorid umgesetzt wurde, erfolgt nach Hydrolyse des Acetals formal im Sinne einer Prins-Reaktion die Zyklisierung zu dem bizyklischen Dihydropyran. Die Hydrierung bei ungewöhnlich hoher Temperatur liefert schließlich racemisches Muscon.

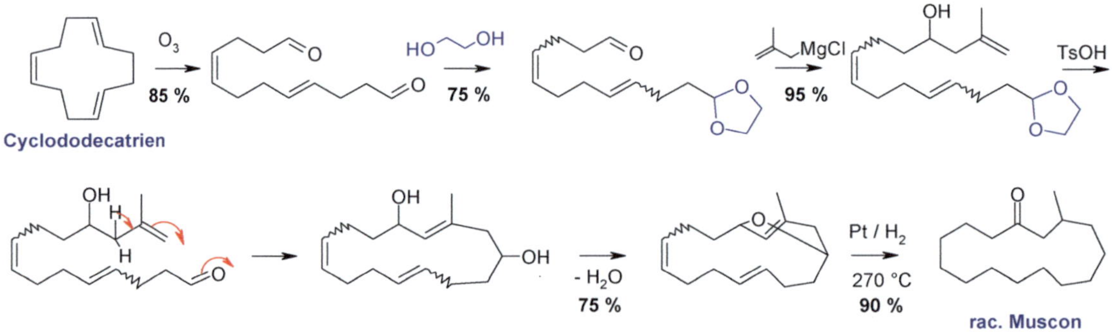

3.6.8 Synthesen des Zibetons

Nach der Weiterentwicklung der Metathesekatalysatoren[28] war die Synthese des Zibetons eines der ersten Anwendungsbeispiele der Ringschlussmetathese.[29] Durch Claisen-Kondensation und Metathese erhält man Zibeton, aufgrund eines beachtlichen Polymeranteils, der auch bei extremer Verdünnung (10^{-2}–10^{-4} molar) entsteht, mit einer maximalen Ausbeute von 24 %.

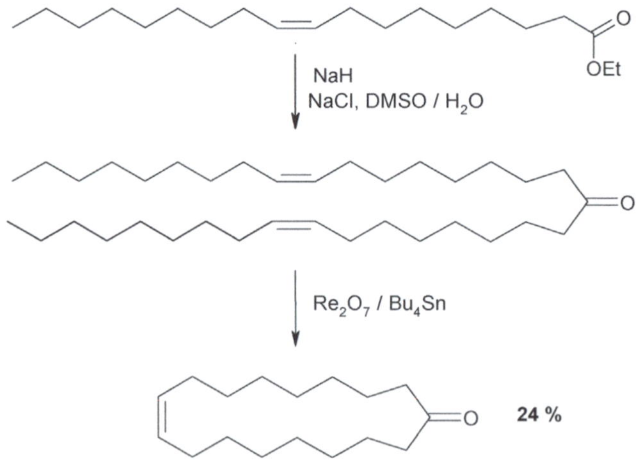

Jüngst publizierte Y. Tanabe eine Eintopfsynthese ausgehend von Decensäure-
methylester.[30][31] Die Schlüsselschritte sind eine Lewis-Säure-katalysierte Claisen-Kondensation und eine Ringschlussmetathese. Bemerkenswert ist, dass die
Metathese in Gegenwart des Titan-Enolat-Komplexes abläuft. Die Decarboxylierung erfolgt spontan und liefert das Produkt in einer Ausbeute von 48 %.

Führt man die Synthese schrittweise durch, so erhält man Zibeton sogar mit
einer Ausbeute von 74 %.

3.6.9 Synthesen des Exaltolids

Die technischen Synthesen des Exaltolids gehen ebenfalls zum Teil von Cyclododecanon aus. Schlüsselreaktionen sind Ringerweiterungen und die Depolymerisation des Polyesters der ω-Hydroxypentadecansäure. Selbstverständlich
bietet auch die Ringschlussmetathese einen attraktiven Zugang zu den makrozyklischen Laktonen.

Die radikalische Addition von Allylalkohol an Cyclododecanon und dehydratisierende Zyklisierung liefert ein bizyklisches Dihydropyran. Eine interessante Alternative ist die Ringöffnung des zyklischen Acetals von Cyclododecanon mit Triisopropylaluminium und erneuter Ringschluss mit Trifluormethansulfonsäureanhydrid. Durch Nitrosierung und Wolff-Kishner-Reduktion ist dann die ω-Hydroxypentadecansäure zugänglich. Neben der Reduktion mit Hydrazin wurden auch die katalytische, die elektrochemische und die Clemmensen-Reduktion etabliert.

Die $MgCl_2 \times 6\ H_2O$-vermittelte Depolymerisation (im engeren Sinn eine Dekondensation)[32] von 15-Hydroxypentadecansäure und sauer katalysierte Lactonisierung (Carothers Synthese) erbrachte für Exaltolid den erhofften wirtschaftlichen Durchbruch mit der Konsequenz, dass sich die Preise um eine Zehnerpotenz verringerten, die Produktion aber um drei Zehnerpotenzen stieg. Heute sind eine ganze Reihe „Depolymerisationskatalysatoren" (z. B. PbO, $(MeO)_3Al$, $Ti(OBu)_4$, $Zn(OAc)_2(H_2O)_2$, Bu_2SnO) und Verfahren bekannt.

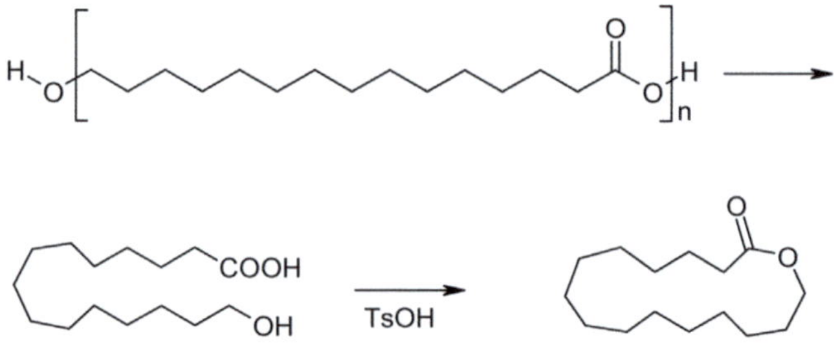

Die gezielte Oxidation von nicht funktionalisierten Kohlenwasserstoffen ist eine der faszinierendsten Reaktionen, bei der wir noch weit hinter den Fähigkeiten der Natur zurückstehen.

Ein moderner Zugang zu 15-Hydroxypentadecansäure bietet die Fermentation von Pentadecan mit *Candida tropicalis* zu Pentadecandisäure[33], deren Monoalkylester katalytisch unter hohem Druck zum entsprechenden Hydroxyester reduziert werden kann.

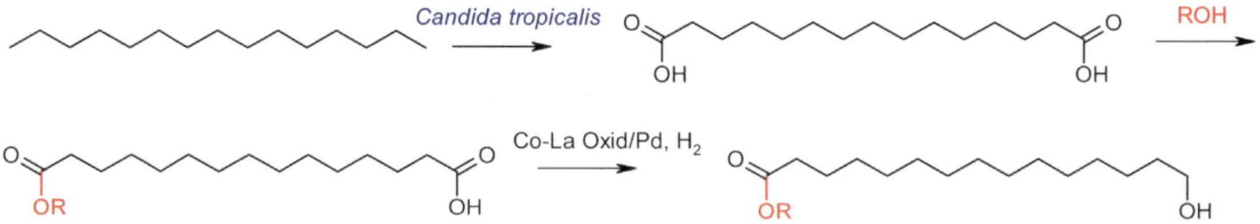

Alternativ zur Depolymerisation wurde die Ringerweiterung ausgehend von einem gemeinsamen Zwischenprodukt entwickelt. Wasserstoffperoxid addiert regiospezifisch an das bizyklische Dihydropyran. Das Hydroperoxid setzt sich mit einem weiteren Molekül des Edukts um. Die Thermolyse führt schließlich zu Exaltolid, wobei Xylol als Wasserstoffdonator dient. Als Nebenprodukt entstehen kleine Mengen an 15-Pentadec-11-enolid (Tab. 3.6).

Tabelle 3.6 *Steuerung der Produktverteilung durch Zusatz verschiedener Reagenzien*

Reagenz	A : B	Ausbeute (%)
$Na_2S_2O_5$, Na_2SO_3	2 : 1	67
[Fe/Cu]	1 : 9	72
Δ, Xylol	9 : 1	73

Die intramolekulare Translactonisierung ist eine andere Spielart der Ringerweiterung. Die Baeyer-Villiger-Oxidation mit Peressigsäure in einem gepufferten System ergibt ein makrozyklisches Lacton, das aus thermodynamischen Gründen bereitwillig in das stabilere C_{15}-Lacton übergeht. Die Dehydratisierung zu einem Gemisch von Olefinen und anschließende Hydrierung liefert schließlich Exaltolid.

Alois Fürstner nutzte die Ringschlussmetathese für die bis dato eleganteste Exaltolid-Synthese.[34][35][36] Er ging von Undecensäureester aus und erhielt Pentadec-10-enolid in einer Ausbeute von 90 %, das durch einfache Hydrierung der Doppelbindung in das gewünschte Produkt überführt werden konnte. Da die Doppelbindung hydriert wird, sind aber auch eine ganze Reihe anderer Ausgangsmaterialien noch denkbar.

3.6.10 Enantioselektive Synthesen des Muscons

Die enzymatische Resolution des Diastereomerengemischs von 3-Methylcyclopentadecanol liefert selektiv die Acetate der (3*R*)-Diastereomeren. Nach chromatographischer Trennung von den nicht umgesetzten (3*S*)-Alkoholen, Hydrolyse und Oxidation erhält man (*R*)-(–)-Muscon mit einem Enantiomerenüberschuss von 90 %.[37]

Wolfgang Oppolzers Musconsynthese[38] ist die erste enantioselektive Makrozyklisierung. Sie geht von 14-Pentadecinal aus, das über Hydroborierung und Transmetallierung in die entsprechende zinkorganische Verbindung umgesetzt wird. Der Ringschluss erfolgt in Gegenwart von katalytischen Mengen eines Diethylzink/(-)-*exo*-3-(Diethylamino)-borneol-Adukts. Nach Aufarbeitung wird der zyklische Allylalkohol in 75 % Ausbeute und einem Enantiomerenüberschuss von 92 % erhalten. Die Hydroxygruppe steuert die diastereoselektive Zyklopropanierung (Simmons-Smith-Reaktion). Es schließt sich eine Swern-Oxidation und selektive Dreiringöffnung unter Birch-Bedingungen an.

Ausgehend von (*R*)-(+)-Citronellal ist über eine Grignard-Reaktion ein Dien zugänglich, das durch Ringschlussmetathese und Hydrierung (*R*)-(–)-Muscon ergibt.[39 40] Mit den neueren, reaktiveren Imidazol-2-ylidenruthenium-Metathesekatalysatoren gelang es Grubbs eine Eintopfsynthese ausgehend von dem enantiomerenreinen Alkohol zu entwickeln, wobei sich an die Ringschlussmetathese eine Transferdehydrierung (initiiert durch die Zugabe von NaOH und Pentanon) und eine Hydrierung der Doppelbindung (durch Einleiten von Wasserstoff) anschließt. Alle Schritte werden durch den anfangs zugegebenen Rutheniumkomplex katalysiert.[41]

Setzt man das z. B. nach dem Stoll-Hansley-Prelog-Verfahren gewonnene Exaltenon nicht mit Cu_2Cl_2/Methylmagnesiumbromid, sondern mit Dimethylzink in Gegenwart eines enantiomerenreinen Kupferkomplexes um, so erhält man ausgehend von dem (*E*)-Enon in exzellenten Ausbeuten und hoher optischer Reinheit das gewünschte Produkt.[42 43]

Firmenich publizierte 2004 eine Synthese von enantiomerenreinem (*R*)-Muscon, deren Schlüsselschritt eine enantioselektive Protonierung eines Enolats ist.[44] Das Ausgangsmaterial erhält man durch Methylierung von Bicyclo[10.3.0]pentadec-1(12)-en-13-on.[15] Isopropylephedrin erwies sich als beste chirale Säure bei der enantioselektiven Protonierung, wie es auch bei Damascon der Fall war. Die Reduktion des Ketons mit DIBAH liefert den entsprechenden Alkohol, der durch Kristallisation aus Heptan auf 98 %ee angereichert werden kann. Nach dem Schützen mit Essigsäureanhydrid, ozonolysiert man den Ester und erhält nach Reduktion ein Triol, das in vier weiteren Stufen in (E/Z)-Muscenon überführt wird. Für die abschließende Hydrierung der Doppelbindung eignet sich besonders der „Crabtree-Katalysator". Die Gesamtausbeute, bezogen auf den enantiomerenreinen Alkohol, liegt bei 73 %.

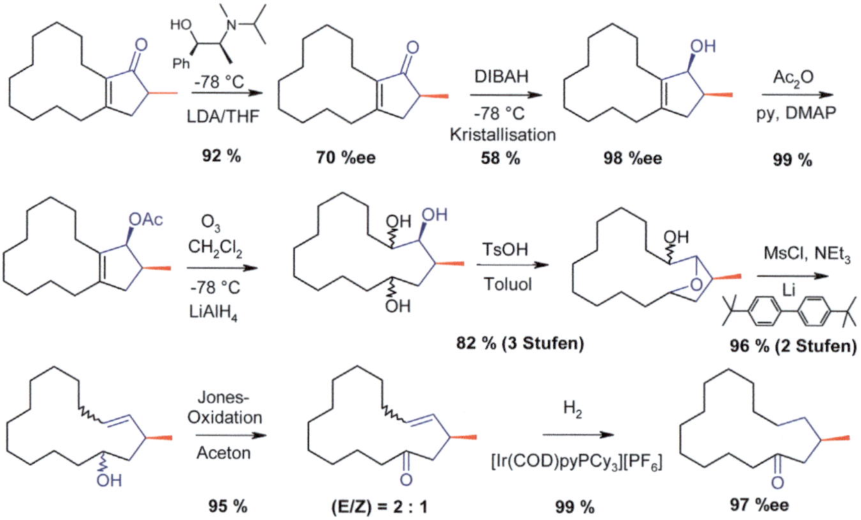

Die Takasago Perfumery Ltd. stellt optisch reines (R)-Muscon ausgehend von dem racemischen Produkt über den Silylenolether her, der an Palladiumacetat zu dem reinen (Z)-Enon dehydrosilyliert wird.[45] Die enantioselektive Hydrierung mit Ruthenium-BINAP-Katalysatoren liefert schließlich das enantiomerenreine Produkt.[46]

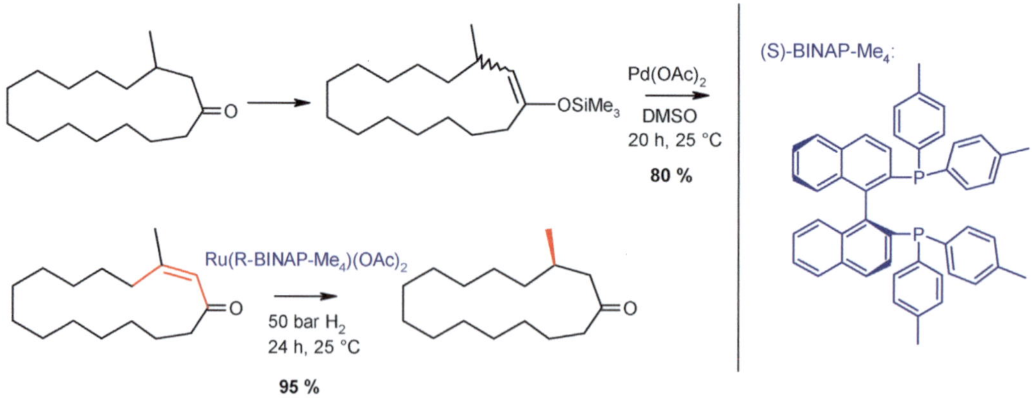

Es handelt sich hierbei um eines der bisher ganz wenigen Beispiele einer erfolgreichen, enantioselektiven Hydrierung von Enonen. Der Enantiomerenüberschuss liegt bei 94–98 %. Die Richtung der Induktion ist, wie bei der Synthese von Menthol, streng von der Konfiguration der Doppelbindung und des Katalysators abhängig.[47]

Für die Überführung des Silylenolethers in das α,β-ungesättigte Keton schlug Larock folgenden Mechanismus vor:[48]

Nach der reduktiven Eliminierung wird das Palladium(0) durch Luftsauerstoff zu Pd(II) oxidiert. Für den Prozess ist DMSO anscheinend essenziell. Bemerkenswert und entscheidend für den Musconprozess von Takasago ist die hohe (*E/Z*)-Selektivität, die man auch bei offenkettigen und makrozyklischen Systemen findet. Der (*E*)-Anteil liegt bei >90%.[49]

3.6.11 Der animalische Wohlgeruch

Tierische Düfte sind essenzielle Bestandteile vieler wertvoller Parfüms. Ihr individueller Duft markiert die Basisnote. Sie sind sehr anpassungsfähig und verleihen den anderen Duftkomponenten einen samtig-weichen Ton. In vielen Fällen benutzt man sie auch als Fixateure.

Ambra ist der dezenteste der animalischen Duftnoten. Man verwendet ihn, um Blumendüfte reicher erscheinen zu lassen und Parfüms mit aldehydischem Charakter, wie z. B. *Chanel Nr. 5*®, abzurunden. Zibeton verleiht den Parfüms eine typisch animalische Note, wie z. B. in *Jicky*® von Guerlain (Abb. 3.36). In *Musk for Men Old Spice*® aus dem Jahr 1974, ist Moschus die alleine bestimmende Basisnote. Kombinationen von Moschus, Ambra und Eichenmoos findet man in über 50 % aller Herrenwässer. Ein typischer Vertreter ist *Tabac*® aus dem Jahr 1959. Aber auch Damenparfüms bedienen sich des Moschusduftes wie z.B. in *Narciso Rodriguez*®. Man benutzt synthetisches Muscon, das nicht die Strenge des tierischen Moschus besitzt.

3.36 *Aimé, der Sohn des Firmengründers Pierre-François-Pascal Guerlain, kreierte 1889 den Duft Jicky*® *und setzte damit einen Meilenstein in der Geschichte der Parfüms.*

5α-Androst-16-en-3-on ⓘ *und Zibeton sind strukturell eng verwandt*

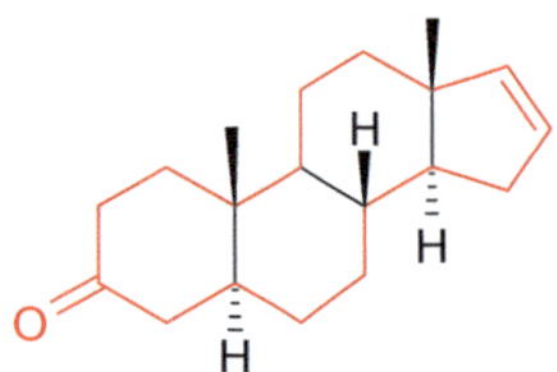

5α-Androst-16-en-3-on

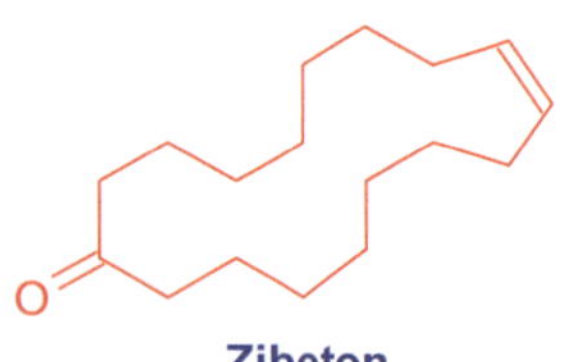

Zibeton

Zusammenfassung in Stichpunkten

- Moschusriechstoffe werden nach wie vor zum Teil aus natürlichen Quellen gewonnen.
- Aufgrund des hohen Preises gab und gibt es einen ausgedehnten Markt für Surrogate.
- Das besondere Strukturmerkmal der natürlichen Moschusriechstoffe (makrozyklische Ketone und Lactone) gab Anlass zur Entwicklung einer Fülle eleganter Synthesemethoden.

Literatur

1 H. Walbaum, B. Dtsch. Chem. Ges. **33** (1900) 1903.
2 H. Walbaum, J. prakt. Chem. **73** (1906) 488.
3 E. Sack, Chem. Z. **39** (1915) 538.
4 L. Ruzicka, Helv. Chim. Acta **9** (1926) 715.
5 L. Ruzicka, Helv. Chim. Acta **9** (1926) 230.
6 M. Kerschbaum, Ber. Dtsch. Chem. Ges. **60** (1927) 902.
7 R. W. Moncrieff, Soap, Parfumery & Cosmetics (1947) 261.
8 G. Helmchen, Biosynthese-Vorlesungsmanuskript 2003, 102.
9 A. Baur, Ber. Dtsch. Chem. Ges. **24** (1891) 2832.
10 A. Baur, Ber. Dtsch. Chem. Ges. **27** (1894) 1614.
11 A. Baur, Ber. Dtsch. Chem. Ges. **31** (1898) 1344.
12 G. Fráter, U. Müller, P. Kraft, Helv. Chim. Acta **82** (1999) 1656.
13 A. Ciappa, U. Matteoli, A. Scrivanti, Tetrahedron: Asymmetry **13** (2002) 2193.
14 C. Fehr in Collins, Sheldrake, Croby (Ed.), Chirality in Industry II, Wiley, Chichester (1997) 335.
15 A. S. Williams, Synthesis (1999) 1707.
16 Hites, Biemann, J. Am. Chem. Soc. **94** (1972) 5772.
17 Organikum, VEB Deutscher Verlag der Wissenschaften, Berlin 1981, 547 (Mechanismus).
18 K. Weissermel, H.-J. Arpe, Industrielle Organische Chemie, VCH Weinheim, 4. Aufl., 1994, 264.
19 G. Ohloff, J. Becker, K. H. Schulte-Elte, Helv. Chim. Acta **50** (1967) 705.
20 K. Biemann, G. Büchi, B. H. Walker, J. Am. Chem. Soc. **79** (1957) 5558.
21 A. Eschenmoser, D. Felix, G. Ohloff, Helv. Chim. Acta **50** (1967) 708.
22 D. Felix, J. Schreiber, G. Ohloff, A. Eschenmoser, Helv. Chim. Acta **54** (1979) 2896.
23 C. Fehr, G. Ohloff, G. Büchi, Helv. Chim. Acta **62** (1979) 2655.
24 M. Nagel, H.-J. Hansen, G. Frater, Synlett (2002) 280.

[25] M. Baumann, W. Hoffmann, N. Müller, Tetrahedron Lett. **40** (1976) 3585.

[26] JP 92947 (1979).

[27] K. H. Schulte-Elte, A. Hauser, G. Ohloff, Helv. Chim. Acta **62** (1979) 2673.

[28] R. H. Grubbs, Tetrahedron **60** (2004) 7117.

[29] M. F. C. Plugge, J. C. Mol, Synlett (1991) 507.

[30] R. Hamasaki, S. Funakoshi, T. Misaki, Y. Tanabe, Tetrahedron **56** (2000) 7423.

[31] J. C. Mol, Green Chemistry **4** (2002) 5.

[32] E. W. Spanagel, W. H. Carothers, J. Am. Chem. Soc. **58** (1936) 654.

[33] S.-I. Murahashi, Tetrahedron Lett. **37** (1996) 1633.

[34] A. Fürstner, D. Koch, K. Langemann, W. Leitner, C. Six, Angew. Chem. **109** (1997) 2562.

[35] A. Fürstner, M. Picquet, C. Bruneau, P. H. Dixneuf, Chem. Commun. (1998) 1315.

[36] A. Fürstner, Chem. Commun. (1999) 95.

[37] Y. Matsumura, H. Fukawa, Y. Terao, Chem. Pharm. Bull. **46** (1998) 1484.

[38] W. Oppolzer, R. R. N. Radinow, J. Am. Chem. Soc. **115** (1993) 1593.

[39] V. P. Kamat, H. Hagiwara, T. Suzuki, M. Ando, J. Chem. Soc. Perkin Trans. 1 (1998) 2253; V. P. Kamat, H. Hagiwara, T. Katsumi, T. Hoshi, T. Suzuki, M. Ando, Tetrahedron **56** (2000) 4397.

[40] W. A. Herrmann, Angew. Chem. **110** (1998) 2631; A. Fürstner, W. A. Herrmann, Tetrahedron Lett. **40** (1999) 4787.

[41] J. Louie, C. W. Bielawski, R. H. Grubbs, J. Am. Chem. Soc. **123** (2001) 11312.

[42] A. Alexakis, C. Benhaim, X. Fournioux, A. van den Heuvel, J.-M. Levêque, S. March, S. Rosset, Synlett (1999) 1811.

[43] Y. H. Choi, J. Y. Choi, H. Y. Yang, Y. H. Kim, Tetrahedron: Asymmetry **13** (2002) 801.

[44] C. Fehr, J. Galindo, I. Farris, A. Cuenca, Helv. Chim. Acta **87** (2004) 1737.

[45] JP 07267968 (1994).

[46] JP 06192161 (1994).

[47] T. Yamamoto, M. Ogura, T. Kanisawa, Tetrahedron **58** (2002) 9209.

[48] R. C. Larock, T. R. Hightower, G. A. Kraus, P. Hahn, D. Zheng, Tetrahedron Lett. **36** (1995) 2423.

[49] Y. Ho, T. Hirao, T. Saegusa, J. Org. Chem **43** (1978) 1011.

4 | Aminosäuren

Die Geschichte der Aminosäuren beginnt vor vier Milliarden Jahren. Die Erdatmosphäre bestand damals aus Wasserdampf, Kohlendioxid, Stickstoff, Kohlenmonoxid, Wasserstoff, Methan und Ammoniak. Es war heiß und jahrmillionenlang zuckten Blitze vom Himmel (Abb. 4.1). Unter diesen Bedingungen entstanden zunächst Aldehyde und Blausäure und daraus dann Aminosäuren (Strecker-Reaktion).

4.1 *Elektrostatische Entladungen führten zu den ersten organischen Verbindungen.*

$$R\text{-CHO} + HCN + NH_3 + 2\,H_2O \xrightarrow[-H_2O]{-NH_3} R\text{-CH(NH}_2)\text{-COOH}$$

Ein solches Szenario simulierten 1953 die legendären Versuche des jungen amerikanischen Chemikers Stanley Miller, der diese Prozesse im Labor in einer Woche nachstellen konnte (Abb. 4.2).[1] Schon bei den ersten Experimenten fand er Glycin, Alanin, β-Alanin, Asparaginsäure und α-Aminobuttersäure.[2] Millers Berichte waren eine Sensation – hatte man doch bis dahin geglaubt, die Bausteine des Lebens könnten nicht unter „anorganischen" Bedingungen entstehen. Später entdeckte man, dass sich Aminosäuren an Eisen-/Nickelsulfiden in Gegenwart von Kohlenmonoxid und Schwefelwasserstoff sogar zu kurzen Peptiden umsetzen.[3][4]

Vielleicht kam aber auch das Leben aus den Tiefen des Weltalls – in Form kosmischen Staubs oder durch Meteoriten. Nach ersten Zufallsentdeckungen haben Astrophysiker seit etwa 1970 systematisch damit begonnen, mittels spektroskopischer Methoden in den riesigen interstellaren Staubwolken nach organischen Verbindungen zu suchen.[5][6] Das Ergebnis war überwältigend, sowohl was die Zahl der dort entdeckten Verbindungen anging (> 120) als auch hinsichtlich ihrer Struktur. Durch Mikrowellenspektroskopie der Staubwolken im Zentrum unserer Galaxie und im Sternbild des Orions und des Stiers (Taurus-Dunkelwolke) fand man z. B. neben Alltagschemikalien wie Ethanol, Methylmercaptan, Blausäure, Ameisensäuremethylester, Methylamin, Formaldehyd und Keten auch extrem ungewöhnliche Verbindungen wie 2,4,6-Heptatriinnitril oder 2,4,6,8,10-Undecapentainnitril (Abb. 4.3).[7][8] Am National Astronomy Observatory in Arizona gelang es 2002 die erste Aminosäure (Glycin) mit einem 12-Meter-Teleskop in den Molekülwolken Sagittarius B2 (Schütze), Orion KL und W51 anhand von 27 Linien des Rotations-/Schwingungsspektrums nachzuweisen.[9][10]

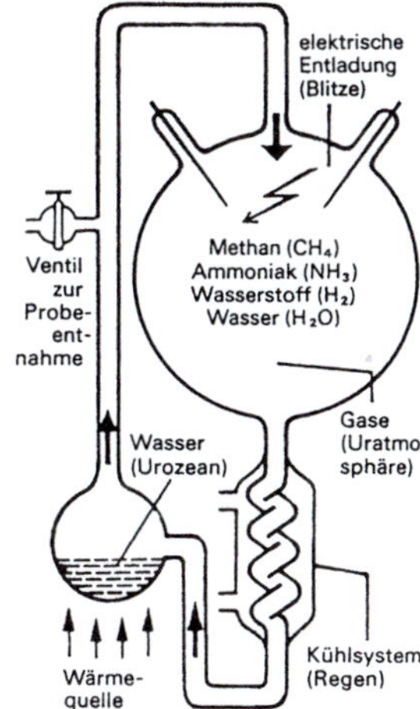

4.2 *Mit der Apparatur von Stanley Miller gelang der Nachweis, dass in der Uratmosphäre die Bausteine des Lebens entstehen.*

$$H-[\!-\!\!\equiv\!\!-\!]_5-C\equiv N$$

2,4,6,8,10-Undecapentainnitril

© Springer-Verlag GmbH Deutschland, ein Teil von Springer Nature 2006
B. Schäfer, *Naturstoffe der chemischen Industrie*,
https://doi.org/10.1007/978-3-662-61017-6_4

4.3 *Der Orionnebel M42 befindet sich im so genannten „Schwertgehänge" unterhalb des Jakobsstabs. M42 ist 1 800 Lichtjahre von der Erde entfernt. Der Orionnebel enthält Staub. Man geht davon aus, dass in diesem Gebiet neue Sterne entstehen.*

Noch aufschlussreicher als der spektroskopische Nachweis von Aminosäuren im Weltall ist die chemische Analyse von Chondriten (Steinmeteoren). In dem in Australien gefundenen Murchison-Chondriten entdeckte man 17 Aminosäuren. Zehn davon kommen in der Natur nicht vor. Bezogen auf den Gesamtaminosäuregehalt des Murchison-Chondriten entfiel etwa ein Drittel auf die Aminosäure Glycin, gefolgt von Alanin, Asparaginsäure und Valin. Dieses oder ein ähnliches Verhältnis hat man bei allen Chondriten gefunden, in denen man Aminosäuren nachweisen konnte. Es ist beeindruckend, dass diese Aminosäuren nicht nur bevorzugt bei den Millerschen Versuchen entstanden, sondern dass Glycin, Alanin, Asparaginsäure und Valin auch die häufigsten proteinogenen Aminosäuren der Biosphäre sind.[11]

Im Fall einiger α-methylierter Aminosäuren (α-Methylisoleucin, Isovalin, α-Methylnorvalin) wurden Enantiomerenüberschüsse zugunsten des (L)-Enantiomeren von bis zu 10 % festgestellt.[12][13][14] Offensichtlich können auch unter „Weltraumbedingungen" enantiomerenangereicherte Aminosäuren entstehen (Abb. 4.4).

4.4 *Enantiomerenangereicherte Aminosäuren aus dem Weltall.*

Dies war überraschend, da die Millerschen Versuche stets das Racemat der Aminosäuren lieferten.

Der Symmetriebruch[15][16][17][18] bei der Entstehung der ersten Aminosäuren kann unterschiedliche Ursachen haben. Neben der zufälligen Entstehung eines lokalen Enantiomerenüberschusses durch enantioselektive Adsorption an chirale Kristalle, z. B. (D)-Alanin an α-Quarz, oder spontane Kristallisation in chiralen Kristallformen[19], werden extraterrestrische Einflüsse diskutiert, die die junge Erde mit enantiomerenangereichertem Material animpften. Zirkular polarisiertes Licht aus dem Weltraum könnte z. B. durch Photolyse von racemischem Leucin zum Paritätsbruch geführt haben, ebenso wie die in jüngster Zeit intensiver diskutierte schwache Wechselwirkung.

Die Homochiralität[20] von Aminosäuren ist nicht ohne enantioselektive Anreicherungsprozesse denkbar. Mutation und Selektion prägten die selbstreproduzierenden Molekularsysteme, und schließlich waren es nichtlineare Verstärkungsmechanismen, die zum makroskopischen Symmetriebruch *a posteriori* führten.[21][22] Heute sind sämtliche proteinogenen Aminosäuren α-Aminosäuren und damit bis auf Glycin chiral. Sie sind alle (L)-konfiguriert.

4.1 Biologische Stickstofffixierung

Die Biosynthese der Aminosäuren erfordert zunächst den Zugang zu einer Stickstoffquelle. 1888 entdeckten Hermann Hellriegel und Hermann Wilfarth die Stickstofffixierung durch die Knöllchenbakterien in den Wurzelknöllchen der Leguminosen.[26]

Dies war eine der großen Entdeckungen der Biochemie, da die Stickstofffixierung für das Leben auf der Erde von ähnlicher Bedeutung ist wie die Photosynthese. Obwohl die Luft zu 78 % aus molekularem Stickstoff besteht, ist der chemische Zugang nicht einfach.

Die Stickstofffixierung erfolgt in symbiontisch lebenden Bakterien, z. B. *Rhizobium meliloti* an Leguminosen, aber auch in frei lebenden Bakterien wie *Azotobacter vinelandii* (aerobe Bodenbakterien) oder *Clostridium pasteurianum* (anaerobe Bodenbakterien). Die Natur produziert auf diese Weise bei Umgebungstemperatur und -druck etwa $1{,}7 \times 10^8$ Tonnen Ammoniak pro Jahr.[27]

$$N_2 + 8\,H^+ + 8\,e^- \xrightarrow[\text{FeMo-Nitrogenase}]{} 2\,NH_3 + H_2$$

1930 erkannte H. Bortels, dass die Stickstofffixierung ein von molybdänabhängiger Prozess ist. Offensichtlich haben die Nitrogenasen von *Rhizobium meliloti*, *Azotobacter vinelandii* und *Clostridium pasteurianum* einen ähnlichen Aufbau. E. Mortenson identifizierte 1966 erstmals ein „Fe-" und ein „MoFe-Protein" als Teile des Nitrogenaseenzymsystems. Die exakte Struktur des Nitrogenase-Molybdän-Eisen-Proteins von *Azotobacter vinelandii* konnte 1992[28] und die von *Clostridium pasteurianum* 1993[29] von D. C. Rees aufgeklärt werden.[30] Das Fe-Protein ist ein γ_2-Dimer mit einer Molmasse von etwas 60 000 Dalton und das MoFe-Protein ein $\alpha_2\beta_2$-Tetramer mit circa 240 000 Dalton.[31][32]

Das Fe-Protein bindet über je zwei Cysteinreste einen cubanähnlichen $[Fe_4S_4]$-Cluster, ADP und zwei $[Mg(H_2O)_4]^{++}$. Das MoFe-Protein enthält als Cofaktor einen so genannten P-Cluster, aus einem Fe_4S_4-Kubus und einem Fe_4S_3-Fragment. Neben dem P-Cluster enthält das MoFe-Protein als zweiten den M-Cluster.[33] Dieser ist kovalent an Cystein und Histidin der α-Untereinheit gebunden. Ein Homocitratanion ((*R*)-2-Hydroxybutan-1,2,4-tricarbonsäure) ist als zweizähniger Ligand an Molybdän komplexiert (Abb. 4.5). Aufgrund besser aufgelöster Röntgenstrukturanalysen und quantenmechanischer Berechnungen gibt es Hinweise, dass sich im Zentrum des FeMo-Komplexes ein Stickstoffatom befindet.[34][35][36]

Das Fe-Protein überträgt in einer ATP-abhängigen Reaktion Elektronen über den P-Cluster auf den M-Cluster, an dem schließlich der Stickstoff reduziert wird (Abb. 4.6).[37][38]

Interessant ist im Vergleich zu anderen Enzymen die geringe Substratspezifität der Nitrogenasen. Sie reduzieren auch Acetylen (zu Ethylen), Hydrazin[39], Wasserstoff, Cyanid und Azid.[40] Hieraus und aus dem vermutlich sehr hohen biologischen Alter schlossen U. S. Silver und J. R. Postgate[41], dass die ursprüngliche Aufgabe des Enzymsystems nicht die Stickstofffixierung war, sondern die Cyaniddetoxifikation im Lebensraum der präkambrischen Bakterien.

> ℹ 1 Dalton = 1 (Gramm/mol)/ Avogadro-Konstante (1/mol) = $1{,}66 \times 10^{-24}$ Gramm.

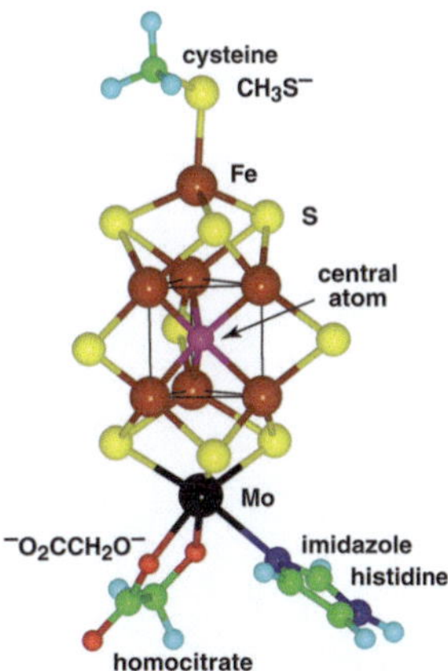

4.5 *Der M-Cluster komplexiert molekularen Stickstoff und reduziert ihn zu Ammoniak.*

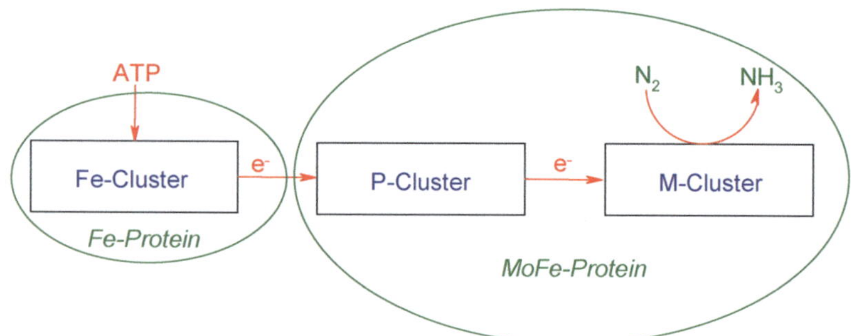

4.6 *Die Energie zur Reduktion von Stickstoff wird über verschiedene Eisen-Schwefel-Cluster übertragen.*

4.2 Künstliche Stickstofffixierung

Salpeter ist die historische [i] Bezeichnung für die Salze der Salpetersäure. Für die Landwirtschaft von großer Bedeutung war der Ammonsalpeter (NH_4NO_3).

1840 entdeckte Justus von Liebig, dass das Wachstum von Pflanzen von einer Reihe von Elementen in verfügbarer Form abhängig ist. Gemessen am Bedarf begrenzt das am geringsten vorhandene Element das Wachstum.[42] Die Pflanze benötigt hauptsächlich Kalium, Calcium, Magnesium, Eisen, Kohlenstoff, Stickstoff, Sauerstoff, Phosphor, Schwefel und Wasserstoff und daneben in sehr kleinen Mengen eine Reihe von Metallen, hauptsächlich aus der 3d-Reihe. Liebig erkannte, dass Stickstoff für das Wachstum oft begrenzend ist und entwickelte den ersten Kunstdünger. Damit gelang es, die landwirtschaftlichen Erträge deutlich zu steigern und die Lebensmittelversorgung der Menschen wesentlich zu verbessern.

Salpeter wurde auch für die Herstellung von Schwarzpulver benötigt. Er war so wertvoll, dass um die natürlichen Lagerstätten Kriege geführt wurden (Salpeterkrieg, 1879 bis 1882 zwischen Bolivien, Peru und Chile).

Für beide Anwendungen – und dies zeigt die Ambivalenz naturwissenschaftlicher Erkenntnis – lieferte der Haber-Bosch-Prozess das benötigte Ausgangsmaterial: Ammoniak (Abb. 4.7).

1913 nahm man bei der BASF einen Kreisprozess in Betrieb, bei dem aus Stickstoff und Wasserstoff bei einer Temperatur von 500 °C und einem Druck von 200 bar an einem α-Eisen-Katalysator[43] Ammoniak mit einem Umsatz von 17 % hergestellt wurde (Abb. 4.8 und 4.9). Erst in jüngster Zeit gelang im Labormaßstab die Synthese von Ammoniak ohne Überdruck auf elektrochemischem Weg bei hohen Temperaturen von 450–570 °C.[45][46]

$$N_2 \;+\; H_2 \xrightarrow[\alpha\text{-Fe}]{500\,°C,\ 200\ bar} NH_3$$

Gemessen an der Effizienz, mit der Knöllchenbakterien Stickstoff unter Umgebungsbedingungen aus der Luft binden und metabolisieren, sind die „menschlichen" Versuche hierzu bescheiden geblieben.[48] Die Isolierung des ersten N_2-Komplexes[49] $[Ru(NH_3)_5(N_2)]^{2+}$ durch A. D. Allen und C. V. Senoff 1965 war eine Sensation. Inzwischen kennt man eine Reihe von Stickstoffkomplexen, aber die Synthese von Ammoniak damit ist nach wie vor unbefriedigend.[50][51]

4.7 *Fritz Haber (1868–1934) entdeckte die durch Eisen katalysierte Synthese von Ammoniak.*

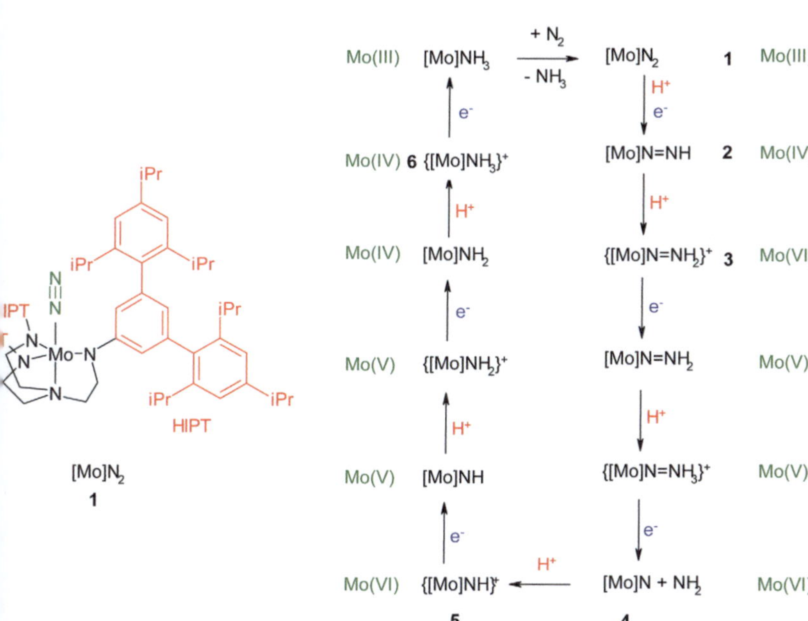

$$10 \begin{bmatrix} [RuCl(dppp)_2]X \\ \mathbf{1} \\ \updownarrow \;\; H_2 \\ [RuCl(H_2)(dppp)_2]X \\ \mathbf{2} \end{bmatrix} + \;\; \underset{\mathbf{}}{W(N_2)_2 L_4} \;\; \longrightarrow \;\; 2\; NH_3$$

1/2 = 9 : 1

X: PF$_6$, BF$_4$, BPh$_4$, OTf
dppp: 1,2-Bis-(diphenylphosphanyl)-propan
L: Dimethylphenylphosphan

Eine Mischung des Rutheniumkomplexes **1** und des Wolframkomplexes nimmt in einer Wasserstoffatmosphäre unter Bildung von 10 % des Komplexes **2** Wasserstoff auf, der dann den Stickstoff zu Ammoniak reduziert. Die Reaktion ist jedoch nicht katalytisch. Die beste Ausbeute unter optimalen Bedingungen liegt bei 55 %.

Jüngst publizierte Richard Schrock die Struktur eines Molybdänkomplexes, mit dem es gelang, molekularen Stickstoff katalytisch zu Ammoniak zu reduzieren.[52][53] Der sterisch außerordentlich anspruchsvolle, vierzähnige Ligand verhindert die Bildung eines zweikernigen, unreaktiven, end-on-verbrückten Distickstoff-Molybdän-Komplexes, und bildet eine Höhle, in der die Reaktionen ablaufen. Als Reduktionsmittel dient Decamethylchromocen (Cp$^*_2$Cr) und als Protonenquelle 2,6-Lutidiniumtetra-(3,5-trifluormethylphenyl)-borat (2,6-MeC$_5$H$_3$NH$^+$) (B(3,5-(CF$_3$)C$_6$H$_3$)$_4^-$). Bemerkenswert ist, dass Schrock auch einige der Zwischenstufen (**2–6**) des postulierten Katalysezyklus herstellen

4.8 *Die Struktur von α-Eisen ist kubisch-raumzentriert. α-Eisen ist ferromagnetisch. Das Atomium, das Symbol der Brüsseler Weltausstellung von 1958, ist ein 110 Meter hohes Bauwerk in Form einer 150milliardenfachen Vergrößerung der Elementarzelle eines α-Eisenkristalls.*[44]

4.9 *Ammoniakreaktor beim Bau der Anlage. 40 % des körpereigenen Stickstoffs jedes Europäers und US-Amerikaners hat schon einmal eine Ammoniakanlage von Innen gesehen. Bei den Chinesen liegt dieser Wert aufgrund ihrer Ernährungsweise sogar bei knapp zwei Drittel.*[47]

und ineinander überführen konnte. Unter streng kontrollierten Reaktionsbedingungen (langsame Zugabe von $Cp^{*}_{2}Cr$) erreichte man bisher eine Turnover-Zahl von vier.

4.3 Biosynthese

Die Biosynthese der Aminosäuren ist sehr facettenreich, alleine schon um die 22 verschiedenen Reste[54] der proteinogene Aminosäuren zu generieren. An dieser Stelle sollen nur ausgewählte Aspekte beschrieben werden, die auch für die spätere Betrachtung der technischen Synthese von Bedeutung sind.

Ammoniak wird mittels der Glutaminsynthase auf Glutaminsäure übertragen. Glutamin ist dann die Ammoniakquelle für die Umsetzung der Ketoglutarsäure.

Die aus dem Zitronensäurezyklus stammende Ketoglutarsäure reagiert mit Glutamin zu einem Imin, das durch die NADPH-abhängige Glutamatdehydrogenase zu Glutaminsäure reduziert wird.

Durch Transaminierung sind auch eine ganze Reihe anderer Aminosäuren zugänglich. Als Coenzym tritt Pyridoxalphosphat auf, das primär an einen Lysinrest des Enzyms gebunden ist. Der Angriff von Glutaminsäure liefert das entsprechende Imin. Nach Umprotonierung und Hydrolyse entsteht Pyridoxaminphosphat und α-Ketoglutarsäure. Pyridoxaminphosphat reagiert dann mit anderen α-Ketosäuren nach dem umgekehrten Mechanismus.

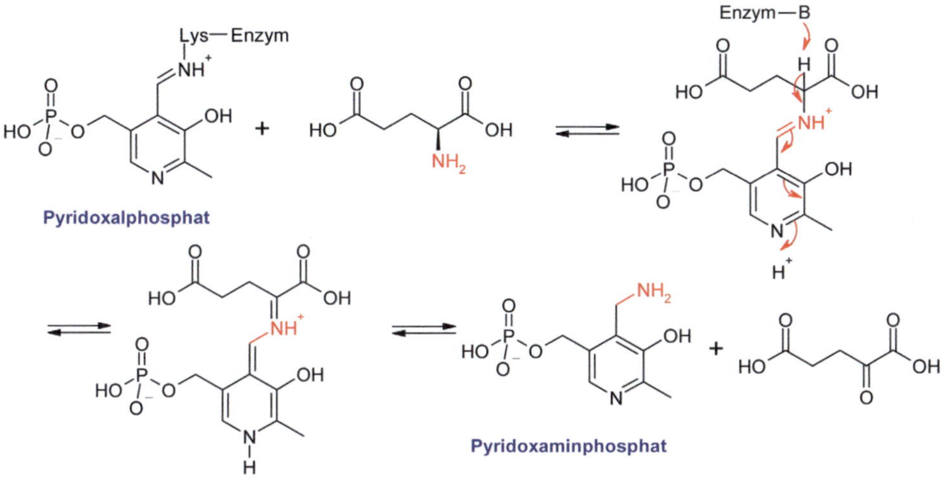

Pyridoxalphosphat

Pyridoxaminphosphat

Auf diese Weise entsteht eine Vielfalt weiterer Aminosäuren, z. B. Alanin aus Brenztraubensäure, Serin aus Hydroxybrenztraubensäure und Asparaginsäure aus Oxalessigsäure sowie Phenylalanin und Tyrosin aus Phenylbrenztraubensäure bzw. 4-Hydroxyphenylbrenztraubensäure.

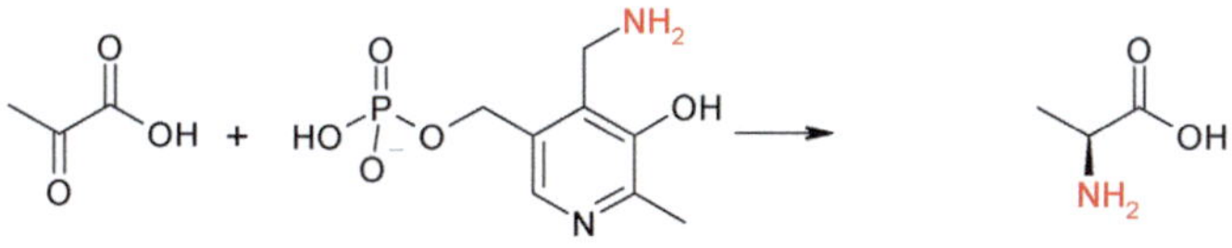

Brenztraubensäure　　　**Alanin**

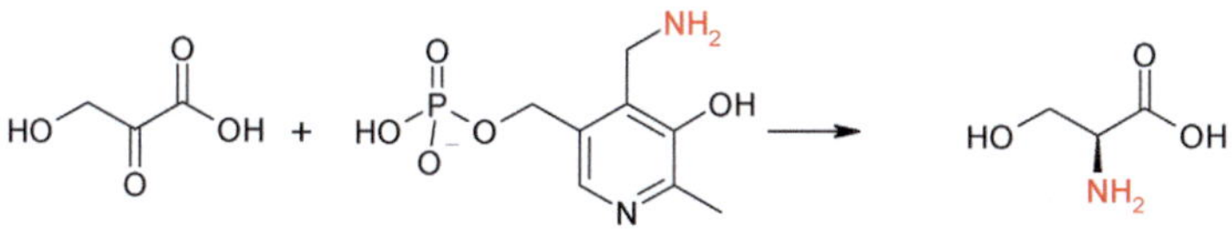

Hydroxybrenztraubensäure　　　**Serin**

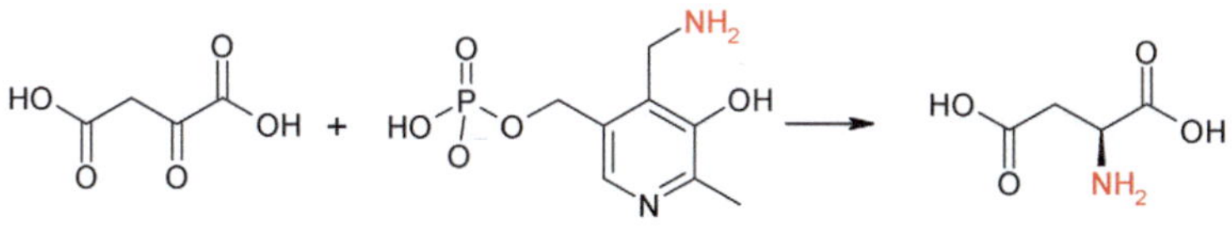

Oxalessigsäure　　　**Asparaginsäure**

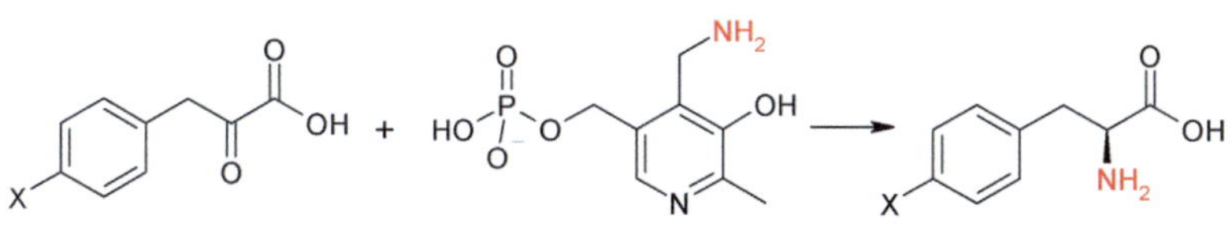

X=H:　**Phenylbrenztraubensäure**
X=OH:　**4-Hydroxyphenylbrenztraubensäure**

X = H:　**Phenylalanin**
X = OH:　**Tyrosin**

Serin ist eine wichtige Ausgangsverbindung für weitere Aminosäuren. So entsteht Glycin durch eine retro-Aldolreaktion und Cystein durch Eliminierung von Wasser und Addition von Schwefelwasserstoff.

$$- H^+ \quad - CH_2O$$

Tetrahydrofolat

Glycin

$$- H_2O \qquad + H^+$$

Cystein

Die Biosynthese der aromatischen Aminosäuren verläuft über die Shikimisäure.[55] Ausgangspunkt ist Erythrose-4-phosphat, das im Calvin-Zyklus gebildet wird. Die enzymkatalysierte Aldolkondensation mit Phosphoenolpyruvat führt zu einer Heptulose (3-Deoxy-(D)-arabino-heptulonsäure-7-phosphat). Die Eliminierung von Phosphat liefert ein Enol, das in einer weiteren Aldolkondensation zu 3-Dehydrochinasäure führt. Die Eliminierung von Wasser und Reduktion ergibt dann Shikimisäure.

(D)-Erythrose-4-phosphat

Enzym

3-Deoxy-(D)-arabino-heptulonsäure-7-phosphat

Enzym-B⁻

3-Dehydrochinasäure **3-Dehydroshikimisäure** **Shikimisäure**

Die in 3-Position phosphorylierte Shikimisäure wird nun erneut mit Phospho-enolpyruvat umgesetzt, wobei anschließend durch Abspaltung von Phosphor-säure Chorisminsäure entsteht. Es folgt, was für biochemische Vorgänge selten ist, eine elektrozyklische Umlagerung. Im Anschluss an die Claisen-Umlage-rung verzweigt sich der Biosyntheseweg. Die Decarboxylierung und Aromati-sierung (Oxidation) liefert 4-Hydroxyphenylbrenztraubensäure, das Vorpro-dukt von Tyrosin (Tyr). Findet die Aromatisierung durch Abspaltung von Wasser statt, erhält man Phenylbrenztraubensäure, das Edukt für Phenylalanin (Phe).

$- H_3PO_4$

-B-Enzym

Chorisminsäure

Chorisminsäure

Tyrosin

Phenylalanin

Die Biosynthese von Tryptophan (▶ Abschnitt Indigo) zweigt bei der Choris-minsäure ab und wurde im Abschnitt über Indigo bereits vorgestellt.

4.4 Technische Synthese

Die ersten Aminosäuren wurden zu Beginn des 19. Jahrhunderts entdeckt: Asparagin 1806 von Nicolas Vauquelin und Pierre Robiquet im Spargel, Leucin 1818 von Joseph Proust im Quark und Glycin 1820 von Henri Braconnot in Gelatine (Abb. 4.10). Die technische Herstellung von Aminosäuren begann 1908 in Japan mit der Gewinnung von Natriumglutamat aus dem Salzsäurehydrolysat des Weizenklebers (Gluten).

4.10 *Man teilt heute die Aminosäuren in proteinogene und nicht-proteinogene, erstere in essenzielle und nicht-essenzielle Aminosäuren ein. Es sind 22 proteinogene, aber über 300 nicht-proteinogene Aminosäuren bekannt.*

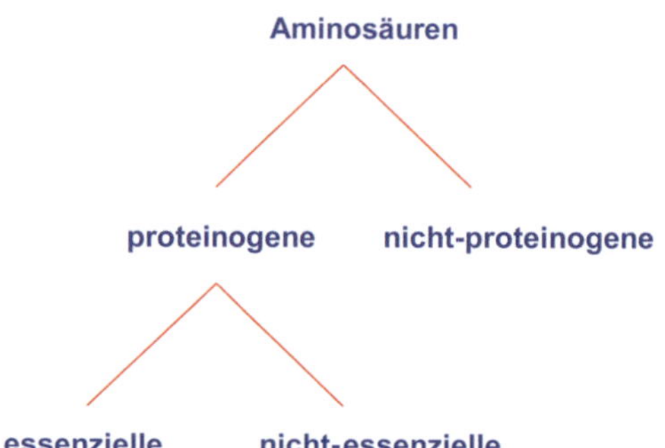

Die Weltjahresproduktion von Natriumglutamat beträgt heute mehr als 650 000 Tonnen. Der jährliche Bedarf an (*D,L*)-Methionin und der von (*L*)-Lysin belaufen sich jeweils auf 450 000 Tonnen, der von (*L*)-Threonin auf 30 000 Tonnen und der von (*L*)-Phenylalanin und (*L*)-Asparaginsäure auf jeweils rund 12 000 Tonnen (Abb. 4.11).[56] [57] [62]

4.11 *Die Gesamtproduktionsmenge an Aminosäuren lag in den letzten Jahren bei über 1,6 Millionen Tonnen. Dies entspricht einem Marktvolumen von ca. 3,5 Milliarden Euro. 55 % davon entfielen auf das Segment Tierernährung.*

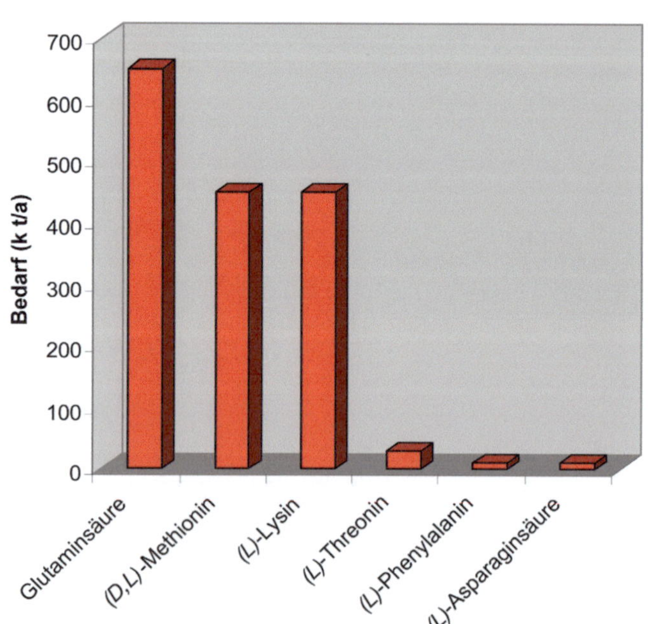

In der menschlichen Ernährung spielen freie Aminosäuren zur Aromatisierung, als Geschmacksverstärker und als Süßstoffe eine wichtige Rolle. Natriumglutamat ist in Konzentrationen von 0,1–0,4 % wohl der prominenteste Geschmacksverstärker für Gewürze, Suppen, Saucen, Fleisch und Fisch. (*L*)-Cystein verstärkt den Geschmack von Zwiebeln. Glycin wird benutzt, um den Nachgeschmack von Saccharin zu maskieren. Während (*L*)-Aminosäuren leicht bitter schmecken, haben die (*D*)-Enantiomere einen süßen Geschmack. Dies gilt in der Regel auch für Di- und Oligopeptide. Eine Ausnahme ist (*L*)-Aspartyl-(*L*)-phenylalaninmethylester (Aspartam).

Bedeutende Aminosäuren für die Tierernährung sind Methionin (hauptsächlich für Geflügel), Lysin (hauptsächlich für Schweine), Threonin und Tryptophan.[58] Ganz im Sinn von Liebig ist auch die im Viehfutter am geringsten vorhandene Aminosäure limitierend für die Erzeugung tierischen Proteins. Die Aminosäuresupplementierung von Mais, Reis, Soja- und Fischmehl dient dem Zweck, mit weniger Futter mehr Fleisch zu erzeugen, minderwertiges Futter besser auszunutzen und natürliche Ressourcen zu schonen. So ersetzt ein Kilogramm (*D,L*)-Methionin 50 Kilogramm Fischmehl, das aus 230 Kilogramm Fisch hergestellt werden müsste. Durch eine bedarfsgerechte Aminosäureversorgung wird die Güllemenge reduziert, was letztlich auch der Umwelt zu Gute kommt.

Für pharmazeutische Zwecke werden weltweit jährlich 2 000 bis 3 000 Tonnen Aminosäuren benötigt, mehr als die Hälfte davon für Infusionslösungen zur künstlichen Ernährung. Manche Aminosäurederivate haben pharmakologische Bedeutung: Acetylcystein ist ein Mucolytikum, (*L*)-DOPA ein Präparat gegen die Parkinsonsche Krankheit und Oxitriptan ((*S*)-5-Hydroxytryptophan) ein Antidepressivum. Speziell substituierte, (*D*)-konfigurierte α- und β-Aminosäuren finden Verwendung als Bausteine für eine Reihe von Pharmawirkstoffen.

Aminosäuren finden Anwendung in Kosmetika, in Pflanzenschutzmitteln (*Roundup*®, *Basta*®[59]), als Dispersionshilfsmittel, als Stabilisatoren für PVC, als Vulkanisationsbeschleuniger, als Korrosionsschutzmittel und als Hilfsmittel in der Galvanotechnik und der Photographie.

Für die moderne, industrielle Aminosäureproduktion hat man eine breite Palette von Verfahren entwickelt. Neben der Extraktion aus Proteinhydrolysaten nutzt man natürlich auch die chemische Synthese aus petrochemischen Vorprodukten, die Fermentation mithilfe von Mikroorganismen sowie enzymatische Verfahren. Welches Verfahren das günstigste ist, hängt von der langjährigen Erfahrung, der Preisentwicklung und der Versorgungslage mit den entsprechenden Rohstoffen ab.

4.4.1 Proteinhydrolysate

Keratine, Kollagene und pflanzliche Proteine hydrolysiert man durch Kochen mit Salzsäure, wobei die Peptidbindungen gespalten werden. Nach der Neutralisation fällt eine in Wasser wenig lösliche cystin- und tyrosinreiche Fraktion aus, die abfiltriert wird. Durch fraktionierende Kristallisation können dann (*L*)-Cystin und (*L*)-Tyrosin getrennt werden. Durch partielles Eindampfen lässt sich eine (*L*)-leucin- und (*L*)-isoleucinreiche Fraktion gewinnen. Die restlichen

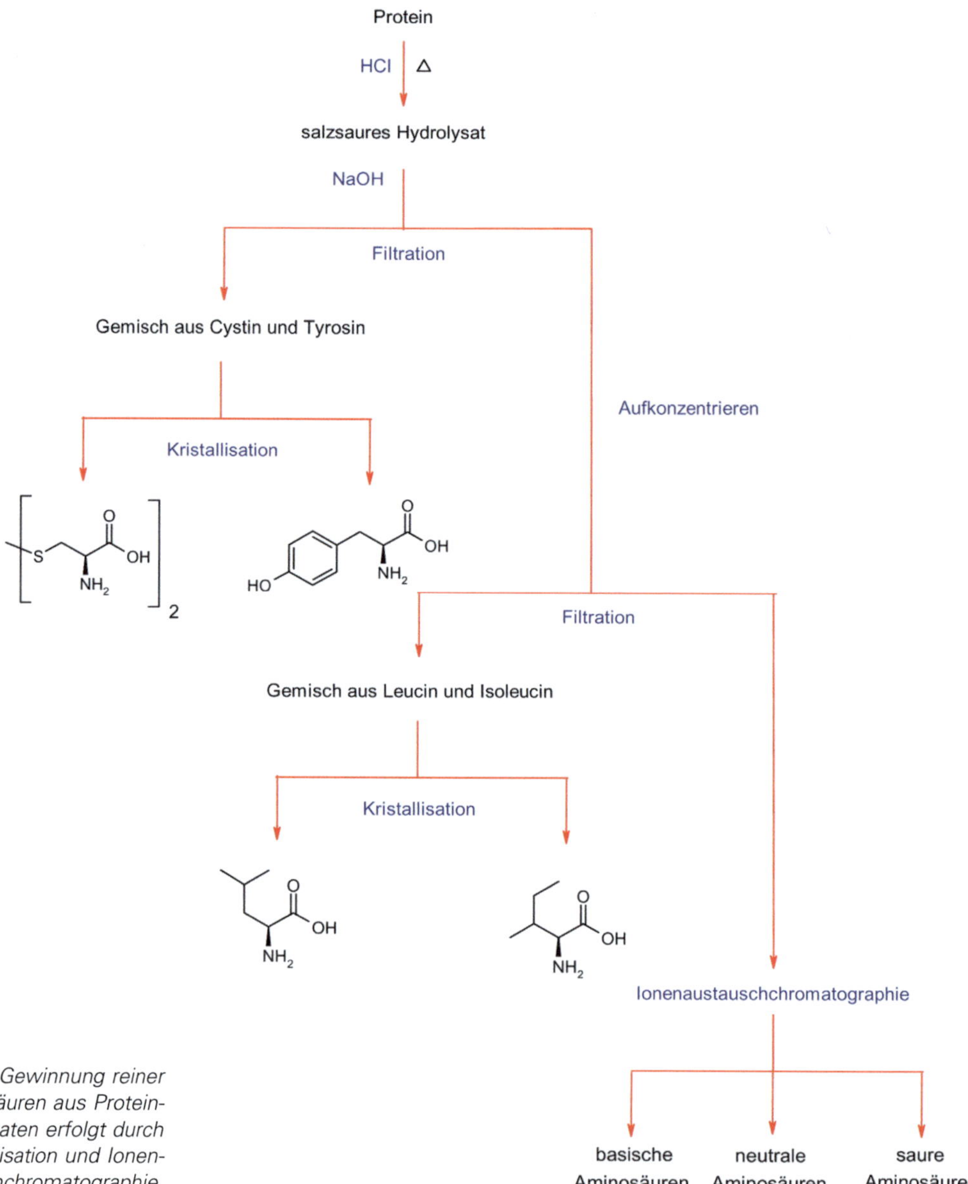

4.12 *Die Gewinnung reiner Aminosäuren aus Protein- hydrolysaten erfolgt durch Kristallisation und Ionen- austauschchromatographie.*

Aminosäuren werden an organischen Ionentauschern getrennt. Auf diese Weise werden technisch Cystin, Tyrosin und Prolin gewonnen (Abb. 4.12).[60]

Saure und basische Aminosäuren, wie Glutaminsäure, Asparaginsäure und Lysin werden aus den Proteinhydrolysaten auch für die künstliche Ernährung gewonnen. Die Fraktionen werden steril filtriert und durch Kristallisation weiter gereinigt. Seit der BSE-Krise deklarieren einige Aminosäurehersteller, dass ihr Ausgangsmaterial nicht von Rindern stammt. Meist verwenden sie Hühnerfedern und Schweinegelatine.[61]

4.4.2 Chemische Synthese

In der Regel muss man sich bei der chemischen Aminosäuresynthese früher oder später mit der Problematik der optischen Reinheit auseinandersetzen. Nicht so im Fall des Methionins für Tierfutter. (*D*)-Methionin hat fast die gleiche nutritive Wertigkeit wie (*L*)-Methionin. Geflügel und Schweine verfügen über spezielle Enzyme, die in der Lage sind die (*D*)-Form in die (*L*)-Form zu überführen.[62]

4.13 *Methionin-Anlage der Degussa in Antwerpen.*

Das Ausgangsmaterial für die Methionin-Synthese von Degussa ist Acrolein, an das Methylmercaptan addiert wird. Es schließt sich dann eine Cyanhydrinsynthese an. Nach der Addition von Blausäure erhält man durch Zugabe von Kohlendioxid und Ammoniak das entsprechende Hydantoin, welches mit Kaliumcarbonat verseift wird (Bucherer-Bergs-Reaktion). Methionin wird durch Aufpressen von Kohlendioxid freigesetzt. Das Produkt wird dann abfiltriert und die Mutterlauge eingeengt. Dadurch geht Kaliumhydrogencarbonat in Kaliumcarbonat über und kann rückgeführt werden. Gleiches gilt auch für Kohlendioxid und Ammoniak. Hierdurch wird die Salzproduktion minimiert, was ein wichtiger Beitrag zum Umweltschutz darstellt.

Der Reiz vieler technischer Verfahren liegt in der Eleganz der Prozessführung, so auch beim Degussa-Kaliumcarbonat-Kreislaufverfahren. Letztendlich entsteht Methionin aus äquimolaren Anteilen von Acrolein, Methylmercaptan, Cyanwasserstoff und Wasser. Die Ausbeuten aller Reaktionen liegen über 90 % (Abb. 4.13 und 4.14).

4.14 *Methioninpulver.*

(D,L)-Methionin

4.4.3 Enzymatische Methoden

Enzymatische Methoden bieten prinzipiell die Möglichkeit einer direkten enantioselektiven Synthese von Aminosäuren. Oft werden Enzyme zur Racematspaltung verwendet, was am Beispiel von Methionin näher betrachtet werden soll. Obwohl für den Tierfuttersektor racemisches Methionin ausreichend ist, erfordern andere Anwendungen die enantiomerenreine (*L*)-Form. Zur Trennung benutzt man oft (*L*)-Acylasen von *Aspergillus* sp., weil sie ein breites Spektrum an Substraten akzeptieren, hoch aktiv und unter Produktionsbedingungen sehr stabil sind.[61]

(L)-Methionin

Zunächst wird Methionin N-acetyliert und dann das (*L*)-Enantiomere stereoselektiv enzymatisch wieder hydrolysiert. Die Wirtschaftlichkeit des Verfahrens
hängt davon ab, ob das (*D*)-Enantiomere, z. B. durch Erhitzen mit Essigsäureanhydrid, zu racemisieren und zurückzuführen ist.

Die Aufarbeitung von batchweise betriebenen Rührkesseln ist oft nicht einfach, da es fast regelmäßig zu Problemen bei der Abtrennung des Enzyms
kommt. Inzwischen verfügt man allerdings über ein sehr breites Know-how,
Enzyme auf verschiedenen Trägern zu immobilisieren. Oft gelingt es darüber
hinaus, die Enzyme zu aktivieren oder zumindest gegenüber Lösungsmitteln
und Temperatureinflüssen zu stabilisieren. Durch die Immobilisierung können
die Reaktionen auch kontinuierlich in Reaktionskolonnen oder Rührkesselkas-
kaden durchgeführt werden. Eine spezielle Problemlösung stellt der Enzym-
Membran-Reaktor der Degussa dar, bei dem das Enzym in eine Hohlfasermem-
bran eingeschlossen ist.

Auf diese Weise werden (*L*)-Valin, (*L*)-Alanin, (*L*)-Phenylalanin und (*L*)-
Tryptophan, aber auch Raritäten wie (*L*)-Propagylglycin, (*L*)-*p*-Fluorphenyla-
lanin oder (*L*)-3-(1'-Naphthyl)-alanin hergestellt. Mittels (*D*)-Acylasen erhält
man (*D*)-Propagylglycin, (*D*)-Tryptophan oder (*D*)-*p*-Chlorphenylalanin.[61]

Die DSM hat einen technischen Prozess zur Herstellung von (*D*)- und (*L*)-
Aminosäuren entwickelt, der auf der enantioselektiven Hydrolyse racemischer
Aminosäureamide mittels Amidasen z. B. von *Pseudomonas putida* beruht. Oft
verzichtet man darauf, die Enzyme in reiner Form zu isolieren, sondern benutzt
standardisierte Ganzzell- oder Rohenzympräparationen. Bemerkenswert ist,
dass sich die Enzymaktivität durch die Zugabe von Magnesiumsalzen oft
um den Faktor zehn steigern lässt. Die Enzyme zeigen ein breites Substratspek-
trum bei beachtlicher Selektivität. Typische Produkte sind (*L*)-Phenylalanin und
(*L*)-Homophenylalanin.

Amidase
> 99 %ee
PhCHO
pH 8 - 11
Racemisierung bei pH 13
- PhCHO

Der DSM gelang es, auch mit Peptidasen von *Mycobacterium neoaurum*, α-ver-
zweigte Aminosäureamide umzusetzen. Hierdurch ist z. B. das Antihypertoni-
kum (*L*)-α-Methyl-3,4-dihydroxyphenylalanin ((*L*)-α-Methyl-DOPA) zugänglich. Für sehr ähnliche Umsetzungen benutzt Ube Amidasen von *Pseudomonas
fluorescens*.[63]

(L)-α-Methyl-DOPA

4 Aminosäuren

(*L*)-Aspartasen aus *Escherichia coli* und *Brevibacterium flavum* addieren Ammoniak stereospezifisch an Fumarsäure. Auf diese Weise produzieren Nanning Only Time in China, Kyowa Hakko Kogyo und Tanabe Seiyaku Asparaginsäure. Mittels einer (*L*)-Aspartat-β-Decarboxylase kann in einer nachgeschalteten Stufe auch Alanin hergestellt werden.[61]

(L)-Aspartase
37 °C

(L)-Aspartat-β-Decarboxylase

Fumarsäure   **Asparaginsäure**   **Alanin**

(*L*)-Phenylalanin ist aus (*E*)-Zimtsäure ebenfalls mit einer Ammoniaklyase (z. B. aus *Rhodococcus rubra*) zugänglich. Das Verfahren wird jedoch aufgrund eines wirtschaftlicheren, fermentativen Prozesses technisch nicht ausgeübt.[57]

Von technischer Bedeutung ist jedoch die Herstellung von (*L*)-3,4-Dihydroxyphenylalanin ((*L*)-DOPA), eines Wirkstoffs gegen Parkinson mittels einer Tyrosinphenollyase.

Tyrosinphenol-lyase

(L)-DOPA

Ajinomoto benutzt eine Ganzzellenzympräparation aus *Erwinia herbicola*, um in einer Dreikomponentenreaktion ausgehend von Catechol, Brenztraubensäure und Ammoniak den Wirkstoff herzustellen. Die Jahreskapazität beläuft sich auf 250 Tonnen.[63]

Chemisch reizvoll ist auch die enantioselektive, reduktive Aminierung mittels einer Aminosäuredehydrogenase, z. B. von *Bacillus sphaericus*. Diese benötigt stöchiometrische Mengen NADH, was durch eine Formiatdehydrogenase (z. B. von *Candida boidinii*) simultan bereitgestellt werden muss. Degussa/Rexim produziert so mit einer Leucindehydrogenase im Tonnenmaßstab aus Trimethylbrenztraubensäure (*L*)-*t*-Leucin.[61] Mit den gleichen Enzymen kann auch (*L*)-Neopentylglycin hergestellt werden. Die Methode hat sich generell bei Aminosäuren mit sterisch anspruchsvoller Seitenkette bewährt.

Leucindehydrogenase

(L)-t-Leucin

NADH + H⁺   NAD⁺

CO_2 + NH_3

Formiatdehydrogenase

$HCOONH_4$

4.4.4 Enantiomerentrennung durch Kristallisation

Alternativ zu den enzymatischen Methoden bieten sich oft auch klassische Kristallisationsmethoden an, entweder durch Animpfen mit einem Enantiomer (z. B. von S-(Carboxymethyl)-(*L*)-cystein) oder über die Kristallisation von diastereomeren Salzen mit z. B. Derivaten des Ephedrins oder Phenethylamins (Abb. 4.15).

Transbronchin **Ephedrin** **Norephedrin** **Phenethylamin**

Im Zusammenhang mit der Kristallisation von Aminosäuren sind folgende Beobachtungen interessant, die Chemiker bei DSM gemacht haben. Sie konnten zeigen, dass sich bei der Kristallisation von Substanzfamilien bessere Ausbeuten und Selektivitäten ergeben als mit reinen Substanzen (Dutch-Resolution).[64][65][66][67][68]

4.15 *Spaltreagenzien für Aminosäuren.*

Der primäre Nachteil einer maximalen Ausbeute von 50 % kann in vielen Fällen durch eine nachträgliche Racemisierung kompensiert werden. Da die Entwicklung einer diastereoselektiven Kristallisation in vielen Fällen einfach ist, behauptet diese Methode nach wie vor ihren Stellenwert.

4.4.5 Fermentationsmethoden

Die Fermentation ist ein Prozess, bei dem Aminosäuren aufgrund des natürlichen Metabolismus von Mikroorganismen entstehen. *Brevibacterium flavum* und *Corynebacterium glutamicum* (Abb. 4.16) besitzen eine ausgesprochen große Enzymkapazität, um (*L*)-Glutaminsäure aus (*D*)-Glucose zu erzeugen. Man kann heute aus einem Kilogramm Glucose ungefähr 0,5 Kilogramm Glutaminsäure herstellen. Mit modernen Produktionsstämmen erreicht man Aminosäurekonzentrationen von bis zu 160 Gramm pro Liter.[57] Die Umsetzungen erfolgen entsprechend des oben beschriebenen Biosyntheseweges. Für die technische Glutaminsäuresynthese verwendet man die aus der Zuckerproduktion stammende billige Melasse.

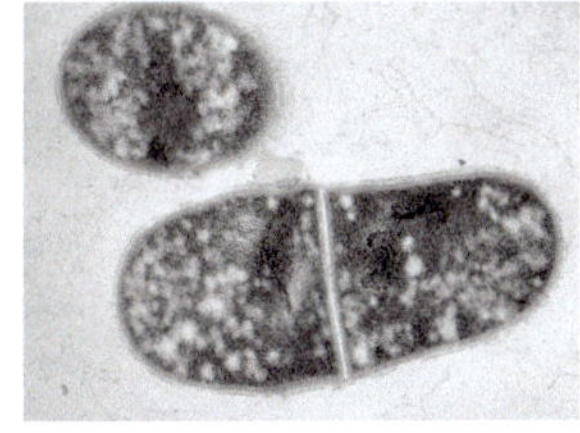

4.16 *Elektronenmikroskopische Aufnahme von Corynebacterium glutamicum.*

Das Ansetzen der Fermentationsbrühe und deren Vermehrung ist ähnlich der Herstellung von Brotteig aus Sauerteig. Eine kleine Menge der den Mikroorganismus enthaltenden, gefriergetrockneten Kultur wird in einem typischerweise ein Liter großen Schüttelkolben unter sterilen Bedingungen mit Nährlösung zusammengegeben und vermehrt. Die nächsten Vergrößerungsstufen sind der Vorfermenter und der Zwischenfermenter in der typischen Größe von einen Kubikmeter und zehn Kubikmetern. Damit impft man schließlich den Hauptfermenter an (Abb. 4.17). Den Mikroorganismen führt man dabei unter intensivem Rühren ständig Luft und Ammoniak zu. Die Nährlösung enthält zusätzlich Vitamine und Mineralstoffe. Das Schäumen unterdrückt man durch Zusatz von Entschäumern. Die Reaktion wird bei einer Temperatur von 35 °C durchgeführt.

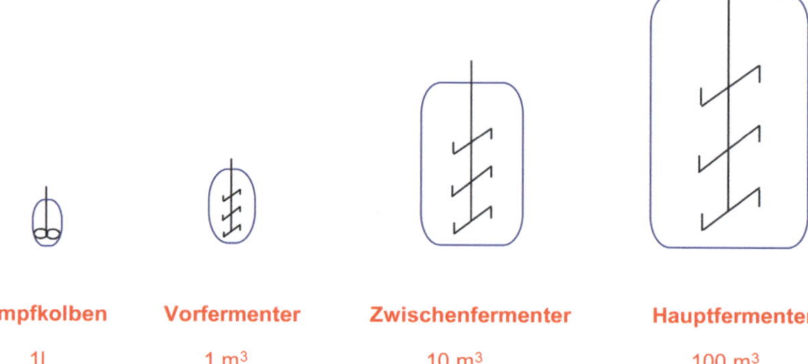

4.17 *Das up-scaling von fermentativen Verfahren.*

Nach erfolgter Fermentation wird die Reaktionsbrühe der zum Teil recht aufwendigen Aufarbeitung zugeführt. Durch den Einsatz von Wildtypmikroorganismen können auf diese Weise auch Alanin und Valin hergestellt werden.

Cystein wird von Wacker durch Fermentation mit einem rekombinanten Bakterienstamm produziert. Die Herstellung von Lysin, Phenylalanin, Tyrosin[69] und Tryptophan[70] erfolgt durch den Einsatz eines gentechnisch veränderten Hochleistungsstammes von *Corynebacterium glutamicum*. Ziel ist es, den Stoffwechsel des Mikroorganismus gentechnisch so zu verändern, dass es nach Möglichkeit zu einer Überproduktion des gewünschten Produkts kommt, ohne dass das Bakterium daran zugrunde geht. Im Fall von Lysin gelingt es ausgehend von Melasse, innerhalb von 60 Stunden eine Fermentationsbrühe herzustellen, die mehr als 70–80 Gramm pro Liter Lysin enthält. Die Zuckerausbeuten (g Lys × HCl/g Zucker) liegen bei > 40%. Der Brühe wird anschließend durch einen Fallfilmverdampfer Wasser entzogen und das Konzentrat in einem Sprühgranulator als Feststoff isoliert. Das Verfahren profitiert letztlich davon, dass der Mikroorganismus für Mensch, Tier und Umwelt unbedenklich ist und nicht vom Wertprodukt abgetrennt werden muss.

Degussa/Rexim stellt zum Teil in Zusammenarbeit mit chinesischen Produzenten durch Fermentation (*L*)-Threonin, (*L*)-Valin und (*L*)-Isoleucin her.[61] Mit gentechnisch veränderten Stämmen von *Echerichia coli* und *Serratia marcescens* können Endkonzentrationen von 100 Gramm pro Liter erreicht werden.

Das Potenzial von Biotransformationen mit gentechnisch veränderten Mikroorganismen demonstriert folgendes Beispiel, an dem außerdem auch die Veredlungskette von Aminosäuren erkennbar wird: Die Firma Mercian (Japan) benutzt einen rekombinanten *E. coli*-Stamm, um aus (*L*)-Lysin (*S*)-Piperidin-2-carbonsäure herzustellen. In diesem Stamm ist das (*L*)-Lysin-Permease-Transportsystem überexprimiert, sodass auf diesem Weg Lysin effizient in die Zellen gelangt. Die Bakterien von *Flavobacterium lutescens* besitzen zusätzlich eine (*L*)-Lysin-Aminotransferase, die Lysin desaminiert. Der Aldehyd steht im Gleichgewicht mit dem intramolekularen Imin, das mit der *E. coli*-eigenen Pyrrolin-5-carboxylatreduktase mit NADPH zu (*S*)-Piperidin-2-carbonsäure reduziert wird. Der Umsatz ist > 90%. Die Produktendkonzentration liegt bei 50 Gramm pro Liter.[57]

(*S*)-Piperidin-2-carbonsäure ist ein wichtiger Baustein für Pharmawirkstoffe, z. B. das Lokalanästetikum Bupivacain® von Astra Zeneca.

4.5 (*D*)-Aminosäuren

(*D*)-Aminosäuren sind für β-Lactam-Antibiotika von wirtschaftlicher Bedeutung. Die Produktionsmengen von (*D*)-Phenylglycin und (*D*)-*p*-Hydroxyphenylglycin für Ampicillin und Amoxicillin liegen bei > 1 000 Tonnen. Bemerkenswert ist der DSM-Herstellungsprozess von (*D*)-Phenylglycin durch klassische Racematspaltung mit *in situ*-Racemisierung. Das Imin des in einer Strecker-Reaktion hergestellten Phenylglycinamids racemisiert leicht, sodass in Gegenwart von (*R*)-Mandelsäure fast quantitativ (*D*)-Phenylglycinamid auskristallisiert. Im Sauren wird die Mandelsäure abgetrennt und rückgeführt und das Amid zum freien (*D*)-Phenylglycin gespalten.

Es gibt noch weitere elegante, enzymatische Synthesemöglichkeiten, etwa die Hydrolyse von N-Acetyl-(*D*)-Aminosäuren aus einer (*L*)-Acylasespaltung racemischer Gemische oder die dynamisch kinetische Resolution unter Einsatz einer Racemase und einer Hydantoinase.

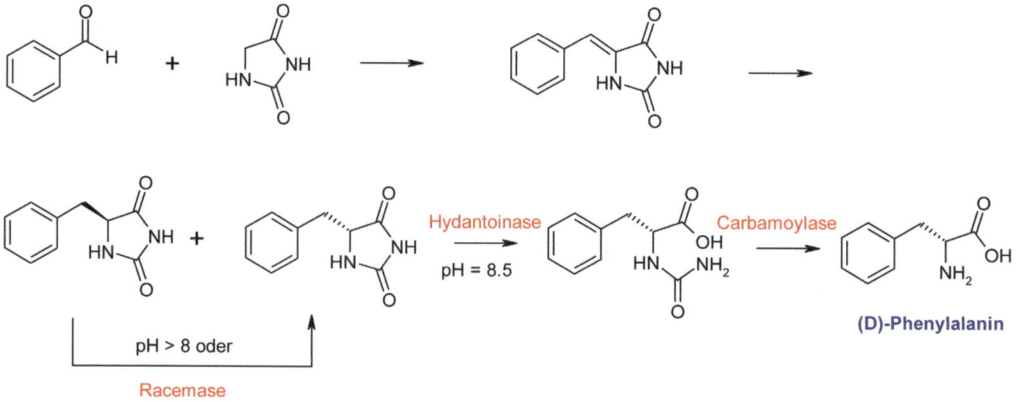

Eine Reihe von (*D*)-Aminosäuren sind auch auf fermentativem Weg zugänglich. Die Mikroorganismen werden so verändert, dass sie keine funktionalen (*D*)-Aminosäuredesaminasen mehr produzieren. Zusätzlich enthalten sie jedoch Gene für (*L*)-Aminosäuredesaminasen, (*D*)-Aminosäure-Aminotransferasen und eine spezielle Racemase. Monsanto hat z. B. ein solches Verfahren zur Herstellung von (*D*)-Phenylalanin patentiert.

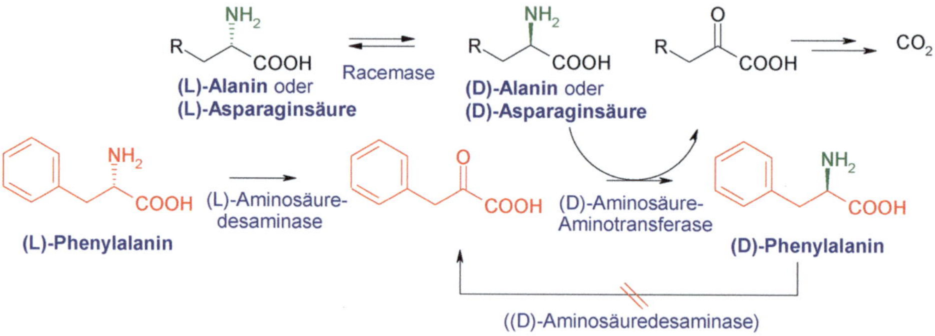

Eine Racemase invertiert die preiswerten (*L*)-Isomere von Alanin oder Asparaginsäure, nicht aber (*D*)-Phenylalanin. Nur (*L*)-Phenylalanin wird durch eine (*L*)-Aminosäuredesaminase desaminiert, (*D*)-Phenylalanin dagegen nicht. Es entsteht durch Ammoniakübertragung aus (*D*)-Alanin oder (*D*)-Asparaginsäure mittels einer (*D*)-Aminosäure-Aminotransferase (*D*)-Phenylalanin. Die Gleichgewichte werden auf die Seite des Produkts entweder durch die Verstoffwechselung der Brenztraubensäure oder der Oxobernsteinsäure verschoben. Da die (*L*)-Aminosäuredesaminase wie die (*D*)-Aminosäure-Aminotransferase unspezifisch sind, lassen sich so auch eine Reihe anderer (*D*)-Aminosäuren herstellen.[57]

Auch durch Kristallisation werden (*D*)-Aminosäuren hergestellt. Ein wichtiges Anwendungsbeispiel ist die von Friedrich Asinger entwickelte und von der Degussa erfolgreich kommerzialisierte Trennung des (*D,L*)-Penicillamin-Acetonaddukts mit Norephedrin im zehn-Tonnen-Maßstab. Das unerwünschte (*L*)-Penicillinamin-Acetonaddukt wird racemisiert und zurückgeführt.

(L)-Norephedrin

Racemisierung

+

(D)-Penicillamin

(*D*)-Prolin erlangte als Baustein für Pharmawirkstoffe in den letzten Jahren größere Bedeutung. Die Trennung gelingt mit (*D*)-Weinsäure. Diese wird mit einem Ionentauscher zurückgewonnen.[61]

(D)-Weinsäure

(D,L)-Prolin   x (D)-Weinsäure   **(D)-Prolin**

4.6 Aspartam

Der Süßstoff Aspartam ist ein Dipeptid aus zwei (*L*)-Aminosäuren von extrem süßem Geschmack. Dies ist in gewisser Weise überraschend, da (*L*)-Aminosäuren, wie oben erwähnt, generell leicht bitter schmecken.

Z-(L)-Asp + 2 (D,L)-Phe-OMe →[Thermolysin / *Bacillus proteolyticus*]→ (D)-Phe-OMe + Z-(L)-Asp-(L)-Phe-OMe

Racemisierung

Aspartam

Die DSM betreibt ein enzymatisches Verfahren zur Herstellung dieses Produkts (Kapazität: $> 2\,000$ Tonnen). Z-geschützte (*L*)-Asparaginsäure wird mit racemischem Phenylalaninmethylester mit Thermolysin und *Bacillus proteolyticus* enantioselektiv umgesetzt. Nicht umgesetzter (*D*)-Phenylalaninmethylester wird abgetrennt, racemisiert und rückgeführt. Vom gewünschten Produkt braucht nur noch die Z-Schutzgruppe abgespalten werden.

4.7 Neue Entwicklungen

4.7.1 Amidocarbonylierung

Die Amidocarbonylierung ist die einzige übergangsmetallkatalysierte Mehrkomponentenreaktion, die direkt das Aminosäuregerüst aus einfachen Bausteinen aufbaut.[71] Hachiro Wakamatsu entdeckte Anfang der 70er Jahre bei Ajinomoto zufällig die cobaltkatalysierte Amidocarbonylierung bei Untersuchungen zum Oxoprozess von Acrylnitril. In Spuren fand er hierbei auch α-Aminobuttersäure. Zur Aufklärung des Mechanismus dieser Nebenreaktion setzte er u. a. Acetaldehyd mit Acetamid und Synthesegas in Gegenwart eines Cobaltkatalysators um und erhielt N-Acetylalanin in guten Ausbeuten.

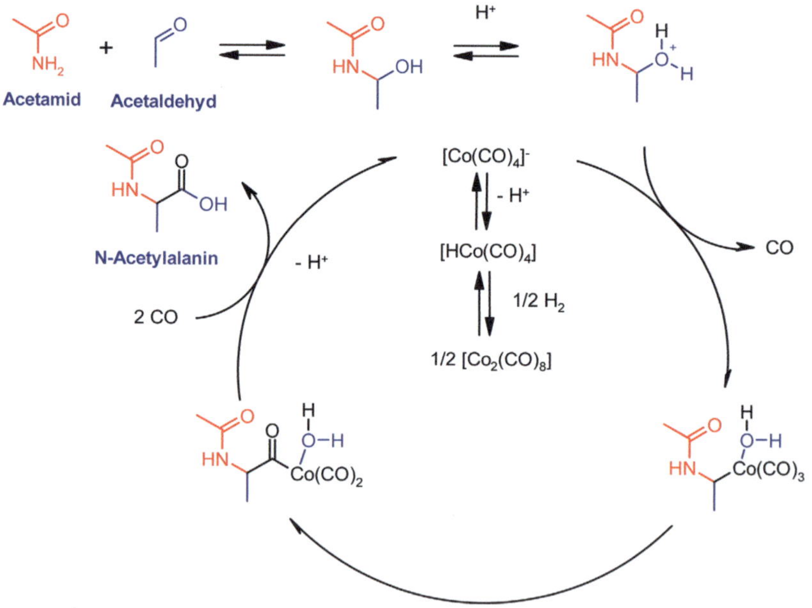

Zu den technisch interessanten Anwendungen dieser Reaktion, die zum Teil auch schon im Pilotmaßstab erprobt wurden, zählt die Synthese von Phenylalanin für Aspartam und die von langkettigen N-Acyl-Derivaten des Sarkosins (N-Methylglycin) für anionische Tenside.

Beim klassischen Sarkosinat-Verfahren setzt man die entsprechenden Fettsäu-
rechloride mit Sarkosin-Natriumsalz um (weltweit $>$ 10 000 Tonnen pro Jahr).
Demgegenüber bietet die Amidocarbonylierung den Vorteil, dass kein Salz als
Nebenprodukt gebildet wird.

1987 fand E. Jägers bei der Hoechst AG auf der Suche nach patentfreien
Katalysatoren für die Amidocarbonylierung, dass auch Palladiumkomplexe
diese Reaktion effizient katalysieren. Diese sind in der Regel um den Faktor
10–100 aktiver als die entsprechenden Cobaltsysteme. Auch die Reaktions-
drücke und -temperaturen sind niedriger. Noch lässt eine größere technische
Anwendung auf sich warten. Man kann aber damit rechnen, dass die übergangsmetallkatalysierte Amidocarbonylierung ihren Weg zur industriellen Anwendung finden wird.

4.7.2 Enantioselektive Synthese

Der DOPA-Prozess

Das Paradebeispiel für die enantioselektive Synthese von Aminosäuren ist die
enantioselektive Hydrierung von Aminozimtsäurederivaten zur Herstellung der
unnatürlichen Aminosäure (L)-3,4-Dihydroxyphenylalanin (L-DOPA). Ein
Paradebeispiel nicht nur, weil der Enantiomerenüberschuss zum ersten Mal be-

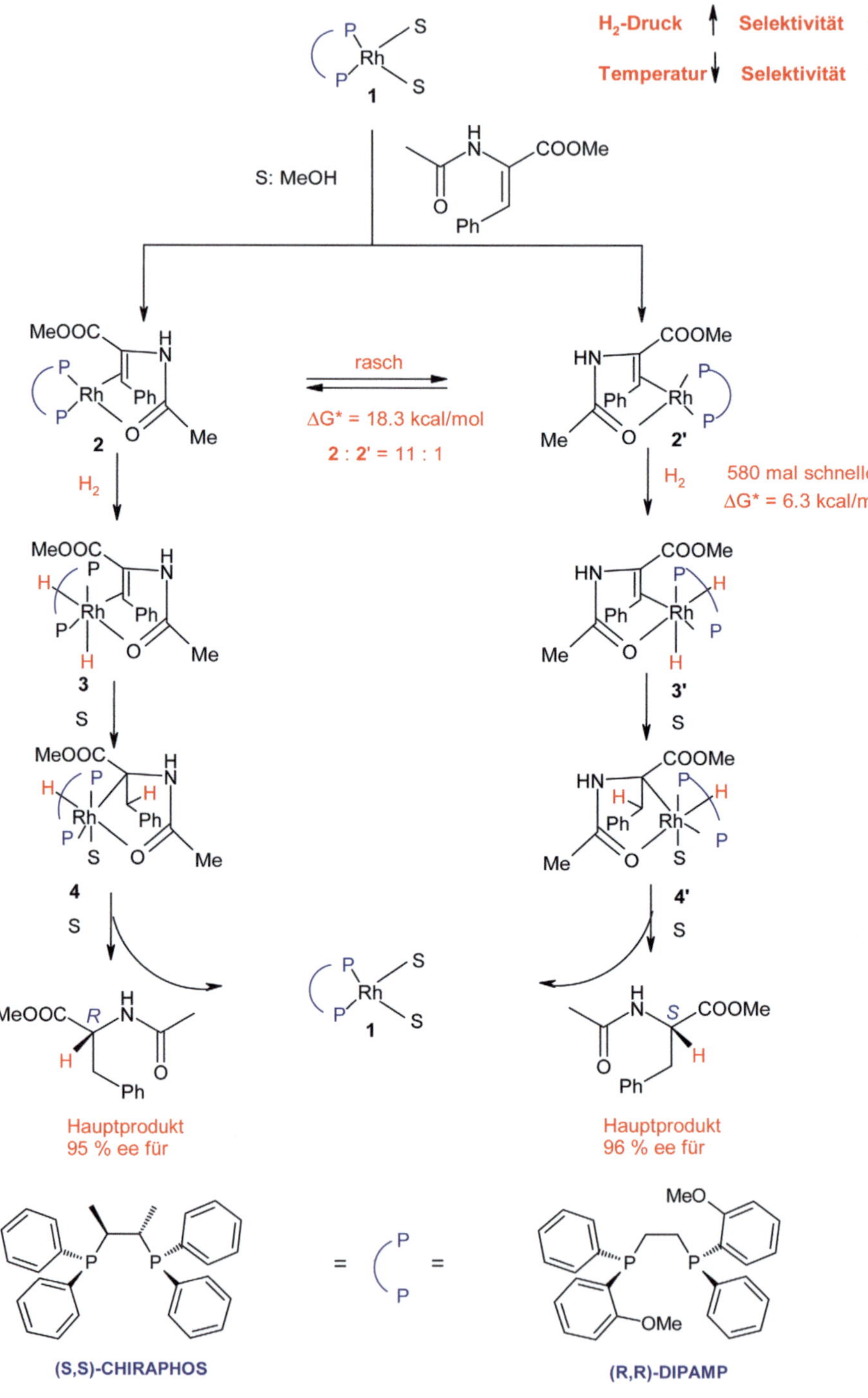
H₂-Druck ↑ Selektivität ↓
Temperatur ↓ Selektivität ↓
S: MeOH
rasch
ΔG* = 18.3 kcal/mol
2 : 2' = 11 : 1
580 mal schneller
ΔG* = 6.3 kcal/mol
Hauptprodukt
95 % ee für
Hauptprodukt
96 % ee für
(S,S)-CHIRAPHOS
(R,R)-DIPAMP

sonders hoch war, sondern auch, weil man an diesem Beispiel grundlegende Aspekte der enantioselektiven Katalyse erkannte.

W. S. Knowles und L. Horner entwickelten vor mehr als 30 Jahren die chiralen Phosphorliganden für die enantioselektive Hydrierung.[72][73] Monsanto übertrug den Prozess in den technischen Maßstab.[74]

Die mechanistischen Schritte der enantioselektiven Hydrierung sind inzwischen sehr gut untersucht und verstanden.[75][76][77][78][79] Aus dem enantiomerenreinen Solvenskomplex **1** bilden sich die beiden diastereomeren π-Komplexe **2** und **2'**. Aufgrund von Röntgenstrukturanalysen weiß man, dass neben der Doppelbindung auch die Amidcarbonylgruppe mit Rhodium wechselwirkt. Die Chelatbildung ist verantwortlich für die Konfigurationsstabilität. Im Fall von (*R,R*)-DIPAMP konnte NMR-spektroskopisch ein Verhältnis der Komplexe **2** zu **2'** von 11 : 1 nachgewiesen werden, dennoch ist das Hauptprodukt mit 96 % ee (*S*)-konfiguriert. Verwendet man (*S,S*)-CHIRAPHOS anstelle von (*R,R*)-DIPAMP, so beobachtet man ähnliche Verhältnisse für das (*R*)-Enantiomere.

Somit ist die Konzentration von **2** nicht produktbestimmend. Produktbestimmend ist die Addition von Wasserstoff an den Rhodiumkomplex **2** bzw. **2'**. Die Reaktionsgeschwindigkeit von **2'** zu **3'** ist 580-mal größer als die von **2** nach **3**.[80] Ein Konzentrationsunterschied vom Faktor zehn fällt hierbei nicht mehr ins Gewicht. Die Äquilibrierung des Gleichgewichts von **2** nach **2'** ist sehr rasch. Die Umwandlung erfolgt dissoziativ durch Spaltung der Metall-Olefin-Bindung.

Bei Erhöhung des Wasserstoffdrucks wird die Dissoziation von **2** bzw. **2'** deutlich langsamer als die Wasserstoffaddition, sodass die Selektivität sinkt.

Die Aktivierungsenthalpie der Dissoziation beträgt 18,3 Kilokalorien pro Mol, die der Wasserstoffaddition 6,3 Kilokalorien pro Mol. Mit sinkender Reaktionstemperatur friert zunächst die Äquilibrierung ein, was zu der ungewöhnlichen Beobachtung führt, dass mit sinkender Temperatur die Selektivität abnimmt.

Kürzlich ist es gelungen die Reaktionswege quantenmechanisch zu berechnen (Abb. 4.18). In guter Übereinstimmung mit den experimentellen Daten konnten alle Zwischenstufen und Reaktionsschritte simuliert und die Selektivität erklärt werden.[81]

4.18 *Quantenmechanische Berechnung der enantioselektiven Hydrierung von Zimtsäurederivaten.*

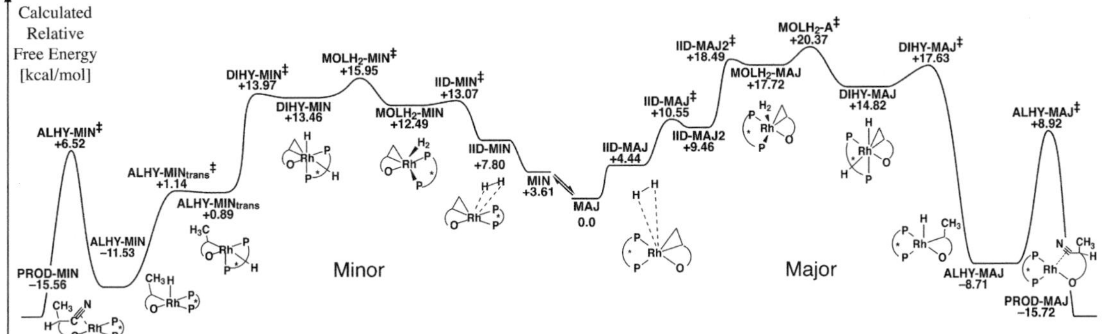

Der andere DOPA-Prozess

Nicht zuletzt durch die Verleihung des Nobelpreises für Chemie 2001 an William S. Knowles, Ryoji Noyori und Karl Barry Sharpless erlangte der DOPA-Prozess von Monsanto und dessen Entwicklungsgeschichte erneut allgemeine Bekanntheit und ist heute in vielen Lehrbüchern zu finden. Weniger bekannt ist eine andere Geschichte – vermutlich weil sie hinter dem „eisernen Vorhang" in der DDR spielte – die einige Jahre später zu einem alternativen Katalysatorsystem führte.[82] In den 60er und 70er Jahren arbeitete Horst Pracejus in Rostock an Cellulosederivaten für rhodiumkatalysierte, enantioselektive Hydrierungen. 1978 schlugen R. Selke und H. Pracejus dem volkseigenen Betrieb (VEB) ISIS-Chemie Zwickau „Ph-β-glup"[83] als Ligand für die Herstellung von (L)-DOPA vor. Er war in wenigen Schritten aus β-(D)-Glucose zugänglich.

Ph-β-glup

Im Unterschied zum Monsanto-Prozess entschloss man sich beim VEB ISIS-Chemie Zwickau Hippursäure für die Erlenmeyer-Kondensation des Azlactons zu verwenden.

Vanillin **Hippursäure**

(L)-DOPA

Eine interessante Beobachtung machte man bei dem Katalysatorsystem. Unter den Reaktionsbedingungen der enantioselektiven Hydrierung hydrolysieren wahrscheinlich große Mengen des Präkatalysators und bilden einen Komplex mit noch höherer Selektivität.

Die Enantioselektivität ist praktisch unverändert, ob man die Reaktion bei Normaldruck oder 10 bar durchführt. Auch die Temperatur im Bereich von 40–60 °C hat keinen Einfluss. Methanol erwies sich als Lösungsmittel besonders vorteilhaft. Substrat/Katalysatorverhältnisse bis zu 20 000 konnten realisiert werden.

1985 nahm die ISIS-Chemie die Produktion von (*L*)-DOPA auf. Die Reaktion wurde in 80 Liter Glasreaktoren durchgeführt, ungeachtet der Tatsache, dass größere Reaktoren wirtschaftlicher gewesen wären. Man fürchtete den Verlust des wertvollen Materials, sollte einmal eine Hydrierung misslingen. Die Jahresproduktion belief sich auf ungefähr eine Tonne. 1990 wurde die Produktion allerdings eingestellt, ein Jahr nach dem Fall der Mauer und einen Monat, nachdem man beschlossen hatte, die Produktion zu erweitern.

4.7.3 Enantioselektive Strecker-Synthese

Eine der modernsten Entwicklungen auf dem Gebiet der stereoselektiven Synthese von Aminosäuren ist mit Sicherheit die enantioselektive Strecker-Reaktion. Sie findet im großtechnischen Maßstab noch keine Anwendung, dafür ist sie noch zu jung, besitzt aber heute schon so große Attraktivität, dass sich auch viele industrielle Forschungslabors mit einer technischen Umsetzung beschäftigen.[84]

1996 beschrieb Mark Lipton, dass die Addition von Cyanwasserstoff an Imine aromatischer Aldehyde in Gegenwart von zwei mol-Prozent eines enantiomerenreinen Diketopiperazins hoch enantioselektiv zu den entsprechenden Aminonitrilen führt.[85]

Bei nitrosubstituierten Benzaldehyden, heterocyclischen und aliphatischen Aldehyden bricht die Selektivität vollkommen ein. Die niedrige Temperatur ist erforderlich, um die nicht katalysierte Strecker-Reaktion zu unterdrücken (Tab. 4.1).

Tabelle 4.1 *Enantioselektive Synthese von Aminonitrilen nach Lipton*

R	Temp. (°C)	Ausbeute (%)	ee (%)
Ph	−25	97	> 99
4-Cl-C$_6$H$_4$	−75	94	> 99
4-MeO-C$_6$H$_4$	−75	90	96
3-Cl-C$_6$H$_4$	−75	80	> 99
3-MeO-C$_6$H$_4$	−75	82	> 99
3-NO$_2$-C$_6$H$_4$	−75	71	< 10
2-Furyl	−75	94	32
t-Bu	−75	80	17

E. J. Corey benutzte ein bizyklisches, enantiomerenreines Guanidin als Katalysator und erzielte im Fall von Benzaldehyd einen Enantiomerenüberschuss von 86 %. Für die Enantioselektivität entscheidend sind wohl van der Waals-Kräfte und π-stacking-Wechselwirkungen zwischen Imin und Katalysator.[86]

Eric Jacobsens erster Katalysator für die enantioselektive Strecker-Reaktion war ein Aluminium-Salen-Komplex (Tab. 4.2).[87]

Tabelle 4.2 *Enantioselektive Synthese von Aminonitrilen mit einem Al-Salen-Komplex*

R	Ausbeute (%)	ee (%)
Ph	91	95
4-Cl-C$_6$H$_4$	92	81
4-MeO-C$_6$H$_4$	93	91
t-Bu	69	37

Zur Optimierung des Katalysators benutzte Jacobsen die Festphasenparallel-synthese. Er hielt am Motiv des Salen-Komplexes fest, ersetzte jedoch einen Salicylaldehyd durch einen Linker zur festen Phase. Dieser besteht aus Harn-stoff oder Thioharnstoff und zur Erhöhung der Diversität aus einer oder zwei Aminosäuren.[88]

Ein sorgfältiges Screening der Metalle und der Aminosäuren des Komplexes ergab, dass die besten Ergebnisse in Abwesenheit von Metallsalzen erzielt wur-den. Die Variation der Aminosäuren ergab, dass t-Leucin eine vorteilhafte Ami-nosäure ist. Die zweite Aminosäure und das Polymer kann durch einen einfa-chen Benzylrest ersetzt werden (Tab. 4.3).

Tabelle 4.3 *Enantioselektive Synthese von Aminonitrilen nach Jacobsen*

R	Ausbeute (%)	ee (%)
Ph	78	91
4-Br-C$_6$H$_4$	65	86
4-MeO-C$_6$H$_4$	92	70
t-Bu	70	85

Auch mit Ketoiminen gelingt die enantioselektive Strecker-Reaktion. Man erhält so *α*-verzweigte Aminonitrile.[89][90]

Der genaue Mechanismus der Katalyse ist ungeklärt. Kinetische Untersu-chungen ergaben bisher, dass die Umsetzung einer Michaelis-Menden-Kine-tik[91] gehorcht. Das Imin bindet reversibel an den Katalysator. Die Addition von Cyanwasserstoff ist geschwindigkeitsbestimmend.[92]

4.8 Maillard-Reaktion

Am Ende dieses Kapitels soll die Maillard-Reaktion und die Amadori-Umlagerung erwähnt werden – zwei Namensreaktionen, ohne die das Leben öde und fade wäre (Abb. 4.19). Viele Speisen wären ohne diese Reaktionen relativ geschmacklos. So war es natürlich ein Franzose, Louis-Camille Maillard, der 1912 entdeckte, dass sich reduzierende Zucker und Aminosäuren unter Hitzeeinwirkung zu braunen Produkten, den so genannten Melanoidinen umsetzen.[93] [94]

4.19 *Maillard-Reaktion: Riesige Industriezweige (Wurstwaren, Backwaren, Kaffee, Bier, Whiskey) bedienen sich oft unwissentlich dieser Namensreaktion. Den weltweiten Lebensmittel- und Getränkemarkt schätzt man auf 2 000 Milliarden Dollar. Das Wachstum dieses Marktes liegt bei 2 % pro Jahr.*

Vor hunderttausend Jahren hat der Mensch begonnen, mithilfe von Feuer Nahrung zuzubereiten und damit beim Kochen Chemie zu betreiben. Mithilfe der Maillard-Reaktion verfeinerte er den Geschmack seiner Nahrung. Der typische Geruch einer warmen Brotkruste, der herrliche Geschmack eines Bratens, der feine Duft von geröstetem Kaffee und das würzige Aroma und die Farbe von Bier sind das Ergebnis dieser wenig bekannten Namensreaktion. Die genaue Analyse der Lebensmittelinhaltstoffe und die Entwicklung hochspezialisierter Verarbeitungstechnologien erlauben es, geschmacklich akzeptable Fertiggerichte und Zwischenmahlzeiten, die dem heutigen Lebens- und Ernährungsstil angepasst sind, im industriellen Maßstab herzustellen. Die Aromaindustrie stellt Essenzen zur Verfügung, die das Geschmacks- und Geruchsempfinden von Fleisch, Geflügel, Fisch und Gemüse vermitteln. Den funktionellen Lebensmitteln (*functional food*), denen man besonders gesundheitsfördernde Eigenschaften zuschreibt, kommt zukünftig eine wachsende Bedeutung zu.

Beim Erhitzen von Lebensmitteln bilden sich aus Zucker und Aminosäuren N-Glycoside, die im Sinne einer Amadori-Umlagerung isomerisieren. Die Umlagerungsprodukte zersetzen sich zu α-Dicarbonylverbindungen, die ihrerseits z. B. mit Aminoverbindungen weiterreagieren.

Aldosen bilden mit Aminoverbindungen, wie etwa Lysin, Imine, die analog einer Lobry de Bruyn-van Ekenstein-Umlagerung zu Amadori-Produkten führen.

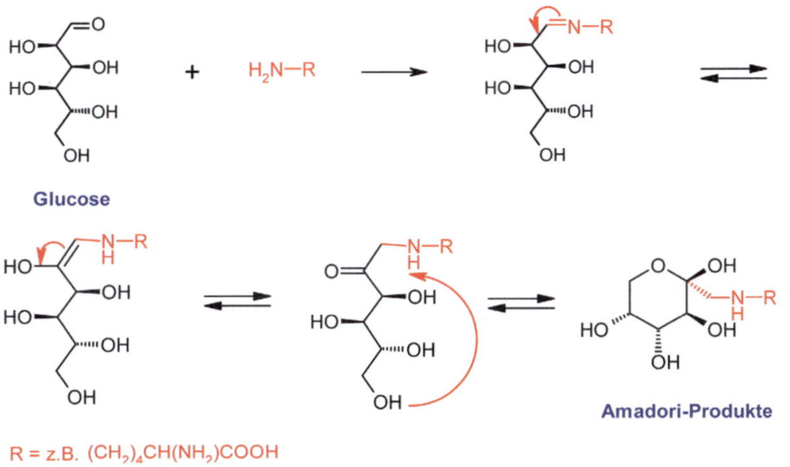

Glucose

+ H_2N-R

Amadori-Produkte

R = z.B. $(CH_2)_4CH(NH_2)COOH$

Ketosen reagieren analog unter Bildung von Heyns-Produkten. Durch die Doppelbindungsisomerisierung entsteht unselektiv ein neues Asymmetriezentrum. Entsprechend haben die Produkte eine Glucose- bzw. Mannosekonfiguration.

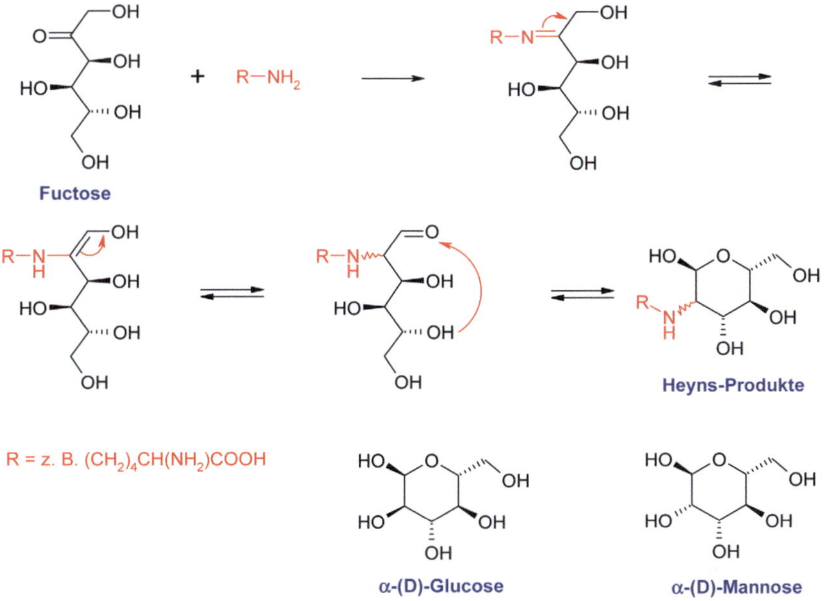

Fuctose

+ $R-NH_2$

Heyns-Produkte

R = z. B. $(CH_2)_4CH(NH_2)COOH$

α-(D)-Glucose

α-(D)-Mannose

Die Amadori-Produkte zersetzen sich zu charakteristischen a-Dicarbonylverbindungen und 5-Hydroxymethylfurfural (Brotaroma, Kaffearoma). Letztere, wie auch deren Aldimine bzw. Ketimine, können unter weiteren Reaktionen Melanoidine (hochmolekulare Verbindungen) bilden, die zusammen mit Karamelprodukten die braune Farbe von gerösteten Lebensmitteln ausmachen.

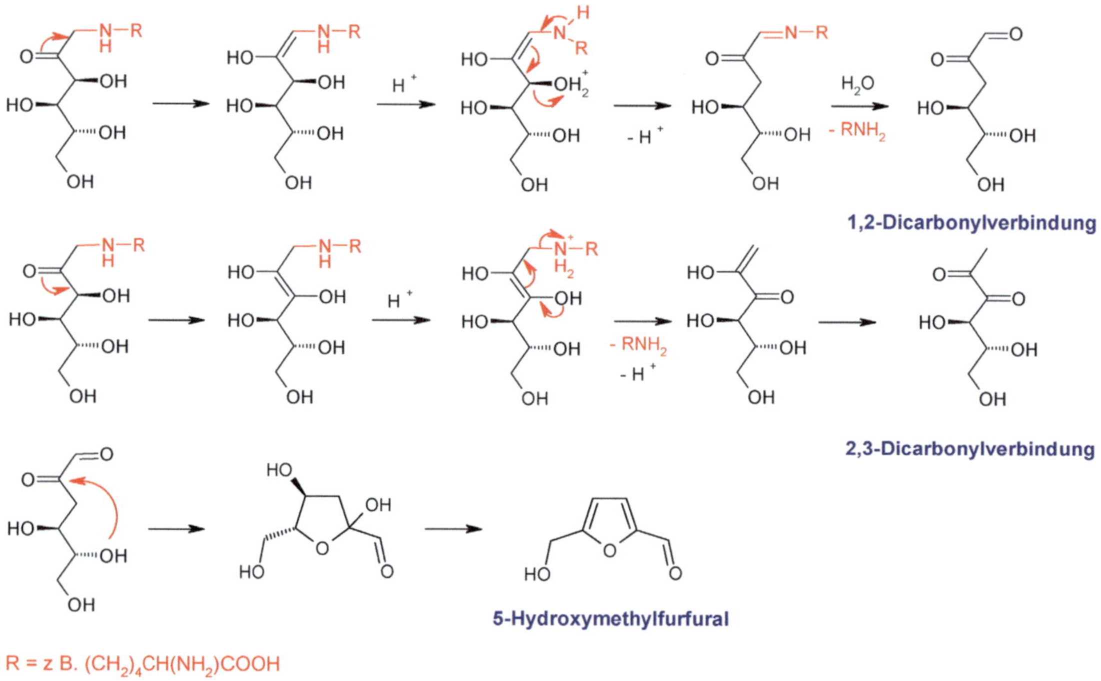

1,2-Dicarbonylverbindung

2,3-Dicarbonylverbindung

5-Hydroxymethylfurfural

R = z B. $(CH_2)_4CH(NH_2)COOH$

Die α-Dicarbonylverbindungen können aber auch mit Aminosäuren im Sinn eines Strecker-Abbaus reagieren, wobei die α-Aminoketone zu Pyrazine dimerisieren.

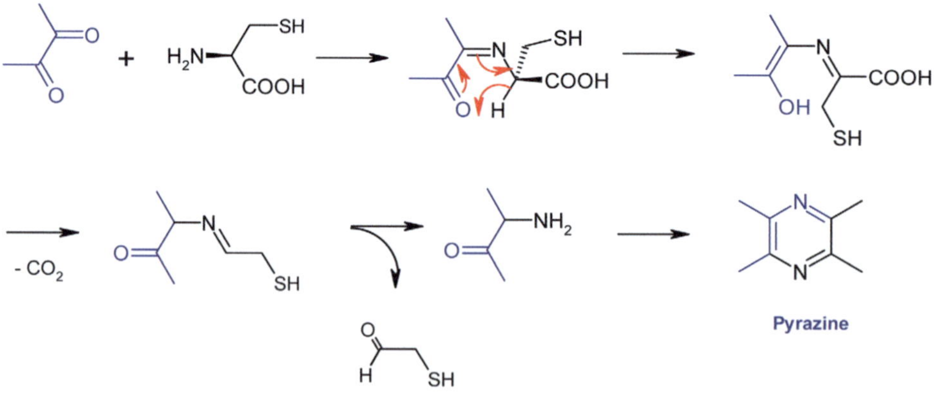

Pyrazine

Große Bedeutung für die Entstehung von Aromen haben schwefelhaltige Aminosäuren, die zu Mercaptoaldehyden abgebaut werden. Disulfide und Mercaptane in hoher Verdünnung tragen entscheidend zum Aroma von Zwiebeln, Tomaten, Kartoffeln, Pilzen, Fleisch, Bier, Brot, Kaffee und Tee bei.

Die Maillard-Reaktion ist verantwortlich für den Geruch, Geschmack und die Farbe von gegarten Lebensmitteln (Abb. 4.20). Sie beeinflusst deren Haltbarkeit, ist eine Ursache für die Bildung mutagener Substanzen und trägt zu einer Minderung des Nährwerts bei. Die Maillard-Reaktion wird mit der Entstehung verschiedener Krankheiten in Verbindung gebracht, wie z. B. Diabetes mellitus und steht im Verdacht den Alterungsprozess zu beeinflussen.[95]

Zusammenfassung in Stichpunkten

- Die Biosynthese von Aminosäuren reicht bis zur Entstehung des Lebens zurück. Bis heute sind biologische Stickstofffixierung und Homochiralität von Aminosäuren attraktive Forschungsgebiete.
- Das Verständnis der Biosynthese von Aminosäuren ist Grundlage für zahlreiche biotechnische Herstellverfahren.
- Große Bedeutung bei der Herstellung von Aminosäuren haben auch die Gewinnung aus natürlichen Quellen, die chemische Synthese und enzymatische Verfahren.
- Es gibt eine Reihe enantioselektiver chemischer Synthesemethoden.
- Aminosäuren sind von enormer Bedeutung für die Pharmaindustrie, die Tierernährung und den Lebensmittelsektor.

4.20 *Auch wenn es um die Wurst geht spielt die Maillard-Reaktion eine wichtige Rolle.*

Literatur

1 S. Miller, J. Am. Chem. Soc. **77** (1955) 2351.
2 H. J. Bogen, Knaurs Buch der modernen Biologie, Droemer Knaur, München/Zürich 1967, 291.
3 K. Severin, Angew. Chem. **112** (2000) 3735.
4 C. Huber, G. Wächtershäuser, Science **281** (1998) 670.
5 T. Hennings, F. Salama, Science **282** (1998) 2204.
6 F. Salama, Origins of Life and Evolution of the Biosphere **28** (1998) 349.
7 M. Winnewisser, Chemie in unserer Zeit **18** (1984) 1.
8 M. Winnewisser, Chemie in unserer Zeit **18** (1984) 55.
9 Y.-J. Kuan, S. B. Charnley, H.-C. Huang, W. L. Tseng, Z. Kisiel, The Astrophys. J. **593** (2003) 848.
10 J. Herrmann, Welcher Stern ist das? Franckh-Kosmos Verlag, Stuttgart, 26. Aufl. 1998, 150.
11 H. v. Ditfurth, Wir sind nicht nur von dieser Welt, 10. Auflage, dtv, München, 1994, 64.
12 J. R. Cronin, S. Pizzarello, Science **275** (1997) 951.
13 J. Podlech, Angew. Chem. **111** (1999) 501.
14 M. H. Engel, A. Macko, Nature **389** (1997) 265.
15 H. Buschmann, R. Thede, D. Heller, Angew. Chem. **112** (2000) 4197.
16 B. L. Feringa, R. A. van Delden, Angew. Chem. **111** (1999) 3625.
17 M. Avalos, R. Babiano, P. Cintas, J. L. Jiménez, J. C. Palacios, Chem. Commun. (2000) 887.
18 M. Avalos, R. Babiano, P. Cintas, J. L. Jiménez, J. C. Palacios, Tetrahedron: Asymmetry **11** (2000) 2874.
19 D. K. Kondepudi, Int. J. Quant. Chem. **98** (2004) 222.
20 P. Cintas, Angew. Chem. **114** (2002) 1187.
21 M. Eigen, Das Spiel, Piper, 3. Auflage, München/Zürich, 1979, 144.
22 W. A. Bonner, Topics Stereochem. **18** (1988) 1.
23 M. H. Todd, Chem. Soc. Rev. **31** (2002) 211.
24 K. Soai, I. Sato, T. Shibata, ACS Symp. Ser. **880** (2004) 85.
25 M. Reggelin, Nachr. Chem. Tech. Lab. **45** (1997) 622.
26 J. Erfkamp, A. Müller, Chemie in unserer Zeit **24** (1990) 267.

27 M. Dörr, J. Käßbohrer, R. Grunert, G. Kreisel, W. A. Brand, R. A. Werner, H. Geilmann, C. Apfel, C. Robl, W. Weigand, Angew. Chem. **115** (2003) 1579.

28 J. Kim, D. C. Rees, Nature **360** (1992) 553.

29 J. Kim. D. Woo, D. C. Rees, Biochemistry **32** (1993) 7104.

30 J. B. Howard, D. C. Rees, Chem. Rev. **96** (1996) 2965.

31 J. W. Peters, M. H. Stowell, S. M. Soltis, M. G. Finnegan, M. K. Johnson, D. C. Rees, Biochemistry **36** (1997) 1181.

32 A. Müller, E. Krahn, Angew. Chem. **107** (1995) 1172.

33 P. C. Do Santos, D. R. Dean, Y. Hu, M. W. Ribbe, Chem. Rev. **104** (2004) 1159.

34 O. Einsle, F. A. Tezcan, S. L. A. Andrade, B. Schmid, M. Yoshida, J. B. Howard, D. C. Rees, Science **297** (2002) 1696.

35 B. Hinnemann, J. K. Norskov, J. Am. Chem. Soc. **125** (2003) 1466.

36 I. Dance, Chem. Commun. (2003) 324.

37 B. K. Burgess, D. J. Lowe, Chem. Rev. **96** (1996) 2983.

38 F. Osterloh, Y. Sanakis, R. J. Staples, E. Münck, R. H. Holm, Angew. Chem. **111** (1999) 2199 (Synthetische Komplexe).

39 F. A. Cotton, G. Wilkinson, Anorganische Chemie, 4. Auflage, Verlag Chemie, Weinheim, 1982, 1364.

40 G. N. Schrauzer, G. W. Kiefer, P. A. Doemeny, H. Kisch, J. Am. Chem. Soc. **95** (1973) 5582.

41 W. S. Silver, J. R. Postgate, J. theor. Biol. **40** (1973) 1.

42 J. v. Liebig, Agriculturchemie, 1840.

43 Holleman, Wiberg, Lehrbuch der Anorganischen Chemie, Walter de Gruyter, Berlin, New York (1985) 507, 1133.

44 Bibliographisches Institut & F. A. Brockhaus AG, 2001.

45 G. Marnellos, M. Stoukides, Science **282** (1998) 98.

46 T. Murakami, T. Nishikiori, T. Nohira, Y. Ito, J. Am. Chem. Soc. **125** (2003) 334.

47 V. Smil, Enriching the Earth: Fritz Haber, Carl Bosch, and the Transformation of World Food Production, MIT Press, Cambridge, MA, 2001, in Angew. Chem. **113** (2001) 4736.

48 M. P. Shaver, M. D. Fryzuk, Adv. Synth. Chem. **345** (2003) 1061.

49 A. D. Allen, C. V. Senoff, J. Chem. Soc. Chem. Commun. (1965) 621.

50 F. Tuczek, Angew. Chem. **110** (1998) 2780.

51 M. Hidai, Science **279** (1998) 540.

52 D. V. Yandulov, R. R. Schrock, Science **301** (2003) 76.

53 R. R. Schrock, Chem. Commun. (2003) 2389.

54 B. Hao, W. Gong, T. K. Ferguson, C. M. James, J. A. Krzycki, M. K. Chan, Science **296** (2002) 1462.

55 K. M. Draths, J. W. Frost, J. Am. Chem. Soc. **113** (1991) 9361.

56 K. Weissermel, H.-J. Arpe, Industrielle Organische Chemie, VCH, Weinheim, 4. Auflage, 1994, 284, 312.

57 M. Breuer, K. Ditrich, T. Habicher, B. Hauer, M. Keßeler, R. Stürmer, T. Zelinski, Angew. Chem. **116** (2004) 806.

58 R. Dittmeyer, W. Keim, G. Kreysa, A. Oberholz, Chemische Technik, Bd. 8, Wiley-VCH, Weinheim, 2005, 717.

59 K.-H. König, Chemie in unserer Zeit **24** (1990) 217.

60 B. Hoppe, J. Martens, Chemie in unserer Zeit **18** (1984) 73.

61 K. Drauz, S. Eils, M. Schwarm, Chimca Oggi, Jan./Feb. (2002) 15.

62 M. Kircher, W. Leuchtenberger, Biologie in unserer Zeit **28** (1998) 281.

63 H. Gröger, K. Drauz in H. U. Blaser, E. Schmidt, Asymmetric Catalysis on Industrial Scale: Challenges, Approaches and Solutions, Wiley-VCH, Weinheim, 2004, 131.

64 S. Stinson, Chem. & En. (1998) 9.

65 A. Collet, Angew. Chem. **110** (1998) 3429.

66 Q. B. Broxterman, Chimica Oggi **16** (1998) 9, 34.

67 B. Kaptein, T. R. Vries, J. W. Nieuwenhuijzen, R. M. Kellogg, R. F. P. Grimbergen, Q. B. Broxterman, Pharma Chem. **2** (2003) 17.

[68] R. M. Kellogg, J. W. Nieuwenhuijzen, K. Puower, T. R. Vries, Q. B. Broxterman, R. F. P. Grimbergen, R. M. La Crois, E. de Wever, K. Zwaagstra, A. C. van der Laan, Synthesis (2003) 1626.

[69] M. Ikeda, R. Katsumata, App. Environ. Microbiol. **58** (1992) 781.

[70] R. Katsumata, M. Ikeda, Biotechnol. **11** (1993) 921.

[71] M. Beller, M. Eckert, Angew. Chem. **112** (2000) 1027.

[72] W. S. Knowles, M. J. Sabacky, J. Chem. Soc., Chem. Commun. (1968) 1445.

[73] L. Horner, H. Siegel, H. Buthe, Angew. Chem., Int. Ed. Engl. **7** (1968) 942.

[74] B. D. Vineyard, W. S. Knowles, M. J. Sabacky, G. L. Bachman, D. J. Weinkauff, J. Am. Chem. Soc. **99** (1977) 5946.

[75] J. Halpern, Science **217** (1982) 401.

[76] K. E. Koenig, M. J. Sabacky, G. L. Bachman, W. C. Christopfel, H. D. Barnstorff, R. B. Friedman, W. S. Knowles, B. R. Stults, B. D. Vineyard, D. J. Weinkauff, Ann. N. Y. Acad. Sci. **333** ((1980) 16.

[77] W. S. Knowles, Acc. Chem. Res. **16** (1983) 106.

[78] K. E. Koenig, Catalysis of Organic Reactions, Marcel Dekker, New York, 1984, 63.

[79] K. E. Koenig, Asymmetric Synthesis, Academic, Orlando **5** (1985) 71.

[80] C. R. Landis, J. Halpern, J. Am. Chem. Soc. **109** (1987) 1746.

[81] C. R. Landis, S. Feldgus, Angew. Chem. **112** (2000) 2985.

[82] R. Selke in H. U. Blaser, E. Schmidt, Asymmetric Catalysis on Industrial Scale: Challenges, Approaches and Solutions, Wiley-VCH, Weinheim, 2004, 39.

[83] M. Diéguez, O. Pàmies, C. Claver, Chem. Rev. **104** (2004) 3189.

[84] H. Gröger, Chem. Rev. **103** (2003) 2795.

[85] M. S. Iyer, K. M. Gigstad, N. D. Namdev, M. Lipton, J. Am. Chem. Soc. **118** (1996) 4910.

[86] E. J. Corey, Org. Lett. **1** (1999) 157.

[87] M. S. Sigman, E. N. Jacobsen, J. Am. Chem. Soc. **120** (1998) 5315.

[88] M. S. Sigman, E. N. Jacobsen, J. Am. Chem. Soc. **120** (1998) 4901.

[89] P. Vachal, E. N. Jacobsen, Org. Lett. **2** (2000) 867.

[90] P. Vachal, E. N. Jacobsen, J. Am. Chem. Soc. **124** (2002) 10012.

[91] P. Karlson, Kurzes Lehrbuch der Biochemie, Georg Thieme Verlag, Stuttgart, 1970, 68.

[92] M. S. Sigman, P. Vachal, E. N. Jacobsen, Angew. Chem. **112** (2000) 1336.

[93] E. Lück, Chemie in unserer Zeit **19** (1985) 156.

[94] F. Ledl, E. Schleicher, Angew. Chem. **102** (1990) 597.

[95] J. A. Gerrard, Aust. J. Chem. **55** (2002) 299.

5 | Pharmawirkstoffe

Ein Junge, der heute in Deutschland geboren wird, hat voraussichtlich eine Lebenserwartung von etwa 73 Jahren, ein Mädchen eine von 79 Jahren – doppelt so viel wie im Jahr 1880; diese Steigerung ist sowohl auf bessere Lebensumstände (Arbeitsbedingungen, Ernährung, Kleidung, Wohnung) als auch auf eine wesentlich umfassendere medizinische Versorgung zurückzuführen. So ist es gelungen, eine ganze Reihe von Infektionskrankheiten auszurotten oder zumindest einzudämmen und die Sterblichkeitsrate bei den Zivilisations- und Alterskrankheiten zu senken. Impfstoffe und Arzneimittel spielen hierbei eine Schlüsselrolle. Das 20. Jahrhundert ist auf besondere Weise durch das weltweite Aufblühen der Pharmaindustrie gekennzeichnet. Mehr und mehr trat die gezielte Suche und Entwicklung neuer Wirkstoffe an die Stelle zufälliger Entdeckungen (Abb. 5.1).

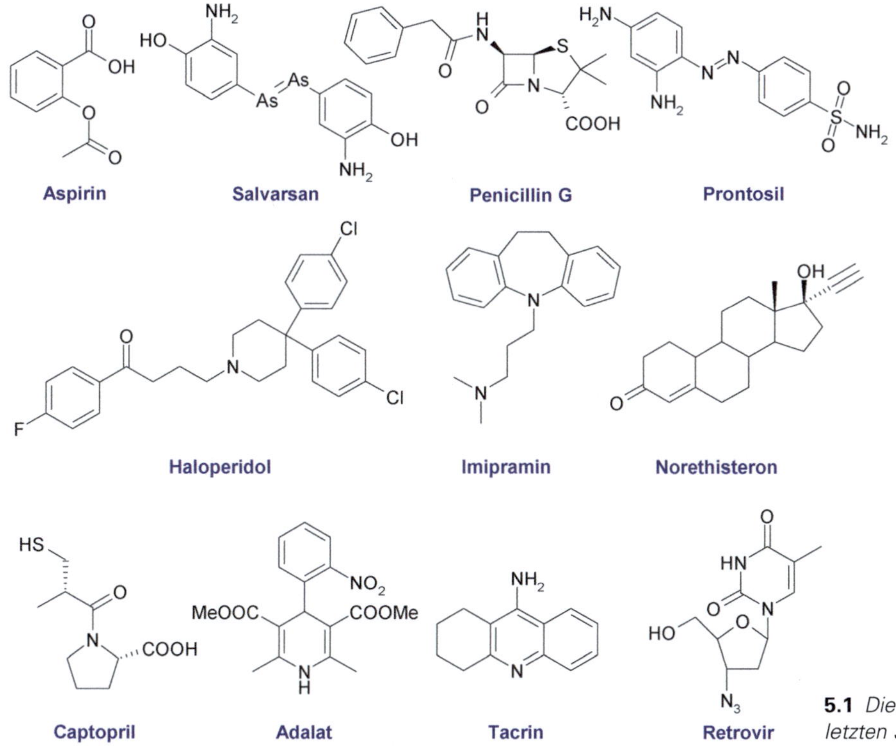

5.1 *Die Pharmawirkstoffe des letzten Jahrhunderts.*

© Springer-Verlag GmbH Deutschland, ein Teil von Springer Nature 2006
B. Schäfer, *Naturstoffe der chemischen Industrie,*
https://doi.org/10.1007/978-3-662-61017-6_5

Ein früher Markstein dieser Entwicklung ist das Schmerzmittel *Aspirin*®, das 1899 von Bayer auf den Markt gebracht wurde. Es ist aus unserem Leben heute nicht mehr wegzudenken, und zu einem Markenartikel wie *Tempo*®, *Persil*® oder 4711® geworden. Wohin wir auch reisen, selbst auf den Mond, *Aspirin*® ist fester Bestandteil einer jeden Reiseapotheke.

Im Jahr 1910 folgte *Salvarsan*®. Diese von Paul Ehrlich entdeckte Arsenverbindung war das erste wirksame Medikament gegen den Erreger der Volksseuche Syphilis. Paul Ehrlich gilt heute als der Begründer der Chemotherapie gegen mikrobielle Erkrankungen.

Von epochaler Bedeutung war eine Zufallsentdeckung von Sir Alexander Fleming. 1928 entdeckte er das Penicillin. Es sollte jedoch noch bis zum Ende des Zweiten Weltkrieges dauern, bevor das Medikament auf den Markt gelangte, da der Wirkstoff anfangs nur schwer in ausreichender Menge produziert werden konnte. Erst dank neuerer Fermentationsverfahren ist eine Massenproduktion möglich. Nach wie vor rettet Penicillin jährlich Millionen von Menschen das Leben.

Infektionskrankheiten waren im ersten Drittel des 20. Jahrhunderts die häufigste Todesursache. Ärzte standen Lungenentzündungen, Blutvergiftungen, Hirnhautentzündungen und Kindbettfieber weitgehend hilflos gegenüber. Mit *Prontosil*®, einem von Gerhard Domagk, Fritz Mietzsch und Josef Klarer entwickelten, antibakteriellen Wirkstoff aus der Klasse der Sulfonamide, stand 1935 erstmals ein wirksames Mittel gegen diese Krankheiten zur Verfügung. *Prontosil*® hat chemisch gesehen seine Wurzeln in der damals schon weit entwickelten Azofarbenforschung. Die Diazokupplung erlaubte es, nach gleichem Verfahren eine Vielzahl von Verbindungen herzustellen und auf ihre antibiotische Wirkung zu prüfen.

1953 legten James Watson und Francis Crick durch die Aufklärung der DNA-Struktur den Grundstein der Gentechnik. Mittlerweile hat man die Erbinformation vieler Lebewesen, einschließlich die des Menschen entschlüsselt. Mit der Pioniertat von Watson und Crick begann eine wissenschaftliche Ära mit zukunftsweisenden molekularbiologischen Techniken und Erkenntnissen, deren Früchte wir heute in Form neuartiger Medikamente, Diagnose- und Behandlungsmöglichkeiten ernten.

In den 50er Jahren kamen die ersten Medikamente gegen psychische Erkrankungen auf den Markt. Paul Janssen entwickelte Haloperidol gegen Schizophrenie, und Geigy führte Imipramin zur Therapie von Depressionen ein. Damit ließen sich diese weit verbreiteten und schwerwiegenden Krankheiten erstmals erfolgreich behandeln. Patienten, die zuvor routinemäßig in geschlossene Anstalten eingewiesen wurden, konnten nun in ihrem gewohnten Umfeld weiterleben.

Dass die Kinderlähmung (Poliomyelitis) – früher eine gefürchtete Infektionskrankheit – in Deutschland und in vielen anderen Ländern *de facto* ausgerottet ist, verdanken wir dem 1954 von Jonas E. Salk entwickelten und 1955 zugelassenen Impfstoff gegen Polio. Währen die Bundesrepublik noch 1961 nach dem Ausbruch einer Poliomyelitis-Epidemie 4 461 Fälle von Kinderlähmung zu verzeichnen hatte, wurden ein Jahr später – nach einer großangelegten

Impfaktion unter dem Motto „Schluckimpfung ist süß, Kinderlähmung ist grausam" – nur noch 300 Poliomyelitis-Erkrankte registriert.

Anfang der 60er Jahre erschien das erste Lifestyle-Medikament auf dem Markt: die „Pille". Gregory Pincus und John Rock entwickelten das von Carl Djerassi synthetisierte Norethisteron weiter. Der Wirkstoff wurde zunächst gegen Menstruationsbeschwerden eingesetzt, allerdings mit einem deutlichen Hinweis auf seine empfängnisverhütende Nebenwirkung. Schon 1965 war die „sexuelle Revolution" weit fortgeschritten; mehrere Millionen Frauen nahmen die „Pille". Fortan waren Reproduktion und Sex entkoppelt.

Bluthochdruck gehört heute zu den häufigsten Erkrankungen des Herz-Kreislauf-Systems. Hypertonie ist noch vor Krebs die häufigste Todesursache in den Industrieländern. Nach der Entwicklung von Verapamil (*Isoptin*®) bei der Knoll AG im Jahr 1963 kam 1975 *Adalat*® von Friedrich Bossert und Wulf Vater als ein weiterer umsatzstarker Calciumantagonist von Bayer auf den Markt. Neben den ACE-Hemmern (z. B. Captopril von Squibb) sorgt diese Wirkstoffklasse für eine bessere Durchblutung der koronaren Gefäße. Diese Medikamente sind auch heute noch ein probates Mittel gegen Hypertonie und reduzieren signifikant das Infarkt- und Schlaganfallrisiko.

Diabetes wird seit 1922 mit Insulin aus der Bauchspeicheldrüse von Schweinen und Rindern behandelt. Wegen der ständig steigenden Zahl von Zuckererkrankungen warnte die Weltgesundheitsorganisation in den 70er Jahren vor Versorgungsengpässen. Aufbauend auf den Arbeiten von Watson und Crick gelang es 1982 Humaninsulin als erstes gentechnisches Therapeutikum auf den Markt zu bringen. Heute liegt der Anteil des Humaninsulins bei 80 %.

1906 beschrieb der bayerische Psychiater Alois Alzheimer eine eigenartige Krankheit der Hirnrinde. Er ahnte damals nicht, dass gegen Ende des Jahrhunderts diese Erkrankung zu einem der Hauptprobleme der Neuropathologie anwachsen würde. 20 % aller Menschen über 80 Jahre leiden an fortschreitender Alzheimer-Erkrankung, die mit dem völligen Verlust der Persönlichkeit einhergeht. 1995 wurde in den USA Tacrin, ein Acetylcholinesterase-Hemmer zugelassen, mit dem man erstmals signifikante Erfolge gegen diese grausame Krankheit erzielte.

Eine therapeutische Herausforderung, wie sie die Syphilis am Anfang des 20. Jahrhunderts darstellte, erlebten wir an seinem Ende mit AIDS, einer pandemisch auftretenden Viruserkrankung des Immunsystems. 1996 kamen die ersten hochwirksamen Proteasehemmer, wie z. B. *Retrovir*® von Wellcome, auf den Markt, mit denen man diese Krankheit zu bekämpfen versucht. Damit ließ sich z. B. die AIDS-Todesrate in New York innerhalb von zwei Jahren von 7 046 auf 4 994 senken.

Allerdings leben heute die meisten HIV-Patienten in den Entwicklungsländern und haben keinen Zugang zu wirksamen Medikamenten gegen diese tödliche Krankheit. Die vielleicht größte Herausforderung für das 21. Jahrhundert liegt wohl darin, die neuen und innovativen Medikamente den 90 % der Weltbevölkerung zugänglich zu machen, die in den armen Regionen unserer Welt leben.[1]

Auf ihre Beiträge zum medizinischen Fortschritt im zurückliegenden Jahrhundert kann die Pharmaindustrie zurecht stolz sein. Waren es zu Beginn dieser

Ära noch einzelne Wissenschaftler, die neue Wirkstoffe fanden, so bedarf es heute riesiger industrieller und staatlicher Organisationen, um neue Arzneimittel zu entwickeln und die Qualität der Präparate sicherzustellen.

Eine Übersicht über den Pharmamarkt in Deutschland bietet die „Rote Liste". Diese Zusammenstellung der hier zugelassenen Arzneimittel weist für das Jahr 2004 8 989 Präparate aus, die 2 535 Wirkstoffe enthalten und die von 653 Herstellern produziert werden.

Weltweit gesehen ist der Pharmamarkt mit über 400 Milliarden Dollar Umsatz eine der größten Branchen. Die jährliche Wachstumsrate liegt durchschnittlich bei mehr als 6 % (Abb. 5.2).

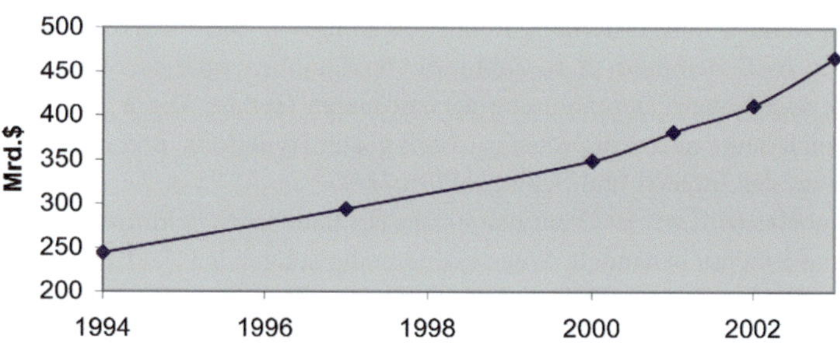

5.2 *Der Weltpharmamarkt von 1994 bis 2003.*

Die USA behaupten nach wie vor ihre Führungsstellung in diesem Markt, gefolgt von Japan, Deutschland und Frankreich. Beachtlich sind auch die Umsätze, die mit einzelnen Wirkstoffen erzielt werden (Tab. 5.1 und Abb. 5.3).

Betrachtet man die jeweiligen Indikationen, so fällt auf, dass es sich hierbei fast durchweg um Zivilisations- und Verschleißerkrankungen handelt. Abgesehen von Ethinylöstradiol, das naturgemäß bei einer jüngeren Klientel zur

Tabelle 5.1 *Die zehn größten Pharmawirkstoffe weltweit (2004)*

Wirkstoff	Firma Jahr (Patent-anmeldung)	Umsatz 2002 (Mrd. $)	Wirkmecha-nismus	Indikation
Atorvastatin	Warner Lambert (Pfizer) 1986	8,729	HMG-CoA Reduktase-Inhibitor	Hyperlipämie (Cholesterin-senker)
Simvastatin	Merck 1980	6,453	HMG-CoA Reduktase-Inhibitor	Hyperlipämie (Cholesterin-senker)
Omeprazole	Astra 1978	6,372	bindet (H^+,K^+)-ATPase	Gastritis
Paracetamol	Warner Lambert (Pfizer), 1958 *	5,240	Prostaglandin-Synthese-Hemmer	Fieber, Schmerzen
Amlodipine	Pfizer 1982	5,230	Ca^{++}-Kanal-Blocker	Bluthochdruck

Tabelle 5.1 (Forts.) *Die zehn größten Pharmawirkstoffe weltweit (2004)*

Wirkstoff	Firma Jahr (Patent- anmeldung)	Umsatz 2002 (Mrd. $)	Wirkmecha- nismus	Indikation
Lansoprazole	Takeda 1984	4,832	ATPase-Inhibitor	Gastritis
Fluticasone	Glaxo (GSK) 1978	4,827	entzündungs- hemmend, im- munosubpressiv	Asthma
Ethinyl- östradiol	Ciba (Novartis) 1937	4,105	Hormon	Kontrazeption
Olanzapine	Eli Lilly 1990	4,006	$5HT_2$ Dopamin D_2-Antagonist	Psychosen
Amoxicillin	Beecham (GSK) 1964	3,988	bakteriostatisch, bakteriozid	Antibiotikum

*: Erstsynthese: Morse, 1878.

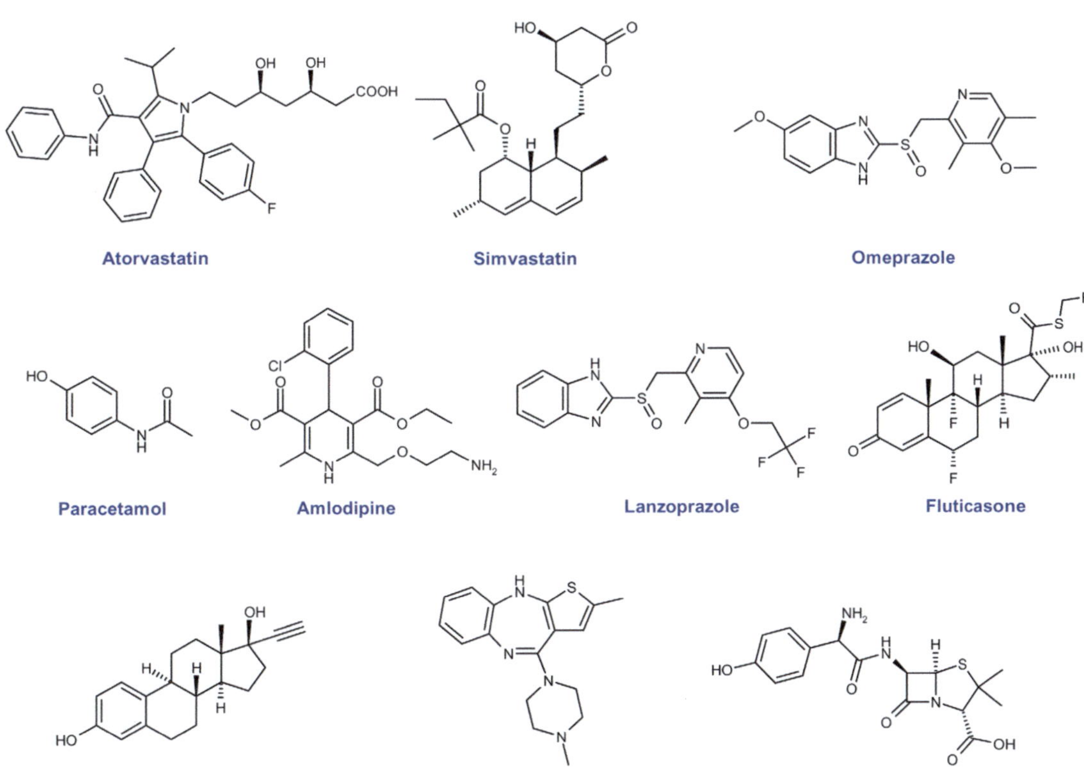

5.3 *Die Strukturen der um- satzstärksten Pharmawirk- stoffen im Jahr 2004.*

Anwendung kommt, sind es Medikamente, die überwiegend in den geriatri- schen Gesellschaften der Industrieländer Einsatz finden. In Deutschland neh- men 30 % der 40 – 49 Jährigen regelmäßig Tabletten ein. In der darauf folgenden

Lebensdekade sind es 42 %. Bei den über 60 Jährigen steigt dieser Anteil auf über 70 %.

Nach Angaben der WHO (World Health Organisation) gibt es weltweit ca. 30 000 Krankheiten. Hiervon lassen sich ungefähr ein Drittel medikamentös behandeln. Ein Ziel der Pharmaforschung ist es, diesen Anteil zu erhöhen. Im Vergleich zu Krankenhaus- und Kuraufenthalten erweist sich in vielen Fällen die medikamentöse Vorbeugung und Behandlung einer Krankheit als kostengünstiger. Bei zahlreichen weit verbreiteten und schwerwiegenden Erkrankungen, wie Krebs, Rheuma, Viruserkrankungen und Psychosen, fehlt es aber derzeit noch an überzeugenden Therapiekonzepten.

Die weltweite Pharmaforschung sucht diesem Defizit mit neuen therapeutischen Ansätzen zu begegnen. Allerdings ist dies außerordentlich aufwendig und teuer. Statistisch gesehen muss man mehr als 10 000 Verbindungen testen, bevor eine davon zur Marktreife gelangt. Die Entwicklung eines Wirkstoffs dauert, trotz vieler wissenschaftlicher und technischer Neuerungen, wie rationalem Wirkstoffdesign, kombinatorischer Chemie und automatisiertem Massenscreening, nach wie vor acht bis zehn Jahre und kostet über 500 Millionen Dollar. Besonders hohe Erwartungen setzt man heute auf die Erkenntnisse durch die Entschlüsselung des menschlichen Genoms. Vielleicht lassen sich hierdurch in Zukunft rascher „Target-Gene" identifizieren, was die Suche nach neuen Wirkstoffen erleichtern würde.[2]

Literatur

[1] J. Davis, Scrip Magazine, Jan. 2000, 37.
[2] H. J. Quadbeck-Seeger, R. Faust, G. Knaus, A. Maelicke, U. Simeling, Chemierekorde, Wiley-VCH, Weinheim, 2. Auflage, 1999, 1.

5.1 ACE-Inhibitoren

Die Geschichte der ACE-(*angiotensin-converting enzyme*) Inhibitoren zur Behandlung von Herz-Kreislauf-Erkrankungen beginnt in den Bananenplantagen im Südwesten von Brasilien. Dort passiert es immer wieder, dass Arbeiter plötzlich zusammenbrechen und sterben. Die Ursache ist der Biss einer bis zu 1,20 Meter langen, olivgrün bis graubraun gefleckten Schlange: die brasilianische Lanzenotter (*Bothrops jararaca*) (Abb. 5.4).

5.4 *Die brasilianische Lanzenotter (Bothrops jararaca).*

Die meisten Schlangengifte enthalten Eiweiße, die als Neurotoxine oder Kardiotoxine wirken. Sie lähmen die Muskulatur und führen zu Herzstillstand. Verschiedene Enzyme zerstören darüber hinaus Zellen und Gewebe. Das Gift von *Bothrops jararaca* und einiger anderer Schlangen[1], z. B. der Grubenotter *Agkistrodon halys blomhoffii*, führt dagegen zu einem dramatischen Abfall des Blutdrucks durch Gefäßerweiterung, der das Opfer lähmt. Es kommt außerdem zu massiven Blutungen aufgrund der Hemmung der Thrombozytenaggregation und erhöhter Permeabilität der Blutgefäße. Bestimmte Teile der glatten Muskulatur kontrahieren sich. Das Gift verteilt sich schnell. Das Opfer ist kaum noch bewegungsfähig und stirbt rasch.

5.1.1 Physiologische Grundlagen

Im Jahr 1898 wurde auf einer einzigen Seite der letzte Wille von Alfred Nobel veröffentlicht, der zwei Jahre zuvor an Herzversagen verstorben war, sowie eine 48-seitige Arbeit von Robert Tigerstedt und Per Bergmann vom Karolinska-Institut über die Entdeckung des Renins. Während die Arbeit der beiden in den folgenden 36 Jahren in den „Scandinavian Archives of Physiology" „verstaubte", genießt das Testament von Nobel von Beginn an weltweite Aufmerksamkeit.

Was hatten Tigerstedt und Bergmann herausgefunden? Sie injizierten einem Kaninchen den Extrakt aus einer Niere und beobachteten danach einen extremen Anstieg des Blutdrucks. Sie vermuteten, dass die Ursache hierfür ein Hormon sei, das sie Renin nannten. Erst 1934 griff Harry Goldblatt, ein Arzt aus Cleveland, diesen Befund auf und entwickelte das erste Tiermodell für Blut-

Schlangen haben den Menschen seit jeher fasziniert. Bei den Ägyptern war die Schlange die Gesandte des Sonnengottes Amon-Ra. Ein Tod durch Schlangenbiss verhieß Unsterblichkeit. Cleopatra beging Selbstmord mit einer Viper. Die Uräusschlange war das Symbol der Pharaonen. Adam und Eva wurden durch die Schlange verführt. Herakles erschlug im Sumpf von Lerna bei Argos die neunköpfige Hydra. In der germanischen Mythologie ist die Erde vom Weltmeer umgeben, in dem die Midgardschlange zwischen dem nördlichen Niflheim und dem südlichen Muspelheim lebt. Der Äskulapstab mit der Schlange wurde zum Symbol der Heilkunst und alle Chemiker denken seit Kekulé bei der Benzolformel an die sich in den Schwanz beißende Schlange, einem Symbol des ewigen Kreislaufs.

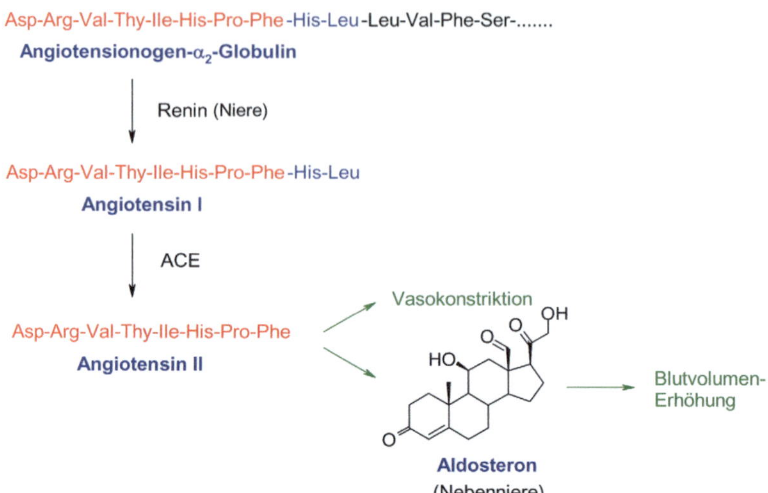

5.5 *Das blutdrucksteigernde System.*

hochdruck, indem er bei einem Hund durch Abklemmen der Blutzufuhr zu den Nieren das selbe Symptom wie zuvor Tigerstedt und Bergmann beim Kaninchen erzeugte. In der Folge erkannte man, dass eine solche renale Ischämie zur Ausschüttung einer Substanz führt, die den Blutdruck erhöht. Die weitere Forschung zeigte, dass Renin kein Hormon ist, sondern eine Protease, die aus dem Plasmaprotein Angiotensinogen-α_2-Globulin ein Dekapeptid, das Angiotensin I, abtrennt. Dieses Peptid selbst hat noch keinen Einfluss auf den Blutdruck, wie Leonard T. Skeggs 1956 durch die Isolierung von ACE zeigen konnte. ACE, eine Dipeptidylcarboxypeptidase, spaltet weitere zwei Aminosäuren ab, wodurch Angiotensin II, ein starker Vasokonstriktor, gebildet wird. Zusätzlich verursacht dieses Oktapeptid die Freisetzung des Steroidhormons Aldosteron aus der Nebenniere und dadurch die Abgabe von Wasser in den Blutkreislauf, was eine Erhöhung des Blutvolumens zur Folge hat (Abb. 5.5). Hoher Blutdruck schädigt die Blutgefäße und kann zu Schlaganfall, Herzinfarkt sowie Herz- und Nierenversagen führen (Abb. 5.6).

5.6 *Bei Franklin D. Roosevelt (Mitte) stellte man 1937 Bluthochdruck fest. Man verordnete ihm Bettruhe, salzarme Diät und Phenobarbital. Dies half allerdings wenig. 1940 versagte dann sein Herz mehrmals. Man gab ihm Digitalis. Bei der Jalta-Konferenz im Februar 1945 hatte er einen Blutdruck von 250 / 150. Wenige Monate später verstarb er an einer massiven Hirnblutung.*

Dem blutdrucksteigernden System steht entsprechend ein blutdrucksenkendes gegenüber, um die Stabilität des Kreislaufs zu sichern (Abb. 5.7). Kallikrein,

ein Enzym der Bauchspeicheldrüse, ist verantwortlich für die Bildung von Bradykinin aus Kininogen. Bradykinin verursacht die Ausscheidung von Wasser, stimuliert aber vor allem auch die Freisetzung von Stickstoffmonoxid, dem stärksten endogenen Vasodilatator, sowie von dem Prostacyclin PGI_2 und dem Prostaglandin PGE_2 aus der Endothelschicht der Blutgefäße. Interessanterweise wird Bradykinin durch ACE desaktiviert.

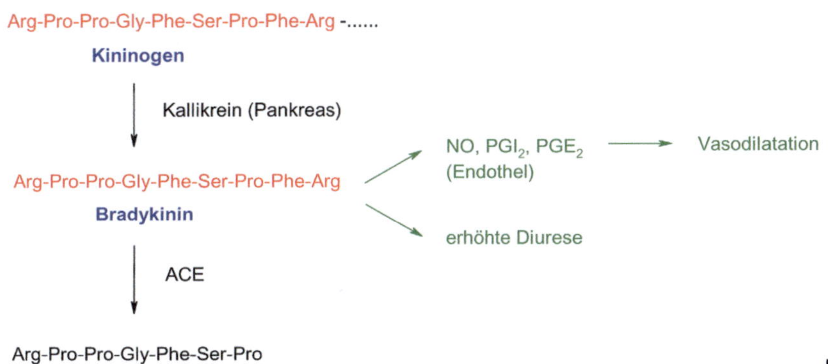

5.7 *Das blutdrucksenkende System.*

Damit ist ACE das Schlüsselenzym zur Regulierung des Blutdrucks. Die Hemmung dieses Enzyms führt gleichermaßen zu einer verringerten Umwandlung von Angiotensin und einem verminderten Abbau von Bradykinin. ACE hat allerdings noch weitere Funktionen. Es ist am Metabolismus einer ganzen Reihe anderer körpereigener Peptide, z. B. der Endorphine (siehe Opiate) beteiligt.[2]

Robert Bruce Merrifield gelang es mit Hilfe der von ihm entwickelten Festphasentechnik das Nonapeptid Bradykinin in einer Ausbeute von 85 % binnen 27 Stunden herzustellen.[3]

5.1.2 Entdeckungsgeschichte

Seit 1949 war bekannt, dass die gefäßerweiternde Wirkung des Schlangengifts der brasilianischen Lanzenotter im Zusammenhang mit Bradykinin steht. Den Forschungsarbeiten des brasilianischen Pharmakologen Sergio Ferreira verdanken wir wichtige Beiträge zur Aufklärung des Wirkmechanismus des Toxins. Das erste Peptid, das er isolierte und aufklärte, war ein Pentapeptid, BPP₅ₐ (*bradikinin-potentiating peptide*, IC_{50}: 1,2 µM) (Abb. 5.8). Im Gift der *Bothrops jararaca* fand er später noch eine Reihe weiterer Peptide, die den Effekt von Bradykinin verstärken. Schlangen haben für die Nahrungsbeschaffung ein breites Spektrum an Peptiden, um der genetischen Diversität ihrer Beute Rechnung zu tragen.[1]

Später entdeckte man, dass auch das Gift verschiedener Skorpione wie *Tityus serrulatus* und *Buthus occitanus* sowie Spinnen, z. B. der Kugelspinne Malmignatte (*Latrodectus mactans tredecimguttatus*), Bradykininpotenzierende Peptide enthält.[1]

Glu-Lys-Trp-Ala-Pro $\implies$ Glu-Lys-Phe-Ala-Pro

BPP₅ₐ

Glu-Trp-Pro-Arg-Pro-Glu-Ile-Pro-Pro

Teprotid

5.8. *BPP₅ₐ war das erste aus dem Gift der brasilianischen Lanzenotter isolierte Peptid (Pharmakophor rot gekennzeichnet). Teprotid ist ein weiteres Nonapeptid mit blutdrucksenkenden Eigenschaften.*

Während Ferreira sich weiter auf Bradykinin konzentrierte, erkannten J. Vane und Y. S. Bakhle, dass das Schlangengift auch im Renin-Angiotensin-System wirksam ist. David Cushman und Miguel Ondetti von der Firma Squibb (heute Bristol-Myers-Squibb) isolierten und charakterisierten sechs weitere ACE-inhibierende Peptide, darunter auch Teprotid (IC$_{50}$: 250 nM).[4][5]

Nach der Entwicklung eines einfachen *in vitro*-Testsystems für ACE-Aktivität wurden über 2 000 natürliche und synthetische Peptide untersucht. Als optimal für die Bindung im aktiven Zentrum von ACE erwies sich die in BPP$_{5a}$ enthaltene Sequenz Trp-Ala-Pro, die allerdings rascher proteolytischer Desaktivierung unterliegt. Höhere Stabilität besaß ein Pentapeptid mit der Teilsequenz Phe-Ala-Pro. Ungeachtet dessen, erzielte man am Menschen trotz vollkommen unterschiedlicher Aminosäuresequenz die besten Ergebnisse mit Teprotid. Vermutlich machen die vier Prolinreste dieses Peptid weniger proteolyseempfindlich. Bei oraler Applikation beobachtete man aber keine Wirkung, weil Teprotid aufgrund seiner Größe nicht resorbiert wird.[6] Die intravenöse Verabreichung ist für ein Medikament mit täglicher Anwendung allerdings ein gravierendes Problem. 1973 stellte Squibb die Weiterentwicklung von Teprotid aus Mangel an kommerziellem Interesse ein.

Im gleichen Jahr erschien eine Arbeit von L. D. Byers und R. Wolfenden, in der sie beschrieben, dass (*L*)-Benzylbernsteinsäure ein Inhibitor des Verdauungsenzyms Carboxypeptidase A ist.[7] Das Besondere daran war, dass einige Jahre zuvor William Lipcomb die Struktur dieses Enzyms durch Röntgenstrukturanalyse aufgeklärt hatte. Hiermit war es möglich, sich eine räumliche Vorstellung über die Wechselwirkungen zwischen dem Enzym und dem Substrat zu machen. Cushman und Ondetti entwickelten die Idee, dass es im aktiven Zentrum des Enzyms eine Tasche für den Phenylalaninrest geben könnte und dass der Succinylrest von Zink komplexiert wird. (*L*)-Benzylbernsteinsäure bindet auf ähnliche Weise und inhibiert hierdurch die Carboxypeptidase A (Abb. 5.9).

5.9 *Am Beispiel der Carboxypeptidase A studierte man die Wechselwirkungen zwischen Enzym und Substrat bzw. Inhibitor.*

Während die Carboxypeptidase A nur eine Aminosäure vom C-terminalen Ende „abschneidet", spaltet hingegen ACE zwei Aminosäuren ab. Hieraus zogen Cushman und Ondetti den Schluss, dass eine mit Bernsteinsäure-acylierte Aminosäure ein guter Inhibitor für ACE sein sollte. Sie wählten hierfür Prolin aus, weil dieses in BPP$_{5a}$ das C-terminale Ende bildet. Tatsächlich besitzt N-Succinoylprolin eine schwache Aktivität.

Was darauf folgte, war eine Strukturoptimierung. Da die Variation an Prolin keine Wirkungsverbesserung erbrachte, behielt man das C-terminale Ende bei. Glutaryl-*L*-Prolin zeigte schon eine höhere Affinität, die durch den Methylsuccinoylrest noch gesteigert werden konnte. Der entscheidende Durchbruch erfolgte, als man die Carbonsäurefunktion durch eine Mercaptogruppe ersetzte und damit eine Affinitätssteigerung um drei Größenordnungen erreichte. Weitere Strukturvariationen um Captopril zeigten, dass man hiermit wirklich an ein Optimum gekommen war (Abb. 5.10). Zur Bindung an ACE sind eine freie Mercaptogruppe und Säurefunktion erforderlich. Die (S)-konfigurierte Methylgruppe verbessert die Affinität um den Faktor zehn gegenüber N-(3-Mercaptopropionyl)-prolin.[8] (S,S)-Captopril ist etwa 100-mal affiner als das (R,S)-konfigurierte Isomer.[9]

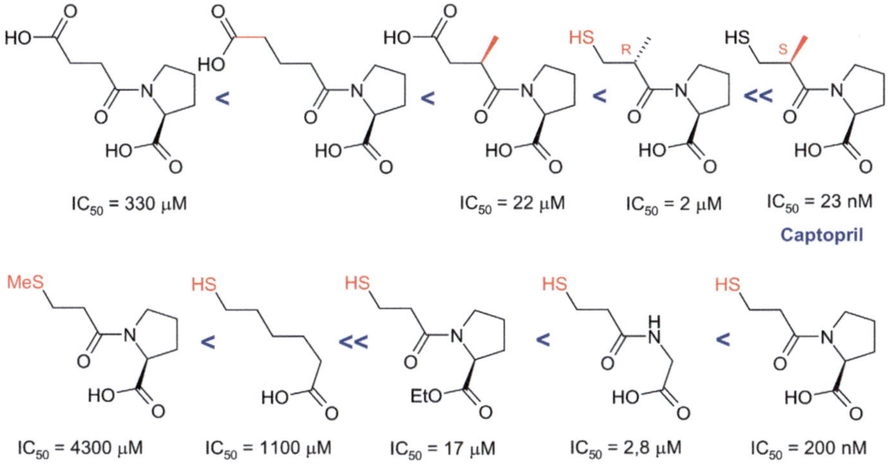

5.10 *Wesentlicher Bestandteil des rationalen Wirkstoffdesigns ist die Ermittlung der Struktur/Wirkungsbeziehungen.*

Obwohl Cushman und Ondetti keine Röntgenstrukturanalyse des ACEs zur Verfügung stand, waren nur 60 Verbindungen für die Strukturoptimierung erforderlich. Heute stellt man sich die Bindung von Angiotensin I, dem Pentapeptid aus *Bothrops jararaca* und Captopril wie folgt vor: Die Seitenketten der Aminosäuren binden in den lipophilen Bindetaschen des Enzyms. Das Lewis-saure Zinkion wird von der Carbonyl- bzw. der Mercaptofunktion komplexiert. Eine Wasserstoffbrücke zum Sauerstoff der vorletzten Carbonsäure und eine ionische Wechselwirkung des C-Terminus tragen zur Bindung des Substrats bei (Abb. 5.11).

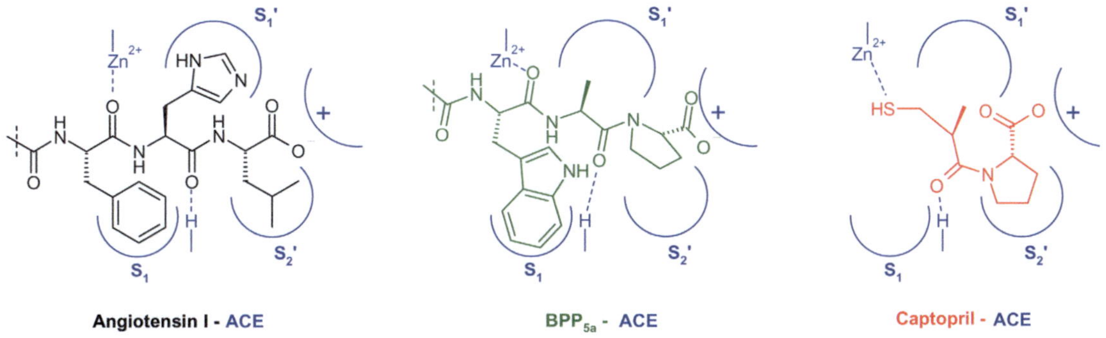

5.11 *Im aktiven Zentrum von ACE binden statt Angiotensin I und Bradykinin kompetitiv auch das Schlangengiftpeptid BPP$_{5a}$ und Captopril.*

Es ist interessant, dass die brasilianische Lanzenotter noch nicht auf die „Idee" gekommen ist, Mercaptogruppen in ihr Gift einzubauen, um die hohe Affinität von Schwefel zu Zink auszunutzen.

Mit Captopril war es zum ersten Mal gelungen, einen hochspezifischen Enzyminhibitor nicht als Folge einer Zufallsentdeckung, sondern auf Basis von rationalem Wirkstoffdesign zu konzipieren. Diese Methodik wurde wegweisend für viele weitere Strukturoptimierungen. Mithilfe verbesserter Röntgenstrukturanalyse-Methoden, schnelleren Computern und neuen Rechenprogrammen führen heute alle größeren Pharmafirmen die Optimierung von Leitstrukturen durch.

5.1.3 Synthesen

Die ersten Synthesen von Captopril gingen von Methacrylsäure aus, an die man Thioessigsäure addierte. Nach der Kupplung mit (*S*)-Prolin-*t*-butylester und dessen Hydrolyse wurden die Diastereomere über das Dicyclohexylammoniumsalz getrennt. Durch Behandlung mit Ammoniak erhielt man schließlich Captopril in enantiomerenreiner Form.[9] [10]

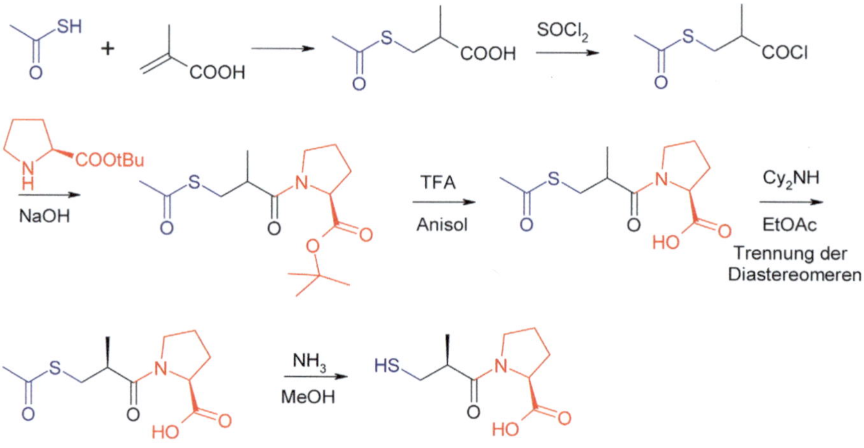

Captopril

Die Synthese lässt sich verbessern, indem man schon auf der Stufe der 3-(Acetylthio)-2-methylpropionsäure mittels einer Lipase die Enantiomere trennt.

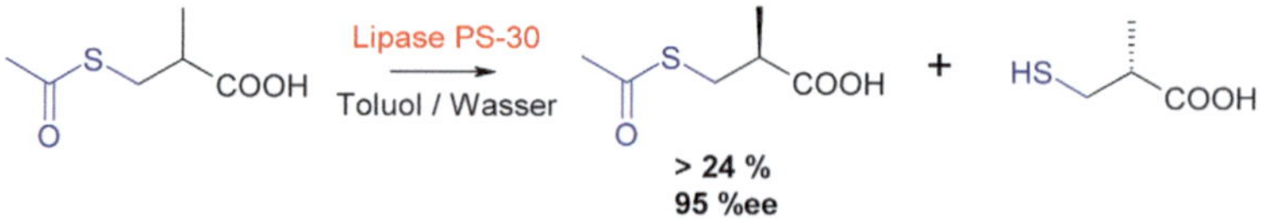

Wahlweise kann man auch von Methacrylsäuremethylester ausgehen und mit einer *Pseudomonas*-Esterase selektiv den Methylester hydrolysieren.

Besonders elegant ist die enantioselektive mikrobielle Hydroxylierung von Iso-buttersäure der Kaneka unter Ausnutzung des meso-Tricks. Als Mikroorganis-men eigenen sich z. B. *Candida rugosa*/FO-0750, *Candida rugosa*/FO-0591 *oder Candida utilis*/FO-0396. Mittels Thionylchlorid wird sowohl die Hydro-xygruppe substituiert als auch die Säure ins Säurechlorid überführt. Anschlie-ßend kuppelt man mit (*S*)-Prolin und substituiert das Chlor mit Natriumhydro-gensulfid.

Captopril wurde 1982 von der FDA als Mittel zur Therapie von Bluthochdruck zugelassen. Ein Jahr später erfolgte die Zulassung zum Einsatz bei Herzversa-gen und 1994 schließlich die Genehmigung zur Behandlung von Nierenerkran-kungen bei Diabetes mellitus.

5.1.4 ACE-Inhibitoren der zweiten Generation

Seit 1975 arbeiteten Forscher bei der amerikanischen Firma Merck an der Ver-besserung von Captopril, das eine Reihe von unerwünschten Nebenwirkungen besitzt, die man zum Teil der freien Mercaptofunktion zuschrieb: haematolo-gische Effekte, Proteinurie, Hautausschläge und Geschmacksveränderungen. Daher wurde dieser Teil des Pharmakophors in den Folgeprodukten wieder durch eine Carbonsäurefunktion ersetzt. Charakteristisch für alle neueren Wirk-stoffe dieser Klasse ist die strukturelle Optimierung für die S_1-, S_1'- und S_2'-Bindungstaschen des ACE-Rezeptors. Typische Vertreter sind Enalapril, Lisi-nopril und Trandolapril.

Benutzten Ondetti und Cushman die Carboxypeptidase A als Modellenzym, so bediente sich die Merck-Gruppe der ebenfalls zinkhaltigen Endopeptidase Thermolysin. Ausgangspunkte für deren Entwicklungsarbeiten waren Methyl-succinoylprolin und die Arbeitshypothese, eine Dipeptidstruktur zu generieren. Tatsächlich brachten der Ersatz des Succinylrests durch eine Glutarylgruppe und der Einbau eines Stickstoffs in das Grundgerüst eine Steigerung der Affi-nität um den Faktor zehn. Strukturvariationen des Ala-Pro-Motivs lieferten schließlich Enalaprilat (Abb. 12). Affinitätsstudien zeigten, dass bezüglich der S_1-Bindungstasche Thermolysin das bessere Modell darstellt.

Allerdings zeigte sich auch, dass Enalaprilat eine schlechte orale Bioverfügbarkeit bei Ratte, Hund und Mensch besitzt. Erst die Entwicklung eines Prodrugs, des Ethylesters, löste dieses Problem. Nach der Resorption spalten Esterasen Enalapril und setzen auf diese Weise den aktiven Wirkstoff frei. Enalapril selbst bindet nur ungenügend an das Enzym.[11]

$IC_{50} = 22000$ nM $IC_{50} = 4900$ nM $IC_{50} = 2400$ nM $IC_{50} = 92$ nM

$IC_{50} = 5$ nM $IC_{50} = 3,8$ nM $IC_{50} = 1,2$ nM $IC_{50} = 1200$ nM

Enalaprilat   **Enalapril**

5.12 *Strukturoptimierung für Enalaprilat.*

Bei Lisinopril hat man das Problem der schlechten oralen Verfügbarkeit dadurch gelöst, dass man Alanin gegen Lysin austauschte (Abb. 5.13). Die systematische Untersuchung der S_1'-Bindetasche mit Enalaprilat-Derivaten zeigte, dass man ebenfalls zu hochwirksamen Inhibitoren gelangt, wenn Alanin durch Aminoalkylglycin ersetzt wird. Mit Lysin ist das Optimum erreicht (Abb. 5.14). Inhibitoren mit noch längerer Seitenkette besitzen dann wieder eine geringere Affinität.

$IC_{50} = 3,8$ nM $IC_{50} = 240$ nM $IC_{50} = 19$ nM $IC_{50} = 2,2$ nM $IC_{50} = 1,2$ nM

Lisinopril

5.13 *Strukturoptimierung für Lisinopril.*

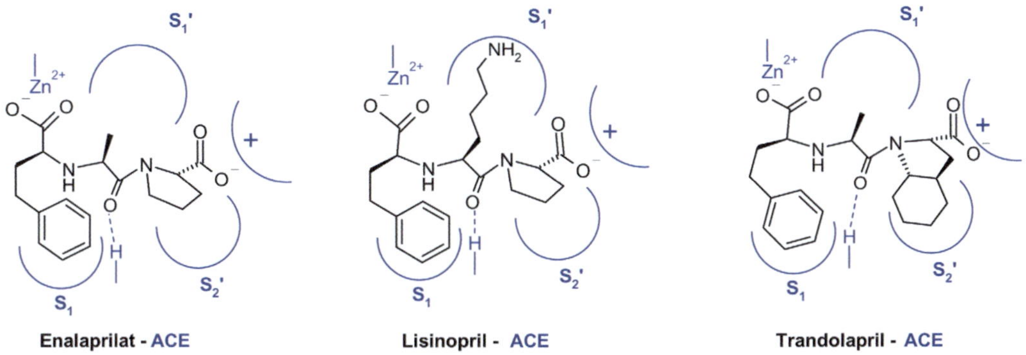

Enalaprilat - ACE

Lisinopril - ACE

Trandolapril - ACE

5.14 *Enalaprilat, Lisinopril und Trandolapril im aktiven Zentrum von ACE.*

Die Resorptionsrate von Lisinopril ist zwar langsamer und geringer als bei Enalapril, bietet jedoch den Vorteil, dass es keiner metabolischen Aktivierung des Wirkstoffs bedarf.[11]

Die konvergente Synthese dieser Verbindungen ist eher schlicht. Auf der einen Seite synthetisiert man in einer Grignard-Reaktion aus Oxalsäurediethylester den erforderlichen α-Ketocarbonsäureester. Auf der anderen Seite kuppelt man Alanin bzw. Trifluoracetyllysin über das Leuchssche Anhydrid mit Prolin. Beide Bausteine werden über eine reduktive Aminierung verknüpft. Die Diastereoselektivität der Hydrierung ist von der Wahl des Katalysators abhängig. Im Fall von Raney-Nickel beträgt die Diastereoselektivität bei Enalapril 87 : 13 und bei Lisinopril 95 : 5 zugunsten des gewünschten Diastereomeren. Bei Lisinopril schließt sich dann eine Hydrolyse der Esterfunktionen an. Die Wirkstoffe werden anschließend durch Kristallisation gereinigt.

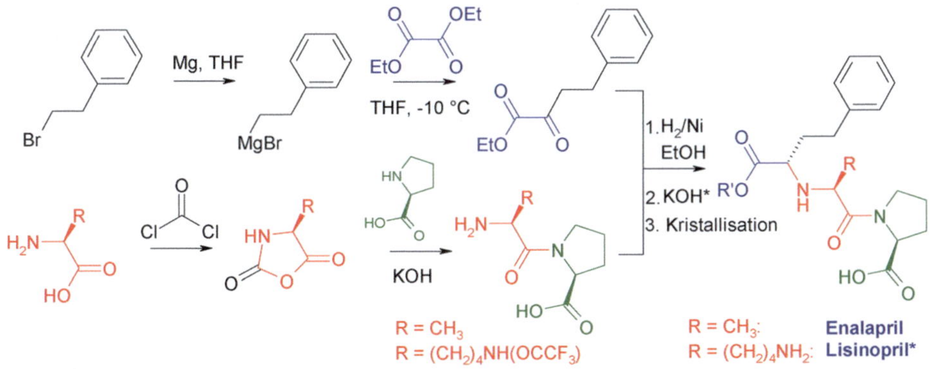

Welche Bedeutung Prolin als C-terminaler Aminosäure in ACE-Inhibitoren zukommt, erkennt man am besten, wenn man diesen Baustein aus Enalaprilat entfernt, was zu völligem Wirkungsverlust führt. Relativ schlechte Affinität resultiert auch, wenn die terminale Carbonsäurefunktion in das entsprechende Amid überführt oder Prolin durch Phenylalanin ersetzt wird. Gute Aktivität findet man hingegen bei bizyklischen Prolinderivaten, die auf ihre Wechselwirkungen in der S_2'-Tasche hin optimiert wurden.[11] [12] Viele der auf Enalapril folgenden Wirkstoffe besitzen dieses Strukturmotiv, so z. B. Ramiprilat von Hoechst und

Trandolaprilat von Roussel (Abb. 5.15). Verabreicht werden diese Wirkstoffe, wie die Mehrzahl der bis 2003 zugelasssenen ACE-Inhibitoren, als Prodrugs (Ethylester).

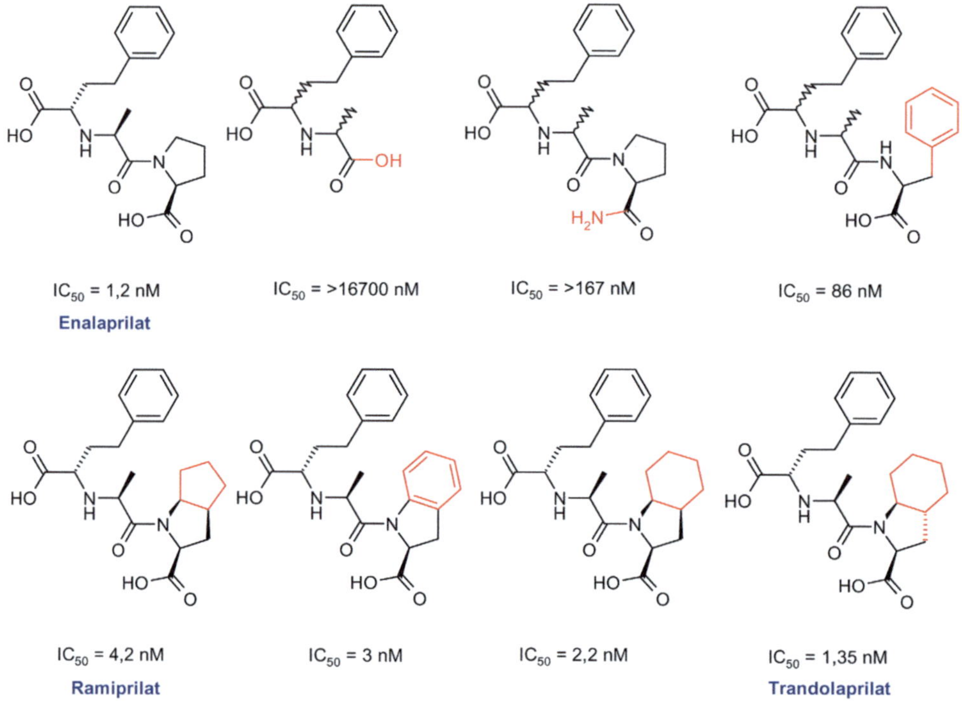

$IC_{50} = 1,2$ nM
Enalaprilat

$IC_{50} = {>}16700$ nM

$IC_{50} = {>}167$ nM

$IC_{50} = 86$ nM

$IC_{50} = 4,2$ nM
Ramiprilat

$IC_{50} = 3$ nM

$IC_{50} = 2,2$ nM

$IC_{50} = 1,35$ nM
Trandolaprilat

5.15 *Strukturoptimierung für Trandolaprilat*

Für die Synthese von Trandolapril entwickelte Roussel Uclaf eine konvergente Synthese, bei der man den retrosynthetischen Schnitt zwischen die Octahydroindolcarbonsäure und den Rest des Moleküls legt. Die synthetische Herausforderung liegt vorwiegend im Indolbaustein. Zum einen handelt es sich um einen *trans*-verknüpften Bizyklus, der nicht einfach durch Hydrierung zugänglich ist und zum anderen neigt die Carbonsäurefunktion in Position 2 leicht zur Epimerisierung.

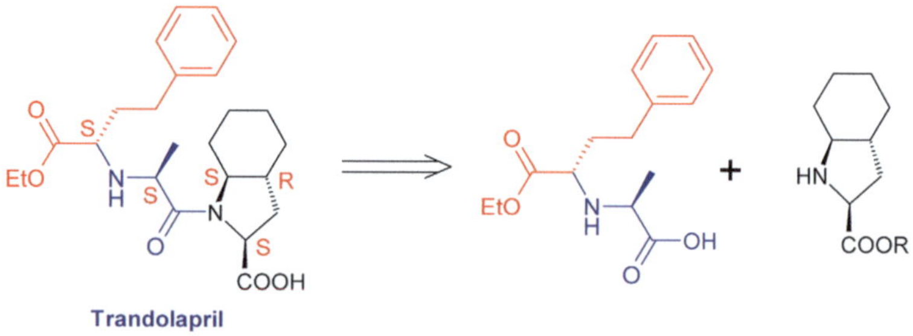

Trandolapril

Das enantiomerenreine Ausgangsmaterial für Octahydroindolcarbonsäure erhält man durch enzymatische Resolution von *cis*-Cyclohexandicarbonsäuremethylester mittels Schweineleberesterase. Die chemoselektive Reduktion mit Natriumdiethylalanat führt zu einem *cis*-Lacton, das man mit Pyrrolidin in das *trans*-Lacton epimerisieren kann. Die Ammonolyse liefert ein Carbonsäureamid, das man einem Hoffmann-Abbau unterwirft. Ohne Aufarbeitung schließt sich eine Strecker-Reaktion mit Formaldehyd an, wobei man erst das benzoylgeschützte Aminonitril, nach vorübergehendem Schützen der Alkoholfunktion, isoliert. Nach Mesylierung der Hydroxygruppe schließt man den Ring durch Behandlung mit Natriumhydrid in DMF. Durch saure Hydrolyse und Kristallisation erhält man schließlich die fast epimerenreine Carbonsäure.[13]

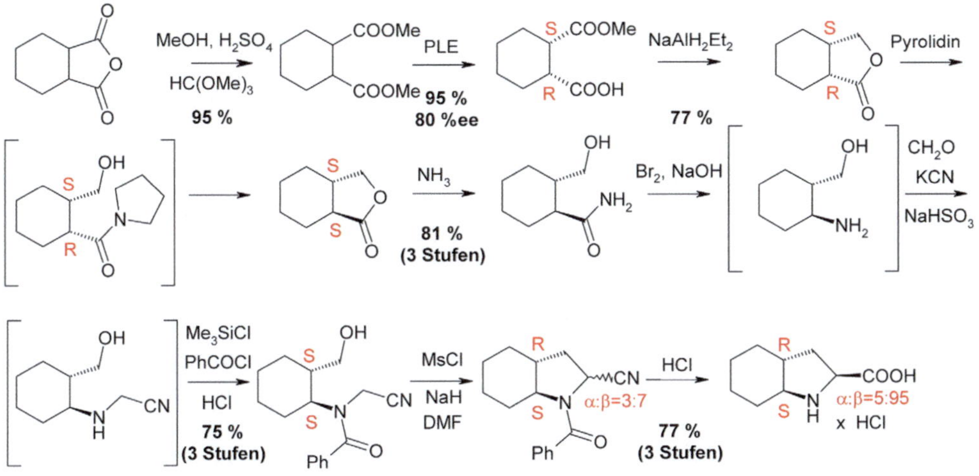

Das Ausgangsmaterial für den zweiten Baustein ist Benzol, das man zusammen mit Maleinsäureanhydrid einer Friedel-Crafts-Acylierung unterwirft. Die stereoselektive Addition von Alaninbenzylester an das α,β-ungesättigte Keton liefert nach Hydrierung der Ketogruppe und reduktiver Abspaltung der Benzylschutzgruppe den zweiten Baustein.[14]

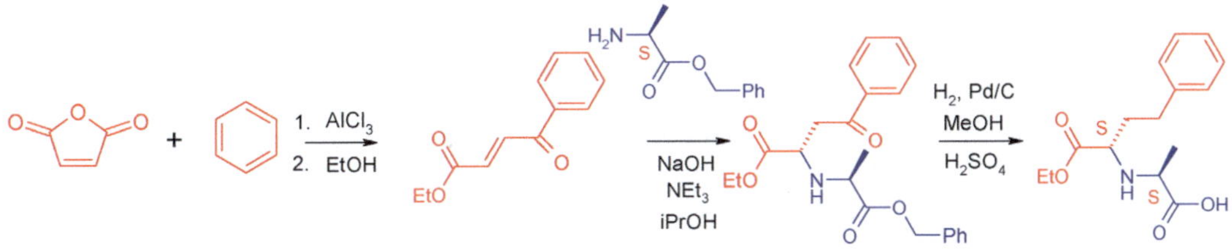

Die abschließende Sequenz bilden eine Aminosäurekupplung mit Propanphosphonsäureanhydrid (PPA) sowie die reduktive Entfernung der Benzylschutzgruppe. Den Wirkstoff in Pharmaqualität erhält man durch Umkristallisation.

5.1.5 Röntgenstrukturanlyse von ACE

Erst 2003 gelang es, die Struktur des humanen, testikularen ACEs mittels einer hochaufgelösten Röntgenstrukturanalyse zu bestimmen (Abb. 5.16).[15][16] Es gibt zwei Isoformen des ACEs: die somatische Form, ein Glycoprotein mit einer Kette von 1 277 Aminosäuren und das ACE der Keimzellen; es ist kleiner und besteht aus 701 Aminosäuren. Das somatische ACE enthält zwei homologe Domänen, die N- und C-Domäne, wobei letztere identisch mit der des testikularen ACEs ist. Diese Domäne ist zuständig für die Regulierung des Blutdrucks.

Bemerkenswert ist, dass es nur eine geringe Ähnlichkeit der Struktur mit der Carboxypeptidase A, dem ursprünglichen Enzym des rationalen Wirkstoffdesigns der ACE-Inhibitoren, gibt. Stattdessen findet man strukturelle Ähnlichkeiten zu Neurolysin und *Pyrococcus furiosus*-Carboxypeptidasen, die wiederum praktisch keine Ähnlichkeiten in der Aminosäuresequenz aufweisen. Offensichtlich ist die Natur in der Lage, dreidimensional ähnliche Strukturen mit völlig unterschiedlichen Abfolgen an Aminosäuren aufzubauen. Dies hat weitreichende Konsequenzen für die Wirkstoff-Suchforschung, weil die Ähnlichkeit von Rezeptoren nicht von der vergleichsweise leicht zugänglichen Aminosäuresequenz abgeleitet werden kann, sondern sich diese erst durch die Röntgenstrukturanalyse des Proteins erschließt. Ist diese bekannt, dann ergeben sich hieraus gute Voraussetzungen für die Entwicklung und Optimierung neuer Wirkstoffe.

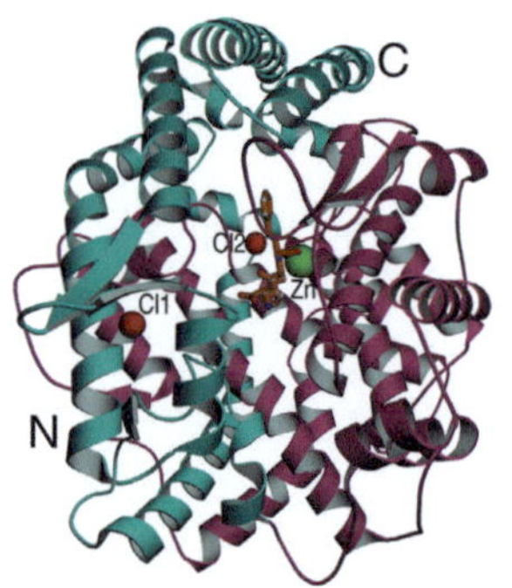

5.16 *ACE-Lisinopril-Komplex. Die Struktur besteht aus zwei Subdomänen (in türkis und violett), enthält zwei Chloridionen (rot) und im katalytischen Zentrum das Zinkion (grün) und den Inhibitor Lisinopril (braun).*

5.1.6 Ökonomische Relevanz

Die ACE-Inhibitoren gehören heute zu den umsatzstärksten Arzneimitteln. Ihr Umsatz in den USA betrug im Jahr 2001 über vier Milliarden Dollar.

In Deutschland leiden 20 % der Bevölkerung an Bluthochdruck. Etwa ein Drittel nehmen ACE-Inhibitoren als Monotherapie. Mehr als die Hälfte behandeln diese Krankheit mit Kombinationspräparaten aus ACE-Inhibitoren und einem anderen Wirkstoff. Auf dem durch Generika dominierten deutschen Markt ist Enalapril gegenwärtig der bedeutendste Wirkstoff.

Zusammenfassung in Stichpunkten

- Mit dem Verständnis der Funktion des ACEs und Bradykinins wurde es möglich neue und effiziente Medikamente gegen Bluthochdruck zu entwickeln.
- Captopril war der erste oral verfügbare ACE-Inhibitor. Der Wirkstoff wurde durch rationales Wirkstoffdesign gefunden.
- Es folgte eine Reihe weiterer Wirkstoffe, die sich alle von der Leitstruktur Phe-Ala-Pro ableiten lassen.

Literatur

[1] S. Müller, I. Paegelow, S. Reismann, Signal Transduction **6** (2006) 5.

[2] P. Dominiak, Pharmazie in unserer Zeit **32** (2003) 24.

[3] D. Voet, J. G. Voet, Biochemie, VCH, Weinheim, 1992, 138.

[4] D. W. Cushman, M. A. Ondetti, Hypertension **17** (1991) 589.

[5] M. L. Nunes-Mamede, F. G. De Mello, A. R. Martins, J. Neuroscience Methods, **31** (1990) 7.

[6] www.laskerfoundation.org/awards/library/1999remarksgsclin2.shtml

[7] L. D. Byers, R. Wolfenden, Biochemistry **12** (1973) 2070.

[8] H. Kubinyi, Wirkstoffdesign, Graduiertenkolleg Feb. 1999.

[9] R. R. Chirumamilla, R. Marchant, P. Nigam, J. Chem. Technol. Biotechnol. **76** (2001) 123.

[10] A. Kleemann, J. Engel, Pharmaceutical Substances, 3. Ed., Thieme-Verlag, Stuttgart, 1999, 310.

[11] M. J. Wyvatt, A. A. Patchett, Med. Res. Rev. **5** (1985) 483.

[12] C. Chevillard, S. Jouquey, F. Bree, M.-N. Mathieu, J. P. Stepniewski, J. P. Tillement, G. Hamon, P. Corvol, J. Cardiovascular Pharm. 23 Suppl. 4 (1994) S11.

[13] F. Brion, C. Marie, P. Mackiewicz, J. M. Roul, J. Buendia, Tetrahedron Lett. **33** (1992) 4889.

[14] H. G. Eckert, M. J. Badian, D. Gantz, H.-M. Kellner, M. Volz, Arzneim.-Forsch./ Drug Res. **34** (1984) 1435.

[15] R. Natesh, S. L. U. Schwager, E. D. Sturrock, K. R. Acharya, Nature **421** (2003) 551.

[16] R. Natesh, S. L. U. Schwager, H. R. Evans, E. D. Sturrock, K. R. Acharya, Biochemistry **43** (2004) 8718.

5.2 *β*-Lactamantibiotika

5.2.1 Einleitung

5.17 *„Der dritte Mann" ist die Geschichte vom Ende einer Jugendfreundschaft, von skrupellosen Machenschaften und von den Abgründen der menschlichen Seele. Es ist ein Märchen, das auf wahren Begebenheiten beruht.*

Penicillin war nach dem Zweiten Weltkrieg ein sehr knapper Arzneiwirkstoff, der nur in unzureichender Menge hergestellt werden konnte, und daher auch ein begehrtes Gut für den blühenden Schwarzhandel. Graham Greene hat dies in seinem Roman *Der dritte Mann* mit der Figur des Harry Lime als einer der großen Drahtzieher von Schiebergeschäften im Wien der Nachkriegsjahre literarisch verarbeitet. (Abb. 5.17).

»Penicillin wurde damals in Österreich nur den Militärspitälern zugeteilt; kein ziviler Arzt, nicht einmal ein ziviles Krankenhaus, konnte es auf gesetzlichem Weg erhalten. … Penicillin wurde von den Sanitätern gestohlen … Sie gingen dazu über, das Penicillin mit gefärbtem Wasser zu verdünnen und, im Fall von kristallinem Penicillin, Sand beizumengen … Menschen haben auf diese Weise Arme und Beine verloren – und ihr Leben. Aber am meisten entsetzt war ich bei einem Besuch in der hiesigen Kinderklinik. Man hatte dort dieses Penicillin erworben und bei Meningitis angewendet. Eine Reihe von Kindern starb einfach, viele andere wurden irrsinnig. Sie können sie jetzt in der psychiatrischen Abteilung sehen.«[1]

(Graham Greene, *Der dritte Mann*)

Heute verfügen wir über eine breite Palette von Antibiotika. Im Allgemeinen fasst man hierunter folgende Stoffklassen zusammen: Aminoglycoside, *β*-Lactame, Chloramphenicol, Glycopeptide (z. B. Vancomycin), Lincomycin, Makrolide, Polyether und Tetracycline.

5.2.2 Klassifizierung

β-Lactamantibiotika werden entsprechend ihrer Grundstrukturen in fünf Klassen eingeteilt (Tab. 5.2).[2] Sowohl eukaryotische wie prokaryotische Mikroorganismen sind in der Lage, *β*-Lactamantibiotika zu bilden (Abb. 5.18). In Tabelle 5.3 sind einige der bedeutendsten Zwischenprodukte und Wirkstoffe aus der Reihe der Penicilline und Cephalosporine aufgeführt.

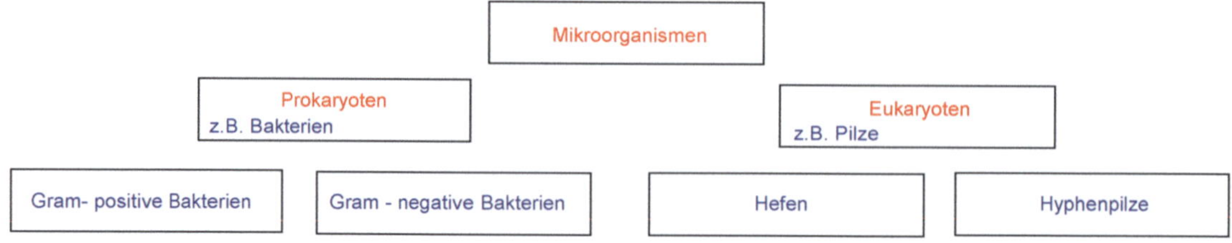

5.18 *Eukaryoten besitzen im Gegensatz zu Prokaryoten einen Zellkern und Organellen, z. B. Mitochondrien oder Microbodies. Bakterien sind Prokaryoten, deren Gram-Färbeverhalten (Abb. 5.19) Informationen über den Aufbau der Bakterienzellwand liefert. Pilze sind Eukaryoten, die einzellig wachsen und dann als Hefen bezeichnet werden, oder als Hyphenpilze einen filamentösen Wuchs zeigen.*

Tabelle 5.2 *Pilze und Bakterien als Lieferanten für β-Lactam-Antibiotika*

Struktur	β-Lactam	Pilze	Gram (+) Bakterien	Gram (–) Bakterien
	Penam	*Aspergillus* *Acremonium* *Penicillium* *Epidermomyces* *Trichophyton* *Polypaecilum* *Malbranchea*	–	–
	Cephem (Grundkörper ohne Doppelbindung: Cepham)	*Acremoninium* *Anixiopsis* *Arachnomyces* *Spiroidium* *Scopulariopsis* *Diheterospora*	*Streptomyces* *Nocardia*	*Flavobacterium* *Xanthomonas* *Lysobacter*
	Clavam	–	*Streptomyces*	–
	Carbapenem	–	*Streptomyces*	*Seratia* *Erwinia*
	Monolactam	–	*Nocardia*	*Pseudomonas* *Gluconobacter* *Chromobacter* *Agrobacter* *Acetobacter* *Flexibacter*

5.19 *1884 entdeckte der dänische Pathologe Christian Gram eine Methode, mit der sich manche hitzefixierte Bakterien nacheinander mit Kristallviolett und Jod anfärben lassen.*

Tabelle 5.3 *Fermentationsprodukte, Zwischenprodukte und Wirkstoffe der β-Lactam-Antibiotika*

Penicilline 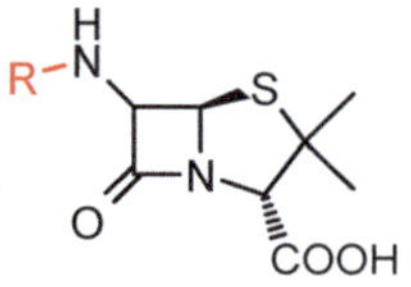		
Fermentationsprodukte	$PhCH_2C(O)$	Penicillin G
	$PhOCH_2C(O)$	Penicillin V
Zwischenprodukte	H	6-Aminopenicillansäure
Antibiotika	(D)-4-HO-$PhCH(NH_2)C(O)$	Amoxicillin
	(D)-$PhCH(NH_2)C(O)$	Ampicillin

Cephalosporine	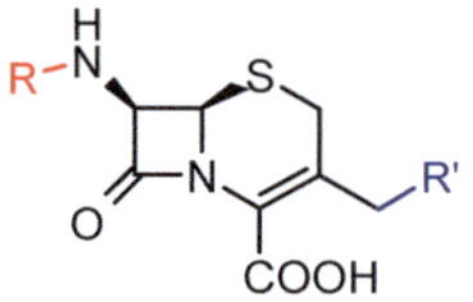		
Fermentationsprodukte	$HO_2CCH(NH_2)(CH_2)_3C(O)$	OAc	Cephalosporin C
	$HO_2C(CH_2)_4C(O)$	H	Adipoyl-7-aminodesacetoxycephalosporansäure
Zwischenprodukte	H	OAc	7-Aminocephalosporansäure
	H	H	7-Aminodesacetoxycephalosporansäure
Antibiotika	(D)-4-HO-$PhCH(NH_2)C(O)$	H	Cefadroxil
	(D)-$PhCH(NH_2)C(O)$	H	Cephalexin

5.2.3 Biologische Wirkung

Die Zellwand grampositiver wie gramnegativer Bakterien besteht aus kovalent aneinander gebundenen Zucker- und Peptideinheiten (Peptidglycane), die man Murein (lat. *murus*: die Wand) nennt. Den Anteil an Murein in der Zellwand beträgt bei grampositiven Bakterien ca. 50 % und bei gramnegativen Keimen 5–10 %.[3] Um wachsen zu können, müssen Bakterien in der Lage sein, ihre Zellwand auf- und abzubauen. Penicillin inhibiert die dafür notwendigen Enzyme, was letztlich dazu führt, dass die Bakterien zugrunde gehen. Da Penicillin keine hohe Affinität zu den Enzymen des menschlichen Organismus hat, ist seine Toxizität gering. Bakterien können Resistenzen ausbilden, indem sie eine Lactamase sezernieren, die den β-Lactamring spaltet. Durch Modifizierung der Seitenkette R kann die Resistenz allerdings wieder gebrochen werden.[4][5]

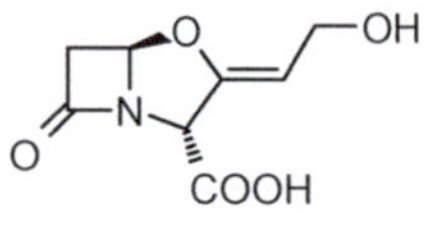

Clavulansäure

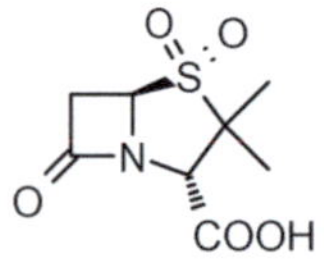

Sulbactam

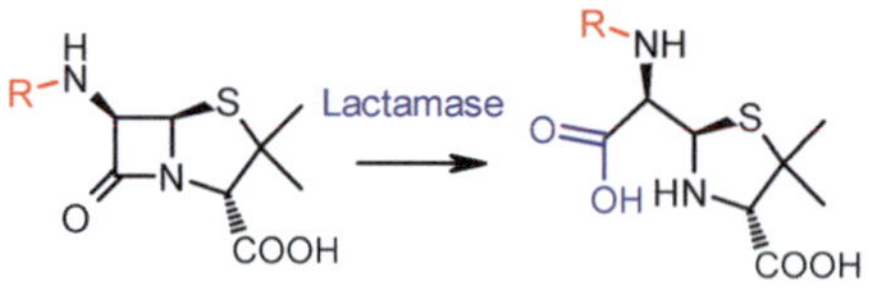

Man kann das Resistenzproblem umgehen, indem man das Antibiotikum zusammen mit einem β-Lactamaseinhibitor verabreicht. Clavulansäure (aus Streptomyceten) und Sulbactam sind selbst nur schwache Antibiotika, hemmen aber die β-lactamringspaltenden Enzyme sehr wirkungsvoll.

β-Lactamantibiotika können auch allergische Reaktionen auslösen. Dies geschieht ebenfalls durch Öffnung des Lactamrings und der irreversiblen Bindung an körpereigene Proteine. Es entsteht ein Vollantigen, das vom Immunsystem als Fremdprotein erkannt wird und entsprechende Abwehrmechanismen in Gang setzt, was zu einer Sensibilisierung und zu allergischen Reaktionen führen kann. Je nach individueller Disposition, Art der Applikation und der Art des verwendeten Penicillins reicht das Spektrum allergischer Reaktionen von leichten Hauterscheinungen bis zum anaphylaktischen Schock mit tödlichem Ausgang.

5.2.4 Entdeckungsgeschichte des Penicillins

Die Anwendung von Antibiotika zur Behandlung von Krankheiten ist nicht neu.[6] In der chinesischen Volksmedizin kennt man die heilende Wirkung eines Quarks mit verschimmelten Bohnen seit mindestens 2500 Jahren. Aus Aufzeichnungen wissen wir, dass die Römer und Ägypter verschimmeltes Brot zur Behandlung von Krankheiten benutzten. Auch die Völker im Sudan und Nubien verwendeten schon sehr früh Antibiotika. Fluoreszenzspektren von Knochenfunden aus jener Zeit zeigen große Übereinstimmung mit Spektren von Knochen von Patienten, die mit Tetracyclinen behandelt wurden. 1877 entdeckte Louis Pasteur, dass Bakterien in der Lage sind, das Wachstum anderer Keime zu hemmen.

Eine der größten Entdeckungen der Menschheit, die bis heute mehreren 100 Millionen Menschen das Leben gerettet hat, geschah durch Zufall, durch eine Unachtsamkeit Alexander Flemings (Abb. 5.20). Eine Pilzspore hatte in einer Petrischale eine Staphylokokkenkultur verunreinigt und einen Hemmhof gebildet.

Die eigentliche Frage, woher die Pilzsporen kamen, wird in der Entdeckungsgeschichte des Penicillins nicht beantwortet. Die Royal Society of Chemistry ist der Auffassung, es handelte sich um eine Tasse mit Kaffeeresten, die Fleming mehrere Wochen in seinem Labor vergessen hatte. Coffein wirkt antimykotisch, so dass nur ausgewählte Stämme in diesem Biotop gedeihen können, die sich dann nach längerer Zeit durch Sporen über die Luft ausbreiten.[7]

Fleming identifizierte den Pilz als *Penicillium notatum* und nannte die Substanz, die Staphylokokken abtötet, Penicillin. Er erkannte, dass dieser Stoff noch in hundertfacher Verdünnung hohe Wirksamkeit gegen Pneumokokken und Streptokokken, den Erregern ernsthafter Erkrankungen, besitzt.[8]

Fleming konnte zeigen, dass Penicillin im Tierexperiment ungiftig ist und menschliche Körperzellen nicht schädigt. Es gelang jedoch zunächst nicht, den Wirkstoff in reiner Form zu gewinnen und die Struktur aufzuklären. Bis zum Ausbruch des Zweiten Weltkrieges verzeichnete man trotz großer Anstrengungen keine nennenswerten Fortschritte.

5.20 *Sir Alexander Fleming erhielt 1945 zusammen mit Sir Howard Walter Florey und Sir Ernst Boris Chain den Nobelpreis für Medizin*

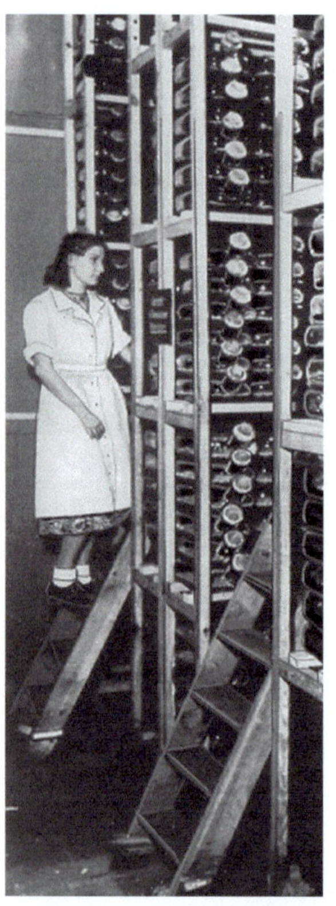

5.21 *Nach dem Zweiten Weltkrieg stellte man Penicillin chargenweise in flachen Glasflaschen her, die man in großen Gestellen aufstapelte.*

5.22 *Heute kennen wir eine ganze Reihe von Hochleistungsstämmen. Einer der bedeutendsten ist Penicillium chrysogenum.*

Erst Ende der 30er Jahre konnten Howard W. Florey und Ernst Boris Chain in Oxford Penicillin aus Pilzkulturen aufreinigen. Sie stellten Penicillin in ausreichender Menge her, um damit erstmals Menschen zu behandeln. Während des Krieges waren die experimentellen Bedingungen denkbar schlecht. Um Penicillin zu gewinnen, verwendete man Urinflaschen, Bettpfannen und Keksdosen (Abb. 5.21). Es war so knapp, dass man den Urin behandelter Patienten aufarbeitete, um daraus das ausgeschiedene Penicillin wieder zurückzugewinnen.

Florey suchte die Zusammenarbeit mit amerikanischen Laboratorien, um Penicillin in größerem Maßstab herstellen zu können. Fündig wurde er im Northern Regional Research Laboratory vom U.S. Department of Agriculture in Peoria, Illinois. Es zeigte sich, dass die Ausbeute um den Faktor zehn anstieg, wenn man die Fermentationsbrühe von *Penicillium notatum* mit einem Extrakt aus der Maisverarbeitung mischte. Auf der Suche nach noch leistungsfähigeren Stämmen wurden Hunderte von Schimmelpilzen getestet.

Den besten Schimmelpilz entdeckte Mary Hunt (Spitzname: Moldy Mary) vom Northern Regional Research Laboratory auf einer Kantalupe vom Wochenmarkt. Mit diesem Pilz konnte die Ausbeute an Penicillin insgesamt um das Zwanzigfache gesteigert werden. Ende 1944 war es möglich, soviel Penicillin herzustellen, um damit 500 000 Menschen zu behandeln (Abb. 5.22).

Trotz größter Anstrengungen von Seiten der USA und Großbritannien wurde das Ziel nicht erreicht, noch vor Ende des Krieges eine brauchbare chemische Synthese zu entwickeln.[9] Erst 1945 gelang es Dorothy Crowfoot-Hodgkin in Oxford mittels Röntgenstrukturanalyse die Struktur von Penicillin G aufzuklären. Im Laufe der Jahre entdeckte man, dass die Natur eine ganze Reihe verschiedener Penicilline hervorbringt, die sich lediglich in der Seitenkette unterscheiden. Darüberhinaus entstanden auch in den Industrielaboratorien eine Vielzahl von synthetischen Penicillinen. (Abb. 5.23).

5.23 *Durch Variation der Seitenkette entstehen viele hundert synthetische Penicilline.*

5.2.5 Erste Totalsynthese

Die Herausforderungen an die chemische Synthese liegen in der hohen Reaktivität des *β*-Lactamsystems. R. B. Woodward erkannte, dass, im Unterschied zu den offenkettigen Carbonsäureamiden, dem *β*-Lactam aufgrund der Ringspannung im bizyklischen System die Resonanzstabilisierung fehlt, was diesem letztlich die Reaktivität eines Carbonsäurechlorids verleiht.

Erst 1957 gelang es J. Sheehan Penicillin V in einer Totalsynthese herzustellen. Er verglich diese Synthese mit der Aufgabe, die Antriebsfeder einer Armbanduhr mit den Werkzeugen eines Schmieds zu wechseln.[9]

Die retrosynthetische Analyse der Penicillinsynthese von Sheehan zeigt, dass er aus Rücksicht auf die hohe Reaktivität des *β*-Lactamrings die Vierringzyklisierung bewusst als letzten Schritt der Gesamtsynthese gewählt hat. Die Synthese konzentriert sich im Prinzip auf die Herstellung von Penicillinsäure, die aus den Bausteinen Phenoxyessigsäurechlorid, Aminomalonaldehydmonoester und *β*-Mercaptovalin, das man auch Penicillamin nennt, aufgebaut wird, wobei die Herstellung von letzterem den größten Aufwand bereitet.

Sheehan verwendete racemisches Valin als Ausgangsmaterial. Im ersten Schritt wird dieses mit Chloressigsäurechlorid N-acyliert. Die Umsetzung mit Essigsäureanhydrid liefert nach Isomerisierung ein Isopropylidenoxazolinon (Isopropylidenazlacton), das einen guten Michael-Acceptor für Schwefelwasserstoff darstellt. Der Angriff von Natriummethanolat spaltet das Oxazolinon und man erhält N- und O-geschütztes Penicillamin. Beide Schutzgruppen werden durch saure Hydrolyse entfernt und die Amino- und Mercaptogruppe gemeinsam mit Aceton geschützt. Die Umsetzung mit Ameisensäure und Essigsäureanhydrid liefert racemisches N-Formylisopropylidenpenicillamin, das mit Brucin in die Enantiomeren aufgespalten werden kann. Mit Salzsäure werden dann die Schutzgruppen abgespalten und man erhält enantiomerenreines (*D*)-Penicillamin.

(+/-)-Valin

72 - 80 %   75 %   - H⁺

- AcOH   - Cl⁻   H₂S   NaOMe, MeOH   75 %

+ H⁺   H⁺

HCl   - AcOH   - MeOH   HCOOH   Ac₂O   Brucin   HCl

100 %   74 %   99 %   (D)-Penicillamin

Phthalimidoessigsäure-*t*-butylester ist aus Glycin zugänglich und lässt sich mit Ameisensäureester und Kalium-*t*-butylat zu Phthalimidomalonaldehyd-*t*-butylester umsetzen. Die Kondensation von racemischem Aldehyd mit enantiomerenreinem (*D*)-Penicillamin führt zur Bildung von zwei neuen Stereoisomeren. Entsprechend muss man theoretisch mit vier Diastereomeren rechnen. Aufgrund eines hochselektiven, stereodirigierenden Effekts der Carboxylfunktion ist das zweite Asymmetriezentrum im Thiazolidinring (*R*)-konfiguriert, sodass im Endeffekt nur zwei Diastereomere, Epimere an C-6, im Verhältnis von circa 1 : 1 experimentell gefunden werden. Interessanterweise epimerisiert das unerwünschte (6*S*)-Diastereomere beim Erhitzen in Pyridin, wobei durch Abkühlung selektiv das (6*R*)-Diastereomere auskristallisiert, was die Ausbeute erheblich verbessert. Im nächsten Schritt wird durch Hydrazinolyse der Phthaloylrest abgespalten. Die *t*-Butylgruppe bleibt bei der schwach sauren Aufarbeitung erhalten. Anschließend wird der Phenoxyacetylrest eingeführt. Die Spaltung des *t*-Butylesters mit Broensted-Säuren im wasserfreien Milieu, heute eine gängige Entschützungsmethode, wurde von Sheehan zu Beginn des Penicillinsyntheseprogramms entwickelt. Die Penicillinsäure wird in einem Gemisch aus Pyridin/Aceton/Wasser umkristallisiert. Von Sheehan stammt auch die Methode der

Bildung von Amiden mit Hilfe von DCC unter Dehydratisierung in Gegenwart von wasserhaltigen Lösungsmitteln. Die Anwendung dieser Methode für die Lactamisierung der Penicillinsäure liefert Penicillin V in Ausbeuten von 10–12 %.

Ein Grund für die schlechte Ausbeute auf der letzten Stufe ist eine durch die Seitenkette verursachte Nebenreaktion: Beim Angriff der Carbonylfunktion des Phenoxyacetylrests am Carbonylzentrum, das durch den Isoharnstoff aktiviert wurde, entsteht ein Azlacton.

In nachfolgenden Arbeiten konnte Sheehan zeigen, dass die Lactamisierung im Fall der Synthese von 6-Aminopenicillansäure mit Carbodiimiden und der Tritylschutzgruppe hervorragend funktioniert, weil die Bildung eines Azlactons strukturell ausgeschlossen ist (siehe Schema auf der Folgeseite).

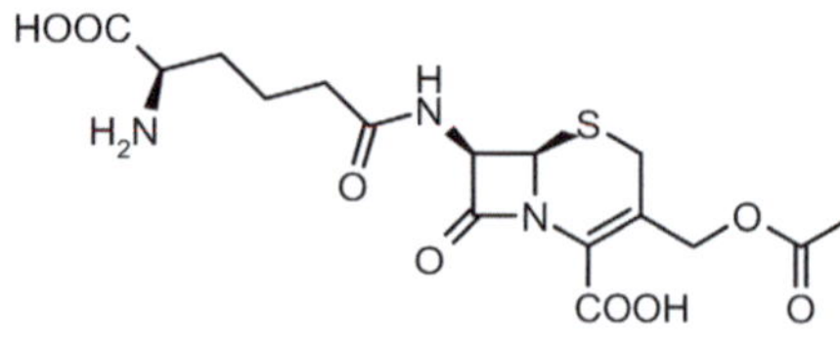

6-Aminopenicillansäure

5.2.6 Entdeckungsgeschichte der Cephalosporine

Anfang der 50er Jahre traten zum ersten Mal in größerem Umfang Resistenzen gegen Penicillin auf. Besonders Staphylokokken neigten zur Resistenzbildung. Sie desaktivierten durch Penicillinasen viele Penamantibiotika. Einen hierfür interessanten Ansatzpunkt boten Cephamantibiotika mit modifiziertem Grundgerüst und abgewandelter Seitenkette.[2] Obwohl man eine Lösung dieses Problems schon entdeckt hatte, dauerte es noch einige Jahre, bevor wirklich Abhilfe geschaffen wurde.

1948 hatte Giuseppe Brotzu, ein Bakteriologe aus Sardinien, ein Antibiotikum aus dem Pilz *Cephalosporium acremonium* isoliert. Er fand diesen in der Nähe der Abwasserrohre der Stadt Cagliari, die Abwasser ins Mittelmeer leitete. Ziel seiner Untersuchungen war die Aufklärung der Mechanismen zur Selbstreinigung von Abwässern. Da der Kulturüberstand von *Cephalosporium acremonium* (syn. *Acremonium chrysogenum*) starke antibiotische Wirkung besitzt, umging Brotzu Tierversuche und verabreichte die Substanz direkt Menschen (Abb. 5.24).

Brotzu gelang es nicht, Pharmafirmen für seine Entdeckung zu interessieren, und so publizierte er schließlich seine Resultate in der Zeitschrift „Arbeiten des Hygiene-Instituts von Cagliari" in italienischer Sprache. Es war die einzige Ausgabe dieser Zeitschrift. Nur über Umwege gelangten Brotzus Ergebnisse auch nach Oxford zu Sir Edward Abraham, der sich für das Thema zu interessieren begann. Ihm gelang es, die Substanz in größeren Mengen herzustellen, zu reinigen und schließlich deren Struktur aufzuklären (Abb. 5.25).

5.24 *Die Kulturflüssigkeit von Acremonium chrysogenum zeigte gute Wirkung bei Patienten mit Typhusfieber.*

5.25 *Die Struktur von Cephalosporin C wurde durch eine gleichzeitig publizierte Röntgenstrukturanalyse von Dorothy Crowfoot-Hodgkin bestätigt.*

Cephalosporin C

5.2.7 Erste Totalsynthese

Von R. B. Woodward stammt die erste Totalsynthese.[10][11][12] Die Grundidee dieser Synthese war es, von (*L*)-(+)-Cystein auszugehen, um auf diesem Weg direkt zu optisch reinem Cephalosporin C zu gelangen. Durch die Einführung einer Boc-Schutzgruppe und Umsetzung mit Aceton sollte zunächst versucht werden, die von Natur aus vielfältige Reaktivität des Cysteins einzuschränken. Die Bildung des vergleichsweise starren Thiazolidinrings barg die Hoffnung, die Aminogruppe in *β*-Position möglichst stereoselektiv einzuführen. Der Ringschluss zum *β*-Lactam sollte dann konformativ begünstigt sein. Der Stickstoff in *β*-Lactamen ist hinreichend reaktiv, um mit starken Elektrophilen wie mehrfach acceptorsubstituierten Alkenen unter vergleichsweise milden Bedingungen zu reagieren. Die geschickte Wahl dieser Substituenten sollte nach Zyklisierung und Umlagerung ein geeignetes Vorläufermolekül liefern, das nach Anknüpfen der Seitenkette und Abspaltung von Schutzgruppen schließlich Cephalosporin C ergibt.

5.26 *Robert Burns Woodward.*

In den ersten Stufen wird (*L*)-(+)-Cyctein mit Aceton, t-Butoxycarbonylchlorid (aus t-Butanol und Phosgen) und Diazomethan geschützt. Der erste Schlüsselschritt war die Umsetzung mit Azodicarbonsäuremethylester, eine neue Reaktion, die Woodward nach einigem Herumprobieren fand. Vermutlich beginnt die Reaktion mit dem Angriff von Schwefel auf die Azogruppe, was zu einer Wasserstoffübertragung führt und mit einer 1,2-Wanderung des Hydrazins endet. Die Reaktion hat eine gewisse Ähnlichkeit mit den ersten Schritten der Mitsunobu-Reaktion, die im Jahr 1967 entdeckt wurde (statt von Schwefel wird hierbei der Azoester von Triphenylphosphan angegriffen). Die Reaktion verläuft stereoselektiv, jedoch bedauerlicherweise zum *trans*-Produkt, was eine Umkehrung der absoluten Konfiguration erfordert. Hierzu wird die Substanz mit zwei Äquivalenten Bleitetraacetat oxidiert und anschließend in Methanol mit wasserfreiem Natriumacetat erhitzt. Man kann annehmen, dass zunächst zwei Elektronen des Hydrazins auf das Bleisalz übertragen werden. Das entstehende Kation begünstigt die Spaltung des Esters und die Decarboxylierung. Die Oxidation mit einem zweiten Äquivalent Bleitetraacetat führt zur Einführung der *cis*-Acetoxygruppe. Die Hydrolyse der zweiten Esterfunktion führt zur Decarboxylierung und Abspaltung von Stickstoff. Die Reaktionssequenz wird durch eine basisch katalysierte Methanolyse der Acetoxygruppe abgeschlossen. Die Einführung der Acetoxygruppe erfolgt unter Walden-Umkehr, sodass man am Ende den *trans*-*β*-Hydroxyester erhält. Dieser wird mesyliert, mit Azid substituiert und mit Aluminiumamalgam reduziert. Die erneute Walden-Umkehr des Asymmetriezentrums in *β*-Position führt zu einem *cis*-Aminoester, dessen Konfiguration den Ringschluss mit Triisobutylaluminium begünstigt.

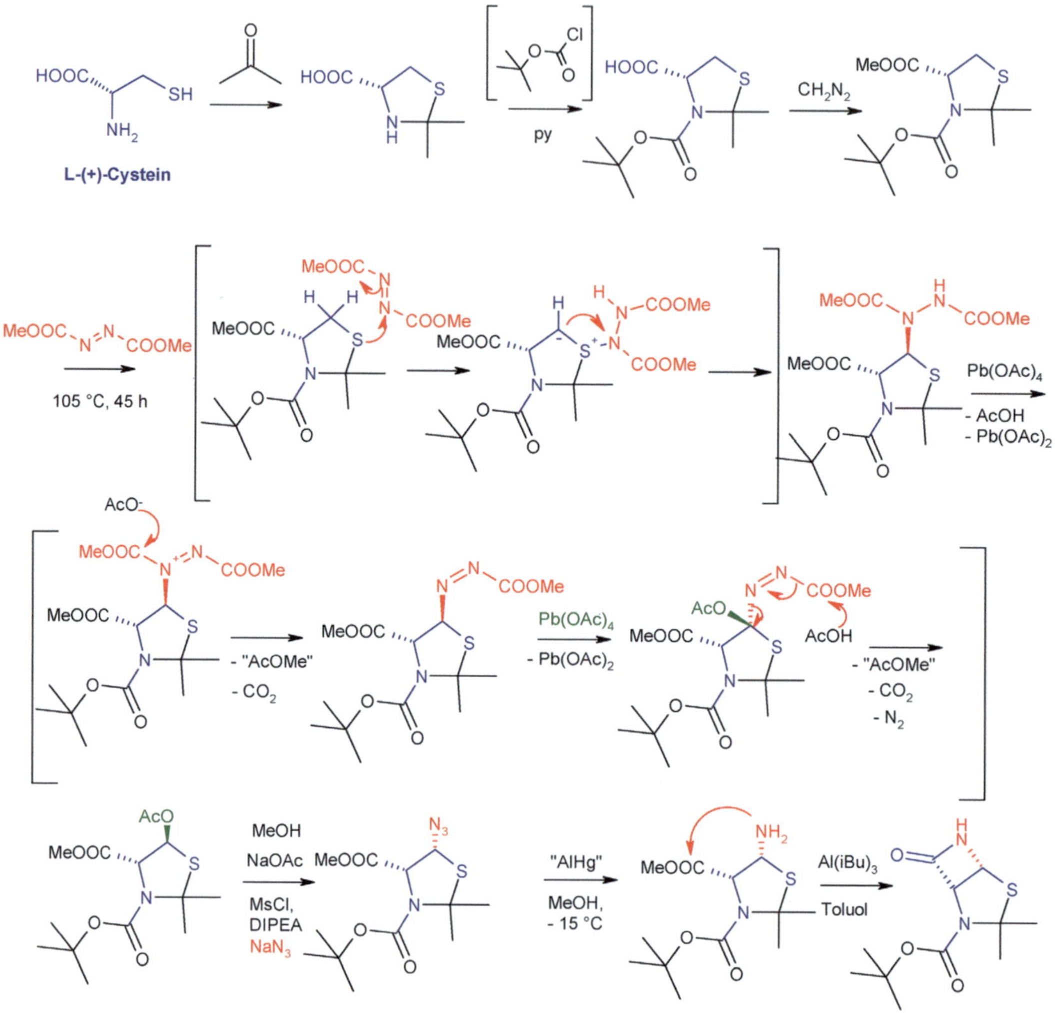

Im zweiten großen Syntheseabschnitt wurde der Weinsäure-β,β,β-trichlorethylester mit Natriumperiodat oxidativ gespalten und der Glyoxylsäureester mit Malondialdehyd kondensiert. Man erhält zunächst das Hydrat, aus dem man durch Erhitzen in Octan Wasser abspalten kann. Das Lactam ist ausreichend reaktiv, um mit dem starken Elektrophil zu reagieren. In Gegenwart von Trifluoressigsäure greift der Schwefel das Carbonylzentrum nukleophil an, was letztlich zur Bildung des sechsgliedrigen Rings führt. Hierfür sind verschiedene Mechanismen denkbar. Bemerkenswert ist die elegante Schutzgruppenchemie. Exakt im richtigen Moment verschwinden fast von alleine die Boc-Schutzgruppe und die Acetonschutzgruppe. Es entsteht ein Diastereomerengemisch, das jedoch aufgrund der späteren Doppelbindungsumlagerung nicht getrennt werden muss.

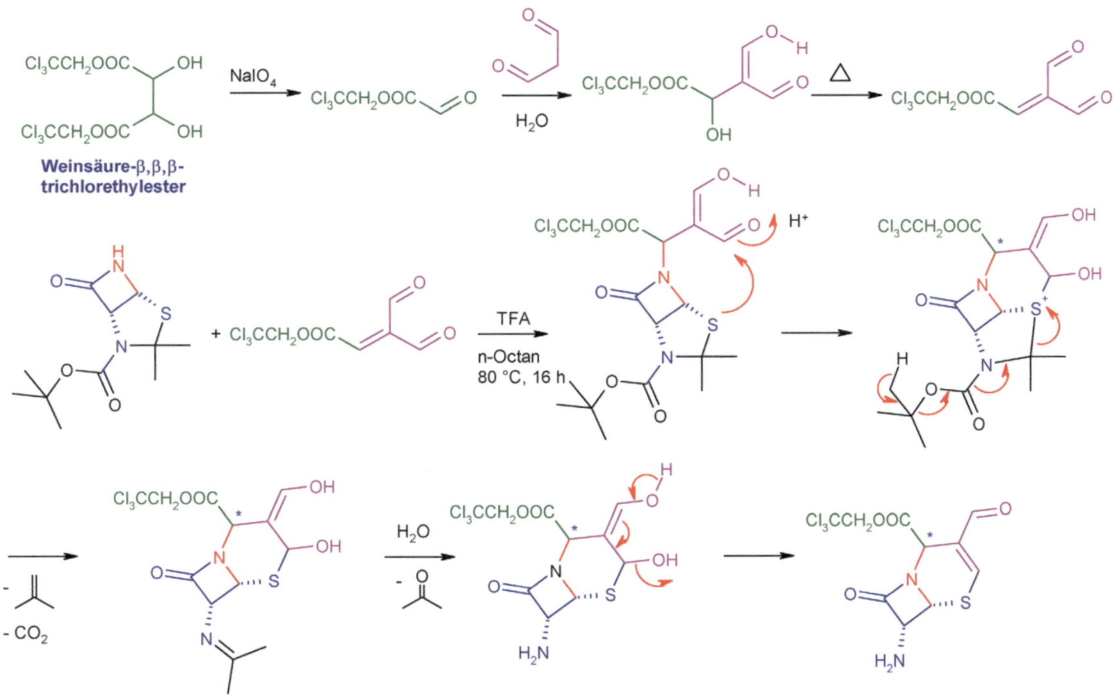

Die abschließende Synthesesequenz beinhaltet die DCC-vermittelte Bildung eines Carbonsäureamids mit einer geschützten Aminoadipinsäure. Die Aldehydfunktion wird mit Diboran in THF zum Alkohol reduziert und mit Essigsäureanhydrid verestert. Der nichtkonjungierte Ester setzt sich beim Lösen in Pyridin im Laufe von drei Tagen mit dem konjungierten Ester ins thermodynamische Gleichgewicht. Nach chromatographischer Trennung und Reinigung werden die Schutzgruppen reduktiv mit Zinkstaub abgespalten. Das auf diese Weise erhaltene Cephalosporin C ist in allen spektroskopischen, chromatographischen und biologischen Eigenschaften mit dem Naturprodukt identisch.

Die Totalsynthese von Cephalosporin C durch Woodward war eine der großen Leistungen dieses genialen Chemikers. Für die technische Herstellung des Wirkstoffs war sie jedoch viel zu kompliziert. Auch die Ausbeute von Cephalosporin aus dem ursprünglichen Stamm *Cephalosporium acremonium* war zu gering, um daraus den Wirkstoff für die medizinische Anwendung zu isolieren. Glücklicherweise fand man jedoch verschiedene produktivere Mutanten. Darüber hinaus gelang es durch chemische Modifikation, das Naturprodukt abzuwandeln, um neue halbsynthetische Antibiotika herzustellen.

5.2.8 Biosynthese

Im ersten Schritt der Biosynthese[13] der Penicilline und Cephalosporine (und damit auch der technischen Synthese) werden (L)-Aminoadipinsäure und Cystein durch die so genannte ACV-Synthetase zum Dipeptid umgesetzt. Das gleiche Enzym kondensiert anschließend Valin und invertiert dessen Asymmetriezentrum zum so genannten Arnstein-Peptid (Schritt a und b). Die Reaktion ist abhängig von Mg^{++} und ATP. Nur (L)-Valin wird in das Peptid eingebaut. (D)-Valin hemmt die Biosynthese. Ein Nicht-Häm-Eisenenzym bewerkstelligt in Gegenwart von Sauerstoff und Ascorbat oder a-Ketoglutarat den Ringschluss zu Isopenicillin (Schritt c). Die Isopenicillinepimerase invertiert das Asymmetriezentrum der Seitenkette (Schritt d). In den Hyphenpilzen *Aspergillus nidulans* und *Penicillium chrysogenum* wird zur Bildung von Penicillin G im nächsten Schritt der (L)-a-Aminoadipoylrest abgespalten und die 6-Aminopenicillansäure dann mit Phenylessigsäure, aktiviert durch Coenzym A, umgesetzt. Beide Reaktionsschritte werden durch ein bifunktionelles Enzym katalysiert.

(L)-α-Aminoadipinsäure   (L)-Cystein   (L)-Valin

Arnstein - Peptid   Isopenicillin N   Penicillin N

6-Aminopenicillansäure   Penicillin G

a: ACV - Synthetase
b: ACV - Synthetase
c: IPN - Synthetase
d: Epimerase

Nach der Bildung von Isopenicillin N verzweigen sich die Biosynthesewege für weitere β-Lactamantibiotika. Die Ringerweiterung durch die DAOC-Synthetase liefert in einer ebenfalls sauerstoff- und Fe^{++}-abhängigen Reaktion Desacetoxycephalosporin (Schritt e). Anschließend wird die Methylgruppe hydroxyliert und schließlich acetyliert (Schritte f und g).

Isopenicillin N   Desacetoxycephalosporin

Cephalosporin C

e: DAOC - Synthetase
f: DAC - Synthetase
g: CPC - Synthetase

Einer der faszinierendsten Syntheseschritte der Biosynthese der β-Lactamantibiotika ist der Schlüsselschritt der oxidativen Zyklisierung durch die Isopenicillin-N-Synthetase. Trotz intensiver Suche nach Intermediaten der Ringschlussreaktion hat man nie enzymfreie monozyklische Zwischenstufen gefunden. Dies wertet man so, dass beide Zyklisierungen innerhalb des gleichen Enzym-Substrat-Komplexes ablaufen. Strukturvariationen im Aminoadipoyl- und (D)-Valinrest werden durch das Enzym gut toleriert. Cystein kann dagegen nicht verändert werden. Ersetzt man die Isopropylgruppe des Valins durch eine Allyl- oder Cyclopropylmethylgruppe, so findet man die für radikalische

Reaktionen typischen Umlagerungsprodukte. Dies deutet darauf hin, dass an der Bildung des Thiazolidinrings ein Isopropylradikal beteiligt ist.

Wesentliche Beiträge zur Aufklärung der Biosynthese von Penicillin bis hin zur Strukturaufklärung der Isopenicillin-N-Synthetase[14] in den 80er und 90er Jahren des 20. Jahrhunderts stammen von J. E. Baldwin.[15] Geschickt geplante Markierungsexperimente brachten Einblicke in den Mechanismus der Zyklisierung. So fand man einen großen kinetischen Isotopeneffekt, als man Cystein in 3-Position doppelt deuterierte und im Gemisch mit nichtmarkiertem Arnstein-Peptid umsetzte. Deuterierung von Valin in 3-Position lieferte dagegen keinen Unterschied in der Reaktionsgeschwindigkeit. Dies führte zu dem Schluss, dass die Bildung des β-Lactamrings geschwindigkeitsbestimmend ist und vor der Thiazolidinringbildung erfolgt.

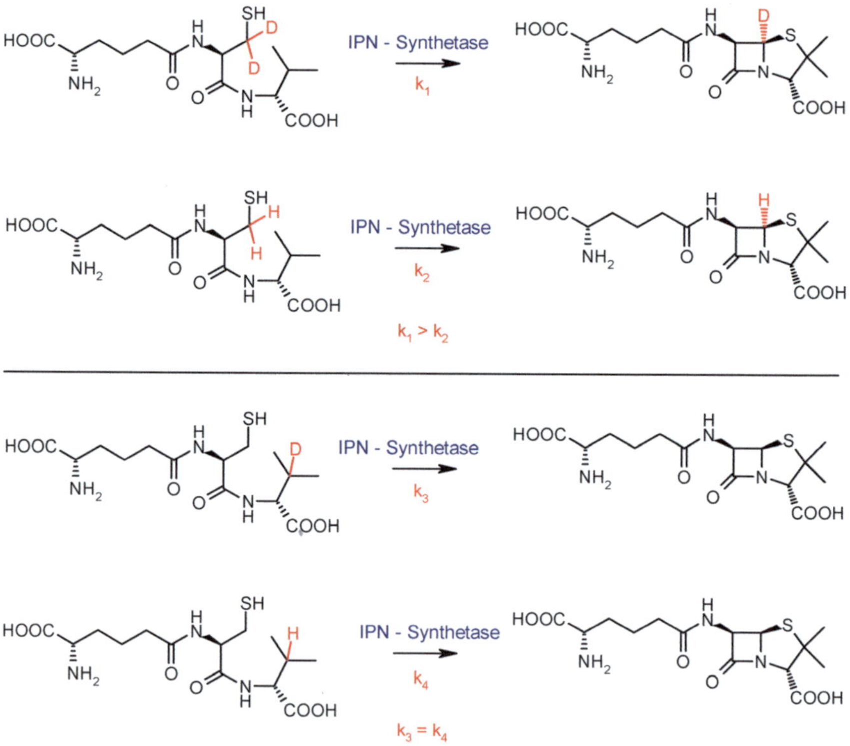

Die stereospezifische Markierung des Cysteins lieferte die Erkenntnis, dass die Wasserstoffabstraktion und der Ringschluss unter Retention der absoluten Konfiguration erfolgen, was über einen enzymgebundenen Thioaldehyd denkbar wäre.

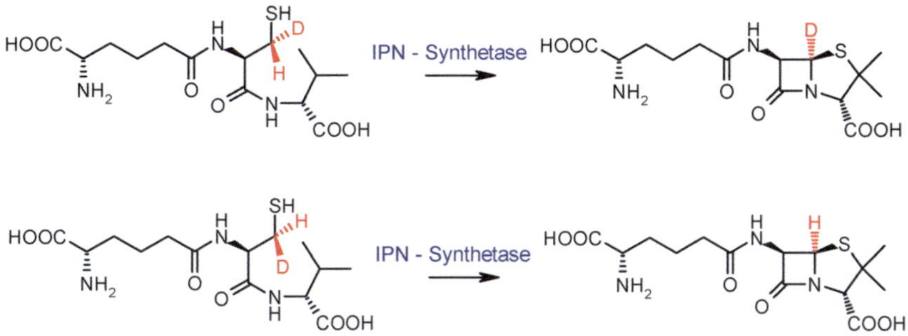

Mit der Röntgenstrukturanalyse der Isopenicillin-N-Synthetase und des intakten Enzym-Substrat-Komplexes unter anaeroben Bedingungen gelang es Baldwin, den Mechanismus der Biosynthese von Isopenicillin N endgültig und zweifelsfrei aufzuklären.

Fehlender Sauerstoff im Reaktionsgemisch verhinderte, dass das Enzym unkontrolliert das Tripeptid umsetzte. Durch Zugabe von Stickstoffmonoxid konnte der analoge Nitrosylkomplex erhalten werden, der als unreaktives Sauerstoffadditionsprodukt gelten kann. Dagegen lieferte die Behandlung eines Enzym-Substrat-Komplexes mit einer geringen Menge Sauerstoff Isopenicillin N, das noch partiell im aktiven Zentrum gebunden blieb.

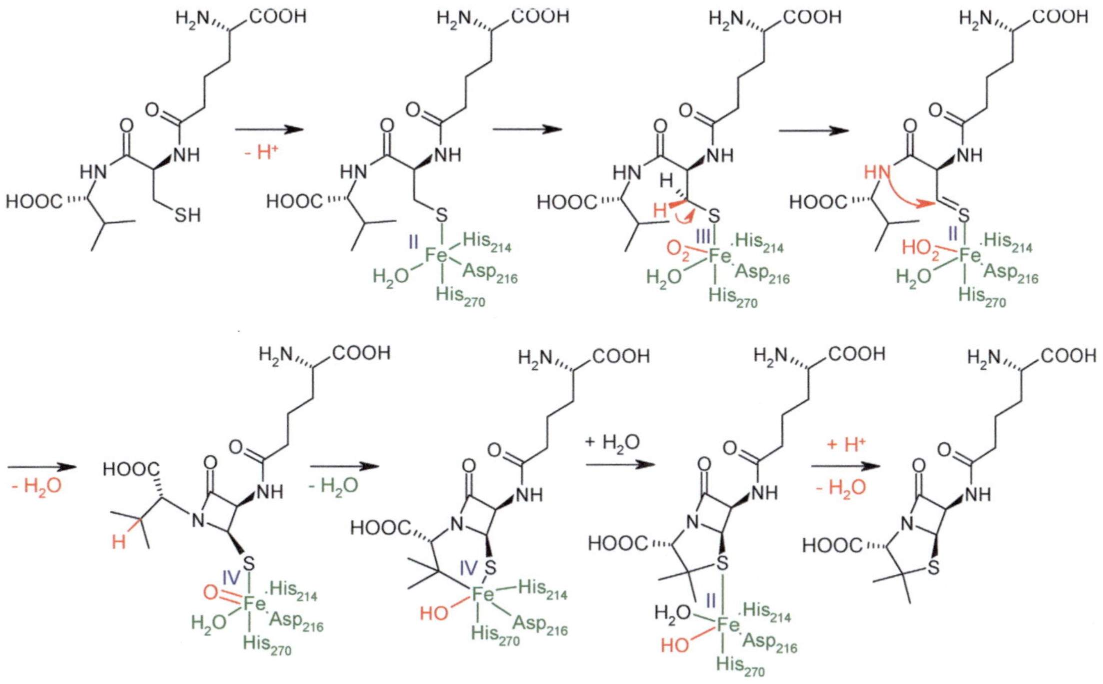

Insgesamt ergibt sich hieraus folgender Syntheseweg: Im aktiven Zentrum der IPN-Synthetase komplexiert das Arnstein-Peptid in lang gestreckter Form. Hierbei binden zunächst die Thiolatfunktion des Cysteins und dann Sauerstoff an einen Eisenkomplex. Intramolekularer Wasserstoff-Radikal-Transfer generiert eine Thioaldehydfunktion und reduziert Eisen wieder auf die Oxidationsstufe +2. Der nukleophile Angriff des Amidstickstoffs an der Thioaldehydgruppe schließt den β-Lactamring, wobei ein Molekül Wasser abgespalten wird. Hierdurch nähert sich die Isopropylgruppe dem hoch elektrophilen Eisen-(IV)-Oxoliganden.[16] Dies ermöglicht einen weiteren Wasserstofftransfer, der wahrscheinlich zu einem Isopropylradikal führt. Dieses greift die Thiolatfunktion an. Hierdurch entsteht letztlich unter reduktiver Eliminierung Isopenicillin N.

In einer anderen Versuchsreihe setzte Baldwin ein Tripeptid, in dem Valin gegen Methylcystein ausgetauscht war, in Gegenwart von IPN-Synthetase mit kleinen Mengen Sauerstoff um und konnte so ein monozyklische β-Lactamprodukt nachweisen, das an das aktive Zentrum über das Cystein-Schwefelatom und eine Methylsulfenylgruppe gebunden wird. Diese ist wahrscheinlich aus der Eisen-(IV)-Oxo-Spezies entstanden.

Interessant ist auch die Ringerweiterung vom Penicillin N zu Desacetoxycephalosporin. Trotz intensiver Bemühungen ist diese Biosynthese bis heute nicht völlig klar. Aufgrund von Substratstudien und kinetischen Untersuchungen geht man davon aus, dass sich die Chemie der Isopenicillin-N-Synthetase und der Expandase gleichen und auch hier die Ringerweiterung über ein Ferryl-Oxo-Intermediat verläuft.[17] Man nimmt an, dass es sich um einen radikalischen Mechanismus handelt.[18]

Markierungsexperimente zeigen, dass zunächst an der (*Si*)-facialen Methylgruppe ein freies Radikal erzeugt wird, das zum Cephamradikal umlagert. Dieses geht entweder durch formale Addition eines Hydroxyradikals und Dehydratisierung oder durch Transfer eines Elektrons auf das Enzym und einen kationischen Mechanismus in Desacetoxycaphalosporin C über.

Es wurde auch gezeigt, dass das Sulfoxid von Penicillin N sowie ein an der β-Methylgruppe acetoxysubstituiertes Penicillin N keine Substrate für die DAOC-Synthetase sind.

Künstliche Methoden zur Epimerisierung und Ringerweiterung

Die Eleganz der Biogenese der Cephalosporine ist unübertroffen. Im Vergleich hierzu wirken die synthetischen Versuche, insbesondere zur Herstellung der (6S)-Epimeren, plump und unausgereift.[19] Ausgehend von 6-Aminopenicillansäure besteht der Syntheseweg darin, das Asymmetriezentrum in Position 5 zu invertieren und dann den Thiazolidinring zu erweitern.

6-Aminopenicillansäure

(6S)-7-Aminodesacetoxycephalosporansäure

Die Methode der Wahl zur Epimerisierung der 6-Aminopenicillansäure in Position 5 wurde von S. Kukolja entwickelt.[20 21] Sie besteht darin, adäquat geschützte Derivate mit Chlor oder Sulfurylchlorid umzusetzen, mit dem Ziel die Bindung zwischen C-5 und S selektiv zu spalten. Mit Zinn-(II)-chlorid wird dann wieder rezyklisiert. Durch Flash-Chromatographie kann das Epimerengemisch gereinigt werden.

Die Ringerweiterung erfolgt nach der sogenannten Morin-Umlagerung.[22 23] Zunächst wird der Schwefel mit *m*-Chlorperbenzoesäure zum Sulfoxid oxidiert und dann in Gegenwart von katalytischen Mengen *p*-Toluolsulfonsäure in DMF auf 100 °C erwärmt.

Der Mechanismus der Reaktion ist verwandt mit der Pummerer-Reaktion. Bei dieser entstehen zwei acetoxysubstituierte Derivate.

Pummerer-Reaktion:

5.2.9 Biotechnologische Synthesen

Das Ausgangsmaterial für die wichtigsten halbsynthetischen β-Lactamantibiotika ist Penicillin G bzw. Adipoyl-7-aminodesacetoxycephalosporansäure. Hieraus gewinnt man in beachtlichen Tonnagen Ampicillin, Amoxicillin, Cephalexin und Cefadroxil.[24] Zentrale Zwischenstufen sind hierbei 6-Aminopenicillansäure bzw. 7-Aminodesacetoxycephalosporansäure.

R	Name	Menge
H	Ampicillin	6000 t/a
OH	Amoxicillin	11000 t/a

R	Name	Menge
H	Cephalexin	3000 t/a
OH	Cefadroxil	600 t/a

6-Aminopenicillansäure

6-Aminopenicillansäure wird ausgehend von Penicillin G durch Abspaltung der Phenylessigsäure hergestellt. In den frühen 60er Jahren des letzten Jahrhunderts benutzte man hierzu Penicillin G-Acylase. Der Prozess war jedoch nach heutigen Maßstäben ineffizient, da die Raum/Zeit-Ausbeute niedrig war und das Enzym nicht wiederverwendet werden konnte. Deshalb strebte man eine „chemische Lösung" des Problems an.

Die synthetische Herausforderung besteht darin, dass ein β-Lactamring leichter als ein Carbonsäureamid hydrolysiert wird. Zur selektiven Hydrolyse benötigt man spezielle Reaktionsbedingungen, die zwischen sekundären und tertiären Carbonsäureamiden differenzieren. Zusätzlich muss zuvor die Carbonsäurefunktion geschützt werden. DSM entwickelte hierfür einen eigenen Prozess und nannte ihn „Delft Cleavage".

Wesentlich eleganter lässt sich heute allerdings die Reaktion mit der bekannten Penicillinacylase durchführen, die nun jedoch, im Gegensatz zu früher, imobilisiert eingesetzt wird (Tab. 5.4).[25]

Penicillin G

6-Aminopenicillansäure

Pen-Acylase

Tabelle 5.4 *Vergleich der Reaktionsbedingungen zur Abspaltung der Seitenkette von Penicillin G*

Prozess	chemisch	enzymatisch
Reagenzien	Trimethylchlorsilan Phosphorpentachlorid Dimethylphenylamin Butanol	Pen-Acylase
Lösungsmittel	Dichlormethan	Wasser
Reaktionstemperatur	$-40\,°C$	$+37\,°C$

Mit der Umstellung dieses chemischen Prozesses auf ein enzymatisches Verfahren hielt Anfang der 90er Jahre die Biokatalyse im technischen Maßstab Einzug in die industrielle Herstellung von Feinchemikalien. Auch für die Cephalosporinproduktion wurden ähnliche Prozesse entwickelt.

7-Aminodesacetoxycephalosporansäure

Die wichtigsten Ausgangsverbindungen für halbsynthetische Antibiotika gewinnt man heute mit gentechnisch veränderten Stämmen von *Penicillium chrysogenum*. Durch Zugabe von Adipinsäure zur Kulturflüssigkeit entsteht aus Isopenicillin N Adipoyl-6-aminopenicillansäure und nicht Penicillin G, das für die weitere Umsetzung eine Sackgasse wäre. Enthält der Pilz *Penicillium chrysogenum* eine Expandase aus dem Bakterium *Streptomyces clavuligerus*, so entsteht Adipoyl-7-aminodesacetoxycephalosporansäure. Nach der Hydrolyse *in vitro* mit einer Acylase aus *Pseudomonas diminuta* erhält man 7-Aminodesacetoxycephalosporansäure.

in vivo: *Penicillium chrysogenum*

Acyltransferase

Expandase
(*Streptomyces clavuligerus*)

Isopenicillin N

Acylase
(*Pseudomonas diminuta*)

in vitro

Adipoyl-7-aminodesacetoxycephalosporansäure

7-Aminodesacetoxycephalosporansäure

7-Aminocephalosporansäure

Enthält *Penicillium chrysogenum* eine Expandase/Hydroxylase sowie eine Acetyltransferase aus *Acremonium chrysogenum*, so entsteht analog 7-Aminocephalosporansäure.

in vivo: *Penicillium chrysogenum*

Acyltransferase

Expandase / Hydroxylase
(*Acremonium chrysogenum*)

Isopenicillin N

Acetyltransferase
(*Acremonium chrysogenum*)

Acylase
(*Pseudomonas diminuta*)

in vitro

7-Aminocephalosporansäure

Von Cephalosporin C ausgehend kann 7-Aminocephalosporansäure im technischen Maßstab auch durch ein kombiniertes *in vivo/in vitro*-Verfahren gewonnen werden. Caphalosporin C wird durch *Acremonium chrysogenum* produziert und durch eine (*D*)-Aminosäureoxidase aus der Hefe *Trigonopsis variabilis* zu *a*-Ketoadipoyl-7-aminocephalosporansäure oxidiert. In einem „chemischen Schritt" wird decarboxyliert. Die letzte Stufe erfolgt wieder enzymatisch mit einer Glutarylamidase aus *Escherichia coli*.

Ein entsprechendes chemisches Verfahren geht von dem Zinksalz des Cephalosporins C aus und folgt der gleichen Strategie wie bei der 6-Aminocephaloransäure.

Der Vorteil des enzymatischen Verfahrens ist, dass pro Tonne Produkt nur 0,3 Tonnen Abfall entsteht. Im Fall des chemischen Verfahrens sind es 31 Tonnen.

Ampicillin, Cephalexin, Amoxicillin

Die so genannte Dane-Anhydrid-Route zur Synthese semisynthetischer β-Lactamantibiotika konnte praktisch auf alle Vertreter dieser Stoffklasse angewendet werden und sei hier beispielhaft für Amoxicillin illustriert. (*D*)-4-Hydroxyphenylglycin wird zunächst mit dem Kaliumsalz des Acetessigesters und dann mit Pivalinsäurechlorid umgesetzt. Hierdurch entsteht das Dane-Anhydrid, das man leicht mit 6-Aminopenicillansäure kuppeln kann.

20 °C

− 60 °C

−50 °C
Hydrolyse

Dane-Anhydrid

Amoxicillin

Zur Synthese der Wirkstoffe auf enzymatischem Weg immobilisiert man z. B. die Penicillin G-Acylase in Form von *cross-linked enzym crystals* (CLECs) oder als *cross-linked enzym aggregates* (CLEAs).[26] Diese Biokatalysatoren vereinen hohe Aktivität, hohe Reinheit und hohe Stabilität gegenüber Lösungsmittel und Temperatur. CLECs erhält man durch Vernetzen von Enzymkristallen. CLEAs dagegen entstehen durch Aggregation des Proteins in Gegenwart von Salzen (z. B. Ammoniumsulfat) und nichtionischen Polymeren (z. B. Polyethylenglycol PEG 8000). In beiden Fällen handelt es sich um heterogene Katalysatoren, deren Vorteil darin besteht, dass man sie nach der Reaktion leicht abtrennen kann.

CLEC
oder CLEA

Ampicillin

CLEC
oder CLEA

Cephalexin

Auch hier verdrängen biochemische Prozesse immer mehr die rein chemischen Verfahren. Aufgrund der enormen Abfallmengen, die im Verhältnis zum Produkt oft das 30–40fache erreichen, sind die enzymatischen und fermentativen Prozesse eleganter als die chemische Synthese.[24] Anders ist es bei totalsynthetischen Wirkstoffen, zu deren Synthese keine Enzyme verfügbar sind.

5.2.10 Carbapenemantibiotika

Thienamycin

Betrachtet man die Struktur von Thienamycin[27], entsteht der Eindruck, es handele sich hierbei um das Ergebnis eines Struktur/Wirkung-Optimierungsprogramms, das in einer großen Pharmafirma, ausgehend von Penicillin, durchgeführt wurde. In Thienamycin sind im Vergeich zu den Penicillinen die Seitenketten modifiziert und die Position der Heteroatome verändert.

Dem ist jedoch nicht so. 1976 entdeckten Wissenschaftler bei Merck Sharp & Dohme diese Substanz in der Fermentationsbrühe des Bodenbakteriums *Streptomyces cattleya*. Sie zeigte gute Wirkung gegen *Pseudomonas* und β-Lactamase-produzierende Spezies. Die Strukturaufklärung ergab, dass es sich hierbei um eine neue Stoffklasse der β-Lactamantibiotika, die der Carbapenems, handelt.

Da Thienamycin nur in einem engen pH-Bereich um den Neutralpunkt stabil ist, war die Isolierung aus der Fermentationsbrühe erschwert. Auch gelang es nicht, durch Stammentwicklung die Fermentationsausbeute deutlich zu verbessern. Daher entwickelte Merck in den folgenden Jahren mehrere chemische Synthesen, von denen wir uns eine genauer anschauen wollen.
Wichtige Aspekte dieser Synthese sind:

- die Bildung des Carbapenemgrundgerüsts aufgrund seiner hohen Reaktivität auf eine späte Stufe zu verschieben,
- die Seitenketten, Hydroxyethyl und Cysteamin (2-Aminoethylmercaptan), an geeigneter Stelle einzuführen,
- für die stereoselektive Synthese von einem einfachen und gut verfügbaren enantiomerenreinen Baustein auszugehen.

Die Retrosynthese von Thienamycin folgt recht praktischen Gesichtspunkten. Zunächst wird die Cysteaminseitenkette entfernt, was die Aufarbeitung und Isolierung der Zwischenprodukte ungemein vereinfacht. Die Öffnung des Pyrrolidinonrings zwischen Position 3 und 4 hinterlässt ein hochsubstituiertes Azetidinon, dessen Seitenketten ebenfalls schrittweise abgebaut werden. Auf diesem Weg gelangt man schließlich zu (*L*)-Asparaginsäure.

In der Totalsynthese von Merck wird (*L*)-Asparaginsäure mit Benzylalkohol zweifach verestert und am Stickstoff mit Trimethylsilylchlorid geschützt. Der Ringschluss zum Azetidinoncarbonsäurebenzylester erfolgt mit *t*-Butylmagnesiumchlorid. Durch Reduktion mit Natriumboranat, Mesylierung und Umsetzung mit Natriumiodid erhält man das entsprechende Iodid. Die Einführung einer geschützten Carbonsäurefunktion erfolgt mit 2-Trimethylsilyldithian. Hierbei nutzt man das Prinzip der Reaktivitätsumpolung einer Carbonylgruppe geschickt aus, um die Seitenkette um ein C-Atom zu verlängern. Im nächsten Schritt wird die C_2-Seitenkette eingeführt. Der direkte Weg wäre die Umsetzung des Lactamenolats mit Acetaldehyd. Die beiden Hauptprodukte haben zwar in Position 6 die gewünschte *trans*-Konfiguration, sind aber bezüglich Position 8 Epimere im Verhältnis von ca. 1 : 1. Vorteilhafter ist die Umsetzung mit N-Acetylimidazol und die anschließende Reduktion mit Kaliumtri-*sek.*-butylboranat in Gegenwart von Kaliumiodid. Das Epimerenverhältnis bezüglich Position 8 beträgt dann in etwa 9 : 1. Das unerwünschte Epimer kann abgetrennt und durch Oxidation rückgeführt werden. Damit sind alle Stereozentren des Thienamycins generiert und man kann sich nun dem Aufbau des bizyklischen Systems und dem Anbringen der zweiten Seitenkette zuwenden.

Zunächst wird mit Quecksilberchlorid/Quecksilberoxid das Dithiansystem abgebaut und anschließend oxidativ die Silylgruppe abgespalten. Die Carbonsäure wird nun nach Masamune mit 1,1'-Carbonyldiimidazol aktiviert und die Seitenkette durch Umsetzung mit dem Magnesiumsalz eines Malonhalbesters um zwei C-Atome verlängert. Nach der Entfernung der Silylschutzgruppe mit Salzsäure wird durch Diazogruppenübertragung nach Regitz eine Diazogruppe eingeführt. Hierdurch entsteht ein α-Diazo-β-ketoester. Erwärmt man die Diazoverbindung mit Spuren von Rhodiumacetat in Toluol auf $80\,^{\circ}$C, insertiert das Carbenoid glatt in die benachbarte N-H-Bindung. Dieser Reaktionsschritt ist von besonderer Bedeutung, stellt er doch eine neue Methodik zum Aufbau des Carbapenemgerüsts dar. Obwohl Untersuchungen an vergleichbaren bizyklischen β-Ketoestern zeigten, dass diese praktisch vollständig in der Ketoform vorliegen, gelingt die Umsetzung von Chlorphosphorsäurediphenylester und Hünig-Base zum Enolphosphorsäureester. Bemerkenswert ist die hohe Regioselektivität, sodass die Alkoholfunktion an C-8 nicht geschützt werden muss. Das geschützte Cysteamin addiert im Sinn einer heteroanalogen Michael-Addition und Phosphorsäurediethylester wird abgespalten.

Die Totalsynthese von Thienamycin wird abgeschlossen durch die reduktive Abspaltung der Schutzgruppen. Der synthetisch erhaltene Wirkstoff ist in allen analytischen und biologischen Eigenschaften mit dem Naturstoff vergleichbar.

Meropenem

Der Weg von Thienamycin zu Meropenem

Die Entdeckung von Thienamycin hatte die Antibiotikaentwicklung gravierend beeinflusst.[28][29] Mit der neuen Carbapenemgrundstruktur ergaben sich neue Ansatzpunkte für die Suche nach β-Lactamantibiotika gegen resistente Bakterienstämme. Dennoch war es klar, dass man Thienamycin, aufgrund der chemischen und biologischen Instabilität sowie seiner nephrotoxischen (gr. *nephros*: die Niere) und neurotoxischen Eigenschaften nicht entwickeln konnte. Dies führte zur intensiven Suche nach verbesserten Carbapenemwirkstoffen. So wurden in den letzten 25 Jahren mehr als 50 Naturstoffe mit Carbapenemmotiv aus Mikroorganismen isoliert. Allerdings besaß keiner ein besseres Wirkprofil als Thienamycin. Eine andere Entwicklungsrichtung folgte der so genannten Leitstrukturoptimierung, ausgehend von Thienamycin. Dies führte zu umfangreichen Untersuchungen von Struktur/Wirkungsbeziehungen der Carbapenems, ihrer chemischen und biologischen Stabilität, sowie der Nephro- und Neurotoxizität dieser neuen Wirkstoffklasse. Aus diesen Entwicklungsprogrammen, an denen sich viele Pharmafirmen beteiligten, wurden bis 2001 drei Wirkstoffe in der Klinik eingeführt (Abb. 5.27).

5.27 *Die Entwicklungsphasen der Carbapenems.*

5.28 *Am Beispiel von Methylthienamycin hatte die Merck-Gruppe bereits 1983 erkannt, dass die metabolische Stabilität von der absoluten Konfiguration der Methylgruppe abhängig ist.*

Merck brachte Imipenem (N-Formimidoyl-Thienamycin) 1984 auf den Markt. Durch Wechselwirkung mit der renalen Dehydropeptidase-1 wirkte Imipenem nephrotoxisch. Aus diesem Grund musste Imipenem zusammen mit Cilastatin[30][31] verabreicht werden, das die Dehydropeptidase-1 blockiert.

1993 erhielt Panipenem von Sankyo die Zulassung in Japan. Auch dieser Wirkstoff ist nephrotoxisch. Die gleichzeitige Verabreichung von Betamipron blockiert den Transport organischer Anionen, wodurch die Toxizität von Panipenem reduziert wird. Beide Carbapenemwirkstoffe der ersten Generation besitzen die Carbapenemgrundstruktur und einen stark basischen Rest in der Seitenkette von C-2.

Der erste Carbapenemwirkstoff der zweiten Generation, Meropenem, der 1994 die Zulassung erhielt, stammt von Sumitomo. Meropenem ist wesentlich wirksamer gegen gramnegative Bakterien und etwas schwächer wirksam gegen grampositive Bakterien als Imipenem. Das Besondere an Meropenem ist der geringe Metabolismus durch die renale Dehydropeptidase-1, sodass man auf eine Komedikation verzichten kann (Abb. 5.28). Die Pharmakokinetik von Meropenem ähnelt sehr dem Kombinationspräparat aus Imipenem/Cilastatin und entsprechend gering ist auch dessen Nephro- und Neurotoxizität.

Exkurs:
Die Synthese von Cilastatin stellt eine der ersten enantioselektiven Synthesen im technischen Maßstab dar. 1966 untersuchten H. Nozaki und R. Noyori die enantioselektive [2 + 1]-Cycloaddition von Diazoessigestern an Olefine. Hieraus entwickelte Sumitomo industrielle Prozesse zur Herstellung von Pyrethroiden und zur Herstellung von Cilastatin. Im Schlüsselschritt wird Diazoessigsäureethylester in Gegenwart von Isobutylen an einem dimeren, enantiomerenreinen Kupferkomplex zersetzt. Der so erhaltene Dimethylcyclopropancarbonsäureethylester hat eine optische Reinheit von 92 %ee.

Strukturelle Unterschiede in Meropenem sind eine schwach basische Seitenkette und die 1β-Methylgruppe, die für die höhere biologische Stabilität verantwortlich ist, ohne zum Verlust an Aktivität zu führen (Abb. 5.29).[28]

5.29 *Durch eine Vielzahl an Verbindungen im Umfeld von Meropenem lernte man die Funktion der verschiedenen Molekülteile verstehen.*

Technische Synthesen

Die Synthese von Meropenem ist hoch konvergent. Erst auf der vorletzten Stufe werden die beiden großen Synthesebausteine von Meropenem „zusammengefügt".

Der Aufbau des β-Lactams von Merck geht wie bei Thienamycin von der preiswerten Asparaginsäure aus.[32] Der silylgeschützte Azetidinoncarbonsäurebenzylester[33] wird nach dem Abspalten der Benzylschutzgruppe bei 0 °C mit LDA und Acetaldehyd umgesetzt. Das Dianion schützt das Asymmetriezentrum vor Racemisierung. Man erhält ein Epimerengemisch, das man durch Oxidation vereinheitlichen kann. Die stereospezifische Reduktion mit Diisopropylamin-Boran ergibt den gewünschten Alkohol, der sich zwanglos in den benötigten Synthesebaustein umsetzen lässt.

Der Syntheseweg kann abgekürzt werden, wenn man nach Bouffard und Salzmann als Acetaldehydsyntheseäquivalent ein sterisch gehindertes Silylketon verwendet, das stereoselektiv in einer Brook-Umlagerung in den Silylether übergeht.[34]

trans-(R)/trans-(S) = 87 : 13

Die Kondensation dieses Bausteins mit 2-Brompropionsäurebenzylester in Gegenwart von Diethylaluminiumchlorid in Hexan/THF liefert ein Epimerengemisch, das chromatographisch getrennt werden muss. Anschließend werden der Lactamstickstoff geschützt und der Benzylrest reduktiv abgespalten. Die nächsten Schritte haben große Ähnlichkeit mit denen der Thienamycinsynthese: Aufbau eines β-Ketoesters, Diazogruppenübertragung und rhodiumkatalysierte Insertion eines Carbenoids in die Lactam-NH-Bindung. Schließlich wird mit Chlorphosphorsäurediphenylester der β-Ketoester aktiviert.[35]

Eine verbesserte Variante benutzt zum Aufbau der Carbonsäure in der Seitenkette ein Brompropionsäureamid, das in zwei Stufen einfach aus Cyclohexanon, Salicylamid und Brompropionsäurebromid zugänglich ist. Statt des Azetidinoncarbonsäureesters verwendet man das Acetoxyazetidinon. Die Reformatzki-Reaktion, formal unter Retention der absoluten Konfiguration, erfolgt mit beachtlicher Diastereoselektivität.[36] Eine chromatographische Reinigung ist nicht erforderlich.

Einen sehr eleganten, hochkonvergenten Aufbau des Carbapenemgerüsts stellt die Umsetzung des β-Lactams mit einem trimetylsilylgeschützten α-Diazo-β-ketoester dar.[37] Durch Insertion des Carbenoids in die N-H-Bindung erhält man in nur zwei Schritten das Carbapenemgrundgerüst.

Der zweite Baustein[38] wird ausgehend von *trans*-Hydroxyprolin aufgebaut. Zunächst wird die Aminosäure an der Aminogruppe und an der Carbonsäurefunktion geschützt. Durch die Umsetzung mit Thioessigsäure im Sinn einer Mitsunobu-Veresterung wird die Mercaptofunktion eingeführt. Anschließend erfolgt mit Trifluoressigsäure selektiv die Entschützung der Carbonsäure. Die Dimethylaminogruppe wird mit Isopropylchlorformiat eingeführt. Am Schluss lässt sich der Essigsäurethioester im Wässrigen mit Natronlauge spalten.

Die konvergente Synthese endet mit der Umsetzung der beiden Bausteine in
Acetonitril und der Abspaltung der Schutzgruppen durch Hydrierung.

5.2.11 Ausblick

Antibiotika gehören heute zum alltäglichen Leben und es gibt in den wohlhabenderen Teilen der Welt wohl kaum einen Menschen, der nicht im Laufe seines Lebens mit diesem Arzneimittel in Berührung gekommen ist. Der freigiebige Umgang mit Antibiotika vermittelt oft ein trügerisches Gefühl der Sicherheit gegenüber der Gefahr einer bakteriellen Erkrankung, denn viele Erreger haben im Laufe der Zeit eine Resistenz gegen Antibiotika entwickelt.

Glaubte man noch in den 60er Jahren, das 20. Jahrhundert würde zum Jahrhundert der Ausrottung von Infektionskrankheiten, so sind wir auch im 21. Jahrhundert noch weit davon entfernt.[39] [40] Unter günstigen Lebensbedingungen liegt die Verdopplungsrate einer Bakterienkultur bei 20–30 Minuten und die Mutanten pro Milliliter Kulturflüssigkeit bei 100 000 bis einer Million. Überleben nur wenige mutierte Bakterien die Behandlung mit einem Antibiotikum, so ist dies der Beginn einer neuen Resistenz (Abb. 5.30).

In den USA werden pro Jahr über 22 000 Tonnen Antibiotika produziert. Hiervon werden etwa 40 % als Wachstumsförderer in der Viehzucht und Aquakulturen eingesetzt. Mittlerweile liegt der Anteil der Schweine, Rinder und Geflügel, die mit Antibiotika behandelt werden, bei 80 %.

1994 wurden in Dänemark 24 Tonnen Vancomycinderivate für die Tiergesundheit verwendet und 24 Kilogramm zur Behandlung menschlicher Erkrankungen. Später verbot die dänische Regierung den Einsatz von Vancomycinderivaten als Futteradditiv; 1998 schloss sich die Europäischen Union diesem Verbot an. Alle Klassen von Antibiotika, die in der Humanmedizin Anwendung finden, sind seitdem als Wachstumsförderer in der Viehzucht nicht mehr erlaubt.

Ein weiteres Problem ist ebenfalls auf persönliches Fehlverhalten zurückzuführen. Breitbandantibiotika sind nahezu universell einsetzbar und verführen häufig zur Selbstmedikation. Einer fehlerhaften Diagnose folgt oft eine unsachgemäße Therapie. Die Anzeichen einer Besserung der Beschwerden verleiten zu unzureichender Compliance. Aber auch Ärzte tragen zur Ausbreitung von Resistenzen bei. So entfallen schätzungsweise 50 % aller verschriebenen Antibiotika auf Patienten mit viralen Infektionen.

Bis heute ist das ideale Antibiotikum noch nicht gefunden.[42] Die Schwierigkeiten liegen darin, dass unserem Arsenal an Medikamenten eine große Vielfalt unterschiedlicher pathogener Keime gegenübersteht, die über Jahrmillionen unter permanentem Selektionsdruck ausgefeilte Überlebensstrategien entwickelt haben. Durch rasche Mutationen sind Mikroorganismen in der Lage, sich veränderten Lebensbedingungen anzupassen. Bei jedem neuem Antibiotikum ist es also nur eine Frage der Zeit, bis Resistenzen seine antimikrobielle Wirkung zunichte machen. Es findet ein Wettlauf statt zwischen den Innovationszyklen für neue Medikamente und der Resistenzbildung von Bakterien. Da die Zeitspanne für die Entwicklung neuer Wirkstoffe nicht beliebig verkürzt werden kann, sollte man alles daran setzen, die Tauglichkeitsdauer der gegenwärtig verfügbaren Antibiotika zu gewährleisten.

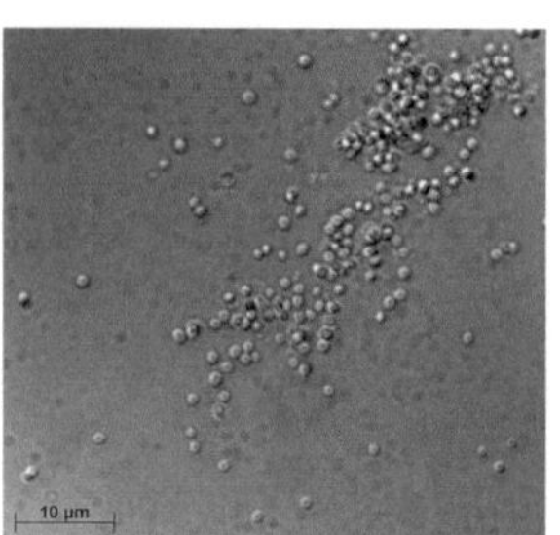

5.30 *Staphylokokkus aureus ist ein grampositives Bakterium. 1940 waren noch 90 % der Stämme von Staphylococcus aureus empfindlich gegen Penicillin. 1950 waren bereits 50 % der Stämme schon resistent, heute sind es mehr als 90 %.*[41]

Zusammenfassung in Stichpunkten

- β-Lactamantibiotika inhibieren irreversibel die am Zellwandumbau der Bakterien beteiligten Enzyme durch Acylierung.
- Trotz eleganter Totalsynthesen ist die biotechnische Herstellung von Penicillinen und Cephalosporinen der chemischen Synthese deutlich überlegen. Zur Derivatisierung benutzt man oft enzymatische Verfahren.
- Carbapenemantibiotika dagegen stellt man durch chemische Synthese her.

Literatur

[1] G. Greene, Der dritte Mann, dtv, München, 1994, 86 ff.
[2] J. Nosek, R. Radzio, U. Kück, Chemie in unserer Zeit **31** (1997) 172.
[3] D. Voet, J. G. Voet, Biochemie, VCH, Weinheim, 1994, 6.
[4] D. Voet, J. G. Voet, Biochemie, VCH, Weinheim, 1994, 258.
[5] E. Mutschler, Arzneimittelwirkungen, Wissenschaftliche Verlagsgesellschaft mbH, Stuttgart, 1991, 577.
[6] Kirk-Othmer, Encyclopedia of Chem. Tech., J. Wiley & Sons, New York, 4. Auflage, Band 2, Antibiotics, 893.
[7] Nachrichten aus der Chemie 51 (2003) 1180.
[8] A. Fleming, Brit. J. Exp. Path. **10** (1929) 226.
[9] K. C. Nicolaou, E. J. Sorensen, Classics in Total Synthesis, VCH, Weinheim, 1996, 41.
[10] R. B. Woodward, Science **153** (1966) 487.
[11] R. B. Woodward, Angew. Chem. **78** (1966) 557.
[12] R. B. Woodward, K. Heusler, J. Gosteli, P. Naegeli, W. Oppolzer, R. Ramage, S. Ranganathan, H. Vorbrüggen, J. Am. Chem. Soc. **88** (1966) 852.
[13] J. Weil, J. Miramonti, M. R. Ladisch, Enzyme Microbial Techn. **17** (1995) 85.
[14] P. L. Roach, I. J. Clifton, C. M. H. Hensgens, N. Shibata, C. J. Shofield, J. Hajdu, J. E. Baldwin, Nature (London) **387** (June) (1997) 827.
[15] W. A. Schenk, Angew. Chem. **112** (2000) 3551.
[16] N. I. Burzlaff, P. J. Rutledge, I. J. Clifton, C. M. H. Hensgens, M. Pickford, R. M. Adlington, P. L. Roach, J. E. Baldwin, Nature **401** (1999) 721.
[17] J. E. Baldwin, K.-C. Goh, M. E. Wood, C. J. Schofield, R. D. G. Cooper, G. W. Huffman, Bioorg. Med. Chem. Lett. **1** (1991) 421.
[18] J. E. Baldwin, E. Abraham, Nat. Prod. Rep. **5** (1988) 129.
[19] T. Fekner, J. E. Baldwin, R. M. Adlington, T. W. Jones, C. K. Prout, C. J. Schofield, Tetrahedron **56** (2000) 6053.
[20] S. Kukolja, J. Am. Chem. Soc. **93** (1971) 6267.
[21] S. Kukolja, J. Am. Chem. Soc. **93** (1971) 6269.
[22] R. B. Morin, B. G. Jackson, R. A. Mueller, E. R. Lavagnino, W. B. Scanlon, S. L. Andrews, J. Am. Chem. Soc. **85** (1963) 1896.
[23] R. B. Morin, B. G. Jackson, R. A. Mueller, E. R. Lavagnino, W. B. Scanlon, S. L. Andrews, J. Am. Chem. Soc. **91** (1969) 1401.
[24] M. A. Wegman, M. H. A. Janssen, F. van Rantwijk, R. A. Sheldon, Adv. Synth. Catal. **343** (2001) 559.
[25] Ullmann's Encyclopedia of Industrial Chemistry, 5th Ed., Vol. B8, 302.
[26] L. Cao, F. van Rantwijk, R. A. Sheldon, Org. Lett. **2** (2000) 1361.
[27] K. C. Nicolaou, E. J. Sorensen, Classics in Total Synthesis, VCH, Weinheim, 1996, 249.
[28] M. Sunagawa, A. Sasaki, Heterocycles **54** (2001) 497.
[29] I. Kawamoto, Drugs Fut. **23** (1998) 181.

[30] K. C. Nicolaou, E. J. Sorensen, Classics in Total Synthesis, VCH, Weinheim, 1996, 343.

[31] H. Nozaki, S. Moriuta, H. Takaya, R. Noyori, Tetrahedron Lett. (1966) 5239; H. Nozaki, H. Takaya, S. Moriuta, R. Noyori, Tetrahedron **24** (1968) 3655.

[32] P. J. Reider, E. J. J. Grabowski, Tetrahedron Lett. **23** (1982) 2293.

[33] T. N. Salzmann, R. W. Ratcliffe, B. G. Christensen, F. A. Bouffard, J. Am. Chem. Soc. **102** (1980) 6161.

[34] F. A. Bouffard, T. N. Salzmann, Tetrahedron Lett. **26** (1985) 6285.

[35] J. Prous, J. Castaner, Drugs Fut. **13** (1988) 534.

[36] X. Lu, Z. Xu, G. Yang, R. Fan, Org. Proc. Res. Dev. **5** (2001) 186.

[37] Y. Ueda, G. Roberge, V. Vinet, Can. J. Chem. **62** (1984) 2936.

[38] M. Sunagawa, H. Matsumura, T. Inoue, M. Fukasawa, M. Kato, J. Antibiot. **43** (1990) 519.

[39] L. P. Kotra, D. Golemi, S. Vakulenko, S. Mobashery, Chem. Ind. (2000) 341.

[40] C. Walsh, Nature **406** (2000) 775.

[41] D. Voet, J. G. Voet, Biochemie, VCH, Weinheim, 1994, 256.

[42] W. Dürckheimer, J. Blumbach, R. Lattrell, K. H. Scheunemann, Angew. Chem. **97** (1985) 183.

5.3 Opiate

»Wir haben gesiegt« mögen die letzten Worte des Eilboten gewesen sein, der die Siegesnachricht von der Schlacht der Athener unter Miltiades gegen die Perser bei Marathon 490 v. Chr. nach Athen brachte. Er war die etwa 42 Kilometer so schnell gelaufen wie er konnte, bevor er tot zusammenbrach (Abb. 5.31).

Bei Ausdauersportarten wie Jogging und Marathonlauf werden Opioidpeptide im Gehirn freigesetzt, die das Schmerzempfinden dämpfen und Euphorie auslösen können.[1] Opioide ist ein Überbegriff für Opiate und alle anderen Verbindungen, die ähnlich wie diese wirken. Opiate sind Verbindungen, deren Struktur sich von der des Morphins ableitet.

5.3.1 Die Geschichte des Mohns

Die frühesten Zeugnisse der gezielten Nutzung des Mohns sind Mohnsamen und Mohnkapseln, die man bei archäologischen Ausgrabungen von Pfahlbauten aus der Jungsteinzeit (3000–2500 v. Chr.) in den Flachseen der Schweiz (Kanton Zürich, Thurgau, Bern) gefunden hat.[2] Ähnliche Funde machte man in der Provinz Mailand, in Savoyen und in der Provence. Vermutlich wurde Mohn zur Ernährung als Gewürz und zur Herstellung von Pflanzenölen verwendet.

Frühe Hinweise auf Mohn als Rohstoff für Drogen, findet man in der griechische Mythologie und in antiken wissenschaftlichen Schriften. Hippokrates (460–377 v. Chr.) beschreibt in der als *Corpus Hippocraticum* bekannten Sammlung medizinischer Schriften das „Mekonion", das durch Auspressen der Mohnpflanze gewonnen wurde und rühmt seine narkotische und stopfende Wirkung. Diagoras aus Melos (5. Jahrh. v. Chr.) erwähnt als erster, dass die Gabe von Opium (griech. *opion*: Mohnsaft) abhängig mache und den Sinn für die Wirklichkeit raube. Plinius der Ältere und Dioskurides beschreiben ausführlich die Gewinnung und Verwendung von Mohn und Opium. Mohnsamen wurden geröstet und mit Honig für einen Nachtisch vermischt oder in Bäckereien zur Herstellung von Bauernbrot benutzt. Opium wurde auch mit anderen Latices gestreckt, weil es offensichtlich knapp und sehr wertvoll geworden war. Abu Ali ibn Sina (Avicenna, 980–1036), der bedeutendste Arzt, Physiker und Mathematiker der arabischen Hochkultur, beschreibt in seinem Hauptwerk *Qanun*, dem Kanon der Medizin, die Gewinnung und Verwendung von Opium. Theophrastus Bombastus von Hohenheim (bekannt unter dem Pseudonym Paracelcus, 1493–1541) propagierte die vereinfachte und einheitliche Herstellung des Theriak, einer opiumhaltigen Arznei, die im Mittelalter als Universalheilmittel galt, indem er schrieb: »je länger geschrifft, je kleiner der verstandt«.

Als Opiumrauchen in China in der zweiten Hälfte des 17. Jahrhunderts – vermutlich aufgrund des Tabakrauchverbots durch Kaiser Tsung Cheng – modern wurde, kultivierte die East India Company den Mohn zur Opiumgewinnung in Bengalen (Abb. 5.32).

1820 erließ die chinesische Regierung aufgrund der Drogenproblematik ein Importverbot für Opium. In der Folge wurde Opium in riesigen Mengen geschmuggelt. Die Vernichtung von 20 000 Kisten Opium im Wert von vier Mil-

5.31 *Die Stele am Fuße des Grabhügels von Marathon stammt zwar aus dem Jahr 510 v. Chr., gilt heute aber als Denkmal für den ersten „Marathonläufer".*

i Von Hohenheim benutzte das Pseudonym Paracelsus, um sich vor den Fuggern zu schützen, von denen er sich bedroht fühlte. Sie importierten Guajakholz zur Behandlung der Syphilis. Paracelsus verdarb ihnen das Geschäft, weil er die Wirkungslosigkeit von Extrakten aus Guajakholz bekannt machte.

5.32 *Opiumraucher, Stich, 19. Jahrhundert.*

Tabelle 5.5 *Opium – Gebrauch und Missbrauch reichen von der Antike bis zur Gegenwart*

Person	Lebensdaten	Beruf	Motiv
Antonius, Marcus	82–30 v. Chr.	römischer Kaiser	Ägypt. Bohne: Immunisierung
Baudelaire, Charles	1821–1867	Schriftsteller	Laudanum: Sucht
Byron, George Gordon Noel Lord	1788–1824	Schriftsteller	Opium: Sucht
Cocteau, Jean	1889–1963	Regisseur, Dichter	Opium: Sucht
Coleridge, Samuel Taylor	1772–1834	Dichter	Opium: Sucht
Fallada, Hans	1893–1947	Schriftsteller	Morphium: Sucht
Grabbe, Christian Dietrich	1801–1836	Jurist, Schriftsteller	Opium: gegen Alkoholismus
Georg V.	1865–1936	engl. König	Morphium: aktive Sterbehilfe
Hadrian, Publius Aelius	76–138	römischer Kaiser	Opium: Bekämpfung von Trauer
Hall, Robert	1764–1831	Prediger	Laudanum: Sucht
Halsted, William Steward	1852–1922	Arzt	Opiate: Sucht
Heine, Heinrich	1797–1856	Schriftsteller	Opium: Sucht
Hendrix, Jimmy	1942–1970	Sänger	Opioide: Sucht
Hoffmann, E. T. A.	1776–1822	Musiker, Dichter	Opium: gegen Alkoholismus
Joplin, Janis	1943–1970	Sängerin	Heroin: Sucht
Keats, John	1795–1821	Dichter	Opium: Sucht
Maximilian von Mexiko	1832–1867	Kaiser	Morphium: Sucht
Novalis	1772–1801	Dichter	Opium: Sucht
Poe, Edgar Allan	1809–1849	Dichter	Laudanum: Selbstmordversuch
Presley, Elvis	1935–1977	Sänger	Opioide: Sucht
Quincey, Thomas de	1785–1859	Schriftsteller	Opium: Sucht
Richelieu, Louis F. A. du Plessis de	1696–1788	Herzog	Opium: Sucht
Scott, Walter	1771–1832	Jurist, Dichter	Laudanum: Sucht
Thompson, Francis	1859–1907	Dichter	Opium: Sucht
Verne, Jules	1828–1905	Schriftsteller	Morphium: Schmerzbekämpfung
Voltaire, Francois-Marie Arouet	1694–1778	Philosoph	Opium: Schmerzbekämpfung
Wilberforce, William	1759–1833	Politiker	Opium: Sucht

lionen Sterling führte zum Opiumkrieg zwischen China und England in den Jahren 1840–1842.

Das Einsetzen der Industrialisierung und die Zunahme der Frauenarbeit in den Fabriken hatte zur Folge, dass Kinder längere Zeit alleine zu Hause waren und „ruhiggestellt" werden mussten. Hierfür war eine verdünnte Form von Laudanum (eine Opiumtinktur) ein probates Mittel.

Nicht nur die ärmere Bevölkerung konsumierte Drogen, auch das wohlhabende Bürgertum und Intellektuelle gaben sich, auf der Suche nach neuen Abenteuern und exklusiven Erfahrungen, dem Opiumrausch hin. Viele berühmte Persönlichkeiten waren der Opiumsucht verfallen (Tab. 5.5).

Im Jahr 2000 wurden 2023 Rauschgifttote in Deutschland gemeldet. In 80 % der Fälle handelte es sich um Überdosierungen von Heroin und Mischintoxikationen.[3]

Nach Schätzungen haben rund 77 Millionen Amerikaner mindestens einmal in ihrem Leben eine illegale Droge benutzt; etwa 14 Millionen nehmen ständig illegale Drogen.[4]

5.3.2 Physiologie und Pharmakologie

Das Schmerzerlebnis ist das häufigste Symptom einer Noxe (lat. *noxa*: Schaden, Krankheit, Schädigung oder starke Reizung).[5][6][7] Schmerz hat eine Warn- und Schutzfunktion (Abb. 5.33). Schmerzempfindlich sind die gesamte äußere Haut, Großteil der Schleimhäute und zahlreiche Gewebe und Organe im Körperinneren.

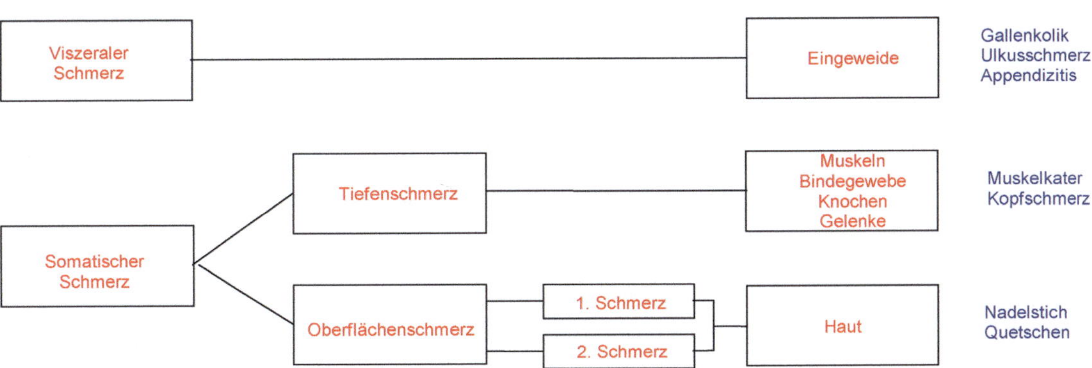

5.33 *Der Schmerz lässt sich je nach Qualität und Lokalisation unterteilen.*

Man unterscheidet zwischen viszeralen Schmerzen, die in den Eingeweiden entstehen und somatischen Schmerzen, die auf der Haut, in Muskeln, Bindegeweben, an Knochen und Gelenken lokalisiert werden können. Der viszerale Schmerz ist dumpf und ähnelt in den begleitenden Reaktionen dem Tiefenschmerz. Den somatischen Schmerz unterteilt man in einen Tiefenschmerz, der oft nicht genau lokalisiert werden kann und in die Umgebung ausstrahlt, und einen Oberflächenschmerz, der im Allgemeinen gut lokalisiert werden kann. Diesen wiederum unterteilt man in den ersten Schmerz, der gewöhnlich eine reflektorische Fluchtreaktion einleitet (wie das Wegziehen des Fingers von der heißen

Herdplatte), gut lokalisierbar ist und nach Beendigung der Reizung rasch abklingt und in den nach kurzer Pause auftretenden dumpfen, brennenden zweiten Schmerz, der schwerer zu lokalisieren ist und nur langsamer abklingt.

Unter akutem Schmerz versteht man einen Schmerz von begrenzter Dauer, der nach der Beseitigung der Ursache rasch abklingt. Chronische Schmerzen dauern länger an wie Rückenschmerzen und Tumorschmerzen oder sind immer wiederkehrende Schmerzen wie migränebedingte Kopfschmerzen oder Herzschmerzen bei Angina pectoris. In der Regel spricht man von chronischen Schmerzen, wenn sie den Zeitraum von sechs Monaten überschreiten. Sie können gegenüber der ursächlichen Erkrankung in den Vordergrund treten und ein eigenständiges Krankheitssyndrom bilden.

Das schmerzvermittelnde System

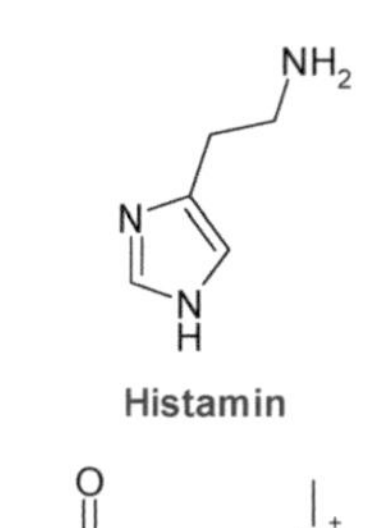

Histamin

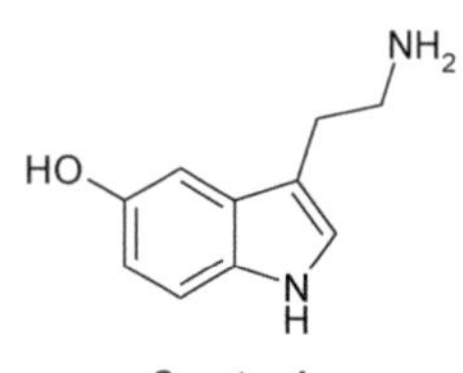

Acetylcholin

Serotonin

Das Auslösen, Weiterleiten und zentrale Verarbeitung von Schmerzen bezeichnet man als Nozizeption. Ausgelöst werden Schmerzen durch Schmerzstoffe:

- Wasserstoff- und Kaliumionen sind wenig potente Schmerzstoffe. Bei einer Erniedrigung des pH-Wertes unter sechs oder einer Erhöhung der Kaliumionenkonzentration im Interstitium über 20 mmol/l kann eine Schmerzempfindung ausgelöst werden.
- Histamin ist bei Konzentrationen $> 10^{-8}$ g/l ein starker Schmerzstoff.
- Acetylcholin sensibilisert in niedriger Konzentration die Schmerzrezeptoren. In höheren Konzentrationen kann es selbst auch Schmerzen auslösen.
- Prostaglandine sensibilisieren ebenfalls und sind am Dauerschmerz maßgeblich beteiligt.
- Serotonin ist eine hochpotente schmerzerzeugende Substanz.
- Kinine, insbesondere Bradykinin (Arg-Pro-Pro-Gly-Phe-Ser-Pro-Phe-Arg), gehören zu den stärksten schmerzerzeugenden Verbindungen.

Schmerzreize werden durch Schmerzrezeptoren an freien Nervenendigungen aufgenommen. Die Signale werden je nach Entstehungsort über verschiedene Nervenfasern ins Rückenmark geleitet, von wo aus sie zum Thalamus und zur Großhirnrinde gelangen. Am Schmerzerlebnis beteiligt sind hinsichtlich der emotionalen Reaktionen das limbische System und hinsichtlich der vegetativen Reaktionen der Hypothalamus.

Bei Schmerzen werden Catecholamine (Dopamin, Noradrenalin, Adrenalin) ausgeschüttet, die Herzfrequenz nimmt zu, der Blutdruck steigt, die Pupillen erweitern sich und gegebenenfalls wirken motorische Reaktionen der Schmerzerzeugung entgegen. Bei viszeralen Schmerzen kann es zu Übelkeit, Erbrechen, Schweißausbruch und Blutdruckabfall kommen. Die emotionale Schmerzverarbeitung kann individuell und situationsbedingt sehr unterschiedlich ausgeprägt sein.

Das schmerzhemmende System

Neben dem schmerzvermittelnden System existiert auch ein endogenes, schmerzhemmendes System, das vor allem im Stammhirn und im Rückenmark die Weiterleitung von Schmerzsignalen erschwert. Dies erlaubt es, die Handlungsfähigkeit des Organismus auch bei starken, lähmenden Schmerzen vorübergehend noch aufrecht zu erhalten. Das schmerzhemmende System besitzt Opiatrezeptoren, die man in drei Gruppen einteilt und mit den griechischen Buchstaben μ, δ und κ kennzeichnet.[8][9] Die Aktivierung der μ-Rezeptoren wirkt schmerzstillend und ruft Euphorie hervor, verursacht jedoch auch Abhängigkeit und Atemdämpfung. Aktiviert man dagegen selektiv die κ-Rezeptoren im Rückenmark, so steht die Schmerzstillung im Vordergrund. Allerdings treten andere schwerwiegende Nebenwirkungen wie Sedierung, Dysphorie, Halluzinationen und Störung der räumlichen Wahrnehmung auf. Die Bedeutung der δ-Rezeptoren in der Analgesie ist umstritten.

Opioide

Allen Rezeptoren ist gemeinsam, dass sie im Fall der Bindung agonistischer Opioiden die Neurotransmitterkonzentration im synaptischen Spalt der schmerzvermittelnden Nervenbahnen reduzieren. Zu den körpereigenen Opioiden zählen β-Endorphin (*Endorphine*: *endo*gene M*orphine*), sein N-terminales Pentapeptid Methionin-Enkephalin und das sehr ähnliche Leucin-Enkephalin (Abb. 5.34). Eng verwandt sind Dynorphin A, Dynorphin B und α-Neoendorphin.[10] Sie entstehen aus den entsprechenden Vorläuferpeptiden im Gehirn, der Hypophyse und dem Nebennierenmark. Nach neueren Erkenntnissen dienen auch endogene, nichtpeptidische Morphinderivate zur Kontrolle von Schmerzen.

> [i] Ratten, die an Arthritis leiden, haben eine erhöhte Morphinkonzentration im Rückenmark und Urin. Man vermutet, dass der menschliche Körper bei bestimmten Krankheitsverläufen zur Schmerzregulation endogen Morphin produziert.

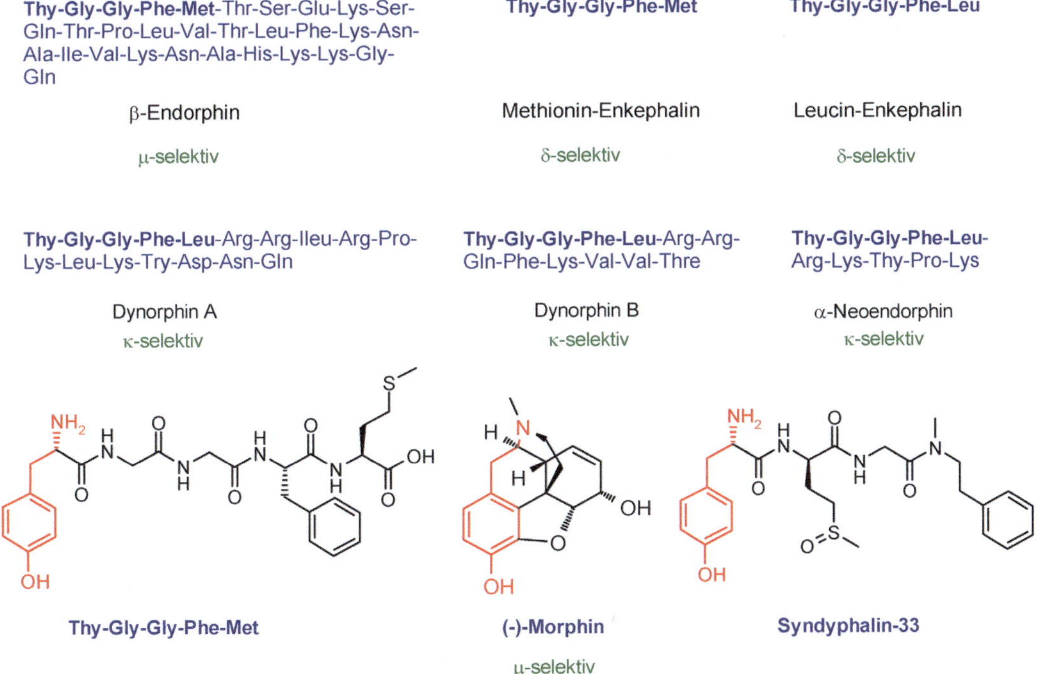

5.34 *Die Enkephaline haben bisher als Analgetika keine medizinische Verwendung gefunden, da sie im Körper schnell abgebaut werden, die Blut-Hirn-Schranke nicht überwinden und ebenfalls Abhängigkeit erzeugen. Durch gezielte Strukturmodifikation kam man zu den metabolisch stabilen Tripeptiden, den Syndyphalinen, welche die analgetische Wirksamkeit von Morphin um das 20 000fache übertreffen.*

Die strukturelle Gemeinsamkeit zwischen den peptidischen Opioiden und den Opiaten ist das Tyrosin, das man im Morphin noch erkennen kann. Welche Bedeutung dieser Struktureinheit für die Wechselwirkung mit den Opioidrezeptoren zukommt, erkennt man daran, dass Endorphine, die am N-terminalen Ende kein Thyrosin tragen, wirkungslos sind (Abb. 5.35).[11]

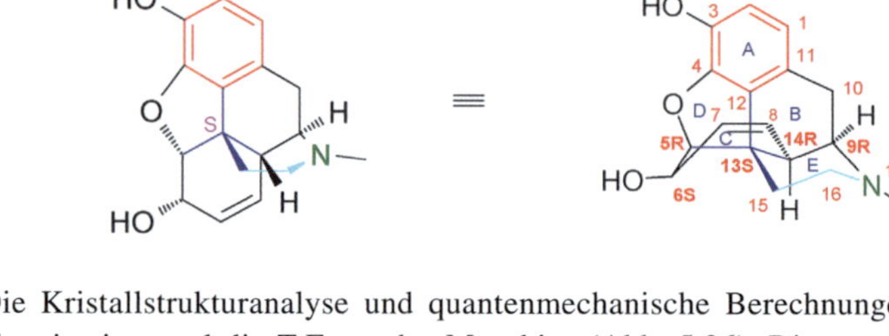

Die Kristallstrukturanalyse und quantenmechanische Berechnungen belegen übereinstimmend die T-Form des Morphins (Abb. 5.36). Diese passt optimal zur Struktur der Opioidrezeptoren im Gehirn und Rückenmark.

Im Folgenden wird aus Gründen der Einheitlichkeit für das Morphinangerüst ausschließlich die von Sir Robert Robinson 1925 vorgeschlagene Projektionsformel benutzt.

Aufgrund der Ähnlichkeit in manchen Strukturmerkmalen versteht man, warum Opiate an die gleichen Rezeptoren binden wie die Opioidpeptide. Allerdings gibt es Unterschiede in der Pharmakokinetik, da die Endorphine aufgrund ihrer Peptidstruktur durch Proteasen rasch hydrolysiert werden können, die Opiate dagegen nicht.

Jedes Opioidpeptid hat ein eigenes, charakteristisches Rezeptorbindungsprofil. Neben der Kontrolle von Schmerz nehmen die Opioidpeptide so auch Einfluss auf das Gefühlsleben. Die Schmerzlinderung durch Akupunktur oder durch Placebopräparate ist auf sie ebenso zurückzuführen wie die Euphorie beim Marathonlauf.

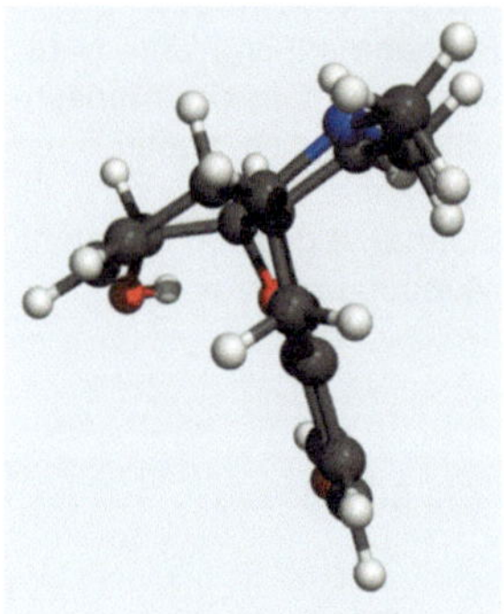

5.36 *Morphin hat eine T-förmige Struktur.*

Analgetika

Aufgrund des modernen Verständnisses von Schmerzen erkennt man, dass diese auf vielfältige Weise durch Schmerzmittel, so genannte Analgetika, bekämpft werden können (Abb. 5.37). Analgetika sind Substanzen, die bei therapeutisch richtiger Dosierung die Schmerzempfindung verringern oder unterdrücken, ohne allgemein narkotisch zu wirken. Man unterscheidet hierbei bezüglich des Wirkortes zwei Wirkstoffgruppen:

- Hypnoanalgetika mit vorwirkend zentraler Wirkung (insbesondere Opioide)
- Nichtopioide Analgetika mit vorwiegend peripherer Wirkung inhibieren meist die Prostaglandinsynthese (Leitungs- und Oberflächenanästhetika)

Morphin, der Prototyp der opioiden Analgetika, wirkt an allen Stellen des Rückenmarks und im Gehirn, wo die Signalübertragung des Schmerzes stattfindet. Es ist ein selektiver Agonist an μ-Rezeptoren und reduziert so das Schmerzempfinden und die emotionale Bewertung des Schmerzes. Dies geschieht durch Reduzierung der geistigen Aktivität (sedierend) und Beseitigung der Konflikt- und Angstgefühle (tranquillisierend). Zudem steigert Morphin die Ausschüttung

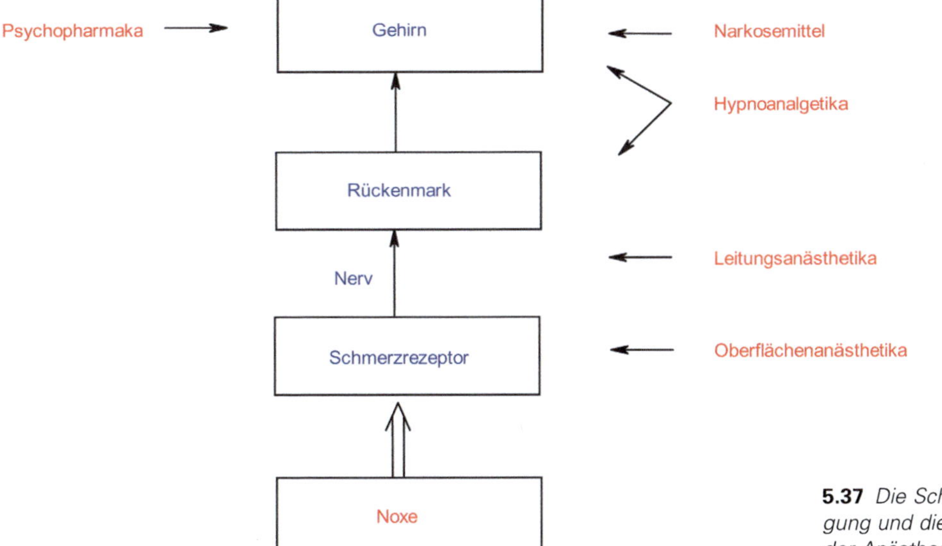

5.37 *Die Schmerzübertragung und die Möglichkeiten der Anästhesie.*

von Dopamin im Gehirn, was die Ursache für die euphorischen Gefühle bei der Schmerzbehandlung ist. Eine weitere zentrale Wirkung umfasst die Atemdepression, hervorgerufen durch eine verminderte Empfindlichkeit des Atemzentrums gegenüber Kohlendioxid (atemdepressiv) und Hemmung des Hustenzentrums (antitussiv). Ein auffallendes Symptom für μ-Rezeptoragonisten ist die Verkleinerung der Pupillen. Periphere Wirkungen sind verzögerte Magenentleerung, starke Verstopfung (spastische Obstipation), Überfüllung der Harnblase und Störung des Gallenflusses.

Zu den bekanntesten der unerwünschten Wirkungen des Morphins und Heroins gehören jedoch die Toleranzentwicklung und die physische und psychische Abhängigkeit. Unter Toleranzentwicklung versteht man das Phänomen, dass man bei Dauermedikation zur Erzielung der gleichen Wirkung immer höhere Dosen benötigt. Bei Morphin beträgt die Dosissteigerung das 10 bis 20fache.

Unter physischer Abhängigkeit versteht man die Tatsache, dass Opioide für bestimmte Körperfunktionen unerlässlich werden. Setzt man diese ab, so treten Entzugserscheinungen (motorische Unruhe, Fieber, Pupillenerweiterung, Erbrechen, Blutdruckerhöhung, Steigerung der Atemfrequenz, Muskelkrämpfe) auf.

Die psychische Abhängigkeit beruht auf der euphorisierenden Wirkung der Opioide. Der Verlust der Euphorie bei gleichzeitigem Auftreten physischer Entzugserscheinungen erschwert das Wegkommen aus der Suchtabhängigkeit. Zur medikamentösen Behandlung von Suchtkranken sowie gegen akute Opiatvergiftungen hat man daher Opiatantagonisten (z. B. Naloxon) entwickelt.

Die Bioverfügbarkeit von Morphin ($pK_s = 8{,}1$) liegt aufgrund des hohen Ionisierungsgrades im Blut ($pH = 7{,}4$) bei nur 20–30 %. In der Leber wird jedoch Morphin in 3- und 6-Position mit Glucuronsäure acetalisiert, wobei das 3-Glucuronid unwirksam ist, hingegen das 6-Glucuronid im Vergleich zu Morphin die

ℹ Das Aussetzen der Atmung ist in der Regel die Todesursache bei einer Überdosis von Opiaten.

Blut-Hirn-Schranke leichter überwindet und eine stärkere bzw. länger anhalten-
de Wirkung ausübt. Morphin-6-acetat und Morphin-3-sulfat, die bei Säugetieren und dem Menschen als Metaboliten nachgewiesen werden konnten, erwiesen sich ebenfalls gegenüber Morphin als aktiver. Dies gilt auch für Heroin
(Abb. 5.38).

Morphin-6-O-β-D-glucuronid   **Morphin-6-O-acetat**   **Morphin-3-O-sulfat**   **Heroin**

5.38 *Metabolite und Derivate des Morphins: Aufgrund der höheren Lipophilie überwindet Heroin die Blut/Hirn-Schranke etwa einhundert mal besser als Morphin und ist ca. sechsmal wirksamer.*

(–)-Morphin wird auch heute noch bei extremen Schmerzen wie starken Ver-
brennungen oder offenen Brüchen verwendet, wobei man den Einsatz wegen
der großen Suchtgefahr auf Notfälle beschränkt. (+)-Morphin besitzt dagegen
wie (+)-Codein oder (+)-Heroin keine analgetische Wirkung. (–)-Codein ist im
Vergleich zu (–)-Morphin weit weniger wirksam, hemmt jedoch selektiv das
Hustenzentrum und hat ein wesentlich geringeres Suchtpotenzial. Es ist deshalb
Hauptbestandteil vieler Hustensäfte. Thebain dagegen verursacht wie Strychnin
starke Krämpfe und findet deshalb keine therapeutische Verwendung, ist aber
neben Morphin das wichtigste Ausgangsmaterial für halbsynthetische Opiate
(Abb. 5.39).[12]

5.39 *Die Opioidrezeptoren sind hoch selektiv. Schon kleine strukturelle Modifikationen verändern die Wirkung der Droge.*

(-)-Morphin   **(+)-Morphin**   **(-)-Codein**   **(-)-Thebain**

5.3.3 Botanik

Heute sind etwa 700 Arten der Pflanzengattung Mohn (lat. *papaver*) bekannt.
Die Mohnpflanzen besiedeln fast die gesamte Landfläche der Erde, ursprünglich ausgenommen Südamerika. Während des Ersten Weltkrieges befürchtete
die amerikanische Mafia durch die Verschärfung des Seekrieges von der Roh-
stoffbasis abgeschnitten zu werden und ließ deshalb zunächst in Mexiko und
später in Kolumbien Mohnfelder anlegen.

Bekannte Arten sind der morgenländische Mohn (*Papaver orientale*), der Klatschmohn (*Papaver rhoeas*), der Saatmohn (*Papaver dubium*), der Alpenmohn (*Papaver alpinum*) und der Schlafmohn (*Papaver somniferum*; *Somnus*: röm. Gott des Schlafes) (Abb. 5.40). Letzterer ist mit seinen Unterarten, dem grauen Mohn (Schüttmohn) und blauen Mohn (Schließmohn) eine Kulturpflanze, die vermutlich vom Borstenmohn (*Papaver setigerum*) abstammt und seit alters her als Öl-, Würz-, Arznei-, Genussmittel- und Zierpflanze im euroasiatischen Raum angebaut wird.

Beim Schlafmohn handelt sich um einjährige, milchsafthaltige, borstige bis zu 1,5 Meter hohe Pflanzen mit gezähnten, graugrünen Blättern und einzelstehenden, weißen bis rotvioletten Blüten. Sie bilden eine hutähnliche Kapselfrucht mit Narben, an deren Enden sich zur Reifezeit Ausstreulöcher für die vielen sandkornfeinen, ölreichen, meist blauschwarzen Samen öffnen.

Wichtige legale Anbauländer sind Indien und Australien, gefolgt von den USA, Großbritannien und Frankreich. Die gemessen an der Produktionsmenge wichtigsten Erzeugerländer sind Afghanistan, Pakistan und die Länder am Goldenen Dreieck Myanmar (Birma), Laos und Thailand. 71 % der weltweiten Anbaufläche ist illegal. Man schätzt, dass alleine in Myanmar 2 000 Tonnen Opium erzeugt werden.

5.3.4 Inhaltsstoffe des Mohn

Charakteristisch für die Pflanzengattung *papaver* sind die Morphin-Alkaloide. Nur in den beiden Arten *Papaver somniferum* und *Papaver bracteatum* findet man ausreichende Mengen medizinisch verwertbarer Opiate für eine technische Nutzung.

Indisches Opium (aus *Papaver somniferum*) enthält über 30 verschiedene Isochinolinalkaloide (22 %), die sich in den Morphintyp und den Papaverintyp einteilen lassen (Abb. 5.41). Die Hauptalkaloide sind Morphin (griech. *Morpheus*: Gott des Schlafes) mit etwa 12 % und Narcotin mit etwa 5 %. Der Rest verteilt sich auf Mekonsäure (11 %), Wasser (14 %), Schwefel- und Milchsäure (8 %), Fette, Proteine, Zucker und Wachse (rund 44 %). [5] [14]

5.40 *Die Blüten und Samenkapseln des Schlafmohns. Die leuchtend rote Farbe der Blüten des Klatschmohns stammt vom Anthocyanfarbstoff Mecocyanin. Die Aglycone der Anthocyanfarbstoffe nennt man Anthocyanidine, deren Grundstruktur (rot) ein 2-Phenylbenzopyryliumsalz ist. Viele andere blaue und rote Blütenfarbstoffe sind auch Anthocyanidine, z. B. bei der Scharlachpelargonie und der orangefarbenen Dahlie (Pelargonidin), der roten Rose, der roten Dahlie, der schwarzen Kirsche und der Pflaume (Cyanidin), sowie beim violetten Stiefmütterchen und der blauen Weintraube (Delphinidin).*

ⓘ Im Goldenen Dreieck werden ungefähr 70 % des Rohopiums für die weltweite Heroinproduktion erzeugt.[13]

ⓘ Mohnsamen enthält bis zu 50 % fettes Öl, daneben Eiweiß und Lecithin, aber nur in Spuren Alkaloide.

5.41 *Die Alkaloide von Papaver somniferum.*

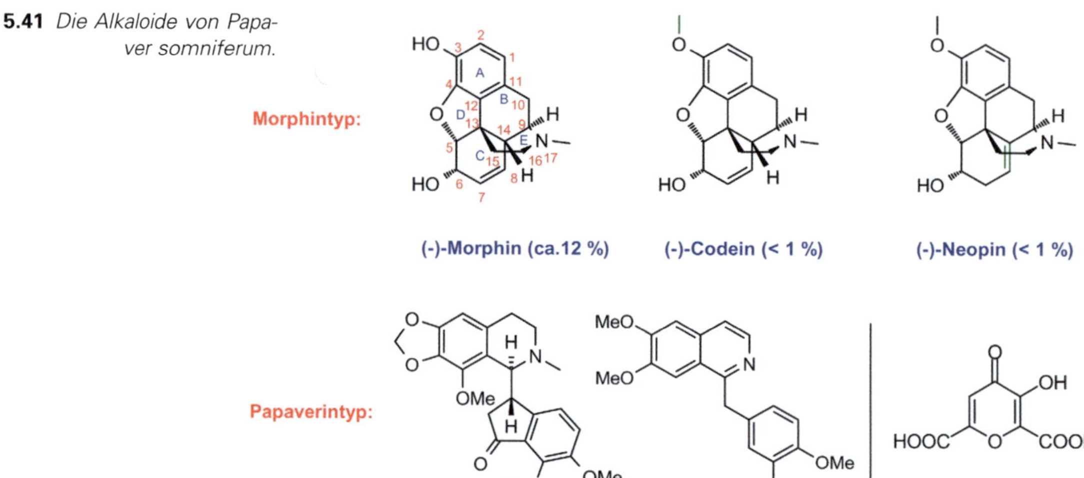

Das Hauptalkaloid aus dem Milchsaft von *Papaver bracteatum* ist Thebain (bis zu 26 %) (Abb. 5.42).[15]

5.42 *Die Alkaloide von Papaver bracteatum.*

Alkoholiker und Morphinisten benutzen direkt bzw. indirekt die Pictet-Spengler-Reaktion zum Aufbau der Isochinolin-Alkaloide.[17] In der Leber wird unter Gewinnung der entsprechenden Redoxäquivalente an NADH Ethanol über Acetaldehyd zu Essigsäure oxidiert. Die Kinetik der Reaktion ist hierbei so, dass über weite Strecken des Alkoholabbaus quasistationäre Konzentrationen von 1 µg/ml Acetaldehyd im Blut vorliegen. Acetaldehyd reagiert mit den Catecholaminen zu Tetrahydroisochinolinen. Diese wirken kompetitiv auf die Catecholamin-Rezeptoren und stören damit das Gleichgewicht des vegetativen Nervensystems, was im Laufe der Zeit zur Sucht führt.

5.3.5 Biosynthese

Der Biosyntheseweg von Morphin in *Papaver somniferum* konnte durch Markierungsexperimente und Enzymstudien aufgeklärt werden.[14][16] Ausgangsmaterial für die Benzylisochinolinalkaloide ist Tyrosin. Dieses wird zum einem durch Desaminierung und Decarboxylierung zu 4-Hydroxyphenylacetaldehyd und zum anderen durch Decarboxylierung und aromatische Hydroxylierung zu Dopamin abgebaut. Beide kondensieren in einer enzymkatalysierten Pictet-Spengler-Reaktion (intramolekulare Mannich-Reaktion) zu (*S*)-Norcoclaurin, das dann schrittweise zunächst am Stickstoff und dann an zwei Hydroxygruppen zu (*S*)-Reticulin methyliert wird.

Im Schlafmohn erfolgt dann durch Dehydrierung zum Iminiumsalz und enantioselektiver Hydrierung mit NADPH eine Inversion des Asymmetriezentrums zu (*R*)-Reticulin, was man durch Tritiummarkierung nachgewiesen hat. Cytochrom P450 katalysiert die oxidative, radikalische Phenolkupplung zu Salutaridin. Diese Reaktion ist hoch regio- und stereoselektiv. Anschließend

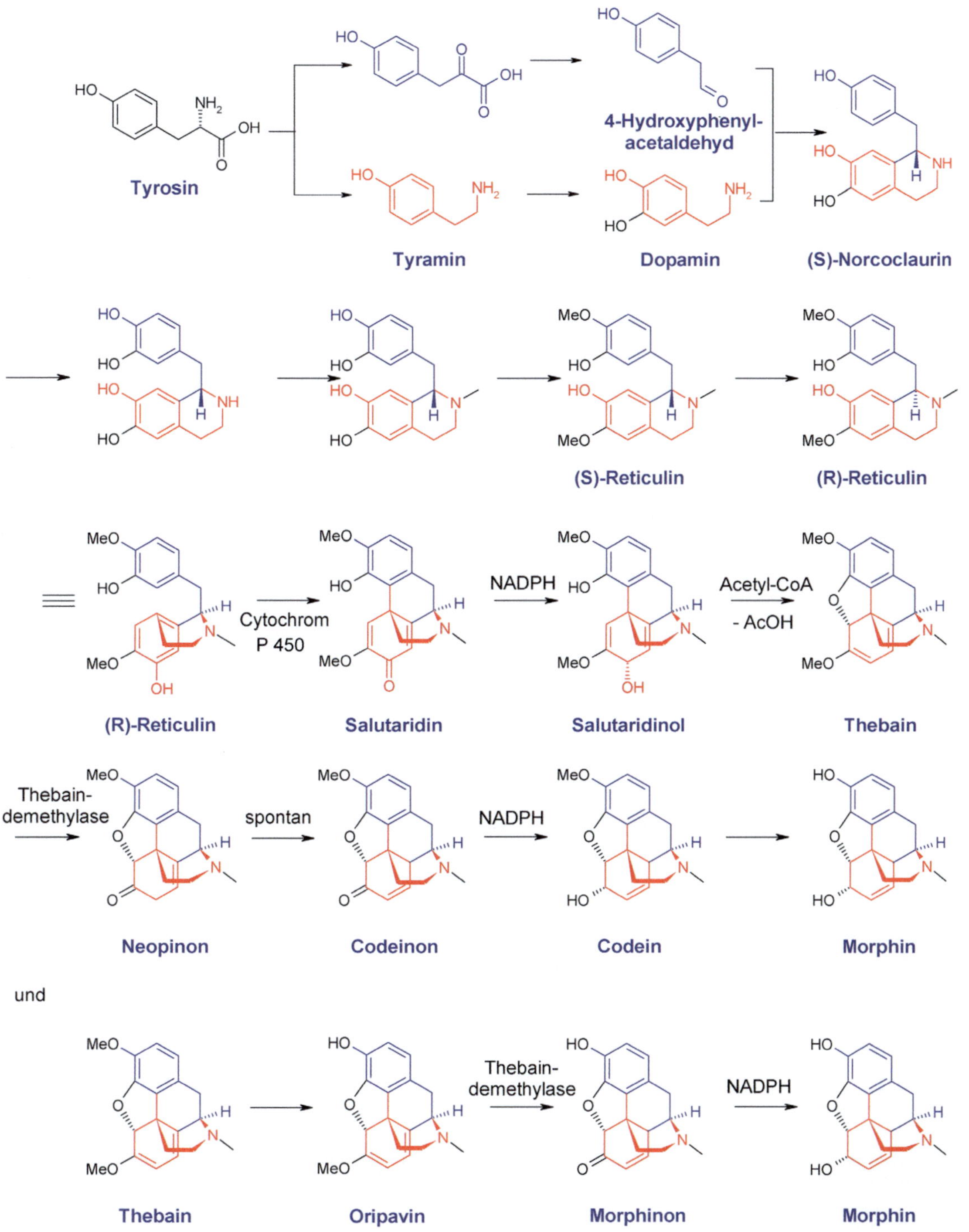

HO
Tyrosin
4-Hydroxyphenyl-acetaldehyd
HO
Tyramin
HO
Dopamin
HO
(S)-Norcoclaurin
HO
(S)-Reticulin
(R)-Reticulin
MeO
(R)-Reticulin
Cytochrom P 450
NADPH
Salutaridin
Salutaridinol
Acetyl-CoA
- AcOH
Thebain
Thebain-demethylase
Neopinon
spontan
Codeinon
NADPH
Codein
Morphin
und
Thebain
Oripavin
Thebain-demethylase
Morphinon
NADPH
Morphin

wird die Carbonylgruppe des chinoiden Systems mit NADPH zu Salutaridinol reduziert. Acetyl-Coenzym A überträgt eine Acetylgruppe auf die Hydroxyfunktion in Position 7, woran sich eine spontane Zyklisierung zum Thebain anschließt. Die Demethylierung der Hydroxygruppe in Position 6 verursacht eine Doppelbindungsverschiebung. Die Isomerisierung von Neopinon zu Codein erfolgt spontan. Es handelt sich hierbei um eine der seltenen Reaktionen der Biosynthese von Naturstoffen, die nicht durch Enzyme katalysiert werden. Codeinon wird anschließend mit NADPH enantioselektiv zu Codein reduziert und schließlich zu Morphin demethyliert.

Daneben ist noch ein zweiter Biosyntheseweg von Thebain zu Morphin im Schlafmohn nachweisbar. Durch schrittweise Demethylierung entsteht zunächst Oripavin, dann Morphinon und schließlich durch Reduktion Morphin.

Durch gezielte Mutation von *Papaver somniferum* gelang es, das Enzym Thebaindemethylase, das für die 6-O-Demethylierung sowohl in Thebain wie in Oripavin verantwortlich ist, auszuschalten. Die Mutanten stellen entsprechend nur noch Thebain und Oripavin her und sind somit frei von Morphin und Codein.[18]

Morphin konnte in der Haut von Kröten (Abb. 5.43)[19], Ratten und Kaninchen ebenso nachgewiesen werden wie im Hypothalamus und den Nieren von Rindern und der Zerebrospinalflüssigkeit des Menschen. Auch Muttermilch und Kuhmilch enthalten 200–500 ng Morphin pro Liter. Man geht davon aus, dass alle Spezies den gleichen Biosyntheseweg wie der Schlafmohn benutzen.[20] M. H. Zenk konnte nachweisen, dass humane Neuroblastoma- und Pankreas-Carzinoma-Zellen in Gegenwart von $^{18}O_2$ [^{18}O]-markiertes Morphin bilden.[21]

5.3.6 Herstellung von Opium und Opiumalkaloiden

Zwischen Blüte und Reife produziert der Schlafmohn in seinem Röhrensystem einen Milchsaft, den man durch Anritzen der unreifen Fruchtkapseln 15 Tage nach dem Abfallen der Blütenblätter gewinnt. Der austretende, rosafarbene Saft härtet unter Braunfärbung an der Luft zum harzartigen Rohopium aus und wird von den Kapseln abgestreift. Durch erneutes Anritzen der Kapseln kann auf diese Weise weitere drei oder vier Mal Rohopium gewonnen werden (Abb. 5.44).

Die Weiterverarbeitung des Rohopiums umfasst mehrere Arbeitsschritte. Das Rohopium wird in Kupferkesseln erhitzt, dann der Sud gewalkt, zu Fladen geknetet und erneut erhitzt. Den Teig lässt man an der Luft oxidieren, wodurch er sein Aroma erhält, und anschließend in Steinkrügen vier bis fünf Monate reifen. Der Opiumkonsument bereitet sich sein Rauchopium selbst zu: Hierzu wird das Opium dreimal mit destilliertem Wasser abgekocht und filtriert. Das erhaltenen Produkt ist dann sirupähnlich und in Wasser fast vollständig löslich.[15]

Die kommerzielle Herstellung von Morphin erfolgt in etwa zu gleichen Teilen aus Opium und aus Mohnstroh.[5] Seit 1960 wurde die Gewinnung von Thebain immer wichtiger, weil die semisynthetischen Opiate zunehmende Bedeu-

5.43 *Auch bei wechselwarmen Tieren, wie bei der Kröte Bufo marinus, konnte man in der Haut erhebliche Mengen Morphin nachweisen.*

5.44 *Angeritzte Mohnkapsel.*

tung erlangten. Dieses gewinnt man wie Morphin, Codein und Papaverin aus Opium. Der Schlüsselschritt ist eine Trennung des Rohmorphins mit Weinsäure. Durch anschließende fraktionierende Kristallisation und Extraktion werden die verschiedenen Alkaloide separiert (Abb. 5.45).

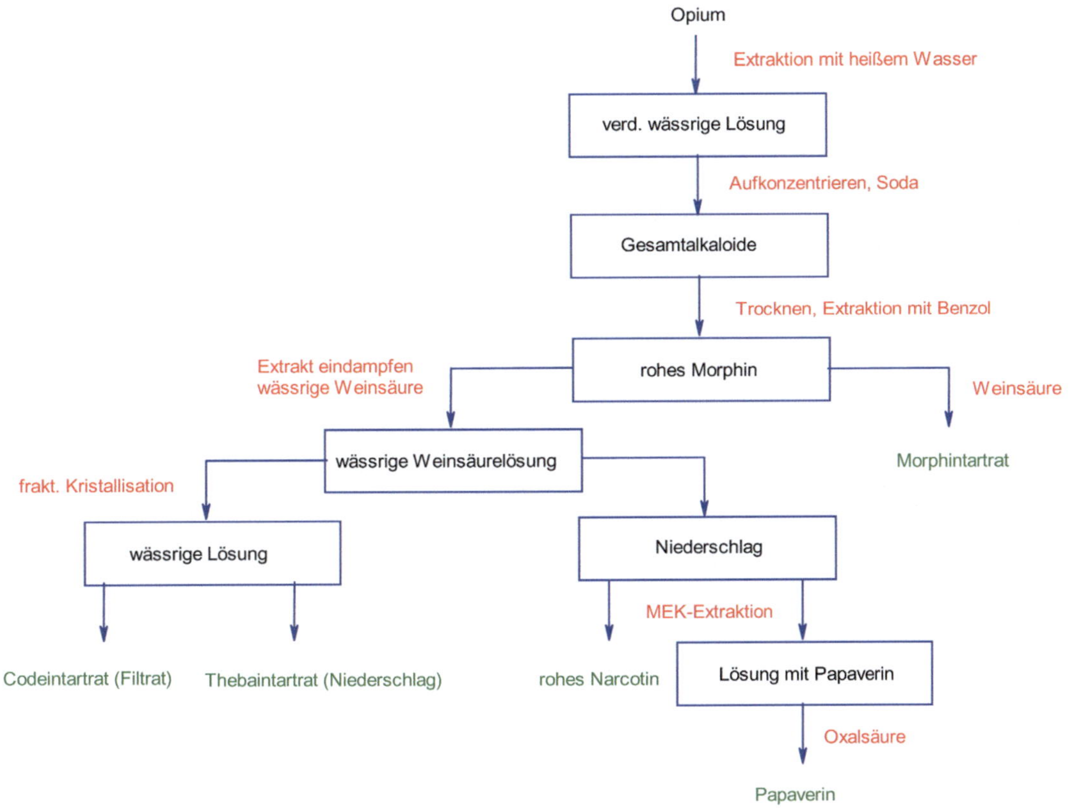

5.45 *Der Barbier-Prozess zur Auftrennung der Opium-alkaloide (1925).*

Der entscheidende Vorteil der Gewinnung von Morphin aus Mohnstroh liegt im hohen Mechanisierungsgrad der landwirtschaftlichen Anbaumethode. Unter Mohnstroh versteht man die getrockneten Kapseln, die von den Samen befreit und gemahlen werden. Da mit Mohnsamen für die Lebensmittelindustrie in etwa das gleiche Ergebnis erwirtschaftet wird wie mit Morphin für die Pharmaindustrie, lässt man die Kapseln reif werden – obwohl grüne Kapseln mehr Morphin liefern und das Trocknen zusätzliche Kosten verursacht. Die Morphinausbeute aus Mohnstroh beträgt etwa 10 % (Abb. 5.46). Thebain ist nach ähnlichen Verfahren aus *Papaver bracteatum* zugänglich.

Im Jahr 2000 wurden schätzungsweise 8 700 Tonnen Opium und Mohnstrohkonzentrat durch Anbau von Schlafmohn auf 300 000 Hektar erzeugt. Ungefähr die Hälfte der Rohdroge wird illegal gewonnen und reicht aus zur Herstellung von knapp 500 Tonnen Heroin.[22] Der Weltbedarf an Opium als Rohstoff für medizinische Zwecke liegt nach Schätzungen der UNO heute bei etwa 2 000 Tonnen. Hiervon nimmt die Bundesrepublik legal 14 Tonnen ab.[15]

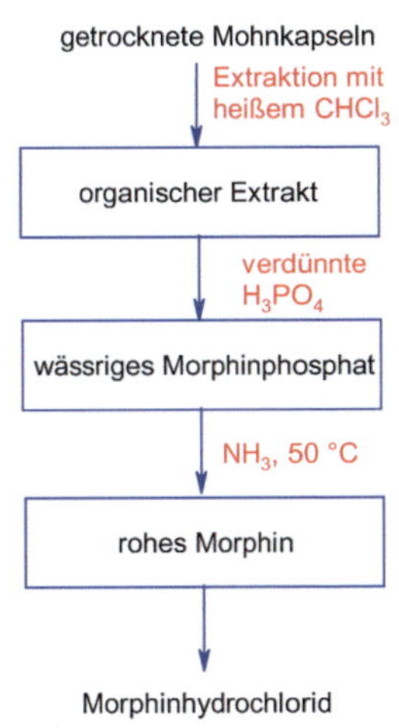

5.46 *Der Merck-Prozess zur Gewinnung von Morphin (1945).*

5.47 *Friedrich Wilhelm Sertürner (1783–1841)*

5.48 *Die Engel-Apotheke in Darmstadt befindet sich seit 1668 im Besitz der Familie Merck.*

5.49 *Heinrich Emanuel Merck (1794–1855) stellt Morphium in der Engel-Apotheke her und verkaufte es an andere Apotheker, Chemiker und Ärzte.*

5.3.7 Entdeckungsgeschichte des Morphins

Die Entdeckungsgeschichte der Alkaloide des Mohns beginnt mit Charles Derosne (1780–1846), einem Apotheker aus Paris, der 1803 Narcotin isoliert, das er „sel de Derosne" nennt. Auch der französische Chemiker Antoine Baumé (1728–1804) hatte dieses isoliert. Friedrich Wilhelm Sertürner (Abb. 5.47), Apotheker in Paderborn, isoliert im gleichen Jahr das *principium somniferum* (lat. das „schlafmachende Prinzip") des Opiums, das er später (1817) „Morphium" nennt. Sertürner erkennt ebenfalls dessen alkalischen Charakter. Der Apotheker Meißner führt daraufhin 1818 den Begriff der „Alkaloide" ein. Sertürner erprobt Morphin im Tierversuch und an sich selbst.

Im Jahr 1827 gestattet die preußische Regierung Ärzten und Apothekern, „umständlich zu gewinnende Arzneimittel aus Fabriken zu beziehen." Es entstehen die ersten Pharmafirmen (Abb. 5.48). Dem Beispiel von Merck in Darmstadt folgen später Schering und Riedel in Berlin.[23]

P. J. Robiquet isoliert 1834 aus Opium Codein und P. J. Pelletier und Thiboumery ein Jahr später Thebain. H. E. Merck entdeckt 1848 das Papaverin (Abb. 5.49). Im Jahr 1870 erkennen Matthiessen und Wright, dass Codein der Methylether des Morphins ist. Nachdem die selektive Methylierung von Morphin zur Herstellung von Codein fehlgeschlagen war, probiert Felix Hoffmann (1868–1946) im Jahr 1897 – in Analogie zur Synthese des Aspirins aus Salicylsäure – die selektive Acetylierung aus.[24] Schon ein Jahr später produziert die Firma Bayer Heroin (giech. *hero*: Held, wegen seiner angstlösenden Wirkung) als Mittel gegen schweren Husten, Geburtsschmerzen und Narkoseprämedikation. Es findet Verwendung bei schwerverwundeten Soldaten im Ersten Weltkrieg und bei bestimmten neurotischen Erkrankungen. Aufgrund des Suchtpotenzials, das man anfangs vollkommen unterschätzt hatte, verschwindet es bis 1931 von fast allen Pharmakopöen wieder.

Freund und Becker schlagen 1903 die richtige Struktur von Narcotin vor, die 1911 durch Perkin und Robinson durch Synthese bestätigt wird. Robinson beschreibt 1925 die korrekte Konstitution von Codein und Thebain.[25] 1952 gelang M. D. Gates und G. Tschudi die erste Totalsynthese von Morphin.[26][27] In den folgenden Jahren werden ungefähr 20 Synthesen von racemischem Morphin veröffentlicht.[28] Erst 1993 konnte Larry E. Overman (–)-Morphin im Sinn einer enantioselektiven Synthese herstellen.[29] Weitere Synthesen folgten 1996 von Johann Mulzer,[30][31] 1997 von James White[32] und 2002 von Douglas Taber[33] und Barry Trost[34].

5.3.8 Die erste enantioselektive Totalsynthese von Morphin

Ein Schwerpunkt in der Totalsynthese von Naturstoffen ist es, das Zielmolekül, ausgehend von einfachen Startmaterialien, möglichst unter Vermeidung von Schutzgruppen und unter hoher Stereo- und Regiokontrolle auf kurzem, konvergentem Weg und mit hoher Gesamtausbeute zu erhalten. Die Totalsynthese von Morphin stellte von Anfang an eine der großen Herausforderungen in der

Naturstoffsynthese dar. Ursache hierfür ist, wie so oft, die Komplexität der
Struktur (Abb. 5.50):

(-)-Morphin

3 kondensierte Carbocyclen

2 Heterocyclen

5 Asymmetriezentren in Abfolge

1 benzylischer, quartärer Kohlenstoff

5.50 *Die Hausforderungen
bei der Totalsynthese des
Morphins.*

Ausgangspunkt der Synthese von Overman ist 2-Allylcyclohexenon, das mit
einem von Prolin abgeleiteten Boran enantioselektiv reduziert wird (CBS-Reduktion). Hierdurch wird mit einer Selektivität von $> 96\,\%$ im späteren C-Ring
das erste Asymmetriezentrum erzeugt. Von diesem ausgehend werden alle weitere durch diastereoselektive Reaktionen aufgebaut. Folgerichtig erhält man mit
dem spiegelbildlichen Reduktionsmittel letztlich das spiegelbildliche Morphin.

Die Umsetzung der Hydroxyfunktion mit Phenylisocyanat schützt diese im
nächsten Schritt und bereitet bereits eine Abgangsgruppe im übernächsten
Schritt vor. Die katalytische Dihydroxylierung gelingt selektiv an der terminalen Doppelbindung. Das Carbamat kann dann in einer suprafacialen S_N2' Reaktion[35] durch einen Silylrest ohne nennenswerten Verlust an Enantiomerenreinheit ersetzt werden. Die oxidative Spaltung des Diols und reduktive Aminierung mit Dibenzosuberylamin (DBS-NH$_2$) liefern den ersten zentralen Synthesebaustein der konvergenten Synthese, den man letztlich als Ring C im Mor-
phingerüst wiederfindet.

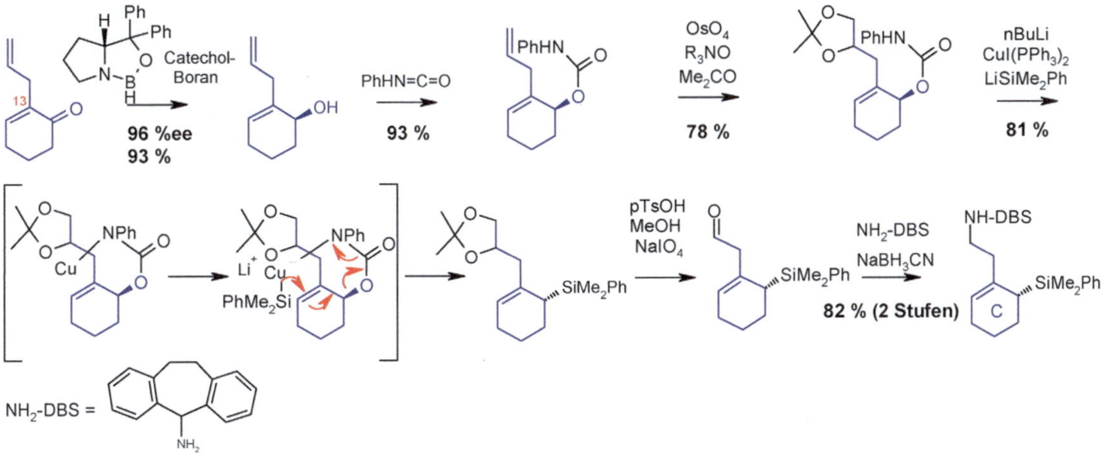

Das Acetal für den zweiten Baustein erhält man in zwei Stufen aus Isovanillin in
96 % Ausbeute. Nach der Einführung von Iod wird die Hydroxygruppe umge-
schützt und der Aldehyd durch Umsetzung mit einem Schwefel-Ylid und Le-

wis-Säure-katalysierter Epoxidöffnung homologisiert. Auf diese Weise entsteht ein geeigneter Baustein für den A-Ring des Morphingerüsts.

Der Ring E des Morphingerüsts wird durch eine Zinkiodid-vermittelte Kondensation der beiden Synthesebausteine gebildet. Der Ringschluss erfolgt von der sterisch am wenigsten gehinderten Seite mit hoher Diastereoselektivität. Die anschließende Heck-Reaktion dient zum Aufbau des quartären Zentrums. Unter Wanderung der Doppelbindung wird der B-Ring geknüpft und das dritte Asymmetriezentrum generiert. Nach dem Abspalten der Benzylschutzgruppe mit Bortrifluorid/Ethylmercaptan wird der D-Ring durch diastereoselektive Epoxidierung und saurer *trans*-diaxialer Spaltung des Oxirans geschlossen. Eine reduktive Abspaltung der Schutzgruppe verbietet sich, weil man den DBS-Rest noch erhalten muss. Die Oxidation zum tetrazyklischen o-Chinon wird unter den Reaktionsbedingungen weitgehend vermieden. Durch die Epoxidierung wird das vierte Asymmetriezentrum festgelegt. Enantiomerenreines (−)-Dihydrocodeinon erhält man schließlich durch Oxidation mit Tetra-n-propylammoniumperruthenat, reduktive Abspaltung der DBS-Gruppe, reduktive Aminierung mit Formaldehyd und einmalige Umkristallisation.

(−)-Dihydrocodeinon

Die abschließende Sequenz stammt von Kenner C. Rice und umfasst sieben Stufen.[36] Der Acetalisierung der Ketofunktion und Eliminierung von Methanol mit *p*-Toluolsulfonsäure in Chloroform schließt sich eine Addition von Methylhypobromit an. Die Abspaltung von Bromwasserstoff und Hydrolyse des Ketals führt zu dem ungesättigten Keton, das mit Natriumboranat stereoselektiv zu (–)-Codein reduziert wird. Hierdurch entsteht das fünfte Asymmetriezentrum. Der Methylether wird schließlich mit Bortribromid gespalten.

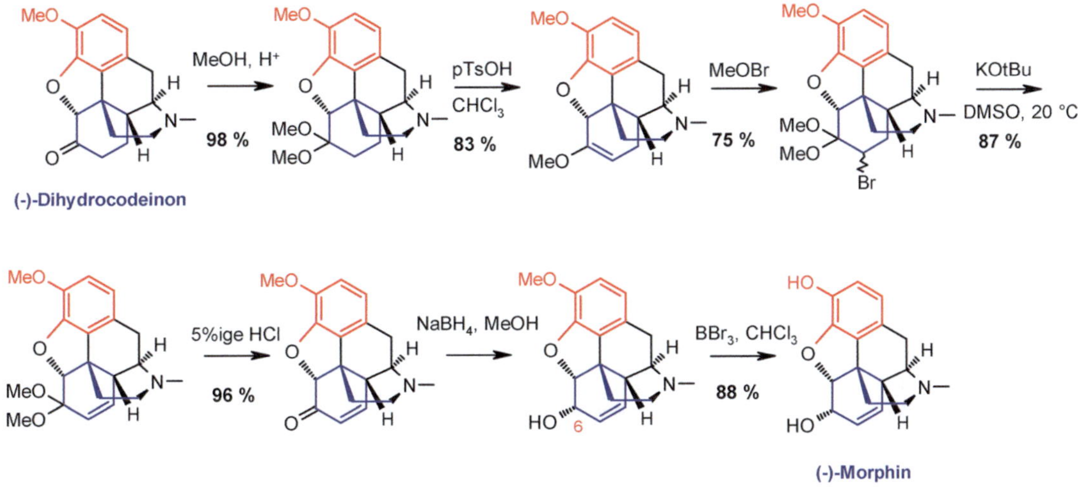

Aufgrund der Komplexität der Totalsynthese, der relativ geringen Gesamtausbeute und der im Vergleich dazu einfachen Zugänglichkeit des Morphins durch Extraktion ist diese Synthese nicht von technischem Interesse.

5.3.9 Partialsynthese von Opioiden mit Morphinangerüst

Die Chemie der halbsynthetischen Opiate, die sich meist von Morphin oder Thebain ableitet, ist jedoch recht vielseitig.[37] Es gibt auch einige totalsynthetische Analgetika mit Morphinangerüst, jedoch haben die meisten totalsynthetischen Opioide nur noch eine entfernte Ähnlichkeit mit Morphin. Die größten strukturellen Veränderungen des Morphinangerüsts findet man am C-Ring und an den Sauerstofffunktionen. Hierdurch lässt sich in vielen Fällen eine Wirkungssteigerung erreichen. Ferner variiert man die Reste am E-Ring. Durch Modifizierung der Methylgruppe am Stickstoff entstehen unter Beibehaltung der Rezeptoraffinität partielle oder volle Opioidantagonisten. Man kennt heute ein kontinuierliches Spektrum von Opioidanalgetika, das vom reinen Agonisten bis hin zum reinen Antagonisten reicht. Eine Substanz kann beispielsweise am κ-Rezeptor agonistisch und am μ-Rezeptor antagonistisch wirken. Reine Antagonisten (z. B. Naloxon) heben die Wirkung der Hypnoanalgetika auf und dienen zur Behandlung von Vergiftungen. Dualistisch wirkende Substanzen hat man mit dem Ziel entwickelt, das Suchtpotential der starken Analgetika zu reduzieren. Dieses Ziel wurde jedoch bis heute nicht erreicht.

Codein

Codein ist der Methylether des Morphins. Er wird zu Morphin metabolisiert. Codein besitzt dementsprechend ein morphinähnliches Wirkungsspektrum, ist aber fünf bis zehnmal schwächer wirksam. Es besitzt eine gute orale Bioverfügbarkeit und wird meist zur Behandlung von geringeren bis mittleren Schmerzen und zur Dämpfung des Hustenreizes eingesetzt. Das Suchtpotential bei therapeutischer Dosierung ist gering.

Codein wird gelegentlich durch Extraktion von Opium, jedoch meist durch Methylierung von (–)-Morphin, gewonnen. In einer Phasentransferreaktion kann dieses selektiv mit Trimethylphenylammoniumchlorid methyliert werden.

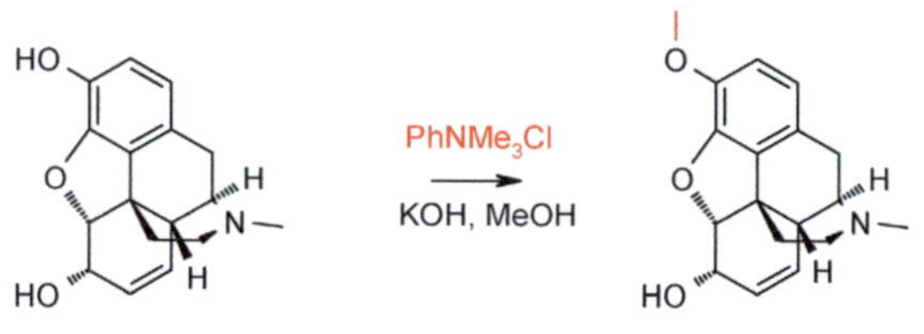

(-)-Morphin (-)-Codein

Dihydrocodein

Dihydrocodein besitzt eine dem Codein verwandte Pharmakologie. Es wird meist oral verabreicht. Bei chronischer Medikation kann es zur Abhängigkeit führen.

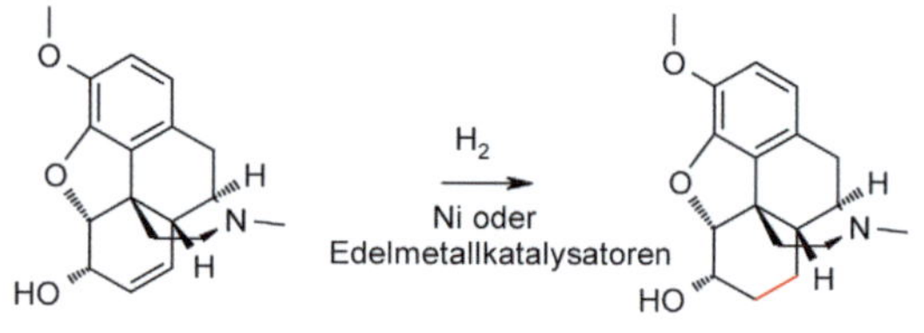

(-)-Codein (-)-Dihydrocodein

Hydrocodon

Auch Hydrocodon (Handelsname in Deutschland: *Dicodid*®) ist ein Opioid, dessen Pharmakologie mit der des Codeins vergleichbar ist. Besonders ausgeprägt ist die antitussive Wirkung. Hydrocodon besitzt eine höhere Wirksamkeit als Codein und wird darum auch bei mittleren bis stärkeren Schmerzen eingesetzt. Es entsteht durch palladium- oder platinkatalysierte Doppelbindungsisomerisierung des Codeins.

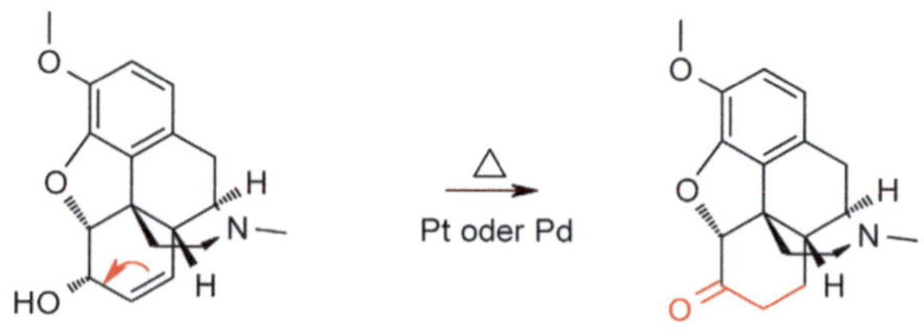

(-)-Codein Hydrocodon

Hydromorphon

Hydromorphon (Handelsname in Deutschland: *Dilaudid®*) ist wirksamer als Morphin und bei mittleren bis stärkeren Schmerzen indiziert. Hydromorphon kann Abhängigkeit erzeugen. Ausgangsmaterial für die Synthese ist Morphin, das zunächst hydriert und dessen Alkoholfunktion dann in einer Oppenauer-Oxidation mit Cyclohexanon oxidiert wird.

(-)-Morphin   **(-)-Dihydromorphin**   **Hydromorphon**

Oxycodon

Oxycodon (Handelsnamen in Deutschland: *Oxygesic®*, *Eukodal®*) benutzt man auch in Kombination mit Paracetamol oder Acetylsalicylsäure zur Kontrolle stärkerer Schmerzen. Oxycodon erhält man aus Thebain durch Oxidation mit Wasserstoffperoxid und Hydrierung der vinylogen Doppelbindung.

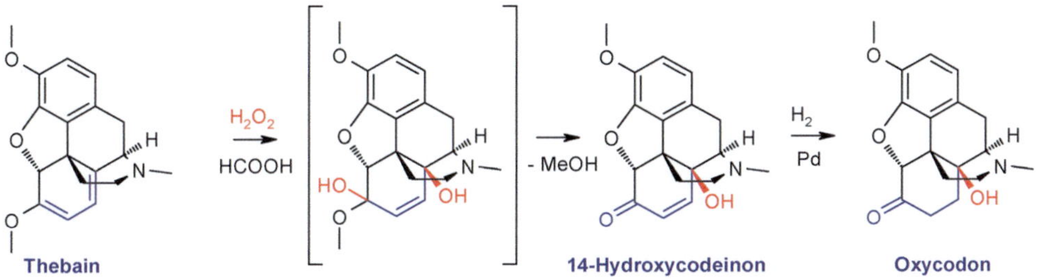

Thebain   **14-Hydroxycodeinon**   **Oxycodon**

Oxymorphon

Oxymorphon ist ein fünf bis zehnmal stärkeres Morphinderivat, das zur Behandlung von stärkeren Schmerzen in parenteralen und rektalen Applikationsformen in den USA und Canada (Handelsname: *Numorphan®*) auf dem Markt ist. Es wird durch Spaltung des Methylesters aus Oxycodon hergestellt.

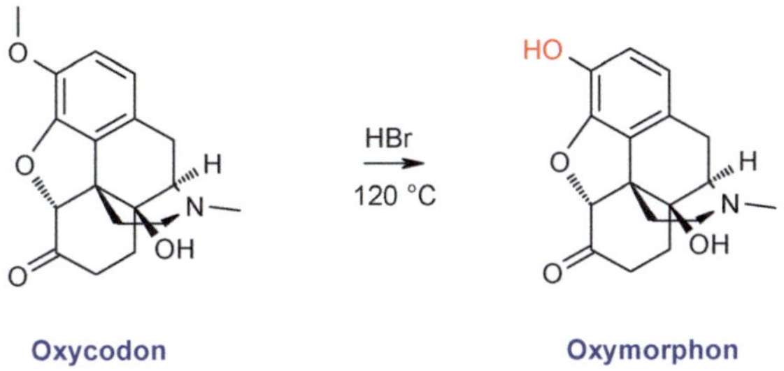

Oxycodon   **Oxymorphon**

Etorphin

Etorphin ist ein extrem starkes und schnell wirkendes μ-Opioid, 400–1 000 mal stärker als Morphin. Die Substanz wird sehr schnell durch die Haut oder Schleimhaut resorbiert, sodass man außerordentlich sorgfältig damit umgehen muss, um Kontaminationen zu vermeiden. Naloxon oder Diprenorphin sind wirkungsvolle Antagonisten. Anwendung findet der Wirkstoff meist in der Veterinärmedizin zur Ruhigstellung großer Tiere (Nashorn und Elefant). Entsprechend ist auch der Handelsname in Großbritannien: *Immobilon*®.

Die Synthese geht von Thebain aus, das in einer Diels-Alder-Reaktion mit Methylvinylketon und anschließend mit *n*-Butylmagnesiumchlorid umgesetzt wird. In einer nukleophilen Substitution wird abschließend der Methoxyrest durch eine Hydroxygruppe ersetzt.

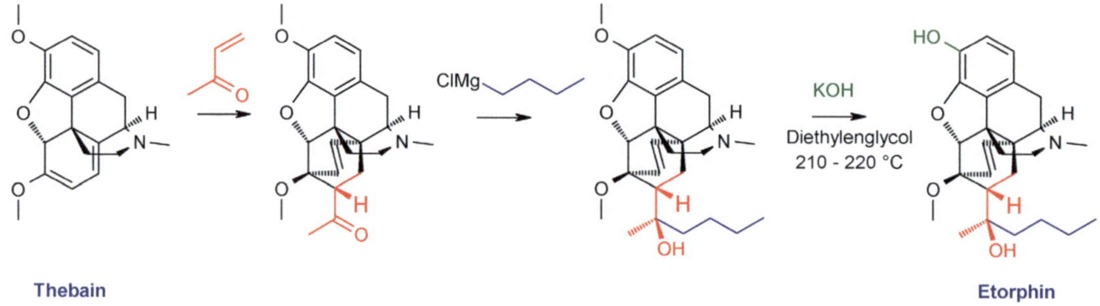

Die Diels-Alder-Reaktion wird durch Elektronendonatoren am Diensystem und durch Elektronenakzeptoren am Dienophil begünstigt. Das Diensystem des C-Rings liegt mit dem Piperidinring (E-Ring, Sesselkonformation) fast in einer Ebene, wobei der Aromat (A-Ring) des Thebains, den „oberen Halbraum" sehr wirkungsvoll abschirmt. Die partielle Polarisierung und sekundäre Orbitalwechselwirkungen bestimmen die hohe Regio- und endo-Selektivität. Auch die Grignard-Reaktion erfolgt unter strenger Kontrolle der Diastereoselektivität. Die Methoxyfunktion am C-Ring dient als stereodifferenzierende Gruppe durch Chelatkontrolle.

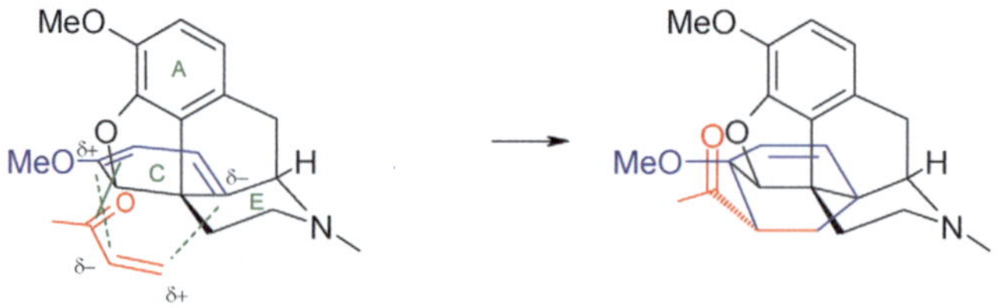

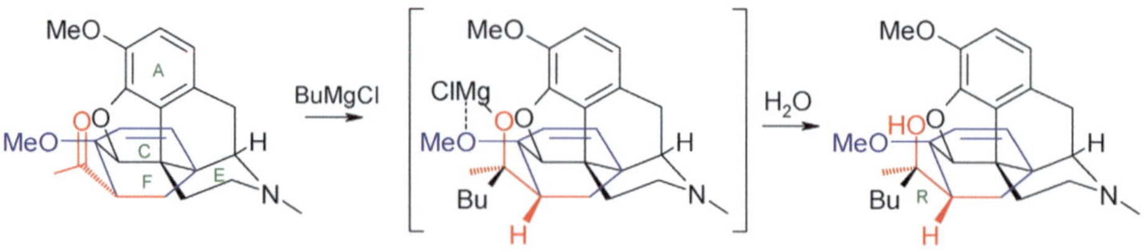

Buprenorphin

Buprenorphin (Handelsname in Deutschland: *Temgesic®*) ist ein gemischter Opioid-μ-Agonist-δ,κ-Antagonist[38] mit langer Wirkungsdauer, die man durch eine langsame Dissoziation vom Opioidrezeptor erklärt. Diese Verbindung ist 20–30 mal wirksamer als Morphin. In Wirkung und Nebenwirkung dominiert das Profil eines μ-Opioid-Agonisten. Trotz seines partiellen antagonistischen Charakters besitzt Buprenorphin ein beachtliches Suchtpotential. Aufgrund der lang anhaltenden Wirkung wird es jedoch auch zur Suchttherapie eingesetzt.

Die Synthese besitzt gewisse Ähnlichkeit mit der von Etorphin. Nach der Diels-Alder-Reaktion von Thebain mit Methylvinylketon wird die Doppelbindung hydriert. Es schließt sich eine Grignard-Reaktion mit *t*-Butylmagnesium-chlorid an. Zur Modifizierung des tertiären Amins wird dieses mit Bromcyan demethyliert und mit Cyclopropancarbonsäurechlorid umgesetzt. Nach der Reduktion mit Lithiumaluminiumhydrid wird schließlich noch die aromatische Methoxygruppe durch nukleophile Substitution unter drastischen Bedingungen ersetzt.

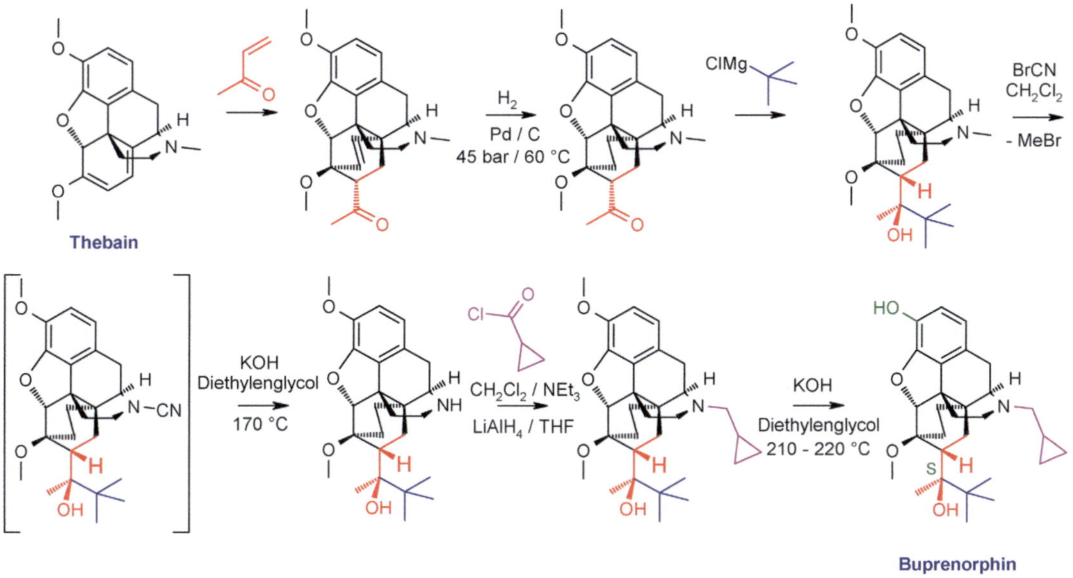

Nalbuphin

Nalbuphin (Handelsname in Deutschland: *Nubain®*) ist ebenfalls ein gemischter Agonist-Antagonist. Die Gefahr von Halluzinationen und psychotischen Effekten ist geringer als bei anderen dualistischen Opioiden. Das Abhängigkeitspotential ist gering, sodass Nalbuphin nicht der Kontrolle von Narkotika unterliegt.

Ausgangsmaterial für die Synthese ist Oxymorphon, dessen Hydroxygruppen mit Essigsäureanhydrid zunächst verestert werden, bevor man mit Bromcyan die N-Methylgruppe abspaltet. Nach saurer Hydrolyse der Ester wird die Ketogruppe mit Natriumboranat reduziert und abschließend der Stickstoff mit Cyclobutylmethylbromid alkyliert.[39]

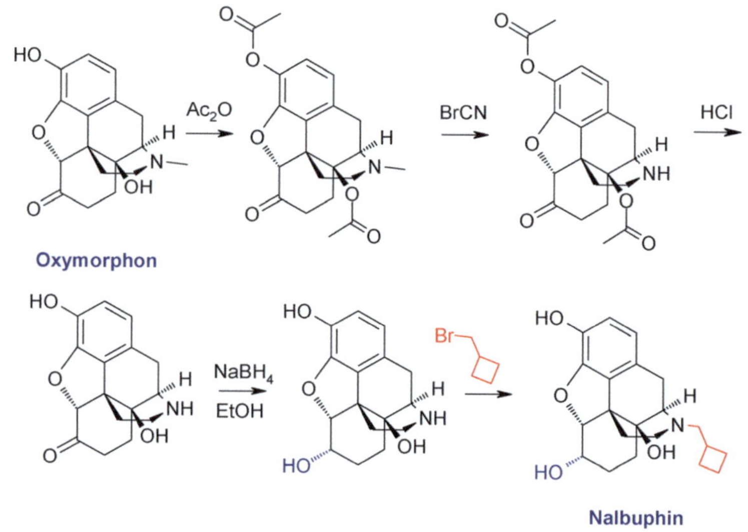

Oxymorphon

Ac₂O → BrCN → HCl →

NaBH₄ / EtOH →

Nalbuphin

Naloxon

Naloxon (Handelsname in Deutschland: *Narcanti*®) ist der Prototyp eines reinen Antagonisten. Naloxon bindet an den Rezeptor, aktiviert ihn jedoch nicht. Der Wirkungsbeginn nach parenteraler Applikation ist sehr rasch, die Wirkungsdauer allerdings relativ kurz. Die orale Bioverfügbarkeit ist aufgrund eines beachtlichen *first-pass*-Metabolismus in Darm und Leber schlecht. Naloxon benutzt man zur Therapie von Opioidintoxikationen. Es hat nur geringe Nebenwirkungen. Die Synthese geht von einer Zwischenstufe des Nalbuphins aus, die am Stickstoff allyliert wird.

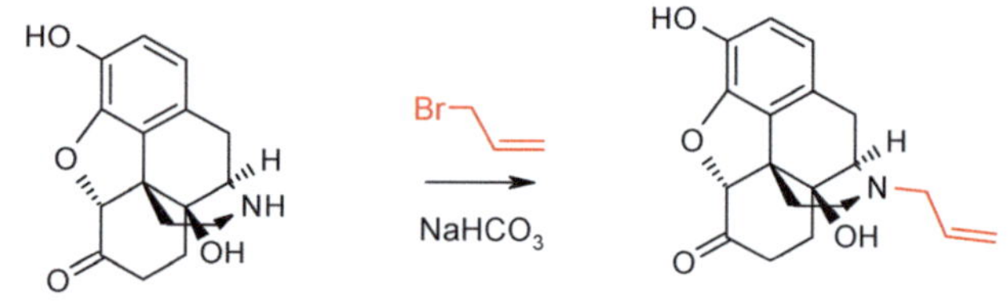

NaHCO₃

Naloxon

Naltrexon

Naltrexon (Handelsname in Deutschland: *Nemexin*®) ist ebenfalls ein reiner Opioidantagonist wie Naloxon, allerdings mit größerer und länger anhaltender Wirkung. Es hat ausreichende orale Bioverfügbarkeit, sodass man hiermit Drogenabhängige behandeln kann. Die Synthese verläuft analog zu Naloxon.

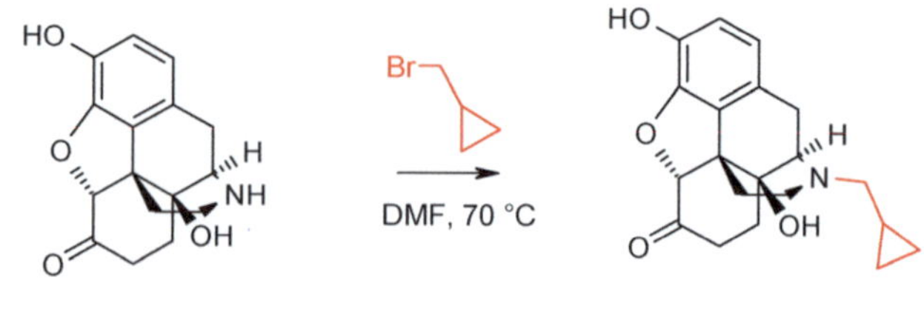

DMF, 70 °C

Naltrexon

5.3.10 Totalsynthese von Opioiden mit Morphinan-ähnlichem Gerüst

Levorphanol

Levorphanol (Handelsname in den USA: *Levo-Dromoran*®) ist ein totalsynthetischer Opioidagonist für die parenterale und orale Anwendung. Die Wirkstärke bei parenteraler Applikation ist vier- bis fünfmal höher als bei Morphin. Ebenfalls vorteilhaft ist die lange Wirkdauer bei oraler Applikation, die bis zu acht Stunden anhält.

Schlüsselreaktion ist eine Bischler-Napieralski-Reaktion (intramolekulare Vilsmeier-Reaktion) bei der der Hydroisochinolinring geschlossen wird. Nach reduktiver Methylierung mit Formaldehyd wird durch Erwärmen mit Phosphorsäure zum einen der Methylether gespalten und zum anderen der Aromat alkyliert, wodurch das quartäre benzylische Zentrum aufgebaut wird. Das wirksame Enantiomer ist erwartungsgemäß das (–)-Isomer, das man auf der letzten Stufe durch Kristallisation mit (+)-Weinsäure erhält. Levorphanol ist ein Tetrazyklus. Offensichtlich ist für die pharmakologische Wirkung der D-Ring nur von untergeordneter Bedeutung.

ⓘ Die dritte bedeutende Isochinolinsynthese ist die Pomeranz-Fritsch-Reaktion. Ausgehend von Benzaldehyden und den Acetalen des Aminoacetaldehyds erhält man oft in mäßigen Ausbeuten durch Erwärmen und Behandeln mit Schwefelsäure Isochinoline.

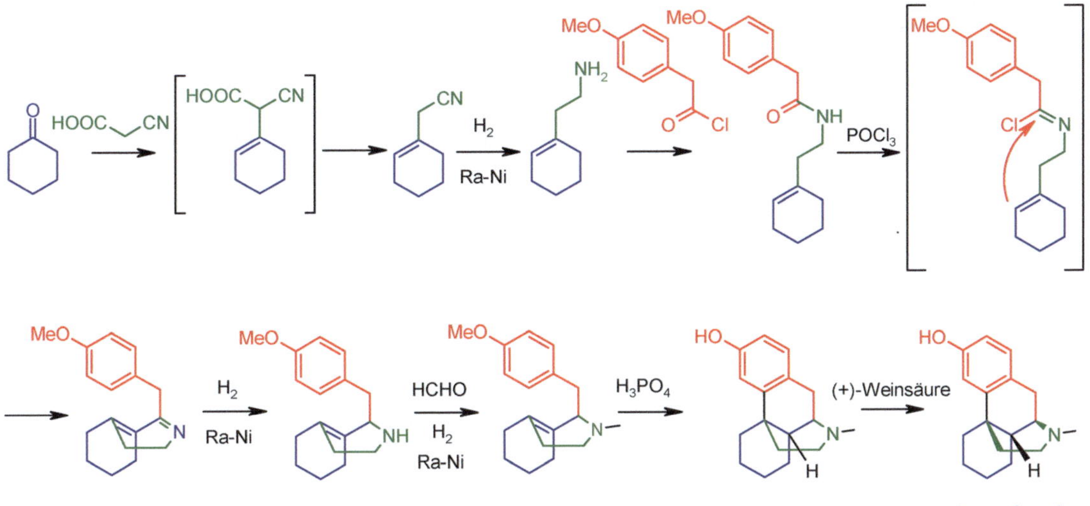

Levorphanol

Butorphanol

Butorphanol (Handelsname in den USA: *Stadol*®) ist ein vollsynthetisches Analgetikum zur Behandlung von mittleren bis starken Schmerzen und Bestandteil verschiedener Anästhetika. Es handelt sich um einen partiellen Agonisten am μ-Rezeptor und einen vollständigen Antagonisten am κ-Rezeptor.

Der Syntheseweg ist relativ lang. Bemerkenswert ist der Aufbau des quartären Zentrums durch eine Wagner-Meerwein-Umlagerung, die zum Racemat führt. Der Piperidinring wird durch eine Epoxidöffnung geschlossen. Durch erneute Epoxidierung erzeugt man in Position 14 eine Sauerstofffunktion mit der gewünschten absoluten Konfiguration. Im Zuge der Reduktion des Carbonsäureamids zum tertiären Amin wird auch das Epoxid zum Alkohol reduziert. Aufgrund der hohen Diastereoselektivität der einzelnen Reaktionsschritte erhält man am Ende ein Racemat, das nur noch durch Kristallisation mit (–)-Weinsäure getrennt werden muss.

Butorphanol

Pentazocin

Pentazocin (Handelsname in Deutschland: *Fortral*®) ist ebenfalls ein gemischter Opioid-Agonist-Antagonist, jedoch mit fast komplementärem Wirkprofil, im Vergleich zu Butorphanol. Es handelt sich um einen partiellen μ-Antagonisten und einen κ-Agonisten. Die Struktur von Pentazocin ist gegenüber der von Morphin noch weiter vereinfacht. Neben dem fehlenden D-Ring ist auch der C-Ring nur noch durch zwei Methylgruppen angedeutet.

Die Synthese von Pentazocin ist vergleichsweise kurz. Der Grignard-Reaktion mit einem Pyridiniumsalz schließt sich eine partielle Hydrierung an. Die Spaltung des Methylethers geht mit dem Aufbau des quartären Zentrums durch säurekatalysierte Alkylierung einher. Schließlich wird die Aminofunktion mit Bromcyan demethyliert und mit Isopentenylbromid alkyliert.

5.3.11 Totalsynthetische Opioide ohne Morphinan-struktur

Während in den oben vorgestellten vollsynthetischen Opiaten die Morphinan-struktur immer noch zu erkennen ist, obwohl man versucht hat, die Strukturen immer weiter abzuwandeln und zu vereinfachen, entdeckte man ab den 30er Jahren des letzten Jahrhunderts eine Reihe Wirkstoffe ohne Morphinangerüst, die allerdings wie Morphin selektiv an den μ-Subtyp des Opioidrezeptors binden.[40]

Pethidin

Als bedeutender Meilenstein in der Opioidforschung gilt die Synthese von Pethidin im Jahr 1939 (Handelsname in Deutschland: *Dolantin*®). Auf der Suche nach Spasmolytika (krampflösende Medikamente) entdeckte man bei der Abwandlung der Struktur von Atropin, dass Mäuse nach der Applikation dieser Substanzen morphintypische Symptome, den Manegetrieb (stereotypes Laufen im Kreis) und das Staubsche Schwanzphänomen (Aufrechtstellung des Schwanzes), zeigten. Umfangreiche und sorgfältige pharmakologische Untersuchungen führten dann zu Pethidin. Seine orale Bioverfügbarkeit beträgt etwa 50 %. Der *first-pass*-Metabolismus in der Leber führt durch Demethylierung zu dem pharmakologisch wirksamen Metaboliten: Norpethidin.

Die Synthese ist denkbar einfach. Benzylcyanid wird mit β,β'-Di-(chlorethyl)-methylamin doppelt alkyliert und die Nitrilfunktion in einer Pinner-Reaktion mit Ethanol zum Ethylester umgesetzt.

Pethidin

Levomethadon

In den 40er Jahren entdeckte man, dass auch Derivate des 3,3-Diphenylpropyl-N,N-dimethylamins analgetische Eigenschaften haben. Der Vergleich mit Pethidin zeigt die Verwandtschaft. Im Wesentlichen wurde der Piperidinring aufgeschnitten und die Struktur durch einen weiteren Phenylring wieder regidisiert. Die erste Verbindung aus dieser Stoffgruppe, die 1946 klinisch geprüft wurde, war Methadon. Das (*R*)-Enantiomere ist das pharmakologisch wirksame Isomer und ähnelt in Wirkung und Nebenwirkung dem Morphin. Die orale Bioverfügbarkeit ist mit 80 % für Opioide extrem hoch. Es besitzt eine hohe Plasmaproteinbindung und mit 24 Stunden eine lange Eliminierungshalbwertzeit. Das Entzugssyndrom ist zwar länger anhaltend, aber milder als bei Morphin. Aufgrund starker Schmerzen an der Injektionsstelle nach parenteraler Applikation ist das Missbrauchspotenzial relativ gering. In Deutschland ist das reine (−)-Enantiomer (Levomethadon) im Handel.

Die Synthese ist ebenfalls recht einfach. Einer Alkylierung von Diphenyl-acetonitril folgt eine Grignard-Reaktion. Die Enantiomeren werden mit (+)-Weinsäure getrennt.

Levomethadon

Fentanyl

Auch im Fentanyl, das man Anfang der 60er Jahre entdeckte, kann man noch eine Verwandtschaft zu Pethidin erkennen. Der Piperidinstickstoff ist über eine kurze Kohlenstoffkette mit einem Aromaten verknüpft. In Position 4 des Pipe-ridinrings steht ein sperriger Rest. Fentanyl ist ein sehr lipophiles Opioid mit einer 200fach stärkeren Wirkung als Morphin. Verwendung findet es gegen star-ke chronische Schmerzen und in der Anästhesie.

Die Synthese ist etwas aufwendiger als bei den zuvor besprochenen Beispie-len. Ein Vorteil ist darin zu sehen, dass diese achirale Verbindung keine Enan-tiomerentrennung erfordert.

Fentanyl

Tilidin

Ebenfalls in den 60er Jahren entdeckte man verschiedene Dimethylaminocyclo-hexane wie das Tilidin, die eine starke analgetische Wirkung zeigen. Dabei ist es wieder wie beim Pethidin nicht das Tilidin selbst, das schmerzstillend wirkt, sondern seine Metabolite, Nortilidin und Bisnortilidin.

Die Gefahr des Missbrauchs von Tilidin ist hoch, sodass in vielen Ländern orale Applikationen noch zusätzlich den μ-Antagonisten Naloxon enthalten. Dieser inhibiert die Wirkung von Tilidin bei missbräuchlicher, parenteraler Ap-plikation. Bei bestimmungsgemäßer oraler Gabe wird Naloxon ausreichend schnell metabolisiert, sodass die analgetische Wirkung von Tilidin nicht beein-flusst wird. Die Resorption ist ausreichend langsam, sodass der „Kick" aus-bleibt und die Medikamente für den Missbrauch uninteressant werden.

Die Synthese ist beeindruckend einfach. Das Cyclohexensystem wird durch eine Diels-Alder-Reaktion eines aus Crotonaldehyd generierten Enamins mit

Atropasäureethylester aufgebaut. Die *cis/trans*-Isomere werden durch Zink-komplexe getrennt. Tilidin kommt als Racemat auf den Markt.

Tilidin

Tramadol

Tramadol ist ein Analgetikum mit atypischem Wirkprofil. Ziel der Entwicklung war ursprünglich, ein von Codein abgeleitetes, neues Antitussivum zu finden. Mit Tramadol entdeckte man jedoch eine Substanz mit nur mäßigen Opioidei-genschaften, aber einer deutlichen monaminergen Wirkkomponente, d. h. die Inhibierung der Noradrenalin- und Serotoninwiederaufnahme führt zur Hemmung der spinalen Schmerztransmission. Aufgrund der mäßigen Opioid-Rezeptor-Wechselwirkung ist die Missbrauchgefahr gering und die entsprechenden Medikamente sind weltweit gegen Rezept direkt erhältlich. Der weltweite Umsatz wurde im Jahr 2000 auf über zwei Milliarden Euro geschätzt.

Tramadol wird als Racemat verkauft, wobei beide Enantiomere und auch deren Metabolite, insbesondere die am Sauerstoff demethylierten Derivate, unterschiedliche pharmalogische Wirkung besitzen (Abb. 5.51).

	μ-Opioid-Bindung K_i [μM]	NA Reuptake K_i [μM]
(+)-Tramadol	5,1	6,9
(-)-Tramadol	120	**0,6**
(+)-Nortramadol	**0,02**	28,4
(-)-Nortramadol	1,8	**1,8**

5.51 *Während der Hauptmetabolit des (+)-Tramadols im Wesentlichen für die opioide Wirkung verantwortlich ist, verursacht (–)-Tramadol und gleichermaßen (–)-Nortramadol die Hemmung der Wiederaufnahme von Neurotransmittern.*

Die Synthese ist ebenfalls einfach. Es handelt sich um eine Grignard-Reaktion ausgehend von *m*-Bromanisol mit dem Mannichprodukt von Dimethylamin, Formaldehyd und Cyclohexanon.

Die Diastereomere werden durch Kristallisation getrennt. In den Handel gelangt das Racemat aus den (*R,R*)- und (*S,S*)-Enantiomeren. Eine Enantiomerentrennung wäre mit Weinsäure, O,O'-Dibenzoylweinsäure, O,O'-Di-*p*-toluoylweinsäure oder Mandelsäure[41] möglich.[42]

5.3.12 Schlussbemerkung

Allein in Deutschland gibt es über eine Million Schmerzpatienten, die über eine längere Zeit oder ständig unter Schmerzen leiden.[43] Von allen Pharmawirkstoffgruppen sind es die Analgetika, die heute am häufigsten verschrieben werden. Zusammen mit den Antirheumatika machen diese beiden Indikationsgruppen 80 % der Verordnungen aus.[44]

Zur Behandlung schwerer und schwerster akuter und chronischer Schmerzen, insbesondere bei unfallbedingten, postoperativen und Tumorschmerzen, sind Opioide, trotz zahlreicher unerwünschter Nebenwirkungen, nach wie vor die Mittel der Wahl. Hypnoanalgetika sind aufgrund ihrer tranquillisierenden Wirkung auch bei Herzinfarkt und akutem Lungenödem indiziert.

Es obliegt der Verantwortung des Arztes wie des Patienten, mit Schmerzmitteln vernünftig umzugehen. Auch bei chronisch Schmerzkranken geht es heute nicht darum, völlige Schmerzfreiheit herbeizuführen, sondern die Schmerzen auf ein erträgliches Maß zu reduzieren. Beachtet man dies, dann bleibt auch die Suchtgefahr gering.

Eine besondere Bedeutung kommt der Behandlung von Tumorpatienten zu. Im Vordergrund steht hierbei nicht mehr, das Leben eines unheilbar Kranken zu verlängern, sondern dessen Lebensqualität in der verbleibenden Zeit bis zum Tod so erträglich wie möglich zu gestalten.

Zusammenfassung in Stichpunkten

- Opiate haben immer noch große Bedeutung bei der Bekämpfung starker Schmerzen.
- Die vom Morphin abgeleitete analgetische Grundstruktur findet sich in einer Vielzahl von Schmerzmitteln.
- Trotz einer Reihe neuerer enantioselektiver Totalsynthesen von Morphin und Thebain, wird man diese auch weiterhin aus „nachwachsenden Rohstof-

fen" gewinnen und mit chemischen Methoden in die entsprechenden Wirkstoffe umwandeln.

- Darüber hinaus gibt es eine Reihe „strukturell vereinfachter Opiate", die auf vergleichsweise kurzem Weg durch chemische Synthese zugänglich sind.

Literatur

[1] S. Shaik, Angew. Chem. **115** (2003) 3326 (Endorphine und Liebe).

[2] M. Seefelder, Opium – Eine Kulturgeschichte, Athenäum, Frankfurt, 1987.

[3] E. Pallenbach, Pharmazie in unserer Zeit **31** (2002) 90.

[4] F. I. Carroll, L. L. Howell, M. J. Kuhar, J. Med. Chem. **42** (1999) 2721.

[5] R. J. Bryant, Chem. Ind. (1988) 146.

[6] E. Mutschler, Arzneimittelwirkung, Wissenschaftliche Verlagsgesellschaft, Stuttgart, 1991, 161.

[7] F.-J. Kuhlen, Pharmazie in unserer Zeit **31** (2002) 13 (Historisches zum Thema Schmerz).

[8] E. Friedrichs, W. Straßburger, Pharmazie in unserer Zeit **31** (2002) 32.

[9] M. Eguchi, Med. Res. Rev. **24** (2004) 182.

[10] W. Straßburger, E. Friedrichs, Pharmazie in unserer Zeit **31** (2002) 52.

[11] W. G. Donner, Pharmazie in unserer Zeit **15** (1986) 33.

[12] M. Hesse, Alkaloide – Fluch oder Segen der Natur?, Wiley-VCH, Weinheim, 2000, 344.

[13] M. Hesse, Alkaloide – Fluch oder Segen der Natur?, Wiley-VCH, Weinheim, 2000, 388.

[14] J. Frackenpohl, Chemie in unserer Zeit **34** (2000) 99.

[15] CD Römpp Chemie Lexikon, Georg Thieme Verlag, Stuttgart, 1995.

[16] M. Hesse, Alkaloide – Fluch oder Segen der Natur?, Wiley-VCH, Weinheim, 2000, 275.

[17] G. Bringmann, Naturwissenschaften **66** (1979) 22.

[18] A. G. Millgate, B. J. Pogson, I. W. Wilson, T. M. Kutchan, M. H. Zenk, W. L. Gerlach, A. J. Fist, P. J. Larkin, Nature **431** (2004) 413.

[19] Deutsche Apotheker Zeitung **136** (1996) 17.

[20] T. Amann, M. H. Zenk, Deutsche Apotheker Zeitung **136** (1996) 17.

[21] C. Poeaknapo, J. Schmidt, M. Brandsch, B. Dräger, M. H. Zenk, PNAS **101** (2004) 14091.

[22] P. R. Blakemore, J. D. White, Chem. Commun. (2002) 1159.

[23] C. Schuster, Die BASF **21** (1971) 47.

[24] 100 Jahre Chemisch-Wissenschaftliches Laboratorium der BAYER AG, Firmenschrift, 1996, 28.

[25] J. M. Gulland, R. Robinson, Mem. Proc. Manch. Lit. Soc. **69** (1925) 79.

[26] M. Gates, G. Tschudi, J. Am. Chem. Soc. **74** (1952) 1109.

[27] M. Gates, G. Tschudi, J. Am. Chem. Soc. **78** (1956) 1380.

[28] M. Maier, H. Waldmann (Ed.), Organic Synthesis Highlights II, VCH, Weinheim, 1995, 357 (Review über nicht-enantioselektive Morphin-Synthesen).

[29] C. Y. Hong, N. Kado, L. E. Overman, J. Am. Chem. Soc. **115** (1993) 11028.

[30] J. Mulzer, G. Dürner, D. Trauner, Angew. Chem. **108** (1996) 3046.

[31] D. Trauner, S. Porth, T. Opatz, J. W. Bats, G. Giester, J. Mulzer, Synthesis (1998) 653.

[32] J. D. White, P. Hrnciar, F. Stappenbeck, J. Org. Chem. **62** (1997) 5250.

[33] D. F. Taber, T. D. Neubert, A. L. Rheingold, J. Am. Chem. Soc. **124** (2002) 12416.

[34] B. M. Trost, W. Tang, J. Am. Chem. Soc. **124** (2002) 14542.

[35] H. L. Goering, S. S. Kantner, C. C. Tseng, J. Org. Chem. **48** (1983) 715.

[36] I. Iijima, J. Minamikawa, A. E. Jacobson, A. Brossi, K. C. Rice, J. Org. Chem. **43** (1978) 1462.

[37] Ullmann's Encyclopedia of Industrial Chemistry, 6. Ed., Wiley-VCH, Weinheim, 2000, Electronic Release.

[38] G. Geißlinger, Deut. Apotheker Zeit. **143** (2003) 62.

39 A. Kleemann, J. Engel, Pharmaceutical Substances, Thieme Verlag, Stuttgart, New York, 1999, 1294.

40 H. Buschmann, B. Sundermann, C. Maul, Pharmazie in unserer Zeit **31** (2002) 44.

41 G. R. Evans, P. D. Fernández, J. A. Henshilwood, S. Lloyd, C. Nicklin, Org. Proc. Res. Dev. **6** (2002) 729.

42 RWTH, Arbeits- und Ergebnisbericht, Transferbereich 11, Stereoselektive Synthese (2001).

43 R. F. Schmidt, Pharmazie in unserer Zeit **31** (2002) 23.

44 G. Seitz, Pharmazeut. Zeitung **137** (1992) 87.

5.4 Tetrahydrocannabinol

Hanf (*Cannabis sativa* L.) gehört zu den ältesten der von Menschen kultivierten Pflanzen (Abb. 5.52). Ursprünglich in Indien, Afghanistan und Iran beheimatet, findet man heute Hanf fast überall auf der Welt, zuweilen sogar in unseren Kleingärten und Balkonkulturen.

5.52 *Hanf (Cannabis sativa L.)*

Die Nutzung des Hanfs als Quelle für Fasern ist in China seit 4 800 Jahren bekannt. Im alten Ägypten dagegen, in Vorderasien und bei den Phöniziern war diese Pflanze unbekannt. Die Griechen lernten den Hanf erst im fünften vorchristlichen Jahrhundert kennen und nannten ihn „Kannabis". Früh war auch schon seine psychotrope Wirkung bekannt. Bereits Herodot (490–430 v. Chr.) schildert eine antike Cannabisorgie. Er beschreibt, dass die Skythen, die Bewohner der Gebiete nördlich des Schwarzen Meeres »Hanfsamen auf Steine werfen, die sie vorher glühend machen und die Rauch und Dampf verbreiten ... und die Skythen tauchen fröhlich in diesen Dampf und stoßen Schreie aus ...«[1]

Etwa zur gleichen Zeit bauten auch die Germanen Hanf an. Die Kelten kannten den Hanf seit der Hallstattzeit (700–450 v. Chr.). Im dritten Jahrhundert vor Christus nutzten die Gallier im Rhônetal den Hanf zur Herstellung von Seilen und Kleidern. Giron II., Tyrann von Syrakus, importierte von dort Hanf zur Herstellung von Schiffstauen. In der römischen Literatur wird Hanf zum ersten Mal bei Lucilius (180–102 v. Chr.) erwähnt.

Zur Zeit Karls des Großen (742–814) wurde Hanf in Europa im großen Stil angebaut. In den Klöstern benutzte man Hanföllampen. Die Mönche machten ihre Abschriften auf Hanfpapier. Später druckte Gutenberg (1454) die Bibel auf dieses Material und auch die amerikanische Unabhängigkeitserklärung ist auf Hanfpapier geschrieben. Mit Christoph Columbus (1492) und später der Besatzung der Mayflower (1620) gelangte der Hanf nach Amerika. Im 19. Jahrhundert besaß Hanf für England militärische und strategische Bedeutung. Die verwendeten Tauwerke und Segel bestanden hauptsächlich aus Hanf, der aus Italien und Russland importiert wurde. Während der napoleonischen Kontinentalsperre förderte König Georg III. den Hanfanbau in Südengland.

Eine der ältesten Beschreibungen von Cannabis als Medikament stammt aus dem Arzneibuch des chinesischen Kaisers Shen Nung aus dem 28. vorchristlichen Jahrhundert. In Europa wurden die Inhaltsstoffe des Hanfs als Betäubungsmittel erst durch den Einfluss der arabischen Medizin bekannt. Hildegard von Bingen beschrieb Hanf als Heilpflanze. Seit 1660 gelangte Cannabis aus Südafrika nach Amsterdam und wurde dort in den Coffeeshops geraucht. Im 19. Jahrhundert erlangte die Droge ungeahnte Beliebtheit. Im Pariser Hotel „Pimondo" residierte der „Club der Haschischfreunde". Künstler und Schriftsteller rauchten die *Huka*, die Wasserpfeife, und kosteten von der „Konfitüre" des Dr. Joseph Muro. Sir John Russell Reynolds, der Arzt von Königin Viktoria (1837–1901), war einer der frühen Verfechter von Cannabis als Arzneimittel. Um 1900 war das deutsche Kaiserreich einer der größten Hanfimporteure – nicht nur zur Herstellung von Hanfseilen. Indische Einwanderer brachten Cannabis nach Mexiko. Von dort aus gelangte die Droge auch in den Süden der Vereinigten Staaten.[2] Die Prohibition in den 20er Jahren förderte den Konsum von Marihuana (span. Maria-Johanna (Deckname)) und Haschisch (arab. getrocknetes Gras) ebenso wie die Hippiekultur in der zweiten Hälfte der 60er Jahre. In Deutschland wurde 1981 vor dem Hintergrund der Drogenproblematik der Anbau von Hanf verboten. Seit 1996 dürfen an Tetrahydrocannabinol (THC) arme Sorten, die stattdessen einen erhöhten Gehalt an Cannabidiol besitzen, nach vorheriger Genehmigung wieder angepflanzt werden. Das Bundeskriminalamt zählte im Jahr 2002 in Deutschland mehr als 250 000 Verstöße gegen das Betäubungsmittelgesetz, davon waren 55 % aller Fälle dem Cannabis zuzuordnen.[3]

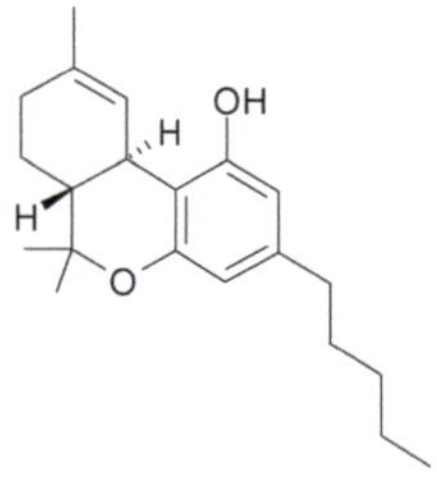

5.4.1 Botanik und Verwendung

Der Hanf (*Cannabis sativa* L.) gehört zur Familie der Hanfgewächse (Cannabinaceae). Hanf klassifiziert man hinsichtlich seines Drogengehalts. Unter Berücksichtigung, dass bei der Analyse Tetrahydrocannabinol (THC) zu Cannabinol oxidieren kann, ermittelt man den Quotienten ([THC] + [Cannabinol])/[Cannabidiol]. Ist der Quotient kleiner eins, zählt der Phenotyp zu Faserhanf, ist er größer eins, handelt es sich um Drogenhanf.[4] Die einjährige Pflanze wird bis zu fünf Meter groß. Die Blätter sind handförmig gelappt. Hanf ist zweihäusig. Die weiblichen Hanfpflanzen (Hanfhenne) sind stärker verzweigt und reicher belaubt als die männlichen Exemplare (Femelhanf). Hanf wird nach dem Verblühen der männlichen Blüten geerntet.

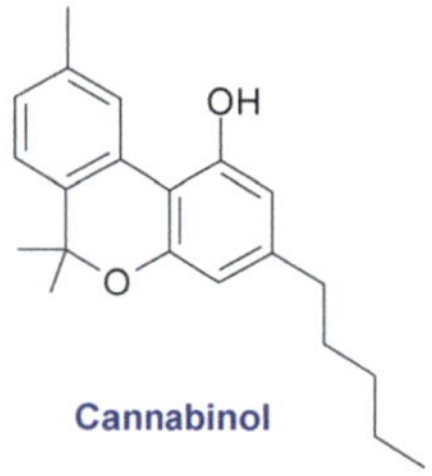

Aus den Rinden der Hanfstängel gewinnt man Bast. Die Bastfasern werden mechanisch von den holzigen Teilen getrennt. Modernere Trennmethoden benutzen Enzyme oder Dampfdruck-, Tensid- oder Ultraschallaufschlussverfahren. Die besten Hanffasern erhält man von den männlichen Pflanzen. Sie sind sehr stabil und werden zur Herstellung von Tauen, Seilen, Netzen, Bindfäden, Zwirnen, Teppichen, Textilien und Segeltuch verwendet. Das Holz nutzt man zur Herstellung von Isoliermaterial. Es ist aber auch gut geeignet zur Produktion von Papier, Pappe und Karton, weil der Ligninanteil nur 10 % beträgt (im Gegensatz zu dem von Bäumen mit 20–25 %).

Die Früchte, mehrere Millimeter kleine, glatte, graue Nüsse (mit 30–35 % Fettgehalt), werden zur Ölgewinnung vermahlen und gepresst. Das grünliche, mittelstark trocknende Hanföl enthält in seinen Glyceriden 46–70 % Linolsäure

Δ^9-Tetrahydrocannabinol (THC)

Cannabinol

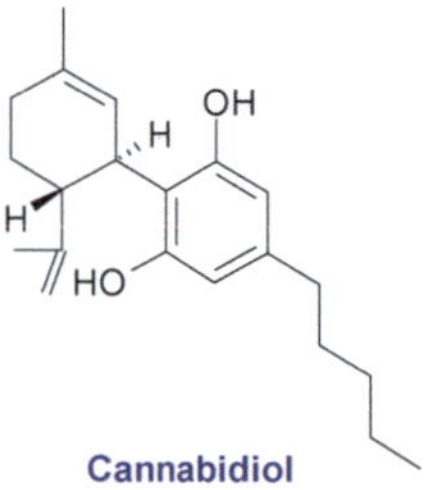

Cannabidiol

und 14–28 % Linolensäure. Es findet daher Verwendung als Speiseöl und dient als Ersatz für Leinöl in Farben. Daneben wird es auch zur Herstellung von Margarine und grüner Schmierseife verwendet.

Vor allem weibliche Hanfpflanzen scheiden an Blüten, Blättern und Stängeln ein harziges Sekret aus. Dieses Harz bildet sich allerdings nur in warmen Gebieten in nennenswerter Menge. Zur Gewinnung der Droge werden die weiblichen Blütenstände geerntet, getrocknet und als Marihuana verkauft, oder sie werden auf Teppichen zerrieben, wobei das klebrige Harz an den Teppichfasern haften bleibt. Nach der Abtrennung der Blütenbestandteile wird das Harz zu kleinen Broten geknetet. Eine weitere Erntemethode besteht darin, dass mit Lederschürzen bekleidete Sammler ein Hanffeld zur Blütezeit im Juli bis August durchlaufen und später das klebrige Harz vom Leder abkratzen. Marokko und Afghanistan sind als Haschischlieferanten für Europa besonders bekannt.[1] Marihuana und Haschisch werden zusammen mit Tabak geraucht („Joints"). Daneben wird Haschisch in der Wasserpfeife geraucht oder mit Mundstücken inhaliert. Andere Zubereitungsformen sind das Aufbrühen von Tees und das Herstellen von Backwerk.

5.4.2 Die Droge

Marihuana enthält als psychotrope Substanz bis zu 2 % Δ^9-Tetrahydrocannabinol (THC), Haschisch bis zu 8 %. Beim Rauchen von Marihuana werden 20 % des THCs resorbiert, bei oraler Applikation von Haschisch gelangen 6 % des Tetrahydrocannabinols ins Blut. Aufgrund des lipophilen Charakters wird Δ^9-Tetrahydrocannabinol in metabolisierter Form im Gewebe eingelagert. Nach einer Woche sind erst 30 % der Substanz über Stuhl und Urin ausgeschieden. Die vollständige Ausscheidung erstreckt sich über einen Monat. Für die psychotropen Effekte ist das (6aR, 10aR)-Enantiomere verantwortlich (Abb. 5.53).

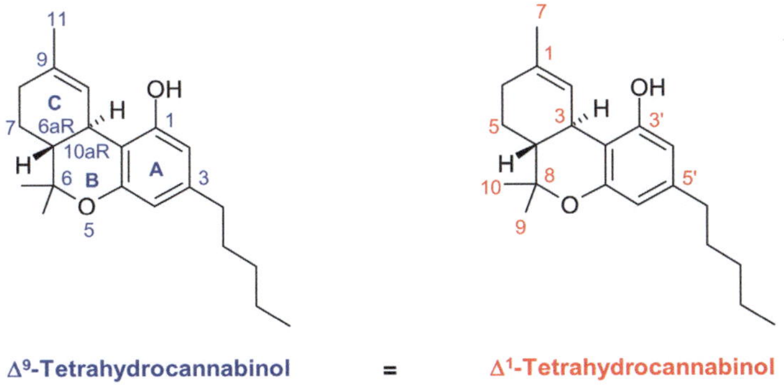

Δ^9-Tetrahydrocannabinol   =   **Δ^1-Tetrahydrocannabinol**

5.53 *In der Literatur findet man, abgeleitet von der Terpennomenklatur, die synonyme Bezeichnung Δ^1-Tetrahydrocannabinol.*

Ein weiterer wesentlicher Inhaltsstoff ist Cannabidiol. Dieses wirkt bakteriostatisch, schmerzlindernd und beruhigend, jedoch nicht bewusstseinsverändernd. Die analgetische und entzündungshemmende Wirkung ist mehrere Hundert Mal stärker als die von Aspirin und beruht auf einer dualen Cyclooxygenase- und Lipoxygenaseinhibition,[5] was Cannabidiol zu einer idealen

Leitstruktur für die Suche nach neuen nichtsteroidalen Entzündungshemmer macht.

Von ähnlicher Wirkung wie Δ^9- ist Δ^8-Tetrahydrocannabinol, das aber in Hanf nur in geringer Menge vorkommt. Bei oraler Gabe von Haschisch beruht die psychotrope Wirkung zusätzlich auch auf dem in 11-Position hydroxylierten Metaboliten, der äquipotent zu THC ist.

Weitere Cannabinoide sind Δ^9-Tetrahydrocannabidivarol, dessen Seitenkette um zwei C-Atome verkürzt ist, sowie die Δ^9-Tetrahydrocannabinolsäuren A und B, die an Position 2 bzw. 4 eine Carbonsäurefunktion enthalten.[6] Beim Rauchen von Cannabis decarboxyliert diese und erhöht so den THC-Gehalt (Abb. 5.54).

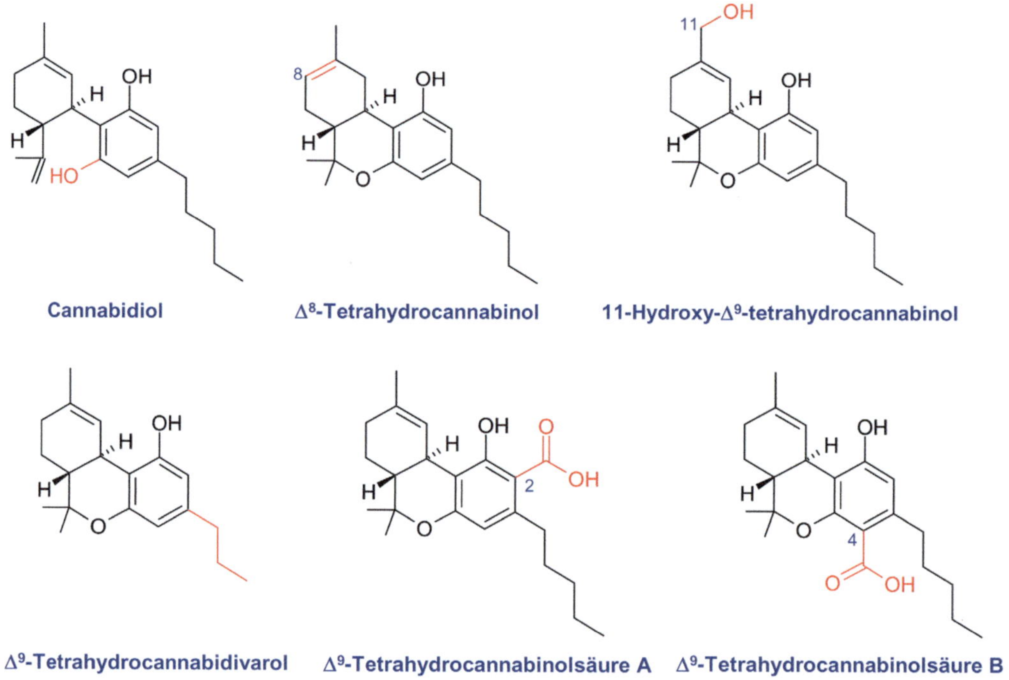

Cannabidiol   **Δ^8-Tetrahydrocannabinol**   **11-Hydroxy-Δ^9-tetrahydrocannabinol**

Δ^9-Tetrahydrocannabidivarol   **Δ^9-Tetrahydrocannabinolsäure A**   **Δ^9-Tetrahydrocannabinolsäure B**

5.54 *Weitere Wirkstoffe und Metabolite des Cannabis.*

Um 1940 isolierten Todd in Großbritannien und Adams in den Vereinigten Staaten Cannabinol. Man stellte jedoch fest, dass diese Substanz nicht für die psychotropen Effekte von Cannabis verantwortlich ist. Es handelte sich um ein Artefakt, das durch Oxidation von THC während der Isolierung entstanden war.[7] Eine weitere Schwierigkeit bei der Strukturaufklärung von THC lag darin, dass die Doppelbindung säurekatalysiert leicht in die thermodynamisch begünstigte Position 8 isomerisiert. Das Problem der Isolierung war schlicht technischer Natur: Im Gegensatz zu den Alkaloiden, bei denen man oft durch Salzbildung kristalline Verbindungen herstellen kann, die sich gut reinigen lassen, ist dies bei Δ^9-Tetrahydrocannabinol nicht möglich.

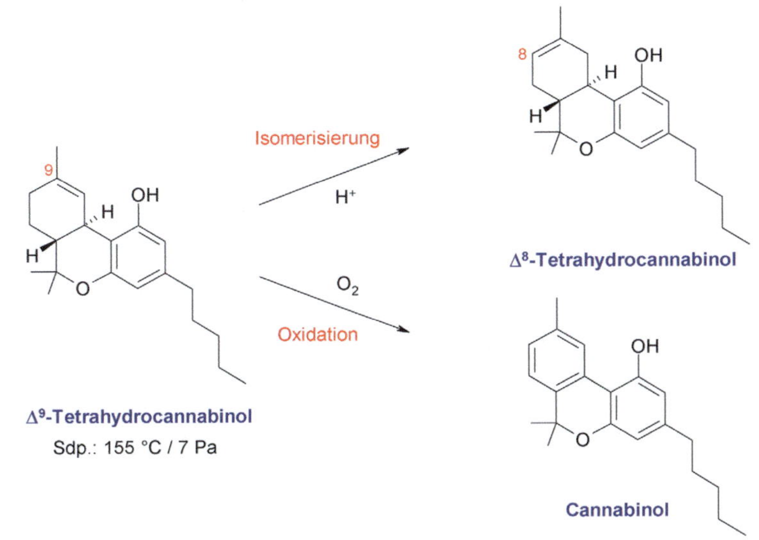

Isomerisierung

H⁺

Δ^8-Tetrahydrocannabinol

O₂

Oxidation

Δ^9-Tetrahydrocannabinol
Sdp.: 155 °C / 7 Pa

Cannabinol

Durch verbesserte chromatographische Methoden und dank der neuen Techniken der NMR- und Massenspektroskopie gelang Raphael Mechoulam in den 60er Jahren die Isolierung und Strukturaufklärung des pharmakologischen Prinzips von Hanf.[8][9] Heute sind etwa 70 Cannabinoide bekannt.

5.4.3 Biosynthese

Startpunkt der Biosynthese ist *n*-Capronsäure, aus der sukzessiv eine Triketocarbonsäure aufgebaut wird. Durch intramolekulare Aldolreaktion entsteht Olivetolsäure, aus der sich durch Decarboxylierung Olivetol bildet.

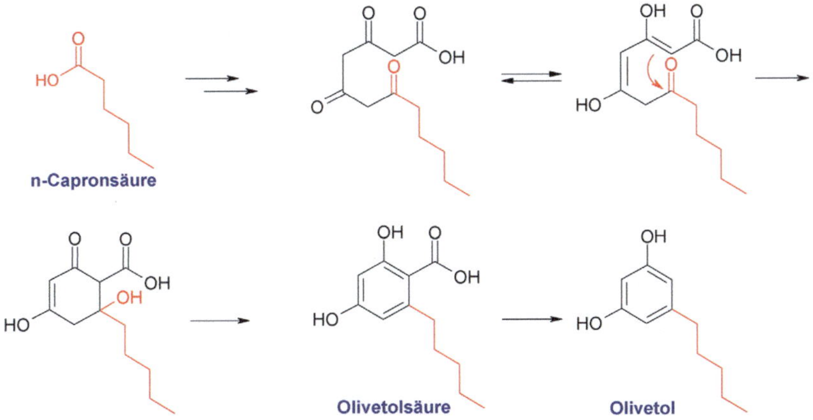

n-Capronsäure

Olivetolsäure

Olivetol

Im nächsten Schritt kondensiert Olivetolsäure in Gegenwart einer speziellen Prenyltransferase mit Geranyldiphosphat. Da man als zweite Komponente Cannabinerolsäure findet, erscheint es wahrscheinlich, dass auch Neryldiphosphat am gleichen Enzym umgesetzt wird. Spezifisch ist das Enzym jedoch bezüglich

(E): **Geranyldiphosphat**
(Z): **Neryldiphosphat**

Olivetolsäure

(E): R: COOH **Cannabigerolsäure**
　　　R: H　　 **Cannabigerol**

(Z): R: COOH **Cannabinerolsäure**
　　　R: H　　 **Cannabinerol**

Allyl-umlagerung

c

R:COOH, R':H　Δ^9-**THC-säure A**
R:H, R':COOH　Δ^9-**THC-säure B**
R, R':H　　　　Δ^9-**THC**

a

b

O_2

R: COOH **Cannabichromensäure**
R: H　　 **Cannabichromen**

R: COOH **Cannabidiolsäure**
R: H　　 **Cannabidiol**

R: COOH **Cannabinolsäure**
R: H　　 **Cannabinol**

Licht

Licht
O_2

Cannabicyclol

Cannabielsosäure A

Olivetolsäure. Olivetol selbst ist als Prenylakzeptor inaktiv.[10] Die Umsetzung von Cannabigerolsäure mittels einer Oxidocyclase führt zu Δ^9-Tetrahydrocannabinolsäure A. Die Hydroxylierung, Umlagerung und Zyklisierung ist eine formale Illustration des Reaktionsgeschehens. Auch hier sind die neutralen

Cannabinoide, Cannabigerol und Cannabinerol keine Substrate für das Enzym. Bemerkenswerterweise ist Cannabidiolsäure, eine plausible Zwischenstufe bei der Zyklisierung, kein Substrat für die Oxidocyclase.[11] Bei den weiteren Cannabinoiden könnte es sich um Artefakte handeln, die durch Licht, Wärme und/oder Sauerstoff gebildet werden, z. B. beim Trocknen der Zweige oder beim Sammeln des Harzes. Denkbar ist aber auch, dass bei Blatttemperaturen von 50–55 °C schon in der Pflanze eine partielle Decarboxylierung stattfindet.

5.4.4 Endocannabinoide

Obwohl Cannabis wie Opium seit Jahrtausenden als Droge benutzt wird, ist unser pharmakologisches und toxikologisches Verständnis der Cannabinoide, im Gegensatz zu den Opioiden, erst in den 90er Jahren des 20. Jahrhunderts entstanden.[12] Man erklärte sich deren Wirkungsweise pauschal als eine Störung des Membranpotentials der Nervenzellen verursacht durch hohe Lipophilie, Akkumulation und Persistenz der Tetrahydrocannabinoide. Detaillierte Untersuchungen von Struktur/Wirkungsbeziehungen ließen jedoch an dieser Erklärung zweifeln. So führten bereits geringfügige strukturelle Veränderungen teilweise zu einem völligen Wirkungsverlust. Auch die Stereospezifität deutete darauf hin, dass es einen speziellen Rezeptor geben sollte. 1988 konnte schließlich der erste Rezeptor dieser Art, der Cannabinoidrezeptor Typ 1 (CB1), charakterisiert und 1990 auch kloniert werden.[7] Wie man heute weiß, handelt es sich hierbei um einen im Gehirn am häufigsten exprimierten Rezeptor. 1993 identifizierte man in der Milz den ersten nichtcerebralen Cannabinoidrezeptor Typ 2 (CB2).

Ausgehend von der Überlegung, dass man hiermit ein „Schloss" entdeckt hatte, stellte sich nun die Frage nach dem endogenen „Schlüssel". Dass Δ^9-Tetrahydrocannabinol aus Hanf in dieses „Schloss" passt, konnte einfach Zufall sein, zumal THC im Gegensatz zu Morphin bisher noch nicht im menschlichen Körper als körpereigene Substanz nachgewiesen werden konnte. 1992 entdeckte Mechoulam an der Hebrew University in Jerusalem das erste Endocannabinoid, das er aus Schweinehirn extrahierte und dessen Affinität er durch klassische Verdrängungsstudien am CB1-Rezeptor nachwies. Mechoulam nannte es „Anandamid" (sanskr. *ananda*: Glückseligkeit). Chemisch gesehen handelt es sich um Arachidonoylethanolamid (Abb. 5.55). Anandamid (K_i: 52 nM) hat praktisch die gleiche Affinität wie Δ^9-Tetrahydrocannabinol (K_i: 41 nM) am CB1-Rezeptor, wird aber, im Gegensatz zu THC, durch das Enzym Anandamidamidohydrolase rasch hydrolytisch desaktiviert.

In veterinärmedizinischen Studien konnte man zeigen, dass Anandamid Schweine beruhigt. Dabei sinkt die Körpertemperatur leicht ab, die Atmung ist verlangsamt und sie legen sich öfters nieder. Man schätzt, dass Anandamid als Neurotransmitter für kognitive und emotionale Hirnvorgänge eine ähnlich große Bedeutung zukommt wie dem Dopamin und Serotonin, deren Funktion man heute schon viel besser versteht. Anandamid scheint auch eine wichtige Rolle bei der Regulierung der Stimmungslage, beim Erinnerungsvermögen, beim Appetit und beim Schmerzempfinden zu spielen. Außerhalb des Gehirns

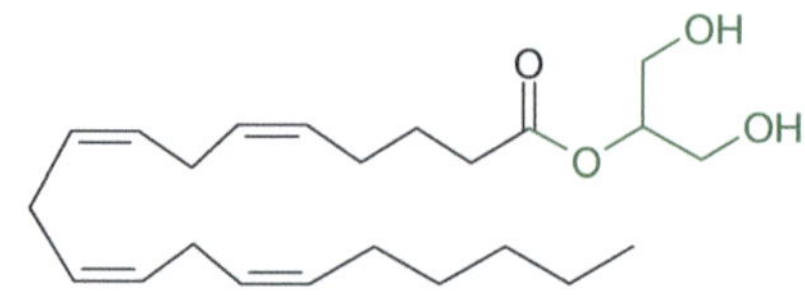

Arachidonoylethanolamid
Anandamid

Arachidonoyl-2-glycerin

Docosa-7,10,13,16-tetraenoylenthanolamid

Homo-γ-linolenoylethanolamid

5.55 *Endocannabinoide.*

fand man die höchsten Konzentrationen an Anandamid im Uterus kurz vor der Einnistung des Embryos. Verständlich ist daher, dass Tetrahydrocannabinol während der ersten Wochen eine Schwangerschaft gefährdet.

Später entdeckte man ebenfalls in Extrakten des Schweinehirns zwei weitere Fettsäureamide des Aminoethanols. Diese binden mit den gleichen K_i-Werten an den CB1-Rezeptor. Weitere Endocannabinoide entdeckte man im Magen-Darm-Trakt des Hundes und in der Milz der Maus. Es handelt sich hierbei um Fettsäuremonoester des Glycerins. 2-Arachidonoylglycerin konnte im Gehirn in 170-mal höherer Konzentration als Anandamid nachgewiesen werden. *In vivo* und *in vitro* hat diese Substanz die gleiche Wirkung wie Anandamid.

5.4.5 Struktur/Wirkungsbeziehungen

Aufgrund empirischer Struktur/Wirkungsbeziehungen gelang es ein dreidimensionales Modell des CB1-Rezeptors zu entwickeln. Wichtig für eine hohe Bindungsaffinität sind die phenolische Hydroxygruppe an C-1, der Alkylrest an C-3, die (*R*)-Konfiguration an den beiden Asymmetriezentren sowie das Substitutionsmuster an C-9 und C-11 (Abb. 5.56 und Tab. 5.7).

Die Bindungsaffinität von Δ^8-Tetrahydrocannabinol (K_i: 44 nM) und Δ^9-Tetrahydrocannabinol (K_i: 41 nM) sind im Rahmen der Messgenauigkeit gleich. Dagegen beobachtet man deutliche Effekte bei Änderung der Länge und des Verzweigungsgrades der Seitenkette. Verkürzt man die Seitenkette bei Δ^8-Tetrahydrocannabinol um ein C-Atom, steigt der K_i-Wert auf 65 nM. Die Verlängerung von Pentyl auf Octyl führt zu einer schrittweisen Verringerung des K_i-Wertes auf 8,5 nM. Eine verglichen mit Δ^8-Tetrahydrocannabinol hundertfach höhere Affinität findet man für ein Cannabinoid mit einer (1'*S*,2'*R*)-Dimethylheptyl-Seitenkette (K_i: 0,46 nM). Von etwas geringerer Affinität ist das Isomere mit einem 1',1'-Dimethylheptylrest (K_i: 0,77 nM). Die Bindung an den Rezeptor lässt sich im Fall des 1',1'-Dimethyloctylrests (K_i: 0,09 nM) noch um den Faktor 8 steigern. Verlängert man die Kette allerdings weiter, so steigen die K_i-

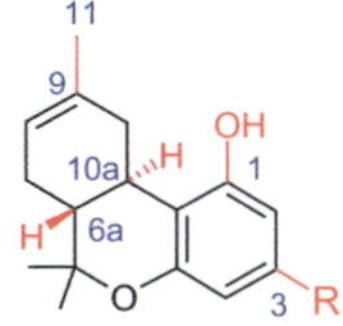

phenolische Hydroxygruppe an C-1

Alkylrest an C-3

Absolute Konfiguration an C-6a und C-10a

Substitutionsmuster an C-9 und C-11

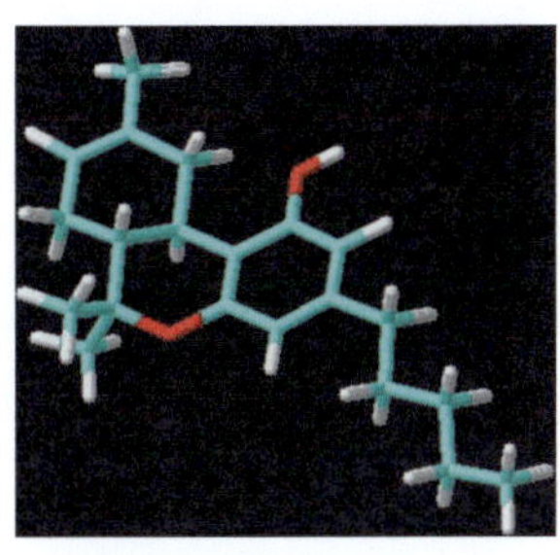

5.56 *Struktur/Wirkungs-beziehungen.*

Tabelle 5.6 *Bindungsaffinitäten von Δ^8-Tetrahydrocannabinoiden am CB1-Rezeptor*

Rest R	Bindungsaffinität K_i (nM)
n-Butyl	65
n-Pentyl	44
n-Hexyl	41
n-Heptyl	22
n-Octyl	8,5
(1′*S*,2′*R*)-Dimethylheptyl	0,46
(1′,1′)-Dimethylethyl	14
(1′,1′)-Dimethylpentyl	3,9
(1′,1′)-Dimethylhexyl	2,7
(1′,1′)-Dimethylheptyl	0,77
(1′,1′)-Dimethyloctyl	0,09
(1′,1′)-Dimethylnonyl	1,6
(1′,1′)-Dimethyldodecyl	126

Werte schrittweise wieder an. Im Fall des 1',1'Dimethyldodecylrests wurde ein K_i-Wert von 126 nM gemessen.[13]

5.4.6 Pharmakologie

Von klinischer Bedeutung sind heute

- die Hemmung von Übelkeit und Erbrechen im Zusammenhang mit der Chemotherapie bei Krebspatienten,
- die Anregung des Appetits bei AIDS-Erkrankungen (Kachexie, Wasting-Syndrom),
- die Reduzierung muskulärer Krämpfe und Spasmen bei multipler Sklerose und Querschnittslähmung und
- die chronische Schmerztherapie (z. B. Phantomschmerzen, Migräne).

Die Wirkungen des Δ^9-Tetrahydrocannabinols treten ab einer Dosis von 0,1 mg/kg Körpergewicht auf. Die Droge verursacht Hungergefühl und beschleunigt den Herzschlag. Die Augenbindehaut wird durch eine erhöhte Blutzufuhr gerötet.

Die psychischen und halluzinogenen Effekte sind nicht einheitlich. Δ^9-Tetrahydrocannabinol wirkt in geringen Dosen (5–7 mg) sedierend und in hohen

Dosen (über 15 mg) erregend. Diese Erregung kann sich bis zu psychotischen Zuständen verstärken. Häufig kommt es zu einem Gefühl der Entspannung, zum Vergessen von Alltagsproblemen und zu milder Euphorie. Manchmal führt der THC-Konsum aber auch zu einer ängstlichen Unruhe und zu aggressiver Gereiztheit. Die visuelle und akustische Wahrnehmung wird verzerrt, die Gedankengänge werden verlangsamt und die Artikulationsfähigkeit partiell gestört. Haschischkonsumenten brauchen im Gegensatz zu Morphin- oder Alkoholabhängigen die Dosis nicht zu erhöhen, um auch bei längerem Drogenkonsum den gewünschten Effekt zu erzielen. Es gibt keine physische Drogenabhängigkeit, sehr wohl aber eine psychische.

In der Regel bevorzugen cannabisabhängige Patienten das Naturprodukt gegenüber reinem, synthetischem Δ^9-Tetrahydrocannabinol. In vergleichenden Studien am Menschen konnte man zeigen, dass das in Cannabis enthaltene Cannabidiol die Angstzustände, wie sie durch reines THC induziert werden, vor allem bei Frauen und älteren Menschen mildert.

Problematisch an Haschisch und Marihuana als Medikament sind jedoch die Applikationsart und die Standardisierung. Je nach Darreichungsform unterscheiden sich Resorptionskinetik und Bioverfügbarkeit deutlich. Zudem schwankt der Gehalt an Wirkstoffen in Cannabis erheblich, sodass eine Reihe von klinischen Studien nicht vergleichbar sind oder Fehler in der Planung aufweisen. Mikrobielle Verunreinigungen, die zu Allergien und Erkrankungen der Atemwege führen, stellen ein weiteres Problem dar. All dies spricht für die chemische Totalsynthese der reinen Wirkstoffe. Damit könnte in Zukunft vielleicht auch eine gezielte Coadministration mehrerer Cannabinoide ermöglicht werden.

5.4.7 Chemische Synthese

In ihrer Strategie folgen praktisch alle Totalsynthesen der Biosynthese. Zum einen baut man Olivetol aus geeigneten Vorläufern auf und alkyliert dieses mit einem enantiomerenreinen Terpenbaustein. Oft legt das Chiralitätszentrum der späteren Position 6a hierbei die Asymmetrie im Endprodukt fest.[14]

Dieses grundsätzliche Problem erkannte man schon bei der Erstsynthese. Durch die Wahl des Terpenbausteins und der Reaktionsbedingungen beeinflusst man auch die Lage der Doppelbindung in Position 8 bzw. 9.

Olivetol

Der wohl einfachste Syntheseweg, um zu Olivetol zu gelangen, wurde von Hoffmann La Roche beschrieben.[15] Hierbei wird Malonester mit 3-Nonen-2-on kondensiert. Nach Hydrolyse und Decarboxylierung aromatisiert man z. B. mit Brom/DMF.

Δ^9-Tetrahydrocannabinol

Die erste Synthese von Δ^9-Tetrahydrocannabinol stammt von Mechoulam aus dem Jahr 1967.[16] Olivetol wird mit (–)-Verbenol (siehe Pheromone) in Gegenwart von *p*-Toluolsulfonsäure kondensiert. Der Angriff erfolgt selektiv *anti* zur sterisch sehr anspruchsvollen Isopropylidengruppe. Nach chromatographischer Reinigung erhält man mit Bortrifluorid Δ^8-Tetrahydrocannabinol. Präparativ interessant ist die Addition von Chlorwasserstoff und die Eliminierung zu einem Gemisch aus Δ^8- und Δ^9-Tetrahydrocannabinol. Diese können chromatographisch getrennt werden.

Gemisch aus Δ^8 und Δ^9-Tetrahydrocannabinol

Die regiochemische Analyse der Erstsynthese ergab, dass (–)-Verbenol das ideale Edukt für Δ^8-Tetrahydrocannabinol ist. Für Δ^9-Tetrahydrocannabinol steht die Hydroxygruppe des Terpenbausteins an der falschen Stelle. THC sollte man auf direktem Weg erhalten, wenn man statt (–)-Verbenol (+)-Chrysanthenol einsetzt.[17] Dieses erhält man aus (–)-Verbenon durch photochemische Umlagerung und stereoselektiver Reduktion mit Lithiumaluminiumhydrid. Der

Ringschluss führt regio- und enantioselektiv zum Δ^9-Isomer. Allerdings ist das Produkt mit anderen Nebenprodukten verunreinigt und muss ebenfalls chromatographisch gereinigt werden.

(-)-Verbenon   **(-)-Chrysanthenon**   **(+)-Chrysanthenol**

Olivetol

$BF_3 \times Et_2O$

CH_2Cl_2

Δ^9-Tetrahydrocannabinol

Ausgangsmaterial für die erste technische Synthese war (R)-(+)-Limonen. In vier Stufen ist daraus ein *cis/trans*-Gemisch von (+)-*p*-Mentha-2,8-dien-1-ol zugänglich.[18]

(R)-(+)-Limonen   MeCOOOH   75 %   PhSH   47 % H_2O_2 quant.   62 %   **(+)-p-Mentha-2,8-dien-1-ol**

R. K. Razdan untersuchte das Produktspektrum der diastereoselektiven allylischen Substitution in Abhängigkeit von den Zyklisierungsbedingungen. Mit schwachen Säuren erhält man überwiegend Cannabidiol. Im Fall von starken Säuren ist das Hauptprodukt Δ^8-Tetrahydrocannabinol. Nur unter optimierten Bedingungen mit Bortrifluorid kann eine Ausbeute an THC von 31 % erzielt werden.

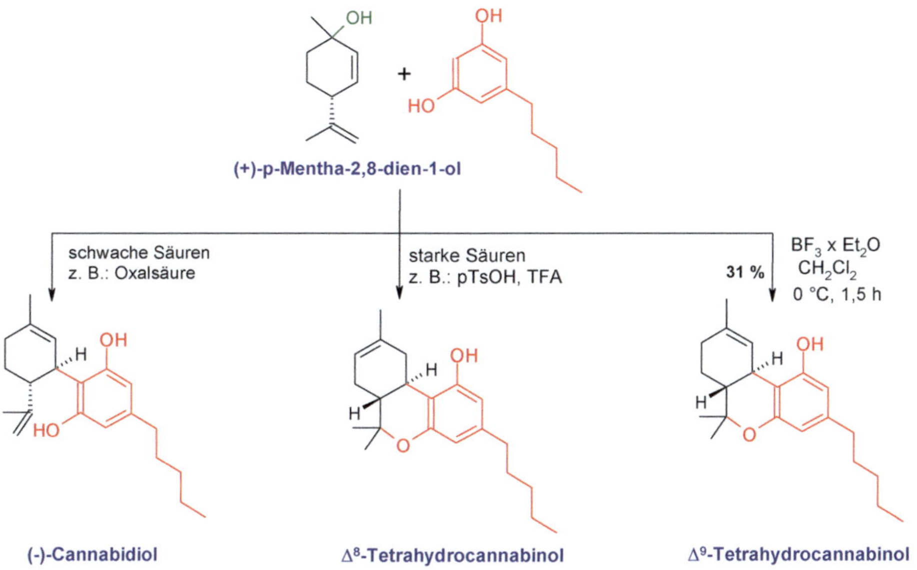

(+)-p-Mentha-2,8-dien-1-ol

schwache Säuren
z. B.: Oxalsäure

starke Säuren
z. B.: pTsOH, TFA

31 %

BF_3 x Et_2O
CH_2Cl_2
0 °C, 1,5 h

(-)-Cannabidiol

Δ^8-Tetrahydrocannabinol

Δ^9-Tetrahydrocannabinol

Eine der wahrscheinlich besten Synthesen geht von (+)-2-Caren aus. In zwei Schritten ist hieraus (+)-*p*-Menth-2-en-1,8-diol zugänglich. Dieses ergibt mit Olivetol in Gegenwart von *p*-Toluolsulfonsäure einen kristallinen Feststoff, den man durch Umkristallisation einfach reinigen kann. Der Ringschluss erfolgt mit Zinkbromid in überraschend guten Ausbeuten.[19][20][21]

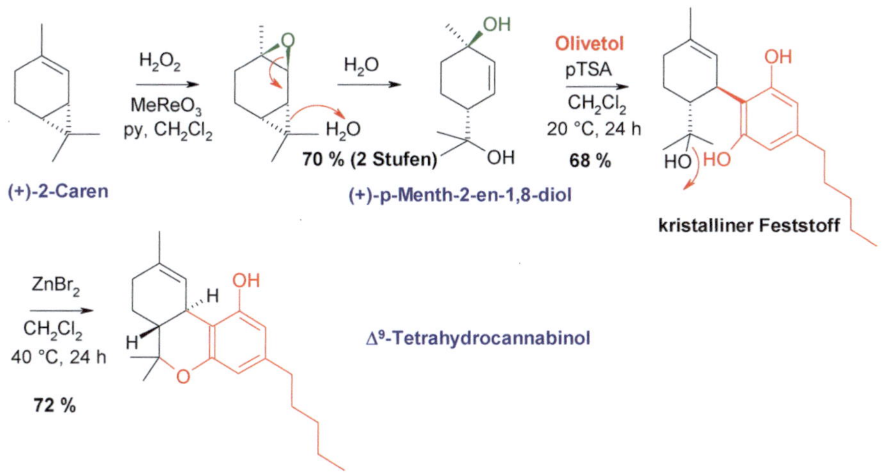

(+)-2-Caren

H_2O_2

$MeReO_3$
py, CH_2Cl_2

H_2O

H_2O

70 % (2 Stufen)

(+)-p-Menth-2-en-1,8-diol

Olivetol
pTSA

CH_2Cl_2
20 °C, 24 h

68 %

kristalliner Feststoff

$ZnBr_2$

CH_2Cl_2
40 °C, 24 h

72 %

Δ^9-Tetrahydrocannabinol

Die Ausbeute lässt sich noch weiter steigern, wenn man (+)-*p*-Menth-2-en-1,8-diol mit Diphenylessigsäure verestert. Dies verlangt allerdings einen Chromatographieschritt auf der Endstufe.[22]

Olivetol

BF$_3$ x Et$_2$O

CH$_2$Cl$_2$

-5 °C, 0,5 h

Chromatographie

86 %

py, DMAP

20 °C, 20 h

77 %

(+)-p-Menth-2-en-1,8-diol

Δ^9-Tetrahydrocannabinol

Einen vom *chiral pool* unabhängigen Zugang zu *ent*-Δ^9-Tetrahydrocannabinol entwickelte David Evans.[23] Durch eine enantioselektive Diels-Alder-Reaktion an einem Kupferbis-(oxazolin)-Komplex erhält man ein Cyclohexencarbonsäureamid, das nach Überführung in den Benzylester und erschöpfender Grignard-Reaktion *ent*-Menth-1-en-3,8-diol ergibt. Auch dieses Isomer lässt sich ganz analog schrittweise zu Tetrahydrocannabinol umsetzen. Δ^9-Tetrahydrocannabinol wäre entsprechend mit dem spiegelbildlichen Katalysator zugänglich.

Isoprenylacetat

2 mol% **Kat.**

-20 °C, 18 h

Kristallisation

57 %

exo : endo = 73 : 27

exo: 98 %ee

Kristallisation: enantiomerenrein

2 BnOLi

THF, -20 °C

82 %

6 MeMgCl

Ether

0 °C

80 %

Olivetol

pTSA

CH$_2$Cl$_2$

0 °C, 7 h

79 %

ent-Menth-1-en-3,8-diol

ZnBr$_2$ MgSO$_4$

CH$_2$Cl$_2$

20 °C, 5 h

72 %

ent–Δ^9-Tetrahydrocannabinol

Kat.:

2 SbF$_6^-$

Dronabinol (2,5 mg THC/Kapsel, *Marinol*®) wurde 1985 von der FDA (Food and Drug Administration) zur Behandlung von Übelkeit und Erbrechen während der Chemotherapie von Krebserkrankungen zugelassen. 1992 kam die Indikation Appetitstimulanz bei AIDS-Patienten hinzu. In Deutschland ist das Medikament seit 1998 gegen Vorlage eines Betäubungsmittelrezepts in Apotheken erhältlich. Seitdem können Patienten, die wegen des Gebrauchs von Cannabispräparaten zu medizinischen Zwecken strafrechtliche Probleme hatten, mit dem Wirkstoff versorgt werden. Der Gesetzgeber hat so einen medizinisch akzeptablen Handlungsrahmen für die betreuenden Ärzte geschaffen.

Nabilone

Nabilone ist ein künstliches Cannabinoid mit vergleichbarer Pharmakologie wie Dronabinol. Es wurde von Eli Lilly als Mittel gegen Erbrechen in der Krebstherapie entwickelt. Auf dem Markt ist das Racemat.[24] Eli Lilly entwickelte jedoch auch, ausgehend von β-Pinen, Synthesen für das enantiomerenreine Produkt.[25] [26]

Das alkylierte Resorcin erhält man durch Friedel-Crafts-Alkylierung von Dimethoxyphenol mit dem entsprechenden tertiären Alkohol. Die Umsetzung läuft hoch regioselektiv in Methansulfonsäure ab. Nach der Bildung des Phosphats reduziert man den Aromaten unter Birch-Bedingungen zum Dehydroaromaten, der unter Rearomatisierung den Phosphorsäureester abspaltet. Mit Bortribromid wird dann das Resorcin freigesetzt.

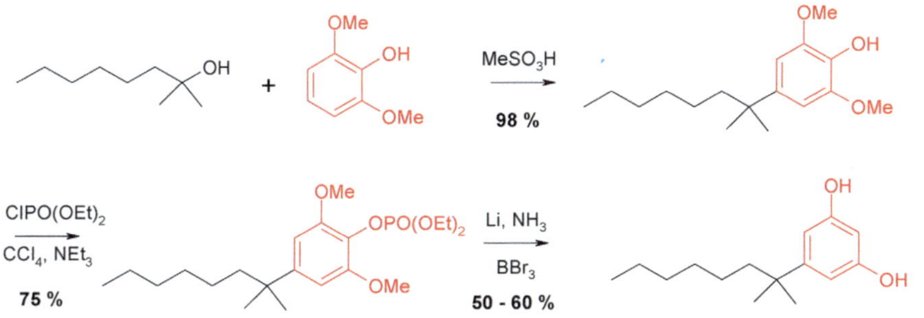

Für den zweiten Baustein wird das Enolacetat des Nopinons mit Bleitetraacetat oxidiert. Michael-Reaktion und nachfolgende Wagner-Meerwein-Umlagerung liefern schließlich den Wirkstoff.

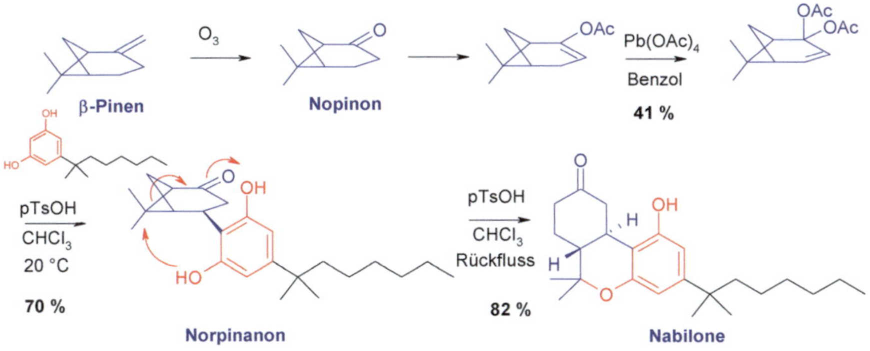

Zusammenfassung in Stichpunkten

- Im Gegensatz zu den Opiaten wurden die Cannabinoide als Pharmawirkstoffe erst in den 80er und 90er Jahren zugelassen. Hauptanwendungsgebiet ist die Therapie von Krebs und AIDS.
- Struktur/Wirkungsuntersuchungen führten zur Entdeckung der Endocannabinoide.
- Im Laufe der Jahre wurden elegante Synthesen von Δ^9-Tetrahydrocannabinol, ausgehend vom *chiral pool* oder durch enantioselektive Synthese, entwickelt.

Literatur

[1] Bibliographisches Institut & F. A. Brockhaus AG, 2001, Electronic Release, Hanf.

[2] www.hanf-cannabis-sativa.org/geschichte-kultur.htm

[3] H. Wildemann, Chemie in unserer Zeit **38** (2004) 384.

[4] C. Giroud, Chimia **56** (2002) 80.

[5] E. M. Williamson, F. J. Evans, Drugs **60** (2000) 1303.

[6] Römpp, Georg Thieme Verlag, Electronic Release, 2004, Tetrahydrocannabinole.

[7] P. Nuhn, Naturstoffchemie, S. Hirzel Verlag, Stuttgart, Leipzig, 1997, 616.

[8] Y. Gaoni, R. Mechoulam, J. Am. Chem. Soc. **86** (1964) 1646.

[9] R. Mechoulam, S. Ben-Shabat, Nat. Prod. Rep. **16** (1999) 131.

[10] M. Fellermeier, M. H. Zenk, FEBS Letters **427** (1998) 283.

[11] F. Taura, S. Morimoto, Y. Shoyama, J. Am. Chem. Soc. **117** (1995) 9766.

[12] D. M. Lambert, C. J. Fowler, J. Med. Chem. **48** (2005) 5059.

[13] J. W. Huffman, J. R. A. Miller, J. Liddle, S. Yu, B. F. Thomas, J. L. Wiley, B. R. Martin, Bioorg. Med. Chem. **11** (2003) 1397.

[14] R. K. Razdan, The Total Synthesis of Natural Products, Vol. 4, J. ApSimon Ed., Wiley, New York, (1981) 185 (Review).

[15] A. Focella, S. Teitel, A. Brossi, J. Org. Chem. **42** (1977) 3456.

[16] R. Mechoulam, P. Braun, Y. Gaoni, J. Am. Chem. Soc. **89** (1967) 4552.

[17] R. K. Razdan, G. R. Handrick, H. C. Dalzell, Experimentia **31** (1975) 16.

[18] Dronabinol, BIC 3000, Becker Associates 1999-2004, 24/11/2004.

[19] L. Crombie, W. M. L. Crombie, S. V. Jamieson, C. J. Palmer, J. Chem. Soc., Perkin. Trans. 1 (1988) 1243.

[20] P. Stoss, P. Merrath, Synlett (1991) 553.

[21] Johnson Matthey: WO02/096846 (2001).

[22] Johnson Matthey: WO02/096899 (2001).

[23] D. A. Evans, E. A. Shaughnessy, D. M. Barnes, Tetrahedron Lett. **38** (1997) 3193.

[24] R. A. Archer, DE 2451936 (1973).

[25] S. J. Dominianni, C. W. Ryan, C. W. DeArmitt, J. Org. Chem. **42** (1977) 344.

[26] R. A. Archer, W. B. Blanchard, W. A. Day, D. W. Johnson, E. R. Lavagnino, C. W. Ryan, J. E. Baldwin, J. Org. Chem. **42** (1977) 2277.

5.5 Aspirin®

Die Geschichte von *Aspirin*® nimmt ihren Ursprung schon in der Antike – mit Hippokrates von Kos (460–377 v. Chr.) und der als *Corpus Hippocraticum* benannten Sammlung medizinischer Schriften. Sie ist damit so alt wie die ärztliche Wissenschaft selbst. Hippokrates wusste bereits um die schmerzstillende (analgetische) und fiebersenkende (antipyretische) Wirkung der Weidenrinde (Abb. 5.57).

5.57 *Silberweide (Salix alba).*

Er riet werdenden Müttern Weidenrinde zu kauen, um die Schmerzen während der Geburtswehen zu lindern. Griechische und römische Wundärzte empfahlen Extrakte aus abgekochter Weide, Pappel und Immergrün bei Wundschmerzen und Verletzungen. Die Kräuterfrauen im Mittelalter wie auch Hildegard von Bingen (1098–1179) bedienten sich des Suds von Weidenrinden zur Schmerzbekämpfung. Seit der Renaissance benutzte man außerdem Echtes Mädesüßkraut[1] (früher: *Spiraea ulmaria*, heute: *Filipendula ulmaria*[2]) gegen Erkältungen, Rheumatismus und Gicht[3] (Abb. 5.58).[4]

Ausgehend von Naturbeobachtungen behandelte Edward Stone, Vikar von Chipping Norton in Oxfordshire 1763 über 50 Patienten mit Weidenrinde gegen Malaria. 1792 benutzte der Arzt Samuel James die Palmweidenrinde (*Salix caprea*) zur Senkung von Fieber. Allgemeine Anerkennung fanden Stones Arbeiten erst 1802 in Culpeppers Werk *Complete Herbal*. Weidenrinde galt fortan als wichtigstes Naturheilmittel gegen Fieber. Sie übernahm rasch die Rolle der bis dahin viel verwendeten Chinarinde, die hauptsächlich aus Peru eingeführt wurde, zumal die Kontinentalsperre Napoleons 1806 eine Versorgung mit Chinarinde unterband. Nach den napoleonischen Kriegen beschäftigten sich verschiedene Apotheker und Chemiker (darunter Pelletier, Caventou, Pagenstecher und Buchner) damit, die jeweiligen Wirkstoffe zu isolieren und deren Struktur aufzuklären. Schließlich gelang es Leroux, einem Apotheker aus Vitry le Francois, aus Mädesüßkraut Salicin herzustellen. Dessen Aglykon oxidierte Raffaele Piria 1838 an der Sorbonne zu einer Carbonsäure, die er *acide salicylique* nannte. Dumas konnte später nachweisen, dass diese identisch mit der direkt aus Mädesüßkraut isolierten Salicylsäure war.[5] Schließlich brachte die Firma Bayer 1899 Acetylsalicylsäure als schmerzstillendes und fiebersenkendes Mittel unter dem Namen *Aspirin*® (A = Acetyl und „spirin" von *Spiraea*, dem Gattungsnamen des Mädesüßkrauts) auf den Markt.

5.58 *Mädesüßkraut (Filipendula ulmaria). Die Blüten dieser Heilpflanze wurden wegen des ätherischen Öls zudem früher zur Bereitung von Met (Bier) benutzt.*

5.5.1 Pharmakologie von *Aspirin*®

Ungeachtet der medizinischen Erfolge, die man mit Aspirin erzielte, blieb dessen pharmakologische Wirkungsweise lange Zeit im Dunkeln. In den 40er Jahren beobachtete der kalifornische Arzt Lawrence Craven, dass die Gabe von Aspirin als Schmerzmittel nach Mandeloperationen (Tonsillektomien) zu massiven Blutungen führte. Er testete Aspirin als Antikoagulans bei mehreren Tausend Herzinfarktpatienten und konnte eindeutig zeigen, dass es auch ein sehr wirkungsvoller Thrombozytenaggregationshemmer ist. Es ist allerdings eine Ironie des Schicksals, dass Craven trotz Selbstmedikation vor Abschluss der Studien an einem Herzinfarkt verstarb.

Den eigentlichen Wirkmechanismus von Acetylsalicylsäure klärte der britische Pharmakologe Sir John R. Vane 1971 auf, wofür er 1982 mit dem Nobelpreis für Medizin geehrt wurde. Acetylsalicylsäure hemmt irreversibel – durch Acetylierung von Serin-530 – die Cyclooxygenase (COX), ein membrangebundenes, ubiquitär auftretendes Enzym. Dieses steht am Anfang des weit verzweigten Biosynthesewegs der Prostaglandine, die maßgeblich bei der Entstehung von Schmerzen und entzündlichen Prozessen beteiligt sind (Abb. 5.59).[5]

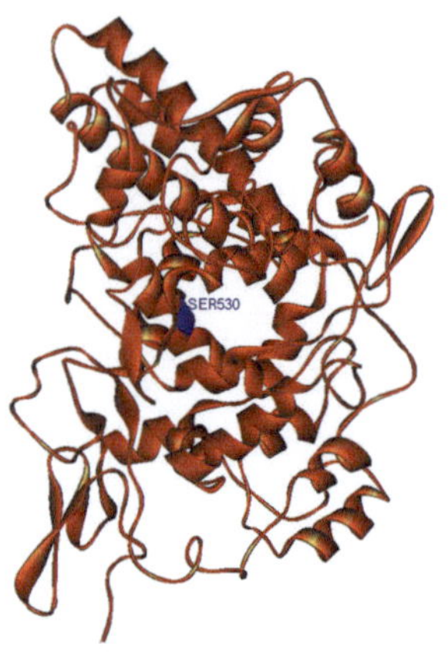

5.59 *Cyclooxygenase I.*

5.5.2 Biosynthese von Salicylaten

Die Biosynthese der Salicylate ist sehr vielfältig. Mikroorganismen produzieren Salicylsäure während einer frühen Stufe des Shikimisäurewegs und durch Hydroxylierung von Benzoesäure.

Chorisminsäure   **Iso-Chorisminsäure**   **Salicylsäure**

Benzoesäure

Enterobactin

Vermutlich handelt es sich hierbei um einen Nebenweg der Biosynthese, der weit bedeutungsvolleren 2,3-Dihydroxybenzoesäure. Diese ist z. B. ein Synthesebaustein von Enterobactin (einem Siderophor), das für die Aufnahme und Anreicherung von Eisen essenziell ist.

Pflanzen produzieren Salicin im Rahmen des Sekundärstoffwechsels aus Zimtsäure, durch *o*-Hydroxylierung und eine Retroaldolkondensation.

Zimtsäure   Retro-Aldol   **Salicin**
Salicylalkohol-2-O-β-(D)-glucopyranosid

Die Funktionen der Salicylate in Pflanzen sind vielfältig. Man weiß z. B., dass sie bei Gewebeschädigungen und Viruserkrankungen vermehrt ausgeschüttet werden und eine wichtige Rolle bei der Thermogenese während der Blütezeit spielen.[2]

5.5.3 Chemische Synthese der Salicylsäure

Die Strukturaufklärung der Salicylsäure verdanken wir Hermann Kolbe und Viktor Meyer. Auf Kolbe geht auch die technische Synthese aus Phenol und Kohlendioxid zurück, die er 1874 entwickelte. Zuvor hatte man Salicylsäure durch Hydrolyse des Salicylsäuremethylesters hergestellt. Diesen wiederum gewann man aus dem amerikanischen Wintergrünöl, einem Produkt aus der Wasserdampfdestillation der Blätter der Kriechenden Scheinbeere (*Gaultheria procumbens*) und der Zähen Birke (*Betula lenta*).

5.60 *Felix Hoffmann.*

Friedrich von Heyden gründete zur Herstellung von Salicylsäure in Dresden eine kleine Fabrik, aus der später die Arzneimittelwerke Dresden hervorgingen.

Acetylsalicylsäure wurde erstmals 1853 von dem französischen Chemiker Charles Gerhardt in unreiner und später von Carl J. Kraut in kristalliner Form erhalten.

5.5.4 Entdeckungsgeschichte des *Aspirins*®

Um die Entdeckung des *Aspirins*® ranken sich einige Legenden, die in tragischer Weise auch mit der deutschen Geschichte verknüpft sind. Im Mittelpunkt der allgemein bekannten Version steht der Bayer-Chemiker Felix Hoffmann (Abb. 5.60). Sein Vater litt an Arthritis und wurde seinerzeit mit Natriumsalicylat behandelt, das für seinen bitteren Geschmack und magenreizende Wirkung bekannt war und bei Patienten oft zu Erbrechen führte. Er bat daher seinen Sohn, ein besser verträgliches Mittel herzustellen. Felix Hoffmann studierte daraufhin die relevante Fachliteratur und acetylierte schließlich in Kenntnis der Arbeiten von Gerhardt Salicylsäure, wie es in seinem Laborjournal vom 10. 8. 1897 beschrieben ist (Abb. 5.61).

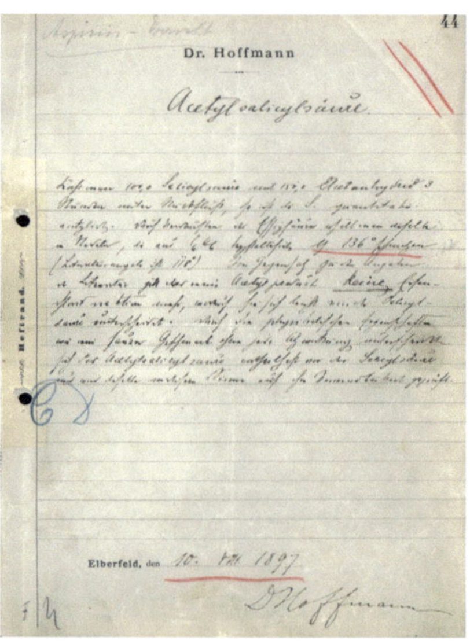

5.61 *Das Laborjournal Hoffmanns vom 10. 8. 1897. Nur wenige Tage nach der Acetylsalicylsäure stellte Felix Hoffmann am 21. 8. 1897 durch doppelte Acetylierung von Morphin Heroin her.*

Weniger bekannt ist folgende Geschichte, die auch die Bayer AG in ihrer Firmenanthologie[6] nicht näher beleuchtet.[7] Sie stammt von Arthur Eichengrün (Abb. 5.62), der diese einige Monate vor Kriegsende im Konzentrationslager Theresienstadt aufschrieb und 1949 in der Zeitschrift *Die Pharmazie* veröffentlichte.[8] [9]

Eichengrün beansprucht darin, dass die Idee, bekannte Wirkstoffe zur Verbesserung der Löslichkeit, Bioverfügbarkeit und Verträglichkeit zu acetylieren, von ihm ausgegangen sei. Heinrich Dreser (Abb. 5.63), der Leiter des pharmakologischen Instituts, wollte die Studien zur Acetylsalicylsäure wegen vermeintlicher Cardiotoxizität, die man damals am Froschherzen untersuchte, nicht weiterführen. Eigenmächtig unternahm Eichengrün einen Selbstversuch, bei dem er über 14 Tage täglich 5 Gramm Acetylsalicylsäure einnahm. Ferner veranlasste er ohne Absprache mit Dreser klinische Studien in Berlin. Hierbei entdeckte ein Zahnarzt zufällig, dass Acetylsalicylsäure nicht nur antipyretische, sondern auch analgetische Eigenschaften besitzt. Schließlich konnten auch die angeblich herzschädigenden Nebenwirkungen widerlegt werden. Diesen positiven Ergebnissen und dem Drängen des Forschungsleiters Carl Duisberg konnte sich auch Heinrich Dreser nicht mehr widersetzen, sodass *Aspirin*® nach weiteren klinischen Studien 1899 zunächst als Pulver, später als erstes Medikament in Tablettenform auf den Markt kam.

Die Ironie der Geschichte gipfelte darin, dass es Heinrich Dreser war, der für die Entdeckung des erfolgreichsten Arzneimittels aller Zeiten Ruhm und Reichtum erntete. Im Gegensatz zu Hoffmann und Eichengrün war Dreser nämlich am Umsatz aller Arzneimittel von Bayer beteiligt. Als *Aspirin*® schließlich 1941 im Deutschen Museum ausgestellt wurde, tauchten bei dem Exponat nur die Namen Hoffmann und Dreser auf, während am Eingang das Schild „Betreten für Nichtarier verboten" hing. Arthur Eichengrün war Jude.

Aspirin® war schon vor dem Ersten Weltkrieg wirtschaftlich ein so großer Erfolg, dass das Warenzeichen 1918 von den Siegermächten als besonders wertvoll eingeschätzt und deswegen zusammen mit den entsprechenden Patenten und Anlagen für Reparationsforderungen beschlagnahmt wurde. Erst 1994 konnte Bayer diese Rechte, darunter auch die am Bayer-Kreuz, für 1 Milliarde Dollar zurückerwerben (Abb. 5.64). Die Weltjahresproduktion an Acetylsalicylsäure beläuft sich heute auf rund 50 000 Tonnen.[5]

Zusammenfassung in Stichpunkten

- Acetylsalicylsäure inhibiert die Cyclooxygenase, ein essenzielles Enzym in der Biosynthese der Prostaglandine. Hierauf beruht seine analgetische und antipyretische Wirkung.
- Auf Kolbe geht die technische Synthese der Salicylsäure aus Phenol und Kohlendioxid zurück.
- Die Weltjahresproduktion an Acetylsalicylsäure beläuft sich heute auf rund 50 000 Tonnen.

Literatur

1 W. Eisenreich, A. Handel, U. E. Zimmer, Tier- und Pflanzenführer, BLV, München, 14. Aufl., 1997, 104.
2 K. Dombrowski, A. W. Alfermann, Pharmazie in unserer Zeit **22** (1993) 275.
3 http://www.zm-online.de.
4 Bibliographisches Institut & F. A. Brockhaus AG, Electronic Release, 2001, Aspirin.
5 N. Kuhnert, Chemie in unserer Zeit, **33** (1999) 213.
6 Bayer AG, 100 Jahre Chemisch-Wissenschaftliches Laboratorium der Bayer AG in Wuppertal-Elberfeld, 1996, 28.
7 H. Henderson, Science **286** (1999) 1090.
8 A. Eichengrün, Die Pharm. **4** (1949) 582.
9 Chem. & Ind. 20. Sept. 1999 (1999) 692.

5.62 *Arthur Eichengrün.*

5.63 *Heinrich Dreser.*

5.64 *Zum 100. Geburtstag von Aspirin® im März 1999 verwandelte sich das Bayer-Hochhaus in Leverkusen zur größten Aspirinschachtel der Welt.*

5.6 Prostaglandine

1935 machte der schwedische Physiologe Ulf Svante von Euler-Chelpin (1905–1983, Nobelpreis für Medizin 1970) eine ungewöhnliche Entdeckung: Er beobachtete, dass die menschliche Samenflüssigkeit blutdrucksenkend wirkt und eine Kontraktion des Uterusgewebes verursacht. Geleitet von der Vorstellung, dass das pharmakologische Prinzip in der Prostata (Vorsteherdrüse, engl. *prostate gland*) gebildet würde, nannte er dieses Prostaglandine.[1] Später fand man heraus, dass Prostaglandine nicht in der Prostata, sondern in der Bläschendrüse (*vesicula seminalis*) synthetisiert werden (Abb. 5.65). Da hatte sich der Name jedoch schon eingebürgert. Die Prostaglandinkonzentration im menschlichen Sperma ist mit 300 µg/ml besonders hoch. Man findet allerdings auch in fast allen anderen Geweben Prostaglandine und verwandte Verbindungen (Eicosanoide) in Konzentrationen von 0,01–1 µg/g Feuchtgewicht.

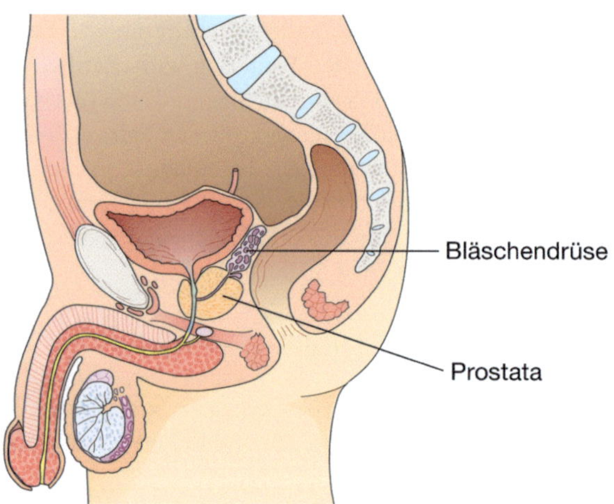

5.65a *Schnitt durch das männliche Becken.*

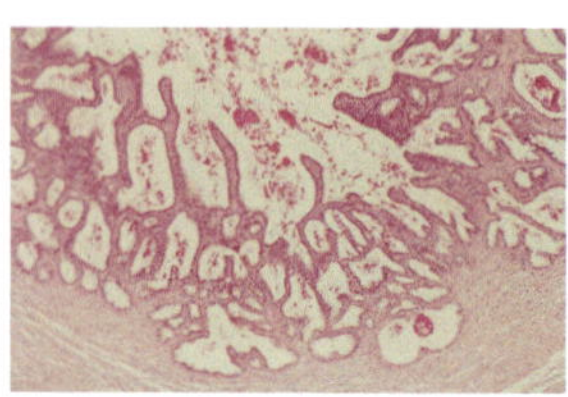

5.65b *Mikroskopische Übersichtsaufnahme der Bläschendrüse des Menschen (Färbung mit Hämatoxylin-Eosin): muskelstarke Wand (unten im Bild) und typische „netzartig" angeordnete Schleimhaut. In der Drüsenlichtung: stark rot angefärbte Reste des Drüsensekrets.*

5.6.1 Biosynthese der Eicosanoide

Die wichtigste Vorstufe der Eicosanoide (griech. *eikosi*: zwanzig) beim Menschen ist die Arachidonsäure (5,8,11,14-Eicosatetraensäure), eine vierfach, nichtkonjugierte ungesättigte C_{20}-Carbonsäure, die sukzessiv durch Desaturierung und Elongation aus der Linolsäure ((9Z,12Z)-Octadecadiensäure) entsteht. Von der Arachidonsäure ausgehend verzeigen sich die Stoffwechselwege. Einer führt zu den zyklischen Produkten, den Prostaglandinen, dem Prostacyclin und den Thromboxanen, ein anderer zu den azyklischen, den Leukotrienen.

Die Prostaglandin-H_2-Synthase (PGH$_2$-Synthase, Cyclooxygenase) liefert zyklische Stoffwechselprodukte. In Gegenwart dieser eisenporphyrinhaltigen Synthase[2] wird durch Addition von Sauerstoff das Cyclopentangerüst aufgebaut und in der Seitenkette eine Hydroxygruppe eingeführt. Die Reduktion des Hydroperoxids von PGG$_2$ ist glutathionabhängig. Glutathion (γ-Glu-Cys-Gly) wird hierbei zum Disulfid oxidiert.[3] Auf diese Weise entsteht PGH$_2$.[4]

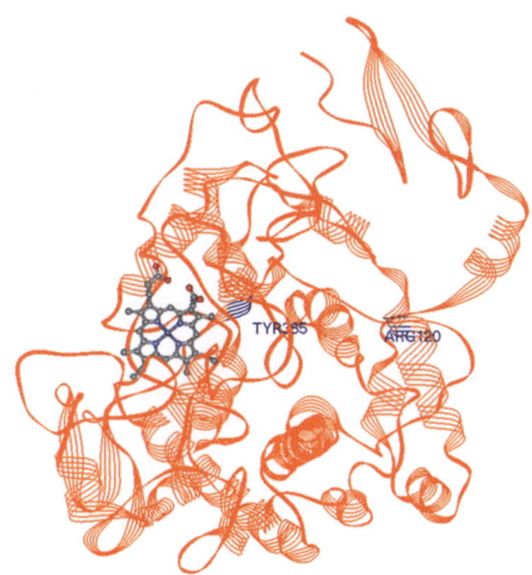

Die essenziellen Schritte sind im Einzelnen folgende: Zunächst bindet Arachidonsäure ionisch an Arginin-120 der Prostaglandin-H_2-Synthase. Der Oxoeisen-(IV)-porphyrinkomplex abstrahiert ein Wasserstoffradikal von Thyrosin-385. Dieses spaltet dann regio- und stereoselektiv das allylische (13-pro-S)-Wasserstoffatom der Arachidonsäure ab und initiiert damit die Zykloaddition mit Sauerstoff. Im Hydroperoxidasereaktionszentrum wird dann in einem zweiten Schritt das Hydroperoxid zum Alkohol reduziert (Abb. 5.66).

5.66 *Prostaglandin-H_2-Synthase.*

PGH_2 ist die Schlüsselverbindung, aus der letztendlich durch Ringöffnung des Endoperoxids die Typ2-Prostaglandine, das Prostacyclin und die Thromboxane hervorgehen.

Welche Folgeprodukte gebildet werden, hängt von den entsprechenden Enzymen ab, die je nach Gewebe unterschiedlich exprimiert sind. Die Blutplättchen produzieren fast ausschließlich Thromboxane (TXA_2, Vasokonstriktor und Inhibitor der Plättchenaggregation), das Gefäßendothel an der Innenwand von Venen und Arterien bildet Prostacyclin (PGI_2, Vasodilator und Inhibitor der Plättchenaggregation) und die Herzmuskelzellen synthetisieren PGI_2, PGE_2 und PGF_{2a}.

PGH$_2$ **PGE$_2$**   **PGF$_{2\alpha}$**   Prostaglandine

PGH$_2$ **PGI$_2$**   Prostacyclin   **6-oxo-PGF$_{1\alpha}$**

PGH$_2$ **TXA$_2$**   **TXB$_2$**   Thromboxane

Der lineare Biosyntheseweg, der von Acetylsalicylsäure nicht beeinflusst wird, führt über eine einfache Addition von Sauerstoff durch die Lipoxygenase zu einem Epoxid, das durch Addition von Wasser oder Glutathion in die verschiedenen Leukotriene umgewandelt wird.

Arachidonsäure   − H•   **5-HPETE**

H$_2$O   γ-Glu-Cys-Gly   Gluthation-S-Transferase

Leukotrien A4 (LTA$_4$)   **Leukotrien C$_4$ (LTC$_4$)**   **Leukotrien D$_4$ (LTD$_4$)**

Leukotrien B$_4$ (LTB$_4$)   **Leukotrien E$_4$ (LTE$_4$)**

5.6.2 Nomenklatur

Die Prostaglandine, Prostacycline und Thromboxane leiten sich alle formal von der in der Natur nicht vorkommenden Prostansäure ab (Abb. 5.67).

5.67 *Nomenklatur der Prostane.*

Die Buchstabenfolge PG steht für Prostaglandine und Prostacycline, TX für Thromboxane. Die verschiedenen Substitutionsmuster am Ringsystem werden durch einen weiteren Großbuchstaben gekennzeichnet. Bei den Prostacyclinen ist es das I. Die unterschiedlichen Substitutionsmuster (Anzahl der Doppelbindungen) in den Seitenketten werden durch Indices gekennzeichnet. Der Suffix *a* oder *β* kennzeichnet die Stellung der Hydroxygruppe an C-9. Bei den Thromboxanen ist das Cyclopentanfragment durch Tetrahydropyran ersetzt.

5.6.3 Pharmakologie der Eicosanoide

Eicosanoide wirken intrazellulär (autokrin) und interzellulär auf die unmittelbar zu ihrem Entstehungsort benachbarten Zellen (parakrin). Sie werden jedoch nicht wie die endokrinen Hormone über den Blutkreislauf an einen entfernten Wirkort transportiert. Im Einzelnen sind die Eicosanoide beteiligt an:

- Entzündungsreaktionen wie rheumatoider Arthritis oder Psoriasis (Schuppenflechte),
- der Entstehung von Schmerz und Fieber,
- der Blutdruckregulierung,
- der Blutgerinnung,
- Wachstums- und Reproduktionsfunktionen, wie das Auslösen von Wehen, sowie
- der Regulierung des Wach/Schlaf-Rhythmus.

Entsprechend ihrer Omnipräsenz sind sie auch von einem breiten therapeutischen Interesse. Allerdings handelt es sich in der Regel um Derivate der Naturstoffe, weil letztere sehr rasch metabolisiert werden. Zudem gelingt es durch strukturelle Modifikation, die Selektivität der beabsichtigten Wirkung zu steuern.

- Prostane sind von großer Bedeutung bei Erkrankungen des Gastrointestinaltraktes. Durch Cytoprotektion und eine beschleunigte Abheilung sind sie das Mittel der Wahl gegen Magengeschwüre. Das Prostaglandin-E$_1$-Derivat Misoprostol (*Cytotec*®, Searle) dient beispielsweise als Ulkustherapeutikum.

Misoprostol

Iloprost

PGF$_{2\alpha}$
Dinoprost

PGE$_2$
Dinoproston

Travoprost

- Prostaglandine der A- und E-Serie senken den Blutdruck. Thromboxane und Carbacycline werden bei Erkrankungen des Herz-Kreislauf-Systems eingesetzt. Entsprechende Wirkstoffe sind z. B. Alprostadil (*Prostavasin*®, Schwarz Pharma, ONO) oder Iloprost (*Ilomedin*®, Schering).
- Prostaglandine der E- und F-Serie wie Dinoproston (*Minprostin E$_2$*®, Pharmacia und Upjohn/Pfizer) und Dinoprost (*Minprostin F$_{2\alpha}$*®, Pharmacia und Upjohn/Pfizer) führen zu Kontraktionen der Uterusglattmuskulatur und werden zur Schwangerschaftsunterbrechung und bei der Geburtshilfe angewendet.
- Prostaglandine der F- und D-Reihe reduzieren den Augeninnendruck und machen sie somit zu einem attraktiven Therapeutikum zur Behandlung des Glaukoms (grüner Star). Wirkstoffe sind z. B. Latanoprost (*Xalatan*®, Pfizer) und Travoprost (Alcon).
- Prostaglandine der F-Serie finden auch Anwendung in der Veterinärmedizin. Man benutzt sie zur Synchronisation der Ovulation bei Kühen, Schweinen, Schafen und Pferden. Dies erlaubt eine planmäßige Besamung.

5.6.4 Naturstoffpartialsynthese

Mit dem Bekanntwerden des pharmakologischen Potenzials der Prostaglandine erwachte auch das Interesse an leistungsfähigen Synthesen. Wie die Ära der Steroide und β-Lactamantibiotika bereicherte uns auch die Prostaglandinforschung mit einer Fülle neuer Synthesestrategien und Synthesemethoden von allgemeiner Bedeutung.

Wegen der Komplexität der Strukturen hat man zunächst versucht, die Prostaglandine PGE$_2$ und PGF$_{2\alpha}$ auf der Basis von Naturprodukten aufzubauen. Die Trockenmasse der in der Karibik beheimateten Gorgoniakoralle *Plexaura homamalla* enthält z. B. 1,5 % 15-O-Acetyl-PGA$_2$-methylester (Abb. 5.68).[5] Im Basischen kann die vinyloge Doppelbindung mit Wasserstoffperoxid epoxidiert werden, ohne dass die Doppelbindungen in Position 5 und 13 angegriffen werden. Allerdings ist die Stereoselektivität mit 7 : 3 nicht all zu gut. Die reduktive Ringöffnung mit Chrom-II-Salzen liefert die Hydroxygruppe am C-Atom 11. Jeder Versuch, die Ester im Sauren oder Basischen zu verseifen, scheitert an der empfindlichen β-Hydroxyketonstruktur, die sehr leicht Wasser abspaltet. Nur die enzymatische Hydrolyse unter neutralen Bedingungen führt zu PGE$_2$.

5.68 *Plexaura homamalla.*

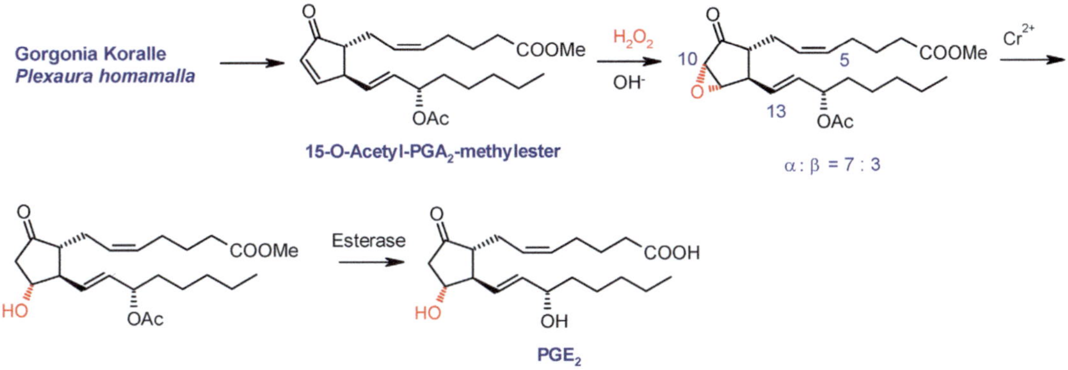

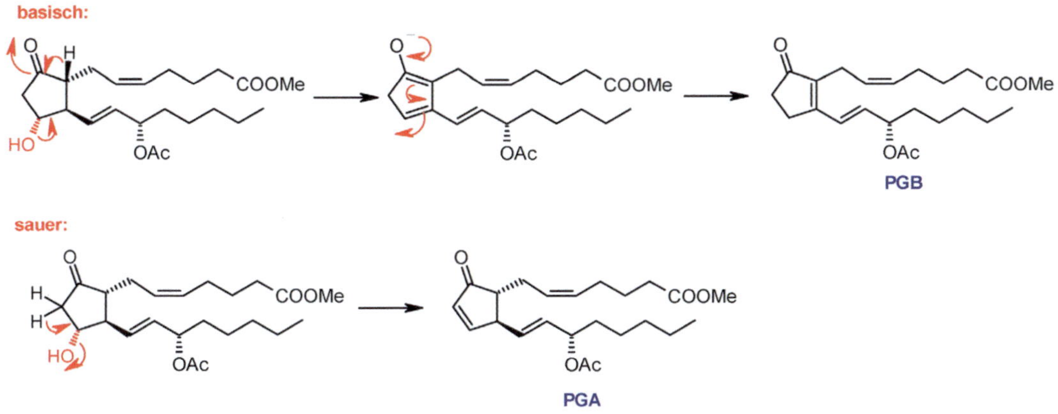

Gorgonia Koralle
Plexaura homamalla

15-O-Acetyl-PGA$_2$-methylester

$\alpha : \beta = 7 : 3$

PGE$_2$

basisch:

PGB

sauer:

PGA

PGF$_{2\alpha}$ erhält man, indem man die Hydroxygruppe des Hydroxyketons schützt und die Ketogruppe stereoselektiv mit Natriumboranat reduziert. Da das Hydrid β-facial eingeführt wird, resultiert daraus mit guter Selektivität der 9α-Alkohol.

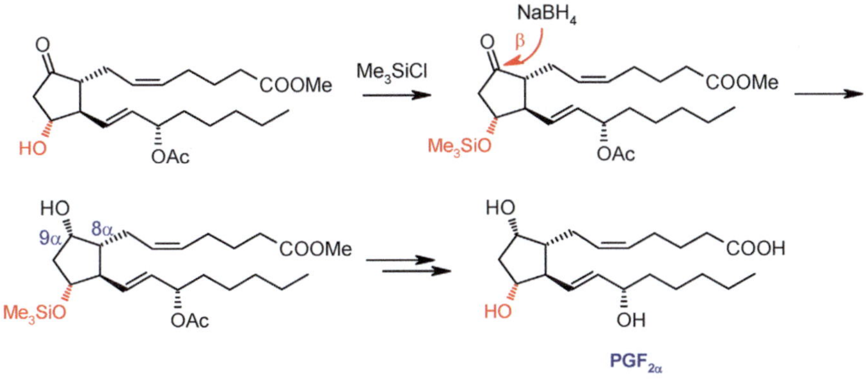

PGF$_{2\alpha}$

5.6.5 Naturstofftotalsynthese

Bicycloheptan-Weg

Wenn man über die Synthesen von Prostaglandinen spricht, kommt man nicht umhin, die erste Prostaglandintotalsynthese des PGE_2 und des $PGF_{2\alpha}$ von E. J. Corey aus dem Jahr 1969 zu erwähnen. Sie stellt einen entscheidenden Meilenstein in der Entwicklung der modernen Synthesechemie dar. Der ursprüngliche Entwurf von Corey wurde im Laufe der Jahrzehnte immer weiter verbessert und schließlich in einen größeren Maßstab von etwa 50 kg übertragen.[6]

Kerngedanke bei Coreys ursprünglicher Synthesestrategie war, die relative Stereochemie von drei der insgesamt fünf Stereozentren über ein Bicycloheptangerüst festzulegen.

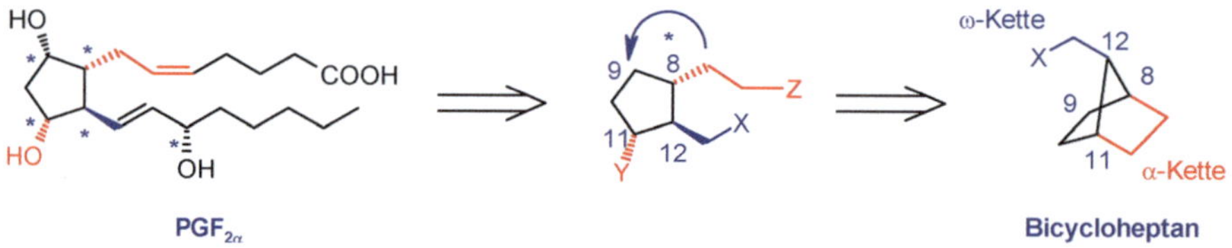

Hierbei ist die Z-Gruppe so zu gestalten, dass sie zur Knüpfung einer *cis*-Doppelbindung beim Aufbau der α-Kette geeignet ist. Außerdem soll die Konfiguration in Position 8 dazu dienen, ein neues Asymmetriezentrum am C-Atom 9 zu erzeugen. Die Ringöffnung des Bizyklus sollte so erfolgen, dass Y möglichst direkt eine Sauerstofffunktionalität beinhaltet, da die korrekte relative Stereochemie durch das bizyklische System schon vorgegeben ist. Für die Ringöffnung kommen carbokationische und radikalische Prozesse in Frage, da bei diesen zu erwarten ist, dass sekundäre C-Atome eher wandern als primäre. Die Stereochemie der ω-Kette am Fünfring ist beim Aufbau des Bicycloheptans festzulegen. X ist hierbei so zu wählen, dass durch Knüpfung einer *trans*-Doppelbindung die Kette verlängert werden kann. Das Asymmetriezentrum in der Seitenkette muss separat generiert werden.

Coreys Synthese beginnt mit Cyclopentadien, das mit Monochlordimethylether bei $-55\,°C$ alkyliert und bei $0\,°C$ mit 2-Chloracrylnitril mit einem Kupferkatalysator umgesetzt wird. Säuren, Basen oder auch nur etwas erhöhte Temperaturen führen über eine 1,5-Wasserstoffwanderung zu Doppelbindungsisomeren, die für die Synthese wertlos sind. Aus sterischen Gründen ist die Methoxymethylgruppe *anti* zum Chloracrylnitril angeordnet. 2-Chloracrylnitril dient als Syntheseäquivalent für die Einführung einer Ketofunktion, die mit KOH freigesetzt werden kann. Bei der Baeyer-Villiger-Oxidation wird die Doppelbindung nicht epoxidiert. Der Brückenkopfkohlenstoff wandert sehr selektiv. Nach Hydrolyse des Lactons dient die Iodlactonisierung zur Erzeugung eines neuen Asymmetriezentrums in Position 9. Das so genannte Corey-Lacton erhält man durch Deiodierung mit Tributylstannan. Einige Stufen später entsteht durch Oxidation mit dem Collins-Reagenz ein Aldehyd, der aufgrund seiner Instabilität in einer Horner-Reaktion direkt weiter umgesetzt werden muss. Die Enongruppe in der ω-Seitenkette wird chemoselektiv mit Zinkboranat reduziert. Das 1 : 1-Diastereomerengemisch wird chromatographisch getrennt

MeOMeO Cl
NaH, THF
- 55 °C
Cl
CN
Cu(BF₄)₂
0 °C
> 90 %
MeO
Cl
CN
(rac.)
KOH
H₂O / DMSO
80 %
MeO
O
MCPBA
NaHCO₃
CH₂Cl₂
> 95 %
MeO
NaOH, H₂O
0 °C, dann CO₂
90 %
O
O
MeO
OH
HO
O
KI₃, NaHCO₃
H₂O, 0 °C
80 %
MeO
I⁺
OH
HO
O
O
O
I
HO
OMe
nBu₃SnH
AIBN, PhH
O
O
HO
OMe
Ac₂O, py
99 % (2 Stufen)
O
O
AcO
OMe
(+/-)-Corey-Lacton
BBr₃, CH₂Cl₂
0 °C > 90 %
CrO₃ 2 py
CH₂Cl₂, 0 °C
O
O
AcO
O
(MeO)₂PO
O
NaH, DME
70 % (2 Stufen)
O
O
AcO
O
Zn(BH₄)₂
DME
> 97 %
O
O
AcO
OH
+
O
O
AcO
OH
1 : 1
Chromatogaphie
MnO₂, Zn(BH₄)₂
K₂CO₃, MeOH
O
O
HO
OH
DHP, TsOH
CH₂Cl₂
O
O
THPO
THPO
DIBAlH
PhMe, -60 °C
O
OH
THPO
THPO
HO
O
THPO
THPO
Ph₃P
COO⁻
DMSO
80 % (4 Stufen)
HO
COOH
THPO
THPO
Ac₂O, H₂O
37 °C
> 90 %
H₂CrO₇
PhH, H₂O
Ac₂O, H₂O
37 °C
70 % (2 Stufen)
HO
HO
COOH
OH
(+/-)-PGF₂α
O
HO
COOH
OH
(+/-)-PGE₂

und das 15β-Epimere durch Oxidation mit aktiviertem Braunstein zurückgeführt. Die Reduktion des Lactons mit DIBAlH liefert ein Lactol, dessen Gleichgewichtslage soweit auf der ringoffenen Seite liegt, dass es direkt in einer Wittig-Reaktion umgesetzt werden kann. PGF$_{2\alpha}$ und PGE$_2$ sind in racemischer Form durch Abspaltung der THP-Schutzgruppen bzw. durch milde Oxidation und Abspaltung der THP-Schutzgruppen zugänglich.

Im Laufe der 80er und 90er Jahre publizierte Corey Arbeiten, die das Ziel hatten den fundamentalen Schwachpunkt der Synthese, die fehlende Stereokontrolle, zu überwinden. Explizit handelt es sich hierbei um Versuche zur stereoselektiven Diels-Alder-Reaktion und Reduktion der Ketofunktion. Beide Arbeitsgebiete erlangten in der Folgezeit allgemeine Bedeutung.

Im ersten Versuch zur Herstellung enantiomerenreiner Prostaglandine PGE$_2$ und PGF$_{2\alpha}$ trennte Corey die Enantiomere nach der Baeyer-Villiger-Oxidation des Bicycloheptenons und Hydrolyse des resultierenden Lactons durch Salzbildung und Kristallisation mit Ephedrin.

Attraktiver erschien es, eine Diels-Alder-Reaktion unter Kontrolle der Regio- und Stereochemie durchzuführen. 1975 publizierte Corey eine diastereoselektive Diels-Alder-Reaktion unter Verwendung von 8-Phenylmenthol als chiralem Auxiliar. Die Lewis-Säure erfüllt hierbei zwei Aufgaben: Zum einen erhöht sie die Reaktivität durch Absenkung des LUMOs des Dienophils[7], zum anderen stabilisiert sie aus sterischen Gründen die s-*trans* Konformation. Der Angriff des Diens an das s-*cis*-Dienophil würde zur entgegengesetzten absoluten Stereochemie im Produkt führen. Die Diels-Alder-Reaktion erfolgt diastereoselektiv, weil der *si*-faciale Halbraum der prochiralen Doppelbindung durch π-stacking mit dem Phenylring des Auxiliars wirkungsvoll abgeschirmt ist. In dieser Reaktion werden auf ein Mal vier neue Asymmetriezentren erzeugt. Die Ausbeute am gewünschten Diastereomeren beträgt 89 %.

Durch Behandlung mit LDA und Sauerstoff kann in α-Position eine Hydroxygruppe in den Ester eingeführt werden. Triethylphosphit reduziert hierbei das zunächst gebildete Hydroperoxid. Die Reduktion mit Lithiumaluminiumhydrid führt zur Abspaltung des 8-Phenylmenthols, das zurückgewonnen und wiederverwendet werden kann, und zur Bildung eines Diols. Dieses kann schließlich durch Periodatspaltung in das fast enantiomerenreine Bicycloheptenon überführt werden.

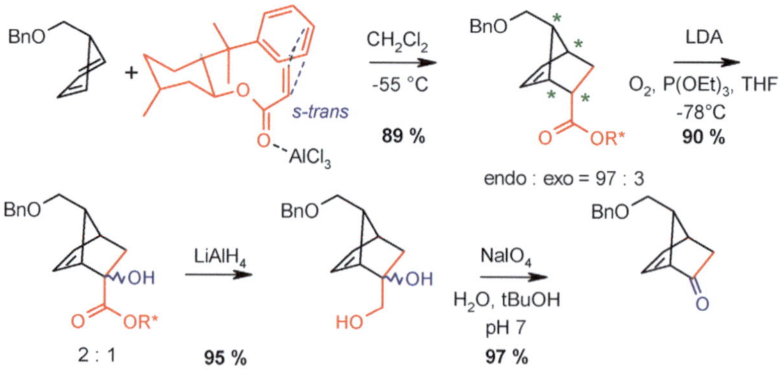

Die Ära der diastereoselektiven Reaktionen wurde durch die der enantioselektiven abgelöst, was eine gesteigerte Effizienz der Synthesen zur Folge hatte.
Im Fall enantioselektiver Katalysen erspart man sich nicht nur das Anheften und
Abspalten chiraler Auxiliare an das eigentliche Substrat, man benötigt auch nur
noch substöchiometrische Mengen eines chiralen Katalysators.

Im konkreten Fall entwickelte Corey 1991 eine enantioselektive Diels-Alder-Reaktion mit einem C_2-symmetrischen Aluminiumkomplex. Für die Ste-
reodifferenzierung des prochiralen Zentrums sind die gleichen Prinzipien verantwortlich wie bei der diastereoselektiven Reaktion. Allerdings reichen 10 mol
% des Katalysators aus, um das gewünschte Carbonsäureamid in 93 %iger Ausbeute und einer Enantiomerenreinheit von > 95 % zu erhalten. Die schonende
Spaltung des Amids mit Lithiumhydroperoxid und Fischer-Veresterung mit Or-
thoameisensäureester ergibt mit einer Ausbeute von 95 % den Bicyclohepten-
carbonsäureester.

Das zweite stereochemische Problem, die enantioselektive Reduktion der Ketogruppe in der ω-Seitenkette, löste Corey im Jahr 1987. Die Reduktion gelingt
mit Boran in Gegenwart von 10 mol % des von (R)-Prolin sich ableitenden (R)-
Oxazaborolidins (CBS-Reduktion). Reduziert man das Enon in Gegenwart des
entsprechenden (S)-Oxazaborolidins, erhält man die inverse Produktverteilung.
Offensichtlich nehmen die restlichen Stereozentren im Edukt keinen Einfluss
auf den stereochemischen Verlauf der Reduktion an C-15.

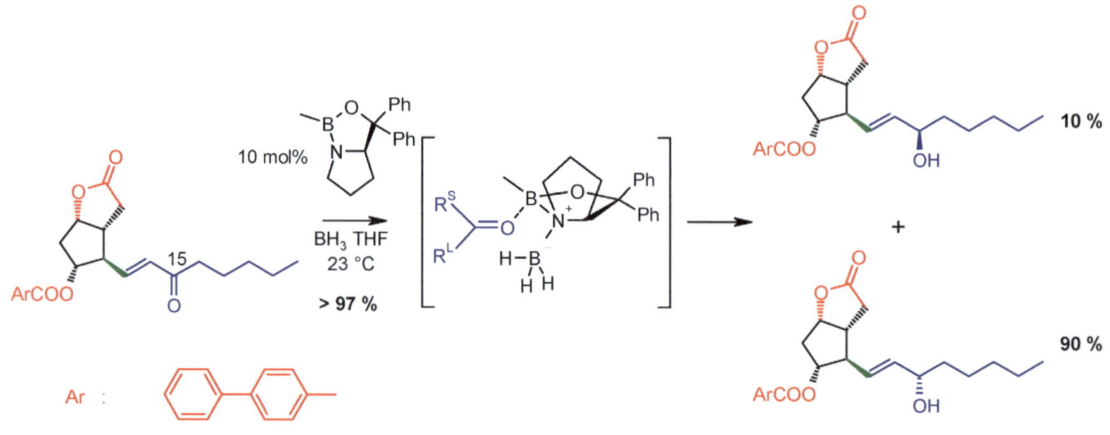

10 %

+

90 %

Ar :

Dreikomponenten-Weg

Einer der elegantesten Wege zum Aufbau der Prostaglandine ist die Drei-komponentenkupplung nach Ryoji Noyori[8], die von einem enantiomeren-reinen Cyclopentenon der α- und der ω-Kette ausgeht.[5] Das Synthesekon-zept besteht darin, dass eine Organokupferverbindung die ω-Kette im Sinn einer Michael-Reaktion an das Cyclopentenon diastereoselektiv addiert und das entstehende Enolat die Aldehyd-Funktion der α-Kette nukleophil an-greift.

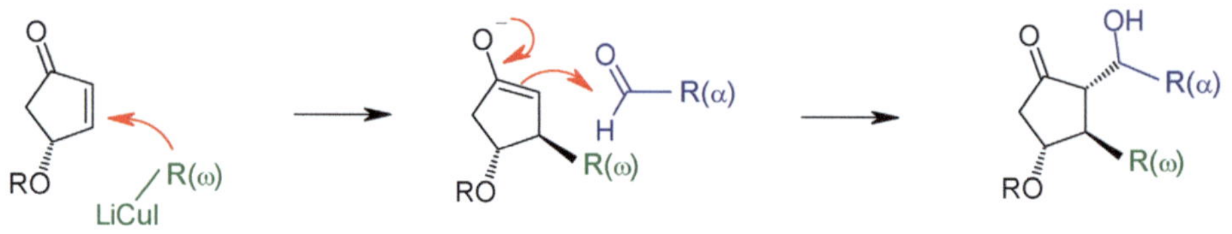

Enatiomerenreine Cyclopentenone sind durch enzymkatalysierte Verfahren zugänglich. Durch photochemische Oxidation und Acetylierung erhält man cis-1,4-Diacetoxycyclopent-2-en. Unter Ausnutzung des meso-Tricks kann dieses mittels eines Enzyms aus *Pseudomonas fluoreszenz* nach Umkristal-lisation und Oxidation in das (R)-Acetoxycyclopentenon überführt werden. (Das (S)-Enantiomere ist durch Hydrolyse mit Schweineleberesterase erhält-lich.)[9] [10]

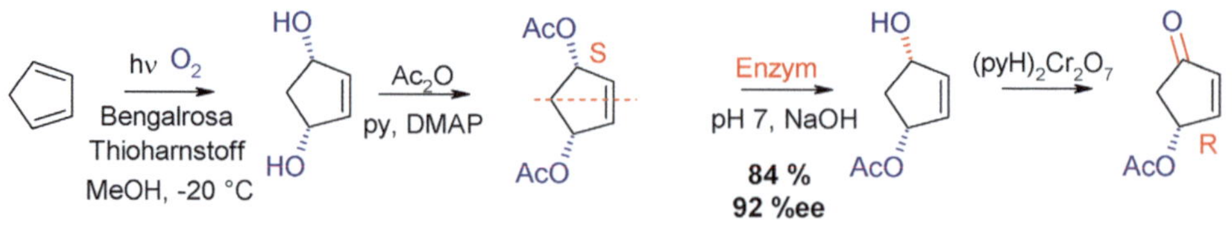

In einer Eintopfreaktion werden mit dem enantiomerenreinen Cyclopentenon die Bausteine der beiden Seitenketten im Sinn einer diastereoselektiven Reaktion umgesetzt.[5] Die Stereochemie wird hierbei durch die Asymmetrie des Cyclopentenons bestimmt. Nach Eliminierung der Hydroxygruppe in der α-Kette stellt sich durch selektive Hydrierung der vinylogen Doppelbindung mit Tributylstannan oder Zink/Essigsäure die gewünschte absolute Konfiguration ein. Aufgrund der Sensitivität des Prostaglandins PGE_1 werden die Schutzgruppen mit wässriger Essigsäure bzw. Schweineleberesterase entfernt.

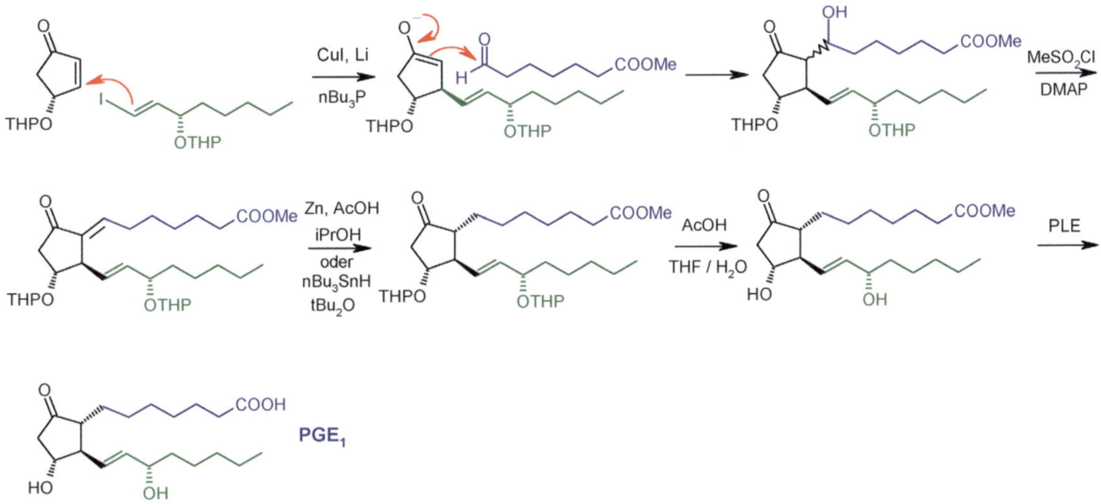

Die *cis*-konfigurierte Doppelbindung in der α-Kette bei einer Serie von Prostaglandinen lässt sich durch eine Lindlar-Reduktion, die von den entsprechenden Alkinalen ausgeht, aufbauen. Die Hydroxygruppe in Position 7 muss dann über das Thiobenzoat und Reduktion mit Tributylstannan unter Zusatz von Di-*t*-butylperoxid unter schonenden Bedingungen entfernt werden. Das Alkin stabilisiert hierbei das intermediär auftretende Radikal. Mit Diisobutylaluminiumhydrid kann das Cyclopentanon stereoselektiv reduziert werden. Die Abspaltung der Schutzgruppen erfolgt auf herkömmliche Weise.

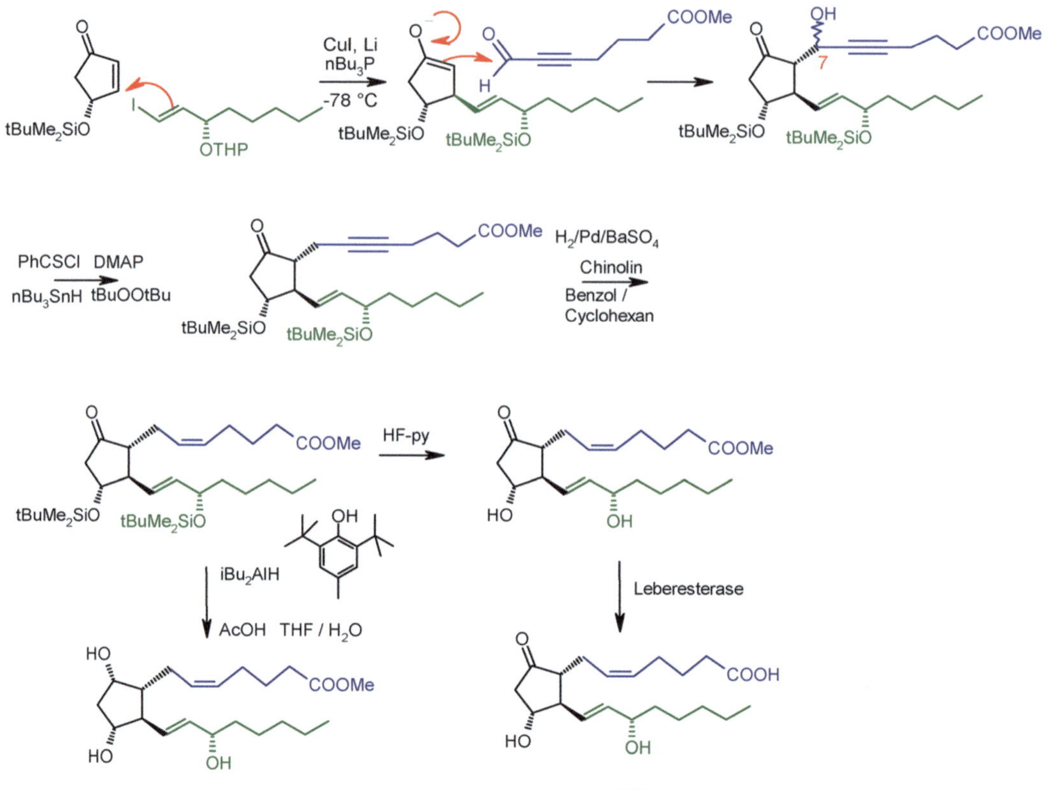

Katalytische, enantioselektive Michael-Reaktionen an Cyclopentenonen fanden in den letzten Jahren besondere Aufmerksamkeit. Feringa, Chan, Pfaltz und Hoveyda beschrieben unterschiedliche Ligandensysteme für die stereoselektive Addition von Zinkorganylen an Cyclopentenone.[11] Feringa entwickelte mithilfe eines von BINOL sich ableitenden Phosphoramidits eine enantioselektive, katalytische Domino-Michael/Aldol-Reaktion zur Herstellung des (–)-PGE$_1$-Methylesters.

Da ungesättigte Zinkorganyle nicht zu den gewünschten Produkten führten, war es notwendig, durch Verwendung des Monoketals des Cyclopentendions die Sequenz der Seitenketteneinführung umzukehren. In Feringas Synthese wird die α-Kette über das Zinkorganyl und die ω-Kette über den Aldehyd eingeführt. Das Cyclopentanon kann mit Zinkboranat sehr selektiv reduziert werden (β-faciale Hydridaddition). Die Transpositionierung der allylischen Acetatgruppe erfolgt mit Palladiumchlorid unter vollständigem Erhalt der absoluten Konfiguration. Die Spaltung des Ketals gelingt unter fast neutralen Bedingungen mit katalytischen Mengen an Cerammoniumnitrat. Die Gesamtausbeute über alle Stufen beträgt 7 %.

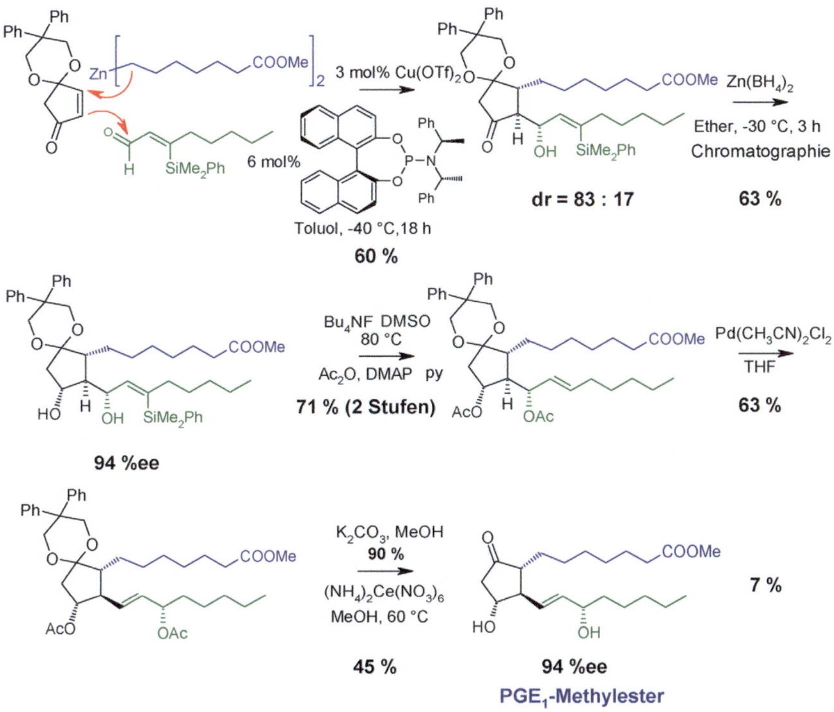

3 mol% Cu(OTf)$_2$

6 mol%

Toluol, -40 °C, 18 h
60 %

dr = 83 : 17

Zn(BH$_4$)$_2$

Ether, -30 °C, 3 h
Chromatographie

63 %

Bu$_4$NF DMSO
80 °C

Ac$_2$O, DMAP py

71 % (2 Stufen)

Pd(CH$_3$CN)$_2$Cl$_2$

THF

63 %

94 %ee

K$_2$CO$_3$, MeOH
90 %

(NH$_4$)$_2$Ce(NO$_3$)$_6$
MeOH, 60 °C

45 %

7 %

94 %ee

PGE$_1$-Methylester

5.6.6 Prostaglandinderivate

Misoprostol

Eines der bedeutendsten Prostaglandine auf dem Pharmamarkt ist Misoprostol von Searle. Es wird unter dem Namen *Cytotec®* weltweit als Medikament gegen Magengeschwüre vermarktet. Misoprostol war das erste Prostaglandinderivat, das als NSAID (*nonsteroidal antiinflammatory drug*) zugelassen wurde. Formal handelt es sich um ein PGE$_1$-Derivat. Dem Wirkstoffdesign liegt jedoch die Beobachtung zugrunde, dass durch die Verschiebung der Hydroxygruppe von C-15 nach C-16 die antisekretorische Aktivität im Magen nicht beeinflusst wird, unerwünschte Nebenwirkungen aber deutlich reduziert werden. Durch die Einführung einer Methylgruppe an C-16 wird zusätzlich der oxidative Metabolismus vermindert.

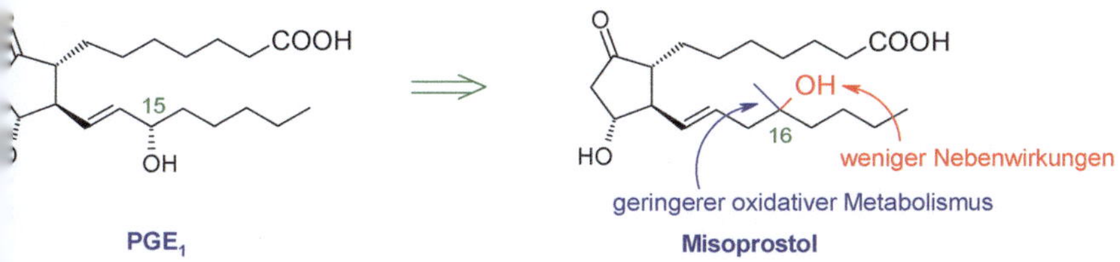

PGE$_1$

Misoprostol

weniger Nebenwirkungen

geringerer oxidativer Metabolismus

Die Michael-Addition der ω-Kette an ein Cyclopentenon mit a-Kette, ein bei Searle entwickeltes Synthesekonzept, wurde zum Vorbild für eine ganze Reihe technischer Herstellverfahren synthetischer Prostaglandinwirkstoffe.

i Der Mensch produziert pro Tag 1,2–1,5 Liter Magensaft. Dieser ist aufgrund seines Gehalts an Salzsäure stark sauer und enthält eine Reihe von Proteasen. Die Magenschleimhaut schützt den Magen vor der Selbstverdauung. Der Schleim, den sie produziert, ist sehr viskos und verhindert das Eindringen von Säure. Zusätzlich produziert die Magenschleimhaut Bicarbonat zur Neutralisation der Salzsäure. Prostaglandine wie PGE$_2$ inhibieren sehr wirkungsvoll die Sekretion der Magensäure. Der Schutz der Magenschleimhaut gegenüber hohen Temperaturen, Alkohol, Acetylsalicylsäure, Gallensäuren oder hohen Salzkonzentrationen beruht darauf, dass Prostaglandine die Sekretion von Magenschleim und Bicarbonat anregen und Reparaturmechanismen initiieren.

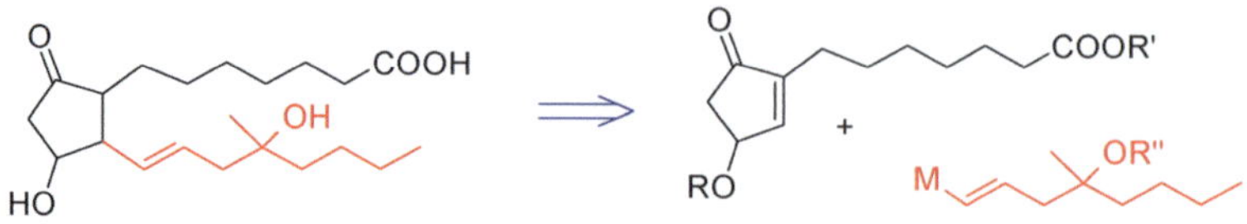

Die Herausforderung ist hierbei die selektive *trans*-Addition des Metallorganyls. Zur Optimierung dieser Reaktion entwickelte Searle ein ausgefeiltes Konzept der Transmetallierung.

Monomethylazalat ist das Ausgangsmaterial zum Aufbau des Cyclopentenons mit α-Kette. Die Carbonsäure wird mit Thionyldiimidazol, das man sich frisch aus Thionylchlorid und Imidazol bereitet, aktiviert und mit dem Magnesiumsalz des Malonhalbesters umgesetzt. Die Verwendung des Lithiumsalzes bietet den Vorteil, dass sich Monomethylmalonat besser durch Kristallisation als durch Destillation der freien Säure isolieren und reinigen lässt. Die Kondensation mit Oxalsäuredimethylester in Gegenwart eines Überschusses von Kalium-*t*-butylat liefert nach saurer Retroaldolreaktion das enolisierte Triketon. Nach der regioselektiven Hydrierung einer Ketogruppe erhält man durch Methylierung mit Acetondimethylketal zwei isomere Enolether, wobei das unerwünschte Isomere als Hauptprodukt entsteht. Glücklicherweise kristallisiert jedoch die Unterschusskomponente und kann auf diesem Weg isoliert werden. Das Gleichgewicht der beiden Enolether kann sogar ganz auf die Seite des gewünschten Produkts verschoben werden, wenn man die eingeengte Mutterlauge aus etherischer Salzsäure auskristallisiert. Das Cyclopentenon erhält man schließlich durch Reduktion des Enolethers mit Red-Al bei tiefer Temperatur.[12]

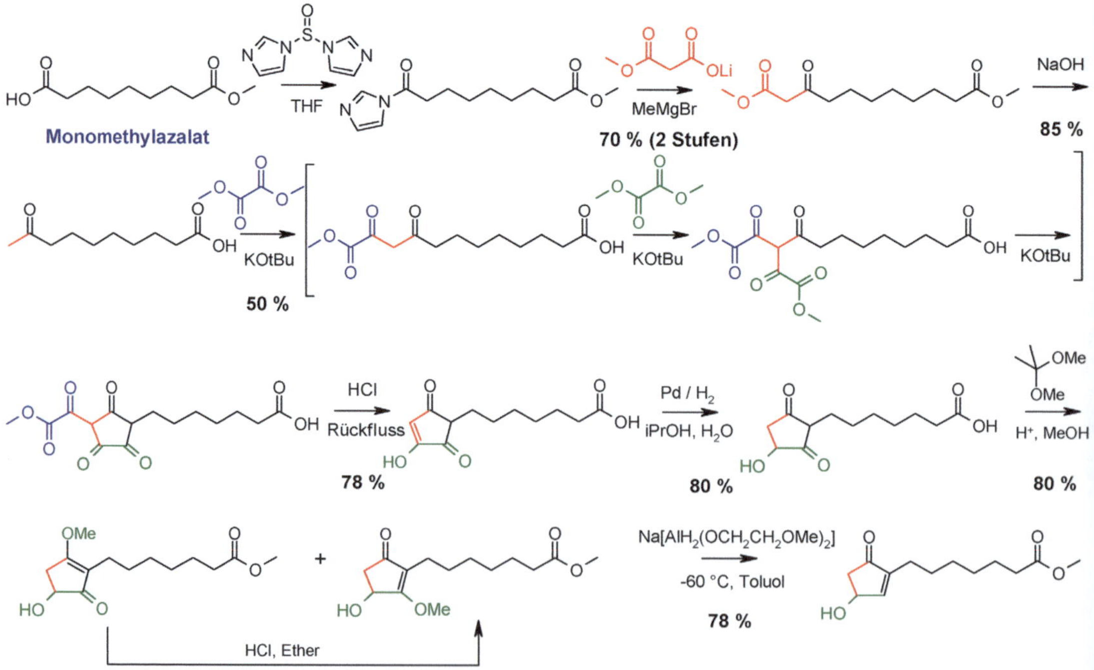

Der ursprüngliche Zugang zur voll funktionalisierten ω-Seitenkette bestand darin, dass man an das silylgeschützte Hydroxyoctin, das über eine Quecksilberchlorid-aktivierte Grignard-Reaktion hergestellt wurde, DIBAlH addiert. Die Umsetzung mit Iod und dann mit Butyllithium und 1-Pentinylkupfer ergab einen Kupferkomplex, der selektiv die ω-Seitenkette auf das Cyclopentenon überträgt.

Die direkte Hydrostannylierung des Alkins dagegen ergab ein (E/Z)-Gemisch von 85 : 15, das für eine technische Synthese ungeeignet war. Allerdings verlief die Hydrozirkonisierung mit $Cp_2Zr(H)Cl$ über eine *cis*-Addition und lieferte zu 100 % (E)-Vinylzirconat. Die Transmetallierung mit komplexen Lithiumcupraten erfolgte analog den Vinylstannanen. Misoprostol ist auf diesem Weg in 73 %iger und Enisoprost in 71 %iger Ausbeute erhältlich.

Man beschritt diese Synthesewege jedoch nicht im größeren Maßstab, insbesondere aufgrund der Brisanz der Kupferacetylide. Hingegen fand man, angeregt durch Arbeiten von Corey, in den entsprechenden Stannanen einen besseren und zuverlässigeren Weg zum stereoselektiven Aufbau der Seitenkette.[13]

Schlüsselverbindungen für die technische Synthese sind zum einen (E)-Bis-(tributylstannyl)-ethylen, das man durch *trans*-selektive Hydrostannylierung des entsprechenden Alkins unter Bestrahlung in Gegenwart eines Radikalstarters erhält, und zum anderen das aus dem entsprechenden Keton durch eine Corey-Reaktion zugängliche geminal disubstituierte Epoxid. Die (E)-Stannyl-ω-Seitenkette wird dann über eine regiospezifische Epoxidringöffnung mit einem Thienylcyanocuprat aufgebaut.

In Anlehnung an Arbeiten von Bruce Lipshutz [14] [15] fand man, dass Vinylstannane mit Dilithiodimethylcyanocuprat Transmetallierungen eingehen, deren Triebkraft die irreversible Bildung von Tributylmethylstannan ist. Das Auftreten von freiem Methyllithium wurde postuliert, konnte aber in einem entsprechenden NMR-Experiment nicht nachgewiesen werden. Es ist also, wenn überhaupt, beim Reaktionsablauf nur in sehr geringen Konzentrationen vorhanden. Die Transmetallierung erfolgt unter Erhalt der Stereochemie, die auch bei der anschließenden Michael-Reaktion nicht verloren geht.

91 % (2 Stufen)

Misoprostol
(4 Stereomere)

Travoprost

Fluprostenol wird als racemische Verbindung von der ICI als Kontrazeptivum im Veterinärsektor vermarktet. Der für dieses Produkt entwickelte Syntheseweg verläuft über das Corey-Lacton, wobei die Seitenketten durch Horner-Emmonsbzw. Wittig-Reaktionen aufgebaut werden. Travoprost, der enantiomerenreine Isopropylester von Fluprostenol, ist ein potenter Wirkstoff gegen den Grünen Star (*Glaucoma*), für den Chirotech Technology Ltd. eine interessante Synthese publiziert hat (Abb. 5.69).[16]

Die Herausforderung besteht nicht allein darin, Travoprost auf einem möglichst konvergenten Weg ohne aufwendiger Schutzgruppenchemie und in guten Ausbeuten zugänglich zu machen, sondern hierbei auch die fünf Stereozentren korrekt und mit hoher Stereoselektivität aufzubauen. Außerdem sollte auch der

5.69 *Von Fluprostenol zu Travoprost.*

Konfiguration der beiden Doppelbindungen entsprechende Beachtung geschenkt werden.

Als Ausgangsmaterial für Travoprost wählte Chirotech das racemische Bicyclo[3.2.0]hept-2-en-6-on, das in guten Ausbeuten durch [2 + 2]-Zykloaddition von Cyclopentadien mit Dichlorketen und anschließender Zinkreduktion zugänglich ist.[17]

Bemerkenswert ist, dass sich die beiden diastereomeren Salze des Bisulfidaddukts mit Phenylethylamin trennen lassen. Nach Freisetzung wird der wenig stabile Bizyklus direkt mit exzellenter Regio- und Diastereoselektivität über ein exo-Bromoniumion[18] in das silylgeschützte Bromhydrin überführt. Mit Kalium-*t*-butylat erzeugt man dann das trizyklische Keton, das aufgrund seiner Labilität als Rohprodukt weiter umgesetzt wird.

Die enantiomerenreine ω-Seitenkette erhält man durch enzymatische, kinetische Resolution des entsprechenden Ethinylcarbinols.[19] Das nicht umgesetzte (*S*)-Enantiomere wird nach Mesylierung mit Buttersäure durch S_N2-Reaktion ebenfalls in das Wertprodukt umgewandelt. Durch enzymatische Spaltung des Buttersäureesters wird die Enantiomerenreinheit von rund 90 % auf über 99 % erhöht.

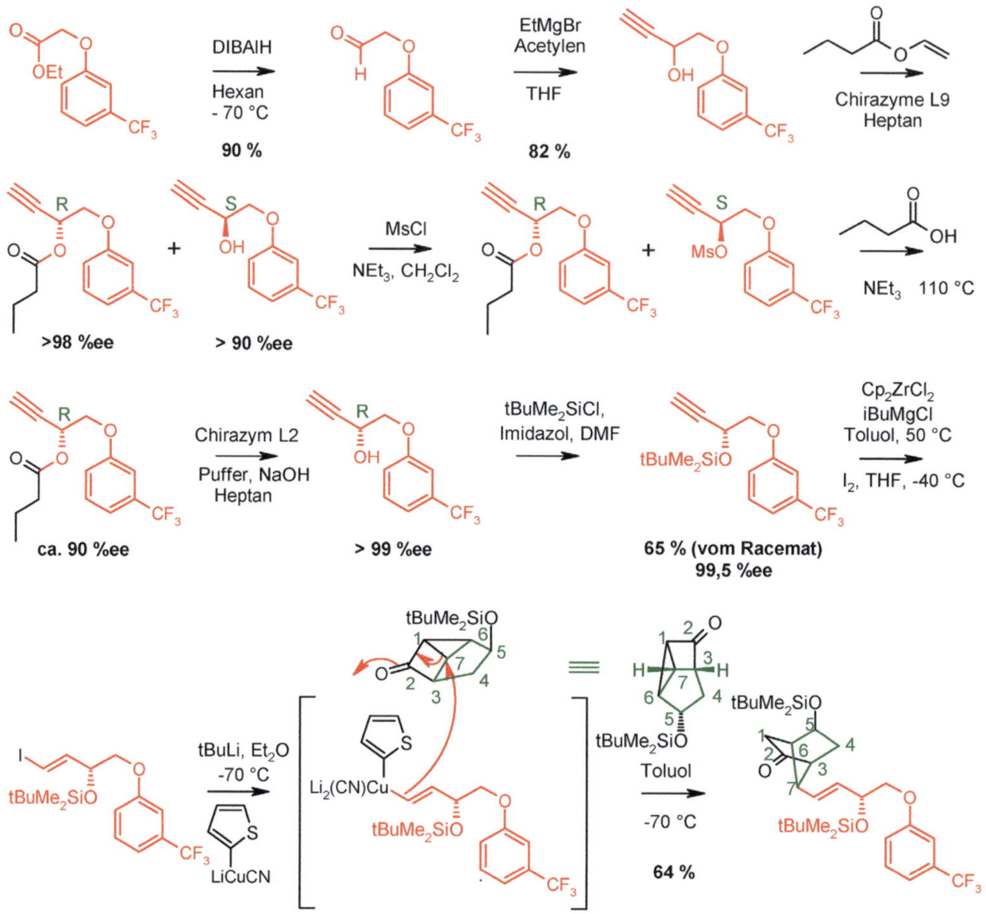

Das *trans*-Vinyliodid erhält man durch Hydrozirkonisierung, indem man Zirkonocendichlorid *in situ* in das analog reagierende *i*-Butylzirkonocenchlorid überführt.[20] Zirkonocendichlorid ist gut verfügbar und preiswerter als das Schwartz-Reagenz Zirkonocenhydridochlorid.

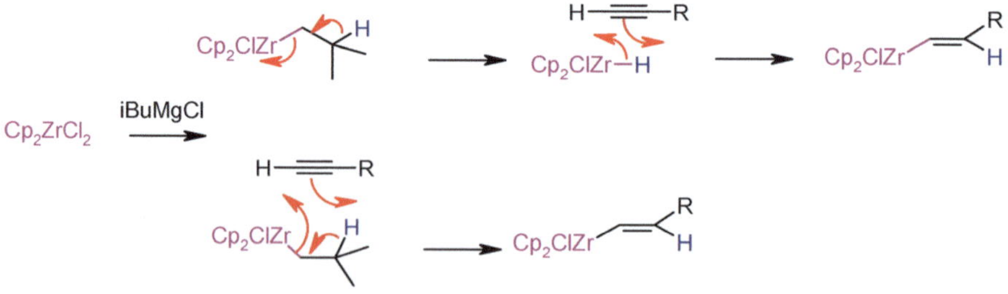

Es handelt sich hierbei [i] formal um eine Homo-Michael-Reaktion, für die es in der Literatur auch an einfachen Cyclopropylcarbonylverbindungen reichlich Präzedenz gibt.[21]

Durch Zirkonium-Iod- und dann Iod-Lithium-Austausch erhält man das *trans*-Lithiumalken, das man zunächst mit Lithium-2-thienylcyanocuprat und dann mit dem Trizyklus umsetzt. Durch Angriff an der „vinylogen" Position 7 entsteht ein Bizyklus, in dem der Fünfring mit der ω-Kette bereits in stereochemisch korrekter Weise vorliegt.

Der schwierigste Schritt der Gesamtsynthese ist die nachfolgende Baeyer-Villiger-Oxidation. Die Umsetzung mit Peressigsäure in Gegenwart von Natriumacetat liefert ein 1 : 3-Isomerengemisch. Dieses Verhältnis ist nahezu unabhängig von der Art der Persäure und entspricht ähnlichen Beispielen aus der Literatur. Erstaunlicherweise kann das unerwünschte Isomer selektiv hydrolysiert und durch Kristallisation des Lactons abgetrennt werden. Nach Reduktion des zurückbleibenden Lactons zum Lactol wird durch eine Wittig-Reaktion die α-Kette aufgebaut. Die Olefinierung verläuft hoch stereoselektiv. Man erhält ein Gemisch disilylierter Produkte, was auf eine Silylgruppenwanderung zurückzuführen ist. Das ist an dieser Stelle aber nicht weiter von Bedeutung, da im nächsten Schritt die Schutzgruppen ohnehin abgespalten werden. Abschließend wird Travoprost durch Chromatographie auf Pharmaqualität gereinigt.

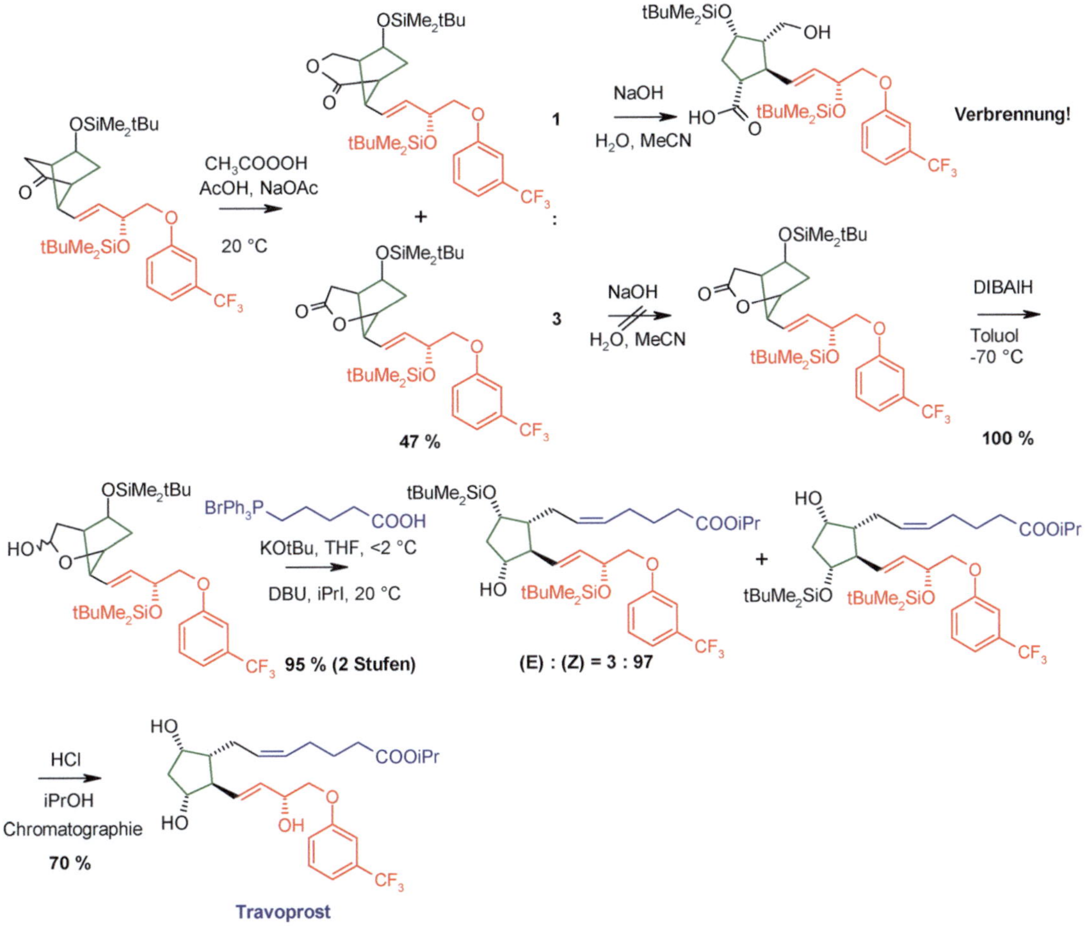

Glanzpunkt der Synthese ist sicherlich, dass nach der Enantiomerentrennung eines Bisulfitaddukts über einen Trizyklus vier Asymmetriezentren korrekt aufgebaut werden. Durch Anknüpfung der fertig funktionalisierten ω-Seitenkette entsteht ein Schlüsselbaustein, der nach regioselektiver Baeyer-Villiger-Oxidation und stereoselektiver Wittig-Reaktion das Zielprodukt liefert. Auf diesem Weg wurden 450 Gramm des Wirkstoffs hergestellt. Chirotech ist der Auffassung, dass dieses Verfahren auch für Synthesen im Kilogrammmaßstab geeignet ist.

5.6.7 Prostacyclin PGI$_2$

Das Prostacyclin PGI$_2$ ist ein außerordentlich potenter Vasodilator und Inhibitor der Blutplättchenaggregation. Diese Eigenschaften machen PGI$_2$ zu einem probaten Mittel zur Behandlung thromboembolischer und kardiovaskulärer Erkrankungen. Problematisch an der Substanz ist ihre inhärente Instabilität. Nur stark alkalische Lösungen (pH $> 10{,}5$) zeigen eine relative chemische Stabilität. Sie können aber aufgrund ihres pH-Werts nicht mehr problemlos injiziert werden, was die klinische Anwendbarkeit stark einschränkt.

Epoprostenol ist das Natriumsalz des natürlichen Prostacyclins PGI$_2$. Es wurde als Antikoagulanz und Plättchenaggregationshemmer von Wellcome in Großbritannien unter dem Namen *Flolan*® als Injektionslösung zur Behandlung von Dialysepatienten und bei Bypass-Operationen auf dem Markt eingeführt.

Die Iodzyklisierung liefert ein Diastereomerenpaar, das bei der anschließenden Eliminierung exklusiv zum gewünschten (*Z*)-Alken führt. Nach der Hydrolyse, die man im Sinn einer Eintopfreaktion durchführt, wird das Natriumsalz, das in fester Form bei -30 °C mindestens zwei Monate stabil ist, durch Gefriertrocknung isoliert.[22]

Ein modernerer Weg ist die mit Quecksilbertrifluoracetat induzierte Zyklisierung nach Noyori. Das Ausgangsmaterial ist erhältlich mittels einer Dreikomponentenkupplung. Die stereospezifische Zyklisierung verläuft über ein Mercuriniumion im Sinne einer 5-*exo-dig*-Zyklisierung. Entscheidend für die (*E/Z*)-Isomerenreinheit ist die anschließende Quecksilber-Abspaltung. Normalerweise verläuft diese Reaktion radikalisch unter Verlust der stereochemischen Integrität. Entfernt man jedoch den Quecksilberrest reduktiv in protischen Lösungsmitteln, dann bleibt die Stereochemie erhalten.

5.6.8 Carbacycline

Aufgrund der inhärenten Instabilität von PGI_2 waren von Beginn an die Bemühungen sehr groß, stabilere Prostacycline mit gleicher pharmakologischer Wirkung herzustellen. Absolut naheliegend ist dabei die Frage, ob man nicht unter Erhalt des pharmakologischen Profils den Enolethersauerstoff, die Quelle der Instabilität, durch Kohlenstoff ersetzen kann. Auf diese Weise gelangt man zu den Carbacyclinen, die pharmakologisch dem Prostacyclin ähneln. Die Leitstruktur wurde von Upjohn in den 70er Jahren als Wirkstoff gegen thromboembolische Erkrankungen entwickelt.

Bei oraler Applikation treten jedoch innerhalb des therapeutischen Fensters deutliche Nebenwirkungen wie Kopfschmerzen, Gesichtsrötung, hoher Puls (Tachycardie) und Blutdruckschwankungen auf. Dessen ungeachtet orientierte man sich an diesem Strukturmotiv und entwickelte weitere Analoga.

Iloprost ist ein Carbacyclin der Firma Schering gegen Herz/Kreislauf-Erkrankungen. Es unterscheidet sich von der Grundstruktur der Carbacycline durch eine veränderte ω-Seitenkette. Hierdurch wird der metabolische Abbau retardiert.[22]

Ausgangsmaterial für Iloprost ist das enantiomerenreine Corey-Lacton, das man mit dem Lithiumsalz des Essigsäureethylesters umsetzt. Nach Oxidation erfolgt mit 1,5-Diazabicyclo[4.3.0]non-5-en (DBN) eine außerordentlich interessante Umlagerung. Vermutlich entsteht durch Spaltung des zyklischen Ethers ein Enolat, das in einer Michael-Reaktion an das Cyclopentenon addiert. Die Decarbethoxylierung erfolgt mit 1,5-Diazabicyclo[2.2.2]octan (DABCO). Die ω-Kette wird durch eine Horner-Reaktion aufgebaut. Die anschließende Reduktion führt zu einem Gemisch von Allylalkoholen, die sich durch Chromatographie reinigen lassen. Aus dem weniger polaren Produkt kann der Alkohol durch

Carbacyclin

Iloprost

Umesterung in Freiheit gesetzt werden. Beide Alkoholfunktionen werden dann als THP-Ether geschützt. Durch eine Wittig-Reaktion wird das vollständige Kohlenstoffgerüst von Iloprost aufgebaut. Auch hier ist eine chromatographische Reinigung erforderlich. Die polarere Fraktion liefert schließlich nach Abspaltung der THP-Schutzgruppe die Zielverbindung.[23]

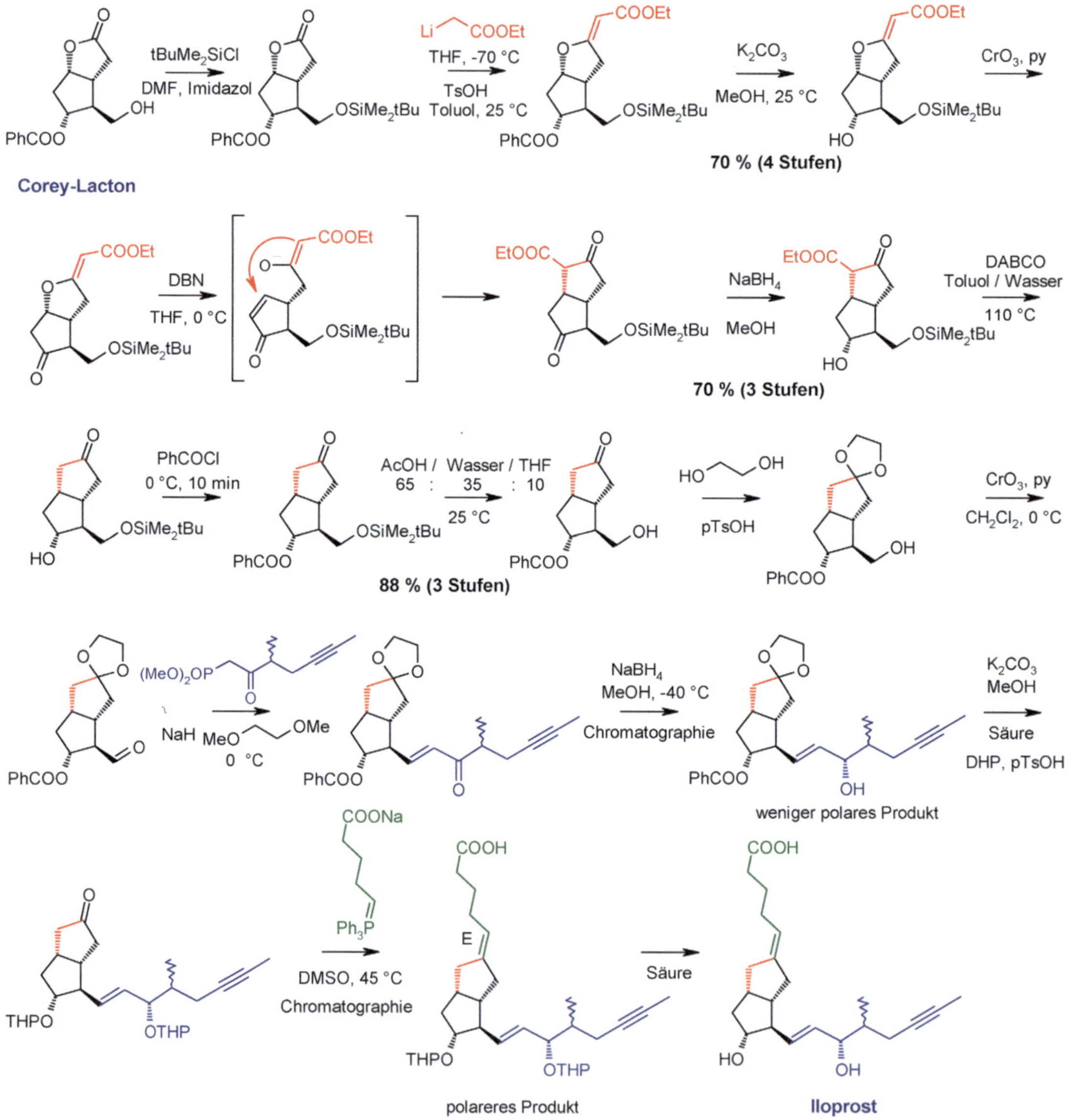

Iloprost ist ein 1 : 1 Gemisch der $16\alpha/16\beta$-Diastereomeren, das durch Kristallisation mit (−)-Cinchonidin oder (+)-3-(Aminomethyl)-pinan getrennt werden kann. Das (16S)-Diastereomer ist hinsichtlich der Hemmung der ADP-induzierten Blutplättchenaggregation fünfmal wirksamer als das (16R)-Isomer.

Zusammenfassung in Stichpunkten

- Die ersten Prostaglandine wurden durch Partialsynthese hergestellt.
- Auxiliargesteuerte, diastereoselektive und enantioselektive Diels-Alder-Reaktionen von Corey und diastereoselektive Dreikomponentenreaktionen von Noyori, die man exemplarisch an der Prostaglandintotalsynthese erstmals erprobte, bereicherten das Methodenarsenal der modernen präparativen organischen Chemie.
- Prostaglandine sind hoch wirksam und besitzen ein außerordentlich breites Anwendungsspektrum.
- Der Wirkstoffbedarf liegt in den meisten Fällen deutlich unter 100 kg/a. Dies erlaubt den Einsatz sonst unüblicher Methoden und Reagenzien bei der technischen Synthese.

Literatur

[1] Encyclopedia Britannica, Electronic Release, 2001, Prostaglandins.

[2] E. Matsui, Y. Naruta, F. Tani, Y. Shimazaki, Angew. Chem. **115** (2003) 2850.

[3] P. Karlson, Kurzes Lehrbuch der Biochemie, Thieme Verlag, Stuttgart, 1970, 32.

[4] S. Peng, N. M. Okeley, A.-L. Tsai, G. Wu, R. J. Kulmacz, W. A. van der Donk, J. Am. Chem. Soc. **124** (2002) 10785.

[5] G. Habermehl, P. E. Hammann, H. C. Krebs, Naturstoffchemie, 2. Aufl., Springer Verlag, Berlin, 2002, 525.

[6] K. C. Nicolaou, E. J. Sorensen, Classics in Total Synthesis, VCH, Weinheim, 1996, 65.

[7] R. Brückner, Reaktionsmechanismen, Spektrum Akademischer Verlag, Heidelberg, 1996, 443.

[8] M. Suzuki, T. Kawagishi, T. Suzuki, R. Noyori, Tetrahedron Lett. **23** (1982) 4057.

[9] K. Laumen, M. P. Schneider, J. Chem. Soc. Chem. Commun. (1986) 1298.

[10] K. Laumen, M. P. Schneider, Tetrahedron Lett. **25** (1984) 5875.

[11] L. A. Arnold, R. Naasz, A. J. Minnaard, B. L. Feringa, J. Am. Chem. Soc. **123** (2001) 5841.

[12] P. W. Collins, E. Z. Dajani, D. R. Driskill, M. S. Bruhn, C. J. Jung, R. Pappo, J. Med. Chem. **20** (1977) 1152.

[13] J. R. Beehling, P. W. Collins, J. S. Ng, Adv. Metal-Org. Chem. **4** (1995) 65.

[14] B. H. Lipshutz, R. S. Wilhelm, D. M. Floyd, J. Am. Chem. Soc. **103** (1981) 7672.

[15] B. H. Lipshutz, J. A. Kozlowski, R. S. Wilhelm, J. Org. Chem. **49** (1984) 3943.

[16] L. T. Boulton, D. Brick, M. E. Fox, M. Jackson, I. C. Lennon, R. McCague, N. Parkin, D. Rhodes, G. Ruecroft, Org. Proc. Res. Dev. **6** (2002) 138.

[17] P. A. Grieco, J. Org. Chem. **37** (1972) 2363.

[18] Z. Grudzinski, S. M. Roberts, J. Chem. Soc. Perkin Trans. I (1975) 1767.

[19] G. A. Tolstikov, M. S. Miftakhov, N. A. Danilova, F. Z. Galin, J. Org. Chem. USSR (Engl. Trans.) **19** (1983) 1624.

[20] D. R. Swanson, T. Nguyen, Y. Noda, E. Negishi, J. Org. Chem. **56** (1991) 2590.

[21] C. Mioskowski, S. Manna, J. R. Falck, Tetrahedron Lett. **24** (1983) 5521 (mit primären, sekundären und tertiären Alkyllithiumcupraten); I. Prowotorow, J. Wicha, K. Mikami, Synthesis (2001) 145 (mit Magnesiumcupraten); T. Hiyama, Y. Morizawa, H. Yamamoto, H. Nozaki, Bull. Soc. Chem. Jpn. **54** (1981) 2151 (mit Aluminiumorganylen); E. J. Enholm, Z. J. Jia, J. Org. Chem. **62** (1997) 9159 (mit Zinnorganylen); P. Herrington, M. A. Kerr, Tetrahedron Lett. **38** (1997) 5949 (Lanthanoid-katalysierte Homo-Michael-Reaktionen).

[22] P. W. Collins, S. W. Djuric, Chem. Rev. **93** (1993) 1533.

[23] W. Skuballa, H. Vorbrüggen, Angew. Chem. Int. Ed. Engl. **20** (1981) 1046.

5.7 Tetrahydrolipstatin

Im Prado in Madrid befindet sich eine Tischpatte mit einem Gemälde von Hieronymus Bosch (um 1450–1516): *Die sieben Todsünden und die vier letzten Dinge.*[1][2] Dieser Tisch soll sich einst im Escorial in jener Zimmerflucht befunden haben, die Philipp II. bewohnte (Abb. 5.70).

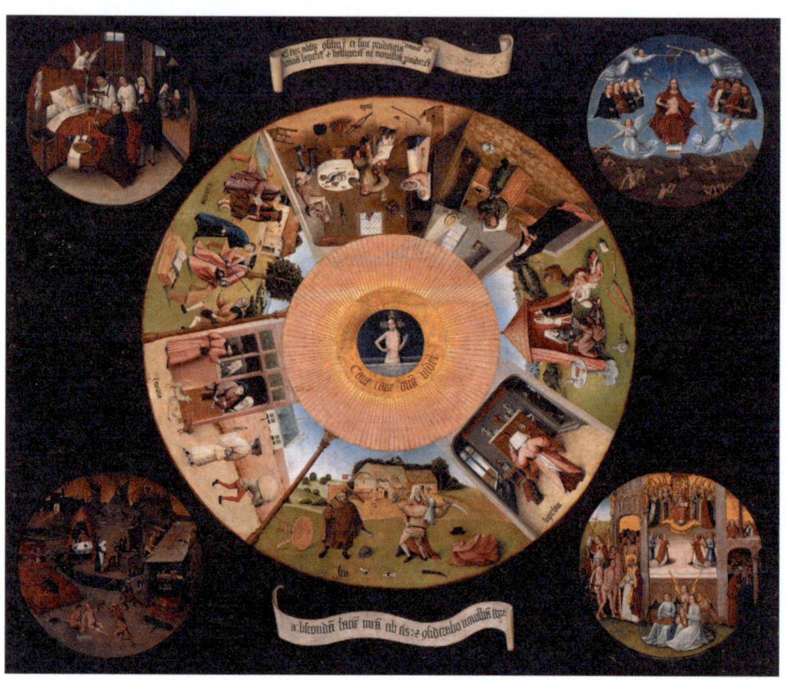

5.70 *Hieronymus Bosch: „Die sieben Todsünden und die vier letzten Dinge".*

Erstmals wurden die Todsünden von dem griechischen Theologen und Mystiker Evagrius von Pontus (346–399) erwähnt. Papst Gregor I. reduzierte im 6. Jahrhundert die ursprünglich acht Todsünden auf sieben: Hochmut, Neid, Zorn, Traurigkeit, Habgier, Völlerei und Wollust. Im 7. Jahrhundert wurde die „Traurigkeit" als „Trägheit" und „Habgier" als „Geiz" neu definiert.

Bosch beschriftete die Einzelbilder mit den sieben Todsünden: Hochmut (lat. *superbia*: Übermut, Hochmut, Stolz), Wollust (lat. *luxuria*: Schwelgerei, Zügellosigkeit), Trägheit (lat. *segnitia*: Langsamkeit, Trägheit, Schlaffheit), Völlerei (lat. *gula*: Schlund, Schlemmerei), Geiz (lat. *avaritia*: Habsucht, Geiz), Neid (lat. *invidia*: Neid, Missgunst, Eifersucht) und Zorn (lat. *ira*: Zorn, Erbitterung, Wut).

Gegen oder für einige dieser Laster hat man in den letzten Jahren so genannte Lifestyle-Arzneimittel entwickelt, die das Leben schöner und angenehmer machen sollen. Da sich viele Menschen nach einem besseren Leben sehnen, entstehen umsatzträchtige Märkte. Tabelle 5.8 gibt einen Überblick über bedeutende Lifestyle-Medikamente.[3][4]

Tabelle 5.8 *Moderne Lifestyle-Medikamente*

Struktur	Name / Hersteller	Wirkung	Indikation
	Propecia® / Merck	**5α-Reductasehemmer**, verhindert hormonell bedingter Haarausfall bei Männer	*superbia*
	Viagra® / Pfizer	**Phosphodiesterase-hemmer**, verzögert Abbau von cGMP und erhöht damit die lokale Blutzufuhr	*luxuria*
	Prozac® / Eli Lilly	**Serotonin-reuptake-Inhibitor**, stimmungs-aufhellend, Anti-depressivum	*segnitia*
	Xenical® / Hoffmann La Roche	**Lipasehemmer**, redu-ziert in Kombination mit einer geeigneten Diät das Körperge-wicht	*gula*

ℹ Für Geiz, Neid und Zorn gibt es leider noch keine adäquaten Mittelchen!

5.7.1 Adipositas

In diesem Kapitel geht es um die Unmäßigkeit beim Essen und Trinken. Passend zu dem Gemälde von Hieronymus Bosch lesen wir im *Le livre des bonnes moeurs* von J. Legrant aus dem Jahr 1487: »Und in der Tat: Durch Völlerei verliert der Mensch Sinn und Verstand und enthüllt oft seine verborgene Torheit. Völlerei lässt den Menschen früh alt und häßlich werden; und in der Trunkenheit stößt der Mensch vielerlei Geräusche aus und wird wie das Vieh.«

Fettsucht ist offensichtlich keine Krankheit der jüngsten Zeit. Man findet Hinweise auf übergewichtige Menschen bereits in der Steinzeit, bei ägyptischen Mumien und griechischen Skulpturen. Adipositas – so der wissenschaftliche Name für Fettsucht oder Fettleibigkeit – tritt gehäuft in den wohlhabenden Regionen der Welt auf. Den 800 Millionen Menschen, die an Hunger und Unterernährung leiden, stehen inzwischen schätzungsweise 800 Millionen Menschen gegenüber, die überernährt sind.[5] Die Verbreitung von Adipositas nimmt welt-

Der Body-Mass-Index [i] (BMI) errechnet sich als der Quotient aus dem Körpergewicht in Kilogramm und dem Quadrat der Körpergröße in Quadratmeter. Versicherungsgesellschaften haben ermittelt, dass Männer wie Frauen bei einem BMI von 22–25 das geringste Krankheitsrisiko und die niedrigste Sterblichkeitsrate haben. Bei einem BMI ab 27 beginnt die Sterblichkeitsrate signifikant anzusteigen. Diese Betrachtungen gelten für den nicht oder nur durchschnittlich trainierten Menschen. Hochtrainierte, muskulöse Athleten liefern aufgrund ihrer Fett- und Muskelverteilung falsche BMI-Werte.

weit bei Männern und Frauen, bei jungen Erwachsenen und bei Kindern signifikant zu. Diese Entwicklung läuft gegen den Trend einer fett- und cholesterinarmen Ernährung und dem Bedürfnis nach körperlicher Fitness. Adipositas entwickelt sich zu einer der Hauptursachen für Diabetes, Bluthochdruck und Herzkreislauferkrankungen.

Für Adipositas gibt es mehrere Ursachen. In Tierexperimenten und beim Menschen konnte man in jüngerer Zeit Gendefekte nachweisen, welche die Appetitregelung und die Adipogenese beeinflussen. Solche erblich bedingten Fehlsteuerungen sind jedoch eher selten. Statistische Untersuchungen zeigen, dass psychologische, sozioökonomische und kulturelle Einflüsse an der Adipogenese beteiligt sind. Amerikanische Studien belegen, dass Menschen mit einer geringeren Ausbildung und niedrigem Einkommen verstärkt zu Übergewicht neigen.

5.71 *„Völlerei" aus Hieronymus Bosch: „Die sieben Todsünden und die vier letzten Dinge".*

Lebensgestaltung, -führung und -einstellung sind wichtige Indikatoren dafür, ob ein Mensch im Laufe seines Lebens eine Adipositas entwickelt. Somit haben auch Eltern eine Vorbildfunktion und können entscheidenden Einfluss auf die Ernährungsgewohnheiten ihrer Kinder nehmen (Abb. 5.71).

5.7.2 Pharmakologie

Da der Mensch nur sehr begrenzt zur *de novo*-Biosynthese von Fett befähigt ist, kann er Adipositas verhindern, wenn er die Resorption von Fett aus der Nahrung einschränkt oder blockiert. Im Prinzip ist dies durch eine entsprechende Diät möglich. Fettarme Speisen werden aber oft als weniger schmackhaft empfunden (Fett ist ein wichtiger Geschmacksträger), sodass viele Abnehmwillige einer strengen Diät wieder untreu werden. Das Schlüsselenzym für die Verdauung von Fett ist eine Pankreaslipase, die Triglyceride hydrolysiert. Anschließend werden die freien Fettsäuren und Monoglyceride in Mycellen eingelagert und schließlich im Dünndarm resorbiert. Blockiert man die Pankreaslipase, so passiert das Fett den Darm, ohne resorbiert zu werden.

1987 entdeckten Wissenschaftler bei Hoffmann-La Roche in zwei Erdproben aus Mallorca und Gstaad in der Schweiz eine graue und weiße Variante von

Streptomyces toxytricini, die eine Substanz produzieren, welche sehr selektiv und irreversibel die Pankreaslipase inhibiert: Lipstatin.[6] Eine Reihe weiterer strukturell eng mit Lipstatin verwandter Substanzen wie Valilacton und Panclicin D, die ebenfalls Lipasen hemmen, entdeckte man in der Folgezeit.[7] [8] Esterastin, ein anderer Inhibitor, war bereits seit 1978 bekannt (Abb. 5.72).[9]

5.72 *Inhibitoren der Pankreaslipase.*

Lipstatin

Esterastin

Valilacton

Panclicin D

Andere Pankreasenzyme, wie die Phospholipase A2, Amylase, Trypsin, Chymotrypsin und die Leberesterase werden durch Lipstatin nicht blockiert. Von Tetrahydrolipstatin weiß man allerdings, dass es auch andere Serinhydrolasen wie die Magenlipase und die Pankreas-Carboxylesterlipase inhibiert.[10]

Es handelt sich bei allen Substanzen um β-Lactone von langkettigen verzweigten Carbonsäuren, die in einer Seitenkette in 3- und 5-Position Hydroxygruppen tragen und mit einer Aminosäure verknüpft sind. Sämtliche Asymmetriezentren sind (*S*)-konfiguriert.[11] Lipstatin und Esterastin unterscheiden sich nur in der Aminosäureseitenkette. Die Hydrolyse ergibt in beiden Fällen die selbe langkettige, doppelt ungesättigte C_{22}-Dihydroxycarbonsäure.[12]

Offensichtlich bringt die Natur nicht nur interessante β-Lactame wie bei den Antibiotika, sondern auch strukturell ansprechende β-Lactone hervor. Die hohe Reaktivität des Oxetanons ist entscheidend für die irreversible Enzyminhibierung. Das Oxetanon acyliert einen Serinrest im aktiven Zentrum (Serin 152) der Pankreaslipase und blockiert damit deren Funktion (Abb. 5.73).[13] [14]

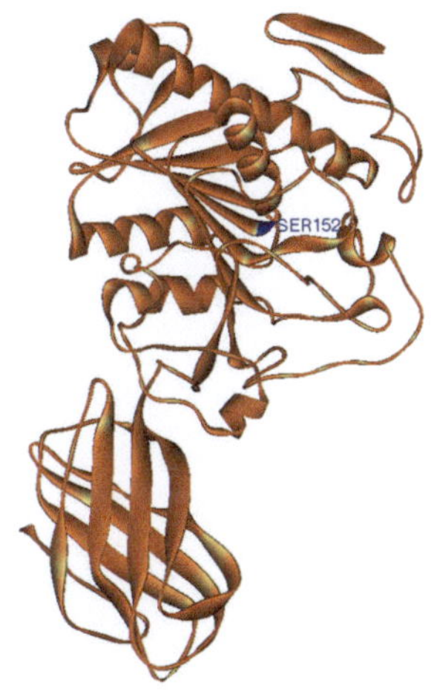

5.73 *Pankreaslipase.*

5.7.3 Biosynthese

Zur Untersuchung von Biosynthesewegen benutzt man heute isotopenmarkierte Verbindungen. Häufig werden Markierungsexperimente mit dem radioaktiven ^{14}C-Isotop des Kohlenstoffs durchgeführt. Hat man den radioaktiven Metaboliten identifiziert, kann durch Abbaureaktionen die genaue Position der Markierung bestimmt werden. Mithilfe der modernen NMR-Spektroskopie gibt es auch die Möglichkeit durch ^{13}C-Markierung nicht nur den Metaboliten zu identifizieren, sondern auch direkt dessen Struktur und Markierung aufzuklären.

Anfängliche Untersuchungen der Biogenese von Lipstatin mit ^{14}C-isotopenmarkiertem Acetat waren wenig aussagekräftig. Erfolgreich hingegen war der Einsatz vollständig ^{13}C-markierter Lipide aus Algen, die mit ^{13}CO$_2$ ernährt wurden. Entsprechende NMR-Untersuchungen zeigten, dass das Lacton direkt aus Fettsäuren durch eine Claisen-Reaktion aufgebaut wird.[15] Da markierte auch immer mit nicht markierten Bausteinen umgesetzt werden, ist bei der *de novo*-Synthese keine durchgängige Markierung zu erwarten. Entsprechend erkennt man an der fehlenden Kopplung zwischen C-2 und C-3 die Verknüpfungsstelle der Claisen-Reaktion. Wird eine Mischung aus vollständig hydrierten, markierten Fettsäuren (rot) und nicht hydrierten, nicht markierten Fettsäuren (schwarz) eingesetzt, so wird die ungesättigte Seitenkette ausschließlich durch die nicht markierten Fettsäuren aufgebaut. Dagegen findet man in der gesättigten Seitenkette durchaus noch eine vollständige Markierung (Abb. 5.74).

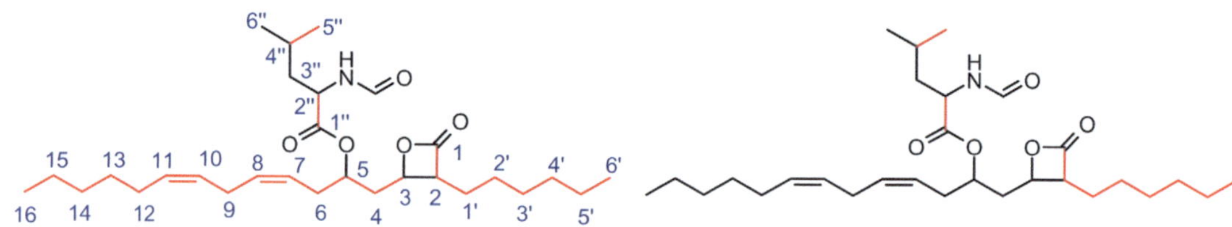

5.74 *^{13}C-Markierungsexperimente zur Aufklärung der Biosynthese.*

Die längere Seitenkette stammt aus Linolsäure. Durch β-Oxidation und Abspaltung von zwei Acetateinheiten wird diese um vier C-Atome verkürzt. Auf ähnliche Weise entsteht auch die kürzere Seitenkette. Durch Dehydratisierung und Anlagerung von Wasser wird dann die benötigte Hydroxycarbonsäure gebildet.[16]

Das Markierungsmuster in Leucin entspricht erwartungsgemäß dem bekannten Biosyntheseweg. Obwohl dies nicht explizit untersucht wurde, kann man annehmen, dass Brenztraubensäure während des Fermentationsprozesses aus Glycerin erzeugt wird.

Acetylmilchsäure entsteht durch Acyloinkondensation und Abspaltung von Kohlendioxid. Es schließt sich eine überaus interessante Ketolumlagerung an. Die Umlagerung erfolgt unter Kontrolle der Stereochemie. Die Hydroxy- und Ketogruppe sind bei der Umlagerung *syn*-periplanar angeordnet, sodass die Methylgruppe suprafacial auf die (*Re*)-Seite übertragen wird. Hierzu gibt es sehr anschauliche NMR-spektroskopische Untersuchungen an Modellverbindungen[17] und präparative Beispiele.[18] [19] Die Ketolumlagerung besitzt eine gewisse Verwandtschaft mit der Benzil/Benzilsäure-Umlagerung.

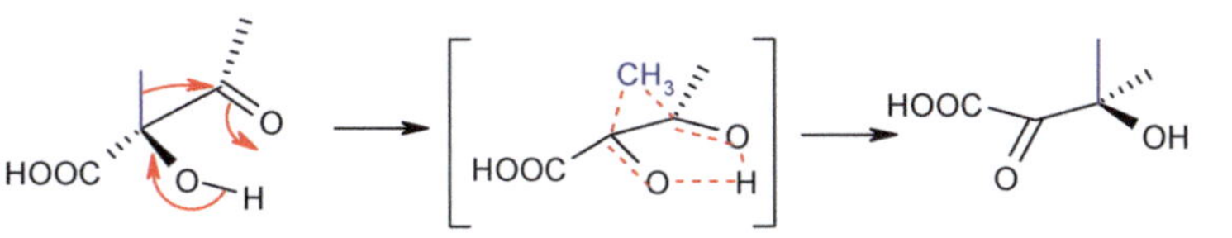

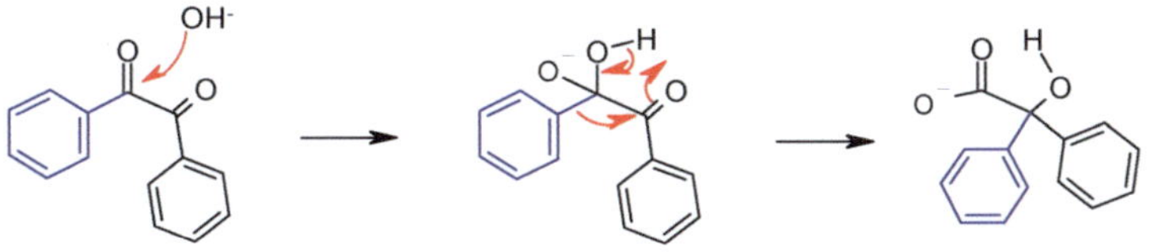

Die Ketogruppe wird anschließend reduziert und Wasser abgespalten. Durch Aldoladdition erhält man α-Isopropylapfelsäure. Diese wird zunächst dehydratisiert, gefolgt von einer erneuten Addition von Wasser. Auf diesem Weg entsteht β-Isopropylapfelsäure. Durch oxidative Decarboxylierung erhält man α-Ketoisocapronsäure, die schließlich durch reduktive Aminierung in Leucin überführt wird.

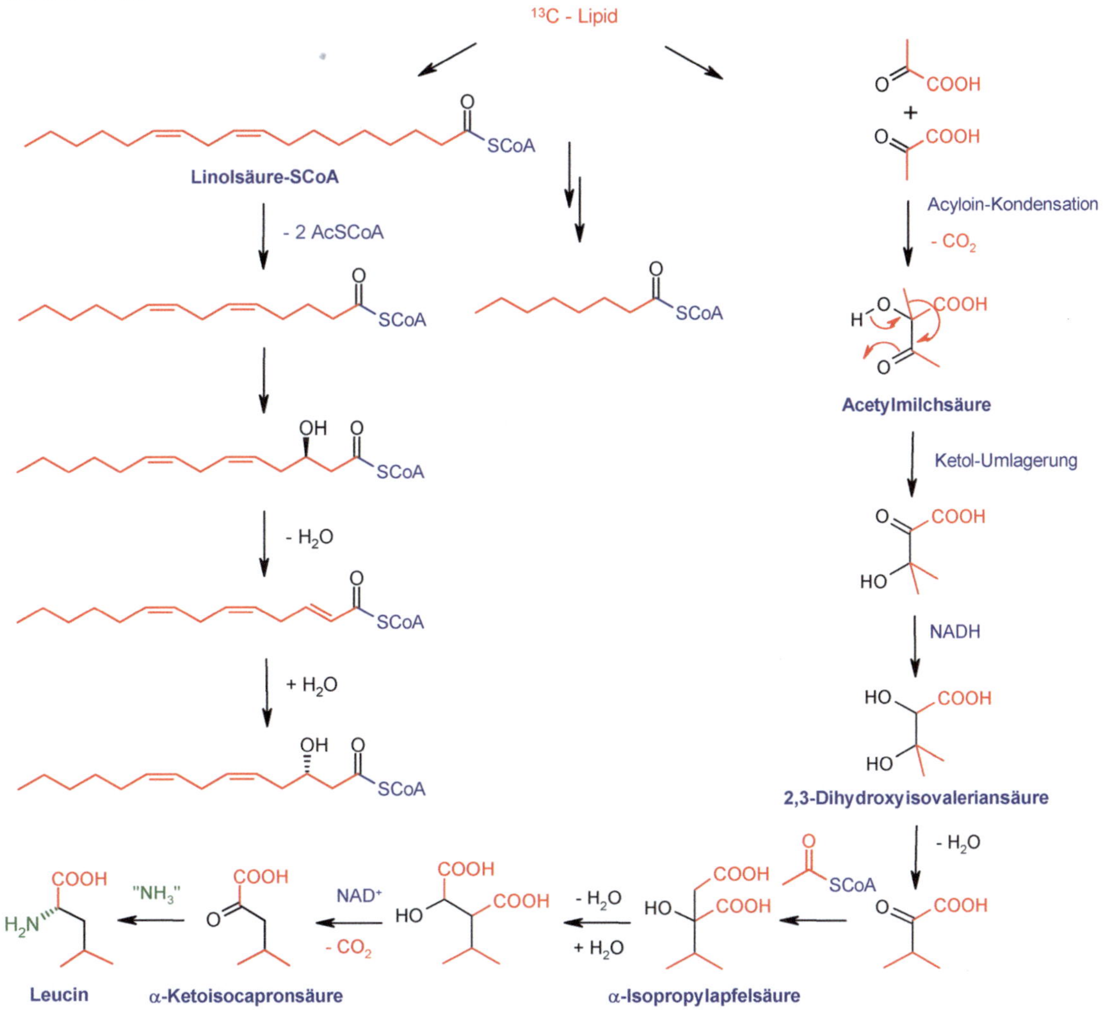

Nach der Claisen-Reaktion der CoA-aktivierten Carbonsäuren wird die β-Ketogruppe reduziert und der Lactonring geschlossen. Anschließend wird mit der Aminosäure verestert und formyliert.[20]

In anfänglichen Fermentationsversuchen wurde Lipstatin mit Raumzeitausbeuten von wenigen Milligramm pro Liter erhalten. Mit dem Verständnis der Biosynthese konnte durch gezielte Supplementierung der Fermentationsbrühe mit Fettsäuren und Leucin die Produktkonzentration auf 150 mg/l in 138 Stunden gesteigert werden. Um eine Inhibierung zu vermeiden, scheint es von Bedeutung zu sein, die Substrate so zuzugeben, wie sie verbraucht werden, sodass die *steady-state*-Konzentration immer gering bleibt.[21][22] Für eine technische Produktion sind diese Raumzeitausbeuten allerdings immer noch mindestens um den Faktor 500 zu gering.

5.7.4 Naturstoffsynthese

Die erste Synthese von (-)-Lipstatin stammt von Jean-Marc Pons und Philip Kocienski.[23] Der Schlüsselschritt der Reaktion ist eine Lewissäure-katalysierte, diastereoselektive [2 + 2]-Zykloaddition eines Aldehyds mit einem Keten. Die ungesättigte Seitenkette wird durch zwei Wittig-Reaktionen aufgebaut.

Lipstatin

Der Startpunkt der Synthese ist die enantioselektive Reduktion von 3-Oxo-5-hexensäuremethylester mit Bäckerhefe. Der Enantiomerenüberschuss beträgt

78 % ee, die Ausbeute liegt bei 60–70 %. Anschließend schützt man die Hydroxygruppe und führt durch Ozonolyse die Carbonylfunktion ein.[24] [25]

Für den zweiten Teil der Seitenkette wird Hexanal durch eine Wittig-Reaktion zunächst um drei C-Atome verlängert. Das Acetal wird hydrolysiert und dann in einer Sequenz von mehreren Reaktionsstufen zu einem Phosphoniumsalz umgesetzt mit dem man eine weitere Wittig-Reaktion durchführt. Bemerkenswert ist hierbei die hohe (Z)-Selektivität. Schließlich wird der Ester mit Diisobutylaluminiumhydrid zu dem entsprechenden Aldehyd reduziert. Die Gesamtausbeute an (Z,Z)-Dienaldehyd, bezogen auf Hexanal, beträgt 50 %.

Das Keten für die [2 + 2]-Zykloaddition erhält man nach einer Methode von Sakurai aus 1-Ethoxyoktin und Trimethylsilyliodid.[26] Das zunächst gebildete Diketen wird anschließend thermolysiert und ist als monomeres Keten für gewisse Zeit lagerbar.

Die mit Ethylaluminiumdichlorid katalysierte [2 + 2]-Zykloaddition ergibt ein Diastereomerengemisch von 75 : 15 : 10. Ohne weitere Reinigung werden dann die Silylschutzgruppen abgespalten und N-Formylleucin in einer Mitsunobu-Reaktion eingeführt.

Die silylgeschützte Hydroxygruppe dient bei der diastereoselektiven [2 + 2]-Zykloaddition zur Induktion der Asymmetrie des β-Lactons und wird bei der Mitsunobu-Reaktion durch Inversion des Asymmetriezentrums in die gewünschte absolute Konfiguration überführt. Das Endprodukt, ein schwach gelbliches Öl, enthält noch etwa 10 % unerwünschte Diastereomere, die sich nicht abtrennen lassen. Allerdings kann enantiomerenreines Tetrahydrolipstatin durch Hydrierung und Kristallisation erhalten werden.

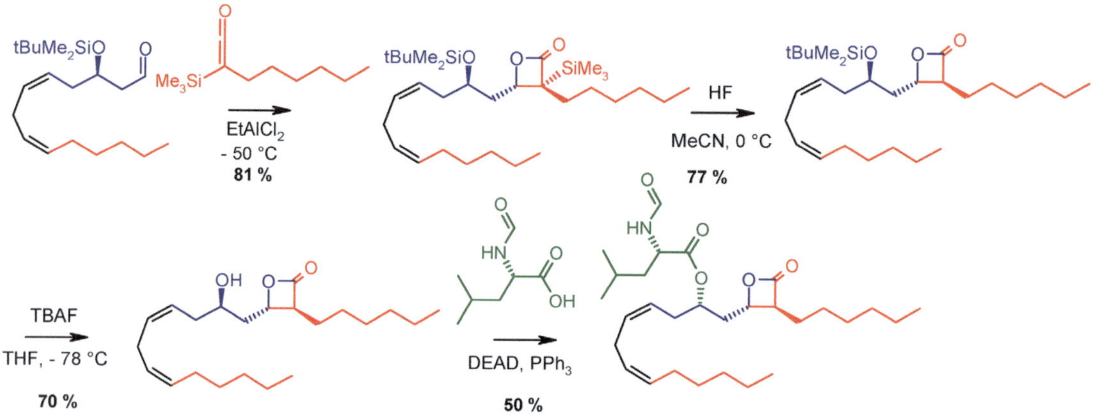

Exkurs: Enantioselektive, katalytische Synthese von β-Lactonen

Eine der modernsten Entwicklungen auf dem Gebiet der β-Lactone, ist deren enantioselektive Synthese.[27] Scott Nelson benutzte einen chiralen, C_2-symmetrischen Aluminiumkomplex, mit dem es möglich ist, Ketene unter milden Bedingungen an Aldehyde zu addieren.[28] Das Keten wird hierbei aus Acetylbromid mit einer Hünig-Base erzeugt. Besonders gut reagieren α-unverzweigte Aldehyde. Es kann auch Propionylbromid eingesetzt werden. Allerdings entstehen dann bevorzugt *cis*-disubstituierten β-Lactone. Der Lactonring kann mit Natriummethanolat, mit Stickstoffbasen[29] oder unter Lanthanoidkatalyse[30] geöffnet werden, wodurch sich eine attraktive Alternative zur Herstellung von enantiomerenreinen β-Hydroxyestern eröffnet.[31]

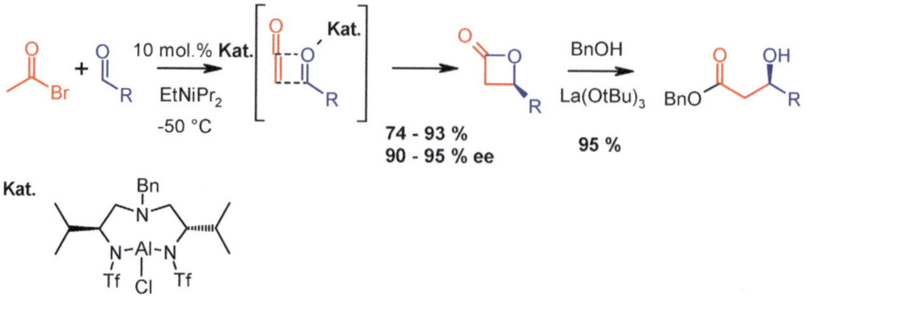

5.7.5 Synthesen von Tetrahydrolipstatin

Die gesättigte Verbindung von Lipstatin, das Tetrahydrolipstatin, hat vergleichbare pharmakologische Eigenschaften wie der Naturstoff, ist aber chemisch wesentlich stabiler und besitzt vorteilhafte physikalische Eigenschaften. Es handelt sich um einen Feststoff, der sich durch Kristallisation reinigen lässt.[7] Dies war ein entscheidender Grund für Hoffmann-La Roche die gesättigte Verbindung und nicht den Naturstoff als Mittel gegen Adipositas zu entwickeln (Abb. 5.75).[32]

Tetrahydrolipstatin

5.75 *Tetrahydrolipstatin wurde von Hoffmann-La Roche als Wirkstoff gegen Adipositas entwickelt.*

In den letzten 15 Jahren diente Tetrahydrolipstatin vielen Arbeitskreisen als „Paradepferd", um neue und alte Methoden zur stereoselektiven Synthese von β-Lactonen zu erproben. Einige dieser besonders interessanten Synthesen wollen wir im Folgenden einander gegenüberstellen.

Mehrere Jahre vor der Markteinführung eines Wirkstoffs muss die Synthesemethode für das Produktionsverfahren festgelegt werden, weil mit diesem Material alle zulassungsrelevanten biologischen, pharmakologischen und toxikologischen Daten erhoben werden. Oft findet man später elegantere Synthesen, die jedoch aus den angeführten Gründen nur selten zur technischen Ausführung gelangen.

Diastereoselektive Mukaiyama-Aldol-Reaktion

Um das Grundgerüst von Tetrahydrolipstatin aufzubauen, ist die Aldoladdition geradezu prädestiniert. Den Grundkörper von Tetrahydrolipstatin bildet, formal gesehen, eine α-verzweigte Carbonsäure mit Sauerstoff-Funktionen in 3- und 5-Position. Diese sollten sich bequem aus einem β-Hydroxyaldehyd und einer Enolatkomponente auf der Oxidationsstufe einer Carbonsäure durch eine *anti*-selektive Aldolreaktion aufbauen lassen. Die Hydroxyfunktion am Chiralitätszentrum in Position 5 kann zudem als stereodifferenzierendes Strukturfragment genutzt werden.

Hoffmann-La Roche benutzte bei den ersten Synthesen die Mukaiyama-Variante.[33] Die Aldehydkomponente erhält man durch Reduktion des entsprechenden enantiomerenreinen β-Hydroxyesters mit Diisobutylaluminiumhydrid. Das Silylketenacetal ist durch Silylierung des Esters von (-)-N-Methylephedrin zugänglich. Die mit Titantetrachlorid katalysierte Mukaiyama-Aldol-Addition liefert das gewünschte *anti*-Produkt in einem Überschuss von 3 : 1. Nach

ⓘ Die Umsetzungen von Aldehyden mit Carboxylatenolaten bezeichnet man als Iwanow-Reaktion. Hierbei wird bevorzugt das *anti*-Produkt gebildet. Das Zimmerman-Traxler-Modell liefert eine Erklärung hierfür.

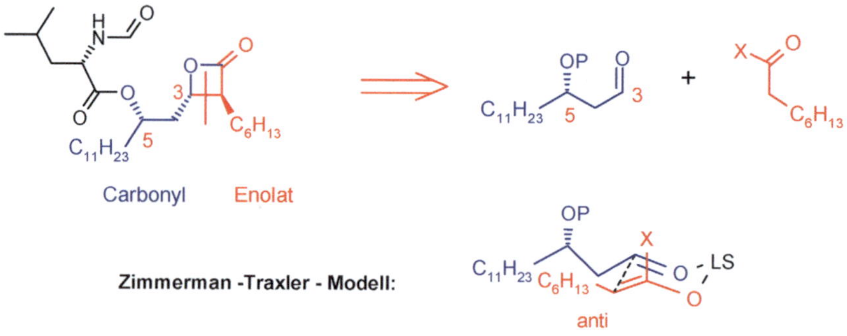

der Verseifung des Esters wird mit Benzolsulfonsäurechlorid der Lactonring geschlossen. Durch Hydrierung wird die Benzylschutzgruppe entfernt und in einer Mitsunobu-Reaktion die Seitenkette unter Inversion der absoluten Konfiguration eingeführt.

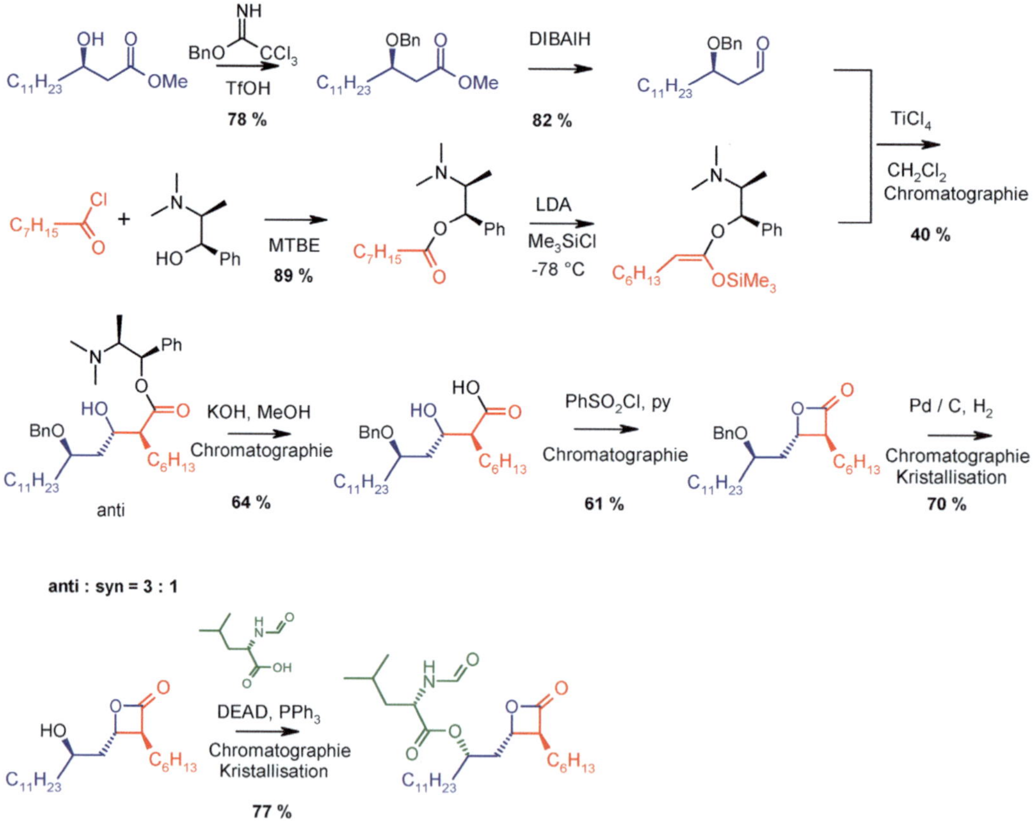

Von Nachteil bei dieser Synthese sind die vielen Chromatographie-Schritte und die schlechte *anti*/*syn*-Selektivität.

Diastereoselektive Hydrierung

In einer weiteren Synthese zog Hoffmann-La Roche die diastereoselektive Hydrierung eines δ-Lactons in Betracht.[34][35][36] Die Umsetzung des enantiomerenreinen Hydroxyesters mit Bromoctansäurechlorid liefert nach intramolekularer Reformatzki-Reaktion ein δ-Lacton. Einen anderen Zugang bietet die Iwanow-Reaktion des mit Benzyl geschützten Hydroxyaldehyds mit Octansäure. Reduktive Abspaltung der Schutzgruppe, saure Zyklisierung und Jones-Oxidation liefert das gleiche δ-Lacton. Die diastereoselektive Hydrierung ergibt dann ein Tetraydropyron.

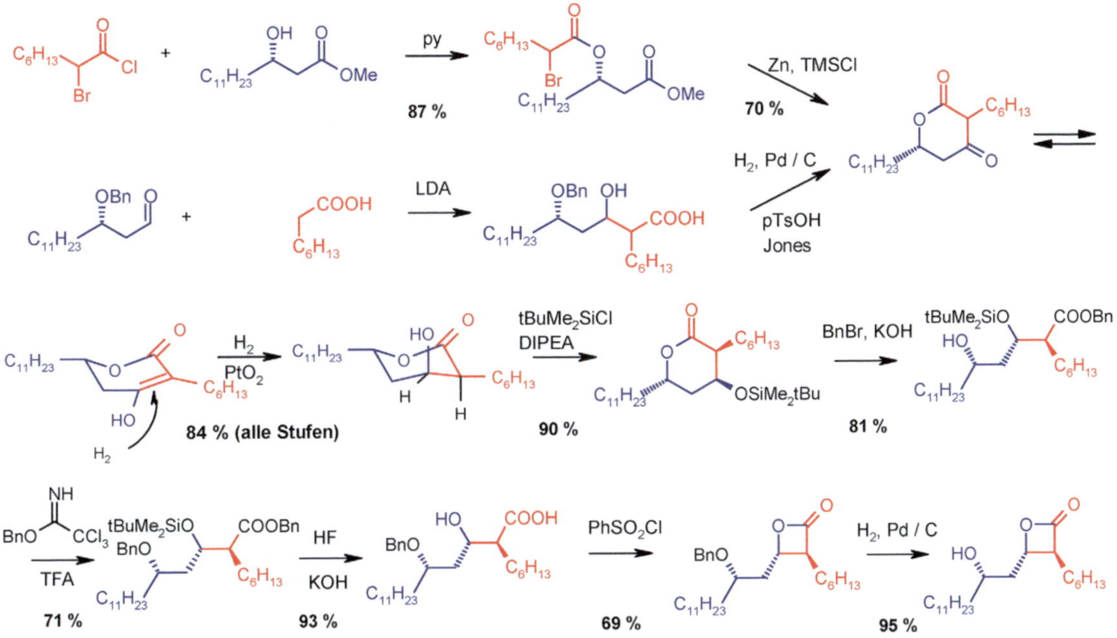

Es schließen sich eine Reihe von Schutzgruppenreaktionen an, bis man schließlich das β-Lacton erhält. Vielleicht abgesehen von der diastereoselektiven Hydrierung des δ-Lactons, vermittelt diese Reaktionssequenz insgesamt den Eindruck, frei von jeder Eleganz in der Durchführung zu sein. Für eine technische Umsetzung musste die Synthesestrategie, aber vor allem auch das Schutzgruppenkonzept drastisch vereinfacht werden.

Diastereoselektive Michael-Reaktion

Grundgedanke bei der folgenden Synthese von Tetrahydrolipstatin ist die Kombination zweier hoch stereoselektiv verlaufender Methoden zur Generierung von zwei neuen Asymmetriezentren relativ zum Silylrest in 1,2- und 1,3-Position: 1. die Alkylierung von β-Silylenolaten und 2. die Hydroborierung von Allylsilanen.[37][38]

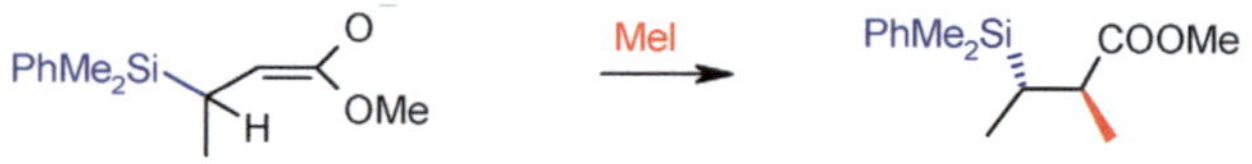

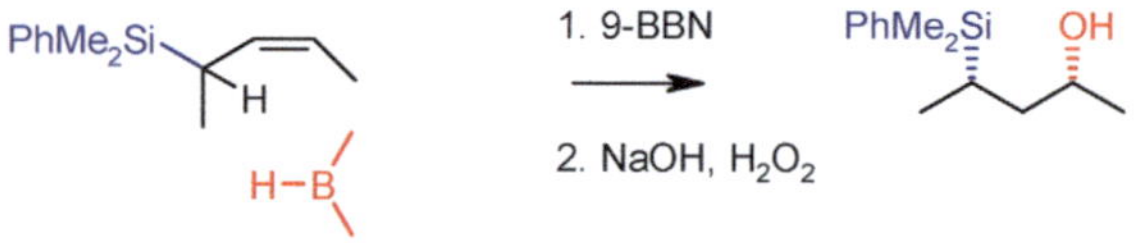

Entsprechend ergibt sich bei der Retrosynthese von Tetrahydrolipstatin die Aufgabe, einen ungesättigten β-Silylcarbonsäureester aufzubauen, der in α-Position alkyliert und in Allylposition hydroboriert wird.

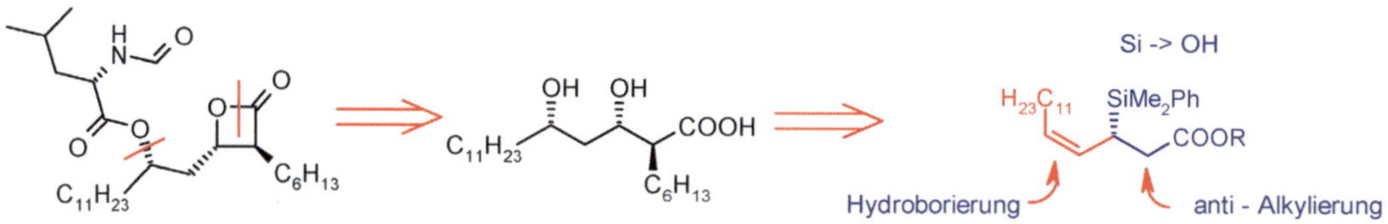

Zu Beginn der Synthese wird eine silylsubstituierte *cis*-Acrylsäure aus der entsprechenden Acetylencarbonsäure durch Reduktion mit einem Lindlar-Katalysator hergestellt, mit Oxalylchlorid aktiviert und mit Kogas Auxiliar umgesetzt.

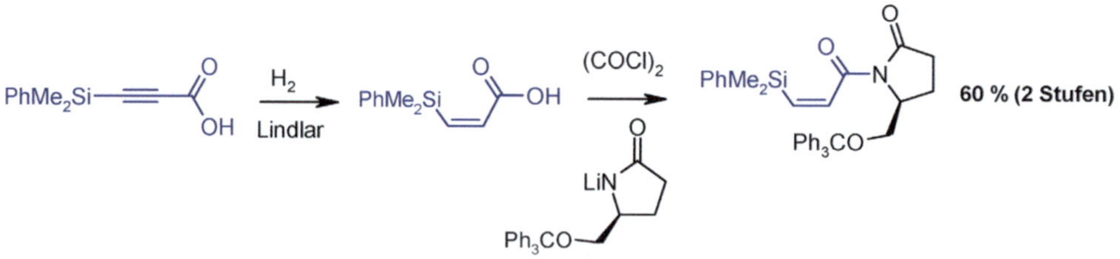

Für die Hydroborierung wird ein *cis*-Allylsilan benötigt, das sich auf ein *cis*-Vinylcuprat zurückführen lässt. Hierzu setzt man das terminale Alkin mit den Lithiumsalzen um und erhält stereospezifisch das terminale *trans*-Vinylsilan. Bromodesilylierung ergibt dann ein *cis*-Vinylbromid, das anschließend unter Erhalt der Stereochemie in das entsprechende Cuprat überführt wird.[39]

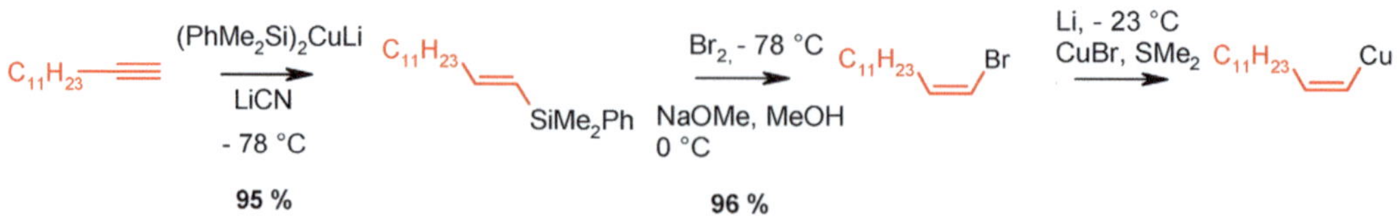

Die nachfolgende Umsetzung des Cuprats mit dem enantiomerenreinen Acrylsäureamid ergibt mit guter Diastereoselektivität den Schlüsselbaustein des Kohlenstoffgerüstes, von dem ausgehend Tetrahydrolipstatin aufgebaut werden kann.

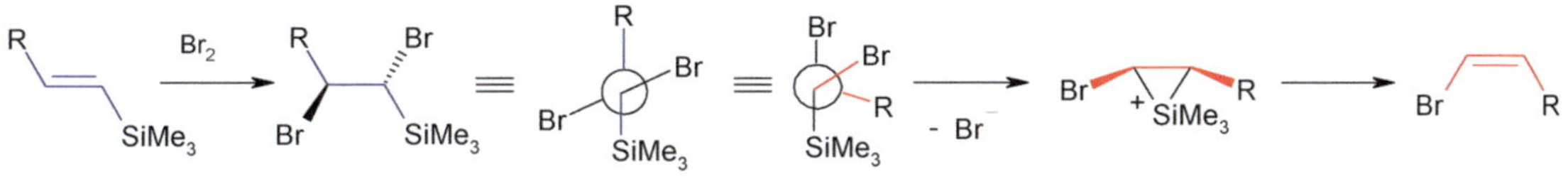

Zunächst wird die chirale Hilfsgruppe abgespalten und durch einen Benzyloxy-rest ersetzt. Die Alkylierung in a-Position erfolgt stereospezifisch. Der nächste Reaktionsschritt mit 9-BBN führt jedoch auch zu Nebenreaktionen mit der Esterfunktion, was ein konzeptioneller Nachteil der gesamten Synthese ist, da der Ester nun zunächst reduziert und geschützt werden muss (vier zusätzliche Stufen). Die Einführung der Hydroxygruppe erfolgt hoch stereoselektiv. Die neue Hydroxygruppe wird sauer katalysiert als Benzylether geschützt, da die basische Methode (BnBr, NaH) über intramolekulare Substitution des Phenyl-rests durch die Alkoholatfunktion zu einem zyklischen Silylether führt. Im nächsten Schritt wird die Carbonsäurefunktion stufenweise mit Pyridinium-chlorochromat und Jones-Oxidation zurückgebildet. Schließlich wird die Silyl-funktion mit Quecksilberacetat/Peressigsäure durch eine Hydroxygruppe er-setzt, der β-Lactonring geschlossen und die Seitenkette eingeführt. Durch eine einmalige Umkristallisation von Tetrahydrolipstatin erhält man ein enan-tiomerenreines Produkt.

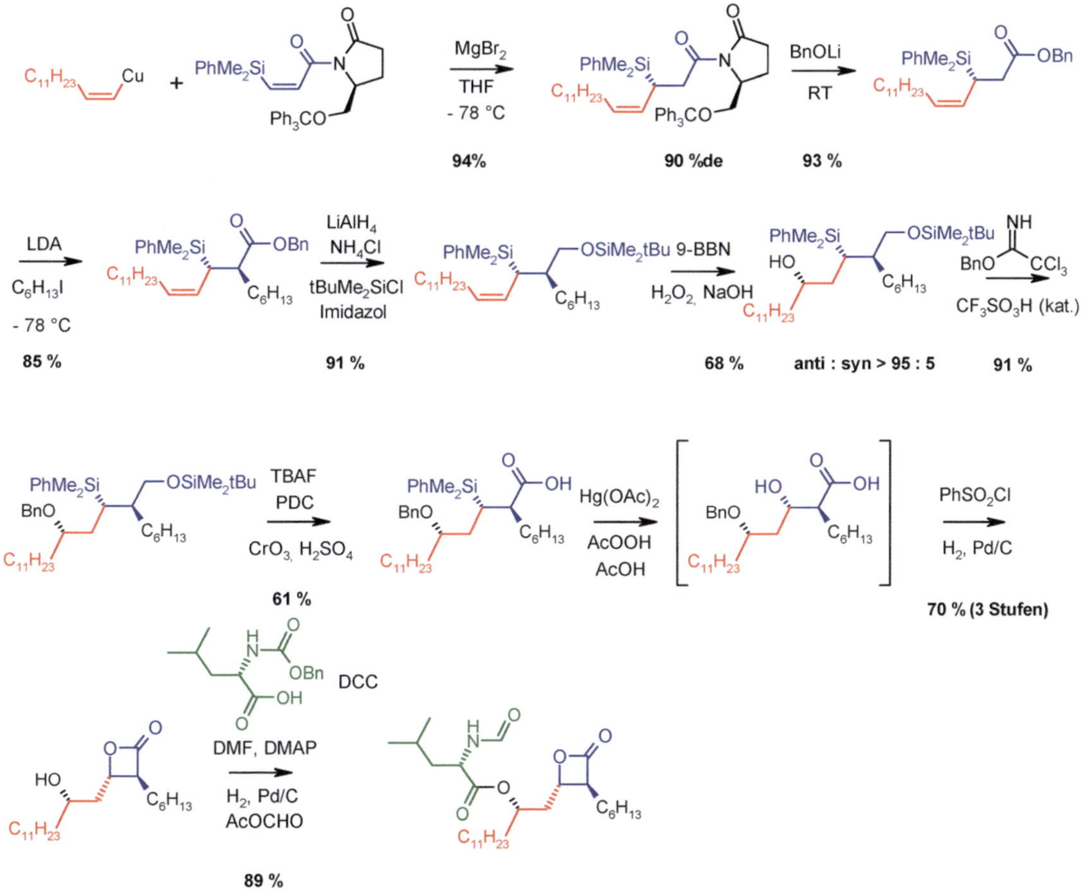

Diastereoselektive Aldolreaktionen mit Acyleisenkomplexen

Eine andere originelle Synthese von Tetrahydrolipstatin stammt von Stephen Davies.[40] Die beiden zentralen Synthesebausteine sind ein enantiomerenreiner β-Hydroxyaldehyd, der durch Acylierung von Meldrumsäure mit Dodecansäurechlorid und anschließender enantioselektiver Hydrierung des β-Ketoesters nach Noyori zugänglich ist, und ein enantiomerenreiner Acyleisenkomplex.[41] Diesen erhält man durch Alkylierung des Acetylkomplexes.[42] Beachtenswert ist, dass die Aldehydkomponente von Anfang an die richtige absolute Konfiguration besitzt. Der seitendifferenzierende Verlauf der *anti*-Aldoladdition wird ausschließlich vom Eisenkomplex bestimmt. Zunächst wird der Eisenkomplex mit Butyllithium deprotoniert, dann mit Diethylaluminiumchlorid ummetalliert und schließlich mit dem Aldehyd umgesetzt. Das Reaktionsprodukt enthält weniger als 5 % der anderen Diastereomeren. Durch Dekomplexierung mit Brom entsteht direkt das Lacton, das letztlich mittels DCC-Kupplung in Tetrahydrolipstatin überführt wird.

Diastereoselektive mit Borinat vermittelte Aldolreaktion

Bestechend kurz ist eine Totalsynthese von Ian Paterson.[43] Als chirales Auxiliar benutzt er einen Milchsäureester. Konsequent wird dieser über das Weinreb-Amid in einer Grignard-Reaktion in ein Keton überführt. Die Borinat-vermittelte Aldolreaktion liefert nach oxidativer Aufarbeitung das Aldol mit einer Diastereoselektivität von $> 98\%$. Da auch die Umsetzung mit Propionaldehyd die gleiche Diastereoselektivität ergibt, ist die Stereoseitendifferenzierung der Benzoxygruppe im Aldehyd von untergeordneter Bedeutung. Anschließend wird die aus der Milchsäure stammende Seitenkette durch Reduktion mit Lithiumaluminiumhydrid und Oxidation mit Bleitetraacetat (zum Aldehyd)[44] und $NaClO_2$ zur Carbonsäurefunktion abgebaut. Der Rest der Synthese gleicht den zuvor bereits besprochenen.

Bz: Benzoyl
Bn: Benzyl

Technische Synthese der WITEGA

Von ebenso bestechender Einfachheit ist die Synthese der Firma WITEGA.[7] Der geschützte Hydroxyaldehyd wird mit dem Amidenolat aus 1-Octanoylbenzotriazol und Lithiumhexamethyldisilazid umgesetzt. Die bevorzugte Bildung des *anti*-Aldolprodukts kann man mit dem Zimmerman-Traxler-Modell erklären. Die (*Re*)-Seite des Aldehyds wird von dem (*E*)-Enolat in einem sesselförmigen Übergangszustand angegriffen. Die beiden Seitenketten befinden sich in äquatorialer Lage. Die (*Si*)-Seite wird durch die 2-Methoxyprop-2-oxy-Gruppe sehr wirkungsvoll abgeschirmt. Der Benzotriazolrest sorgt nicht nur für eine hohe *anti*-Selektivität (im Vergleich z. B. zum entsprechenden Phenylester), sondern erlaubt auch in einer Dominoreaktion bei der sauren Aufarbeitung den Ringschluss des Lactons.

98 %

DIBAlH
-70 °C

H$^+$
Chromatographie
Kristallisation

35 % (alle Stufen)

Diastereoselektive Titanenolat-*anti*-Aldolreaktion

Die folgende Synthese enthält fast alles, was Hochschulforschung gut und teuer macht.[45] Schlüsselschritte sind eine Titanenolat-*anti*-Aldolreaktion, eine Nitroaldolreaktion und die diastereoselektive Reduktion eines β-Hydroxyketons. Als chirales Auxiliar benutzt Arun Ghosh Aminoindanol. Das Titanenolat bildet sich durch Umsetzung des Esters mit Titantetrachlorid und Diisopropylethylamin. Dieses wird bei -78 °C mit Zimtaldehyd, präkomplexiert an Bu$_2$BOTf, umgesetzt. Das gewünschte *anti*-Enantiomer entsteht im Überschuss von 6,1 : 1. Die Diastereomeren werden durch Säulenchromatographie getrennt. Die chirale Hilfsgruppe wird anschließend mit Lithiumhydroperoxid auf sehr milde Weise abgespalten. Versuche, die Hydroxycarbonsäure auf übliche Weise mit Pivalaldehyd in Gegenwart von Campher-10-sulfonsäure oder *p*-Toluolsulfonsäure zu schützen, schlugen fehl. Erfolgreich waren schließlich Isopropoxytrimethylsilan, TMSOTf und Molsieb.[46][47][48] Das Dioxolan wird als Gemisch von Diastereomeren im Verhältnis von 11 : 1 erhalten. Die Ozonolyse und reduktive Aufarbeitung mit Triphenylphosphan liefert den entsprechenden Aldehyd, der in einer Henry-Reaktion mit Nitrododecan umgesetzt wird. Nach Dehydratisierung mit DCC und Kupfer-(I)-chlorid erhält man ein (*E/Z*)-Isomerengemisch im Verhältnis von 1 : 1,7. Das Nitroalken wird mit Zink zum Oxim reduziert und mit Cerammoniumnitrat oxidativ zum Keton hydrolysiert. Anschließend erfolgt die Hydrolyse des Acetals und Veresterung mit Benzyliodid. Dann wird die Ketogruppe nach Evans mit Tetramethylammoniumtriacetoxyborhydrid stereoselektiv reduziert. Die Reduktion verläuft über eine sesselförmige Zwischenstufe und liefert das *anti*-Produkt.[49] Vor dem Ringschluss wird selektiv die Hydroxygruppe in Position 5 geschützt. Die restliche Synthese gleicht den zuvor besprochenen.

Diastereoselektive Bromlactonisierung

Die diastereoselektive Bromlactonisierung ist ein attraktiver Zugang zu Tetrahydrolipstatin.[50][51] Das Ausgangsmaterial, den doppelt ungesättigten Ester, erhält man in einer Horner-Wadsworth-Emmons-Reaktion aus Dodecanal und Diethoxyphosphinylbutensäuremethylester. Der Methylester kann nicht direkt eingesetzt werden, weil die Hydrolyse vor der Lactonisierung nur mit sehr schlechten Ausbeuten gelingt. Deshalb wird zunächst hydrolysiert und mit Trichlorethanol verestert, das später reduktiv abgespalten werden kann. Mittels Sharpless-Dihydroxylierung erzeugt man zwei Asymmetriezentren, wobei das in Position 5 bereits die endgültige absolute Konfiguration besitzt. Die Umsetzung mit Thionylchlorid liefert ein zyklisches Sulfit. Die allylische Substitution mit *n*-Hexyllithiumcuprat erfolgt hoch *anti*-stereoselektiv. Bei der Bromlactonsierung erhält man unter optimierten Bedingungen ein *cis/trans*-Verhältnis von 1 : 6. Die Bromhydrine können nicht durch Chromatographie gereinigt werden. Für die anschließende radikalische Debromierung wird das Rohgemisch eingesetzt. Überraschenderweise erhält man ausschließlich das *trans-β*-Lacton. Vermutlich zersetzt sich die *cis*-Verbindung.

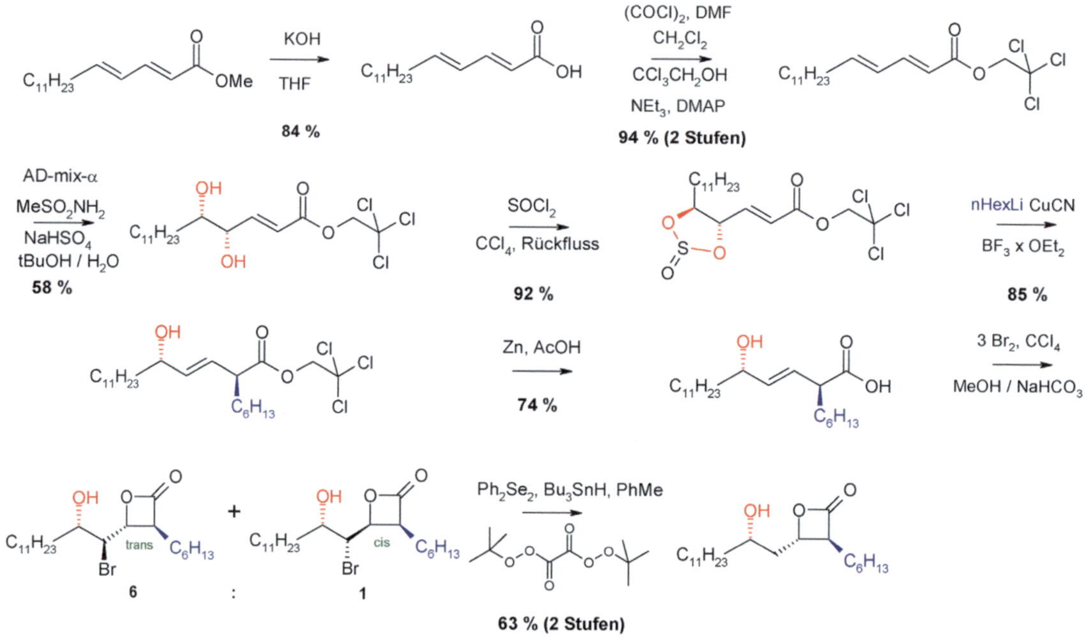

Die restlichen drei Reaktionsschritte, die Einführung von Z-Leu mit DCC, die Abspaltung der Schutzgruppe und die Formylierung mit AcOCHO, gleichen sehr den bereits beschriebenen Synthesen. Die Gesamtausbeute der zwölfstufigen Synthese liegt bei 11,3 %.

Technische Synthese von Hoffmann-La Roche

Im Fall der technischen Synthese, nach der Tetrahydrolipstatin gegenwärtig hergestellt wird, entschied sich Hoffmann-La Roche zunächst ausgehend von der oben beschriebenen Laborsynthese für ein sehr schlichtes Verfahren. Ausgangsmaterial ist Hexylacetessigsäuremethylester und Dodecanal. An die Aldolreaktion schließt sich unmittelbar die Zyklisierung zu einem Dihydropyron an, das man einer Hydrierung mit Raney-Nickel unterwirft. Diese führt hoch selektiv zu dem racemischen *all-syn*-Tetrahydropyron. Der nächste Schlüsselschritt ist die Trennung der Isomeren durch klassische Racematspaltung mit (*S*)-Phenylethylamin. Der *β*-Lactonring wird durch Aktivierung mit Benzolsulfonsäurechlorid geschlossen und der Benzylrest reduktiv abgespalten. Tetrahydrolipstatin erhält man schließlich unter Inversion des Asymmetriezentrums am C-Atom 5 durch eine Mitsunobu-Reaktion. Die Gesamtausbeute über alle Stufen liegt bei 19 %.[52]

Von gravierendem Nachteil bei dieser Synthese ist jedoch der Verlust von 50 %
des Materials auf der Stufe der Racematspaltung. Aus diesem Grund entwickelte Hoffmann-La Roche einen Nachfolgeprozess, indem sich die Erfahrungen
der vorangegangenen Synthesen wiederspiegeln. Schlüsselschritt ist eine enantioselektive Hydrierung zur Herstellung des β-Hydroxytetradecansäureesters.
Statt einer Reformatzki-Reaktion kann die intramolekulare Zyklisierung
auch mit Magnesium durchgeführt werden. Der Rest der Synthese ist dem bestehenden technischen Prozess sehr ähnlich, abgesehen von der Tatsache, dass
die Enantiomerentrennung durch Kristallisation entfällt.

Erwartungsgemäß verdoppelt sich die Gesamtausbeute gegenüber dem bisherigen Verfahren. Darüber hinaus kann der neue Prozess mit nur geringen Än-
derungen in der bestehenden Anlage mit deutlich gesteigerter Raum/Zeit-Aus-
beute durchgeführt werden.[53]

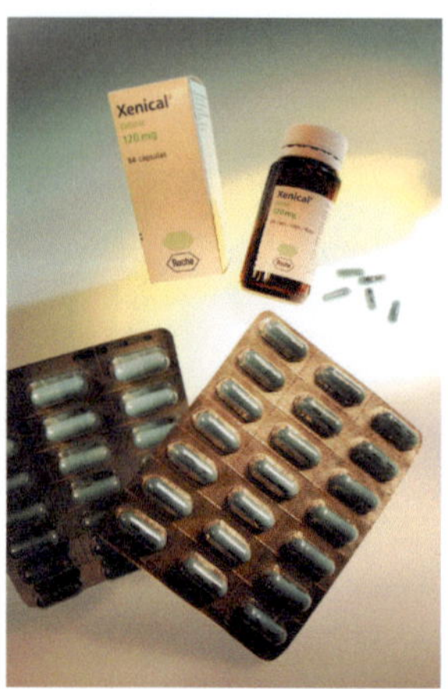

5.76 *Im Jahr 2000 betrug der Umsatz von Xenical® 950 Millionen Schweizer Franken.*

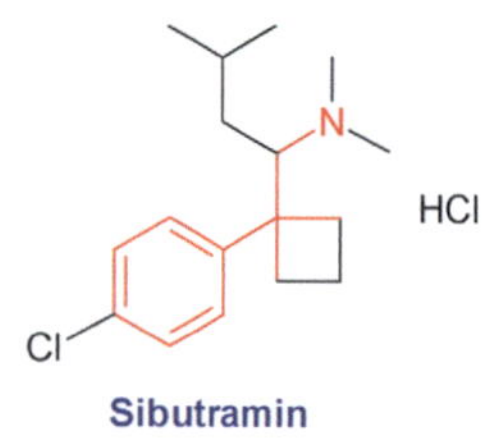

Sibutramin

5.7.6 Abschließende Bemerkungen

Tetrahydrolipstatin kam 1998 unter dem Namen *Xenical*® auf den Markt (Abb. 5.76). Inzwischen wurde das Produkt in über 20 Ländern zugelassen. Es ist neben Sibutramin/*Meridia*® von Abbott, das jedoch einen ganz anderen Wirkmechanismus (Norephedrin-/Serotonin-Reuptake-Inhibitor) hat, das einzige seriöse Medikament gegen Adipositas.

Zusammenfassung in Stichpunkten

- Tetrahydrolipstatin ist ein bedeutendes Lifestyle-Medikament zur Behandlung von Adipositas. Seine Wirkung beruht auf der irreversiblen Acylierung der Pankreaslipase, die für die Resorption von Fett wichtig ist.
- Die Herstellung von Lipstatin durch Fermentation mit wirtschaftlich akzeptablen Raum/Zeit-Ausbeuten gelingt nicht.
- Als kommerzieller Wirkstoff wird Tetrahydrolipstatin eingesetzt, weil es sich im Gegensatz zum Naturstoff durch Kristallisation reinigen lässt.
- Die aufgelisteten Wirkstoffsynthesen spiegeln den Verlauf einer fiktiven Syntheseentwicklung wider. In der industriellen Praxis geht es darum, die zu einem bestimmten Zeitpunkt eleganteste der verfügbaren Synthesen auszuwählen, obwohl man später oft bessere Synthesen findet!

Literatur

1 R. H. Marijnissen, P. Ruyffelaere, Bosch, VCH, 1988, 329.
2 http://www.lucifuge.de/themen/religio/suenden.htm.
3 H. Wolff, C. Kunte, Pharm. in unserer Zeit **29** (2000) 153.
4 M. Henningsen, Chem. in unserer Zeit **34** (2000) 179.
5 C. Leitzmann, Biologie in unserer Zeit **31** (2001) 408.
6 E. K. Weibel, P. Hadvary, E. Hochuli, E. Kupfer, H. Lengsfeld, J. Antibiot. **40** (1987) 1081.
7 C. Wedler, B. Costisella, H. Schick, J. Org. Chem. **64** (1999) 5301.
8 A. Pommier, J.-M. Pons, Synthesis (1995) 729 (Review über natürliche 2-Oxetanone).
9 H. Umezawa, T. Aoyagi, T. Hazato, K. Uotani, F. Kojima, M. Hamada, T. Takeuchi, J. Antibiot. **31** (1978) 639.
10 H. Stalder, G. Oesterhelt, B. Borgström, Helv. Chim. Acta **75** (1992) 1593.
11 P. Barbier, F. Schneider, Helv. Chim. Acta **70** (1987) 196.
12 E. Hochuli, E. Kupfer, R. Maurer, W. Meister, Y. Mercadal, K. Schmidt, J. Antibiot. **40** (1987) 1086.
13 A. Pommier, J.-M. Pons, P. J. Kocienski, L. Wong, Synthesis (1994) 1294.
14 P. Hadvary, W. Sidler, W. Meister, W. Vetter, H. Wolfer, J. Biol. Chem. **266** (1991) 2021.
15 W. Eisenreich, E. Kupfer, W. Weber, A. Bacher, J. Biol. Chem. **272** (1997) 867.
16 U. Kaulmann, C. Hertweck, Angew. Chem. **114** (2002) 1947.
17 D. H. G. Crout, C. R. McIntyre, N. W. Alcock, J. Chem. Soc., Perkin Trans. 2 (1991) 53.
18 D. H. G. Crout, D. L. Rathbone, J. Chem. Soc., Chem. Commun. (1987) 290.
19 Daicel Chemical Industries Ltd., DE 3731290 (1987).
20 C. A. Schuhr, W. Eisenreich, M. Goese, P. Stohler, W. Weber, E. Kupfer, A. Bacher, J. Org. Chem. **67** (2002) 2257.
21 H. G. W. Leuenberger, P. K. Matzinger, B. Wirz, Chimia **53** (1999) 536.
22 A. Bacher, P. Stohler, W. Weber, EP 0803576 (1997).

[23] J.-M. Pons, A. Pommier, J. Lerpiniere, P. Kocienski, J. Chem. Soc., Perkin Trans. 1 (1993) 1549.

[24] F. Bennett, D. W. Knight, G. Fenton, J. Chem. Soc., Perkin Trans 1 (1991) 519.

[25] F. Bennett, D.W. Knight, G. Fenton, Tetrahedron Lett. **29** (1988) 4865.

[26] J.-M. Pons, P. Kocienski, Tetrahedron Lett. **30** (1989) 1833.

[27] C. Schneider, Angew. Chem. **114** (2002) 771.

[28] S. G. Nelson, T. J. Peelen, Z. Wan, J. Am. Chem. Soc. **121** (1999) 9742.

[29] S. G. Nelson, Z. Wan, Org. Lett. **2** (2000) 1883.

[30] S. G. Nelson, Z. Wan, T. J. Peelen, K. L. Spencer, Tetrahedron Lett. **40** (1999) 6535.

[31] S. G. Nelson, K. L. Spencer, Angew. Chem. **112** (2000) 1379 (*β*-Aminosäureester durch Lactonringöffnung mit Natriumazid).

[32] J. Prous, N. Mealy, J. Castaner, Drugs of the Future **19** (1994) 1003.

[33] P. Barbier, F. Schneider, U. Widmer, Helv. Chim. Acta **70** (1987) 1412.

[34] N. K. Chadha, A. D. Batcho, P. C. Tang, L. F. Courtney, C. M. Cook, P. M. Wovkulich, M. R. Uskokovic, J. Org. Chem. **56** (1991) 4714.

[35] J. J. Landi Jr., L. M. Garofalo, K. Ramig, Tetrahedron Lett. **34** (1993) 277.

[36] P. Barbier, F. Schneider, J. Org. Chem. **53** (1988) 1218.

[37] I. Fleming, N. J. Lawrence, Tetrahedron Lett. **31** (1990) 3645.

[38] I. Fleming, N. J. Lawrence, J. Chem. Soc., Perkin Trans. 1 (1998) 2679.

[39] A. W. P. Jarvie, A. Holt, J. Thompson, J. Chem. Soc. (B) (1969) 852.

[40] S. C. Case-Green, S. G. Davies, C. J. R. Hedgecock, Synlett (1991) 781.

[41] H. Brunner, E. Schmidt, J. Organometal. Chem. **36** (1972) C18; S. J. Cook, J. F. Costello, S. G. Davies, H. T. Kruk, J. Chem. Soc. Perkin Trans. 1 (1994) 2369.

[42] N. Aktogu, H. Felkin, S. G. Davies, J. Chem. Soc., Chem. Commun. (1982) 1303.

[43] I. Paterson, V. A. Doughty, Tetrahedron Lett. **40** (1999) 393.

[44] J. March, Advanced Organic Chemistry, 4. Ed., J. Wiley, New York, 1992, 1175 (Mechanismus).

[45] A. K. Ghosh, S. Fidanze, Org. Lett. **2** (2000) 2405.

[46] D. Crich, X.-Y. Jiao, M. Brunko, Tetrahedron Lett. **53** (1997) 7127.

[47] M. Kurihara, N. Miyata, Chem. Lett. (1995) 263.

[48] T. Tsunoda, M. Suzuki, R. Noyori, Tetrahedron Lett. **21** (1980) 1357.

[49] D. A. Evans, K. T. Chapman, E. M. Carreira, J. Org. Chem. **53** (1988) 3560.

[50] J. A. Bodkin, E. J. Humphries, M. D. McLeod, Tetrahedron Lett. **44** (2003) 2869.

[51] J. A. Bodkin, E. J. Humphries, M. D. McLeod, Aust. J. Chem. **56** (2003) 795.

[52] U. Zutter, M. Karpf, EP 443449 (1991).

[53] K. Püntener, With Asymmetric Hydrogenation Towards a Stereoselective Synthesis of Xenical®, 11th International Conference & Exhibition, Organic Process Research and Development, Conference Proceedings, 25–28 April 2005, Barcelona, Spanien.

5.8 Coffein

Kaffee ist heute nach Erdöl, gemessen am Wert, das zweitgrößte Welthandelsprodukt. Jeder Bundesbürger trinkt durchschnittlich 190 Liter Kaffee pro Jahr (dies übertrifft sogar den durchschnittlichen Bierkonsum). Die Popularität des Kaffees ist maßgeblich auf seinen Coffeingehalt zurückzuführen. Das Alkaloid Coffein wirkt leicht euphorisierend, anregend oder entspannend, ohne zu körperlicher Abhängigkeit und nicht einmal zu einer kompensatorischen, depressiven Phase oder Erschöpfung zu führen.[1]

5.8.1 Historie

5.77 *Kaffeehaus.*

Ursprünglich im Bergland Abessiniens (heute Äthiopien) beheimatet, kommt der Kaffeebaum schon sehr früh nach Arabien. Die ältesten, schriftlichen Überlieferungen zu Kaffee stammen von den persischen Ärzten al-Razi (Rhazes, 865–925) und Ibn Sina (Avicenna, 980–1037). Sie beschreiben *kahwa* als ein Stärkungsmittel, das angeblich aus dem Jemen stammt. Ausfuhrhafen war Al Mukha (Mokka). Von dort gelangten die Kaffeebohnen über Dschidda, wo sie auf Schiffe und Galeeren umgeladen wurden, nach Suez. Über die großen Karawanenstraßen erreichte der Kaffee schließlich Kairo und Damaskus.

Das erste Kaffeehaus wurde 1554 in Konstantinopel eröffnet. In der zweiten Hälfte des 17. Jahrhunderts entstanden weitere in ganz Europa, in Venedig, London, Marseille, Paris, Hamburg und in Wien (Abb. 5.77).

Zur gleichen Zeit brachten Holländer die ersten Kaffeepflanzen nach Java. Ab der zweiten Hälfte des 18. Jahrhunderts ist der Kaffeeanbau auch auf den westindischen Inseln, in Ecuador, Venezuela und Brasilien nachweisbar.[2]

Der türkische Botschafter Soliman Afga schenkte 1669 Ludwig XIV. Kaffeebohnen. 1734 schrieb Johann Sebastian Bach die Kaffeekantate (BWV 211). Ludwig van Beethoven (1770–1827) komponierte *Die Wut über den verlorenen Groschen* (Opus 129) und zählte dabei 60 Bohnen für eine Tasse Kaffee ab. Voltaire (1694–1778) und Balzac (1799–1850) tranken bis zu 30 Tassen Kaffee pro Tag. Friedrich der Große (1712–1786) vertrat allerdings die Auffassung, dass kaffeetrinkende gegenüber biertrinkenden Soldaten keine Schlachten gewinnen können.[3]

5.8.2 Botanik und Vorkommen

5.78 *Kaffeeblüten.*

Man kennt etwa 80 Kaffeepflanzenarten. Für die Erzeugung von Kaffee werden aber praktisch nur zwei Arten, *Coffea arabica* (Arabicakaffee) und *Coffea canephora* (Robustakaffee), auf Java und Sumatra, in Indien, auf der arabischen Halbinsel und in einigen afrikanischen und südamerikanischen Ländern kultiviert. Arabica-Kaffee wächst in Regionen von 600–1800 Metern. Einige Sorten zählen zu den Besten der Welt. Sein Anteil am Weltmarkt beläuft sich auf 70–75 %. Robusta-Kaffee wächst bereits in einer Höhe von 300–600 Metern. Er ist resistenter gegen tiefere Temperaturen und Krankheiten.

Bei Kaffeepflanzen handelt sich um Bäume oder Sträucher mit weißen Blüten (Abb. 5.78) und kirschenähnlichen Früchten (Abb. 5.79). Jede Frucht enthält eine oder zwei Kaffeebohnen. Der Coffeingehalt von *Coffea arabica*-Bohnen beträgt 1,2 % und der von *Coffea canephora* etwa 2 %.[4][5]

Coffein wirkt antimykotisch und schützt so den Rohkaffee vor Schimmel und der Bildung von Mykotoxinen. Es ist unter den Röstbedingungen (220–250 °C) stabil. Die wichtigsten Reaktionen der Kaffeebestandteile beim Rösten sind der Strecker-Abbau und Maillard-Reaktionen. Ein kleiner Teil des Coffeins sublimiert.[1] Da aber der übrige Röstverlust – er liegt bei etwa 20 % – in Form von Wasser, Kohlenmonoxid und Kohlendioxid größer ist, enthält Röstkaffee mehr Coffein als Rohkaffee.

Man findet Coffein auch in den Teeblättern von *Camellia sinensis* (bis zu 5 %) und in den Samen von Colanüssen (*Cola nitida*, bis zu 2 %). Maté (Paraguay-Tee (*Ilex paraguariensis*) mit 0,3-1,5 %) und der Samen der Kakaopflanze (*Theobroma cacao*, mit 0,05 %) weisen einen deutlich geringeren Gehalt auf. Das Hauptalkaloid in der Kakaobohne ist Theobromin.

5.79 *Kaffeezweig.*

5.8.3 Strukturaufklärung

Purinderivate, zu denen das Coffein zählt, gehören zu den ersten Naturstoffen, deren Struktur man aufzuklären versuchte. 1776 isolierte Scheele aus Blasensteinen eine Verbindung die Fourcroy 1793 Harnsäure (*acide ourique*) nannte. 1819 schenkte Johann Wolfgang von Goethe dem Chemiker Friedlieb Ferdinand Runge eine Schachtel mit Kaffeebohnen (Abb. 5.80). Runge vermerkte hierüber in seinen *Hauswirthschaftlichen Briefen*: »Nachdem Goethe mir seine größte Zufriedenheit ... ausgesprochen, übergab er mir noch eine Schachtel mit Kaffeebohnen, die ein Grieche ihm als etwas ganz Vorzügliches gesandt. ‚Auch diese können Sie zu Ihren Untersuchungen brauchen!‘ sagte Goethe. – Er hatte Recht, denn bald darauf entdeckte ich darin das wegen seines großen Stickstoffgehalts so berühmt gewordene ‚Coffein‘.«[6]

ⓘ Die Bostoner Teeparty (1773) war ein gigantischer Versuch, Tee mit kaltem Salzwasser zu bereiten, der misslang, was letztlich zur amerikanischen Unabhängigkeit führte und dazu, dass die Amerikaner, im Gegensatz zu ihren ehemaligen Kolonialherren, Kaffee bevorzugen.

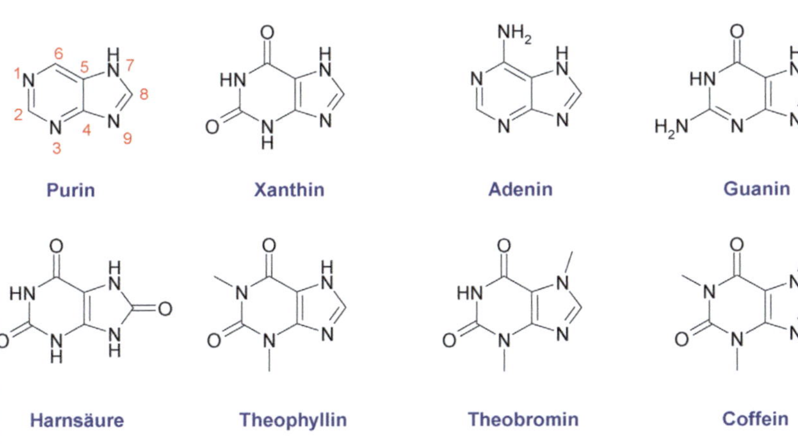

Liebig und Mitscherlich bestimmten 1834 die exakte Summenformel der Harnsäure und Medicus schlug 1875 eine bizyklische Struktur vor. Woskresensky isolierte 1841 Theobromin aus Kakaobohnen und Unger 1844 Guanin aus Guano. Kossel erkannte 1885, dass Adenin ein Bestandteil der Nukleinsäuren ist.

5.80 *Friedlieb Ferdinand Runge entdeckte das Coffein.*

Drei Jahre später isolierte er Theophyllin aus Teeblättern. 1889 brachte die Firma Knoll Theobromin als Diuretikum auf den Markt. Emil Fischer erkannte schließlich die strukturellen Zusammenhänge von Harnsäure, Theophyllin, Theobromin und Coffein.[7][8]

5.8.4 Pharmakologie

Im 17. Jahrhundert beschrieb der französische Kaufmann Sylvestre Dufour, dass Kaffee das Einschlafen verzögere und die Verdauung unterstütze. Coffein führt zur Verengung der Blutgefäße, wodurch der Blutdruck steigt. Die Bronchialgefäße werden erweitert, was die Atmung erleichtert. Außerdem werden Fett- und Kohlenhydratstoffwechsel angeregt.

Viele dieser Wirkungen lassen sich durch den Eingriff in eine zentrale Signalkaskade erklären (Abb. 5.81). Adrenalin aktiviert die Adenylatcyclase, die Adenosintriphosphat (ATP) zu zyklischem 3',5'-Adenosinmonophosphat (cAMP) abbaut. Dieses ist ein sekundärer Botenstoff, der durch eine Phosphodiesterase zu Adenosinmonophosphat (AMP) desaktiviert wird. Die Dephosphorylierung mittels einer 5'-Nukleotidase führt zu dem Neuromodulator Adenosin, der sich im Wachzustand extrazellulär anreichert und während des Schlafes abgebaut wird. Bindet Adenosin an Adenosin-A_1-Rezeptoren im präsynap-

5.81 *Coffein greift in eine zentrale Signalkaskade ein.*

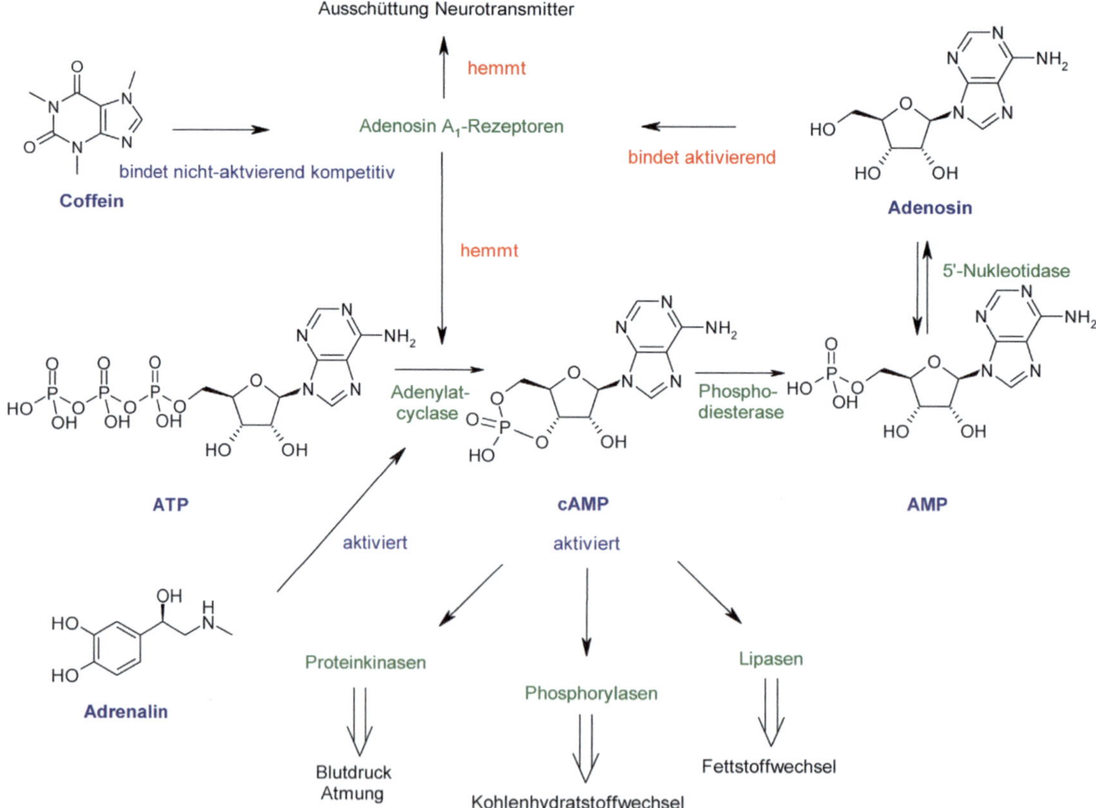

tischen Spalt der Nervenzellen, so inhibiert dies die Ausschüttung der meisten Neurotransmitter, wie Glutamat, γ-Aminobuttersäure, Norephedrin, Serotonin und Acetylcholin. Außerdem hemmt Adenosin die Adenylatcyclase.

Coffein ist in einer „therapeutischen Dosis" ein unselektiver Adenosinrezeptor-Antagonist. Es verdrängt Adenosin von den Rezeptoren ohne einen Effekt auszulösen, steigert dadurch in Summe die neuronale Aktivität und fördert die Bildung von cAMP.[9] [10]

cAMP aktiviert nun Proteinkinasen in den Muskelgeweben, was zur Verengung der Blutgefäße und zur Erweiterung der Bronchialgefäße führt. Durch die Aktivierung von Phosphorylasen wird Glycogen zu Glucose-1-phosphat in der Skelettmuskulatur und der Leber abgebaut. Außerdem aktiviert cAMP eine Lipase im Fettgewebe, wodurch der Fettsäurespiegel im Blut steigt.

Coffein wird in der Regel rasch, vor allem im Darm, resorbiert und überwindet die Blut/Hirn-Schranke problemlos. Die Bioverfügbarkeit ist mit 90–100 % enorm hoch. Desaktiviert wird die Droge in der Leber durch Cytochrom P 450-Enzyme. Die Methylgruppen sind essenzielle Bestandteile des Pharmakophors. Nach deren oxidativer Abspaltung verliert Coffein seine Wirkung. Die Primärmetabolite sind Theophyllin, Theobromin und 1,7-Dimethylxanthin.

ℹ️ Formamidininsektizide basieren auf der übermäßigen Synthese von cAMP. Coffein wirkt daher synergistisch. Mollusken reagieren sehr empfindlich auf Coffein, das über den Schneckenschleim rasch am Fuß aufgenommen wird. Leider ist Coffein als Repellent im Freiland wegen der hohen Wasserlöslichkeit nur begrenzt einsetzbar.[11] [12]

5.8.5 Präbiotische Synthese

Faszinierend ist die spontane, präbiotische Bildung von Purinen aus Blausäure und Formaldehyd. Adenin ist formal das Pentamere von Cyanwasserstoff. J. Oró[13] und später A. W. Schwartz[14] konnten Adenin bzw. 8-Hydroxymethyladenin als Reaktionsprodukt bei Oligomerisierungsversuchen von Blausäure beziehungsweise Blausäure/Formaldehydgemischen nachweisen.

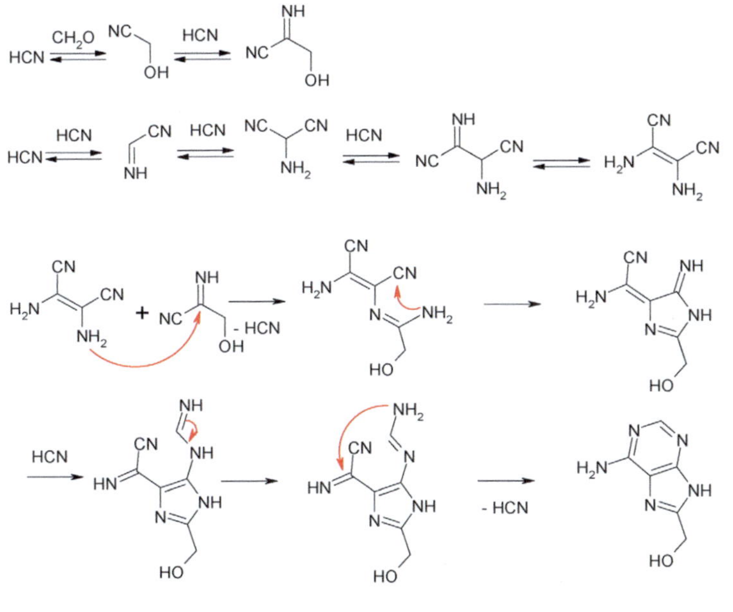

Technisch wird Blausäure [i] durch Thermolyse von Formamid oder aus Methan und Ammoniak mithilfe von Pt/Rh-Katalysatoren (nach Andussow) hergestellt.

Harnsäure ist das Endprodukt [i] des Aminosäurestoffwechsels bei Vögeln, landlebenden Reptilien und vielen Insekten. Sie ist im Gegensatz zu Harnstoff nur schlecht in Wasser löslich und wird in fester Form ausgeschieden. Dies erlaubt es den Tieren mit wenig Wasser auszukommen. Beim Menschen ist Harnsäure das Ende des Purinmetabolismus. Der Mensch scheidet ungefähr 1 Gramm Harnsäure pro Tag aus.

Man kann mit gutem Grund annehmen, dass Formaldehyd, aufgrund seiner photochemischen Bildung aus Kohlendioxid und Wasserdampf oder bei elektrischen Entladungen aus Methan und Wasserdampf, auf der jungen Erde ubiquitär war. Cyanwasserstoff entsteht ebenfalls bei elektrischen Entladungen aus Stickstoff/Methanmischungen. Formaldehyd beschleunigt zudem die Oligomerisierung von Blausäure.

5.8.6 Biosynthese

Die Biosynthese der Purine wurde im Wesentlichen von Buchanan und Greenberg aufgeklärt.[15] 1948 fütterte Buchanan Tauben mit isotopenmarkierten Verbindungen und isolierte anschließend die ausgeschiedene Harnsäure.[16] Seine Untersuchungen gaben Aufschluss über die Herkunft der Atome im Puringerüst und damit erste Hinweise auf den Biosyntheseweg (Abb. 5.82).[17]

Weitere Untersuchungen ergaben, dass die Bioneogenese der Purine in *Escherichia coli*, Hefe, Tauben und dem Menschen gleich ist. Obwohl der Umbau vorgebildeter Purine zu Coffein nicht ausgeschlossen werden kann, gelang es auch die *de novo*-Synthese von Coffein in jungen Teepflanzen nachzuweisen.[18] Durch radioaktive Markierungsexperimente und die gezielte Blockierung einzelner Enzyme des Biosyntheseweges kann man heute sehr genau feststellen, welchen Ursprung bestimmte Pflanzeninhaltsstoffe haben.

5.82 *Die Biosynthese der Purine benötigt verschiedene Aminosäuren, Ameisensäure und Kohlendioxid.*

Die Biosynthese der Purinderivate ist in mehrerer Hinsicht bemerkenswert.[19] Sie beginnt mit 5-Phosphoribosylamin, an dessen Aminogruppe der Bizyklus schrittweise aufgebaut wird. Die Aminogruppe verbleibt als Stickstoff 9 im Puringerüst. Der Ringaufbau ist gekennzeichnet durch eine Sequenz von sich zum Teil wiederholenden Syntheseschritten.

Nach der Aktivierung von Glycin mit ATP, wird dieses mit 5-Phosphoribosylamin kondensiert. Formyl-Coenzym F (HCO-CoF) überträgt Ameisensäure. Nachdem der spätere Stickstoff 3 mittels Glutamin eingeführt ist, erfolgen Ringschluss und Carboxylierung des Imidazols. Bicarbonat reagiert direkt und benötigt keine Aktivierung durch ATP. Der spätere Stickstoff 1 stammt aus Asparaginsäure, die dabei zu Fumarsäure desaminiert wird. Jetzt wiederholt sich ein Teil der Synthesestrategie. Es erfolgt erneut die Übertragung von Ameisensäure gefolgt vom Ringschluss zur Inosinsäure.

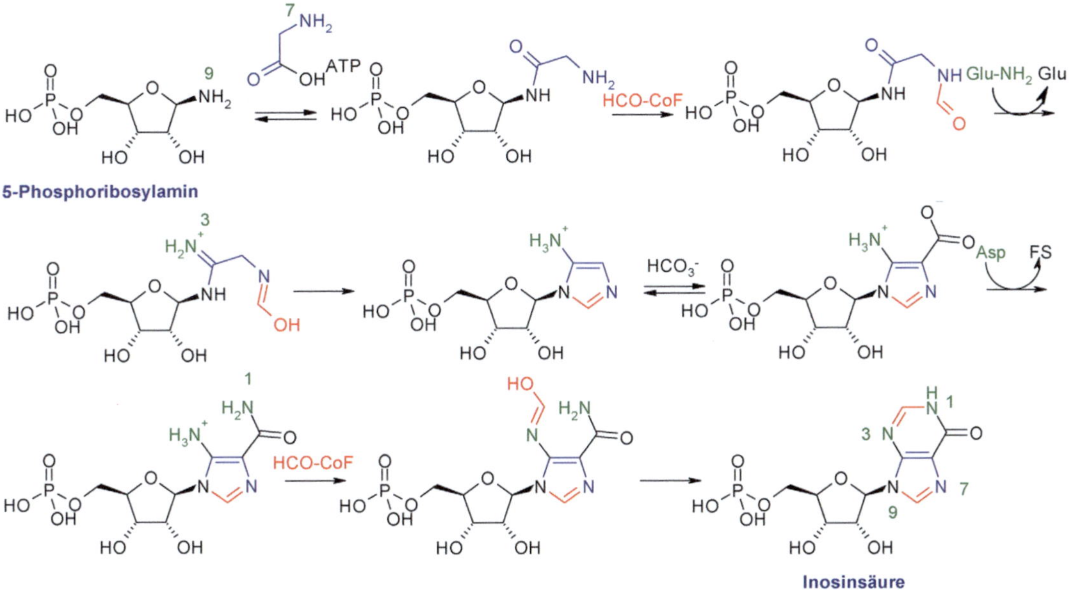

ATP
HCO-CoF
Glu-NH2 Glu
HCO3-
Asp
FS
HCO-CoF
5-Phosphoribosylamin
Inosinsäure

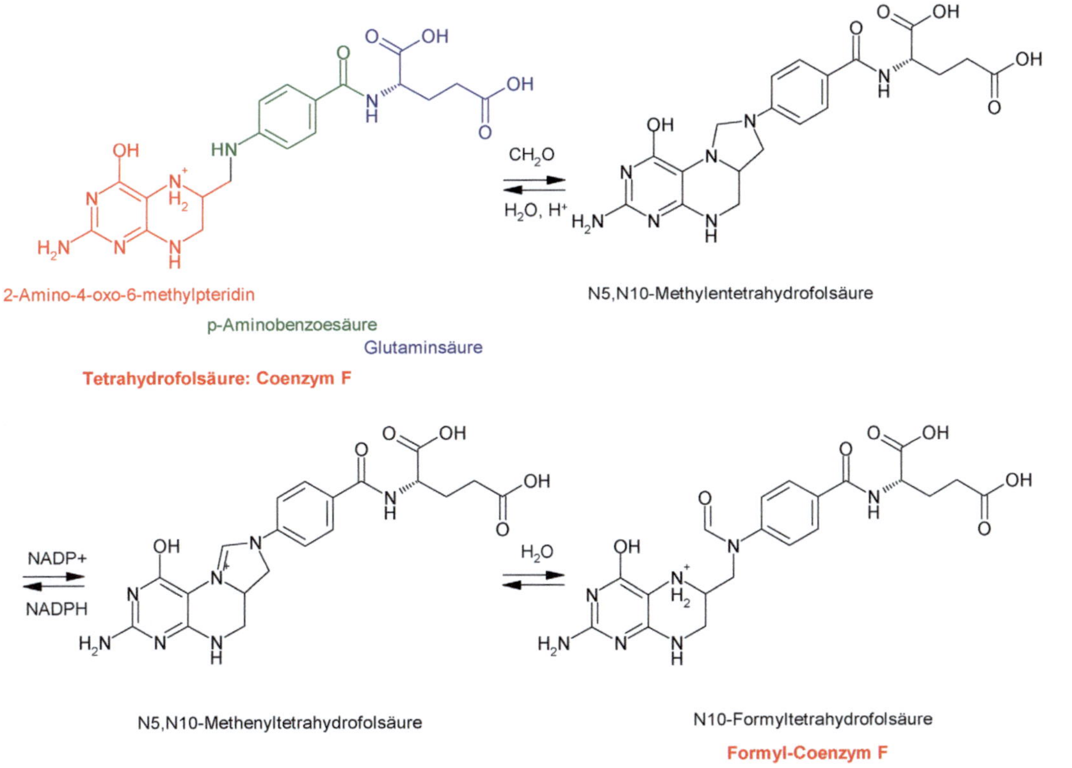

CH2O
H2O, H+
NADP+
NADPH
H2O
2-Amino-4-oxo-6-methylpteridin
p-Aminobenzoesäure
Glutaminsäure
Tetrahydrofolsäure: Coenzym F
N5,N10-Methylentetrahydrofolsäure
N5,N10-Methenyltetrahydrofolsäure
N10-Formyltetrahydrofolsäure
Formyl-Coenzym F

Asparaginsäure überträgt danach wieder Ammoniak unter Bildung von Adenosin-5'-phosphat. Guanosin-5'-phosphat entsteht durch Anlagerung von Wasser, Oxidation und Aminierung durch Glutamin.

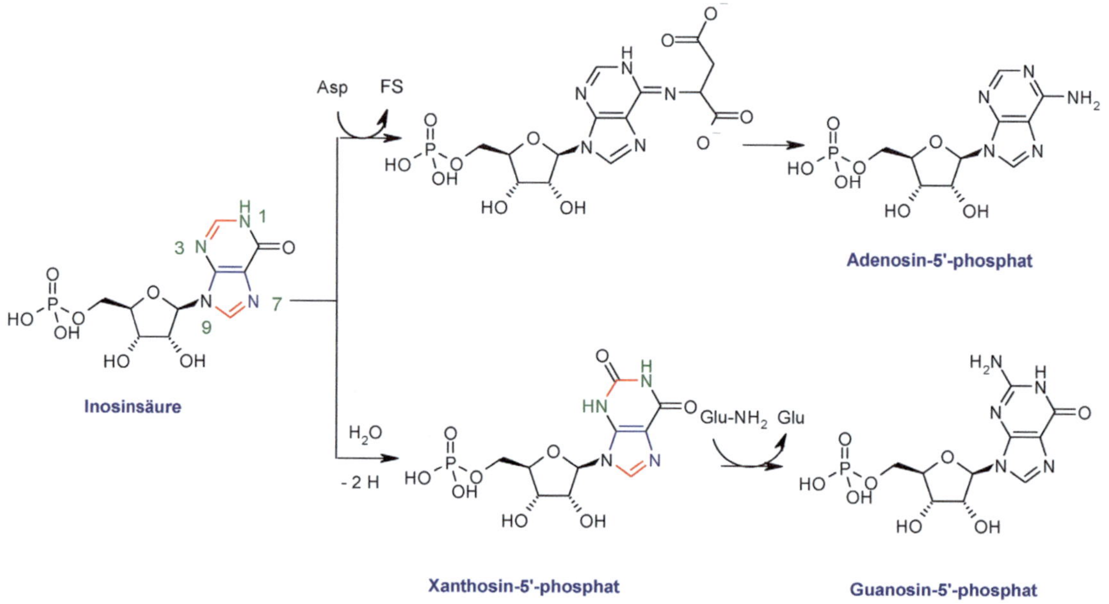

Die Biosynthese des Coffeins folgt der des Guanosin-5'-phosphats. Xanthosin-5'-phosphat wird dephosphoryliert und in 7-Position methyliert. Es gibt jedoch Hinweise, dass Xanthosin-5'-phosphat direkt methyliert werden könnte.[20] Nach Abspaltung des Zuckers wird dann schrittweise weiter methyliert. Zwischenstufen sind 7-Methylxanthin und Theobromin.[21]

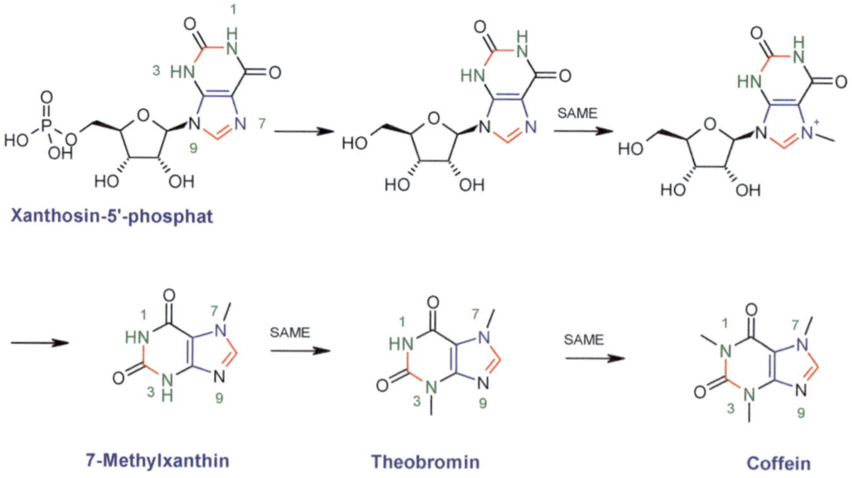

Chemisch außerordentlich interessant ist die sukzessive Methylierung des Xanthingerüsts.[21] [22] Sie erfolgt durch N-Methyltransferasen.[23] [24] Als Methyllieferant dient Adenosylmethionin (SAME), das aus ATP und Methionin gebildet wird.

Darüber hinaus wird SAME von der Natur für eine Vielzahl anderer Biosyntheseschritte genutzt. Es dient auch als Wirkstoff gegen Arthrose.

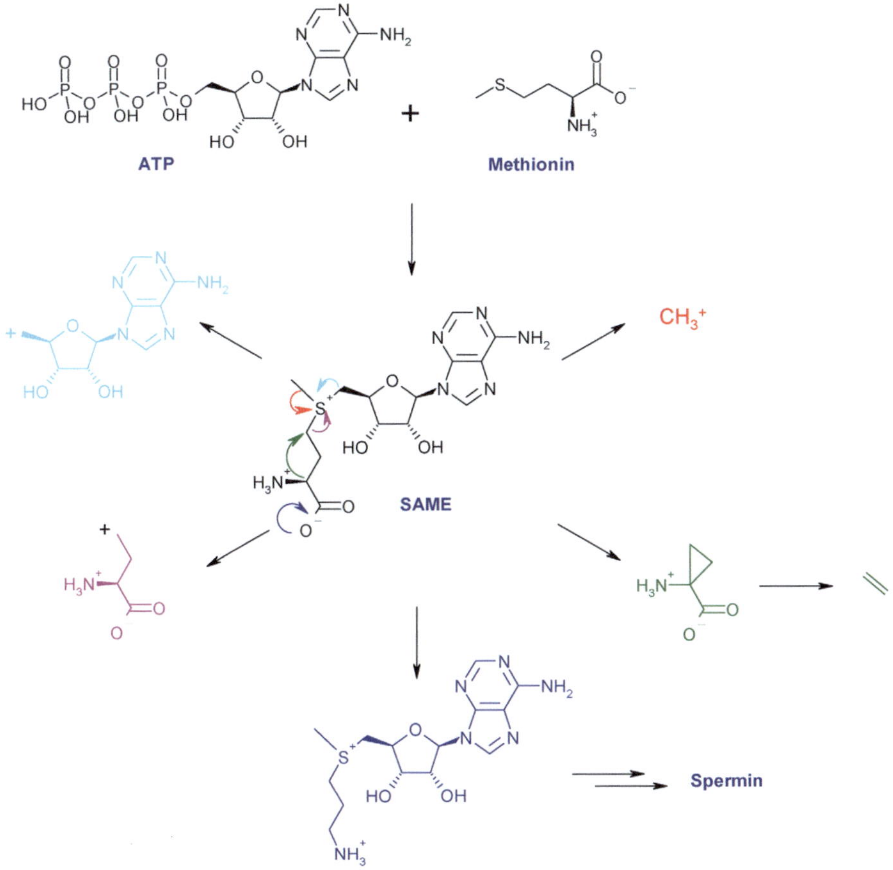

Jüngst ist es gelungen die Coffein-Synthase, welche die beiden letzten Schritte der Biosynthese katalysiert (Methylierung von 7-Methylxanthin und Theobromin), durch Genmanipulation auszuschalten. Man erhofft sich hierdurch, coffeinfreien Tee und Kaffee zu züchten, deren hoher Gehalt an Polyphenolen nicht beim Entcoffeinierungsprozess reduziert wird.[25] [26]

5.8.7 Coffein aus natürlichen Quellen

Seit Anfang des 20. Jahrhunderts ist man in der Lage Kaffee zu entcoffeinieren.[27] Der Rohkaffee wird dabei zunächst mit überhitztem Wasserdampf gequollen und dann mit einem organischen Lösungsmittel extrahiert, dessen Reste schließlich ausgedämpft werden. Die so behandelten Bohnen werden getrock-

5.83 *Entcoffeinierung von Rohkaffee im Technikum des Max-Planck-Instituts für Kohlenforschung in Mülheim/ Ruhr.*

net und geröstet. Als Lösungsmittel verwendete man anfangs Essigester. Nachdem dieser wiederholt die Ursache von Explosionen war, ging man zu Methylenchlorid über. Aufgrund des toxikologischen Potenzials chlorierter Kohlenwasserstoffe, deren Gehalt in geröstetem Kaffee wenige ppm beträgt, gehen namhafte Kaffeeröster zur Destraktion (Kunstwort aus *Dest*illation und Ext*raktion*) des Rohkaffees mit überkritischem Kohlendioxid über (Abb. 5.83). Dies ist ein sehr elegantes Verfahren, da die Löseeigenschaften des Kohlendioxids über Wassergehalt, Druck und Temperatur kontrolliert werden können. Im Röstprodukt verbleiben keinerlei Fremdprodukte. Durch Destraktion werden ungefähr 5 000 Tonnen Coffein gewonnen.

Die Destraktion geht auf Kurt Zosel zurück, der am Mülheimer Max-Planck-Institut für Kohlenforschung mit der Normaldruckpolymersation von Ethylen beschäftigt war und eher zufällig erkannte, dass sich Rückstände der Erdöldestillation, Altöle, Pflanzenfette und Öle aus Naturprodukten mit überkritischen Gasen hervorragend extrahieren lassen.[28] Entsprechend können z. B. auch Hopfenaroma aus Hopfen, ungesättigte Fettsäuren aus Fischölen, Vitamin E aus Pflanzenölen und Paraffine und Phenole aus Braunkohlenteer gewonnen werden.

5.8.8 Synthesen

1895 publizierte Emil Fischer vermeintlich die erste Synthese von Coffein.[29][30] Dem war jedoch nicht so, weil die Strukturen, die er für Xanthin, Theophyllin[31] und Coffein annahm, falsch waren. Er glaubte, es handele sich hierbei um 2,8-Dioxopurine.

N,N'-Dimethylbarbitursäure

Dimethylviolursäure

1,3-Dimethylharnsäure

1,3,7-Trimethyl-2,8-dioxopurin

Ausgangspunkt seiner Synthese war N,N'-Dimethylharnstoff. Dessen Umsetzung mit Malonsäure ergab N,N'-Dimethylbarbitursäure. Mit salpetriger Säure gelangte er zur Dimethylviolursäure, die reduziert und mit Kaliumcyanat umgesetzt Dimethylpseudoharnsäure ergab. Der Ringschluss durch Kochen mit Salzsäure führte dann zu 1,3-Dimethylharnsäure.[32] Fischer setzte diese anschließend mit Phosphorpentachlorid um und reduzierte mit Iodwasserstoff zum vermeintlichen Theophyllin, woraus nach Methylierung Coffein entstehen sollte. Tatsächlich stellte er auf diesem Weg 1,3,7-Trimethyl-2,8-dioxopurin her.

Die erste korrekte Synthese von Coffein wurde 1900 von W. Traube gefunden.[33] Sie wurde im Laufe der Jahre an verschiedenen Stellen modifiziert, dient aber heute noch immer als Grundlage für die technische Synthese von Coffein, Theobromin und Theophyllin.

Ausgangspunkt der technischen Coffeinsynthese ist auch hier Dimethylharnstoff. Die Umsetzung mit Cyanessigsäure führt zu Dimethylaminouracil, das nach Reaktion mit salpetriger Säure, Reduktion und Kondensation mit Ameisensäure Theophyllin liefert. Methylierung mit Methylchlorid oder Dimethylsulfat ergibt schließlich Coffein.

i Wie die β-Sympatomimetika ist Theophyllin ein starkes Bronchospasmolytikum und findet in der Therapie akuter Asthmaanfälle und zur Asthmaprophylaxe Anwendung.[34]

5.8.9 Verwendung

Der weltweite Bedarf an Coffein beläuft sich auf knapp 20 000 Tonnen. Ungefähr ein Viertel stammt aus natürlichen Quellen, der Rest wird durch chemische Synthese gewonnen. Die größten Hersteller von synthetischem Coffein sind nach der BASF zur Zeit die chinesischen Firmen Shandong Xinhua Pharmaceutical, Jilin Shulan Synthetic, Shijiazhuang Pharmaceutical und Tianjin Zhongan.

Ein kleiner Teil des Coffeins findet Verwendung in Arzneimitteln gegen Migräne, Schmerzen und Fieber. Es wird gelegentlich in Kombination mit Analgetika verabreicht, da Coffein deren Wirkung verstärkt. Die kosmetische Industrie verwendet Coffein als durchblutungsförderndes Mittel für Hautpräparate. Auch bei der Herstellung von Kopiererpapier (Diazopapier) wird Coffein benötigt. Der allerdings überwiegende Teil geht in die Getränkeindustrie (*Coca Cola*®, *Pepsi Cola*®).

Coffein ist weltweit das am meisten konsumierte Psychostimulanz. Würde man die Coffeinmenge einer Tasse Kaffee, etwa 100 mg, in eine Gelatinekapsel füllen, wäre diese nur gegen Rezept zu erhalten. So betrachtet trinken Hunderte Millionen von Menschen jeden Tag eine Milliarde Tassen Kaffee, ohne sich der rezeptpflichtigen Menge bewusst zu sein.

Zusammenfassung in Stichpunkten

- Coffein ist ein Adenosinrezeptor-Antagonist. Hierdurch fördert Coffein die neuronale Aktivität, den Kohlenhydrat- und Fettstoffwechsel und erhöht den Blutdruck.
- Purine, zu denen das Coffein gehört, entstanden auf präbiotischem Weg aus einfachsten Verbindungen.
- Der Biosyntheseweg von Coffein erfolgt über den der Purine. Die Stickstoffatome werden mit S-Adenosylmethionin methyliert.
- Zur technischen Herstellung von Coffein nutzt man immer noch die Traube-Synthese. Etwa ein Drittel des Coffeins stammt aus natürlichen Quellen, insbesondere aus der Destraktion von Kaffee mit überkritischem Kohlendioxid.

Literatur

[1] H. G. Maier, Chemie in unserer Zeit **18** (1984) 17.

[2] F. Ferré, Kaffee: Eine Kulturgeschichte, Wasmuth, Tübingen, 1991.

[3] B. Sicard, Spektrum der Wissenschaft, Juni (2003) 65.

[4] H. Steinhart, Chemistry & Industry, 16. Dez. (2002), 26.

[5] E. A. Starbird, National Geographic **159** (1981) 388.

[6] F. F. Runge, Hauswirthschaftliche Briefe, VCH Verlagsgesellschaft, Weinheim, 1988, Sechsunddreissigster Brief: Mein Besuch bei Goethe im Jahre 1819, 165.

[7] H. H. Lenz, Ullmann's Encyclopedia of Industrial Chemistry, Sixth Edition, 1998, Electronic Release.

[8] S. Rau, Pharmazie in unserer Zeit **35** (2006) 286.

[9] B. Best, www.benbest.com/health/caffeine.html

[10] B. B. Friedholm, K. Bättig, J. Holmén, A. Nehlig, E. E. Zvartau, Pharm. Rev. **51** (1999) 83.

[11] S. R. Waldvogel, Angew. Chem. **115** (2003) 624.

[12] P. Bützer, www.educeth.ch/chemie/diverses/coffein.

[13] J. Oró, A. P. Kimball, Arch. Biochem. Biophys. **94** (1961) 217.

[14] A. W. Schwartz, C. G. Bakker, Science **245** (1989) 1102.

[15] P. Karlson, Kurzes Lehrbuch der Biochemie, Georg Thieme Verlag, Stuttgart, 1970, 103.

[16] D. Voet, J. G. Voet, Biochemie, VCH, Weinheim, 1992, Seite 764.

[17] D. Voet, J. G. Voet, Biochemie, VCH, Weinheim, 1992, Seite 745.

[18] E. Ito, H. Ashihara, J. Plant Physiol. **154** (1999) 145.

[19] H. Rosemeyer, Chem. Biodiversity **1** (2004) 361 (Review über natürliche Purinderivate).

[20] A. Crozier, T. W. Baumann, H. Ashihara, T. Suzuki, G. R. Waller, Coll. Sc. Int. sur le Cafe **17** (1997) 106.

[21] T. Suzuki, E. Takahashi, Phytochem. **15** (1976) 1235.

[22] J. E. Prenosil, M. Hegglin, T. W. Baumann, P. M. Frischknecht, A. W. Kappeler, P. Brodelius, D. Haldimann, Enzyme Microb. Technol. **9** (1987) 450.

[23] S. S. Mösli Waldhauser, J. A. Kretschmar, T. W. Baumann, Phytochem. **44** (1997) 853.

[24] M. Kato, T. Kanehara, H. Shimizu, T. Suzuki, F. M. Gillies, A. Crozier, H. Ashihara, Physiol. Plant. **98** (1996) 629.

[25] Chemistry & Industry, 4 Sept. (2006) 556.

[26] M. Kato, K. Mizuno, A. Crozier, T. Fujimura, H. Ashihara, Nature **406** (2000) 956.

[27] Spektrum der Wissenschaft, Mai 1999, 157.

[28] Max Planck Gesellschaft, Heft 2/87, 127.

[29] E. Fischer, L. Ach, Ber. Dtsch. Chem. Ges. **28** (1895) 2473.

[30] E. Fischer, L. Ach, Ber. Dtsch. Chem. Ges. **28** (1895) 3135.

[31] A. Kossel, Z. physiol. Chem. **13** (1889) 298.

[32] R. Behrend, O. Roosen, Liebigs Ann. Chem. **251** (1888) 235 und 248 (erste Harnsäuresynthese ausgehend von Harnstoff).

[33] W. Traube, Ber. Dtsch. Chem. Ges. **33** (1900) 3035.

[34] E. Mutschler, Arzneimittelwirkungen, Wissenschaftliche Verlagsgesellschaft mbH, Stuttgart, 1991, 239.

6 | Hormone

Hormone sind körpereigene Regulatormoleküle, die von innersekretorischen Zellen produziert werden. In kleinen Mengen gelangen sie über die Blutbahn und interstitielle Flüssigkeit zu ihren Zielzellen (Erfolgsorganen), wo sie über spezifische Rezeptoren bestimmte physiologische Wirkungen auslösen. Die wirksamen Konzentrationen liegen im Bereich von 10^{-10} bis 10^{-12} mol/l. Man unterteilt Hormone gemäß der Entfernung in der sie wirken in drei Klassen: 1. Autokrine Hormone wirken auf die Zelle, von der sie gebildet werden. 2. Parakrine Hormone wirken auf benachbarte Zellen. 3. Endokrine Hormone werden von den endokrinen Drüsen gebildet und in die Blutbahn abgegeben. Sie wirken auf weit vom Ort der Hormonfreisetzung entfernte Zellen (Abb. 6.1).

Das Wort „Hormon" kommt aus dem Griechischen und bedeutet „in Bewegung setzen", „antreiben". Der Begriff wurde 1905 von E. H. Starling eingeführt. Chemisch gesehen lassen sich die bisher bekannten Hormone in vier Klassen einteilen:

- Amine
- Prostaglandine
- Steroide
- Polypeptide, Proteine

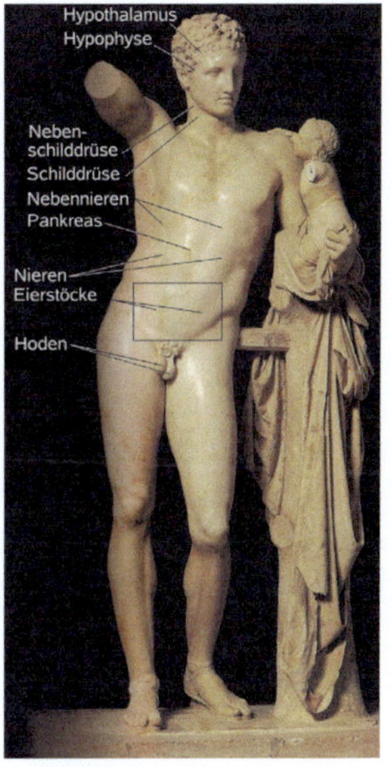

6.1 *Die endokrinen Drüsen des Menschen.*

Das Hormonsystem steht in enger Beziehung zum Nervensystem. Adrenalin ist z. B. nicht nur ein Hormon, sondern auch ein Neurotransmitter im synaptischen Spalt der Nervenzellen. Beide Systeme dienen der Koordination von Körperfunktionen. Die zentrale Verknüpfung beider Systeme erfolgt über den Hypothalamus (Abb. 6.2).

Der Hypothalamus produziert die Releasing-Hormone, die im Hypophysenvorderlappen (Adenohypophyse) die Freisetzung der Hypophysenhormone bewirken. Diese steuern ihrerseits über bestimmte Hormondrüsen die Produktion und Freisetzung weiterer Hormone, wodurch Effekte in den Zielorganen ausgelöst werden. Die Freisetzung der Hormone ist eingebunden in eine negative Rückkopplung, indem die Hormone auf den Hypophysenvorderlappen und den Hypothalamus wirken und so eine weitere Ausschüttung der Hypophysenhormone hemmen.

Das endokrine System des Menschen sezerniert ein breites Spektrum von Hormonen mit dem Ziel der Homöostase, der Reaktion auf äußere Reize und der Steuerung von Regelzyklen und Entwicklungsprogrammen. Insulin und Glucagon z. B. sorgen dafür, dass der Blutzuckergehalt nach einem üppigen Mahl oder während des Fastens annähernd konstant gehalten wird.

© Springer-Verlag GmbH Deutschland, ein Teil von Springer Nature 2006
B. Schäfer, *Naturstoffe der chemischen Industrie*,
https://doi.org/10.1007/978-3-662-61017-6_6

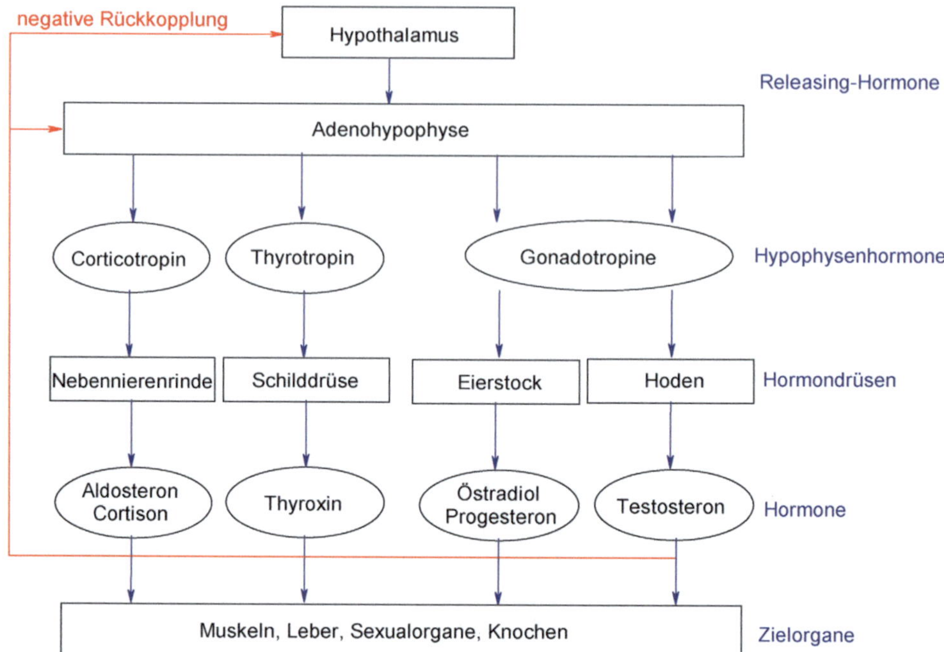

6.2 *Hormonelle Steuerung von Körperfunktionen.*

Adrenalin und Noradrenalin versetzen uns in die Lage, bei Gefahr zu fliehen oder zu kämpfen und die Geschlechtshormone steuern die Anlage und Reifung der Geschlechtsorgane, den Menstruationszyklus und die Schwangerschaft.

6.1 Steroide und hormonelle Kontrazeptiva

1790 erkannte der venezianische Mönch Gianmaria Ortis, dass sich das Bevölkerungswachstum nicht unbegrenzt fortsetzen kann. 1798 schrieb Thomas Malthus einen Essay über die *Prinzipien der Bevölkerung*. Hierin diskutiert er die Frage, ob bei einem geometrischen Wachstum der Bevölkerung auch der Verbrauch an Ressourcen arithmetisch ansteigt. Als anglikanischer Kleriker empfahl er späte Heirat und Abstinenz. Malthus Arbeit warf viele Fragen auf, die letztlich Charles Darwin zur Entwicklung der Theorie der biologischen Evolution inspirierten. Trotz allem blieb bis 1960 das Wissen über das Bevölkerungswachstum nur von theoretischem Interesse. Heute sehen wir im rasanten Anstieg des Wachstums eine existenzielle Bedrohung. Unser längerfristiges Überleben ist abhängig von der Kontrolle der Bevölkerungsentwicklung.

Die technischen Möglichkeiten der Kontrazeption (*lat.* Empfängnisverhütung), die uns heute zur Verfügung stehen, sind umfangreich und weit entwickelt:

- periodische Methoden (Knaus, Ogino)
- Stillen
- physikalische Barrieren
- chemische vaginale Kontrazeptiva
- intra-uterinal applizierte Mittel
- hormonelle Kontrazeptiva
- Sterilisation
- post-coitale Kontrazeption

Allerdings unterscheiden sie sich stark in ihrer Akzeptanz und Zuverlässigkeit. Hinzu kommen teilweise schwerwiegende moralisch-religiöse Probleme. Das folgende Kapitel konzentriert sich auf die „chemischen Aspekte" der Kontrazeption.[1]

6.1.1 Historische Methoden der Kontrazeption

Erste Hinweise auf vaginale Kontrazeption findet man auf 3850 Jahre alten ägyptischen Papyri (zusammengetragen im *Ebers Papyrus* über ägyptische, medizinische Texte von 1550 v. Chr.[2]). Tampons aus Akazienblättern wurden mit Honig getränkt und in die Scheide eingeführt. Dadurch wurde wirkungsvoll der Kontakt des Muttermundes mit Sperma verhindert.

Plinius der Ältere, Pedanius Dioskurides (*De materia medica*, 77 n. Chr.) und etwas später Soranus von Ephesus (*Über Geburtshilfe und die Leiden der Frauen*, 100 n. Chr.), der bedeutendste Gynäkologe des Altertums, schrieben bereits über Empfängnisverhütung und Abtreibung. Auch in der blühenden arabischen Medizin des 10. Jahrhunderts findet man Hinweise hierzu, wie z. B. bei ar-Razi (*Quintessenz der Erfahrung*), Ali ibn Abbas (*Das königliche Buch*) und Ibn Sina (*Der Kanon der Medizin*).

Im Mittelalter praktizierte man den *Coitus interruptus*. Nach Augustinus (354–430) dient der Sexualakt der Kinderzeugung und nicht der Befriedigung

Chinin

Gerbsäure

der körperlichen Lust. Aufgrund der hohen Säuglingssterblichkeit und der niedrigen Lebenserwartung dürfte die Kontrazeption keine große Rolle gespielt haben (Abb. 6.3). Seit etwa dem 15. Jahrhundert kennt man die Verwendung von Kondomen. Die erste nachweisbare Beschreibung stammt von dem italienischen Anatom Gabriel Fallopius aus dem Jahr 1564. Kondome wurden aus Fischblasen, Tierdärmen oder aus Seide gefertigt, dienten aber nicht so sehr der Schwangerschaftsverhütung, sondern eher dem Schutz vor Geschlechtskrankheiten. Als Charles Goodyear 1839 den Vulkanisierungsprozess von Gummi entdeckte, revolutionierte er hiermit nicht nur den Straßenverkehr.

Die ersten Schriften über systematische Untersuchungen zur Schwangerschaftsverhütung findet man Anfang des 19. Jahrhunderts. 1855 untersuchte A. Kolliker den Einfluss von Chemikalien auf die Beweglichkeit von Spermien. Rendell produzierte und verkaufte 1880 das erste vaginale Kontrazeptivum: Kakaobutter, die Chininsulfat als Spermizid enthielt. Andere Präparate mit Borsäure, Gerbsäure oder Quecksilberdichlorid folgten.

Adam Raciborski, ein Pariser Arzt, erkannte erstmals die Periodizität der Empfängnis. Hermann Knaus (1929) und Kyusaku Ogino (1930) stellten unabhängig von einander fest, dass der Eisprung 14 Tage vor der nächsten Menstruation erfolgt, worauf die Kalendermethode, die Verhütungsmethode nach Knaus/Ogino, beruht.

In den 40er Jahren des 20. Jahrhunderts wurden in den Ortho-Forschungslaboratorien die ersten grenzflächenaktiven, spermiziden Substanzen (Octo-

6.3 *In der evangelischen Cyriakuskirche in Bönnigheim erinnert eine spätgotische, bemalte Holztafel von 1508 an Barbara Schmotzerin (um 1448-1503), aus deren 35-jähriger Ehe mit Adam Stratzmann 53 Kinder hervorgingen: 38 Söhne die zusammen mit ihrem Vater unten links und 15 Töchter die mit ihrer Mutter unten rechts dargestellt sind. In 29 Schwangerschaften brachte sie 18 Kinder einzeln zur Welt, daneben fünf Zwillinge, vier Drillinge und jeweils einmal Sechs- und Siebenlinge. Ihre Kinder starben, entgegen der Darstellung auf dem Bild, alle vor ihren Eltern. 19 von ihnen wurden tot geboren.*

xynol (*Triton X-100®*) und Nonoxynol-9 (*Triton N®*)) entdeckt und entwickelt. Diese beiden Substanzen wurden sehr rasch die führenden spermiziden Wirkstoffe weltweit. Ein weiteres Produkt, Menfegol von der Firma Eisai, folgte in den späten 60er Jahren.

Es blieb jedoch der „Pille" vorbehalten, unsere Gesellschaft grundlegend zu verändern. In der Zeit des wirtschaftlichen Aufbruchs, der Studentenunruhen, der Emanzipation der Frau, der Hippiekultur, der Liberalisierung der katholischen Kirche (2. Vatikanisches Konzil 1962–1965) und der sexuellen Befreiung kamen die ersten hormonellen oralen Kontrazeptiva auf den Markt. 1964 nahmen 2 % der Frauen im gebärfähigen Alter Ovulationshemmer, 1968 waren es bereits 12 % und 1986 mehr als 35 %. Heute zählt die „Pille" zu den sichersten Verhütungsmitteln. Nicht nur die Wirkstoffe wurden verbessert, sondern auch deren Dosierung und Dosierreihenfolge. Durch die Erfahrungen vieler Millionen Frauen mit der „Pille" in den letzten 30 Jahren, sind deren Risiken und Nebenwirkungen inzwischen gut bekannt.

6.1.2 Biologische Grundlagen

Am monatlichen Zyklus der geschlechtsreifen Frau sind der Hypothalamus[3], die Adenohypophyse, die Ovarien und der Uterus beteiligt (Abb. 6.4). Der Hypothalamus produziert das Gonadotropin-Releasing-Hormon (GnRH, pyroGlu-His-Trp-Ser-Tyr-Gly-Leu-Arg-Pro-Gly-NH_2). Dieses führt dazu, dass die Adenohypophyse (Hypophysenvorderlappen) die Gonadotropine FSH (Follikel-stimulierendes Hormon) und LH (luteinisierendes Hormon) ausschüttet. Die Gonadotropine sind Glycoproteide mit einem Molekulargewicht von 20 000–50 000 g/mol. Unter dem Einfluss von FSH reift eine Kohorte von Follikeln heran. Diese bilden zunehmend Östrogene, insbesondere Östradiol, welche entsprechend ihrer Konzentration die negative Rückkopplung hemmen, d. h. mit steigender Östrogenkonzentration sezerniert der Hypothalamus auch mehr GnRH, was zu einer vermehrten Ausschüttung von LH und FSH führt. Die Frequenz der pulsatilen Freisetzung von GnRH beträgt in der ersten Zyklushälfte unter Östrogeneinfluss etwa 90 Minuten und in der zweiten Zyklushälfte unter Gestageneinfluss etwa 3–4 Stunden. Dieser Rhythmus ist für die Fertilität der Frau von entscheidender Bedeutung. Kontinuierliche Gabe von GnRH oder die Veränderung der Frequenz führt zu einer verringerten Freisetzung von FSH und LH.

Das Östrogen sorgt während der so genannten Proliferationsphase für den Aufbau der Uterusschleimhaut und die Verflüssigung des Zervixschleims. In der Mitte des Zyklus wird eine LH-Konzentration erreicht, die zur Ovulation (Eisprung), d. h. zum Platzen des Follikels und zum Ausstoß der Eizelle, führt. Der zurückbleibende Follikel wird zum *Corpus luteum* (Gelbkörper) umgebaut, der Progesteron synthetisiert und ausschüttet. Progesteron bewirkt in der Sekretionsphase die Umwandlung der Uterusschleimhaut in den prägraviden Zustand und bereitet die Einbettung des befruchteten Eies vor. Unter dem Einfluss von Progesteron wird der Zervixschleim wieder zähflüssiger.

Der sinkende Östradiolspiegel führt zur Verstärkung der negativen Rückkopplung. Die FSH- und LH-Produktion wird durch Progesteron gehemmt. De-

Triton X-100

Triton N

Menfegol

ⓘ Follitropin regt beim Mann die Spermiogenese an. Lutropin löst die Androgensynthese und die Testosteronausschüttung aus.

ⓘ Als Gestagene (Schwangerschaftshormone) bezeichnet man das Progesteron und eine Reihe synthetischer Wirkstoffe, die ähnliche Eigenschaften wie dieses haben.

Östradiol

Progesteron

ren Konzentrationen gehen auf die Basalwerte zurück. Dadurch ist gewährleistet, dass in der zweiten Zyklushälfte und ebenfalls in der Schwangerschaft eine weitere Ovulation und Konzeption (Empfängnis) unterbleibt.

Wurde das Ei befruchtet und hat es sich eingenistet, so entwickelt sich der Gelbkörper – angeregt durch das Choriongonadotropin (CG), einem Hormon der Uterusschleimhaut – zum *Corpus luteum graviditatis* und steigert die Progesteronproduktion, die später von der Plazenta übernommen wird. Für Schwangerschaftstests verwendet man heute Immunoassays, mit denen man CG schon wenige Tage nach der Befruchtung im Blut oder Urin nachweisen kann.

Wurde das Ei nicht befruchtet, kommt es mit der Rückbildung des Gelbkörpers zur Abnahme des Progesteronspiegels, was zur Kontraktion der spiralig verlaufenden Arterien in der Gebärmutterschleimhaut und damit zum Einleiten der nächsten Regelblutung führt.

Die meisten hormonellen Kontrazeptiva enthalten Progesteronderivate, die in der Mitte des Zyklus die Ausschüttung der Maximalmengen an FSH und LH verhindern, sodass es nicht zum Eisprung kommt und somit der Zustand einer

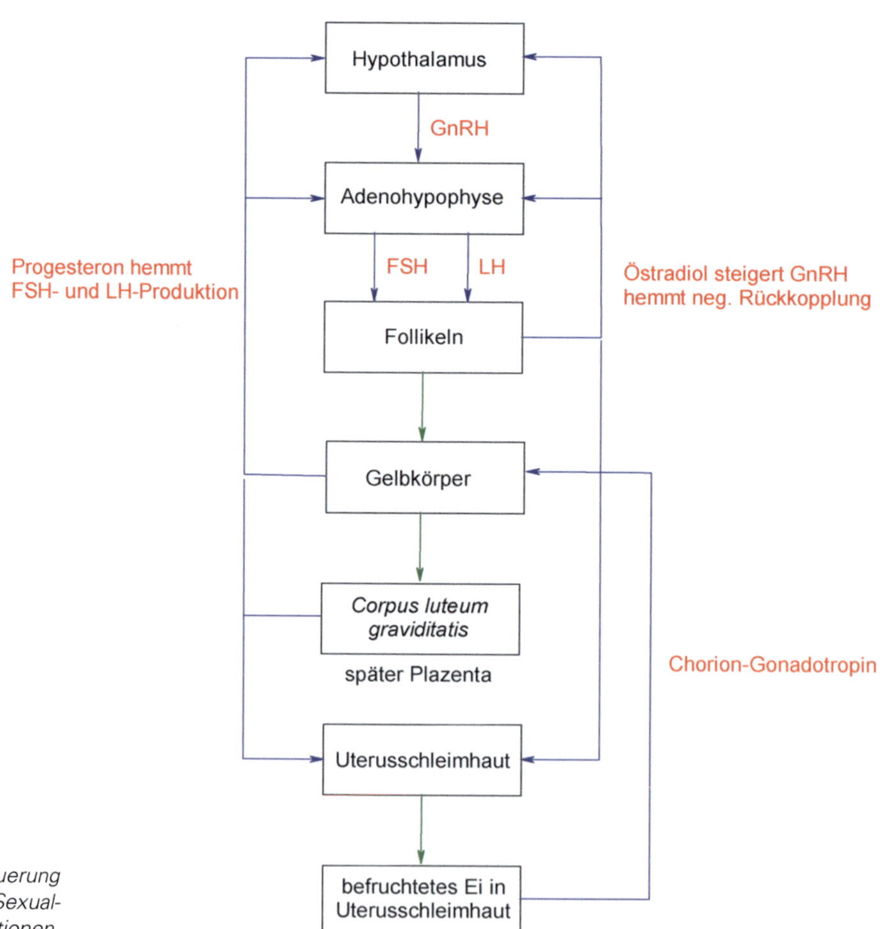

6.4 *Hormonelle Steuerung der weiblichen Sexualfunktionen.*

Schwangerschaft vorgetäuscht wird.[4] Im Wesentlichen unterscheidet man drei Verhütungsmethoden:

- **Einphasenmethode** Bei der Einphasenmethode wird 21 Tage lang eine Östrogen/Gestagen-Kombination gegeben. Drei bis vier Tage nach dem Absetzen der Hormone setzt eine Abbruchblutung (Hormonentzugsblutung) ein, die ungefähr einer Menstruationsblutung entspricht. Aufgrund des *anti*-gonadotropen Effekts der Steroidhormone wird eine Ovulation unterdrückt. Selbst wenn der Eisprung stattfinden sollte, kann sich das Ei aufgrund einer unvollständigen Umwandlung der Uterusschleimhaut nicht einnisten. Die Hormone erhöhen zusätzlich die Viskosität des Zervixschleims und hemmen dadurch die Penetrationsfähigkeit der Spermien.

- **Zweiphasen/Dreiphasenmethode** Bei diesen Methoden ist die Hormongabe besser an den natürlichen Zyklus angepasst. Zu Beginn des Zyklus werden Östrogene und Gestagene niedrig dosiert. In der Mitte und gegen Ende steigert man die Gestagendosis. Ziel ist ebenfalls die Ovulationshemmung. Die Erfolgsquote ist mit der Einphasenmethode vergleichbar.

- **Minipille** Unter der Minipille versteht man niedrig dosierte Gestagenpräparate. Diese erhöhen lediglich die Viskosität des Zervixschleims. Die Zuverlässigkeit ist geringer als bei den vorgenannten Methoden.

6.1.3 Natürliche Steroide und Steroidhormone

Natürliche Steroide

Cholesterol (*griech.* feste Galle) ist das wichtigste Steroid der Wirbeltiere (Zoosterol). Es ist ein zentrales Intermediat in der Biosynthese der Steroide. Erstmals 1775 von Conradi aus Gallensteinen isoliert, kommt Cholesterol, wie wir heute wissen, überall im menschlichen Körper vor. In einem erwachsenen Menschen findet man 240 Gramm Cholesterol, in besonders hoher Konzentration im Gehirn, im Rückenmark und in den Nebennieren. Wirbellose Tiere synthetisieren darüber hinaus in erheblichen Mengen 24-Dehydrocholesterol.

Pflanzen produzieren Cholesterolderivate (Phytosterole), deren Seitenketten ein Spiroketal bilden wie in Diosgenin oder die in der Seitenkette eine zusätzliche Ethylgruppe (Stigmastanreihe) tragen. Stigmasterol wurde erstmals von Windaus aus dem Öl der Calabarbohne (*Physostigma venenosum*) in reiner Form erhalten. Fucosterol isolierte man aus Algen. Weit verbreitet sind die Sitosterole, die man zuerst aus Getreide (*sitos*) isolierte. Hauptvertreter ist das β-Sitosterol.

In den meisten Pilzen, Flechten und Algen kommt Ergosterol (Mycosterol) vor. Dieses wurde 1889 von Tanret aus dem Mutterkorn isoliert. Es ist das Hauptsterol der Hefe und wirkt als Provitamin D (Abb. 6.5).[5]

Ein wichtiger Rohstoff für die Partialsynthese der Steroide (und Vitamin D) ist Cholesterol, das man vor der BSE-Krise aus dem Rückenmark von Rindern gewann. Eine andere wichtige Quelle ist das Wollfett der Schafe, das etwa 15 % Cholesterol enthält. Unter den pflanzlichen Sterolen ist das Stigmasterol als Ausgangsmaterial für die Steroidpartialsynthese von großer wirtschaftlicher Bedeutung. Es ist im unverseifbaren Teil des Öls von Sojabohnen zu 12 bis 25 % enthalten. Daneben findet man es im Zuckerrohrwachs. Sitosterol, eben-

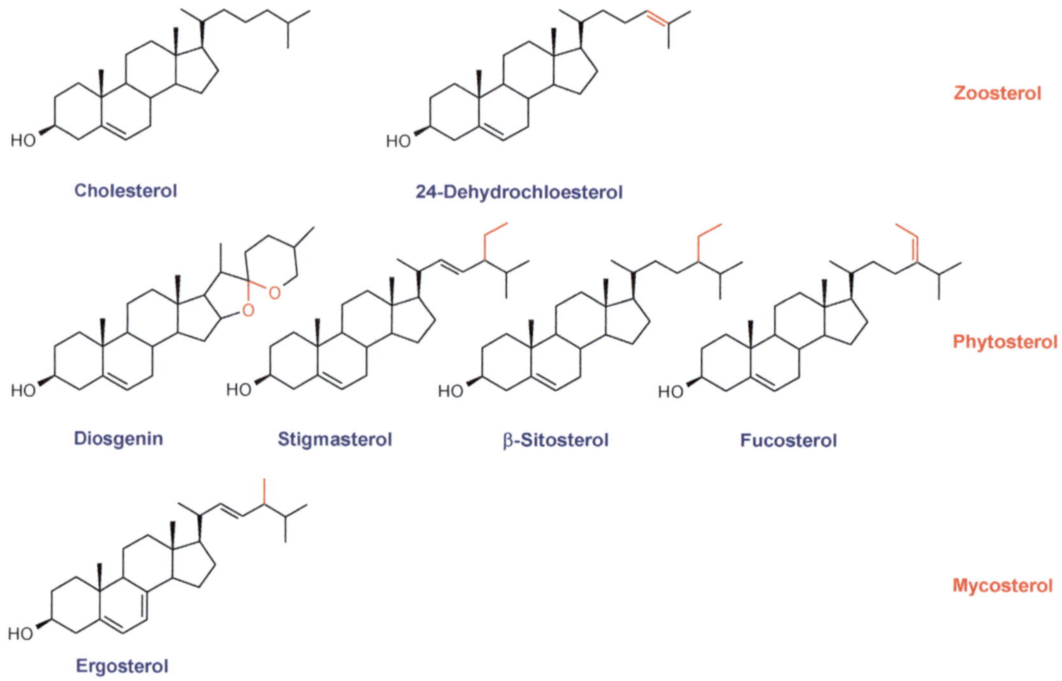

Zoosterol

Cholesterol

24-Dehydrochloesterol

Phytosterol

Diosgenin　　Stigmasterol　　β-Sitosterol　　Fucosterol

Mycosterol

Ergosterol

6.5 *Beispiele für Hormone der Wirbeltiere, der Pflanzen und Pilze.*

falls ein wichtiger Rohstoff, kommt auch im Sojabohnenöl vor. Man gewinnt es außerdem aus dem bei der Papierherstellung anfallenden Tallöl. Vor großer Bedeutung für die chemische Partialsynthese ist Diosgenin, das man in verschiedenen *Liliaceae*- und *Dioscoreaceae*-Arten findet.

Steroidhormone

Steroidhormone besitzen große Bedeutung für eine ganze Reihe fundamentaler Lebensvorgänge wie Sexualität, Fortpflanzung und Stress (Abb. 6.6). Sie werden in vier physiologische Gruppen eingeteilt:

- **Sexualhormone** werden entsprechend ihrer physiologischen Wirkung unterteilt in Östrogene, Gestagene und Androgene. Die Östrogene und Gestagene regeln den Zyklus der Frau. Das Androgen Testosteron fördert die Entwicklung der sekundären Geschlechtsmerkmale beim Mann, erhöht die Libido, verringert die Gonadotropinausschüttung, ist mitbestimmend für die psychische Verhaltensweisen des Mannes und steigert den Eiweißaufbau (anabole Wirkung). Die Sexualhormone des Menschen findet man auch bei einer Reihe von Tieren.
- **Adrenale Steroide** Sie werden in der Nebennierenrinde (*Cortex*) gebildet. Man unterteilt adrenale Steroide in Glucocorticoide und Mineralocorticoide. Die Glucocorticoide (Cortisol, Corticosteron) fördern die Bildung von Glykogen in der Leber und die Gluconeogenese aus Proteinen. Beides erhöht den Blutzuckerspiegel. Mineralocorticoide (Aldosteron) kontrollieren den Elektrolyt- und Wasserhaushalt.

- **Calciumregulierende Sterole** Sie kontrollieren die Resorption von Calciumionen im Magen-Darm-Trakt und beeinflussen den Knochenstoffwechsel. In erster Linie ist Vitamin D_3 (Cholecalciferol) zu nennen. Es wird durch Photolyse von 7-Dehydrocholesterol gebildet.
- **Hormone der Insektenhäutung** Die Häutung von der Larve über die Puppe bis zum fertigen Insekt wird durch Steroidhormone gesteuert. 1954 wurde das erste Häutungshormon α-Ecdyson aus dem Seidenspinner *Bombyx mori* isoliert und die Röntgenstruktur aufgeklärt. Im Laufe der Zeit entdeckte man noch eine ganze Reihe weiterer Häutungssteroidhormone, darunter solche, die auch in Pflanzen vorkommen (Phytoecdysone).

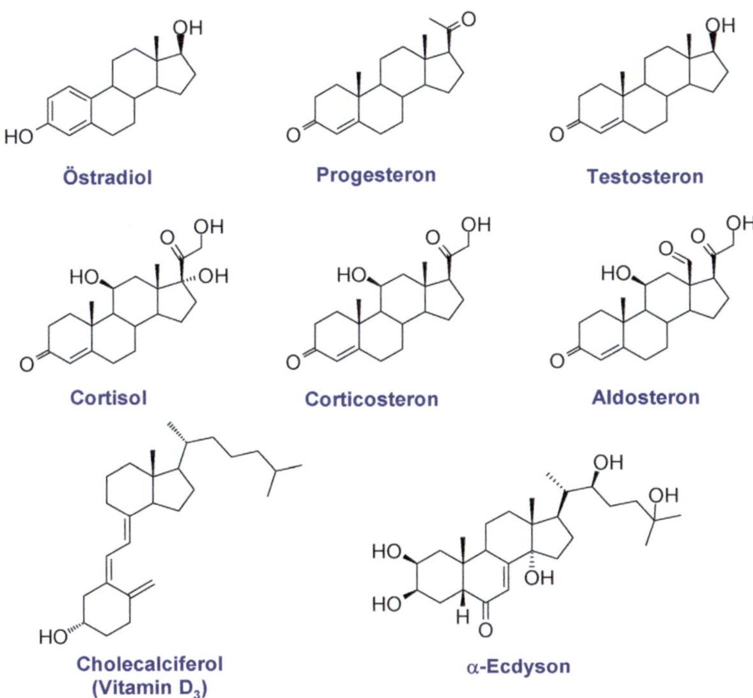

6.6 *Steroidhormone.*

6.1.4 Biosynthese

Die Biosynthese der Steroide verläuft über Farnesyldiphosphat und Squalen (Abb. 6.7). Es ist faszinierend, dass die Natur hierbei Prinzipien verfolgt, die man auch bei der Carotinoid- und Pyrethroidbiosynthese wiederfindet.

Die Schwanz-Schwanz-Verknüpfung zweier Farnesyldiphosphatmoleküle führt über eine Cyclopropanzwischenstufe zu Squalen. Das primäre Cyclopropanderivat, Präsqualendiphosphat, spaltet den Diphosphatrest ab und das entstehende Cyclopropylmethylcarbokation öffnet den Ring wieder. Das Allylkation wird von NADPH zu Squalen reduziert.

6.7 *Squalen ist ein Kohlenwasserstoff, der zuerst aus Haifischleber (Hai: Squalus) isoliert wurde. Später fand man, dass Squalen in kleinen Mengen auch in Säugetieren, im Mutterkorn und im Olivenöl vorkommt.*

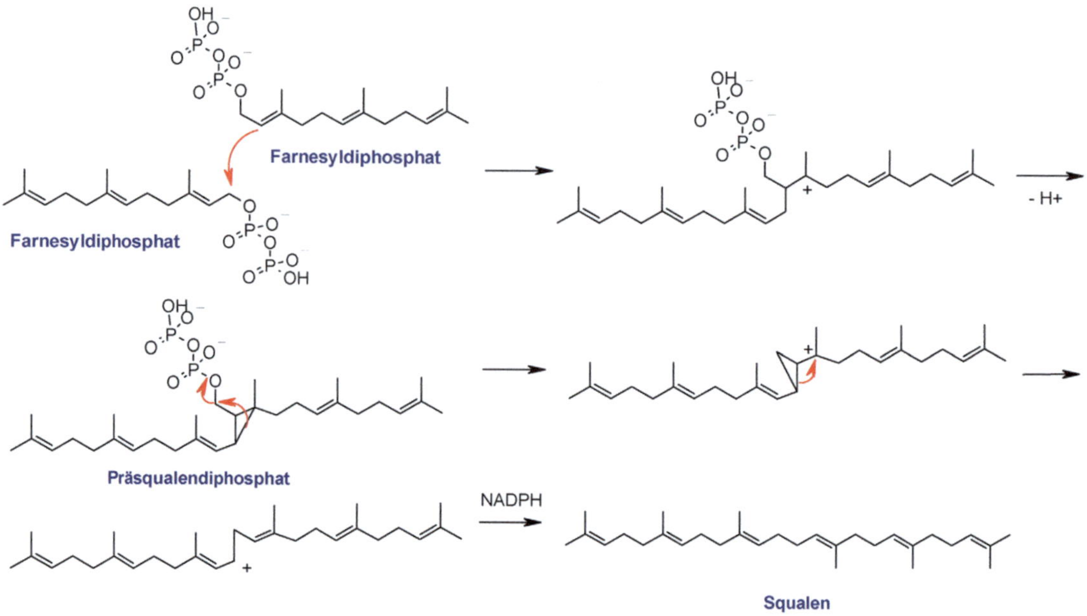

Farnesyldiphosphat

Farnesyldiphosphat

– H+

Präsqualendiphosphat

NADPH

Squalen

Mitte des 20. Jahrhunderts konnten Konrad Bloch in Harvard und Leopold Ruzicka an der ETH zeigen, dass der Zyklisierung von Squalen die enzymatische Epoxidierung einer terminalen Doppelbindung vorausgeht.

Squalen-Monooxygenase

Die erste von einem [i] enantiomerenreinen Epoxid ausgehende diastereoselektive Polyenzyklisierung stammt von E. J. Corey.[6][7] Das Epoxid wird dazu bei −90 °C durch Methylaluminiumdichlorid geöffnet und damit die Tetrazyklisierung eingeleitet.

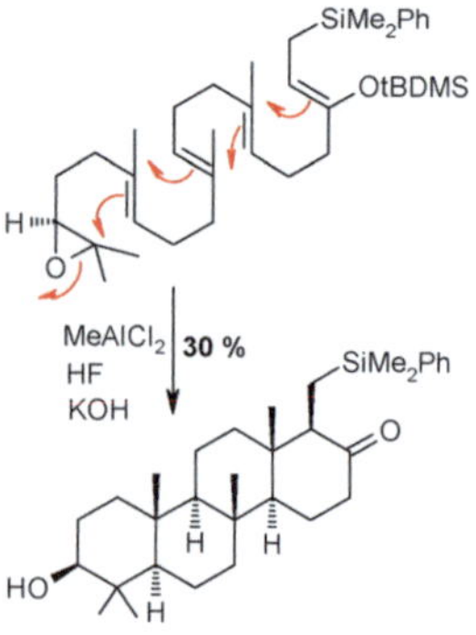

SiMe₂Ph
OtBDMS

MeAlCl₂ **30 %**
HF
KOH

SiMe₂Ph

Erstaunlich ist, wie van Tamelen zeigen konnte, dass die terminale Funktionalisierung in einem Lösungsmittelgemisch aus Wasser und THF mit hypochloriger Säure auch ohne Enzym gelingt. Die Ursache liegt wahrscheinlich in der Faltung des Moleküls. Die stark lipophile Kette kneult sich zusammen, sodass nur die Doppelbindung an der Oberfläche epoxidiert wird.

An die Epoxidierung schließen sich eine protoneninduzierte Zyklisierungsreaktion und Wagner-Meerwein-Umlagerungen an, die zu den faszinierendsten der Biochemie gehören. Die protolytische Epoxidöffnung an der Oxidosqualen/Lanosterol-Cyclase, die nur das (3S)-Enantiomere umsetzt, liefert stereokontrolliert zunächst einen Tetrazyklus und dann, induziert durch eine Deprotonierung an C-9 nach einer Kaskade von Wagner-Meerwein-Umlagerungen, Lanosterol, die Hauptkomponente im nicht verseifbaren Teil des Wollfetts. Dieses ist die Schlüsselverbindung zu allen tierischen Steroiden.

In Pflanzen nehmen die Umlagerungen einen etwas anderen Verlauf und führen zu Cycloartenol.[8] Die Wagner-Meerwein-Umlagerungen verlaufen hierbei schrittweise, was durch die entsprechenden Alkene bzw. Alkohole, die man ebenfalls findet, plausibel wird.[9]

Den nächsten „Meilenstein" in der Biosynthese der Sexualsteroide stellt Cholesterol dar. Auf dem Weg von Lanosterol zu Cholesterol müssen die Methylgruppen an C-4 und C-14 entfernt werden, die Doppelbindung von C-8 nach C-5 wandern und die $\Delta^{24,25}$-Doppelbindung reduziert werden.

Zuerst wird, wie mit ^{13}C-NMR-Studien nachgewiesen werden konnte, die Methylgruppe an C-14 entfernt. Formal wird auf der Aldehydstufe Wasserstoffperoxid addiert und Ameisensäure eliminiert. Das entstehende Dien wird anschließend mit NADPH/H$^+$ partiell reduziert. Die Entfernung der beiden Methylgruppen an C-4 ist aufwendiger. Zunächst wird die Hydroxygruppe an C-3 oxidiert. Die Chiralität geht dabei verloren. Dann wird die a-ständige Methylgruppe (hinter die Zeichenebene weisend) zur Carbonsäure oxidiert und Kohlendioxid abgespalten. Das hierfür zuständige Enzymsystem ist hochselektiv. Wie Modellreaktionen zeigen, toleriert es außer Methyl keine anderen Reste und auch die Stereochemie ist vorgegeben, sodass, bevor der Zyklus erneut durchlaufen werden kann, das neu entstandene Stereozentrum epimerisiert werden muss. Nach der zweiten Kohlendioxidabspaltung wird die Ketogruppe an C-3 wieder reduziert unter Induktion der ursprünglichen Asymmetrie.

Die Wanderung der C-8-Doppelbindung nach C-5 ist in allen Einzelheiten noch nicht geklärt. Sie erfolgt schrittweise über C-7 und C-6. Die Doppelbindung an C-24 wird in bewährter Weise mit NADPH/H$^+$ reduziert.

Lanosterol

Epimerisierung

NADPH

Ox.
NAD⁺

Ox.

− CO₂

Red.

NADPH
H⁺

Cholesterol

Cholesterol ist sowohl der biochemische Vorläufer für die Nebennierenrindenhormone Cortexon und Cortisol als auch für die Sexualhormone Testosteron und Östradiol. Cholesterol wird zunächst an C-20 und C-22 hydroxyliert. Das nächste fassbare Zwischenprodukt ist Pregnen-3β-ol-20-on. Der Rest wird formal nach Oxidation und Retro-Acyloin-Reaktion als Isocapronaldehyd abgespalten.

Cholesterol　　　　　　　　　　　　　　　**Pregnen-3β-ol-20-on**

An den nächsten Reaktionsschritten sind die Enzyme 3β-Hydroxy-Δ5-steroid-dehydrogenase, Steroid-Δ-isomerase und Steroid-17α-hydroxylase beteiligt. Oxidation an C-3 und Doppelbindungswanderung führt zu Progesteron, dem Hormon des *Corpus luteum*. Anschließend wird an C-17 hydroxyliert zu

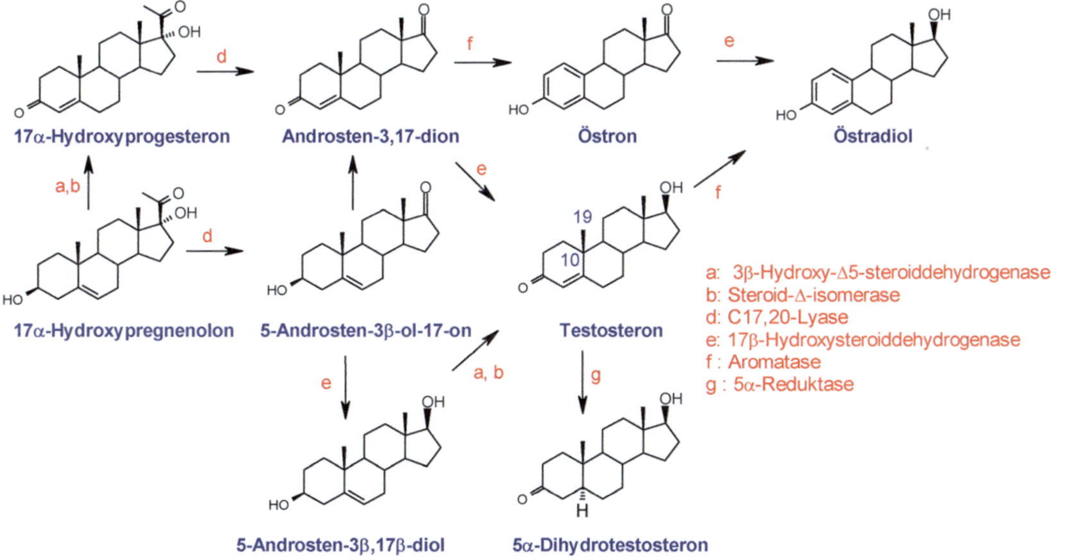

17*a*-Hydroxyprogesteron. Auch die umgekehrte Reaktionssequenz ist bekannt. Sie verläuft über 17*a*-Hydroxypregnenolon. Die Hydroxylierung an C-21 und C-11 führt ausgehend von Progesteron zu Corticosteron und ausgehend von 17*a*-Hydroxyprogesteron zu Cortisol, das an C-11 zu Cortison oxidiert werden kann. Die Hydroxylierung erfolgt mit O_2 und $NADPH + H^+$. Die drei Enzyme Steroid-11-hydroxylase, Steroid-17*a*-hydroxylase und Steroid-21-hydroxylase wirken streng regio- und stereoselektiv. Dazu kommt noch eine zum Teil sehr genaue Substraterkennung. So werden an C-21 hydroxylierte Steroide von der

Finasterid (Propecia [R]**)**

17α-Hydroxylase nicht mehr hydroxyliert. Darum ist z.B. Cortisol nicht aus Corticosteron zugänglich.

17α-Hydroxyprogesteron und 17α-Hydroxypregnenolon werden durch die C17,20-Lyase zu C_{19}-Steroide abgebaut (Retro-Acyloin-Reaktion). Die 17β-Hydroxysteroiddehydrogenase reduziert C-17 in 5-Androsten-3β-ol-17-on und Androsten-3,17-dion zu 5-Androsten-3β,17β-diol beziehungsweise zu Testosteron. Die Demethylierung von Testosteron an C-10 durch Hydroxylierung der angulären Methylgruppe C-19 und Oxidation zum Aldehyd, der als Formaldehyd abgespalten wird, führen unter Aromatisierung des A-Rings zu Östradiol, das auch in umgekehrter Sequenz über Östron aus Androsten-3,17-dion zugänglich ist.

So elegant der Ringschluss und die anschließenden Wagner-Meerwein-Umlagerungen ausgehend von Squalen sind, so umständlich und schwerfällig ist der Rest der Synthese zum fertigen Östradiol. In dieser Hinsicht unterscheidet sich die Biosynthese nicht wesentlich von vielen chemischen Naturstoffsynthesen. Sind die einzelnen Reaktionsschritte an Selektivität kaum zu überbieten, so gewinnt man dennoch den Eindruck, als wolle die Natur das gewünschte Ziel partout mit dem vorhandenem Instrumentarium und über bewährte Zwischenprodukte erreichen, ohne sich viel Neues einfallen zu lassen. Sie benutzt virtuos immer wieder die gleichen Reaktionstypen, um damit ans Ziel zu gelangen.

6.1.5 Entdeckungsgeschichte

Die Anfänge der Steroidchemie gehen auf Adolf Windaus zurück, der seit 1905 die Grundlagen für dieses faszinierende Arbeitsgebiet schuf. Wichtige Beiträge kamen von Adolf Butenandt und Heinrich Otto Wieland.[12] Östron war das erste Sexualhormon, das Butenandt 1929 aus dem Urin von Schwangeren isolierte.[13] Später benutzte er den Urin von trächtigen Stuten. Für die Isolierung des Hormons benötigte man einen Test, um die östronenthaltenden Fraktionen zu identifizieren. Dazu injizierte man kastrierten, weiblichen Mäusen Proben der verschiedenen Fraktionen und beobachtete den Aufbau der Scheidenschleimhaut (Allen-Doisy-Test). Aus 625 Kilogramm Ovarien von 50 000 Schweinen erhielt Butenandt 20 Milligramm reines Progesteron. 1934 synthetisierten vier Arbeitsgruppen Progesteron.[14] [15] [16] [17] E. Laqueur hatte aus 100 Kilogramm Stierhoden ungefähr 10 Milligramm Testosteron isoliert. 1935 wurde zum ersten Mal Testosteron künstlich hergestellt.[18] 1943 waren bereits 28 Steroide identifiziert, einschließlich Cortison, Cortisol, Corticosteron. In den 50er Jahren entwickelte Merck den ersten Prozess zur Herstellung von Cortisonacetat.[19]

6.1.6 Erste Partialsynthesen

Die Geschichte der hormonellen Kontrazeptiva begann 1921 mit Ludwig Haberlandt.[20] [21] Er zeigte, dass man Mäuse und Kaninchen mit einem Gelbkörperextrakt unfruchtbar machen kann.[22] Progesteron diente zur Behandlung von menstrualen Beschwerden und zur Verhinderung von Fehlgeburten. Es wurde von verschiedenen europäischen Pharmafirmen im Labor hergestellt und war sehr teuer. Ende der 30er Jahre hatte Russell E. Marker, ein Chemiker an der Pennsylvania State University, einen Weg gefunden, Progesteron aus einem Sapogenin herzustellen (Abb. 6.8).

Saponine sind Pflanzenglycoside die in Wasser einen seifigen Schaum bilden. Die Aglykone bezeichnet man als Sapogenine. Steroide sind meist über die 3β-Hydroxygruppe glycosidisch verknüpft. Markers Synthese ging von Diosgenin aus. Diosgenin kommt als 3-Glycosid (Dioscin) in zahlreichen *Liliaceae*- und *Dioscoreaceae*-Arten vor und wird aus dem luftgetrockneten Rhizomen von *Dioscoreaceae mexicana*, *Dioscoreaceae floribunda* und *Dioscoreaceae composita* (Barbasco) mit Ethanol extrahiert. Der Extrakt wird eingedampft und zur Spaltung der glycosidischen Bindung mit verdünnter Salzsäure oder Schwefelsäure gekocht. Anschließend filtriert man Diosgenin ab und setzt es so in die Synthese der Steroidhormone ein.

Marker wollte Diosgenin aus der Jamswurzel gewinnen, die in Mexiko wild wächst (Abb. 6.9). Da ihn weder die Universität noch eine Pharmafirma finanziell unterstützte, kündigte er seine Stelle an der Pennsylvania State University und reiste auf eigene Kosten nach Mexiko, mietete sich ein kleines Haus und erkundete mit einem Maulesel den Dschungel in den Bergen von Veracruz.

Schließlich erntete er dort zehn Tonnen Jamswurzeln, aus denen er in einem gemieteten Labor in Mexiko City Diosgenin isolierte. Zurück in den USA, stellte er hieraus im Labor eines Freundes 2 000 Gramm Progesteron her, das einen Wert von 160 000 US Dollar hatte.

Hierzu erhitzte er Diosgenin in Essigsäureanhydrid unter Druck auf knapp 200 °C. Hierbei bildet sich Pseudodiosgenindiacetat, das in Eisessig mit Chromsäure mild zu Dioson oxidiert werden kann.[23] Die Verseifung mit verdünnter Natronlauge führt zu Dehydropregnenolonacetat in einer Gesamtausbeute von etwa 45 %. Die Reduktion mit Palladium/Kohle erlaubt es, selektiv die konjungierte Doppelbindung an C-16 unter Erhalt der Δ^5-Doppelbindung zu hydrieren. Die Verseifung und Oppenauer-Oxidation liefert schließlich Progesteron in Ausbeuten von 85 %.

6.8 *Im November 1941 fand Russell E. Marker mit der Jamswurzel das Ausgangsmaterial für die Partialsynthese von Progesteron.*

6.9 *Jamswurzeln (Dioscorea) sind stärkehaltige Knollen, die man gekocht wie Bataten und Kartoffeln verwendet.*

Diosgenin → (Ac$_2$O, 190 – 200 °C) **Pseudodiosgenindiacetat** → (H$_2$CrO$_4$, AcOH) **Dioson**

16-Dehydropregnenolonacetat → (NaOH) → (H$_2$, Pd / C) **Pregnenolonacetat** → (NaOH) **Pregnenolon** → (Al(OPr)$_3$) **Progesteron**

Später entwickelte die Firma Upjohn ein elegantes Verfahren zur Herstellung von Progesteron aus Stigmasterol. Hierbei wird die Hydroxygruppe des Stigmasterols zunächst in einer Oppenauer-Oxidation zum entsprechenden Keton oxidiert. Die unter speziellen Bedingungen durchgeführte Ozonolyse spaltet nur die Seitenkette. Die Azeotropdestillation mit Piperidin liefert zunächst das Enamin, das dann oxidativ in Progesteron überführt wird. Die Gesamtausbeute beträgt 60 %.

Wichtige handelsübliche [i] Zwischenprodukte für die Partialsynthese der Sexualhormone sind heute Pregnenolon, 16-Dehydropregnenolon und 5-Androsten-3β-ol-17-on, die man aus Diosgenin und Stigmasterol gewinnt.[5]

1944 gründete Marker gemeinsam mit zwei mexikanischen Partnern eine Pharmafirma, die er Syntex nannte. Doch die Zusammenarbeit war nicht erfolgreich, sodass Marker die Firma bereits ein Jahr später verließ. Nachdem auch sein zweiter Versuch ins Steroidgeschäft einzusteigen scheiterte, beendete er seine bisherige Laufbahn und verlegte sich auf den Handel mit mexikanischen Repliken europäischer Silberkunstwerke.

Die mexikanischen Eigentümer von Syntex stellten nach Markers Ausscheiden Georg Rosenkranz ein. Innerhalb von zwei Jahren gelang es Rosenkranz nicht nur die großtechnische Herstellung von Progesteron, sondern auch die Synthese des männlichen Sexualhormons Testosteron aus der Jamswurzel zu etablieren. Die Synthese geht von 16-Dehydropregnenolonacetat aus, das ins Oxim überführt wird. Nach einer Beckmann-Umlagerung und Verseifung erhält man 5-Androsten-3β-ol-17-onacetat.

5-Androsten-3β-ol-17-onacetat wird mit Raney-Nickel zum 17β-Alkohol reduziert, und als Benzoat geschützt. Dies erlaubt die selektive Verseifung des Essigsäureesters mit methanolischer Natriumhydroxidlösung. Eine anschließende Oppenauer-Oxidation führt zu Testosteronbenzoat, das zum Zielprodukt verseift wird.

CH₃COO

5-Androsten-3β-ol-17-onacetat

H₂
Raney - Ni

OH

CH₃COO

CH₃COO

HO

Oppenauer -
Oxidation

O

O

OH

Testosteron

Als Carl Djerassi 1949 bei Syntex in Mexiko City die Leitung einer Forschungsgruppe übernahm, dachte noch niemand an hormonelle Kontrazeptiva. Zwar kannte man inzwischen die biologische Funktion von Progesteron, aber das Hormon war oral nicht verfügbar und konnte nur durch Injektionen verabreicht werden. Djerassis Ziel war die Synthese von Cortison und eventuell Östradiol. Cortison war wenige Jahre zuvor von E. C. Kendall entdeckt worden und galt damals als Wunderdroge. Östradiol wurde zur Behandlung von Beschwerden während der Pubertät und der Menopause eingesetzt.

Die Chemie, um die es bei der Herstellung von Östradiol ging, war im Prinzip schon bekannt. Hans Herloff Inhoffen, von der Schering AG in Berlin, hatte folgenden Weg gefunden: Die Doppelbindung in 5-Androsten-3β-ol-17-on wird zunächst mit Palladium/Kohle hydriert. Androstan-3β-ol-17-on wird anschließend mit Chromsäure oxidiert und das Diketon selektiv im A-Ring zweifach bromiert. Durch doppelte HBr-Abspaltung erhält man Androstadiendion. Die Kurzzeitpyrolyse an Quarzkugeln bei 600 °C in Tetralin oder Mineralöl lieferte schließlich Östron, das nur noch zum Östradiol hydriert werden musste.[24][25]

O

HO

5-Androsten-3β-ol-17-on

Pd / C
H₂

O

HO
H

Androstan-3β-ol-17-on

H₂CrO₄

O

O
H

Br₂

O

Br

O
H

Br

- 2 HBr

O

Androstadiendion

600°C
Glaskugeln

O

HO

Östron

OH

HO
H

Östradiol

Zur Eliminierung der Methylgruppe wurden später weitere Methoden wie z. B. die Dryden-Reaktion entwickelt.[26] Androstadiendion-17-ethylenketal wird mit Natriumdiphenylid in DIGLYME umgesetzt. Hierbei werden zwei Elektronen auf den A-Ring übertragen. Unter Aromatisierung wird die Methylgruppe als Methylanion abgespalten.[27]

Jüngst fanden russische Autoren, dass das Monoketal von Androstadiendion in sehr guten Ausbeuten in zwei Stufen zu Östron mit einem Überschuss von *n*-Butyllithium in Toluol umgesetzt werden kann. Bemerkenswert hierbei ist die Instabilität der Ketalschutzgruppe. Sie wird unter den Reaktionsbedingungen gleichfalls deprotoniert und als Acetaldehyd abgespalten.[28]

19-Nortestosteron und 19-Norprogesteron wurden zugänglich, nachdem Alan Birch in Australien die Reduktion von Aromaten entdeckt hatte.[29] Es werden jeweils die Methylether eingesetzt, weil Elektronendonatoren die Reaktionsgeschwindigkeit der Birch-Reduktion senken. Das deprotonierte Östron ist für eine direkte Birch-Reduktion zu wenig reaktiv. Die Donor-Reste sitzen immer an der verbleibenden Doppelbindung. Das Produkt ist aufgrund des *principle of least motion* ein $2,\Delta^{5,10}$-doppelt ungesättigtes Steroidgerüst. Das zweite denkbare Isomere mit Doppelbindungen in 3,10-Position ist thermodynamisch ungünstiger.[30]

Östron

19-Nortestosteron

19-Norprogesteron

Während 19-Nortestosteron nur ein Drittel der Wirksamkeit des natürlichen Hormons besaß, barg 19-Norprogesteron eine Überraschung. Roy Hertz am National Cancer Institut in Maryland behandelte Cervixkrebs durch lokale Injektionen hoher Konzentrationen Progesteron. Er entdeckte, dass 19-Norprogesteron vier- bis achtmal wirksamer ist als das natürliche Hormon. Dies widersprach der bisherigen Lehrmeinung und belegte, dass 19-Norsteroide sehr wohl hoch wirksam sein können. Das Problem das allerdings blieb, war die Art der Applikation.

Kurz vor dem Zweiten Weltkrieg hatte Inhoffen Ethinylöstradiol hergestellt und bemerkt, dass dieses Derivat im Magen erstaunlich stabil ist. Er führte daraufhin Acetylen in Androsten-3,17-dion ein und erhielt eine Verbindung mit ganz unerwarteten Eigenschaften. Ethisteron ist nicht nur oral verfügbar, sondern besitzt auch progesteronale Eigenschaften. Obwohl Ethisteron nie größere medizinische Bedeutung erlangte, war diese Verbindung der entscheidende Hinweis für die Synthese von Norethisteron. Djerassi (Abb. 6.10) oxidierte 19-Nortestosteron mit Chromtrioxid zu 19-Norandrosten-3,17-dion. Die Umsetzung mit Orthoameisensäureethylester in Gegenwart von Pyridiniumchlorid lieferte einen Enolether, der mit Acetylen und Kalium-*t*-amylat umgesetzt und zum Wunschprodukt sauer hydrolysiert werden konnte.[31]

Ethinylöstradiol

Ethisteron

19-Nortestosteron   **19-Norandrosten-3,17-dion**

Norethisteron

Eleganter lässt sich Norethisteron aus Östronmethylether durch eine Birch-Reduktion, eine Oppenauer-Oxidation und Ethinylierung herstellen.[32][33]

Östronmethylether

Norethisteron

6.10 *Carl Djerassi hat auch als Verfasser wissenschaftlicher Romane in den letzten Jahren eine gewisse Popularität erlangt.*

Norethisteron war Anfang der 50er Jahre das beste, oral verfügbare, progesteronale Steroid und wurde zum wirksamen Bestandteil von fast 50 % aller oralen Kontrazeptiva.

Fast zwei Jahre später synthetisierte und patentierte Frank D. Colton bei Searle Norethynodrel, ein Isomer von Norethisteron. Es kristallisierte sich eine verbesserte Synthese heraus, bei der beide Verbindungen erhalten sowie die Aromatisierung und Birch-Reduktion umgangen werden konnten.[34][35] Ausgangspunkt ist 5-Androsten-3β-ol-17-onacetat, an das unterchlorige Säure addiert wird. Bemerkenswert ist die thermische oder photochemische Funktionalisierung von C-19 mit Bleitetraacetat/Iod[36] unter Bildung eines zyklischen Ethers. Die Verseifung des Esters und Oxidation mit Chromtrioxid führt unter Abspaltung von HCl zu einem Δ^4-Endion. Die reduktive Öffnung des Ethers liefert die 19-Hydroxyverbindung. Diese lässt sich mit Chromtrioxid zur 10β-Carbonsäure oxidieren und in Pyridin decarboxylieren. Partielle Ketalisierung in 3-Position ermöglicht die selektive Ethinylierung der ungeschützten Ketofunktion. Nach Hydrolyse mit schwachen Säuren, wie Malonsäure, erhält man Norethynodrel, während mit starken Mineralsäuren Norethisteron entsteht.

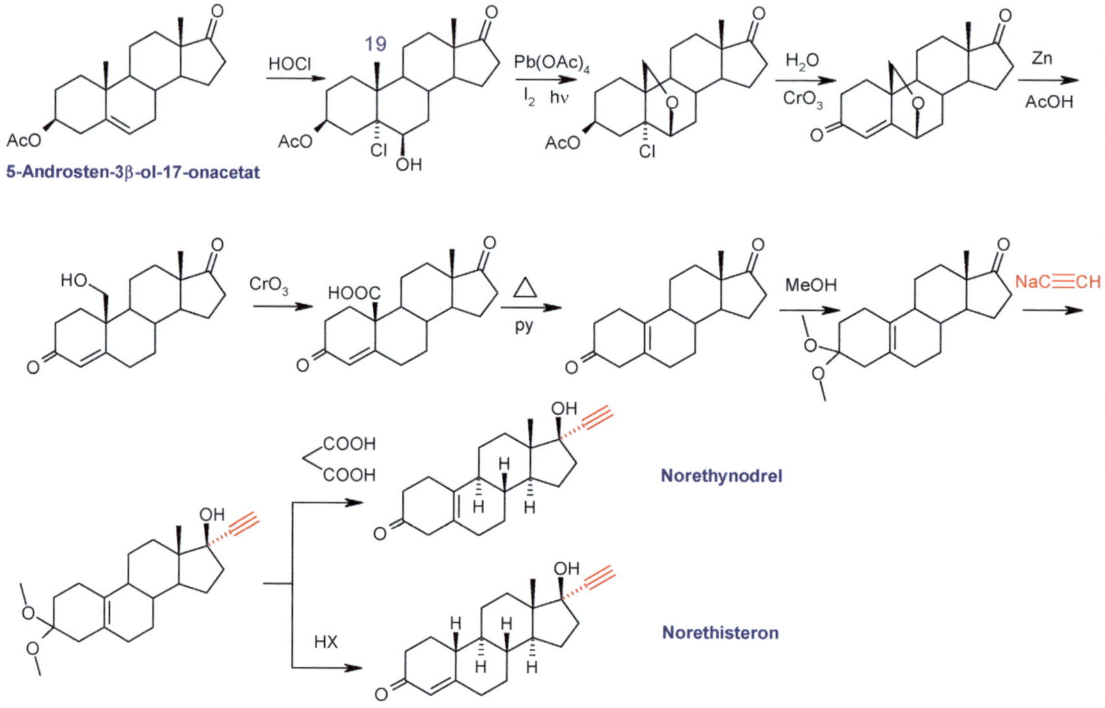

5-Androsten-3β-ol-17-onacetat

Norethynodrel

Norethisteron

A. Bowers[39] [40] beobachtete bei sekundären Steroidalkoholen, dass diese bei geeigneter Stereochemie in δ-Position mit Bleitetraacetat zyklisiert werden können. Schlüsselschritt ist eine radikalische 1,5H-Abstraktion, die wesentlich günstiger als eine 1,4- oder 1,6-Abstraktion ist. Mechanistisch ist diese Reaktion mit der Hofmann-Löffler-Freytag-Reaktion und der Barton-Reaktion verwandt.[41]

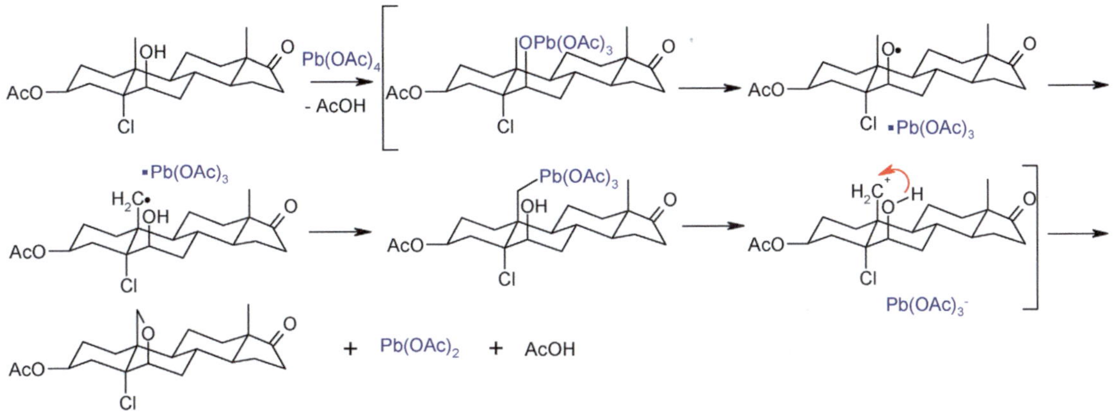

Die Searle- und Syntex-Verbindungen wurden 1953/54 von Gregory Pincus bei der Worcester Foundation für experimentelle Biologie und von John Rock, einem Mediziner an der Harvard Medical School, als Ovulationshemmer geprüft. Erste Humanstudien in Puerto Rico zeigten, dass beide Verbindungen nicht nur zur Behandlung menstrualer Beschwerden verwendet werden konnten, sondern auch als Kontrazeptiva.

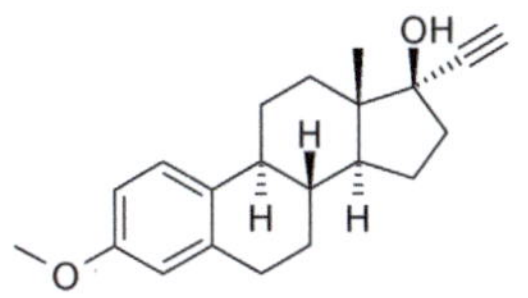

Pincus fand zufällig heraus, dass die gleichzeitige Gabe kleiner Mengen an Östrogenen die Nebenwirkung der neuen Kontrazeptiva reduzierte. Während die ersten Studien außerordentlich erfolgreich verliefen, traten bei anschließenden Untersuchungsreihen vermehrt Zwischenblutungen auf. Eine sorgfältige Analyse ergab, dass der Wirkstoff für die Studien aus unterschiedlichen Chargen stammte und die in der ersten Studie verwendete eine kleine Menge des Östrogens Mestranol enthielt. Durch diese Verunreinigung des Wirkstoffs konnte nicht nur die Zahl der Zwischenblutungen verringert, sondern auch die Sicherheit der neuen Kontrazeptiva erhöht werden.

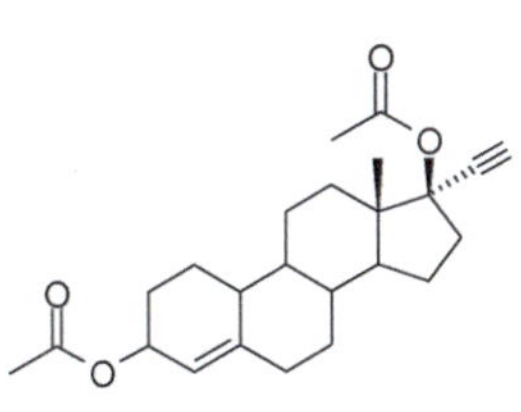

1957 erfolgte die Markteinführung von Norethynodrel als menstrualer Regulator, mit der deutlichen Warnung vor einer möglichen kontrazeptiven Nebenwirkung. Searle fürchtete die Opposition der katholischen Kirche, die sich klar gegen Geburtenkontrolle aussprach, und damit auch einen negativen Effekt auf andere Searle-Produkte. Später gelang es Pincus allerdings, Searle davon zu überzeugen einen Zulassungsantrag für hormonelle Kontrazeptiva bei der FDA (Federal Drug Administration) zu stellen. 1960 ersetzte Searle Norethynodrel durch Ethynodioldiacetat. Bemerkenswerterweise wird diese Verbindung im Körper zu Norethisteron metabolisiert.

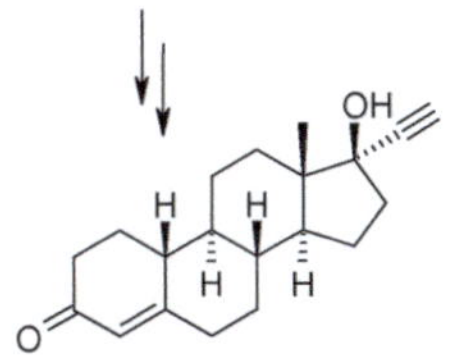

Norethisteron wurde ebenfalls Ende der 50er Jahre von Parke Davis, die eine Lizenz von Syntex erworben hatten, als menstrualer Regulator auf den Markt gebracht.

Parke Davis entschied sich ebenfalls aus politischen Überlegungen heraus gegen einen Zulassungsantrag für Norethisteron als orales Kontrazeptivum. Die Syntex-Verbindung wurde schließlich 1962 von Ortho, einer Johnson & Johnson-Tochter, als Mittel zur Empfängnisverhütung vermarktet.

6.1.7 Totalsynthesen

Der dritte bedeutende Wirkstoff in der Palette hochwirksamer oraler Verhü-
tungsmittel ist Norgestrel, das 1968 von den Wyeth Laboratories auf den Markt
gebracht wurde. Norgestrel ist ein vollsynthetischer Wirkstoff, der bei einem
enorm gestiegenen Absatz an hormonellen Kontrazeptiva die Rohstoffsituation
deutlich entspannte. Zudem war es aufgrund der Totalsynthese möglich, Struk-
turelemente einzubauen, die ausgehend von Diosgenin nur schwer zugänglich
waren. Bemerkenswert ist die Synthese noch aus einem ganz anderen Grund:
Bereits 1967 wurde eine mikrobiologische Reduktion zur stereoselektiven
Synthese eines β-Hydroxyketons benutzt. Diese ermöglichte die Herstellung
des enantiomerenreinen Wirkstoffs.

Ausgangspunkt der Synthese ist 6-Methoxy-1-tetralon das zunächst mit Vinylmagnesiumchlorid zu dem entsprechenden Vinylalkohol umgesetzt wird.
Die mit Basen oder Säure katalysierte (pTsOH, Benzol, 82 %)[42] Kondensation
mit 2-Ethylcyclopentan-1,3-dion nach Torgov[43] liefert ein seco-Dion, das mit
Saccharomyces uvarum zum β-Hydroxyketon reduziert wird.[44] Unter Ausnutzung des Mesotricks werden hierbei an C-13, einem quartären Kohlenstoff-
atom, und C-17 zwei Asymmetriezentren erzeugt, die der absoluten Konfiguration der natürlichen Steroide entsprechen. Alle nachfolgenden Reaktionen
sind stereospezifisch, sodass man letztlich aufgrund dieser mikrobiellen Reduktion enantiomerenreines Norgestrel (Levonorgestrel) erhält. Die saure Zyklisierung im Sinn einer Carbonyl-En-Reaktion führt zu einem Arylbutadiensystem,
das durch anschließende katalytische Hydrierung und einer Birch-Reduktion
reduziert wird. Der Rest der Synthese ist wohl etabliert. Oppenauer Oxidation
führt zu der Ketofunktion an C-17, Ethinylierung und Hydrolyse des Methylethers ergeben schließlich (D)-Levonorgestrel.[45]

Die hormonellen Kontrazeptiva der ersten Generation waren aufgrund fehlender Dosis/Wirkungsuntersuchungen relativ hoch dosierte Östrogen-Gestagen-
präparate. Epidemologische Studien der 60er und 70er Jahre deuteten auf
ein erhöhtes Risiko thromboembolischer Erkrankungen, insbesondere für Rau-
cherinnen, hin. Dieses Risiko korrelierte mit dem Östrogengehalt der Pille.

Im Zuge der Liberalisierung von Abtreibungen in vielen Ländern konnten in
größerem Umfang Dosis/Wirkungsuntersuchungen durchgeführt werden, wo-
nach sich die Östrogentagesdosis von 100–150 µg auf 30–35 µg ohne Verlust

an Sicherheit und Verträglichkeit senken ließ. Seit den frühen 90er Jahren haben diese niedrig dosierten Kontrazeptiva der zweiten Generation die der ersten vollständig abgelöst.

Ein wesentlicher Fortschritt wurde mit der Entwicklung selektiver Gestagene erreicht. Sorgfältige Studien ergaben, dass die ursprünglichen Gestagene zu einer Gewichtszunahme, verstärktem Auftreten von Akne und verändertem Lipidstoffwechsel führten. Ortho, Organon und Schering entwickelten daraufhin Wirkstoffe mit verbessertem Wirkungs/Nebenwirkungsprofil. Desogestrel, Levonorgestrel und Norgestimate sind Beispiele für Wirkstoffe der zweiten Generation.

Als Östrogene werden ausschließlich Mestranol und Ethinylöstradiol eingesetzt. In den 90er Jahren war Desogestrel weltweit das meist verschriebene Kontrazeptivum mit einem Umsatz von mehreren hundert Millionen Dollar. Obwohl die tägliche Dosis mit 0,15 mg Desogestrel + 0,03 mg Ethinylöstradiol gering ist, spielen die Herstellkosten mit Blick auf die Absatzmärkte in den Entwicklungsländern eine entscheidende Rolle. Die gegenwärtig technisch ausgeübte Partialsynthese geht von Diosgenin aus und beinhaltet eine kostenintensive, mikrobielle Oxidation an C-11.[47] Ist die Ethylgruppe einerseits für die 50-fach höhere Wirksamkeit von Desogestrel verantwortlich und deshalb ein unverzichtbares Strukturelement, führt sie andererseits bei Partialsynthesen zu ungeahnten Schwierigkeiten, was diese umständlich und aufwendig macht.

Corey hat jüngst eine Totalsynthese vorgeschlagen, die in 14 Stufen mit beachtlich hohen Ausbeuten zu enantiomerenreinem Desogestrel führt.[48] Diese Synthese ist eine Labormethode und noch weit entfernt von einem technischen Prozess (siehe rote Markierungen), aber sie beinhaltet interessante Syntheseschritte.

Um 1970 hatten Chemiker bei Schering (Ulrich Eder, Gerhard Sauer, Rudolf Wiechert) und etwa zur gleichen Zeit auch bei Hoffmann-La Roche (Zoltan Hajos, David Parrish), eine verbesserte Michael-Addition von 2-Ethylcyclopentan-1,3-dion[49] an Methylvinylketon gefunden. Verwendet man Wasser statt Methanol und katalytische Mengen Kaliumhydroxid, so steigt die Ausbeute von 54 auf 81 %.[50][51] In Analogie sind auch die höheren Homologe zugänglich.[52] Die Robinson-Annelierung in Gegenwart von 30 mol % Prolin führt in guten Ausbeuten zu einem bizyklischen Hydroxyketon, das nach Dehydratisierung, Kristallisation und Reduktion mit Natriumboranat das für Coreys Synthese benötigte bizyklische Keton in enantiomerenreiner Form ergibt.

Im ersten Schritt wird die Doppelbindung mit dem DIBAL/HMPT-Komplex in Gegenwart von *t*-Butylkupfer stereoselektiv hydriert. Das Reduktionsprodukt besitzt ein *trans*-verknüpftes Ringsystem. Die Einführung der Estergruppe mit Natriumhydrid/Dimethylcarbonat in einem refluxierenden THF/Hexangemisch führt mit hoher Regioselektivität zur Methoxycarbonylierung in 11-Position. Nach doppelter Deprotonierung des Enols des β-Ketoesters gelingt die stereoselektive Alkylierung in 8-Position. Die kationische Zyklisierung mit Trifluoressigsäure führt leider zur Abspaltung der TBS-Schutzgruppe, sodass anschließend die Hydroxygruppe erneut geschützt werden muss (blaue Markierung). Die Reduktion mit Lithiumaluminiumhydrid liefert den entsprechenden Alkohol, der mit Nosylhydrazin umgesetzt wird. Eine [3,3]-sigmatropen Umlagerung des allylischen Diazins führt zur Bildung der Exomethylengruppe und zur Festlegung der absoluten Konfiguration an C-9. In einer Birch-Reduktion wird der A-Ring in bekannter Weise hydriert und anschließend die TBS-Gruppe entfernt. Deoxygenierung und Dess-Martin-Oxidation sind Routineschritte. Abschließend wird die Ethinylgruppe mit Lithiumacetylid in Gegenwart von Cerchlorid stereoselektiv eingeführt. Die Gesamtausbeute beträgt 28 %.[56]

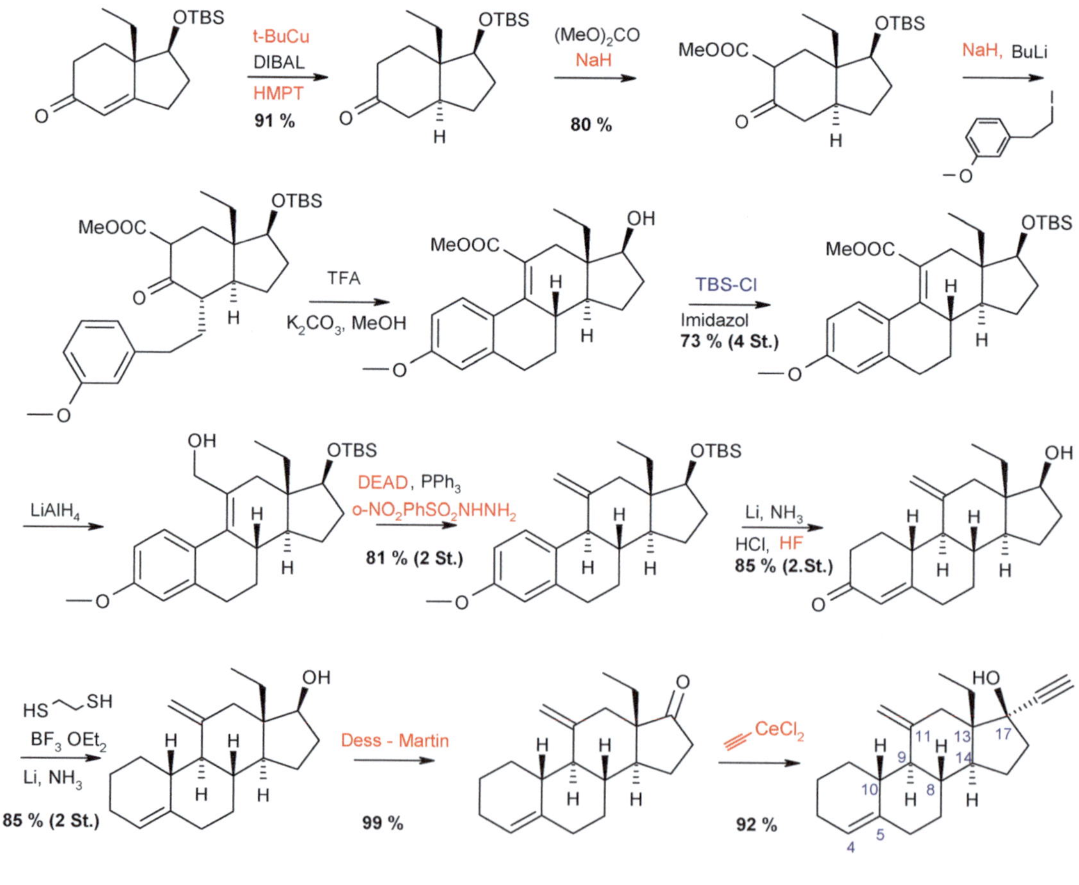

6.1.8 Die „Pille" der dritten Generation

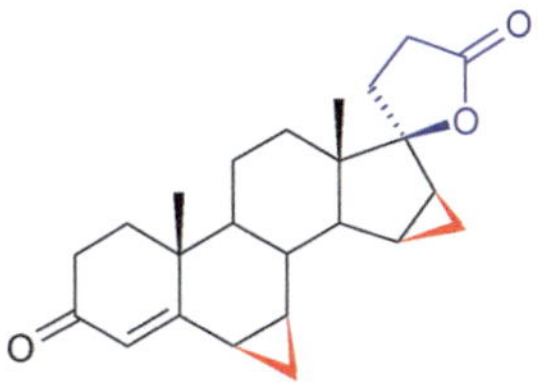

Die Pille im 21. Jahrhundert muss mehr können als nur verhüten.[57] Drospirenon ist ein Gestagen mit einem, dem natürlichen Progesteron vergleichbaren pharmakologischen Profil. Es besitzt zusätzlich aber auch antimineralokortikoide und antiandrogene Wirkungen. In klinischen Studien konnte man zeigen, dass die Kombination von Drospirenon mit Ethinylöstradiol eine sehr verlässliche kontrazeptive Wirkung und eine gute Zykluskontrolle bietet. Nach drei Zyklen sind 90 % der Anwenderinnen frei von Zwischenblutungen. Die antiandrogene Wirkung führt zu verminderten Akne- und Seborrhoebeschwerden. Die antimineralokortikoiden Eigenschaften senken die Natrium- und Wasserretention und führen so zu einer Reduzierung des Körpergewichts. Im Vergleich zu Präparaten, die Desogestrel enthalten, haben die Anwenderinnen geringere prämenstruelle Beschwerden und ein besseres Wohlbefinden. Dies erhöht deutlich die Compliance.[58] [59]

Bemerkenswert ist, dass Wiechert bereits in den 70er Jahren bei Schering Drospirenon hergestellt hatte.[60] Allerdings dauerte es rund 25 Jahre, bis das pharmakologische Potenzial umfassend erkannt und der Wirkstoff auf den Markt gebracht wurde. Chemisch gesehen handelt es sich bei Drospirenon um eine reizvolle Verbindung. Ungewöhnliche Strukturmerkmale sind die beiden Cyclopropanringe und das Spirolacton. Entgegen der bisherigen Vorstellungen gelingt es, den Ethinylrest, der das Strukturelement in praktisch allen bedeutenden Kontrazeptiva ist, durch ein Lacton zu ersetzen, ohne dass die orale Bioverfügbarkeit einbricht.

Die Synthese geht von 5-Androsten-3β-ol-17-onacetat aus, in das über wenige Schritte durch regio- und stereoselektive Bromierung und Eliminierung eine Doppelbindung in Position 15 eingeführt werden kann.[61] Nach einer Corey-Zyklopropanierung[62] wird mithilfe des Pilzes *Botryodiplodia malorum* die 7β-Position hydroxyliert.[63] Mit Pivalinsäureanhydrid gelingt es, die Hydroxygruppe in Position 3 selektiv zu verestern. Epoxidierung mit *t*-Butylhydroperoxid/VO(acac)$_2$ führt stereospezifisch zum 5β,6β-Epoxid. Anschließend setzt man mit Triphenylphosphan/Tetrachlorkohlenstoff um und reduziert mit Zink/Eisessig zum Allylalkohol. Die Simmons-Smith-Reaktion erfolgt nach Spaltung des Pivalinsäureesters stereospezifisch synfacial.[64] Der Spirolactonring wird stereoselektiv aufgebaut, durch Umsetzung mit Propargylalkohol, katalytische Hydrierung des Alkins und Ruthenium-katalysierte, oxidative Lactonisierung mit Natriumbromat. In diesem Zuge wird auch die Hydroxygruppe in Position 3 oxidiert. Den Wirkstoff erhält man schließlich durch Abspaltung von Wasser.[65] [66]

5-Androsten-3β-ol-17onacetat

Drospirenon

Schering brachte im Jahr 2000 das Kontrazeptivum *Yasmin*® auf den Markt, das 3 Milligramm Drospirenon und 30 Mikrogramm Ethinylöstradiol enthält. Im Jahr 2004 folgte *Angeliq*®, ein Medikament zur Hormonersatztherapie für Frauen in der Menopause und zur postmenopausaler Osteoporoseprävention, mit 2 Milligramm Drospirenon und 1 Milligramm Östradiol.

6.1.9 Weitere Entwicklungen

Viele neue Entwicklungen konzentrieren sich auf alternative Applikationsformen. Verfügbar sind heute neben der „Pille" auch injizierbare zwei bis drei Monate lang wirkende Progesteronpräparate. Eine andere Form stellen Implantate unter der Haut dar. Deren Wirkungsdauer beträgt bis zu 5 Jahre. Als weitere Darreichungsform wurden Vaginalringe entwickelt. Hierbei liegt der Vorteil darin, dass der hepatische Metabolismus umgangen wird und daher auch Wirkstoffe eingesetzt werden können, die im Darm schlecht resorbierbar sind oder in der Leber zu rasch verstoffwechselt werden. Kontrazeptive Impfungen könnten das Prinzip der immunologisch bedingten Infertilität nutzen. Spermiumspezifische Antikörper können die Wechselwirkung des Spermiums möglicherweise mit der Eizelle so verändern, dass dieses nicht mehr eindringen kann und die Befruchtung abgebrochen wird.[67]

Schließlich ist auch die Kontrolle der männlichen Fertilität ein wichtiger Ansatzpunkt. Das ideale Kontrazeptivum würde Azoospermie (das Fehlen reifer Samenzellen im Ejakulat) hervorrufen, ohne die Libido und sexuelle Potenz des Mannes zu beeinflussen. Die besten Aussichten auf Erfolg haben derzeit GnRH-Antagonisten in Kombination mit Testosteron. Hierdurch kommt es zu einer wirkungsvollen Gonadotropinsuppression und letztlich zu Azoospermie.

6.1.10 Schlussbemerkung

Es besteht nach wie vor ein großer Bedarf an preiswerten, leicht applizierbaren und lang wirksamen Kontrazeptiva. Ein Blockbuster ist auf diesem Gebiet jedoch nicht mehr zu erwarten. Die großen forschenden Pharmafirmen konzentrieren sich auf typische Krankheiten der geriatrischen Gesellschaften in Japan, Nordamerika und Europa. Die armen pediatrischen Gesellschaften in Südamerika, Afrika und Asien finden nur geringes Interesse.[68] Im Rückblick auf mehrere Jahrzehnte Erfahrung mit der „Pille" muss man resignierend feststellen, dass sie die Lebensqualität in den reichen Ländern gesteigert hat, wir können jederzeit Sex ohne Nachwuchs haben, dass sie aber nicht dazu beigetragen hat, in den armen Ländern die Geburtenrate signifikant zu senken.

Zusammenfassung in Stichpunkten

- Hormonelle Kontrazeptiva zählen zu den sichersten Verhütungsmitteln. Sie täuschen eine Schwangerschaft vor und verhindern den Eisprung.
- Die Steroide sind Folgeprodukte des Terpenstoffwechsels. Zentrales Intermediat ist Cholesterol.
- Die ersten hormonellen Kontrazeptiva wurden durch Partialsynthese ausgehend vom Diosgenin aus der Jamswurzel hergestellt.
- Struktur/Wirkungsuntersuchungen ebneten alsbald auch den Weg für totalsynthetische Wirkstoffe.

Literatur

[1] Ullmann's Encyclopedia of Industrial Chemistry, Sixth Edition, 1999, Electronic Release, Contraception.

[2] Encyclopaedia Britannica, birth control.

[3] E. Mutschler, Arzneimittelwirkungen, Wissenschaftliche Verlagsgesellschaft mbH, Stuttgart, 6. Auflage, 1991, 281.

[4] D. Voet, J. G. Voet, Biochemie, VCH Weinheim, 1994, 1170.

[5] P. Nuhn, Naturstoffchemie, S. Hirzel Wissenschaftliche Verlagsgesellschaft, Stuttgart, 1990, 498.

[6] E. J. Corey, G. Luo, L. S. Lin, J. Am. Chem. Soc. **119** (1997) 9927.

[7] E. J. Corey, G. Luo, L. S. Lin, Angew. Chem. **110** (1998) 1147.

[8] I. Abe, Chem. Rev. **93** (1993) 2189 (Review Squalen-Cyclisierung).

[9] M. M. Meyer, M. J. R. Segura, W. K. Wilson, S. P. T. Matsuda, Angew. Chem. **112** (2000) 4256.

[10] H. Wolff, C. Kunte, Pharm. in unserer Zeit **29** (2000) 153.

[11] G.-j. Fan, W. Mar, M. K. Park, E. W. Choi, K. Kim, S. Kim, Bioorg. Med. Chem. Lett. **11** (2001) 2361.

[12] U, Meyer, Pharm. in unserer Zeit **33** (2004) 352.

[13] A. Butenandt, Hoppe-Seyler's Z. physiol. Chem. **191** (1929) 727.

[14] A. Butenandt, U. Westphal, W. Holweg, Hoppe-Seyler's Z. physiol. Chem. **227** (1934) 84; A. Butenandt, Wiener Klein. Wochenschr. **30** (1934) 934.

[15] K. H. Slotta, H. Ruschig, E. Fels, Ber. Dtsch. Chem. Ges. **67** (1934) 1270.

[16] W. M. Allen, O. Wintersteiner, Science **80** (1934) 190; O. Wintersteiner, W. M. Allen, J. Biol. Chem. **107** (1934) 321.

[17] M. Hartmann, A. Wettstein, Helv. Chim. Acta **17** (1934) 1365.

[18] K. David, E. Dingemanse, J. Freud, E. Laqueur, Hoppe-Seyler's Z. physiol. Chem. **233** (1935) 281.

[19] S. H. Pines, Org. Proc. Res. Dev. **8** (2004) 708.

[20] C. Djerassi, Science 84, **5** (1984) 127.

[21] R. M. Roberts, Serendipity, J. Wiley Inc., New York, 1989, 128.

[22] L. Haberlandt, Münch. Med. Wochenschr. **68** (1921) 1577.

[23] A. Goswami, R. Kotoky, R. C. Rastogi, A. C. Ghosh, Org. Proc. Res. Dev. **7** (2003) 306 (Spaltung mit Kaliumpermangant).

[24] H. H. Inhoffen, Naturwissenschaften **25** (1937) 125.

[25] H. H. Inhoffen, Schering AG US 2 361 847 (1941).

[26] H. L. Dryden, G. M. Webber, J. Weiczorek, J. Am. Chem. Soc. **86** (1964) 742.

[27] V. I. Mel'nikova, K. K. Pivnitsky, Zh. Org. Khim. **8** (1972) 68.

[28] L. L. Vasiljeva, P. M. Demin, D. M. Kochov, M. A. Lapitskaya, K. K. Pivnitsky, Russ. Chem. Bull. **48** (1999) 593.

[29] A. J. Birch, J. Chem. Soc. (1950) 367; H. Pellissier, M. Santelli, Org. Prep. Proc. Int. **34** (2002) 609.

[30] J. March, Advanced Organic Chemistry, Wiley, New York, 1992, 781; H. R. Christen, Organische Chemie, Sauerländer, Diesterweg, Salle, Frankfurt, 1970, 419.

[31] C. Djerassi, L. Miramontes, G. Rosenkranz, F. Sondheimer, J. Am. Chem. Soc. **76** (1954) 4092.

[32] F. B. Colton, L. N. Nysted, B. Riegel, A. L. Raymond, J. Am. Chem. Soc. **79** (1957) 1123.

[33] F. B. Colton, Searle, US 2 655 518 (1952).

[34] H. Ueberwasser, K. Heusler, J. Kalvoda, Ch. Meystre, P. Wieland, G. Anner, A. Wettstein, Helv. Chim. Acta **46** (1963) 344.

[35] T. B. Windholz, M. Windholz, Angew. Chem. **76** (1964) 249.

[36] C. Meystre, K. Heusler, J. Kalvoda, P. Wieland, G. Anner, A. Wettstein, Experimentia **17** (1961) 475.

[37] D. H. R. Barton, J. Chem. Soc. (1953) 1027.

[38] D. H. R. Barton, Expermentia **6** (1950) 316.

[39] A. Bowers, L. C. Ibanez, M. E. Cabezas, H. J. Ringold, Chem. Ind. (1960) 1299.

40 A. Bowers, E. Denot, L. C. Ibanez, M. E. Cabezas, H. J. Ringold, J. Org. Chem. **27** (1962) 1862.

41 J. March, Advanced Organic Chemistry, J. Wiley, New York, 4. Ed., 1992, 704, 1153.

42 S. N. Ananchenko, T. Jeng-o, I.V. Torgov, Bull. Acad. Sci. USSR, Abt. chem. Wiss. (1962) 298, engl. Fassung 275.

43 S. N. Ananchenko, I. V. Torgov, Ber. Akad. Wiss. USSR **127** (1959) 553.

44 K. Fuhshuku, N. Funa, T. Akeboshi, H. Ohta, H. Hosomi, S. Ohba, T. Sugai, J. Org. Chem. **65** (2000) 129 (kinetische Resolution des Wieland-Miescher-Ketons).

45 C. Rufer, H. Kosmol, E. Schröder, K. Kieslich, H. Gibian, Liebigs Ann. Chem. **702** (1967) 141.

46 Tetrahedron **18** (1962) 1355; Bull. Acad. Sci. USSR, Abt. chem. Wiss. (1962) 465, engl. Fassung 431.

47 M. J. van den Heuvel, C. W. Bokhoven, H. P. de Jongh, F. J. Zeelen, Recl. Trav. Chim. Pay-Bas **107** (1988) 331.

48 E. J. Corey, A. X. Huang, J. Am. Chem. Soc. **121** (1999) 710.

49 H. Schick, G. Lehmann, G. Hilgetag, Chem. Ber. **102** (1969) 3238.

50 U. Eder, G. Sauer, R. Wiechert, Angew. Chem. **83** (1971) 492.

51 Z. G. Hajos, D. R. Parrish, J. Org. Chem. **39** (1974) 1612.

52 Z. G. Hajos, D. R. Parrish, J. Org. Chem. **39** (1974) 1615.

53 A. Berkessel, H. Gröger, Asymmetric Organocatalysis, Wiley-VCH, Weinheim, 2005.

54 P. I. Dalko, L. Moisan, Angew. Chem. **116** (2004) 5248.

55 W. Notz, F. Tanaka, C. F. Barbas III, Acc. Chem. Res. **37** (2004) 580.

56 F. Damkaci, B. B. Jarvis, Chemtracts-Organic Chemistry **12** (1999) 1013.

57 E. Boschitsch, Speculum – Zeitschrift für Gynäkologie und Geburtshilfe **20** (2002) 34.

58 Presseinfomation Schering, Pharm. in unserer Zeit **33** (2004) 416.

59 I. H. Thorneycroft, Europ. J. Contracept. Reproduct. Health Care **7** (2002) 13.

60 R. Wiechert, D. Bittler, U. Kerb. J. Casals-Stenzel, W. Losert, DE 2652761 (1976).

61 D. Liu, L. M. Stuhmiller, T. C. McMorris, J. Chem. Soc., Perkin Trans. 1 (1988) 2161.

62 O. Schmidt, K. Prezewowsky, R. Wiechert, DE 1593500 (1966).

63 K. Petzoldt, R. Wiechert, H. Laurent, K. Nickisch, D. Bittler, DE 3042136 (1980).

64 D. Bittler, H. Hofmeister, H. Laurent, K. Nickisch, R. Nickolson, K. Petzoldt, R. Wiechert, Angew. Chem. **94** (1982) 718.

65 J.-T. Mohr, K. Nickisch, DE 19633685 (1996).

66 P. Norman, J. Castaner, R. M. Castaner, Drugs Future **25** (2000) 1247.

67 A. Maelicke, Nachr. Chem. Tech. Lab. **36** (1988) 1328.

68 C. Djerassi, Science **272** (1996) 1857.

6.2 Thyroxin

1802 publizierte François Fodéré eine Abhandlung, die sich mit dem gemeinsamen Auftreten von Kropf (Struma) und Kretinismus im Aostatal und dem Wallis beschäftigte.[1] Er sammelte systematisch Informationen über die Sitten und Gebräuche der Region, deren Vegetation und Mineralien und über die Volksmedizin. Fodéré glaubte, Kretinismus sei eine Erbkrankheit.

Der schottische Arzt Allan Burns (1781–1813) konnte erstmals zwischen Schilddrüsenkrebs und Kropf unterscheiden. 1830 fand man einen Zusammenhang zwischen den Erkrankungen der Schilddrüse (Abb. 6.11), bestimmten Herzleiden und Augenerkrankungen. 1835 erkannte Robert Graves, dass ein beschleunigter Herzschlag die Folge einer Schilddrüsenhypertrophie sein kann. Fünf Jahre später berichtete der Merseburger Arzt Karl von Basedow von vier Fällen mit Schilddrüsenüberfunktion (Hyperthyreose). Die charakteristischen Symptome sind Herzjagen, hervortretendes Glanzauge (Exophthalmus) und Kropf. Trotz vieler Erklärungsversuche blieb die Ursache dieses Krankheitsbildes bis zum Ende des 19. Jahrhunderts im Dunkeln.

Das Verständnis des Kretinismus, wurde durch verbesserte Möglichkeiten der Anästhesie ebenso begünstigt, wie durch den, gegen Ende der 70er Jahre des 19. Jahrhunderts, auf Autopsien gestützten Erkenntniszuwachs in der anatomischen Pathologie. Bei Kindern wie bei Erwachsenen vermutete man einen Zusammenhang zwischen atrophierter oder fehlender Schilddrüse und dem Auftreten von Kretinismus. Ärzte entfernten den Kropf bei Patienten mit Schilddrüsenüberfunktion, trotz der damit verbundenen hohen Infektionsgefahr, und stellten fest, dass diese nachfolgend an Symptomen des Kretinismus litten. Im Laufe der Zeit wurde klar, dass eine Unterfunktion der Schilddrüse (Hypothyreose) bei Kindern zu Kretinismus führt. Deren körperliche und geistige Entwicklung ist dadurch schwer gestört. William Ord (1834–1902) führte den Begriff Myxödem für die Erkrankung ein, wenn Hypothyreose erst im Erwachsenenleben auftritt. Die Erkrankten sind träge und müde, ihr Herz schlägt langsam, sie frieren, das Gesicht ist verdickt und aufgeschwollen (ödematös), die Lidspalten sind verengt und die Augenbewegungen ebenso langsam wie die gesamte Mimik.

1896 entdeckte Eugen Baumann (1846–1896) den hohen Iodgehalt der Schilddrüse. Adolphe Chatin (1813–1901) erkannte den Zusammenhang zwischen dem Iodidgehalt im Trinkwasser und der Häufigkeit des Auftretens von Kretinismus. Der menschliche Körper enthält etwa 10–30 mg Iod, das sich zu 99 % in der Schilddrüse befindet. Das mit der Nahrung aufgenommene Iodid (empfohlene Menge: 0,15–0,2 mg/Tag) dient zur Iodierung von Tyrosin.

6.2.1 Entdeckungsgeschichte

Edward Kendall (1886–1972) isolierte als erster 1915 Thyroxin aus der Schilddrüse. Er gewann aus 3 000 Kilogramm Schilddrüsen durch alkalische Hydrolyse 33 Gramm reines Thyroxin. Sir Charles R. Harington (1897–1972) klärte 1926/27 die Struktur von Thyroxin auf. 1950 entdeckten gleichzeitig Rosalind Pitt-Rivers und Jean Roche das im Vergleich zu Thyroxin fünfmal wirksamere 3,3',5-Triiodthyronin (Abb. 6.12).

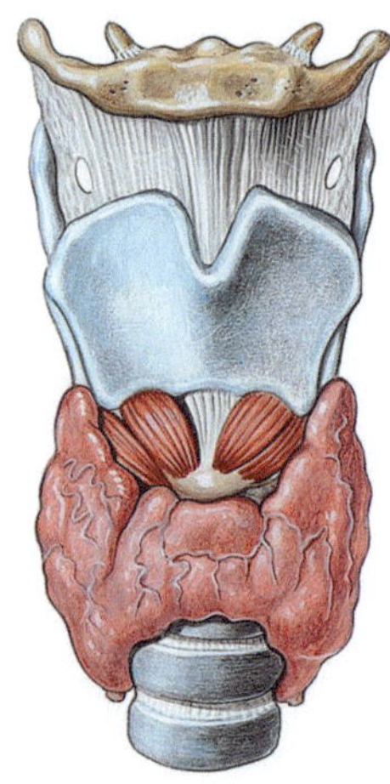

6.11 *Die Schilddrüse (lat. Glandula thyreoidea) ist ein 20–60 Gramm schweres Organ, das im Hals unterhalb des Kehlkopfs liegt und die Luftröhre schmetterlingsförmig mit zwei Lappen umgibt.*

Winterschläfer reduzieren 🛈 ihren Grundumsatz durch Absenken des Thyroxinspiegels. Entsprechend kann man den Winterschlaf von Tieren unterbrechen, wenn man ihnen Schilddrüsenhormone injiziert.

In Deutschland gibt es 🛈 ein deutliches Süd-Nord-Gefälle hinsichtlich der Häufigkeit von Schilddrüsenvergrößerungen.

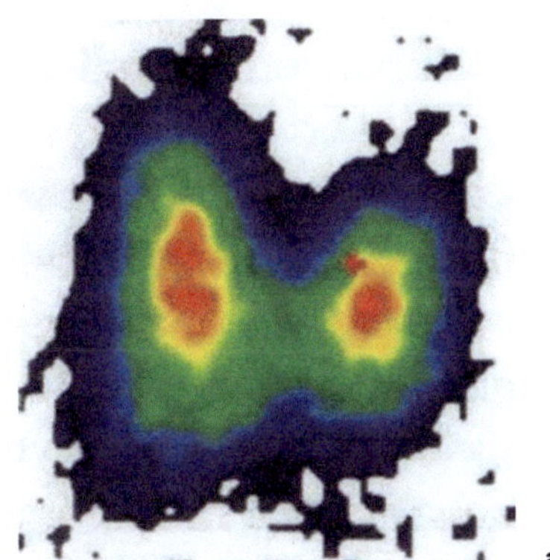

Thyroxin

3,3',5-Triiodthyronin

6.12 *Hormone der Schild-drüse.*

Nachdem 1934 Enrico Fermi das erste radioaktive Isotop von Iod, I^{128}, beschrieben hatte, wurde es möglich, Aufschluss über die Biosynthese des Thyroxins zu erlangen. Durch Autoradiographie konnte man zum ersten Mal auch Krebserkrankungen der Schilddrüse erkennen und nachfolgend radiolytisch behandeln (Abb. 6.13a und b).

[i] Traurige Bekanntheit erlangte radioaktives Iod durch den Reaktorunfall von Tschernobyl 1986, als sich in der Folge die Inzidenz von Schilddrüsenkarzinomen bei Kleinkindern um den Faktor 10–30 erhöhte. Man geht heute davon aus, dass viele dieser Erkrankungen durch prophylaktische Verabreichung von Iodid hätten verhindert werden können.

a   b

6.13 *a) Szintigramm der Schilddrüse. b) Enrico Fermi (1901–1954) gelang am 2. Dezember 1942 die erste nukleare Kettenreaktion mit einer Apparatur, die man unter der Tribüne des Stagg-Field-Stadions in Chicago aufgebaut hatte.*

6.2.2 Physiologie

In den Folikeln des Schilddrüsengewebes wird Iod zum überwiegenden Teil als Thyroxin und nur im untergeordneten Maß als 3,3',5-Triiodthyronin gespeichert (Abb. 6.14).[2] Das an ein Protein (Thyroglobin, 660 kD) gebundene Hormon wird bei Bedarf nach Stimulation durch Thyroliberin und Thyrotropin (Glycoprotein, 26–30 kD) enzymatisch proteolysiert und in die Blutbahn abgegeben (Abb. 6.15). Im Blut bindet Thyroxin an das thyroxinbindende α-Globin, Präalbumin und Albumin.

Thyroliberin

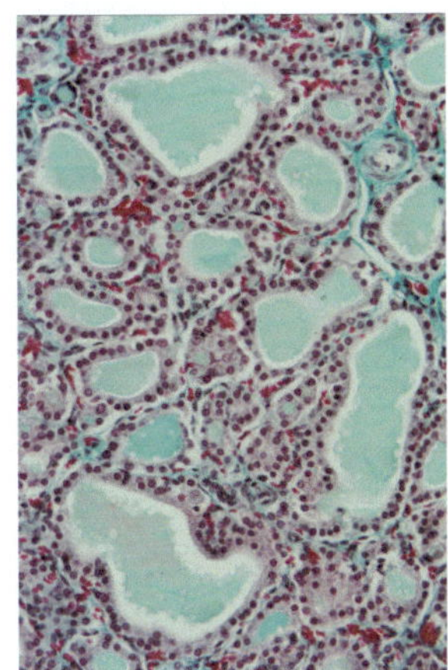

6.14 *Mikroskopie der Schilddrüse des Menschen. Das Gewebe besteht aus Epithel-ausgekleideten Bläschen (Follikeln), die eine Speicherform (Kolloid) der Schilddrüsenhormone enthalten.*

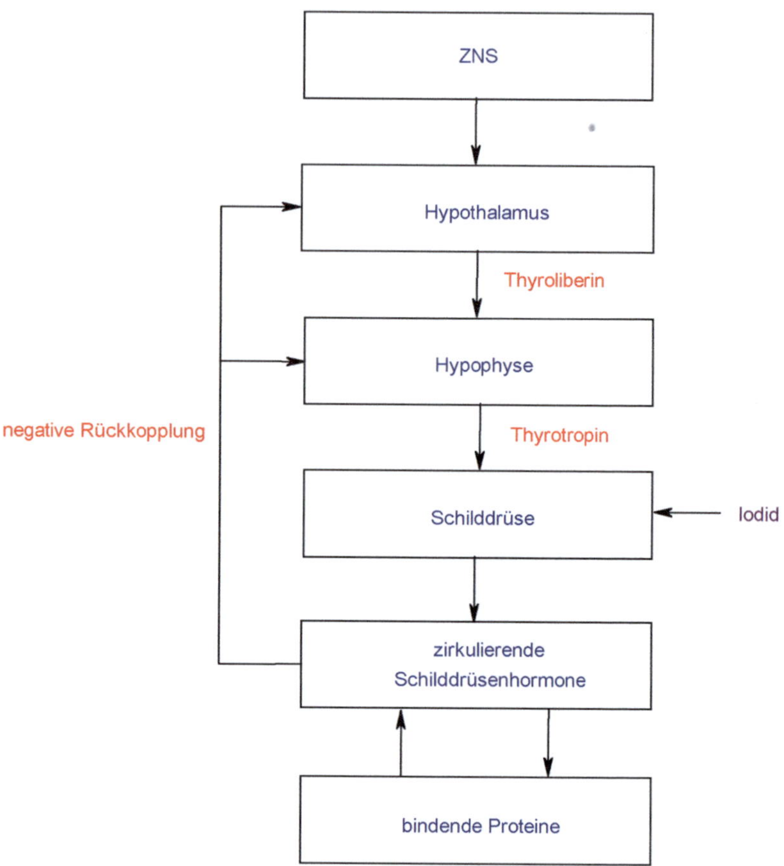

6.15 *Steuerung der Schild-*
drüsensekretion.

Die biologische Wirk- samkeit des Thyroxins ist mit 1,3 µg/kg enorm hoch. Entsprechend großen Aufwand verlangt der Arbeitsschutz bei der Handhabung dieses Wirkstoffs. Im Vergleich hierzu liegen die toxischen Dosen einiger bekannter Giftstoffe deutlich höher. Der LD_{50}-Wert von Tetrodotoxin (Kugelfisch) liegt bei 10 µg/kg, von Dioxin bei 22 µg/kg, von Soman bei 80 µg/kg und von KCN bei 10 000 µg/kg. Der LD_{50}-Wert von Thyroxin liegt bei 20 000 µg/kg.

Die Schilddrüsenhormone regen den Stoffwechsel an. Sie erhöhen das Herzminutenvolumen und die Erregbarkeit des Nervensystems. Bei Kindern wird die Reifung der Hirnrinde, des Skeletts, der Muskulatur und der Geschlechtsorgane stimuliert. Beide Hormone sind nur im nichtproteingebundenen Zustand aktiv. Freies Thyroxin und 3,3',5-Triiodthyronin binden an Rezeptoren im Zellkern und in den Mitochondrien, wo sie die Proteinsynthese und die Adenosintriphosphatproduktion aktivieren.

Die tägliche Sekretionsrate wird auf etwa 90 µg Thyroxin und 10 µg 3,3',5-Triiodthyronin geschätzt. Die Leber und die Nieren desiodieren Thyroxin zu 3,3',5-Triiodthyronin.

Der Abbau der Schilddrüsenhormone erfolgt in Leber und Niere durch Desaminierung, Decarboxylierung oder Konjungation, besonders aber durch Desiodierung, wobei etwa 20 % des freiwerdenden Iodids erneut zur Synthese von Thyroxin verwendet werden. Die biologische Halbwertszeit des Thyroxins beträgt etwa 190 Stunden, die von 3,3',5-Triiodthyronin 19 Stunden. Rund 15 % der Schilddrüsenhormone werden mit dem Stuhl und nur sehr geringe Mengen mit dem Urin ausgeschieden.

6.2.3 Struktur/Wirkungsbeziehung

Auf der Suche nach Mimetika der Schilddrüsenhormone wurden über hundert analoge Substanzen hergestellt und die strukturellen Erfordernisse für eine thyroxinartige Aktivität untersucht (Abb. 6.16 und Tab. 6.1).

Tabelle 6.1 *Struktur/Wirkungsbeziehungen der Thyroxinmimetika*

R	R′	Relative Bindungsaffinität
I	H	1
i-Pr	H	0,89
s-Bu	H	0,78
i-Pr	Cl	0,53
n-Pr	H	0,24
i-Pr	Br	0,22
Br	H	0,16
I	I	0,14
i-Pr	I	0,12
t-Bu	H	0,08
Br	Br	0,05
Cl	H	0,04
Cl	Cl	0,04
Me	H	0,03
F	H	0,02
i-Pr	i-Pr	0,01

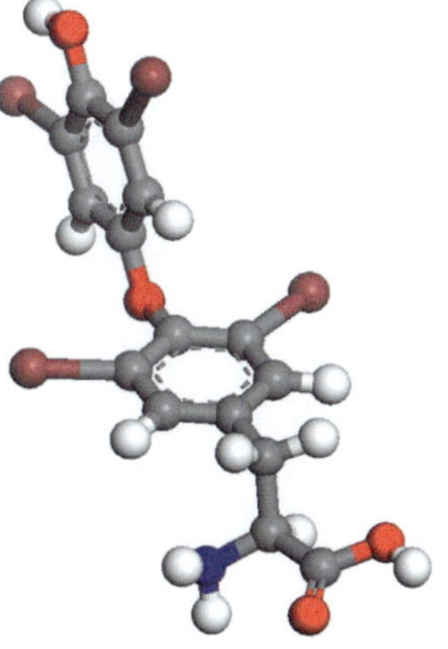

6.16 *Struktur/Wirkungsbeziehungen der Thyroxinmimetika.*

Wichtig für die Wirkung der Schilddrüsenhormone und deren Mimetika sind:

- Zwei aromatische Ringe, die elektronisch voneinander isoliert sind. Als verknüpfende Atome können Sauerstoff, Schwefel oder Kohlenstoff dienen. Der Winkel sollte 120 ° betragen.
- Als Reste in 3- und 5-Position können Alkyl oder Halogen stehen. Sie sollten jedoch sterisch anspruchsvoll sein, um die beiden Aromaten orthogonal zueinander auszurichten.
- Die Position 1 sollte eine saure Funktion tragen, die vom Ringsystem etwa zwei bis drei C-Atome entfernt ist. Der (*L*)-Alaninylrest reduziert zwar die Bindungsaffinität, verstärkt aber die *in vivo*-Aktivität durch geringeren Metabolismus und verminderte Ausscheidungsrate.
- Isosterische Reste wie NH_2 in 4'-Position senken die Aktivität. Reste, die nicht zu OH metabolisiert werden, führen zu inaktiven Verbindungen.

- Wenigstens ein lipophiler Rest sollte *ortho* zu 4' stehen, z. B. eine Isopropylgruppe. Die beiden Atropisomere besitzen unterschiedliche biologische Wirkung. In der Regel ist die Affinität des Isomeren mit distaler (entfernter) Konformation höher als mit proximaler.

6.2.4 Biosynthese

Obwohl die Biosynthese der Schilddrüsenhormone seit mehr als 50 Jahren untersucht wird, verstehen wir nach wie vor wesentliche Schritte nur unvollständig. Einigkeit besteht darin, dass Iodid durch Peroxidasen in eine Form aufoxidiert wird, die Tyrosin zweifach iodiert. Ferner, dass Thyroxin in einer oxidativen Kupplung inter- oder intramolekular[3][4] aus zwei 3,5-Diiodtyrosineinheiten über einen radikalischen[5][6] oder ionischen Mechanismus gebildet wird. Aufgrund massenspektroskopischer Untersuchungen (ESI-MS) an einem Nonapeptid konnte Charles Sih Aminomalonsemialdehyd als C3-Fragment nachweisen. Hierzu postuliert er folgenden Mechanismus:

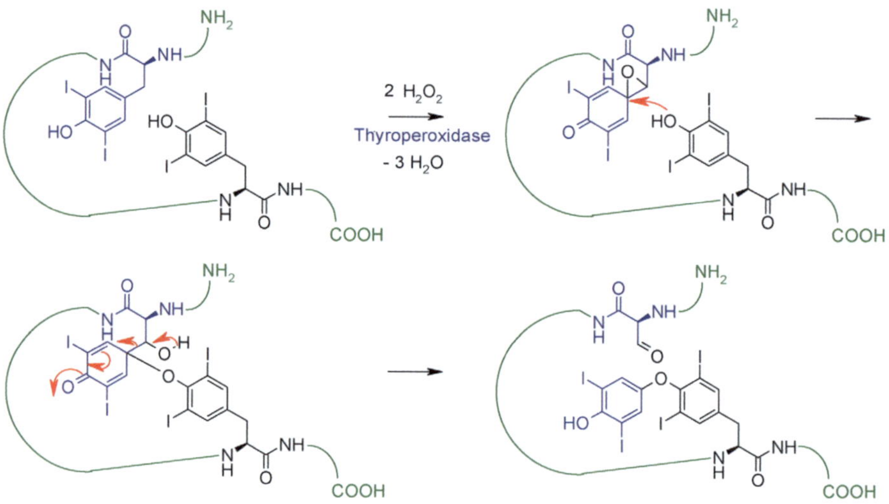

6.2.5 Hyperthyreose

Zur Behandlung der Schilddrüsenüberfunktion gibt es eine Reihe von Behandlungsmöglichkeiten:

- Chirurgische Entfernung von Teilen der Schilddrüse (heiße Knoten bzw. Tumorgewebe)
- Zerstörung von Schilddrüsengewebe durch radioaktives Iod (^{131}I, β-Strahlung)
- Blockierung der Biosynthese von Thyroxin mit Thionamiden
- Hemmung der Thyroxinfreisetzung mit Lithiumpräparaten
- Inhibierung der peripheren Deiodierung von Thyroxin zu dem aktiveren 3,3',5-Triiodthyronin mit Thiouracilen

- Vermehrte Ausscheidung durch Verdrängung der Schilddrüsenhormone von den Serumproteinen
- Kompetitive Antagonisten zur Blockierung der von Schilddrüsenhormonen ausgelösten Signale auf Rezeptorebene

Neben der Chirurgie ist die Blockierung der Biosynthese der Schilddrüsenhormone von besonderem Interesse. Es sind einige Hundert Thionamide bekannt, deren Wirkmechanismus auf einer Hemmung der für Iodierung und Kupplung der Tyrosinreste erforderlichen Peroxidase beruht. Allerdings sind nur wenige solcher Präparate zugelassen und im klinischen Gebrauch. Die Synthese dieser Wirkstoffe erfolgt über konventionelle Heterozyklenchemie.

Problematisch bei Propylthiouracil ist dessen kurze Plasmahalbwertszeit. Das entsprechende Glucuronid wird sehr rasch über den Harn ausgeschieden. Da Mercaptomethylimidazol einen bitteren Geschmack besitzt, bevorzugt man eher ein Prodrug, in Form des entsprechenden Ethylcarbamats.

6.2.6 Technische Synthese

Vor der synthetischen Herstellung von Thyroxin behandelte man Hypothyreose mit Extrakten aus gefriergetrockneten tierischen Schilddrüsen. Die Standardisierung war jedoch nicht einfach. Daher kam es bei der Behandlung gelegentlich zu schwerwiegenden Nebenwirkungen. Die technische Produktion des reinen Hormons begann vor etwa 50 Jahren. Die Herausforderung bei der Synthese von Thyroxin besteht in der Bildung des Diphenylethers und der Iodierung der Aromaten.

Die erste der hier beschriebenen Methoden zur Herstellung von Thyroxin ist die so genannte Glaxo-Synthese.[7] Als Ausgangsmaterial dient (*L*)-Tyrosin. Nitrierung und Schützen der Aminosäurefunktion führt zu einer wichtigen Zwischenverbindung. Die Umsetzung der phenolischen Hydroxygruppe mit Tosylchlorid und Pyridin liefert aufgrund der aktivierenden Nitrogruppen ein Pyridiniumsalz, das einer nukleophilen Substitution durch *p*-Hydroxyanisol zugänglich ist. *p*-Toluolsulfonsäurechlorid kann vorteilhaft durch Methansulfonsäurechlorid ersetzt werden. Die Nitrogruppen werden anschließend reduziert und in einer Sandmayer-Reaktion durch Iod ersetzt. Nach der Abspaltung der Schutzgruppen wird in 3' und wahlweise in 5' iodiert. Die Ausbeute über alle Stufen beträgt 26 %.

Vorteilhaft bei dieser Synthese ist, dass sie beide Hormone in reiner Form ergibt. Der modulare Aufbau des Diphenylethers ermöglicht es zudem, beliebige Reste in 3'- und 5'-Position einzuführen, was für die Erstellung von Struktur/Wirkungsbeziehungen außerordentlich hilfreich ist.

Eine wesentliche Vereinfachung der Synthese geht auf Arbeiten von G. Hillmann zurück.[9] 3,5-Diiodtyrosin kann direkt mit dem 4,4'-Dimethoxyphenyliodoniumsalz[10][11] verethert werden. Nach der sauren Abspaltung der Schutzgruppen wird mit N-Iodacetamid iodiert.

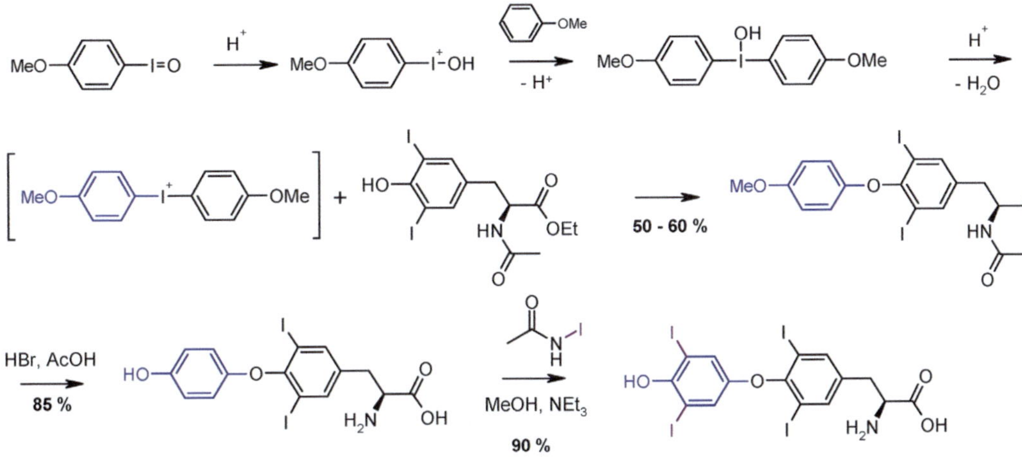

1997 publizierte C. J. Sih eine interessante Kopplungsreaktion der beiden aromatischen Systeme.[12] 4-Hydroxy-3,5-diiodbenzaldehyd kann mit Natriumboranat zu dem entsprechenden Benzylalkohol reduziert werden. Oxidation mit Natriumwismutat liefert ein chinoides Oxiran (leider nur in einer Ausbeute von 37 %), das in einer glatten Reaktion mit Diiodtyrosin unter Abspaltung von Formaldehyd zu Thyroxin umgesetzt werden kann.

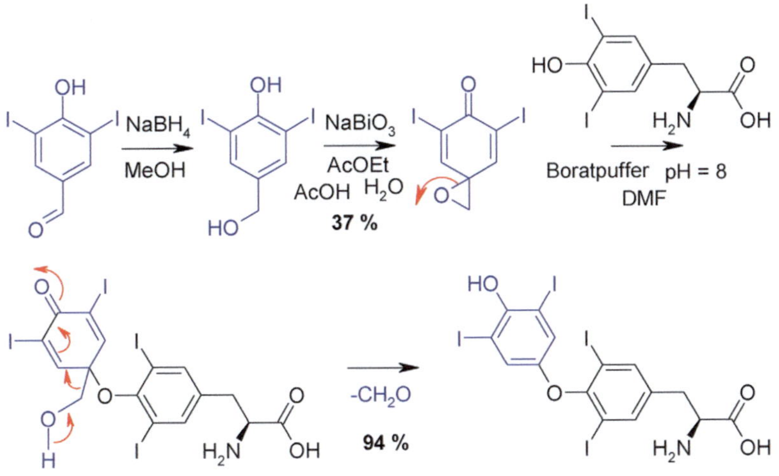

> **i** Iodoniumsalze sind hervorragende Arylierungsreagenzien, die in der Regel nukleophile Substitutionen eingehen. Ihre Reaktivität ist vergleichbar mit der einer Diazoniumgruppe. Carboxylate führen zu Arylestern, Alkoholate und Phenolate zu Ethern. Mercaptane reagieren analog. Sulfit ergibt Sulfonsäuren und Sulfinate werden zu Sulfonen umgesetzt. Die Reaktion mit Nitrit führt zu Nitroverbindungen. Amine ergeben Arylamine. Aus der Umsetzung mit Cyanid erhält man Arylnitrile. Auch die Reaktion mit Lithiumorganylen oder Grignard-Verbindungen führt zur Knüpfung von C-C-Bindungen. Die Umsetzung mit Lithiumaluminiumhydrid entfernt die Funktionalität.[8]

Eine der beeindruckendsten und ungewöhnlichsten Naturstoffsynthesen der chemischen Industrie ist die biomimetische Oxidation von 3,5-Diiodtyrosin. Aufgrund der extrem hohen Aktivität des Hormons ist die Wertschöpfung beachtlich, sodass die Ausbeuten und damit die Herstellkosten nur eine untergeordnete Rolle spielen.

$$5\ NaI\ +\ NaIO_3\ +\ 6\ AcOH\ \longrightarrow\ 3\ I_2\ +\ 3\ H_2O\ +\ 6\ AcONa$$

$$Na_2S_2O_5\ +\ 2\ I_2\ +\ 3\ H_2O\ \longrightarrow\ 2\ NaHSO_4\ +\ 4\ HI$$

In der technischen Synthese wird N-Acetyl-3,5-diiodtyrosinethylester in wässrigem Ethanol bei 60–65 °C mit Sauerstoff in Gegenwart katalytischer Mengen von Mangan(II)sulfat bei einem pH-Wert von 9,2–9,4 über einen Zeitraum von 20 Stunden oxidiert. Für die Reaktion ist eine leicht erhöhte Temperatur notwendig. Sauerstoffüberdruck beschleunigt die Reaktion. Der Kontrollversuch ohne Mangansulfat liefert ebenfalls das Produkt, allerdings in schlechter Ausbeute. Ohne Sauerstoff findet keine Reaktion statt, weder im Sinn einer Redoxreaktion von Diiodtyrosin noch im Sinn einer Oxidation mit stöchiometrischen Mengen von 3- oder 4-wertigen Mangansalzen (Tab. 6.2).

In Anlehnung an einen auch für die Biosynthese diskutierten Mechanismus oxidiert Sauerstoff das Phenolat zu einem Phenoxyradikal, das sich sehr rasch mit einem weiteren Phenolat zu einem Radikalanion umsetzt. Das primär gebildete Radikalanion enthält anfänglich das ungepaarte Elektron in einem antibindenden $C\text{-}O\text{-}\sigma^*$-Molekülorbital. Durch rasche Umorganisation der Orbitale stabilisiert sich das Radikalanion, sodass sich das ungepaarte Elektron anschließend in einem π^*-Orbital befindet. Im zweiten Oxidationsschritt wird dann das Elektron an Sauerstoff abgegeben. Die Aromatisierung ist Triebkraft für die nachfolgende Fragmentierung. Da das C_3-Fragment nicht eindeutig charakterisiert wurde, bleibt der Mechanismus bis heute nicht vollständig verstanden.[13]

Tabelle 6.2 *Optimierungsversuche zur oxidativen Kupplung*

Katalysator	O₂ od. N₂	Druck	Temperatur	Zeit	Produkt
$MnSO_4$	O_2	5 bar	25 °C	48 h	1 %
$MnSO_4$	O_2	Atmos.	Rückfluss	48 h	22 %
$MnSO_4$	O_2	5 bar	60–70 °C	20 h	28 %
–	O_2	5 bar	Rückfluss	48 h	16 %
$MnSO_4$	N_2	5 bar	Rückfluss	48 h	0 %
1 Äq. MnO_2	N_2	Atmos.	Rückfluss	48 h	0 %
1 Äq. $Mn(OAc)_3$	N_2	Atmos.	Rückfluss	48 h	0 %

Nach Hydrolyse der Schutzgruppen wird die freie Aminosäure mit Soda in das Natriumsalz überführt, das eine bessere Bioverfügbarkeit hat. Im Marktprodukt liegt der Wirkstoff als Pentahydrat vor (Abb. 6.17).

Zusammenfassung in Stichpunkten

- Schilddrüsenüberfunktion und -unterfunktion können zu schwerwiegenden Krankheitsbildern führen.
- Die von der Schilddrüse produzierten Hormone sind Thyroxin und das fünfmal wirksamere 3,3',5-Triiodthyronin.
- Die Biosynthese geht von Tyrosin aus, das iodiert und oxidativ gekuppelt wird.
- Der jährliche Weltmarktbedarf beläuft sich auf nur wenige Tonnen Thyroxin mit allerdings enormer Wertschöpfung, weshalb die Herstellung sich zum Teil kapriziöser Methoden bedienen kann.

Literatur

6.17 *Synthroid®* *enthält synthetisches Thyroxin als Wirkstoff.*

[1] P. Fragu, Ann. Endocrinologie **60** (1999) 10.
[2] CD Römpp Chemie Lexikon-Version 1.0, Stuttgart/New York, Georg Thieme Verlag, 1995, Thyroid-Hormone.
[3] Y.-A. Ma, C. J. Sih, A. Harms, J. Am. Chem. Soc. **121** (1999) 8967.
[4] Y.-A. Ma, C. J. Sih, Tetrahedron Lett. **40** (1999) 9211.
[5] J. M. Gavaret, H. J. Cahnmann, J. Nunez, J. Biol. Chem. **256** (1981) 9167.
[6] J. M. Gavaret, J. Nunez, H. J. Cahnmann, J. Biol. Chem. **255** (1980) 5281.
[7] J. R. Chalmers, S. T. Dickson, J. Elks, B. A. Hems, J. Chem. Soc. (1949) 1448.
[8] M. Beringer, A. Brierley, M. Drexler, E. M. Gindler, C. C. Lumpkin, J. Am. Chem. Soc. **75** (1953) 2708.
[9] G. Hillmann, Z. Naturforsch. **11b** (1956) 419.
[10] M. Beringer, M. Drexler, E. M. Gindler, C. C. Lumpkin, J. Am. Chem. Soc. **75** (1953) 2705.
[11] M. J. Peacock, D. Pletcher, Tetrahedron Lett. **41** (2000) 8995 (elektrochemische Synthese von Iodoniumsalzen).
[12] G. M. Salamonczyk, V. B. Oza, C. J. Sih, Tetrahedron Lett. **40** (1997) 6965.
[13] N. V. Bell, W. R. Bowman, P. F. Coe, A. T. Turner, D. Whybrow, Can. J. Chem. **75** (1997) 873.

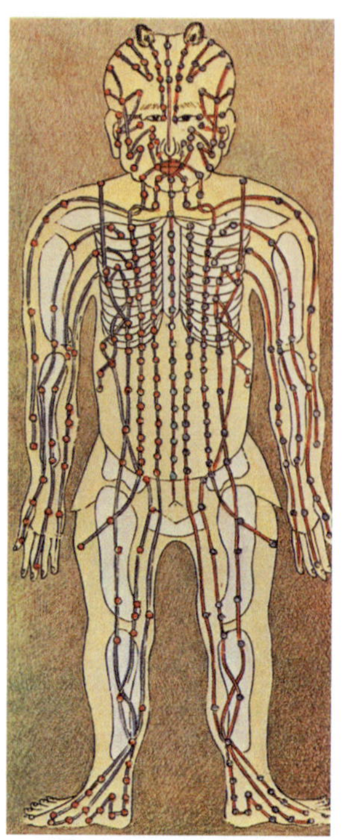

6.18 *Die Basis der chinesi-schen Medizin ist die dualistische kosmische Theorie von Yin und Yang. Nach der traditionellen Vorstellung zirkulieren sie in zwölf Kanälen durch den menschlichen Körper. Ziel der Heilkunst ist es, das Gleichgewicht von Yin und Yang wieder herzustellen.*

Ephedrin fand man später [i] auch im Eisenhut (*Aconitum napellus*), der Beereneibe (*Taxus baccata*) und im Khat (*Catha edulis*).[5]

6.3 Adrenalin

Haben wir seit einigen Jahrzehnten ein vertieftes medizinisches Verständnis von den Hormonen des Nebennierenmarks (Nebenniere: lat. *glandula suprarenalis*) Adrenalin und Noradrenalin, so reicht ihre empirische Pharmakologie mehr als fünftausend Jahre zurück. Der Legende nach schrieb der chinesische Kaiser Huang Ti im dritten vorchristlichen Jahrtausend einen *Kanon der inneren Medizin*, den man *Nei ching* nennt (Abb. 6.18).[1] Dieser umfasst einen großen Teil der chinesischen Medizin, sodass ihm heute noch große Bedeutung zukommt. Der *Goldene Spiegel* geht auf medizinische Schriften aus der Han-Dynastie (202 v. Chr.–220 n. Chr.) zurück. Unübertroffen ist aber die *Materia Medica* des Li Shih-chen. Die *Pen-ts'ao kang-mu* („Große Pharmakopöe") aus dem Jahr 1578 fasst in 52 Bänden das gesamte verfügbare medizinische Wissen gegen Ende der Ming-Dynastie (1368–1644) zusammen. Sie enthält 142 Illustrationen und Beschreibungen von 1 074 Pflanzen, 443 Tieren und 217 Mineralien. Li Shih-chen erwähnt in seinem Werk über 2 000 Drogen zur Herstellung von mehr als 8 000 Verschreibungen.

Hierunter sind auch eine Reihe Substanzen, die Eingang in die westliche Pharmakologie gefunden haben, z. B. Extrakte aus dem Campherbaum (*Cinnamomum camphora*), aus dem Hanf (*Cannabis sativa*), aus verschiedenen *Rauwolfia*-Arten (Reserpin), aus dem Ginseng (*Panax quinquefolium* und *Panax schinseng*) und aus Ma-huang (*Ephedra sinica*).

Nagai entdeckte 1887, dass die wirksame Substanz in Ma-huang Ephedrin ist (Abb. 6.19).[2] Die Droge wurde im Basischen mit Benzol extrahiert. Anschließend wusch man dieses mit verdünnter Salzsäure und engte die wässrigen Phasen ein. Dabei kristallisierte Ephedrinhydrochlorid aus.

Beim trockenen Erhitzen zerfällt Ephedrin in Propiophenon (neben geringen Mengen Phenylaceton) und Methylamin.[3]

(1R,2S)-Ephedrin   **Propiophenon**

Zur weiteren Strukturaufklärung erhitzt man den Wirkstoff mit Säuren (Hydraminspaltung). Bei 160 °C entsteht durch Wasserabspaltung, Hydridwanderung und Hydrolyse überwiegend Phenylaceton und Methylamin.[4]

(1R,2S)-Ephedrin   **Phenylaceton**

Ma-huang diente in der traditionellen chinesischen Medizin als Mittel gegen Asthma und Heuschnupfen. Mit der Einführung von Ephedrin 1924 in die westliche Medizin erzielte man einen bedeutenden Fortschritt bei der Behandlung von Asthma und verschiedenen allergischen Reaktionen.

6.3.1 Entdeckung der Hormone des Nebennierenmarks

Edward Sharpey-Schäfer und George Oliver beobachteten 1895, dass der Extrakt von Nebennieren bei der Injektion stark blutdrucksteigernd wirkt. Moore erkannte das Adrenalin anhand seiner Grünfärbung mit Eisenchlorid im Mark der Nebennieren (chromaffines Gewebe). Jokichi Takamine isolierte schließlich 1901 das reine, kristalline Hormon (Abb. 6.20). Die Konstitution des Adrenalins und damit die des ersten Hormons überhaupt wurde 1904 durch die Synthese von Friedrich Stolz, einem Chemiker bei Hoechst, endgültig aufgeklärt.[6] Die Enantiomere können durch Umkristallisation mit Weinsäure getrennt werden. Das natürliche (–)-Adrenalin ist 15-mal wirksamer als das (+)-Enantiomer.

6.19 *Ephedra sinica gehört zur Familie Ephedraceae, die etwa 45 Arten umfasst. Es handelt sich um perennierende, zum Teil über einen Meter große Sträucher mit einem starken Tannenduft und einem adstringierenden Geschmack.*

6.20 *Jokichi Takamine.*

Erst 1946 entdeckte der schwedische Physiologe Ulf Svante von Euler-Chelpin das Noradrenalin. Das Hormon hat die gleiche Struktur wie Adrenalin, allerdings fehlt am Stickstoff die Methylgruppe.

Die blutdrucksteigernde Wirkung von Adrenalin beruht auf einer Verengung der Blutgefäße. Bestreicht man z. B. Schleimhäute mit stark verdünnten Adrenalinlösungen 1 : 10 000, so werden diese vollkommen blutleer. Diesen Effekt nutzt man, indem man den Lokalanästhetika in der Chirurgie Adrenalin zusetzt.

Auch bei der Behandlung von Asthma erwies sich Adrenalin als hilfreich. Es erregt die Muskeln in den Bronchien, die diese erweitern und löst damit deren krampfartigen Kontraktionen. Ungünstig sind allerdings die geringe orale Bioverfügbarkeit von etwa 3 % und die kurze Halbwertszeit von etwa 2 Minuten, sodass Adrenalin nur durch intravenöse Infusion verabreicht werden kann. Dagegen zeigte sich, dass bei oraler Gabe von Ephedrin die krampflösende Wirkung im Vergleich zu Adrenalin deutlich länger anhält. Seit den 20er Jahren des letzten Jahrhunderts benutzte man deshalb synthetisches Ephedrin zur Behandlung von Bronchialasthma, zur Vasokonstriktion der Nasenschleimhaut bei Erkältungen und allergischen Reaktionen und gegen Harninkontinenz.

Noradrenalin

Catechol
(= Brenzcatechin)

Exkurs: Die Catecholamine Noradrenalin, Adrenalin und Dopamin gehören zu einer größeren Gruppe pharmakologisch hoch wirksamer Arylethylamine, die sich ebenfalls von Aminosäuren (Tyrosin, Histidin und Tryptophan) ableiten (Abb. 6.21). Tyramin steigert den Blutdruck und wirkt anregend auf die glatte Muskulatur (z. B. den Uterus). Histamin führt zur Erweiterung der Blutgefäße, zur Steigerung der Magensaftsekretion und ist am Zustandekommen allergischer Reaktionen beteiligt. Serotonin ist ein Neurotransmitter, den man in größeren Mengen im Gehirn und im Gastrointestinaltrakt findet. Aufgrund der Vielzahl an Serotonin-Rezeptor-Subtypen ist das Wirkungsspektrum außerordentlich komplex. Melatonin ist ein Hormon der Zirbeldrüse (Epiphyse), das die Aufhellung der Amphibienhaut bewirkt, es hemmt die Sekretion der gonodatropen Hormone und ist am Schlaf/Wach-Rhythmus beteiligt.

Noradrenalin　　**Adrenalin**　　**Dopamin**　　**Mescalin**

Tyramin　　**Histamin**　　**Serotonin**　　**Melatonin**

6.21 *Pharmakologisch wirksame Arylethylamine.*

Mescalin[7] ist dagegen ein exogenes Arylethylamin der mexikanischen Kakteenart Peyotl (aztekisch, Wurzel, *Lophophora williamsii*) das visuelle Halluzinationen hervorruft und den Ureinwohnern Mexikos schon in vorkolumbianischer Zeit als Rauschgift bei ihren rituellen Festen diente. 1896 wurde Mescalin erstmals von A. Heffter aus *Lophophora williamsii* isoliert. 1919 erkannte E. Späth seine strukturelle Verwandtschaft mit den Catecholaminen.[1][8]

6.3.2 Physiologie

An den Nervenendigungen des Parasympathikus wird im Fall der Erregung Acetylcholin ausgeschüttet. Da an die Rezeptoren im Bereich parasympathischer Synapsen Muscarin, ein Alkaloid des Fliegenpilzes (*Amanita muscaria*) selektiver als Acetylcholin bindet, nennt man diese auch Muscarinrezeptoren.

Das autonome (vegetative) Nervensystem dient der Aufrechterhaltung des inneren Gleichgewichts des Organismus (Kreislauf, Atmung, Peristaltik, Tonus und Sekretion). Es unterliegt nicht unmittelbar dem Bewusstsein und Willen. Nach Morphologie und Funktion unterteilt man das autonome Nervensystem in zwei Teilsysteme, den Sympathikus und den Parasympathikus. Bei Erregung des Sympathikus wird die Fähigkeit zur Arbeitsleistung und zur Auseinandersetzung mit der Umwelt erhöht. Die Erregung des Parasympathikus dient der Restitution des Organismus.

Ausgehend vom Hirnstamm führen die sympathischen Nervenfasern zu den Zielorganen. Diese sind unter anderem Augen, Herz, Lunge, Bronchien, Magen, Nieren, Darm, Harnblase und Genitalien. Im Fall der Erregung wird an den Nervenendigungen Noradrenalin in den synaptischen Spalt ausgeschüttet, das an die postsynaptischen Rezeptoren der Zielorgane bindet und den eigentlichen Effekt auslöst. Zur Vermeidung einer Übererregung bindet Noradrenalin auch präsynaptisch an Rezeptoren. Diese hemmen eine weitere Ausschüttung. Ist der Gesamtorganismus betroffen, z. B. in Stresssituationen, wird über den Sympathikus im Nebennierenmark die Ausschüttung von Noradrenalin und vor allem Adrenalin ausgelöst, die zusätzlich auch über die Blutbahn zu den Zielorganen gelangen (Abb. 6.22).[9]

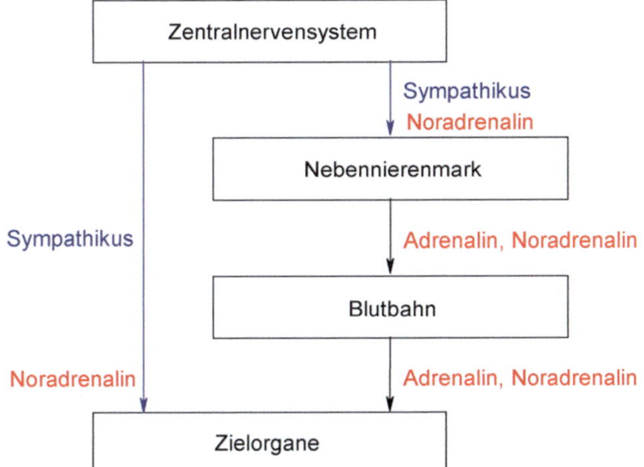

6.22 *Schematische Darstellung des sympathischen Nervensystems.*

6.3.3 Biosynthese

Wie das Schilddrüsenhormon Thyroxin sind auch Noradrenalin und Adrenalin Folgeprodukte der Aminosäure Tyrosin, die in der Leber durch Hydroxylierung von Phenylalanin gebildet wird. Tyrosin wird zunächst am Aromaten noch einmal und dann nach Decarboxylierung in der Seitenkette hydroxyliert. Die N-Methylierung von Norephedrin in den chromaffinen Zellen des Nebennierenmarks mit S-Adenosylmethionin ergibt schließlich Adrenalin.[10]

Exkurs: Melanin

Dihydroxyphenylalanin ist auch eine Zwischenstufe für die braunschwarzen Farbstoffe der Hautpigmentierung, der Melanine. Nach der Oxidation von DOPA mittels einer kupferhaltigen Phenoloxidase zum entsprechenden Chinon erfolgt spontan der Ringschluss zur Dihydroxyindolincarbonsäure. Weitere Oxidationsschritte am gleichen Enzym und die Decarboxylierung führen zu Indolchinon, das schließlich zu den Melaninen mit unterschiedlicher Molmasse polymerisiert.[11]

In anderen Bereichen [i] des Gehirns, insbesondere in der *substantia nigra*, endet der Stoffwechsel bereits bei dem Neurotransmitter Dopamin. Die Parkinson-Krankheit, eine Degeneration der *substantia nigra*, lässt sich durch Gabe von Dihydroxyphenylalanin (DOPA) therapieren, weil dieses im Gegensatz zu Dopamin die Blut/Hirn-Schranke überwindet.

Welches Catecholamin in einer Zelle gebildet wird, hängt von den Enzymen ab, die dort exprimiert sind. Das Nebennierenmark produziert neben Noradrenalin hauptsächlich Adrenalin. Noradrenalin wird weiterhin in bestimmten Arealen des Stammhirns gebildet.

6.3.4 Desaktivierung

Die genaue Kontrolle der Noradrenalinkonzentration im synaptischen Spalt ist für eine effiziente Signalübertragung von entscheidender Bedeutung. Zur Desaktivierung stehen mehrere Mechanismen zur Verfügung. Etwa 90 % des Noradrenalins werden in das präsynaptische Axoplasma vor Erreichen der postsynaptischen Rezeptoren rückresorbiert. Ein gewisser Teil wird von extraneuronalen Zellen gebunden und ein weiterer Teil wird durch Methylierung und oxidative Desaminierung unwirksam gemacht. Die oxidative Desaminierung über das Imin erfolgt in den Mitochondrien der Nervenendigungen, in den Zellen des Zielorgans und in der Leber. Nach Oxidation oder Reduktion der Aldehydfunktion wird die *meta*-ständige Hydroxygruppe im Zielorgan und der Leber mit Hilfe der Catecholamin-O-Methyltransferase[12] methyliert.

MAO: Monoaminoxidase
COMT: Catecholamin-O-Methyltransferase

4-Hydroxy-3-methoxy-phenylglykol

4-Hydroxy-3-methoxy-mandelsäure

Die Reaktionssequenz kann auch in umgekehrter Reihenfolge durchlaufen werden. Für den Abbau ist dieser Weg bedeutsamer, weil die Methylierung von Noradrenalin rascher als die oxidative Desaminierung erfolgt.

MAO: Monoaminoxidase
COMT: Catecholamin-O-Methyltransferase

4-Hydroxy-3-methoxy-phenylglykol

4-Hydroxy-3-methoxy-mandelsäure

Die Metabolite werden ins Blut abgegeben und renal ausgeschieden. Über Urinuntersuchungen kann man so Aussagen über die Aktivität des sympathischen Nervensystems machen. Gegebenfalls erhält man auch so Hinweise auf bestimmte Krankheiten, die in diesem Zusammenhang stehen.

6.3.5 Pharmakologie

Zum Verständnis der pharmakologischen Effekte von Noradrenalin und Adrenalin trug die 1948 von dem amerikanischen Pharmakologen Raymond Ahlquist entwickelte Vorstellung bei, dass an den sympathisch innervierten Zielorganen verschiedene Rezeptorsubtypen existieren.[13] Beispielsweise werden die Wirkungen des Sympathikus am Herzen vorrangig über β_1-Rezeptoren, die an den Bronchien aber über β_2-Rezeptoren vermittelt. Heute kennen wir α_1-, α_2-, β_1-, β_2- und β_3-Rezeptoren, die in weitere Subtypen unterteilt werden. Es handelt sich um membranständige Rezeptoren, die alle zu der großen Gruppe der G-proteingekoppelten Rezeptoren mit sieben transmembranären Domänen (TMD) gehören. Die Untergliederung der adrenergen Rezeptoren in Subtypen und die Erkenntnis, dass diese in den Zielorganen unterschiedlich verteilt sind, erwies sich für die Pharmakotherapie als sehr hilfreich, weil mit der Entwick-

Tabelle 6.3 *Effekte der selektiven Stimulation der adrenergen Rezeptor-Subtypen*

Rezeptor	Effekt
α_1	Calcium-Ionen werden aus dem sarkoplasmatischen Retikulum freigesetzt bzw. ihre Speicherung unterdrückt
α_2	Öffnung der Calciumkanäle und damit gesteigerter Influx in den Intrazellularraum
β	Aktivierung der Adenylatcyclase und damit vermehrte Bildung von cAMP
	An der glatten Muskulatur herabsetzen der Calciumkonzentration im Intrazellularraum durch Steigerung des Auswärtstransports und Speicherung im sarkoplasmatischen Retikulum

lung subtypselektiver Wirkstoffe die Nebenwirkungen der Arzneimittel verringert werden konnten (Tab. 6.3).

Noradrenalin und Adrenalin, die natürlichen Agonisten, unterscheiden sich hinsichtlich ihrer Affinität zu den adrenergen Rezeptoren. Während Adrenalin an α_1-, α_2-, β_1- und β_2-Rezeptoren in etwa gleich stark bindet, ist die Bindung von Noradrenalin an β_2-Rezeptoren deutlich schwächer. Noradrenalin wirkt überwiegend α-mimetisch. Dies äußert sich beispielsweise in der Wirkung auf die glatte Muskulatur des Darmes und der Bronchien, die vorrangig über β_2-Rezeptoren innerviert werden. Während Adrenalin auf die Darm- und Bronchialmuskulatur erschlaffend wirkt, was die Peristaltik verringert und die Sauerstoffaufnahme erleichtert, hat Noradrenalin diesbezüglich nur eine geringe Wirkung.

6.3.6 Struktur/Wirkungsbeziehungen

Der pharmakologische Unterschied von Adrenalin und Noradrenalin ist auf die N-Methylgruppe zurückzuführen. Ersetzt man in synthetischen Sympathomimetika die Methylgruppe am Stickstoff durch einen größeren Alkylrest steigt die Affinität zu β-Rezeptoren, während die zu α-Rezeptoren abnimmt (Abb. 6.23).

6.23 *Struktur/Wirkungsbeziehungen der Sympathomimetika.*

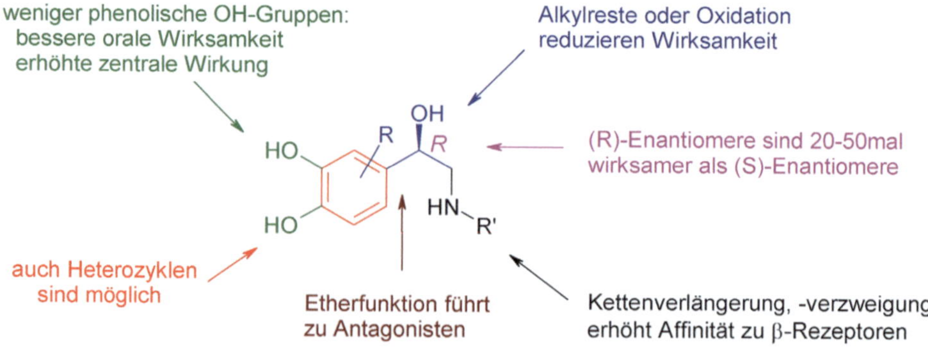

Die Alkylierung des Phenylethangerüsts oder die Oxidation der Alkoholfunktion (wie in (S)-Cathinon) schwächt die Wirkung ab. Für die pharmakologische Wirksamkeit von großer Bedeutung ist die absolute Konfiguration des Alkohols. Die (R)-Enantiomere sind deutlich wirksamer als die (S)-Enantiomere. Reduziert man die Anzahl der phenolischen Hydroxygruppen, verbessert sich hierdurch die orale Verfügbarkeit. Die zentralen Wirkungen treten gegenüber den peripheren in den Vordergrund. Der Benzolring selbst ist nicht essenziell und kann durch unterschiedliche Heterozyklen ersetzt werden. Führt man zwischen dem Aromaten und der Seitenkette der Sympatomimetika eine Etherfunktion ein, erhält man die für die Antagonisten der ersten und zweiten Generation typische Grundstruktur.

Die metabolische Stabilität der Wirkstoffe lässt sich verbessern, wenn man die Hydroxygruppen des Catechols durch andere Reste ersetzt, sodass die Catecholamin-O-Methyltransferase die Wirkstoffe durch Methylierung nicht mehr desaktivieren kann. Weiterhin kann der oxidative Abbau durch die Monoaminoxidase durch Substituenten am Stickstoff und am benachbarten Kohlenstoff vermindert werden.[15]

1986 gelang es, den ersten adrenergen Rezeptor, den β_2-Rezeptor, zu klonieren.[16] Seitdem haben eine Vielzahl an molekular- und zellbiologischen Arbeiten zu einem vertieften Verständnis der Wirkstoff/Rezeptor-Wechselwirkungen beigetragen (Abb. 6.24).[17][18] Die adrenergen Wirkstoffe binden ionisch an die Asparaginsäure-113 (Asp^{113}), die in allen aminergen Rezeptoren in der dritten transmembranären Domäne (TMD 3) hochkonserviert ist. Weitere wichtige Ligand/Rezeptorbindungen sind eine Wasserstoffbrückenbindung zu Asparagin-293 (Asn^{293}) und π/π-Wechselwirkungen zu Phenylalanin-290 (Phe^{290}) in der sechsten transmembranären Domäne (TMD 6). Lipophile Interaktionen findet man zwischen der zweiten und dritten transmembranären Domäne und des N-Alkylrests. Sind die Wirkstoffe in der Lage Wasserstoffbrückenbindungen zu den Serinresten in der fünften transmembranären Domäne (TMD 5) einzugehen, haben sie eine volle oder partielle agonistische Wirkung.

6.24 *Wirkstoff/Rezeptor-Wechselwirkungen am Beispiel eines Adrenozeptor-Antagonisten am β_2-Rezeptor.*

Das Hauptalkaloid des aus den Hochtälern des Jemens und Somalias stammenden, erstmals um 1300 erwähnten Khat (*Catha edulis*) ist (–)-(S)-Cathinon. Die frisch geschnitten Blätter des bis zu 25 Meter großen Baumes werden gekaut und erzeugen einen milden Rauschzustand. Die Müdigkeit schwindet, körperliche Arbeiten werden leichter und das Hungergefühl wird unterdrückt. Nebenwirkungen bei Dauergebrauch sind Gastritis, Appetitlosigkeit, Impotenz und Verstopfung.[14]

(-)-(S)-Cathinon

6.3.7 Adrenerge Wirkstoffe

Einige β_2-Sympatho- [i] mimetika wie Clenbuterol haben überdosiert anabole Nebenwirkungen. Der Missbrauch in der Tiermast und im Leistungssport verleiht den Substanzen zweifelhafte Popularität.[19]

Direkte α- und β-Sympathomimetika (α- und β-Agonisten) erregen die adrenergen Rezeptoren, indem sie wie Noradrenalin oder Adrenalin an diese binden. Wir verfügen heute über ein breites Spektrum unselektiver und selektiver Sympathomimetika (Abb. 6.25). Etilefrin und Oxilofrin sind unselektive Agonisten, die den Blutdruck erhöhen. Dies ist auf die α-adrenergvermittelte Gefäßverengung und die β_1-adrenergen Effekte am Herzen zurückzuführen, die eine Erhöhung der Herzfrequenz und der Kontraktionskraft zur Folge haben. Dipivefrin ist ein Wirkstoff zur Behandlung des Glaukoms, bei dem man die metabolischen Besonderheiten des Auges nutzt. Der Bispivalinsäureester des Adrenalins wird im Auge etwa 20-mal schneller hydrolisiert als in Geweben außerhalb. Phenylephrin ist ein α-selektives Sympathomimetikum zur Schleimhautabschwellung. Der Prototyp der β-selektiven Sympathomimetika war Isoprenalin. Es handelt sich um ein Broncholytikum, das aufgrund einer etwa gleich starken Wirkung auf β_1- und β_2-Rezeptoren unerwünschte Effekte am Herzen hervorrief. Weitere Strukturoptimierungen führten dann zu selektiven β_1-Sympathomimetika wie Dobutamin zur Behandlung bei kardiogenem Schock und zu β_2-Sympathomimetika wie Salbutamol, Pirbuterol oder Clenbuterol zur Therapie bei Bronchialasthma.

Etilefrin
α/β-mimetisch

Oxilofrin
α/β-mimetisch

Dipivefrin
α/β-mimetisch

Phenylephrin
α-mimetisch

Isoprenalin
β_1/β_2-mimetisch

Dobutamin
β_1-mimetisch

Salbutamol
β_2-mimetisch

Pirbuterol
β_2-mimetisch

Clenbuterol
β_2-mimetisch

6.25 *Direkte α- und β-Sympathomimetika.*

Indirekte Sympatomimetika setzen Noradrenalin aus den Nervenendigungen frei und/oder hemmen dessen Wiederaufnahme. Dadurch erhöhen sie die Noradrenalinkonzentration im synaptischen Spalt und steigern damit den Sympa-

6.26 *Indirekte Sympathomimetika mit zentralstimulierender Wirkung.*

thikustonus. Bei wiederholter Gabe in höheren Dosen ist der Effekt jedoch limitiert, weil nicht genügend Noradrenalin nachgebildet werden kann. Typische Vertreter sind Ephedrin und die Amphetamine (Abb. 6.26). Während die Catecholamine aufgrund der hohen Polarität durch die beiden aromatischen Hydroxygruppen bei intravenöser Gabe nur peripher wirksam sind, haben Ephedrin, Amphetamin und z. B. Methamphetamin neben der peripheren sympathomimetischen auch zentralstimulierende Wirkung.

Ephedrin findet Anwendung, meist in Kombination mit anderen Substanzen, bei der Behandlung von Bronchitis, Asthma und als Bestandteil in Nasentropfen zur lokalen Vasokonstriktion. Da die Amphetamine ein deutliches Suchtpotenzial besitzen, werden sie nur sehr zurückhaltend verordnet. Im Vordergrund steht der Missbrauch als Partydroge und als Dopingmittel im Leistungssport (Abb. 6.27).

6.27 *Galina Kulakova, mehrfache Goldmedaillengewinnerin der UdSSR bei den olympischen Winterspielen 1972, wurde bei den Winterspielen 1976 in Innsbruck eine Bronzemedaillie aberkannt, als man entdeckte, dass ihr Nasenspray Ephedrin enthielt.[1]*

6.28 *β-Sympatolytika.*

6.29 *Die Entwicklung des ersten Betablockers bei der ICI basiert im Wesentlichen auf Arbeiten des schottischen Pharmakologen Sir James Black, der hierfür 1988 mit dem Nobelpreis für Physiologie und Medizin geehrt wurde.*

Unter den Sympatholytika, den Wirkstoffen die die adrenergen Rezeptoren blockieren, nehmen β-selektive Antagonisten (Betablocker) hinsichtlich ihrer Anwendungshäufigkeit und -breite als Medikamente zur Behandlung koronarer Herzerkrankungen, funktioneller Herz-Kreislauf-Störungen, Herzrhythmusstörungen und Hypertonie eine besondere Rolle ein (Abb. 6.28). Durch kompetetive Blockade der β_1-Rezeptoren des Herzens hemmen sie die herzfrequenz- und kontraktionskraftsteigernde Wirkung der Catecholamine. In den meisten Fällen ist dies der erwünschte therapeutische Effekt. Die Hemmung der β_2-Rezeptoren durch unselektive Betablocker oder bei höherer Dosierung führt in der Regel zu unerwünschten Nebenwirkungen.

Der von dem β-Agonisten Isoprenalin abgeleitete Wirkstoff Dichlorisoprenalin, bei dem die beiden Hydroxygruppen durch Chlor ersetzt sind, war der erste noch unselektive β-Rezeptorantagonist, der in der experimentellen Pharmakologie große Bedeutung erlangte, therapeutisch aber wegen zu starker Nebenwirkungen nicht eingesetzt wurde. Auch Pronethalol war ein weiterer unselektiver Wirkstoff, der nie therapeutische Relevanz erlangte, weil er beim Menschen Benommenheit, Übelkeit und Erbrechen auslöste. 1965 brachte die ICI Propranolol, den ersten Betablocker zur Behandlung von Bluthochdruck und Angina pectoris, in den Handel (Abb. 6.29).[20] Neu an der Struktur war die Etherbrücke, die zu einem Motiv dieser Wirkstoffklasse wurde. Der Stickstoff trägt meistens eine Isopropyl- oder *t*-Butylgruppe und der Naphthylrest kann durch Heteroaromaten wie in Timolol oder durch andere Aromaten ersetzt werden. Betablocker mit deutlicher β_1-Rezeptorselektivität wie im Fall von Atenolol oder Metoprolol erhält man z. B. mit *para*-alkylsubstituierten Phenylresten.[17]

6.3.8 Chemische Synthesen

Die meisten Sympatomimetika und Betablocker auf dem Markt sind Racemate, ungeachtet der Tatsache, dass die Enantiomere sich in ihrer Aktivität oft deutlich unterscheiden. Die Substanzbelastung des Patienten ließe sich deutlich verbessern, ginge man zu enantiomerenreinen Verbindungen über.

Isoprenalin

Isoprenalin wurde von Boehringer Ingelheim entwickelt und 1939 zum Patent angemeldet.[21] Die Synthese geht von 2-Chlor-3',4'-dihydroxyacetophenon aus, das mit Isopropylamin umgesetzt wird. Anschließend hydriert man die Ketogruppe in Gegenwart eines Palladiumkatalysators. Die Racemattrennung gelingt mit (+)-Weinsäure. Ungeachtet dessen ist das Marktprodukt das Racemat.

Dobutamin

Dobutamin ist eine Entwicklungssubstanz von Eli Lilly aus den 70er Jahren.[22] Homoveratrylamin erhält man durch Chlormethylierung von 1,2-Dimethoxybenzol, nukleophile Substitution mit Cyanid und Hydrierung. Das Kohlenstoffgerüst wird durch eine reduktive Aminierung aufgebaut und die Methylgruppen mit Bromwasserstoff abgespalten.

Salbutamol

Für Salbutamol entwickelten Allen & Hanburys in den 60er Jahren zwei verschiedene Synthesewege.[23] Der erste geht von 4'-Hydroxyacetophenon aus, das nach Chlormethylierung und dem Schützen der beiden Sauerstofffunktionen bromiert und anschließend mit *t*-Butylbenzylamin umgesetzt wird. Die Umsetzung mit Natriumboranat spaltet die beiden Acetylschutzgruppen ab und reduziert die Ketogruppe. Den Wirkstoff erhält man durch katalytische, reduktive Abspaltung des Benzylrestes.

Ausgangsmaterial für den zweiten Weg ist Salicylsäuremethylester, der in einer Friedel-Crafts-Acylierung mit Bromessigsäurechlorid umgesetzt wird. Anschließend wird wie bei der ersten Synthese die Aminfunktion eingeführt, die Ester- und Ketofunktion mit Lithiumaluminiumhydrid reduziert und schließlich der Benzylrest abgespalten.

Salicylsäuremethylester

Salbutamol

Clenbuterol

Clenbuterol ist ein Produkt von Boehringer Ingelheim.[24] Auch hierfür gibt es mehrere Synthesen die teilweise auch von Thomae entwickelt wurden. Ausgangsmaterial der ersten hier vorgestellten Synthese ist 4'-Nitroacetophenon. Das Kohlenstoffgerüst wird analog zu den vorherigen Synthesen aufgebaut. Den Wirkstoff erhält man durch Chlorierung des Aromaten und Reduktion des Ketons mit Natriumboranat.

4'-Nitroacetophenon   **2-Brom-4'-nitroacetophenon**

Clenbuterol

Die Alternativsynthese geht von einem Aminoalkohol aus, der zunächst nitriert wird. Mit Phosgen schützt man die Alkoholfunktion vor Oxidation während der Chlorierung. Den Wirkstoff erhält man durch alkalische Spaltung des Oxazolidinons.

Ephedrin

Eine der älteren Synthesen des Ephedrins stammt von Skita. Methylphenyldiketon wird in Gegenwart von Methylamin katalytisch hydriert. Es entsteht in einem Schritt racemisches Ephedrin, das frei von den anderen Diastereomeren des Pseudoephedrins (*R,R*- und *S,S*-Enantiomere) ist.[3]

Methylphenyldiketon (1R,2S)-Ephedrin (1S,2R)-Ephedrin

Die enantioselektive Herstellung von Ephedrin zählt zu den ältesten industriellen Beispielen der Biokatalyse. Um 1920 hatte Carl Neumann entdeckt, dass die Pyruvatdecarboxylase der Bäckerhefe (*Saccharomyces cerevisiae*) Benzaldehyd mit endogenem Acetaldehyd aus ihrem Stoffwechsel enantioselektiv zu (*R*)-Acetylphenylcarbinol umsetzt. Gustav Hildebrandt und Wilfried Klavehn bei der Knoll AG in Ludwigshafen entwickelten in den 30er Jahren einen technischen Prozess zur enantioselektiven Herstellung von Ephedrin. Nach diesem Verfahren wird bis heute Ephedrin hergestellt.[25]

(R)-Acetylphenylcarbinol **(1R,2S)-Ephedrin**

Propranolol

Die ersten Patente der ICI zu Propranolol gehen auf das Jahr 1962 zurück.[26] 1-Naphthol wird mit Epichlorhydrin umgesetzt. In einem zweiten Schritt erhält man dann durch die Reaktion mit Isopropylamin Propranolol.

1-Naphthol

Propranolol

Dies sind die Schlüsselschritte, die man in vielen Wirkstoffsynthesen dieses Strukturtyps wiederfindet.

Atenolol

So verwendete die ICI auch für den Aufbau von Atenolol diese Synthesestrategie.[27]

Atenolol

Timolol

Die ersten Arbeiten zu Timolol stammen von C. E. Frosst & Co. In den 70er Jahren wurden dann auch Synthesen von Merck Sharp & Dohme zum Patent angemeldet.[28] Timolol ist einer der wenigen Betablocker, die in enantiomerenreiner Form auf dem Markt sind. Während bei den ersten Synthesen der racemische Wirkstoff mit (+)-Weinsäure in die Enantiomeren getrennt wurde, bemühte man sich später ausgehend von Isopropyliden-(D)-glycerinaldehyd direkt den enantiomerenreinen Wirkstoff aufzubauen. Es handelt sich hierbei um eine konvergente Synthese, bei der im Schlüsselschritt ein entsprechend substituiertes 1,2,5-Thiadiazol mit der Seitenkette umgesetzt wird.

3,4-Dichlor-1,2,5-thiadiazol

Isopropyliden-(D)-glycerinaldehyd

Timolol

Penbutolol

Penbutolol ist ein hochwirksamer β-Antagonist mit langanhaltender Wirkung, der von Hoechst entwickelt wurde. Die Synthese folgt dem allgemeinen Syntheseschema. Die Enantiomeren werden in der technischen Synthese mit (–)-Mandelsäure getrennt.[29]

o-Cyclopentylphenol   **Penbutolol**

Daneben wurden aber auch in verschiedenen Arbeitskreisen enantioselektive Synthesen[30] und enzymatische Prozesse[31] für diese Wirkstoffklasse entwickelt. Aryloxy-3-chlor-2-propanol kann z. B. enantioselektiv in Gegenwart einer *Pseudomonas*-Lipase mit Vinylacetat verestert werden. Die nicht umgesetzten, enantiomerenangereicherten (*R*)-Chlorhydrine werden mit Kalium-*t*-butylat zum Oxiran und dann ohne Isolierung mit dem entsprechenden Amin zum Wirkstoff umgesetzt. Durch Umkristallisation des HCl-Salzes erhält man den enantiomerenreinen (*S*)-Betablocker.

Penbutolol

Zusammenfassung in Stichpunkten

- Adrenalin ist das Hormon des Nebennierenmarks. Bei Erregung des sympathischen Nervensystems wird Adrenalin in den Blutkreislauf ausgeschüttet und befähigt uns zur Arbeitsleistung und zur Auseinandersetzung mit der Umwelt.
- Die Biosynthese geht von der Aminosäure Tyrosin aus. Zwischenstufen sind die Neurotransmitter Dopamin und Noradrenalin.
- Die Untergliederung der adrenergen Rezeptoren in Subtypen und die Erkenntnis, dass diese in den Zielorganen unterschiedlich verteilt sind, erwies sich für die Pharmakotherapie als sehr hilfreich, weil mit der Entwicklung subtypselektiver Wirkstoffe die Nebenwirkungen der Arzneimittel verringert werden konnten.
- β_2-Sympathomimetika finden Anwendung bei der Therapie von Bronchialasthma.

- Betablocker mit deutlicher β_1-Rezeptorselektivität finden Anwendung bei der Behandlung von Herz/Kreislauf-Erkrankungen.

Literatur

[1] Encyclopedia Britannica, Elektronic Release, 2001.
[2] E. A. Abourashed, A. T. El-Alfy, I. A. Khan, L. Walker, Phytother. Res. **17** (2003) 703.
[3] W. Langenbeck, W. Pritzkow, Lehrbuch der Organischen Chemie, Verlag Theodor Steinkopff, Dresden, 1969, 413.
[4] H.-H. Otto, Pharm. Unserer Zeit **9** (1980) 26.
[5] T. A. Smith, Phytochemistry **16** (1977) 9.
[6] F. Stolz, Ber. Dtsch. Chem. Ges. **37** (1904) 4149.
[7] H. Becker, Pharm. Unserer Zeit **14** (1985) 129.
[8] Römpp Chemielexikon, Georg Thieme Verlag, Stuttgart, 2006, Electronic Release, Mescalin.
[9] E. Mutschler, Arzneimittelwirkungen, Wissenschaftliche Verlagsgesellschaft mbH, Stuttgart, 1991, 239.
[10] D. Voet, J. G. Voet, Biochemie, VCH, Weinheim, 1994, 713.
[11] P. Karlson, Biochemie, Georg Thieme Verlag, Stuttgart, 1970, 155.
[12] J. Vidgren, L. A. Svensson, A. Liljas, Nature **368** (1994) 354 (Röntgenstruktur).
[13] R. P. Ahlquist, Am. J. Physiol. **153** (1948) 586.
[14] M. Hesse, Alkaloide, Wiley-VCH, Weinheim, 2000, 79.
[15] Ullmann's Encyclopedia of Industrial Chemistry, Sixth Edition, 2000, Electronic Release, Antiasthmatic Agents.
[16] R. A. Dixon, B. K. Kobilka, D. J. Strader, J. L. Benovic, H. G. Dohlman, T. Frielle, M. A. Bolanowski, C. D. Bennett, E. Rands, R. E. Diehl, Nature **321** (1986) 75.
[17] L. Hein, Pharm. Unserer Zeit **33** (2004) 438.
[18] P. P. Griffin, M. Schubert-Zsilavecz, H. Stark, Pharm. Unserer Zeit **33** (2004) 442.
[19] W. Schänzer, Chem. Unserer Zeit **31** (1997) 218.
[20] L. Hein, Pharm. Unserer Zeit **33** (2004) 434.
[21] A. Kleemann, J. Engel, Pharmaceutical Substances, Thieme, Stuttgart, 1999, 1035.
[22] A. Kleemann, J. Engel, Pharmaceutical Substances, Thieme, Stuttgart, 1999, 652.
[23] A. Kleemann, J. Engel, Pharmaceutical Substances, Thieme, Stuttgart, 1999, 1701.
[24] A. Kleemann, J. Engel, Pharmaceutical Substances, Thieme, Stuttgart, 1999, 465.
[25] R. Stürmer, M. Breuer, Chem. Unserer Zeit, **40** (2006) 104.
[26] A. Kleemann, J. Engel, Pharmaceutical Substances, Thieme, Stuttgart, 1999, 1613.
[27] A. Kleemann, J. Engel, Pharmaceutical Substances, Thieme, Stuttgart, 1999, 132.
[28] A. Kleemann, J. Engel, Pharmaceutical Substances, Thieme, Stuttgart, 1999, 1883.
[29] G. Härtfelder, H. Lessenich, K. Schmitt, Arzneim.-Forsch. **22** (1972) 930.
[30] J. M. Klunder, T. Onami, K. B. Sharpless, J. Org. Chem. **54** (1989) 1295.
[31] U. Ader, M. P. Schneider, Tetrahedron: Asymmetry **3** (1992) 521.

7 | Vitamine

Die Seeleute des Mittelalters fürchteten nicht nur Seeungeheuer, widrige Winde und den Klabautermann, sondern auch den Skorbut (Abb. 7.1). Auf den monatelangen Seefahrten litten viele an dieser Mangelkrankheit. Antonio Pigafetta, der Chronist von Fernando Magellan (1480–1521), berichtete im März 1521:[1]

»Wir fuhren drei Monate und 20 Tage, ohne Frischproviant zu uns zu nehmen. Der Zwieback war zu Staub zerfallen, voller Maden und Rattendreck. Das Trinkwasser war trübe und übelriechend. Wir aßen selbst das harte Leder der Marsrah, das beständig dem Wetter ausgesetzt war. Es musste erst tagelang in Seewasser eingeweicht werden, bevor es, in glühender Asche geröstet, genießbar wurde. Ratten bildeten einen Leckerbissen und wurden mit einer halben Krone das Stück bezahlt. Zu allem Unglück kam noch der Skorbut hinzu, an dem 19 Menschen starben. Hätten uns Gott und seine Heilige Mutter auf dieser langen Fahrt nicht gutes Wetter geschenkt, so wären wir wohl alle in diesem weiten Meer umgekommen. Ich glaube, dass kein Mensch noch einmal wieder eine solche Reise unternehmen wird.«

i Auch bei Tieren, insbesondere bei Hunden, Schweinen und Meerschweinchen, tritt Skorbut auf, den man auch Maulfäule oder Borstenfäule nennt.

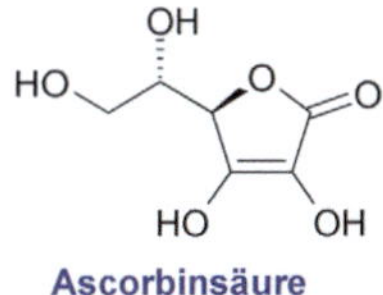

Ascorbinsäure

7.1 *Nachbauten der Segelschiffe Nina, Pinta und Santa Maria von Christoph Columbus, mit denen er 1492 lossegelte, um den Seeweg nach Indien zu finden und stattdessen Amerika entdeckte.*

Auch in Gefängnissen trat diese Krankheit auf. Sie zeigte sich durch Gewichtsverlust, Zahnfleischbluten, Zahnausfall, Blutungen im Magen/Darm-Trakt, der Muskulatur und der Haut, Müdigkeit und Herzschwäche. Seit der Renaissance ist die heilende Wirkung des Scharbockskrauts bekannt. 1720 wies der österreichische Militärarzt Kramer auf die Entstehung des Skorbuts durch ungeeignete Ernährung hin.[2] Er konnte zeigen, dass durch den Verzehr von frischem Gemüse und Obst die Krankheit rasch geheilt werden kann. Seit 1760 besteht bei der englischen Marine die Bestimmung, dass auf Schiffen Zitronen mitzuführen sind. 1909 bis 1912 beschäftigten sich Holst und Fröhlich mit der Substanz, die Skorbut verhindert. Zum Nachweis und zur Quantifizierung dienten

© Springer-Verlag GmbH Deutschland, ein Teil von Springer Nature 2006
B. Schäfer, *Naturstoffe der chemischen Industrie*,
https://doi.org/10.1007/978-3-662-61017-6_7

7.2 *Vitaminkristalle im Polarisationsmikroskop liefern oft reizvolle Bilder.*

7.3 *Christiaan Eijkman (1858–1930) erkannte in Beriberi eine Avitaminose und legte damit den Grundstein der Vitaminforschung.*

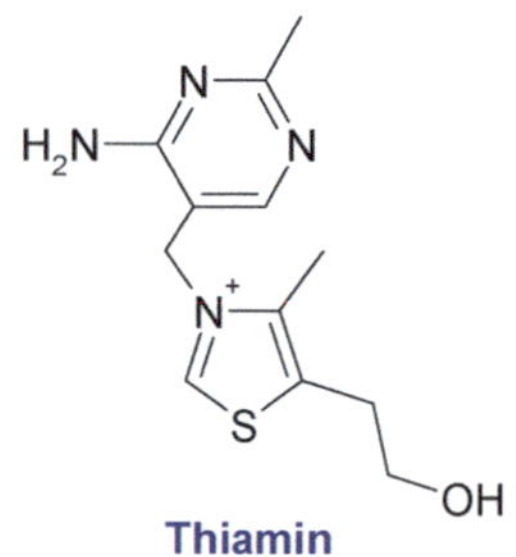

Thiamin

Meerschweinchen als entsprechendes Testsystem. 1928 isolierte Albert von Szent-Györgyi zuerst aus Nebennierenrinden und später aus Zitronen, Kohl und Paprika einen stark reduzierenden, kristallinen Stoff. Er wusste damals nicht, dass es sich um reines Vitamin C handelte. Tillmann konnte zeigen, dass das Reduktionsvermögen von Frucht- und Gemüsesäften mit der antiskorbutischen Wirkung einhergeht. 1932 bewies Szent-Györgyi, dass sein reduzierender Stoff das lang gesuchte Vitamin C, die Ascorbinsäure, war. Fritz Micheel, Sir Normen Haworth und Sir Edmund Hirst klärten die Struktur auf und stellten Ascorbinsäure erstmals synthetisch her.[3] Weniger als ein Milligramm täglich genügten, um beim Meerschweinchen Skorbut zu verhindern (Abb. 7.2).

Eine andere Mangelerkrankung ist Beriberi, die man in China seit über 1 000 Jahren kennt. Sie trat vor allem im süd- und ostasiatischen Raum auf, aber auch in Alaska, in Brasilien, in Südafrika, dem Kongo und Senegal. Das Leiden beruht auf einer langsamen Entartung der peripheren Nerven (Polyneuritis). Das erste Symptom ist die an den Unterschenkeln beginnende Empfindungslosigkeit der Haut, gefolgt von Muskelschwäche, besonders in den Beinen, in schweren Fällen auch in den Hüften und Händen, schließlich Wassersucht und Herzschwäche. Unbehandelt führt die Erkrankung zum Tod. Aufgrund der demographischen Beobachtung, dass Beriberi besonders in Ländern auftritt, in denen man sich traditionell von Reis ernährt, brachte man die Erkrankung mit der Ernährungsweise in Verbindung. 1882 empfahl der japanische Militärarzt Takaki eine Umstellung der Ernährung in der japanischen Marine. Statt Reis sollte mehr Fleisch, Brot, Obst und Gemüse verzehrt werden. Dies führte zum fast vollständigen Verschwinden von Beriberi bei der Mannschaft.

Die eigentliche Ursache von Beriberi entdeckte jedoch der Holländer Christiaan Eijkman im Jahr 1896 und schuf damit die Grundlagen der Vitaminlehre (Abb. 7.3).[4] Er erkannte, dass nicht Reis an sich krank machte, sondern „polierter Reis", der maschinell von der Reiskleie befreit wurde. Eijkman vermutete in der Reiskleie einen unentbehrlichen Nahrungsstoff, denn es stellte sich heraus, dass die Kleie oder Auszüge daraus Beriberi heilten. Die zufällige Beobachtung, dass Hühner, die mit poliertem Reis gefüttert wurden, charakteristische Symptome einer Beriberi-Krankheit entwickelten, führte Eijkman zu dem Schluss, dass auch Hühner an Beriberi erkranken können. Damit war zum ersten Mal die experimentelle Erforschung von Beriberi möglich. 1911 isolierte Casimir Funk aus Reiskleie eine wasserlösliche, kristalline Substanz, die er „Beriberi-Vitamin" nannte. Er wählte den Namen „Vitamin" (ein Kunstwort aus lat. *vita*: (Leben) und Amin) aufgrund des basischen Charakters der Substanz. Obwohl man in der Folgezeit erkannte, dass es sich bei den essenziellen Ernährungsfaktoren meist nicht um Amine handelt, behielt man den Begriff „Vitamin" bei. 1920 schlug Drummond vor, die Vitamine mit Buchstaben nach der Reihenfolge ihrer Entdeckung zu klassifizieren. Die später entdeckten Vitamine integrierte man in dieses System. Das Beriberi-Vitamin erhielt den Namen Vitamin B$_1$. In Anlehnung an seine chemische Konstitution, an deren Aufklärung eine größere Zahl von Forschern, unter ihnen Jansen, Windaus und Williams, beteiligt waren, erhielt Vitamin B$_1$ auch den Namen Thiamin. Im Jahr 1936 gelang es erstmals, Vitamin B$_1$ synthetisch herzustellen.[5][6]

Tabelle 7.1 *Vitamine – ihre Entdeckung und Funktion*

	Vitamin	Entdeckung/ Isolierung	Isoliert aus	Aktive Form	Funktion
1.	Vitamin A	1909/1931	Fischlebertran	11-(Z)-Retinal	Sehvorgang
2.	Vitamin B_1	1897/1911	Reis	Thiamindiphosphat Thiamintriphosphat	Decarboxylierung von α-Oxosäuren, Transfer von Aldehydgruppen, PO_4^{3-}-Donor
3.	Vitamin B_2	1920/1933	Eier	Flavinmononukleotid Flavinadenindinukleotid	Hydrid-/Elektronen-Transfer
4.	Vitamin B_6	1934/1938	Reis	Pyridoxal-5-phosphat	Transfer von Aminogruppen
5.	Vitamin B_{12}	1926/1948	Leber	Coenzym B_{12}	1,2-Wasserstoff-Shift
6.	Vitamin C	1912/1928	Zitronen		Hydroxylierung, ultrazelluläres Antioxidanz
7.	Vitamin D	1918/1932	Fischlebertran		Regulation von Calcium- und Phosphat-Metabolismus
8.	Vitamin E	1922/1936	Weizenkeimöl		Intrazelluläres Antioxidanz
9.	Vitamin K	1929/1939	Alfalfa		Biosynthese von Prothrombin
10.	Biotin	1931/1935	Leber	Biocytin	Transfer von Carboxylgruppen
11.	Folsäure	1941/1941	Leber	Tetrahydrofolsäure	Transfer von Formylgruppen
12.	Niacin	1936/1935	Leber	Nicotinamidadenindinukleotid	Hydrid-/ Elektronen-Transfer
13.	Panthothensäure	1931/1938	Leber	Coenzym A	Transfer von Acetylgruppen

Unter Vitaminen versteht man heute essenzielle, organische Verbindungen, die nicht oder nur unzureichend im menschlichen Körper (oder im Tier) synthetisiert werden. Sie sind eine biologisch definierte, aber keine chemisch einheitliche Stoffgruppe. Im Gegensatz zu energiespendenden Nahrungsmitteln werden sie nur in sehr kleinen Mengen benötigt. Aufgrund dieser Definition kennt man 13 Verbindungen oder Gruppen von Verbindungen, die für den Menschen Vitamine darstellen (Tab. 7.1). Darüber hinaus gibt es jedoch weitere, die als Nahrungsmittelzusätze sinnvoll erscheinen und vitaminähnliche Eigenschaften haben: Fettsäuren (Vitamin F), Liponsäure, Ubichinon, Cholin, Myoinositol, S-Methylmethionin.

Vitamine werden im Zusammenhang mit ihrer Speicherfähigkeit im Körper in wasser- und fettlöslich eingeteilt. Wasserlösliche Vitamine werden im Gegensatz zu fettlöslichen nicht im Körper gespeichert. Es gibt jedoch Ausnahmen. Die Speicherfähigkeit des wasserlöslichen Vitamins B_{12} beträgt drei bis fünf Jahre. Dagegen treten Mangelerscheinungen bei dem fettlöslichen Vitamin K unmittelbar dann auf, sobald die Versorgung durch die Nahrung unterbrochen ist.

Der persönliche Vitaminbedarf streut sehr stark und ist auch von der individuellen Verfassung abhängig. In Stresssituationen und während der Schwangerschaft beobachtet man einen erhöhten Vitaminbedarf. Für Männer wird eine höhere tägliche Dosis Vitamin A, B_1, B_2, B_6, K und Niacin empfohlen als für

Frauen. Es gibt eine Reihe von Studien, die die Anwendungsbreite und Toleranz von Vitaminen belegen. Der Effekt von antioxidativen Prävitaminen und Vitaminen (insbesondere β-Carotin, Vitamin C und E) in hohen Dosen auf Herzerkrankungen und Krebs wurde im Allgemeinen mit gutem Erfolg belegt.

Bis auf Vitamin B_{12} werden heute alle Vitamine durch chemische Synthesen hergestellt. Manche werden auch durch biotechnische Prozesse gewonnen (Vitamin B_1, B_6, B_{12}) oder aus Naturprodukten isoliert (Vitamin A, D, E, K). Bei Vitamin C ersetzte man den rein chemischen Prozess (Reichstein-Grüssner-Synthese) durch ein gemischtes chemisch/fermentatives Verfahren.

Der Weltmarkt beläuft sich gegenwärtig auf 25 Milliarden Euro/Jahr. 50 % erwirtschaftet die Futtermittelindustrie, 30 % die Pharmaindustrie und 20 % die Nahrungsmittelindustrie.

Literatur

[1] http://www.oppisworld.de/poesie/philo/entdeck/magel.htm

[2] W. Langenbeck, W. Pritzkow, Lehrbuch der Organischen Chemie, Verlag Theodor Steinkopff, Dresden, 21. Aufl., (1969) 268.

[3] F. Micheel, Hoppe-Seyler's Z. physiol. Chem. **215** (1933) 215 und **216** (1933) 233.

[4] W. Langenbeck, W. Pritzkow, Lehrbuch der Organischen Chemie, Verlag Theodor Steinkopff, Dresden, 21. Aufl., (1969) 419.

[5] R. Grewe, Naturwissenschaften **24** (1936) 657.

[6] H. Andersag, K. Westphal, Ber. Dtsch. Chem. Ges. **70** (1937) 2035.

7.1 Vitamin A und Carotinoide

Die Farbstoffe von Goldfischen, Krabben, Krill (*Euphausiacea*, tierisches Plankton), Hummer, Tomate, Hagebutte, Karotte und Mais sind natürlich vorkommende Carotinoide.[1] Auch die rosarote Farbe von Flamingo und Ibis sowie das bunte Herbstlaub werden von ihnen verursacht (Abb. 7.4 und 7.6). Um die Farbe von Margarine, Speiseöle, Käse, Suppen, Limonaden und Vanillepudding zu erzeugen, werden Carotinoide zugesetzt (Abb. 7.5).

7.4 *Carotinoide sind in der Natur eine weit verbreitete Farbstoffklasse.*

7.5 *Einige natürliche Carotinoide – Chemisch gesehen sind diese Lebensmittelfarbstoffe alle nahe miteinander verwandt. Sie unterscheiden sich nur durch die Endgruppen.*

Auch in der Tierernährung spielen Carotinoide eine wichtige Rolle. Weltweit werden jährlich 400 000 Tonnen Lachs in Netzkäfigen gezüchtet. Um sicher zu stellen, dass das Lachsfilet die gleiche Farbe wie das von wildem Lachs hat, verabreicht man den Fischen zusammen mit dem Futter Astaxanthin in Form von amorphen Nanoteilchen (Abb. 7.7).

Coloristische Aspekte stehen auch bei dem Carotinoideinsatz in der Geflügelernährung im Vordergrund. Hierbei ist es wichtig landesübliche Färbungen zu erzielen: bleiche, fast farblose Eidotter in Norwegen, ein kräftiges Gelb in Deutschland, einen orangeroten Dotter von Enteneiern in Thailand und in spanisch sprechenden Ländern die gelb pigmentierte Haut von Mastküken, um das Aussehen von Maismasthähnchen nachzuahmen (Abb. 7.8).

Aufgrund des hoch ungesättigten Charakters sind Carotinoide ideale Antioxidantien. Sie fangen Singulettsauerstoff ab und zerstören Radikale. In einer ganzen Reihe von medizinischen Studien konnte der präventive Effekt von Carotinoiden im Zusammenhang mit Autoimmunerkrankungen, Herz/Kreislauf-Erkrankungen und Krebs belegt werden.[2]

Eine besondere Rolle kommt dem Vitamin A (Retinol) zu (Abb 7.9). Vitamin A besitzt große Bedeutung für Wachstum, Entwicklung und Differenzierung des Epithelgewebes. Retinol ist wichtig für die Spermatogenese und für die normale Entwicklung der Plazenta und des Fetus. (all *E*)-Retinsäure und (13*Z*)-Retinsäure sind bedeutende Medikamente gegen Akne und Schuppenflechte.

Retinol   **Retinal**   **Retinsäure**

Im Futtermittelbereich setzt man Vitamin A zum Aufbau, zur Regeneration und zum Schutz der Haut sowie zur Erhöhung der Fruchtbarkeit von Tieren ein. Vitamin A unterstützt außerdem das Wachstum und schützt vor Infektionskrankheiten.

Neben den protektiven und gesundheitsfördernden Eigenschaften ist Vitamin A essenziell für den Sehvorgang. Hierbei isomerisiert unter Einwirkung von Licht das als Imin an Opsin gebundene (11Z)-Retinal zum (all E)-Retinal und verursacht hierdurch eine Strukturänderung des Rhodopsins (Sehpurpur). Dies ist der Auslöser für einen Nervenreiz. Anschließend wird das (all E)-Retinal vom gebleichten Sehpurpur abgespalten und im Zuge einer photochemischen Isomerisierung oder einer sauerstoffabhängigen Dunkelreaktion in die (Z)-Form umgelagert. Nur das (11Z)-Retinal kann mit Opsin wieder Rhodopsin bilden. Erhebliche Mengen des (all E)-Retinals werden durch eine Alkoholdehydrogenase zu (all E)-Retinol reduziert, das mit dem Retinol in der Blutbahn ausgetauscht wird.[3]

7.9 *Im weitesten Sinn versteht man unter Vitamin A Retinol, seine Oxidationsprodukte Retinal und Retinsäure, aber auch seine Dehydroderivate und Doppelbindungsisomere.*

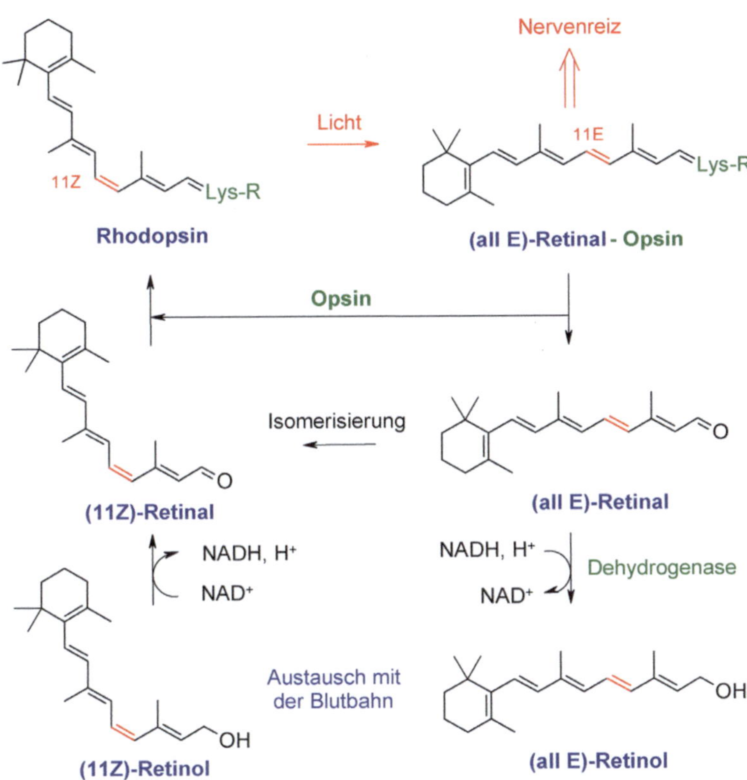

7.1.1 Historie

Als erster Vertreter der Carotinoide wurde β-Carotin 1831 von Wackenroder aus Karotten (*Daucus carota*) isoliert. Aber erst als bessere Methoden der Isolierung zur Verfügung standen, gelang es, chemisch reine Präparate zu gewinnen.

1907 formulierte Richard Willstätter als erster die Summenformel des β-Carotins.[4] 1928 setzte eine intensive Bearbeitung des Forschungsgebietes ein. L. Zechmeister und P. Karrer erkannten, dass die chromophore Gruppe des β-Carotins und des isomeren Lycopins (dem Farbstoff der Tomate (*Lycopersicum esculentum*)), beide $C_{40}H_{56}$, aus konjungierten Doppelbindungen besteht. Hydrierungsversuche ergaben, dass β-Carotin 11 Doppelbindungen, Lycopin jedoch 13 Doppelbindungen enthält.[5][6] T. Moore konnte 1929 anhand von Tierexperimenten eindeutig nachweisen, dass β-Carotin das Prävitamin A ist und sich in dieser Eigenschaft von allen anderen damals bekannten Carotinoiden unterschied.[7] Es lag nahe, anzunehmen, dass sie auch strukturell eng verwandt sind. Richard Kuhn und Paul Karrer nutzten 1931 neben der fraktionierenden Kristallisation erstmals die neue Methode der Chromatographie zur Reinigung von Carotinoiden.[8][9] Im gleichen Jahr isolierte Karrer fast reines Retinol aus Makrelen (*Scom-bresox saurus*).[10] Die Strukturaufklärung des Retinols wurde durch dessen Oxidationsempfindlichkeit erschwert, was man anfangs nicht erkannt hatte. Allerdings erhielt man weiteren Aufschluss über die Struktur des β-Carotins durch Oxidationsversuche mit Ozon, Kaliumpermanganat und Chromsäure. Hiermit konnte Karrer die Struktur von β-Carotin aufklären und den ersten korrekten Strukturvorschlag für Retinol machen. Kuhn synthetisierte 1937 erstmals Retinol.[11] J. G. Baxter und C. D. Robeson isolierten 1946 (13Z)-Retinol in kristalliner Form.[12] 1950 gelang Karrer und Eugster ausgehend von β-Jonon, die Synthese von β-Carotin[13] und schließlich konnte 1952 die Struktur von Retinol mit der Synthese von 3-Dehydroretinol endgültig aufgeklärt und abgesichert werden.[14]

7.1.2 Biosynthese

Otto Wallach (Nobelpreis für Chemie 1910) und Konrad Julius Bredt erkannten Anfang des letzten Jahrhunderts, dass Terpene aus C_5-Bausteinen aufgebaut sind (Abb. 7.10): Semiterpene (C_5), Monoterpene (C_{10}), Sesquiterpene (C_{15}), Diterpene (C_{20}), Sesterterpene (C_{25}), Triterpene (C_{30}) und Tetraterpene (C_{40}).

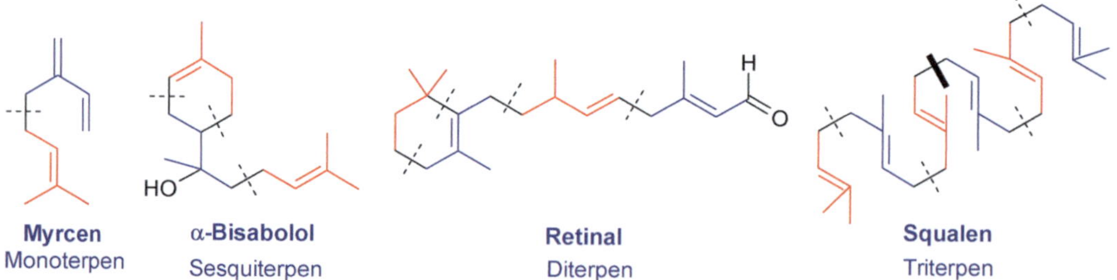

7.10 *Die Überlegungen von Bredt, Wallach und Ruzicka würden wir heute als „Retrosynthese" bezeichnen.*

1921 formulierte Leopold Ruzicka die Isoprenregel, dass Terpene durch Kopf-Schwanz-Verknüpfung von Isopreneinheiten entstehen. Abweichungen von der Regel (wie bei der Chrysanthemumsäure) und Wagner-Meerwein-Umlagerungen erschweren gelegentlich die Analyse. Erst Mitte der 50er Jahre konnte man zeigen, dass die Terpene durch „aktives Isopren" aufgebaut werden.[15][16]

Mevalonsäureweg

Untersucht man den Abbau von 1-^{13}C-markierter Glucose, z. B. in *Escherichia coli* oder *Alicyclobacillus acidoterrestris*, so findet man die Markierung anschließend im terminalen C-Atom von Glycerinaldehyd-3-phosphat, Pyruvat und Acetyl-CoA.

Glucose ATP ADP **Phosphohexose-Isomerase** **P$_i$-Fructose**

ATP ADP **Aldolase**

Phosphotriose-Isomerase **Glycerinaldehyd-3-phosphat** **Pyruvat** **Acetyl-CoA**

Verfolgt man nun den Biosyntheseweg der Terpene, so findet man in Dimethylallyldiphosphat drei C-Atome markiert. Zunächst kondensieren zwei Moleküle Acetyl-CoA zu Acetoacetyl-CoA. Dann wird ein enzymgebundener Acetylrest im Sinn einer Aldoladdition übertragen und schließlich nach NADPH-Reduktion (*R*)-Mevalonsäure erzeugt. Phosphorylierung durch ATP, dehydratisierende Decarboxylierung und Isomerisierung des Isopentenyldiphosphats führen zu Dimethylallyldiphosphat.

SCoA' + SCoA' ⟶ **Acetoacetyl-CoA**

SCoA' + HS-HMG-CoA-Synthase ⟶ S-HMG-CoA-Synthase

SCoA' + S-HMG-CoA-Synthase ⟶ **3-Hydroxy-3-methylglutaryl-CoA** 2 NADPH HMG-CoA-Reduktase **(R)-Mevalonsäure**

2 ATP ⟶ ATP - CO$_2$ - H$_2$O ⟶ **Isopentenyldiphosphat** ⇌ **Dimethylallyldiphosphat**

Triose-Pyruvat-Weg

Seit der Aufklärung der Sterolbiosynthesewege, besonders von Cholesterol in der Leber und von Ergosterol in Hefe, glaubte man, dass deren Grundbausteine in allen Lebewesen einheitlich über Mevalonsäure synthetisiert werden. Erst seit wenigen Jahren kennt man bei Pflanzen und Bakterien eine alternative Biogenese der isoprenoiden Grundbausteine. Der Biosyntheseweg heißt nach seinem Entdecker Rohmer-Weg oder Triose-Pyruvat-Weg.[17] Man hatte ihn mehrere Jahrzehnte lang schlichtweg übersehen, weil man an ein Dogma glaubte und alle experimentellen Befunde daraufhin interpretierte. Dabei gab es durchaus widersprüchliche Befunde.

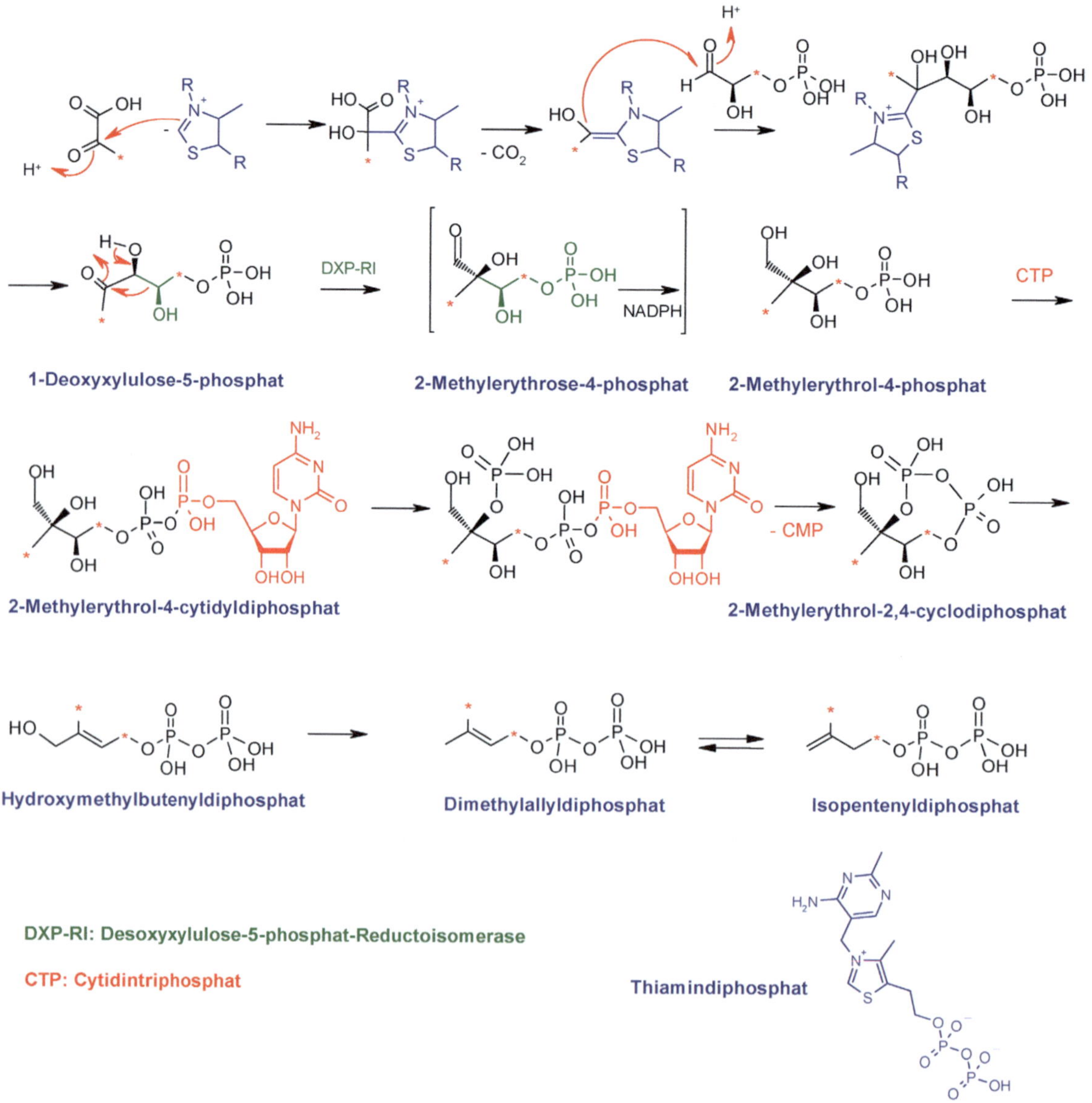

1-Deoxyxylulose-5-phosphat

DXP-RI

2-Methylerythrose-4-phosphat

2-Methylerythrol-4-phosphat

2-Methylerythrol-4-cytidyldiphosphat

2-Methylerythrol-2,4-cyclodiphosphat

Hydroxymethylbutenyldiphosphat

Dimethylallyldiphosphat

Isopentenyldiphosphat

DXP-RI: Desoxyxylulose-5-phosphat-Reductoisomerase

CTP: Cytidintriphosphat

Thiamindiphosphat

Zum Beispiel wurde radioaktiv markierte Mevalonsäure bei Pflanzen des öfteren nur unzureichend in Terpene eingebaut. Außerdem konnten in Chloroplasten einige Enzyme, z.B. die 3-Hydroxy-3-methylglutaryl-CoA-Reduktase (HMG-CoA-Reduktase) des Mevalonsäurewegs nicht nachgewiesen werden.

Inzwischen wurde in einer ganzen Reihe höherer Pflanzen der Triose-Pyruvat-Weg gefunden.[18] Bemerkenswert ist das Bakterium *Streptomyces aeriouvifer*, weil es neben dem Triose-Pyruvat-Weg auch den Mevalonsäureweg benutzt. Bei höheren Pflanzen ist dies die Regel. Dagegen gibt es bisher noch keine Hinweise für den Triose-Pyruvat-Weg in Pilzen und Tieren.

Die mechanistischen Einzelheiten wurden durch eine ganze Reihe von Markierungsexperimenten abgesichert.[19] [20] Geht man wieder von $1\text{-}^{13}C$-Glucose aus, so findet man die ^{13}C-Markierung nach dem Triose-Pyruvat-Weg nur an zwei C-Atomen des Dimethylallyldiphosphats. Die Umsetzung von Pyruvat mit Glycerinaldehyd-3-phosphat (Triose) ist abhängig von Thiamindiphosphat und führt zu 1-Deoxyxylulose-5-phosphat. Bemerkenswert ist dessen Umlagerung in 2-Methylerythrose-4-phosphat. Der stereochemische Verlauf ist vergleichbar mit der Ketolumlagerung bei der Biosynthese von Valin und Isoleucin. Die Hydroxy- und Ketogruppe sind bei der Umlagerung *syn*-periplanar angeordnet, sodass der Glykolrest suprafacial auf die *re*-Seite übertragen wird. In Gegenwart von Cytidintriphosphat (CTP) überträgt die entsprechende Transferase einen Cytidinphosphatrest.[21] [22]Anschließend verestert eine Kinase die Hydroxygruppe in 2-Position mit Phosphorsäure. Unter Abspaltung von Cytidinmonophosphat wird 2-Methylerythrol-2,4-cyclodiphosphat gebildet.[23] Das zyklische Diphosphat wird reduktiv geöffnet. Die Hydroxymethylbutenyldiphosphat-Synthase ist ein [4Fe-4S]-Protein, an dem, in Gegenwart von NADPH, die Reduktion abläuft.[24] Für den letzten Schritt der Biosynthese von Isopentenyldiphosphat bzw. Dimethylallyldiphosphat diskutiert man einen entsprechenden Prozess.[25]

Biosynthese der höheren Terpene

Die Abspaltung von Diphosphat von Dimethylallyldiphosphat führt zu dem resonanzstabilisierten Prenylkation, das am Enzym in *statu nascendi* mit Nukleophilen weiter reagiert. Zu Monoterpenen gelangt man durch Reaktion mit Isopentenyldiphosphat. Die Abspaltung des Diphosphatrestes von Geranyldiphosphat führt zu Myrcen.

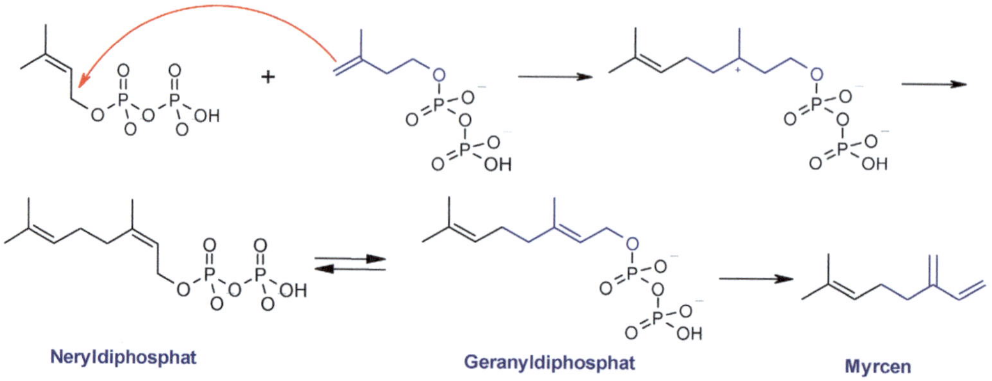

Neryldiphosphat

Geranyldiphosphat

Myrcen

Die Umsetzung von Geranyldiphosphat mit Isopentenyldiphosphat liefert Farnesyldiphosphat und die Wiederholung dieser Sequenz schließlich Geranylgeranyldiphosphat.

Geranyldiphosphat

Geranylgeranyldiphosphat-Synthase

Farnesyldiphosphat

Geranylgeranyldiphosphat-Synthase

Geranylgeranyldiphosphat

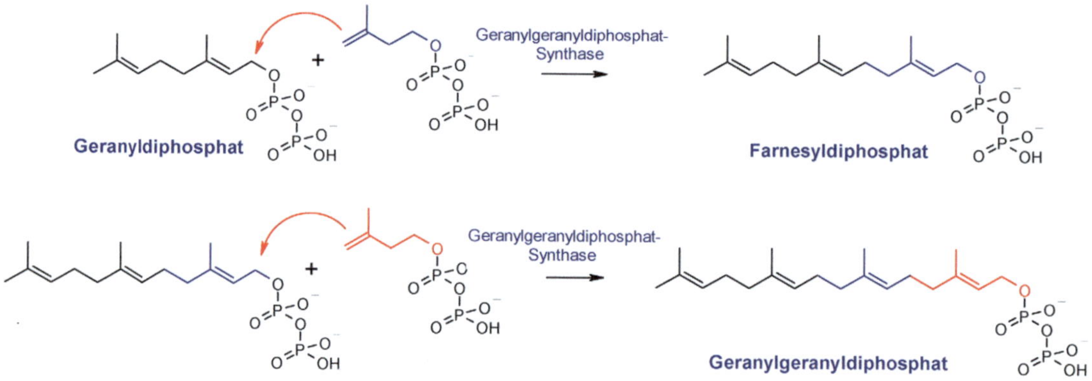

Die Schwanz-Schwanz-Verknüpfung zweier Geranylgeranyldiphosphat-Einheiten verläuft über eine Cyclopropanzwischenstufe. Hierbei spaltet das primäre Cyclopropanderivat den Diphosphatrest ab, und das entstehende Cyclopropylmethylcarbokation öffnet den Ring wieder. Die Deprotonierung ergibt dann Phytoen.

Phytoen-Synthase

Phytoen

Schließlich führt die Dehydrierung zu Lycopin, dem Farbstoff der Tomaten und Hagebutten. Unter saurer Katalyse zyklisieren die Enden zu β-Carotin. Die Xanthophylle – Astaxanthin, Canthaxanthin oder, wie hier am Beispiel gezeigt, (3R,3'R)-Zeaxanthin – entstehen anschließend durch Oxidationsreaktionen an den entsprechenden Enzymen.

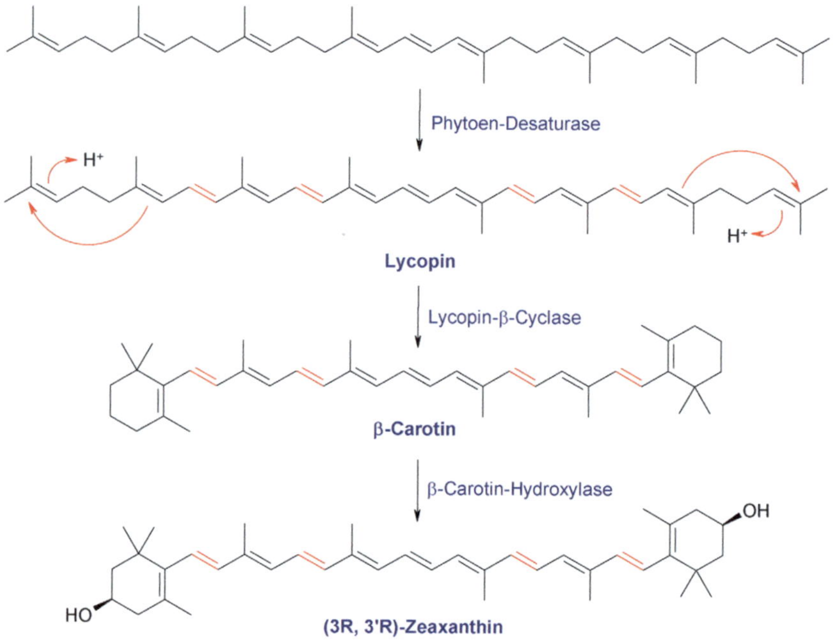

Phytoen-Desaturase

H⁺

Lycopin

H⁺

Lycopin-β-Cyclase

β-Carotin

β-Carotin-Hydroxylase

OH

HO

(3R, 3'R)-Zeaxanthin

Biosynthese der Retinoide

Glaubte man bisher, der Abbau von β-Carotin zu Retinal erfolge im Sinn einer [2 + 2]- Zykloaddition von Sauerstoff vermittelt durch eine Eisendioxygenase und anschließender Fragmentierung des Dioxetans, so ergaben neue Untersuchungen mit gereinigtem Enzym, dass es sich um eine Monooxygenase handelt.[26] Markierungsexperimente beim Abbau von α-Carotin im Sinn einer Epoxidierung mit $^{17}O_2$ und Hydrolyse mit $H_2{}^{18}O$ lieferten α- und β-Retinal zu gleichen Teilen an ^{17}O und ^{18}O in der Carbonylgruppe. Man nimmt an, dass der Abbau von β-Carotin nach dem gleichen Mechanismus erfolgt.

α-Carotin

β-Retinal   α-Retinal

7.1.3 Technische Synthese

Die technische Synthese naturidentischer Carotinoide begann 1954 bei Hoffmann-La Roche (die Vitamin-Division gehört heute zu DSM) und 1960 bei der BASF. Im Laufe der Zeit folgten noch eine Reihe anderer Firmen wie Rhône-Poulenc (heute Rodia bzw. Adisseo), Sumitomo, Kuraray, Glaxo und Philips. 1995 erreichte der Weltjahresumsatz der Carotinoide mit 500 Millionen Dollar den von Vitamin A. Von den etwa 700 bekannten natürlichen Carotinoiden besitzen nur wenige eine größere technische Bedeutung. Seit 1990 beobachtet man einen jährlichen Zuwachs des Umsatzes besonders bei β-Carotin und Astaxanthin (Tab. 7.2).

Universelle Verknüpfungsmethoden der Synthesebausteine sind die Wittig-Reaktion, die Horner-Reaktion, die Sulfonverknüpfung nach Julia, die Enoletherkondensation und die Umlagerung nach Saucy-Marbet. Da in sehr vielen Fällen (*E/Z*)-Isomerengemische entstehen, schließt sich oft eine Isomerisierung z. B. durch Bestrahlung an.

Das zentrale Zwischenprodukt sämtlicher Verfahren zur Herstellung von Vitamin A und β-Carotin ist β-Jonon, dessen Herstellungsverfahren im Zusam-

Im Folgenden werden die Firmennamen benutzt, die die Firmen zum Zeitpunkt der Entwicklung der Prozesse trugen.

ℹ Es ist umstritten, ob Citranaxanthin ein natürlich vorkommendes Carotinoid ist. Man konnte zeigen, dass Citranaxanthin bei der Aufarbeitung von Naturextrakten mit Aceton entsteht.[27]

Tabelle 7.2 *Kommerziell bedeutsame Carotinoide*

Struktur	Name	Verwendung
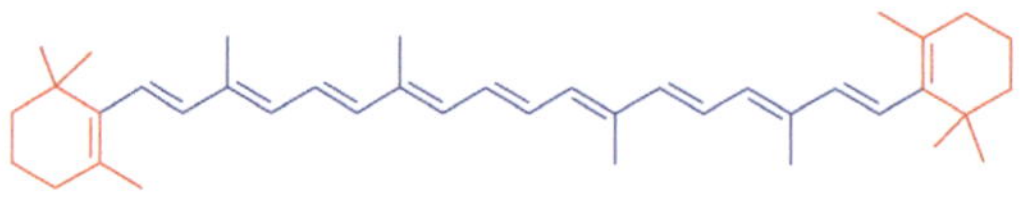	β-Carotin	Margarine Fruchtsäfte Nahrungsmittelzusätze Fruchtbarkeit bei Rindvieh
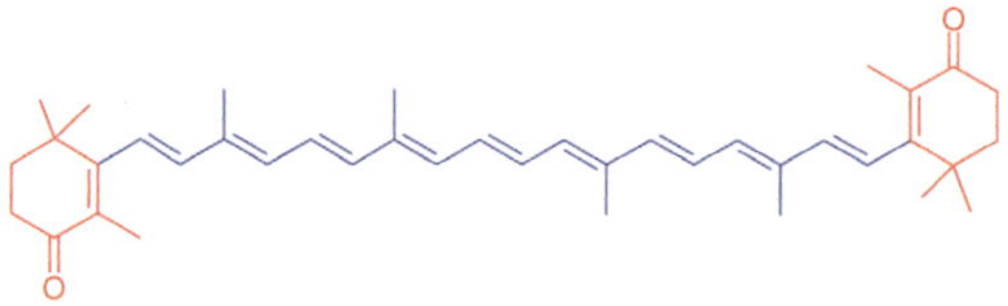	Canthaxanthin	Eidotterfärbung Broiler-Hautpigmentierung Fischernährung
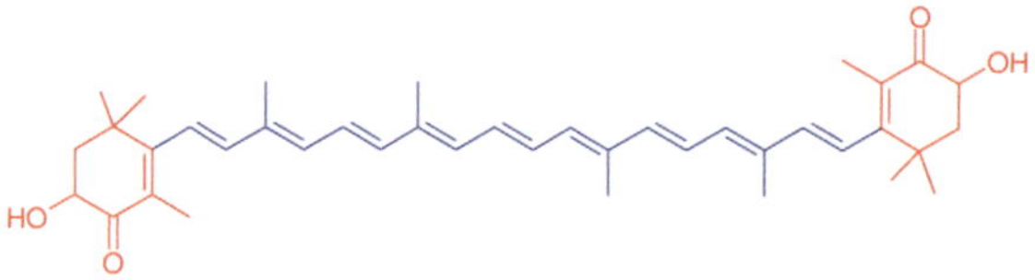	Astaxanthin	Lachs Hummer
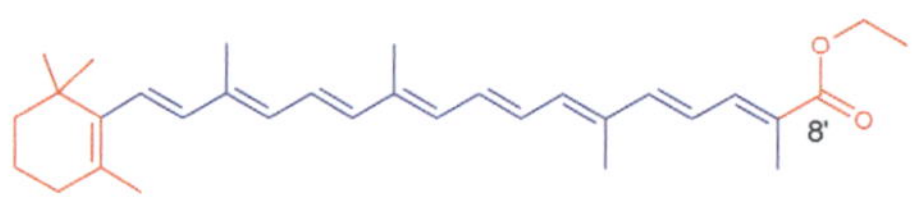	8′-Apo-β-carotinsäureethylester	Eidotterfärbung Broiler-Hautpigmentierung
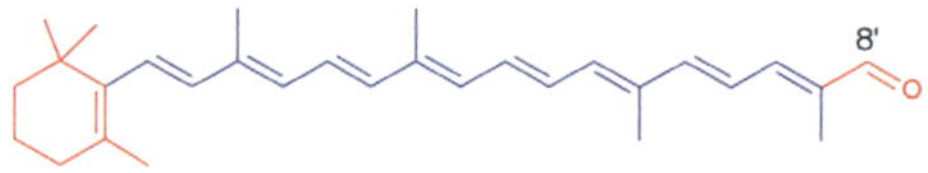	8′-Apo-β-carotinaldehyd	Käse Dressing
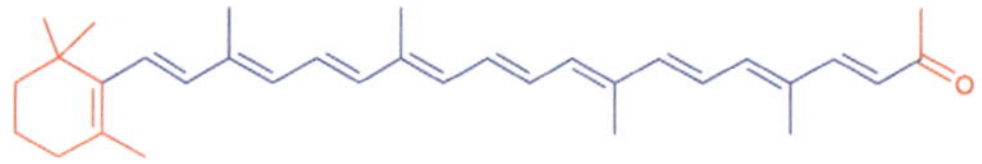	Citranaxanthin	Eidotterfärbung
	Lycopin	Nahrungsmittelzusätze Multivitamin-Tabletten
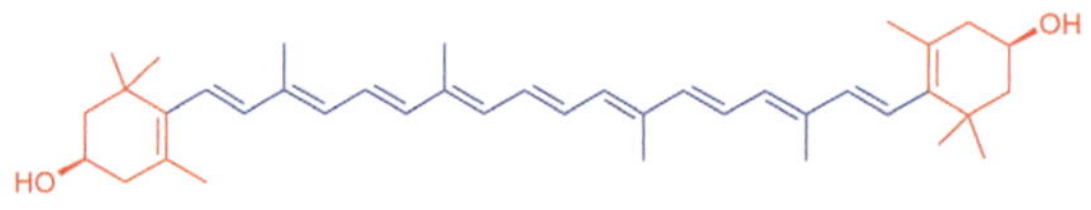	Zeaxanthin	Nahrungsmittelzusätze

menhang mit den Veilchen-Riechstoffen schon besprochen wurden. Zur Erinnerung sollen hier die verschiedenen Strategien noch einmal kurz wiederholt werden. Das Ausgangsmaterial von Hoffmann-La Roche war Acetylen, von BASF Isobutylen und von Rhône-Poulenc Isopren. 6-Methylhept-5-en-2-on ist eine wichtige Zwischenstufe, die über Citral zu Pseudojonon umgesetzt und schließlich zu β-Jonon zyklisiert wird.

Claisen-Umlagerung

Kat.

6-Methylhept-5-en-2-on

Dehydrolinalool

Citral

Pseudojonon

β-Jonon

BASF

Wittig-Olefinierung

1953 entdeckte Georg Wittig[28] bei Arbeiten über pentavalente Phosphorverbindungen die später nach ihm benannte Olefinierungsreaktion.[29] Wie bei vielen wirklich großen Entdeckungen geschehen die Dinge eher zufällig und sind bei genauerer Betrachtung gar nicht so neu. Bei der Wittig-Reaktion war die Reaktion des Methylentriphenylphosphorans mit Benzophenon nicht beabsichtigt und es gab auch Parallelen, die Wittig anfangs nicht bekannt waren, zu einer Reaktion, die H. Staudinger[30] 45 Jahre zuvor durchgeführt hatte.[31] 1947 hatte Wittig Stickstoffylide mit Benzophenon zu (2-Hydroxy-2,2-diphenylethyl)-trimethylammoniumsalzen umgesetzt.[32] Erwartungsgemäß sollten auch Phosphorylide Phosphoniumsalze ergeben. Stattdessen erhielt Wittig 1,1-Diphenylethen mit einer Ausbeute von etwa 84 %.[33]

Staudinger, 1908:

Wittig, 1947:

Wittig, 1953:

Bereits 1956 erschien das erste Patent, in dem die Retinsäureestersynthese durch Wittig-Reaktion beansprucht wurde.[34] [35] [36] Das Besondere an Wittigs Entdeckung war, dass es mit dieser unerwarteten Reaktion zum ersten Mal möglich wurde, Kohlenstoffdoppelbindungen unter sehr milden Bedingungen zu generieren. Zudem war die Methode breit anwendbar. Beides erkannte Wittig sehr rasch. Dennoch war die Frage nicht einfach zu beantworten, ob sich auf dieser neuen Synthesemethode ein industriell verwertbares Herstellverfahren aufbauen ließ.

Probleme von Wittig-Reaktionen

Triphenylphosphanoxid

Ein gravierender Nachteil der Wittig-Reaktion ist der zwanghafte Anfall stöchiometrischer Mengen an Triphenylphosphanoxid. Dieses ließe sich mit Bor-, Aluminium- oder Siliciumhydriden direkt reduzieren, welche aber für diesen Prozess zu teuer sind. Tatsächlich setzt man destilliertes Triphenylphosphanoxid mit *in situ* erzeugtem Phosgen zu dem entsprechenden Dichlorid um und reduziert mit Metallen, z. B. Aluminium.[37]

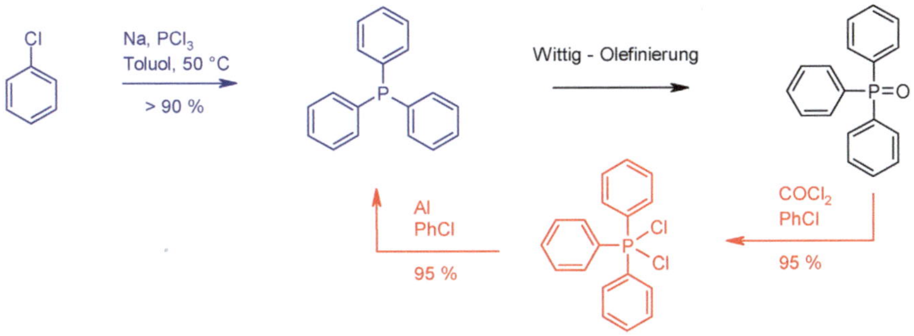

Weltweit werden heute etwa 5 000 Tonnen Triphenylphosphan hergestellt. Die wichtigsten Hersteller sind BASF, Atochem und Hoko. Chlorbenzol wird mit einer toluolischen Natriumsuspension und Phosphortrichlorid umgesetzt. Im technischen Maßstab geschieht dies in einem zweistufigen Kaskadenreaktor. Nach wässriger Aufarbeitung erfolgt die Isolierung des Wertprodukts durch Destillation.

Etwa die Hälfte des Triphenylphosphans findet Verwendung in der Polyenchemie, der Rest für andere Wittig-Reaktionen in der Pharmaindustrie und ein kleiner Teil als Ligand für Metallkatalysatoren.

(*E/Z*)-Isomere

Ein weiteres generelles Problem der Wittig-Reaktion mit ungesättigten und daher semistabilen Phosphoranen stellt die geringe (*E/Z*)-Selektivität dar. In der Regel ist das (all *E*)-Isomere das Wunschprodukt. Die (*E/Z*)-Isomerengemische werden meistens direkt nach der Wittig-Reaktion isomerisiert. Hierzu bedient man sich verschiedener Methoden. Oft reicht einfaches Erhitzen aus. Der Zusatz von Iod, Säuren und Basen kann die Einstellung der (*E/Z*)-Gleichgewichtslage beschleunigen. Von Bedeutung sind weiterhin Edelmetallkatalysatoren zur Isomerisierung und photochemische Verfahren.

Bei den Isomerisierungsbedingungen muss man jedoch berücksichtigen, dass die Doppelbindungen aus stereochemischen Gründen unterschiedlich schnell isomerisieren und die Isomerisierung in den Gleichgewichtszustand läuft, der in der Regel nicht zu 100 % auf der Seite des (all *E*)-Isomeren liegt (Abb. 7.11). Im Fall des (all *E*)-*β*-Carotins bildet sich am schnellsten das (13*Z*)-Isomere. Im Gleichgewichtszustand liegen 25 % (13*Z*)-*β*-Carotin vor. Deutlich langsamer entstehen die (9*Z*)- und (13*Z*,13'*Z*)-Isomere. Der Anteil an (15*Z*)-*β*-Carotin ist im Gleichgewichtszustand sehr gering und im Fall der Doppelbindungen an C-7 und C-11 liegt das Gleichgewicht zu 100 % auf der Seite der (*E*)-Konfiguration. Dies hat unmittelbaren Einfluss auf die Synthesestrategie.

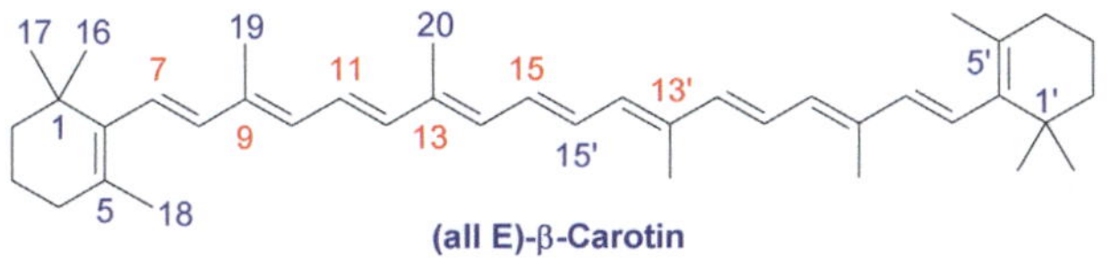

7.11 *Isomerisierungen am Carotinoidgerüst zielen nicht auf das thermodynamische Gleichgewicht, sondern auf eine selektive Isomerisierung der zweifachsubstituierten Doppelbindungen.*

Retrosynthese

Für die Seitenkette des Retinolacetats sind vier retrosynthetische Schnitte an den Doppelbindungen möglich (Abb. 7.12).[37] Bei vier Doppelbindungen ergeben sich theoretisch 16 Stereoisomere. Die Erkenntnis, dass wie bei β-Carotin disubstituierte (Z)-Doppelbindungen unter milderen Bedingungen isomerisieren als trisubstituierte, schränkt die retrosynthetischen Möglichkeiten ein.

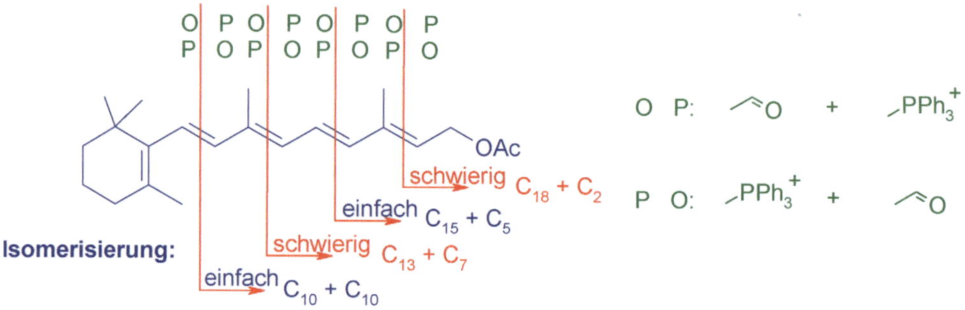

7.12 *Es ergeben sich bei der Retrosynthese von Retinolacetat acht Möglichkeiten für die Carbonylverbindungen und die dazugehörigen Phosphorane.*

Weitere Einschränkungen ergaben sich durch die unterschiedlich gute Verfügbarkeit der Synthesebausteine. In Frage kommen Cyclocital (C_{10}) und Jonon (C_{13}). Letztlich zeigt sich, das die beste Wahl der Bausteine für Vitamin A ein C_{15}-Phosphoniumsalz aus β-Jonon (C_{13} + C_2) und einen C_5-Aldehyd ist, weil sich Pseudojonon besser zu β-Jonon als Citral zu Cyclocitral zyklisieren lässt. Retrosynthetisch ergibt sich dann für die β-Carotinsynthese entsprechend ein C_{10}-Dialdehyd.

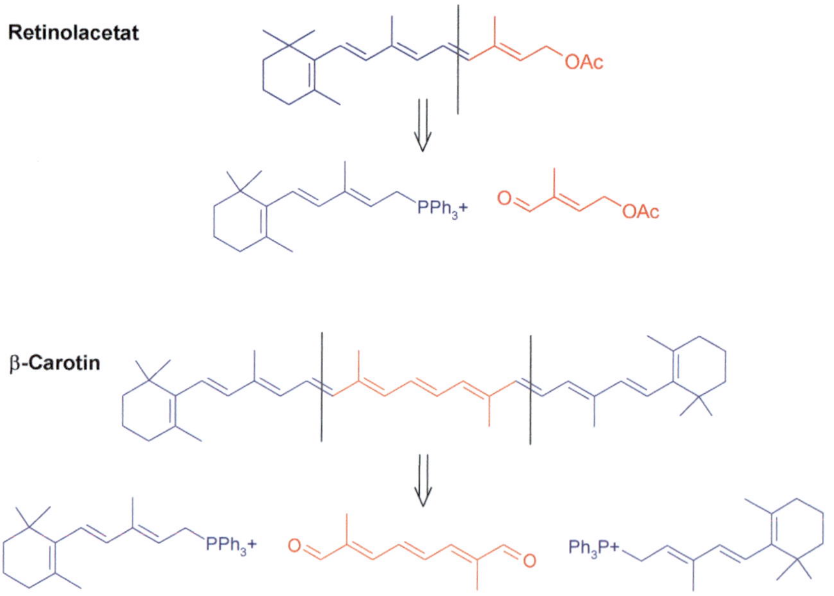

Vitamin-A-Acetat (BASF)

Die Umsetzung von β-Jonon mit Vinylmagnesiumchlorid liefert direkt Vinyl-β-jonol. Äquivalent hierzu ist die Ethinylierung und partielle Hydrierung. Der Allylalkohol wird direkt im Sauren mit Triphenylphosphan zu dem entsprechenden β-Jonylidenethyltriphenylphosphoniumhydrogensulfat umgesetzt.[37]

Ob man β-Jonon mit Vinylmagnesiumchlorid oder mit Acetylen umsetzt, hängt zum einen davon ab, ob Acetylen verfügbar ist, zum anderen, ob man den Umgang mit Vinylmagnesiumchlorid beherrscht, das immer einige Prozent Vinylchlorid enthält. Die direkte Bildung des Phosphoniumsalzes aus dem Allylalkohol hat den Vorteil, dass die entsprechenden labilen β-Jonylidenethylhalogenide umgangen werden. Das Phosphoniumsalz ist kristallin und kann so in hervorragenden Ausbeuten gewonnen werden.

Für den C_5-Aldehyd gibt es mehrere Zugänge. Eine vergleichsweise einfache Herstellmöglichkeit ist die Hydroformylierung von 1,2-Diacetoxy-3-buten, das durch Veresterung mit Essigsäureanhydrid und kupferkatalysierter Umlagerung aus Buten-1,4-diol erhältlich ist. Die Tatsache, dass es neuerdings möglich ist aus Butadien am Silberkontakt Vinyloxiran herzustellen, eröffnet einen zweiten attraktiven Zugang.[38] [39] Kritisch bei dieser Syntheseroute ist die Regioselektivität der Hydroformylierung.

Die Wittig-Reaktion von β-Jonylidenethyltriphenylphosphonium-Salz mit (E)-4-Acetoxy-2-methylbut-2-en-1-al führt in hohen Ausbeuten unmittelbar zu (E/Z)-Retinolacetat, das anschließend noch isomerisiert und kristallisiert werden muss. [45] [37]

β-Carotin (BASF)

In analoger Weise kann das C_{15}-Phosphoniumsalz mit 2,7-Dimethylocta-2,4,6-trien-1,8-dial zu *β*-Carotin umgesetzt werden.[37] Der C_{10}-Dialdehyd ist aus Methacrolein und Acetylendimagnesiumbromid zugänglich. Das Diol wird mit Phosphortribromid durch eine S_N2'-Reaktion in das terminale Dibromid überführt. Doppelte Substitution mit Kaliumacetat und anschließende Verseifung liefert den endständigen Alkohol, der nach Braunsteinoxidation, Reduktion mit einem Lindlar-Katalysator und Isomerisierung schließlich den C_{10}-Dialdehyd ergibt.

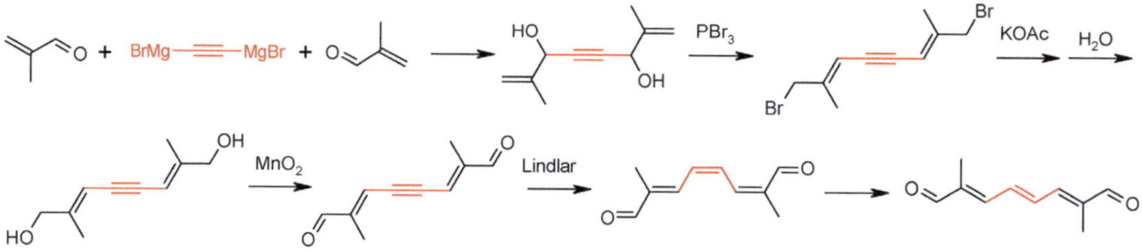

Es sind mehrere technische Zugänge zu 2,7-Dimethylocta-2,4,6-trien-1,8-dial beschrieben. Für die technische Synthese von großer Bedeutung ist die Gasphasenbromierung von Butadien, die ein Gemisch aus 1,2- und 1,4-Dibrombuten liefert. In einer Arbusov-Reaktion erhält man in fast quantitativer Ausbeute den Diphosphonsäureester, der in einer doppelten Horner-Reaktion mit Methylglyoxal-dimethylacetal und anschließender Hydrolyse ein (*E/Z*)-Isomerengemisch des gewünschten 2,7-Dimethylocta-2,4,6-trien-1,8-dials ergibt. Interessant ist, dass die analoge Wittig-Reaktion nur zu Ausbeuten < 10 % führt. Der Grund ist der wesentlich höhere sterische Anspruch durch die Triphenylphosphanreste.

Alternativ kann auch Furan bromiert und einer erschöpfenden Methanolyse unterworfen werden. Doppelte durch Zinkchlorid katalysierte Enoletherkondensation mit 1-Propenylmethylether ergibt schließlich den kristallinen (all *E*)-C_{10}-Dialdehyd in einer Gesamtausbeute von > 50 %.

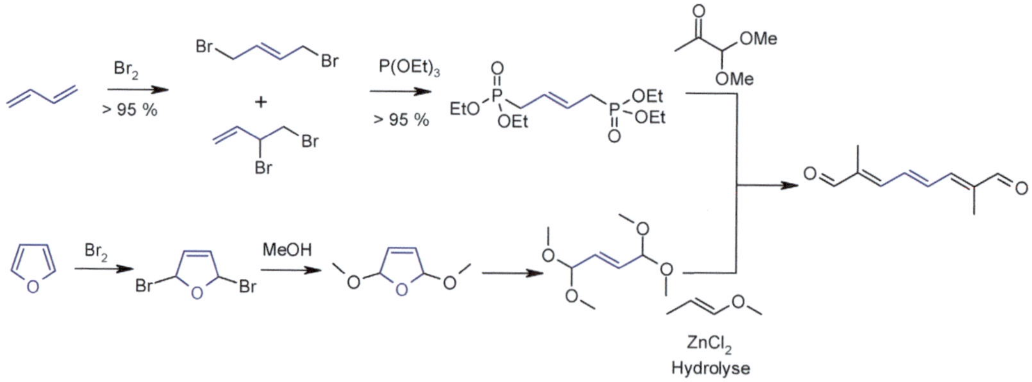

Ein dritter Syntheseweg verfolgt die Strategie $C_5 + C_5$. Hierbei wird (*E*)-4-Acetoxy-2-methylbut-2-en-1-al zum einen zu dem Dialdehyd oxidiert, zum anderen ins entsprechende Phosphoniumsalz überführt und schließlich in einer Wittig-Reaktion mit Ersterem zum gewünschten C_{10}-Baustein gekuppelt.

Zunächst wird die Aldehydfunktion von (*E*)-4-Acetoxy-2-methylbut-2-en-1-al mit 2,2-Dimethylpropan-1,3-diol acetalisiert und dann der Essigsäureester einer alkalischen Methanolyse unterworfen. Das Phosphoniumsalz ist zugänglich durch Umsetzung mit Thionylchlorid und dann mit Triphenylphosphan. Den Aldehyd erhält man durch Jones-Oxidation, TEMPO-Oxidation oder andere Oxidationsmethoden. Nach der Wittig-Olefinierung wird das zyklische Diacetal mit Schwefelsäure gespalten.

Das Rohprodukt aus der Wittig-Reaktion des C_{10}-Dialdehyds mit dem C_{15}-Phosphoniumsalz enthält zu etwa 35 % das (11*Z*)-Isomere, das in siedendem Heptan isomerisiert wird. Triphenylphosphanoxid trennt man durch Extraktion mit DMF/Wasser-Gemischen oder Alkohol/Wasser-Gemischen ab. β-Carotin wird dann in analysenreiner Form mit einer Ausbeute von 80 % erhalten.

Ein alternativer Zugang zu β-Carotin, der von der BASF heute technisch genutzt wird, geht von Retinolacetat aus.[45][37][40] Die direkte Umsetzung mit Triphenylphosphan im Sauren ergibt ein C_{20}-Phosphoniumsalz. Die partielle, alkalische Oxidation mit Wasserstoffperoxid führt direkt zu (*E*/*Z*)-β-Carotin, das nach Isomerisierung mit etwa 70 % Ausbeute in der (all *E*)-Form erhalten wird.

7.13 *Tomaten (Lycopersicon esculentum) enthalten viel Lycopin.*

In modernen Beiträgen [i] zur oxidativen Kupplung von Phosphoniumsalzen benutzt man Sauerstoff in der Gegenwart von 1 mol % VO(acac)$_2$.[41]

Der Mechanismus ist noch weitgehend unverstanden. Wasserstoffperoxid überträgt den Sauerstoff formal auf das nukleophile Phosphoran, das unter Abspaltung von Triphenylphosphanoxid den Aldehyd ergibt, der letztlich in einer normalen Wittig-Reaktion zu β-Carotin abreagiert.

Lycopin (BASF)

Das Ausgangsmaterial für Lycopin ist Pseudojonon, das bedingt durch die Herstellung aus Citral als (E/Z)-Isomerengemisch vorliegt (Abb. 7.13). Da dreifach substituierte Doppelbindungen bei der Isomerisierung zu Gleichgewichtsgemischen führen, trennt man die Isomere durch fraktionierende Destillation. Im BASF-Prozess setzt man anschließend mit Vinylmagnesiumchlorid und dann mit Triphenylphosphan und Methansulfonsäure zum C$_{15}$-Phosphoniumsalz um. Durch die Wahl der Säure und Temperaturführung schafft man es, ein (E/Z)-Verhältnis von 4,2 : 1 zu erreichen. Lycopin erhält man schließlich durch doppelte Wittig-Reaktion mit dem C$_{10}$-Dialdehyd.[42]

Apocarotinoide (BASF)

Eine besondere technische und wirtschaftliche Herausforderung ist der unsymmetrische Charakter der Apocarotinoide. Bemerkenswert ist, dass diese Verbindungen in linearen Synthesen aus den entsprechenden Bausteinen aufgebaut werden. Die Wirtschaftlichkeit ist nur deshalb gegeben, weil fast alle Reaktionsschritte in andere Prozesse integriert werden können. Allerdings sind für die Apocarotinoide weitere C_5-Phosphoniumsalze und C_5-Phosphonsäureester erforderlich. Es wurden eine Vielzahl verschiedener Synthesewege beschrieben.[43] Hier sollen nur die neuen Entwicklungen vorgestellt werden.

Bei der BASF wurde zur Synthese des C_5-Bausteins folgender Weg entwickelt: Die Pinner-Reaktion mit 2-Methylbut-3-ennitril führt zu 2-Methylbut-3-ensäureethylester, der durch Bromaddition und HBr-Eliminierung in das entsprechende Bromderivat überführt wird. Aus diesem ist sowohl das entsprechende Phosphoniumsalz, als auch durch Arbusov-Reaktion der Phosphonsäureester zugänglich.[44]

> [i] Apo- ist ein Wortbildungselement vom griech. *apo* mit der Bedeutung zurück, ab, fern, weg.

Auch Hoffmann-La Roche entwickelte in jüngerer Zeit einen Syntheseweg für das C_5-Phosphoniumsalz. Die Cyanhydrinsynthese und anschließende Ethanolyse von Methylvinylketon führt zu 2-Hydroxy-2-methylbut-3-ensäureethylester. Die Umsetzung mit Thionylchlorid und Triphenylphosphan liefert schließlich auch das gewünschte Zwischenprodukt.

8'-Apo-β-carotinaldehyd, 8'-Apo-β-carotinsäureethylester und Citranaxanthin sind mit diesem Baukastensystem gut zugänglich. Zentraler Synthesebaustein ist 12'-Apo-β-carotinaldehyd, der auf vielfältige Weise über Wittig-Reaktionen aus den oben beschriebenen Zwischenprodukten synthetisiert werden kann. Von besonderem Reiz ist eine von Retinol ausgehende Synthese. Zunächst wird Retinol durch eine TEMPO-Oxidation zu Retinal oxidiert. Die sukzessive Umsetzung von Retinal mit C_5-Phosphoniumsalzen oder Phosphonestern führt nach Isomerisierung zu 8'-Apo-β-carotinaldehyd und 8'-Apo-β-carotinsäureethylester. Citranaxanthin erhält man durch Aldolkondensation von 8'-Apo-β-carotinaldehyd mit Aceton.[37]

12'-Apo-β-carotinaldehyd

8'-Apo-β-carotinaldehyd

8'-Apo-β-carotinsäureethylester

Citranaxanthin

Vitamin-A-Acetat (Hoffmann-La Roche)

Konsequenterweise favorisierte Hoffmann-La Roche, ausgehend von der Herstellung von β-Jonon, auch für die weitere Synthese zunächst Acetylen als universalen Synthesebaustein. Die Umsetzung von Methylvinylketon mit Lithiumacetylid in Ammoniak ergibt ein tertiäres Carbinol, das mit Schwefelsäure in ein (*E/Z*)-Isomerengemisch von 3-Methylpent-2-en-4-inol isomerisiert wird. Die Isomere können durch Destillation getrennt werden. Während die Hauptkomponente, das (*Z*)-Isomere, für die Herstellung von Vitamin A benutzt wird, findet das (*E*)-Isomere Verwendung in der Carotinoidsynthese.

Die in diesem Prozess im Überschuss eingesetzten Gase Acetylen und Ammoniak werden fast vollständig zurückgeführt, die Lithiumsalze werden an die Li-

thiummetall-Hersteller zurückgeliefert und dort zu verkäuflichem Lithium-
hydroxid umgearbeitet. In den 80er Jahren wurde der gesamte Prozess hinsichtlich der Nebenströme optimiert und galt geradezu als Musterbeispiel eines um-
weltfreundlichen und wirtschaftlichen Produktionsverfahrens.

β-Jonon wird zunächst durch eine Darzens-Reaktion in den homologen Aldehyd überführt und dann mit dem 3-Methylpent-2-en-4-inol in einer Grignard-
Kupplung umgesetzt. Die partielle Hydrierung der Dreifachbindung am Lindlar-Katalysator, Acetylierung, Eliminierung und Isomerisierung führt schließlich zu Vitamin-A-Acetat, das nach Kristallisation isoliert wird.[45]

[i] Die Lindlar-Katalysatoren
(Palladium, Chinolin) wurden
an diesem Beispiel entwi-
ckelt.[27]

β-Carotin (Hoffmann-La Roche)

Die erste industrielle Synthese des β-Carotins von Hoffmann-La Roche folgte
dem $C_{19} + C_2 + C_{19}$-Syntheseprinzip. Ausgehend vom C_{14}-Aldehyd aus der Vitamin-A-Synthese stellte man in einer Sequenz von Acetalisierung, Lewis-
Säure-katalysierter Insertion eines Enolethers sowie Hydrolyse und Eliminierung von Alkohol, zunächst einen C_{16}-Aldehyd her. Die Wiederholung dieser
Sequenz mit Ethyl-1-propenylether liefert den C_{19}-Aldehyd.

Der C_{19}-Aldehyd wird zunächst mit Magnesiumacetylidbromid umgesetzt und im Sauren wird dann Wasser eliminiert. Die partielle Hydrierung mit einem Bleisalz-Lindlar-Katalysator ergibt das (*Z*)-Isomere des β-Carotins. Das weniger lösliche (all *E*)-β-Carotin erhält man schließlich durch thermische Isomerisierung und Kristallisation. Die Ausbeute, auf den C_{19}-Aldehyd bezogen, beträgt 60 %.

Dieser Prozess wurde etwa 40 Jahre durchgeführt und erbrachte jährlich etwa 200 Tonnen β-Carotin. In den letzten Jahren übernahm Hoffmann-La Roche das ursprünglich von der BASF entwickelte Verfahren zum Aufbau von β-Carotin aus dem C_{15}-Phosphoniumsalz und dem C_{10}-Dialdehyd.

Apocarotinoide (Hoffmann-La Roche)

Der C_{19}-Aldehyd ist auch das ideale Ausgangsmaterial für verschiedene Apocarotinoide. Der Reiz dieser Verfahren beruht darin, dass viele Syntheseschritte und oft sogar die Reagenzien beibehalten werden können. Lediglich die Sequenz oder einzelne Synthesebausteine werden variiert.

Für die Herstellung von 8'-Apo-β-carotinaldehyd wurde ein C_6-Aldehyd in Form des Diethylacetals als Mittelstück des Carotingerüsts benötigt. Diesen erhielt man aus Ethyl-1-propenylether durch Bortrifluorid-katalysierter Kondensation mit Orthoameisensäureethylester. Nach partieller Hydrolyse setzte man mit Natriumacetylid um und acetalisierte erneut mit Orthoameisensäureethylester. Die Ausbeute über alle Stufen betrug etwa 50 %.

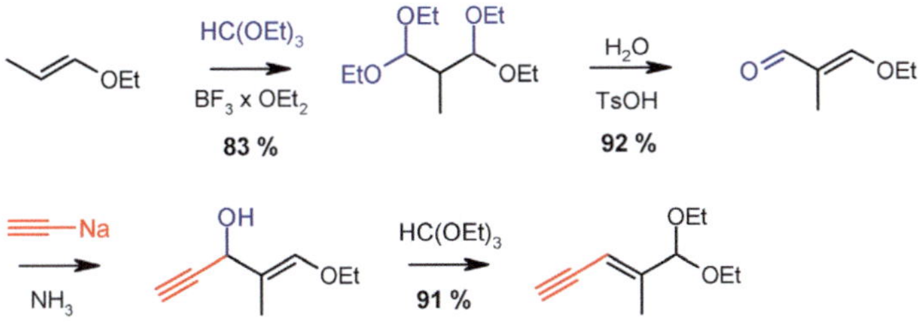

Ausgehend von dem C_{19}-Aldehyd erfolgte nun in einer Kupplung mit dem C_6-Alkin und Hydrolyse die Bildung eines C_{25}-Aldehyds, dessen Kohlenstoffkette nach der gleichen Sequenz wie beim C_{19}-Aldehyd mit Ethylvinylether und Ethyl-1-propenylether verlängert wurde.

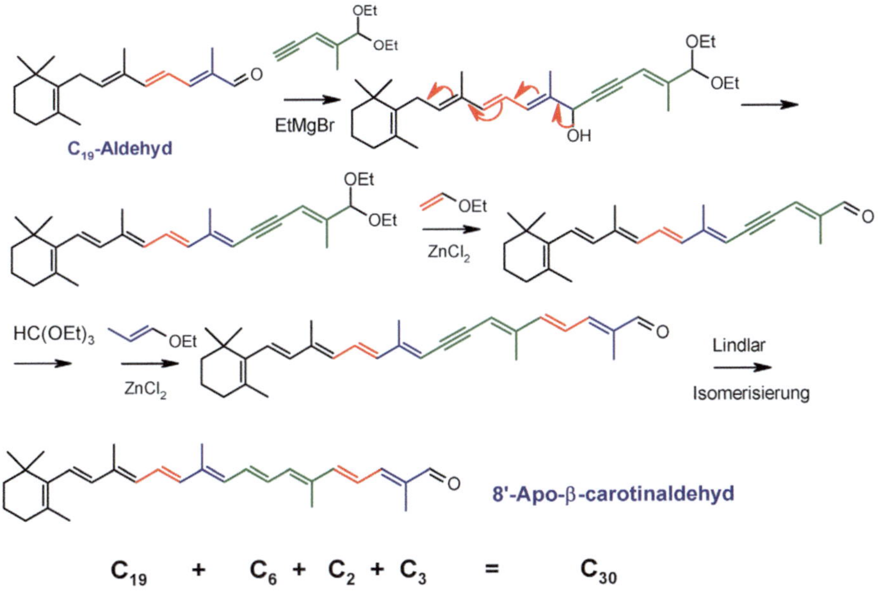

$$C_{19} \quad + \quad C_6 \; + \; C_2 \; + \; C_3 \quad = \quad C_{30}$$

Das zweite Apocarotinoid, 8'-Apo-β-carotinsäureethylester, ist über eine Wittig-Reaktion zugänglich.

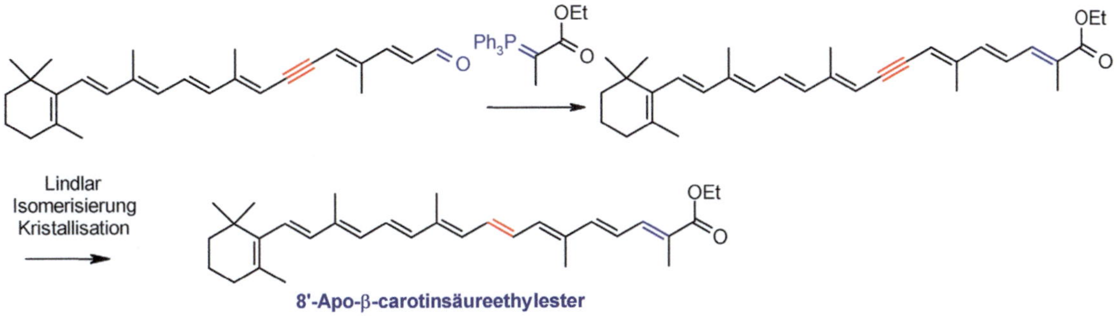

Später bevorzugte Hoffmann-La Roche für den 8'-Apo-β-carotinaldehyd allerdings eine Wittig-Synthese ausgehend von dem C_{15}-Phosphoniumsalz, dem C_{10}-Dialdehyd und einem C_5-Phosphoniumsalz.[45]

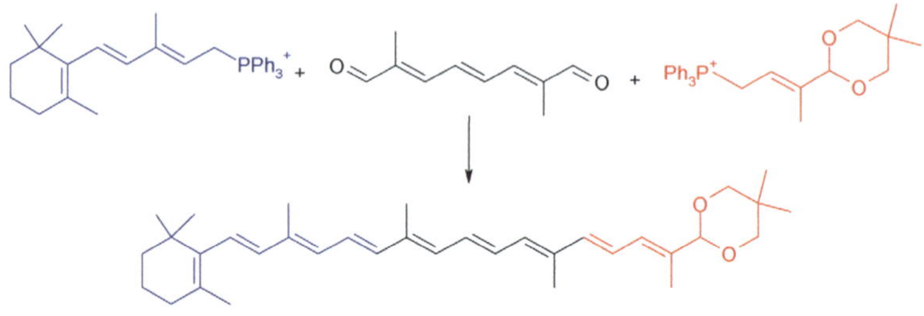

Zur Vereinheitlichung der Synthesestrategie bot es sich dann auch an den 8'-Apo-β-carotinsäureethylester über C_{15} + C_{10} + C_5-Bausteine zu synthetisieren.

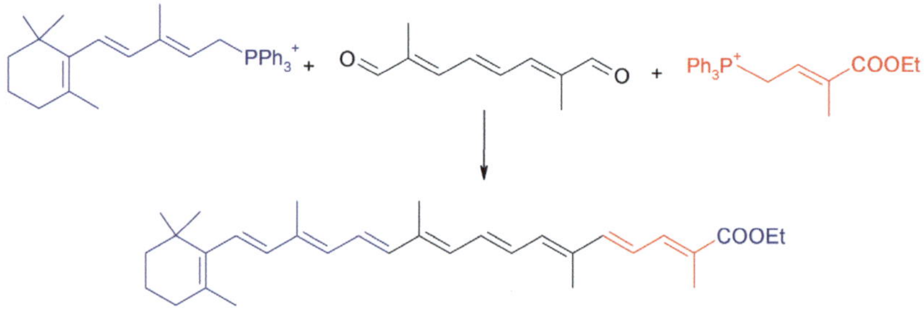

Canthaxanthin (Hoffmann-La Roche)

Bereits in den 60er Jahren entwickelte Hoffmann-La Roche einen Prozess für die Herstellung von Canthaxanthin. Die selektive Oxidation von β-Carotin kann mit verschiedenen Reagenzien durchgeführt werden. Hoffmann-La Roche benutzte NBS in Chloroform/Alkohol oder Chloroform/Essigsäure.[46] Die BASF[47] und Rhône-Poulenc[48] dagegen verwendeten Halogenate als Oxidationsmittel. Das BASF-Verfahren ist zweiphasig, ein System aus Methylenchlorid und Wasser. β-Carotin wird mit Natriumchlorat in Gegenwart katalytischer Mengen Natriumiodid oxidiert. Dies entspricht einer allylischen Oxidation mit Natriumperiodat.

NBS
CHCl$_3$ / ROH

NBS
CHCl$_3$ / AcOH
> 60 %

NaClO$_3$ [NaI]
CH$_2$Cl$_2$ / H$_2$O
> 65 %

(BASF, Rhône-Poulenc)

RO   OR

OAc

Hydrolyse

Hydrolyse
Dehydrierung

Canthaxanthin

Astaxanthin, Zeaxanthin (Hoffmann-La Roche)

Obwohl es möglich ist, wie oben gezeigt wurde, eine Sauerstofffunktion in die Ringe des β-Carotins einzuführen, ohne das Polyensystem unselektiv zu oxidieren, entwickelte Hoffmann-La Roche in den 70er Jahren eine neue Strategie zur Synthese der Xanthophylle, die im Fall von Astaxanthin seit 1984 technisch ausgeübt wird.

Ausgehend von preiswertem α-Isophoron, das aus Aceton via Aldolkondensation und intramolekularer Michael-Reaktion zugänglich ist,[49] erhält man in zwei Schritten 6-Oxoisophoron. Die Gasphasenisomerisierung der Doppelbindung in Gegenwart von Nickeloxidkatalysatoren führt zu dem tiefer siedenden β-Isophoron, das destillativ abgetrennt wird. Die Oxidation erfolgt mit Mangansalzen in DMF (Rhône-Poulenc) oder mit Vanadiumacetylacetonat in Pyridin (Hoffmann-La Roche). Die Ausbeuten über beide Stufen liegen über 80 %. 6-Oxoisophoron ist der ideale Synthesebaustein zur Herstellung einer ganzen Reihe von Xanthophyllen.

1, Base

2. H$_2$SO$_4$

HO

1. NiO, Al$_2$O$_3$

2. frakt. Destillation
> 90 %

O$_2$, py, VO(acac)$_2$
> 90 %

6

α-Isophoron

β-Isophoron

6-Oxoisophoron

Zur Herstellung von Astaxanthin wird zunächst 6-Oxoisophoron im Alkalischen mit Wasserstoffperoxid oxidiert. Katalytische Reduktion und Umsetzung
mit Isopropenylmethylether führt zum gewünschten Baustein. Die Reduktion
von 4,6-Dioxoisophoron mit Zink in Ameisensäure und die anschließende Ver-
etherung liefert das Ausgangsmaterial für Canthaxanthin. Schließlich gelingt
auch die enantioselektive Reduktion von 6-Oxoisophoron mit immobilisierter
Bäckerhefe. Eine diastereoselektive Transferhydrierung mit einem Ruthenium-
katalysator liefert enantiomerenreines Actinol, den Vorläufer von Zeaxanthin.
Bemerkenswert ist, dass die Bäckerhefe ein Asymmetriezentrum generiert,
das in der Zeaxanthinsynthese wieder „eingeebnet" wird. Während der Hydrierung dient die Methylgruppe allerdings als effizienter, stereodifferenzierender
Rest.

Der Aufbau der Xanthophylle erfolgt nach dem Muster $C_9 + C_6 = C_{15}$ und $C_{15} +
C_{10} + C_{15} = C_{40}$. Hierbei stammt der C_6-Baustein ursprünglich aus der Vitamin-
A-Synthese. Die Endstufe ist eine doppelte Wittig-Reaktion analog der β-Ca-
rotinsynthese mit dem C_{10}-Dialdehyd.

Das C_{15}-Phosphoniumsalz für Astaxanthin erhält man durch Addition eines
Lithiumacetylids (mit *n*-Butyllithium[45]) an das Ketal-geschützte Keton, gefolgt
von der Abspaltung der Alkoholschutzgruppen und Kristallisation aus Diiso-

propylether. Die Dreifachbindung reduziert man durch Zink/Essigsäure in Dichlormethan oder mit Wasserstoff an einem Lindlar-Katalysator. Der Alkohol wird in einem zweiphasigen System mit Bromwasserstoff/Dichlormethan in das entsprechende Bromid überführt und schließlich mit Triphenylphosphan zum Phosphoniumsalz umgesetzt.

Für die abschließende Wittig-Reaktion benutzt man als Base Natriummethanolat in Dichlormethan/Methanol. Nach wässriger Aufarbeitung wird das Produkt durch einen simultanen Lösungsmittelwechsel von Dichlormethan zu Methanol umkristallisiert. Triphenylphosphanoxid bleibt hierbei in Lösung. Die thermische Isomerisierung liefert schließlich (all *E*)-Astaxanthin in Ausbeuten um 80 % und Reinheiten > 98 %.

Die Synthese wird sehr stark beeinflusst durch folgende Zersetzungsreaktionen: Zum einen durch den Einfluss von starken Säuren oder Basen, die Astaxanthin zersetzen und zu Produkten mit Diosphenolstruktur führen. Zum anderen ist Astaxanthin oxidationsempfindlich und es bilden sich so leicht α,β-ungesättigte 1,2-Diketone.

Gerade im Hinblick auf die Basenempfindlichkeit suchte man nach Ersatz für Natriummethylat und fand ihn schließlich in Ethyloxiran, mit dem man Astaxanthin in hoher Reinheit herstellen kann.

7.14 *Mittels reversed-phase-HPLC lassen sich die Enantiomere und die meso-Form des Astaxanthins trennen. Wildlachs enthält fast ausschließlich das (3S,3'S)-Enantiomere. In Lachs, der mit synthetischem Astaxanthin gefüttert wurde, findet man erwartungsgemäß die Enantiomere (3S,3'S) : (3S,3'R) : (3R,3'R) im Verhältnis von 1 : 2 : 1. Wurde der Lachs mit Garnelenschrot, der meistens aus Pandalus borealis hergestellt wird, gefüttert, so dominert die meso-Form. Stammt das Astaxanthin aus der Hefe Xanthophyllomyces dendrorhous findet man das (3R,3'R)-Enantiomere. Sollte man in Zukunft jedoch dazu übergehen, die Grünalge Haematococus pluvialis als Pigmentquelle zu verwenden, so ließe sich das Zuchtlachs- vom Wildlachsfilet mittels HPLC nicht mehr unterscheiden, weil diese das reine (3S,3'S)-Enantiomere enthält.[50]*

Für die industrielle Produktion von Zeaxanthin entwickelte Hoffmann-La Roche folgenden Prozess:

Die Synthese des Phosphoniumsalzes erfolgt nach dem Muster $C_9 + C_2 + C_4 = C_{15}$. Die Reaktion folgt ebenfalls bereits bekannten Reaktionssequenzen. Die Ausbeute liegt bei 72 %. Dies liegt daran, dass mehrere Reaktionsstufen im Sinn einer Eintopfreaktion durchgeführt werden können.

Alternativ lässt sich das C_{15}-Phosphoniumsalz für Zeaxanthin analog zum Astaxanthin-Baustein nach dem Schema $C_9 + C_6 = C_{15}$, ausgehend vom geschützten Actinol, herstellen.

Die BASF entwickelte ein Verfahren, mit dem es möglich ist, die Schutzgruppenchemie zu umgehen. Actinol wird bei tiefer Temperatur mit Dichlormethyllithium umgesetzt, wodurch zunächst ein Chloroxiran entsteht, das sich beim Erwärmen zu einem bizyklischen Aldehyd umlagert. Die Seitenkette wird schrittweise in einer Aldolkondensation und Grignard-Reaktion aufgebaut. Unter den Bedingungen der Phosphoniumsalzbildung öffnet auch der zyklische Ether regioselektiv und unter Erhalt der absoluten Konfiguration. Die Ausbeute über alle vier Stufen liegt bei 66 %.[42]

Ethyloxiran dient als HCl-Akzeptor bei der anschließenden Wittig-Reaktion. Die thermische (*Z/E*)-Isomerisierung und Kristallisation durch Lösungsmittelwechsel (Chloroform/Ethanol) erfolgt simultan. Die Ausbeute von 93 % ist die beste, die bei Wittig-Reaktionen dieser Art erzielt wird.

Ausbeute: 93 %

Umkristallisation aus CHCl₃/EtOH

Zeaxanthin

Julia-Olefinierung (Rhône-Poulenc)

Die großen technischen Probleme, die man anfangs bei der Wittig-Reaktion gesehen hatte, führten dazu, dass sich z. B. die Firma Rhône-Poulenc für die von Marc Julia Anfang der 70er Jahre entwickelte Olefinierungsreaktion entschied.[51] Die Julia-Olefinierung gestattet es, durch Alkylierung eines Sulfons und anschließender baseninduzierter Abspaltung von Benzolsulfinsäure eine Doppelbindung zu generieren. Das Sulfinat ist wasserlöslich, kann abgetrennt und als freie Sulfinsäure zurückgewonnen werden. Das Sulfon erhält man anschließend durch Umsetzung der Sulfinsäure mit dem entsprechenden Alkylhalogenid.[52]

Technische Anwendung fand die Julia-Olefinierung erstmals bei der Herstellung von Retinsäure.[53][54] Das ursprüngliche Design der Synthese barg jedoch eine Schwierigkeit. Das doppelt akzeptorsubstituierte Allylanion reagiert nicht regioselektiv.

Erfolgreicher war das inverse Konzept, nach dem Retinsäure in guten Ausbeuten zugänglich ist. Der C_5-Baustein ist durch allylische Bromierung des Seneciosäuremethylesters mit NBS zugänglich. Das C_{15}-Sulfon erhält man analog zum C_{15}-Phosphoniumsalz nach dem BASF-Prozess aus Vinyljonol und Kaliumbenzolsulfinat.

Eine entsprechende Strategie verfolgte Rhône-Poulenc auch bei Vitamin-A-Acetat.[55] (E)-4-Chlor-3-methyl-2-butenylacetat ist aus Isopren in Essigsäure und t-Butylhypochlorit zugänglich. Das entsprechende Bromacetat erhält man mit NBS. Von Nachteil sind die unbefriedigenden Ausbeuten, die in der Regel unter 50 % liegen.[56] Die Abspaltung der Benzolsulfinsäure in homogener Phase mit Kaliumalkoholaten in Methanol oder Pyridin führt zu einem (9E/Z)-Isomerengemisch. Dies ist bemerkenswert, da eigentlich die (11E/Z)-Isomeren zu erwarten wären. Die Tatsache, dass jedoch partiell das (9Z)-Isomere gebildet wird, deutet man so, dass vor der Deprotonierung der Sulfinsäurerest abgespalten wird und ein Heptatrienylkation entsteht, dessen Stereochemie von der Fluchtgruppe und den Eliminierungsbedingungen abhängig ist.

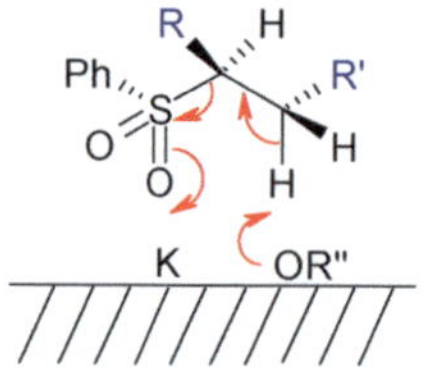

Bessere Stereoselektivität erhält man in heterogenen Systemen, z. B. von Kaliumalkoholaten in Petrolether. Zur Erklärung formuliert man eine konzertierte *syn*-Eliminierung an der Oberfläche der festen Base.

Auch Hoffmann-La Roche unternahm eine Reihe solcher Untersuchungen, in der Hoffnung durch Variation des Sulfinsäurerests mildere und selektivere Eliminierungsbedingungen zu finden. In einer ersten Versuchsreihe wurde bei Verwendung von Benzolsulfinsäure das (all *E*)-Isomere mit einer Selektivität von 83 % erhalten. Das Ergebnis ließ sich später durch Verwendung von *p*-Chlorbenzolsulfinsäure noch wesentlich verbessern.[27]

Die Julia-Olefinierung wurde auch auf β-Carotin übertragen. Für die Synthese von β-Carotin wird das C_{13}-Sulfon mit einem C_{14}-Dichlorid umgesetzt, mit Iod isomerisiert und die Dreifachbindung mit einem Lindlar-Katalysator reduziert.[57]

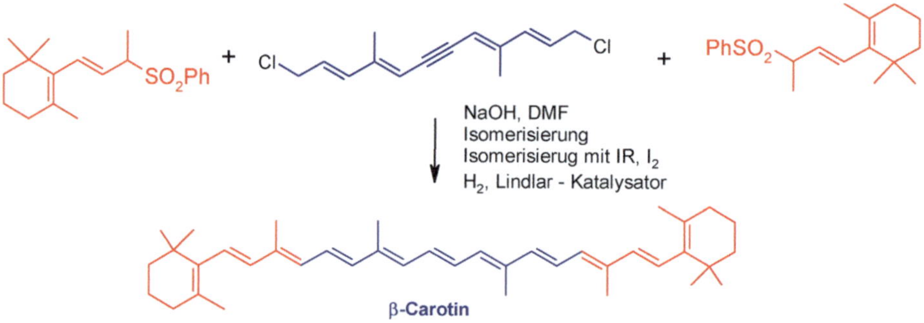

β-Carotin

Nachdem klar wurde, dass bei fast allen Carotinoidsynthesen primär (*E/Z*)-Gemische entstehen und sich Isomerisierungsprozesse nicht vermeiden lassen, setzte man sich über diesen Befund hinweg und strebte ungeachtet der Stereoselektivität eine Generalisierung der Methodik an. Diese bestand darin, die wohlfeileren Aldehyde zu verwenden. Durch Zugabe von Essigsäureanhydrid werden die primär gebildeten a-Hydroxysulfone direkt verestert. Der stereokonvergente Schritt ist die Eliminierung von Essigsäure in wässrigem THF oder 1,2-Dimethoxyethan in Gegenwart von Ammoniak oder einem Amin. Die Reaktion führt hoch selektiv zu den (*E*)-Vinylsulfonen. Der Arylsulfinylrest wird reduktiv mit Natriumdithionit abgespalten. Hierbei addiert Hydrogensulfinat *syn*-facial an die Doppelbindung. Die *anti*-Eliminierung führt hoch selektiv dann zu (*Z*)-Olefine in einer Ausbeute von bis zu 90 %.[58][59]

Die Reduktion der [i] diastereomeren Acetoxysulfone mit Natriumamalgam liefert selektiv (*E*)-Alkene.

Über den Weg 2 × C_{15}-Sulfon + C_{10}-Dialdehyd sind nicht nur β-Carotin, sondern auch Zeaxanthin, Canthaxanthin und Astaxanthin zugänglich. Bei Canthaxanthin und Astaxanthin ist es erforderlich die funktionellen Gruppen, aufgrund der Inkompatibilität mit den Reaktionsbedingungen der Julia-Lythgoe-Olefinierung und Dithionit-Reduktion, als Ketal beziehungsweise Ether zu schützen. Nach der Isomerisierung liegt der (all E)-Anteil bei ca. 90 %.

β-Carotin Zeaxanthin Canthaxanthin Astaxanthin

Auch Lycopin erhält man mit vergleichbarer Methodik.

Lycopin

In den 80er Jahren entwickelte die japanische Firma Kuraray eine stereoselektive Vitamin-A-Synthese, die dem Konzept C_{10} + C_{10} folgt. Die Synthesebausteine sind das Cyclogeranylphenylsulfon und ein C_{10}-Aldehyd, der durch allylische Oxidation von Geranylacetat mit t-Butylhydroperoxid zugänglich ist.[60] Die Alkoholfunktion wird als THP-Ether geschützt und Sulfinsäure und Hydroxytetrahydropyran mit Kalium-t-butylat in Petrolether eliminiert. Durch die doppelte Eliminierung wird der Reduktionsschritt umgangen.

Die Eliminierung wird durch eine Deprotonierung an C-11 eingeleitet. Nach der Abspaltung der Etherfunktion schließt sich eine 1,6-Eliminierung der Sulfinsäure an. Bemerkenswert ist in diesem Fall der (all E)-Anteil von etwa 95 %.

Zusammenfassung in Stichpunkten

- Vitamin A und die Carotinoide sind Produkte des Terpenstoffwechsels.
- Die technische Synthese erfolgt nach dem Baukastenprinzip.
- Universelle Verknüpfungsmethoden der Synthesebausteine sind die Wittig-Reaktion, die Horner-Reaktion, die Sulfonverknüpfung nach Julia, die Enoletherkondensation und die Umlagerung nach Saucy-Marbet.
- Die Carotinoide sind wichtige Farbstoffe für den Lebensmittelsektor.

Literatur

[1] E. Guggolz, Nachr. Chem. Tech. Lab. **47** (1999) 1322.

[2] H. Nishino, H. Tokuda, Y. Satomi, M. Masuda, P. Bu, M. Onozuka, S. Yamaguchi, Y. Okuda, J. Takayasu, J. Tsuruta, M. Okuda, E. Ichiishi, M. Murakoshi, T. Kato, N. Misawa, T. Narisawa, N. Takasuka, M. Yano, Pure Appl. Chem. **71** (1999) 2273.

[3] P. Karlson, Biochemie, Georg Thieme Verlag, Stuttgart, 1970, 223.

[4] R. Willstätter, W. Mieg, Justus Liebigs Ann. Chem. **355** (1907) 1.

[5] L. Zechmeister, L. v. Cholnoky, V. Vrabely, Ber. Dtsch. Chem. Ges. **61** (1928) 566.

[6] P. Karrer, R. Widmer, Helv. Chim. Acta **11** (1928) 751.

[7] T. Moore, Biochem. J. **23** (1929) 803.

[8] R. Kuhn, E. Lederer, Ber. Dtsch. Chem. Ges. **64** (1931) 1349.

[9] P. Karrer, R. Morf, Helv. Chim. Acta **14** (1931) 833.

[10] P. Karrer, R. Morf, K. Schöpp, Helv. Chim. Acta **14** (1931) 1040 und 1431.

[11] R. Kuhn, C. J. O. R. Morris, Ber. Dtsch. Chem. Ges. **70** (1937) 853.

[12] C. D. Robeson, J. G. Baxter, J. Am. Chem. Soc. **69** (1947) 136.

[13] Liebigs Ann. Chem. **570** (1950) 54.

[14] K. R. Farrar, J. C. Hamlet, H. B. Henbest, E. R. H. Jones, J. Chem. Soc. (1952) 2657.

[15] P. M. Dewick, Nat. Prod. Rep. **16** (1999) 97 (Review).

[16] K. Ogura, Chem. Rev. **98** (1998) 1263 (Review).

[17] M. Rohmer, M. Knani, P. Simonin, B. Sutter, H. Sahm, Biochem. J. **295** (1993) 517.

[18] W. Knöss, Pharmazie in unserer Zeit **28** (1999) 247.

[19] M. Rohmer, Nat. Prod. Rep. **16** (1999) 565.

[20] A. Jux, G. Gleixner, W. Boland, Angew. Chem. Int. Ed. **40** (2001) 2091.

[21] T. Kuzuyama, M. Takagi, K. Kaneda, T. Dairi, H. Seto, Tetrahedron Lett. **41** (2000) 703.

[22] T. Kuzuyama, M. Takagi, K. Kaneda, H. Watanabe, T. Dairi, H. Seto, Tetrahedron Lett. **41** (2000) 2925.

[23] M. Takagi, T. Kuzuyama, K. Kaneda, H. Watanabe, T. Dairi, H. Seto, Tetrahedron Lett. **41** (2000) 3395.

[24] M. Seemann, B. Tse Sum Bui, M. Wolff, D. Tritsch, N. Campos, A. Boronat, A. Marquet, M. Rohmer, Angew. Chem. **114** (2002) 4513.

[25] W. Brandt, M. A. Dessoy, M. Fulhorst, W. Gao, M. H. Zenk, L. A. Wessjohann, ChemBioChem **5** (2004) 311.

[26] M. G. Leuenberger, C. Engeloch-Jarret, W.-D. Woggon, Angew. Chem. **113** (2001) 2684.

[27] K. Meyer, persönliche Mitteilung, 2005.

[28] R. W. Hoffmann, Angew. Chem. **113** (2001) 1457.

[29] G. Wittig, U. Schöllkopf, Chem. Ber. **87** (1954) 1318.

[30] H. Staudinger, Ber. Dtsch. Chem. Ges. **41** (1908) 1355.

[31] R. M. Roberts, Serendipity, J. Wiley, New York, 1989, 213.

[32] G. Wittig, M.-H. Wetterling, Liebigs Ann. Chem. **557** (1947) 193.

[33] G. Wittig, G. Geissler, Ann. Chem. **580** (1953) 44.

[34] H. Pommer, Angew. Chem. **89** (1977) 437.

[35] G. Wittig, H. Pommer, DE 950552 (1956).

[36] H. Pommer, G. Wittig, W. Sarnecki, DE 1026745 (1958).

[37] J. Paust, in G. Britton, S. Liaanen-Jensen, H. Pfander, Carotenoids, Birkhäuser, 1996, Vol. 2, 258–292.

[38] DE 4241942 (1992).

[39] R. K. Müller, in G. Britton, S. Liaanen-Jensen, H. Pfander, Carotenoids, Birkhäuser, 1996, Vol. 2, 123 (weitere Methoden).

[40] H. J. Bestmann, O. Kratzer, R. Armsen, Liebigs Ann, Chem. (1973) 760.

[41] M. Shi, B. Xu, J. Org. Chem. **67** (2002) 294.

[42] H. Ernst, Pure Appl. Chem. **74** (2002) 2213.

[43] R. K. Müller, in G. Britton, S. Liaanen-Jensen, H. Pfander, Carotenoids, Birkhäuser, 1996, Vol. 2, 126.

[44] G. H. Knaus, H. Ernst, M. Thyes, J. Paust, US 4937308 (1990).

[45] K. Meyer, Chemie in unserer Zeit **36** (2002) 178.

[46] R. Entschell, P. Karrer, Helv. Chim. Acta **41** (1958) 402.

[47] DE 2534805 (1975).

[48] US 3646149, US 3790635 (1972).

[49] K. Weissermel, H.-J. Arpe, Industrielle Organische Chemie, VCH Weinheim, 4. Aufl., 1994, 303.

[50] U. Ostermeyer, T. Schmidt, Deutsche Lebensmittel-Rundschau **100** (2004) 437.

[51] J. Otera, in G. Britton, S. Liaanen-Jensen, H. Pfander, Carotenoids, Birkhäuser, 1996, Vol. 2, 103.

[52] J. March, Advanced Organic Chemistry, John Wiley, New York, 4. Ed., 1992, 410.

[53] M. Julia, D. Arnould, Bull. Soc. Chim. Fr. (1973) 746.

[54] D. Arnould, P. Chabardes, G. Farge, M. Julia, Bull. Soc. Chim. Fr. (1985) 130.

[55] P. Chabardes, J. P. Decor, J. Varagnat, Tetrahedron (1977) 2799.

[56] J. H. Babler, W. J. Buttner, Tetrahedron Lett. **4** (1976) 239.

[57] A. Fischli, H. Mayer, Helv. Chim. Acta **58** (1975) 1584.

[58] M. Julia, H. Lauron, J.-P. Stacino, J.-N. Verpeaux, Tetrahedron **42** (1986) 2475.

[59] K. Bernhard, H. Mayer, Pure Appl. Chem. **63** (1991) 35.

[60] J. Otera, H. Misawa, T. Onishi, S. Suzuki, Y. Fujita, J. Org. Chem. **51** (1986) 3834.

7.2 Vitamin D

7.2.1 Historie

Die ersten Hinweise auf Rachitis beim Menschen, eine durch Vitamin-D-Mangel hervorgerufene Krankheit, stammen aus dem achten Jahrhundert v. Chr. Rachitis führt zu Wachstumsstörungen und Deformationen der Knochen aufgrund mangelnder Mineralisierung der Collagenmatrix beim Knochenaufbau. Erstmals 1645 umfassend beschrieben[1], wurde Rachitis in Nordeuropa und Nordamerika im Zuge der Industrialisierung zu einem flächendeckenden Gesundheitsproblem. Die Urbanisierung der bis dahin landwirtschaftlich geprägten Gesellschaft führte zu Lebensumständen, die dieser Krankheit sehr zuträglich waren (Abb. 7.15).

Bereits Anfang des 19. Jahrhunderts hatte Sniadecki einen Zusammenhang zwischen der Exposition mit Sonnenlicht und Rachitis festgestellt. 1919 gelang es Melanby Rachitis experimentell bei Hunden zu erzeugen und die Erkrankung mit Lebertran zu heilen. Kurze Zeit später beobachtete der Berliner Arzt Huldshinski, dass rachitische Kinder, die häufig in der Sonne spielen, wieder gesund wurden. Gleiches ließ sich auch künstlich erreichen, indem man Kinder mit UV-Licht zwischen 230 und 313 Nanometer bestrahlte (Abb. 7.16).

7.15 *Eine Arbeiterfamilie im Hof Langer Jammer im Brauerknechtsgraben in Hamburg um 1900. Es waren die dunklen Wohnungen, die engen Hinterhöfe und die unzureichende und einseitige Ernährung, die zu Rachitis führten.*

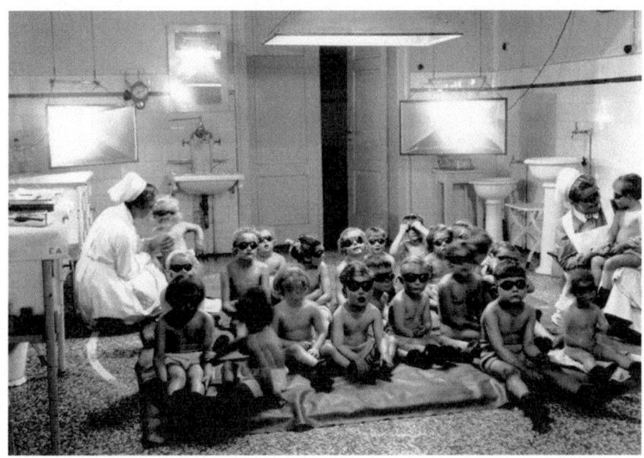

7.16 *Die BASF betrieb in den 30er Jahren eine „Bestrahlungseinrichtung" für ihre Arbeiterkinder.*

Unter Vitamin D versteht man heute die Nahrungsbestandteile, die Rachitis bei Säuglingen und Kleinkindern und Osteomalazie (Knochenerweichung) beim erwachsenen Menschen verhindern. Dem Vitamin kam man auf die Spur, als man beobachtete, dass bestimmte Lebensmittel und Pflanzenöle, die man mit UV-Licht bestrahlt hatte, ähnliche therapeutische Wirkung wie Lebertran zeigten. UV-spektroskopisch konnte nachgewiesen werden, dass die Wirkung auf eine Komponente zurückzuführen ist, die im Spurenbereich im nichtverseifbaren Anteil des Pflanzenöls zu finden ist. Es gelang jedoch nicht, diesen Bestandteil durch Kristallisation abzutrennen. Auch im rohen, tierischen Cholesterol war diese Komponente nachweisbar. Später fand man heraus, dass die Bestrahlung von Ergosterol, einem Steroid aus der Bäckerhefe, zu einem Produktgemisch mit außerordentlich hoher antirachitischer Wirkung führt. Webster und Windaus gelang es unabhängig voneinander, hieraus Anfang der 30er Jahre

zunächst das verunreinigte Vitamin D (Vitamin D_1, eine Mischung aus Ergocalciferol und Lumisterol$_2$) und später das reine kristalline Vitamin D (Vitamin
D_2, Ergocalciferol) zu isolieren. Die Strukturaufklärung erfolgte durch den
klassischen chemischen Abbau.

Ergosterol   UV   spontan   **Ergocalciferol (Vitamin D$_2$)**

Brockmann isolierte aus Lebertran Vitamin D_3. Die Synthese erfolgte durch
Bestrahlung von 7-Dehydrocholesterol, einer Nebenkomponente im rohen
Cholesterol. Windaus und Heilbron klärten die Struktur auf und Inhoffen be-
stätigte sie durch die Totalsynthese.

7-Dehydrocholesterol   UV   spontan   **Cholecalciferol (Vitamin D$_3$)**

Die Vitamine D_2 und D_3 sind die ökonomisch wichtigen Formen der D-Vita-
mine. Vor wenigen Jahren zeigte sich aber, dass Ergocalciferol bei der Rind-
viehhaltung, der Schweinezucht und Pferdehaltung eine geringere Wirksamkeit
besitzt als Cholecalciferol (Vitamin D_3) und in der Geflügelzucht sogar fast
unwirksam ist. Der Mensch dagegen kann beide Formen verwerten.[2]

7.2.2 Physiologie

Die Synthese von Vitamin D_3 *in vivo* erfolgt in der Haut. UV-B Strahlung ($\lambda =$
290–315 nm) spaltet in der Epidermis 7-Dehydrocholesterol, ein Zwischenprodukt des Cholesterolstoffwechsels, das dann bei Körpertemperatur spontan zu
Cholecalciferol isomerisiert. Die Photolyse ist sehr effizient. Allerdings unterliegt sie den jahreszeitlichen und klimatischen Schwankungen. Starke Pigmen-
tierung und Alterung der Haut reduzieren erheblich die Fähigkeit Vitamin D zu
produzieren.

In den Jahren 1966–1971 fanden DeLuca, Kodicek und Norman mithilfe von
markiertem Cholecalciferol heraus, dass dieses in Leber und Nieren von Warmblütern schrittweise hydroxyliert wird und der resultierende Metabolit Calcitriol das in Wahrheit wirksame Prinzip ist.[3]

In der Leber wird zunächst die Seitenkette an C-25 hydroxyliert. Die zweite Hydroxylierung erfolgt in den Nieren an C-1.

Calcitriol stimuliert eine vermehrte Aufnahme von Calciumionen aus dem Darm, indem es die Bildung calciumbindender Proteine auslöst. Ferner verursacht Calcitriol die Calciumfreisetzung aus den Knochen.[4] Das Gegenion zu Calcium ist meist Phosphat, sodass Calcitriol auch den Phosphatspiegel im Blut erhöht. Die Freisetzung von Calcium aus den Knochen erscheint widersprüchlich. Dieser Effekt wird jedoch durch die vermehrte Aufnahme von Calcium aus dem Darm und die hieraus resultierende erhöhte Serumkonzentration überkompensiert.

Der durchschnittliche Vitamin D-Bedarf eines erwachsenen Menschen liegt bei 2,5–5 Mikrogramm pro Tag. Bei Kindern bis zu einem Alter von sechs Jahren soll eine Dosis von zehn Mikrogramm pro Tag nicht überschritten werden. Bezogen auf den täglichen Bedarf ist Vitamin D eines der wirksamsten Vitamine. Die Aufnahme von mehr als 25 Mikrogramm Vitamin D pro Tag, insbesondere von 25-Hydroxycholecalciferol, ist gefährlich, da sie zu Hypercalcämie, einer irreversiblen Calcifizierung von weichen Geweben wie Nieren, Lunge, Herz, Pankreas und Aorta führt (LD_{50} 35–42 mg/kg, Ratte, oral). Besonders anfällig sind die Nieren, wo sich Nierensteine bilden, die letztlich zu Nierenversagen führen können. Bei Weidetieren, die mit dem Futter Pflanzen aufnehmen, die Calcitriol glycosidisch gebunden enthalten, verursachen Calcinosen z. B. immer wieder erhebliche Schäden.

Unter normalen physiologischen Bedingungen können ausreichende Mengen Vitamin D_3 in der Haut synthetisiert werden. Vitamin D_2 kann der Mensch dagegen nur über die Nahrung aufnehmen. So gesehen ist Vitamin D_3 im engeren Sinn wie Calcitriol ein Hormon.

Die wichtigsten medizinischen Anwendungen von Vitamin-D-Präparaten dienen der Prävention von Rachitis und Osteomalazie (Knochenerweichung). Unzureichende Nierenfunktion (Abb. 7.17) wie bei Dialysepatienten indiziert ebenso die Applikation von Vitamin D wie postmenopausale oder altersbedingte Osteoporose (Knochenatrophie). Darüber hinaus gibt es Ansätze zur Behandlung von Schuppenflechte und Krebs. In den USA und Kanada werden Nahrungsmittel, insbesondere Milch, mit Vitamin D_2 angereichert.

Die Supplementierung von Geflügelfutter mit Vitamin D führt zu einer erhöhten Eierproduktion und Stabilität der Eischale. Vitamin D dient auch der Prävention von Milchfieber bei Kühen und Beinschwäche bei Truthähnen.

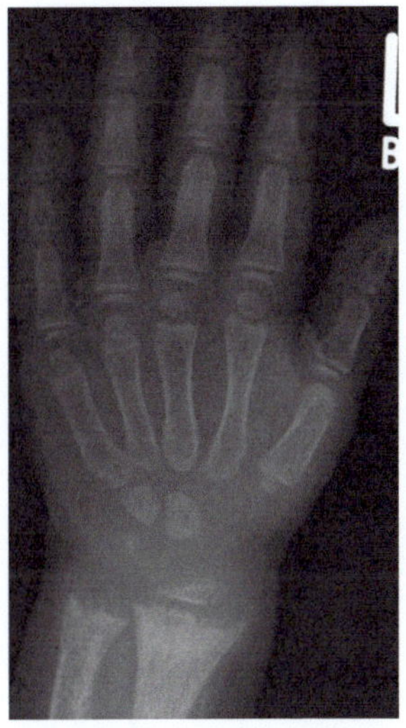

7.17 *Hand eines fünf Jahre alten Jungen mit chronischer Niereninsuffizienz und dadurch gestörtem Vitamin-D-Stoffwechsel, was in Folge unbehandelt zu Rachitis führt. Man erkennt die typische becherförmige Auftreibung der Elle und angedeutet auch die der Speiche als Zeichen einer Mineralisationsstörung im Bereich der Wachstumsfugen.*

7.2.3 Technische Synthese

Im industriellen Maßstab wird Vitamin D bei Hoffmann-La Roche/DSM seit 1978 auf halbsynthetischem Weg in Anlehnung an die Biosynthese gewonnen. Fischöl, das relativ hohe Konzentrationen Vitamin D enthält, dient lediglich zur Gewinnung von Vitaminkonzentraten.

Cholecalciferol

Cholecalciferol (Vitamin D_3) erhält man aus Cholesterol, das durch Extraktion von Wollfett (enthält etwa 15 % Cholesterol) und tierischem Rückenmark zugänglich ist. In analoger Weise erhält man Ergocalciferol (Vitamin D_2) aus Ergosterol, das man durch Extraktion aus dem nichtverseifbaren Anteil von Pflanzenölen und aus Bäckerhefe gewinnt. Die Verwendung von Ergosterol ist jedoch im Laufe der Jahre zurückgegangen, da Hühner, Schweine, Rinder und Pferde Vitamin D_3 besser verwerten als Ergosterol und gegenüber Cholesterol keinen Preisvorteil bietet.

Die Hydroxygruppe des Cholesterols wird als Acetat oder Benzoat geschützt. Bromierung in allylischer Position nach Karl Ziegler mit N-Bromsuccinimid oder 1,3-Dibrom-5,5-Dimethylhydantoin, Dehydrobromierung mit 2,4,6-Collidin und Verseifung führt zu 7-Dehydrocholesterol. Die Photolyse von 7-Dehydrocholesterol beziehungsweise von Ergosterol mit einer Quecksilberdampflampe in einem inerten Lösungsmittel (z. B. peroxidfreiem Diethylether, Methanol, Cyclohexan oder Dioxan) führt zur reversiblen Spaltung des B-Rings zwischen C-9 und C-10 ($\pi \rightarrow \pi^*$ Anregung, $\lambda_{max} = 291$ nm, $\varepsilon = 12\,000$). Die Reaktionslösung wird durch einen wassergekühlten Quarzreaktor gepumpt. Salzzusätze zum Kühlwasser (z. B. Bleiacetat) dienen als Filter. Auch Glasfilter sind im Gebrauch. Zusätze von Sensibilisatoren (z. B. Eosin) zu der Reaktionslösung beeinflussen ebenfalls das Produktverhältnis.

Das Prävitamin D liegt im Gleichgewicht mit dem Ausgangsmaterial, dessen 9,10-Epimer, Lumisterol$_3$ und dem 6-Doppelbindungsisomeren Tachysterol$_3$. Die Gleichgewichtslage und damit das Produktverhältnis ist von der Wellenlänge des UV-Lichts abhängig. Zur Vermeidung photolytischer Zersetzungsreaktionen wird nach etwa 40 % Umsatz die Bestrahlung abgebrochen. Zum Schutz gegen Oxidation stabilisiert man die Reaktionsmischung mit < 1 Gew. % butyliertem Hydroxyanisol oder butyliertem Hydroxytoluol. Anschließend wird das Photolyseprodukt auf 80 °C erwärmt. Hierbei kommt es zu einer thermischen, reversiblen Doppelbindungsverschiebung im Sinn einer 1,7-Wasserstoffwanderung von C-19 nach C-9.

Die Reaktivität und Stereochemie des 7-Dehydrocholesterols und der Folgeprodukte werden durch die Woodward-Hoffmann-Regeln beschrieben (Abb. 7.18).[5]

Cholesterolacetat
NBS
Hexan
Br
- HBr
Xylol
Hydrolyse
β
Provitamin D (7-Dehydrocholesterol)
hν
α
Lumisterol₃
hν
19
Prävitamin D
hν
Tachysterol₃
Δ
Cholecalciferol

7.18 *Regeln für elektrozyklische Ringschlussreaktionen eines 6-Elektronensystems.*

Im 7-Dehydrocholesterol befindet sich das Wasserstoffatom an C-9 in α-Position, die Methylgruppe an C-10 in β-Position. Die thermisch induzierte, disrotatorische Ringöffnung würde einen dieser Substituenten in die ankondensierten Ringe drehen, was energetisch außerordentlich ungünstig ist. Die photochemisch induzierte, konrotatorische Ringöffnung verläuft dagegen unproblematisch. Entsprechend sind die Substituenten an C-9 und C-10 im Lumosterol$_3$, das durch photochemische Ringschlussreaktion entsteht, ebenfalls *anti* angeordnet (Abb. 7.19).

7.19 *Die thermische [1,7]-Wasserstoffverschiebung erfolgt antarafacial aus dem nichtbindenden Allylorbital. Aufgrund der Größe des Systems und der Präkonformation sind solche Umlagerungen möglich.*

Man erhält ein Prävitamin/Vitamin D-Verhältnis von etwa 1 : 4. Nach dem Aufkonzentrieren der Reaktionslösung und der Zugabe von Methanol kann das wenig lösliche $\Delta^{5,7}$-Diene (Lumisterol$_3$ bzw. Lumisterol$_2$, 7-Dehydrocholesterol bzw. Ergosterol) abfiltriert werden. Tachysterol$_3$ wird in Form des Diels-Alder-Adukts mit Maleinsäureanhydrid abgetrennt. Die Mutterlauge wird eingedampft und kann direkt als Zusatz zu Tierfutter verwendet werden (Vitamin-D$_3$-Harz). Vitamin D für den Lebensmittel- und Pharmasektor wird zunächst in Form des Butanoats oder 3,5-Dinitrobenzoats durch Umkristallisation gereinigt, verseift und erneut umkristallisiert.

Die Ausbeute an Cholecalciferol lässt sich wesentlich verbessern, wenn man die Bedingungen der Photolyse verbessert (Abb. 7.20). Die einfache Breitbandbestrahlung mit einer Mitteldruckquecksilberdampflampe liefert nach Chromatographie, thermischer Isomerisierung und Reinigung Cholecalciferol mit einer Ausbeute von nur 9 % bezogen auf Provitamin D. Die größten Verluste ergeben sich aus der Bildung von Tachysterol$_3$.

Dagegen liefert die wellenlängenkontrollierte, zweistufige Bestrahlung, bei der das unerwünschte Tachysterol$_3$ in Provitamin D zurückisomerisiert wird, bei wesentlich vereinfachter Aufarbeitung eine Ausbeute von 50 %. UV-Licht mit einer Wellenlänge von 254 Nanometer erzeugt man mit Quecksilberdampflampen und den entsprechenden Filtern. UV-Strahlung mit einer Wellenlänge von 350 Nanometer erhält man mit einem Yttrium-Aluminium-Garnet-(YAG)-Laser. Alternativ ist die Bestahlung mit einem KrF-Laser (248 Nanometer) und einem Stickstoff-Laser (337 Nanometer).

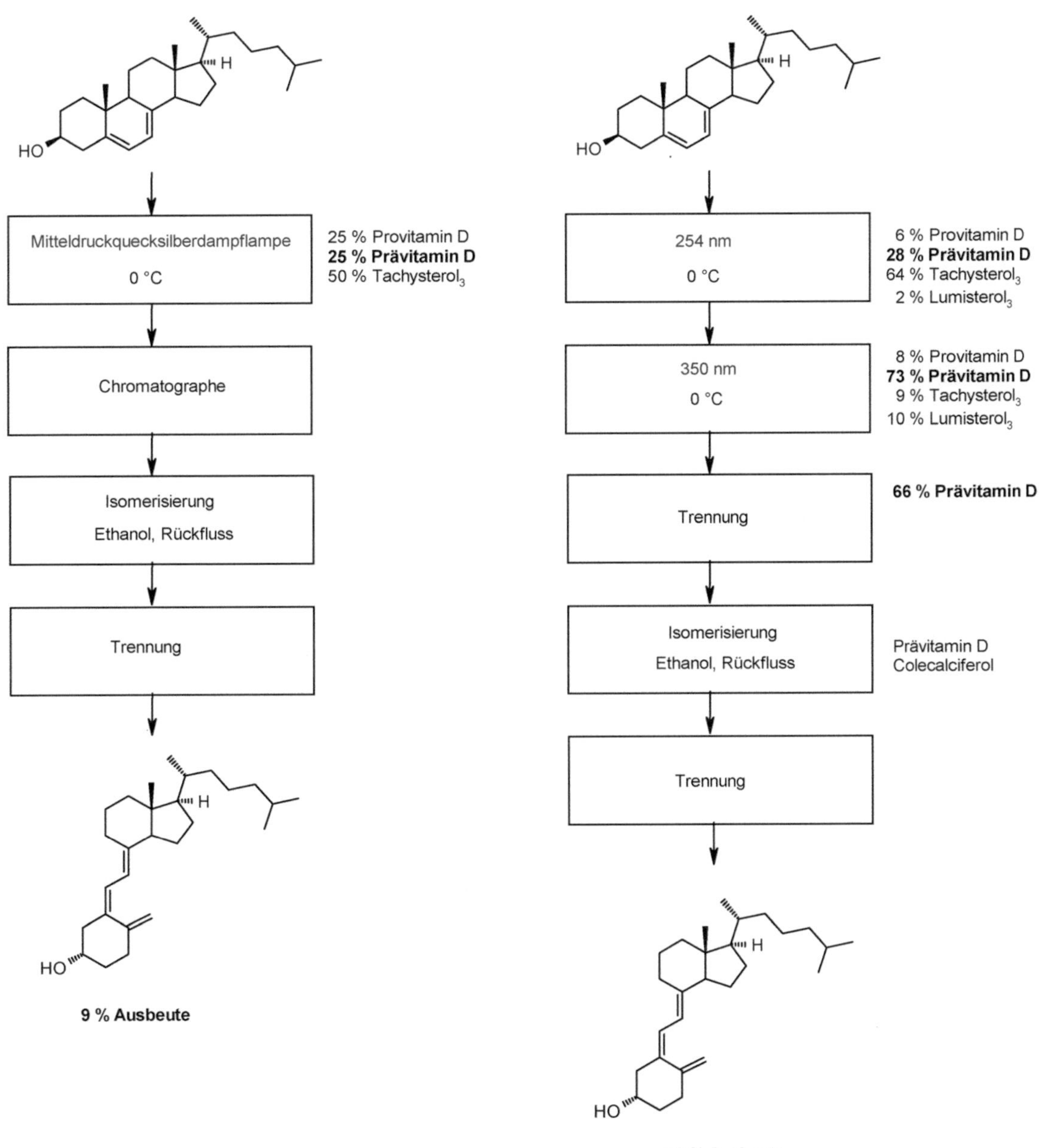

7.20 *Optimierung der Photolyse.*

Calcitriol

Die die Vitamin-D-Forschung wiederbelebende Entdeckung, dass Calcitriol das eigentlich wirksame Vitamin/Hormon ist, hat zu vielen Versuchen geführt, diese Verbindung herzustellen.[6][7] Das Herstellungsverfahren von kommerziellen Mengen Calcitriol bei Hoffmann-La Roche[8] folgt konzeptionell einer Synthesemethode von D. H. R. Barton und R. H. Hesse.[9]

Ausgangsmaterial ist Ergocalciferol, dessen Triensystem in Form eines Schwefeldioxidadukts und dessen Alkoholfunktion als Silylether im ersten Schritt geschützt wird. Durch eine Ozonolyse bei −10 °C in Methylenchlorid wird die Seitenkette abgebaut. Die direkte Reduktion mit Natriumboranat zerstört die Ozonide und reduziert den Aldehyd zum Alkohol. Die Ausbeute beträgt 87 %.

In der Barton/Hesse-Synthese wird nach der Extrusion von Schwefeldioxid das entsprechende Tosylat mit dem Cuprat aus Kupfer(I)-iodid und 3-Methyl-3-triethylsiloxybutylmagnesiumbromid umgesetzt. Nach Chromatographie erhält man das gekuppelte Produkt in Ausbeuten von 82 %.

Nach der Roche-Synthese wird im nächsten Schritt der Alkohol mit Iod/Triphenylphosphan in das entsprechende Iodid überführt, woran sich dann eine Extrusion von Schwefeldioxid anschließt.

Ziel war es, das entsprechende Cuprat[10] an Methylvinylketon zu addieren. Doch die Versuche schlugen fehl. In den meisten Fällen gewann man das Iodid zurück, verunreinigt mit dem gewünschten Produkt. In anderen Fällen erhielt man das entsprechende Alken oder das Diels-Alder-Adukt aus dem Iodid und Methylvinylketon. Mit dem Sulfon konnte zwar die letzte Reaktion vermieden werden, das gewünschte Produkt erhielt man jedoch auch hiermit nicht.

Dies war überraschend, da sich ein sehr verwandtes System unter Luche-Bedingungen (Ultraschall[11] [12]) problemlos umsetzen ließ.[13]

Die Lösung des Syntheseproblems geht auf Arbeiten von R. Sustmann zurück, dem die formale, Nickel(0)-vermittelte Addition von Alkyl- oder Arylhalogeniden an elektronenarme Alkene wie Acrylsäureester oder Acrylnitril gelang.[14] Substöchiometrische Mengen Nickeldichloridhexahydrat (15–20 mol %) werden in Gegenwart von Pyridin durch Zink zu Nickel(0) reduziert, das mit Pyridin und dem Olefin einen Komplex bildet. Die oxidative Addition des Alkylhalogenids führt zu einer Alkylnickelspezies, in deren Kohlenstoff-Metall-Bindung das Alken insertiert. Die Hydrolyse liefert schließlich das Produkt. Heck-Reaktionsprodukte werden nicht beobachtet.

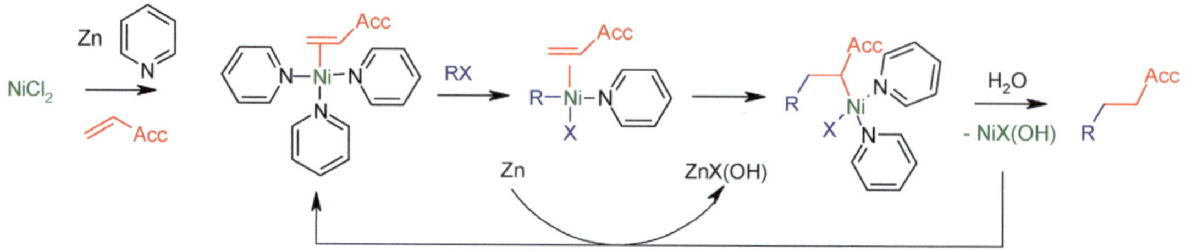

Die Ni(0)-vermittelte Kupplungsreaktion konnte erfolgreich auf Vitamin-D-Derivate angewendet werden. Nickelchlorid wird mit Zinkpulver in Pyridin zu Nickel(0) reduziert, das mit Acrylsäureester einen ziegelroten Komplex bildet. Dieser wird glatt durch das Iodid alkyliert. Die Reaktion ist breit anwendbar. Auf der einen Seite kann sie erfolgreich mit den Schwefeldioxidadukten durchgeführt werden, auf der anderen Seite kann Acrylsäureethylester auch durch Methylvinylketon ersetzt werden.

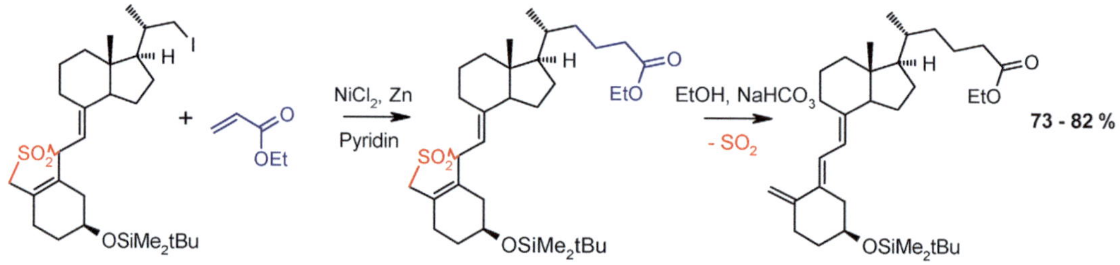

Nach der Extrusion von Schwefeldioxid durch Erwärmen in Ethanol in der Gegenwart von Natriumhydrogencarbonat folgt die Hydroxylierung an C-1 mit substöchiometrischen Mengen an Selendioxid und N-Methylmorpholin-N-oxid als Oxidationsmittel. Die Stereoselektivität der Oxidation liegt bei 7 : 1 zugunsten des (S)-Diastereomeren. Nach Silylierung mit t-Butyldimethylsilylchlorid und chromatographischer Reinigung erhält man das gewünschte Diastereomere mit 41 % Ausbeute.

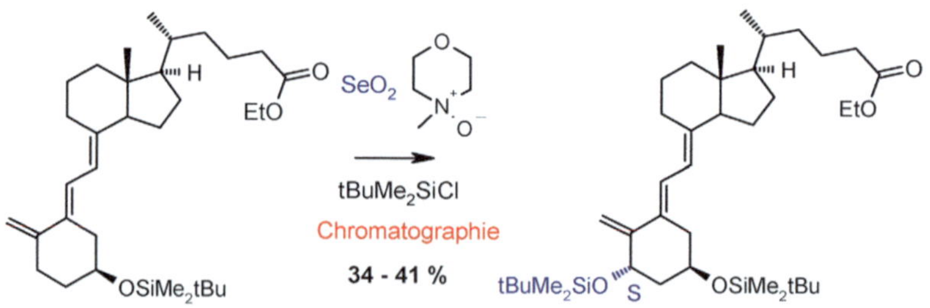

Problematisch sind die geringen Ausbeuten auf dieser hoch veredelten Reaktionsstufe, die die Gesamtsynthese infrage stellen. Die Ausbeute über alle Reaktionsstufen liegt bei 18 %. Offen war, ob eine inverse Vorgehensweise, also zuerst die Einführung der Hydroxygruppe in 1-Position und dann die Seitenkettenfunktionalisierung, bessere Gesamtausbeuten erbrächte.

Ergocalciferol wird hierzu bei −10 °C mit Schwefeldioxid umgesetzt und anschließend die Hydroxygruppe silyliert. Die chelotrope Extrusion von Schwefeldioxid liefert das (5E,7E)-Isomere. Die Allylhydroxylierung nach Barton mit Selendioxid/N-Methylmorpholin-N-oxid ergibt ein (1S/1R)-Isomerengemisch im Verhältnis von 7 : 1. Silylierung der Hydroxygruppe in 1-Position und Kristallisation führen schließlich zu dem (1S,5E)-Hydroxyderivat in reiner Form. Die Ausbeute über alle Reaktionsstufen liegt bei 28–35 %.[15][16]

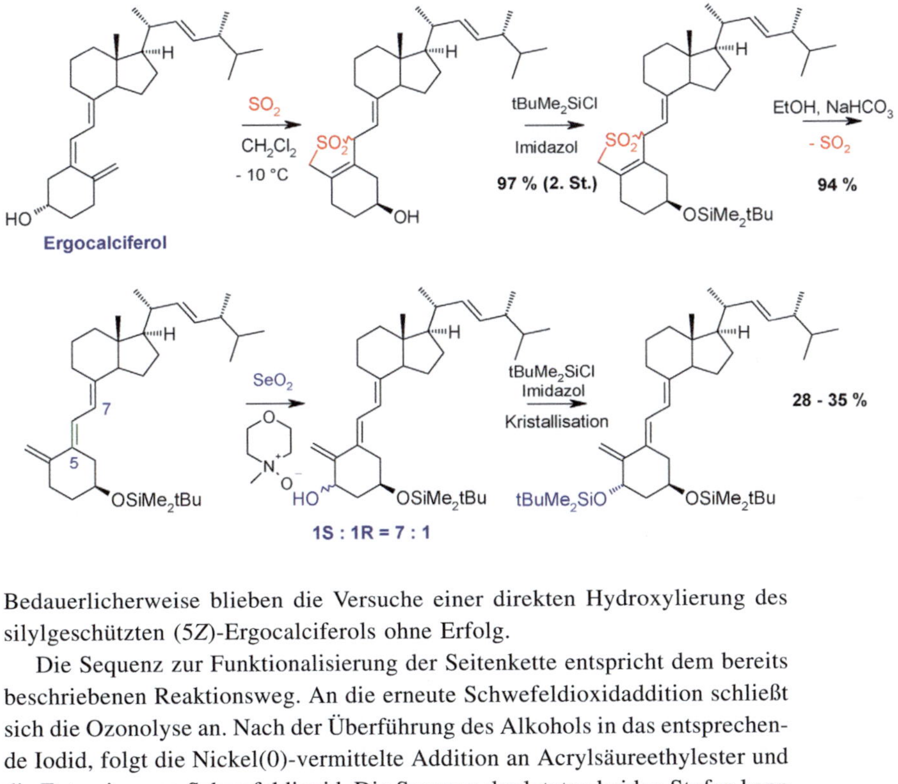

Bedauerlicherweise blieben die Versuche einer direkten Hydroxylierung des silylgeschützten (5Z)-Ergocalciferols ohne Erfolg.

Die Sequenz zur Funktionalisierung der Seitenkette entspricht dem bereits beschriebenen Reaktionsweg. An die erneute Schwefeldioxidaddition schließt sich die Ozonolyse an. Nach der Überführung des Alkohols in das entsprechende Iodid, folgt die Nickel(0)-vermittelte Addition an Acrylsäureethylester und die Extrusion von Schwefeldioxid. Die Sequenz der letzten beiden Stufen kann auch umgekehrt werden.

Die Gesamtausbeute über alle Reaktionsstufen bis zum Ethylester liegt bei nur 15 %. Dennoch ist diese Reaktionssequenz von Vorteil, da die Reaktionen mit schlechten Ausbeuten an den Anfang der Gesamtsynthese verlagert wurden.

Zum Abschluss der Gesamtsynthese wird der Ethylester mit einem Überschuss an Methylmagnesiumchlorid umgesetzt, die Silylschutzgruppen mit Tetrabutylammoniumfluorid abgespalten und schließlich in einer Triplettsensibilisierten Photoisomerisierung die Doppelbindung in 5-Position isomerisiert.

Die Ausbeute von Calcitriol bezogen auf Ergocalciferol liegt bei 8 %. Ersetzt man die verfahrenstechnisch preiswerten Kristallisationen nach der Hydroxylierung an C-1 und der Photoisomerisierung durch wesentlich teurere chromatographische Reinigungsschritte, so lässt sich die Ausbeute auf über 10 % steigern.[17]

7.2.4 Ausblick

Ein neuer und vielversprechender Ansatz von Taisho Pharmaceutical Co. ist die mikrobielle (1S,25)-Dihydroxylierung von Colecalciferol.[18] [19] *Nocardia autotrophica* hydroxyliert beide Positionen, *Amycolata autotrophica* bevorzugt dagegen die Monohydroxylierung in der Seitenkette.

Möglicherweise entwickelt sich hieraus eine neue Chance zur wirtschaftlichen Herstellung von Calcitriol.

7.2.5 Ökonomische Aspekte

Die pharmazeutische Industrie produziert Vitamin D_3 und in geringerem Maß Vitamin D_2 in reiner, kristalliner Form oder als Lösung in Pflanzenöl (1 Mio. I.E./g) zur Herstellung von Arzneimitteln und als Nahrungsmittelzusätze (Multivitaminspezialitäten). Die Hauptmenge an Vitamin D_3 wird als Rohprodukt, als Vitamin-D_3-Harz (etwa 500 000 I.E./g) zur Herstellung von Viehfutter verkauft. Die Bulk-Hersteller von Vitamin D sind Solvay-Duphar (Niederlanden, D_2, D_3), DSM (Schweiz, D_3), BASF (Deutschland, D_3) und Synthesia (Tschechische Republik, D_2). Die Weltjahresproduktion beläuft sich auf $1,5 \times 10^{15}$ I.E., dies entspricht 37,5 Tonnen Vitamin D. Die Weltjahresproduktion an Calcitriol beträgt einige hundert Gramm. Hersteller sind Hoffmann-La Roche und Abbott. Tritiummarkierte Vitamin D-Derivate für Assays werden von Amersham (Großbritannien) und von New England Nuclear Corp. (USA) hergestellt.

Zusammenfassung in Stichpunkten

- Die technische Synthese erfolgt durch Photolyse des 7-Dehydrocholesterols.
- Vitamin D dient zur Prävention von Rachitis und hat große Bedeutung in der Tierernährung.
- Bevor Vitamin D seine physiologische Aktivität entfalten kann, muss es in der Leber und anschließend in der Niere schrittweise zu Calcitriol hydroxyliert werden.
- Calcitriol wird bisher in Mengen von 100 Gramm für kommerzielle Zwecke chemisch hergestellt. Biotechnische Prozesse sind ebenfalls möglich.

Literatur

[1] D. Voet, J. G. Voet, Biochemie, VCH, Weinheim, 1. Aufl., 1994, 1163.

[2] Kirk-Othmer, Encyclopedia of Chemical Technology, 4 Ed., Vol. 25, John Wiley, New York, 1998, 217.

[3] Ullmann's Encyclopedia of Industrial Chemistry, Electronic Release, 6. Ed., (1999) 469.

[4] S. Klumpp, J. E. Schultz, Pharmazie in unserer Zeit **14** (1985) 19.

[5] Morrison/Boyd, Lehrbuch der Organischen Chemie, 2. Aufl., Verlag Chemie, Weinheim, 1978, 1017 ff, 1031 ff.

[6] H. Dai, G. H. Posner, Synthesis (1994) 1383.

[7] G.-D. Zhu, W. H. Okamura, Chem. Rev. **95** (1995) 1877.

[8] P. S. Manchand, G. P. Yiannikouros, P. S. Belica, P. Madan, J. Org. Chem. **60** (1995) 6574.

[9] D. R. Andrews, D. H. R. Barton, R. H. Hesse, M. M. Pechet, J. Org. Chem. **51** (1986) 4819.

[10] B. H. Lipshutz, S. Sengupta, Org. React. **41** (1992) 135.

[11] J. L. Luche, C. Allavena, Tetrahedron Lett. **29** (1988) 5369.

[12] J. L. Luche, C. Allavena, C. Petrier, C. Dupuy, Tetrahedron Lett. **29** (1988) 5373.

[13] J. L. Mascarenas, J. Pérez-Sastelo, L. Castedo, A. Mourino, Tetrahedron Lett. **32** (1991) 2813.

[14] R. Sustmann, P. Hopp, P. Holl, Tetrahedron Lett. **30** (1989) 689.

[15] M. J. Calverley, Tetrahedron **43** (1987) 4609.

[16] S. C. Choudhry, P. S. Belica, D. L. Coffen, A. Focella, H. Maehr, P. S. Manchand, L. Serico, R. T. Yang, J. Org. Chem. **58** (1993) 1496.

[17] M. Okabe in K. G. Gadamasetti, Process Chemistry in the Pharmaceutical Industry, Marcel Dekker, New York, 1999, 73.

[18] EP 0461921 (1990).

[19] EP 0298757 (1987).

7.3 Biotin

Biotin ist einer der hochwirksamen, essenziellen Wuchsstoffe, den z. B. die Bäckerhefe (*Saccharomyces corevisiae*) für ihre Vermehrung benötigt. Ein Milligramm Biotin lässt sich noch in 400 000 Liter Nährlösung anhand der Beschleunigung des Hefewachstums nachweisen. Wildiers entdeckte 1901 dieses, zunächst als Hefewuchsstoff Bios bezeichnete Vitamin. Es erwies sich identisch mit dem von Kögl 1936 aus Eigelb und von Szent-Györgyi aus Leber isolierten Vitamin H (Abb. 7.21). Du Vigneaud klärte die Struktur des Biotins 1940–1942 durch Abbaureaktionen auf. S. A. Harris und K. Folkers bestätigten diese durch die erste Totalsynthese. Den Chemikern Goldberg und Sternbach von Hoffmann-La Roche gelang 1949 erstmals die Synthese des enantiomerenreinen (*D*)-(+)-Biotins. Die absolute Konfiguration wurde erst 1966 durch Trotter und Hamilton mittels Röntgenstrukturanalyse bestätigt.[1][2] Biotin besitzt drei Asymmetriezentren, sodass acht Diastereomere denkbar sind. Allerdings besitzt nur das (3a*S*,4*S*,6a*R*)-Diastereomere die volle biologische Aktivität (Abb. 7.22).

7.21 *Biotinkristalle im polarisierten Licht.*

(D)-*cis*-Hexahydro-2-oxo-1H-thieno[3,4-d]imidazol-4-pentansäure
(D)-(+)-Biotin

7.22 *Chemisch gesehen ist Biotin eine durchaus ansprechende, enantiomerenreine, heterozyklische Verbindung, mit einer Thienoimidazolgrundstruktur und drei benachbarten Asymmetriezentren mit all-cis-Konfiguration relativ zum Thiophanring.*

7.3.1 Bedarf und Vorkommen

Der tägliche Bedarf des Menschen an Biotin ist abhängig vom Lebensalter. Säuglinge benötigen 35–50 µg/d, Kinder 65–120 µg/d und Jugendliche und Erwachsene 300 µg/d. Der Mangel an Biotin führt zu Seborrhoe (krankhaft gesteigerte Talgabsonderung der Haut), Dermatitis, Appetitlosigkeit, Muskelschmerzen, Müdigkeit und nervösen Störungen (Tab. 7.3).

Ein Mangel an Biotin kann beim Menschen durch einseitige Ernährung, Alkoholmissbrauch, Medikamentennebenwirkungen (Sulfonamide, Antiepileptika) und genetische Defekte entstehen. Bei Babys kann es zu einem Biotinmangel durch langes Stillen (> 4 Monate) kommen, da der Biotingehalt der Muttermilch absinkt. Auch bringt man den plötzlichen Kindstod mit Biotinmangel in Verbindung, da man bei Autopsien der toten Kinder diesen regelmäßig diagnostiziert.

In der Regel reicht die durch die Nahrung aufgenommene Menge an Biotin nicht aus, den durchschnittlichen täglichen Bedarf zu decken. Der Mensch scheidet mit dem Stuhl sogar 50 % des Biotins wieder aus, das er mit der Nahrung aufgenommen hat. Dadurch enthält Klärschlamm 50–70 µg Biotin/100 g

Tabelle 7.3 *Lebensmittel mit einem relativ hohen Biotingehalt*

Lebensmittel	Biotin-Gehalt (µg/100 g)
Leber	100
Bierhefe, trocken	80
Soja	60
Walnüsse	37
Erdnüsse, geröstet	34
Hühnerei (Vollei)	20
Blumenkohl	17
Champignon	16

Trockenmasse – eine Biotinquelle, die sich freilich nicht ohne Weiteres nutzen lässt. Dass Biotinmangelerkrankungen dennoch selten sind, verdankt der Mensch einer echten Symbiose mit seiner Darmflora. Diese scheidet – wie eine ganze Reihe anderer Bakterien, Hefen, niedere Pilze und einige Phytoplanktonarten – Biotin in das umgebende Medium aus. Obwohl Pflanzen Biotin über die Wurzel aufnehmen können, sind viele auch zur Bioneogenese in der Lage, die in den grünen Blättern stattfindet. Besonders biotinreich ist *Lavendula vera* (Abb. 7.23).

7.23 *Lavendel (Lavendula vera).*

Das Wachstum vieler in der Biotechnologie genutzter Mikroorganismen wie *Corynebacterium glutamicum* ist biotinabhängig, sodass man den Fermentationsbrühen Biotin zusetzt.

Auch für die Tierernährung ist Biotin von großer Bedeutung.[3] Während Wiederkäuer in der Regel mit den in den Futtermitteln enthaltenen und im Magen-Darm-Trakt synthetisierten Mengen an Biotin ausreichend versorgt werden, kommt es bei Schweinen, insbesondere Ferkeln, öfters zur Unterversorgung. Geflügel verwertet das im Futter enthaltene Biotin nur unzureichend und die enterale Biotinsynthese ist gering. Puten haben einen besonders hohen Bedarf an Biotin. Der Einsatz von Sulfonamiden und anderen Antibiotika in der Tierhaltung kann eine Biotinsupplementierung des Futters erforderlich machen, weil diese die Magen-Darm-Flora negativ beeinflussen (Tab. 7.4).

Tabelle 7.4 *Symptome bei Biotin-Mangelerkrankungen*

Tiere	Symptome
Geflügel	• Schlechte Befiederung • Dermatitis (Zehen, Beinen, Schnabelwinkeln) • Langsames Wachstum • Schwellung der Augenlider • Perosis (deformiertes Sprunggelenk) • Niedrige Schlupfraten • Beinschwäche (Puten)
Schweine	• Entzündungen der Klauen • Hautgeschwüre • Durchfall • Augenentzündungen • Veränderung der Mundschleimhaut • Schlechte Fruchtbarkeit
Pelztiere	• Graue Haare • Haarausfall • Schwanzbeißen
Fische	• Schlechtes Wachstum • Blue-Slime-Krankheit
Katzen, Hunde	• Glanzloses Fell • Haarausfall • Ekzeme • Hyperkeratinose
Pferde	• Hornschädigungen an den Hufen

7.3.2 Antagonisten

Das in manchen Nahrungsmitteln enthaltene Biocytin (ε-N-Biotinyllysin) wird quantitativ im Intestinaltrakt durch das Enzym Biotinidase gespalten. Nur das freie Biotin wird im proximalen Dünndarm resorbiert. Die Resorption wird jedoch durch Avidin, einem Glycoprotein mit der Molmasse von etwa 70 000, verhindert. Dieses kommt in Hühnereiweiß in größeren Mengen vor und bildet mit Biotin einen außerordentlich stabilen Molekülkomplex (Dissoziationskonstante bei 25 °C: K = 10^{-15} M), der weder durch Säuren noch durch Peptidasen gespalten werden kann. Lediglich Bestrahlung oder längeres Kochen führt zur Denaturierung von Avidin und damit zur Freisetzung von Biotin. Ein Grund mehr, warum man Frühstückseier mindestens 4^{1}/$_2$ Minuten kochen sollte. Hierbei denaturiert Avidin und verliert seine schädliche Wirkung. Ein Milligramm Avidin desaktiviert 13,8 Mikrogramm Biotin. Ähnlich stabile Komplexe bildet Biotin mit Streptavidin und Stravidin aus bestimmten Streptomyceten und Saccharomyceten.

ℹ️ Das molare Verhältnis von Avidin oder Streptavidin zu Biotin beträgt 1 : 4.

7.3.3 Biosynthese

Die Biosynthese von Biotin wurde in einer Reihe von Mikroorganismen, darunter auch *Escherichia coli* und *Aspergilus niger*, untersucht. Das Ausgangsmaterial ist Pimelinsäure, die im ersten Schritt in den Coenzym A-Thioester

Lys - Enzym
Pyridoxalphosphat
Enzym - B
SAME
[Fe-S]red
[Fe-S]ox
Pimelinsäure
ATP, Mg++
CoASH
Pimelinyl-CoA-Synthetase
CoAS
- CO2
KAPA-Synthetase
7-Keto-8-aminopelargonsäure
DAPA-Synthetase
7,8-Diaminopelargonsäure
ATP, Mg++
HCO3-
Dethiobiotin-Synthetase
Dethiobiotin
Biotin-Synthetase
SH
Cystein
pro-S
D-(+)-Biotin

Tabelle 7.5 *Biotintiter in den Fermentationsbrühen unterschiedlicher Mikroorganismen*

Mikroorganismus	Titer (mg/l)
Serratia marcescens	600
Bacillus sphaericus	365
Rhizopus delemar	0,6
Brevibacterium flavum	0,5

überführt und damit aktiviert wird. *E. coli* synthetisiert Pimelinsäure über den Fettsäurebiosyntheseweg. In einer pyridoxalphosphatabhängigen Reaktion wird Alanin mit Pimelinsäure unter Abspaltung von Kohlendioxid kondensiert.[4] Der Ammoniak für die reduktive Aminierung stammt aus S-Adenosylmethionin und wird mithilfe von Pyridoxalphosphat übertragen. Das Imidazolidinon bildet sich mit Bicarbonat in Gegenwart von ATP und Magnesiumsalzen. Die Einführung des Schwefels in Dethiobiotin erfolgt in einer außergewöhnlichen und faszinierenden Reaktion, bei der ebenfalls S-Adenosylmethionin beteiligt ist. Dieses wird von einem Eisenschwefel-Cluster, gekoppelt an NADPH und Flavodoxin, unter Bildung von Methionin reduktiv gespalten. Das Adenosylradikal abstrahiert ein Wasserstoffatom vom Dethiobiotin, sodass man stöchiometrische Mengen Deoxyadenosin findet. Die Schwefelquelle für Biotin ist vermutlich Cystein. Der Tetrahydrothiophenring wird geschlossen durch enantioselektive Abstraktion des (4-pro-*S*)-Wasserstoffatoms unter Retention der absoluten Konfiguration. Für den Ringschluss werden insgesamt zwei Äquivalente S-Adenosylmethionin benötigt.[1,5,6,7]

Die Fermentation ist bis heute kein industrielles Herstellverfahren, weil Biotin, abgesehen von der Bildung der CoA-Pimelinsäure, jeden Schritt der Biosynthese im Sinn einer negativen Rückkopplung sehr wirkungsvoll inhibiert. Es können bisher nur geringe Titer in den Fermentationsbrühen erreicht werden, sodass die Herstellverfahren unwirtschaftlich sind (Tab. 7.5).[1,5] Um mit der chemischen Synthese konkurrieren zu können, würden Konzentrationen von deutlich $>1\,000$ mg/l benötigt.

7.3.4 Biologische Funktion

Die biologische Funktion von Biotin ist die einer essenziellen, prosthetischen Gruppe für Carboxylasen. Biotin spielt eine essenzielle Rolle bei der Bioneogenese der Zucker und Fettsäuren.

Das erste biotinabhängige Enzym, das man entdeckte, war die Acetyl-CoA-Carboxylase, die Malonsäure herstellt und essenziell für den Fettsäureaufbau ist. Man nimmt an, dass Biotin an eine 14 Ångström lange, flexible Kette gebunden ist, sodass es zwischen zwei aktiven Zentren hin und her pendeln kann. Im ersten Zentrum wird Biotin unter Verbrauch von ATP carboxyliert, im zweiten wird die Carbonsäurefunktion übertragen.[8,9]

In analoger Weise kann auch auf Propionyl-CoA (Biosynthese ungeradzahliger Fettsäuren, Isoleucinsynthese, Metabolismus von Cholesterol) oder auf 3-Methylcrotonyl-CoA[10] (Leucinabbau) eine Carboxylatgruppe übertragen werden.

(S)-Methylmalonyl-CoA

β-Methylglutaconsäure

Oxalessigsäure

Aus Pyruvat entseht Oxalessigsäure, was für die Gluconeogenese von entscheidender Bedeutung ist.[2] Biotin ist außerdem bei der Übertragung von Carbonsäurefunktionen beteiligt. In Prokaryoten ist Biotin ein Cofaktor für Decarboxylasen (Tab. 7.6).

Tabelle 7.6 *Biotinabhängige Enzyme*

Enzymklassen	Enzyme
Carboxylasen	Acetyl-CoA-Carboxylase
	Propionyl-CoA-Carboxylase
	β-Methylcrotonyl-CoA-Carboxylase
	Pyruvat-Carboxylase
	Geranyl-CoA-Carboxylase
	Aminocarboxylase
Transcarboxylasen	Methylmalonyl-CoA:Pyruvat-Carboxyltransferase
Decarboxylasen	Methylmalonyl-CoA-Decarboxylase
	Oxalacetatdecarboxylase

7.3.5 Chemische Synthesen

Seit der Erstsynthese vor über 60 Jahren war Biotin für viele Arbeitsgruppen immer wieder ein attraktives Zielmolekül, was zu einer großen Zahl von Totalsynthesen führte.[11] [12] [13] Diese sind in einem empfehlenswerten Artikel von P. J. De Clercq zusammengefasst (Tab. 7.7).[14]

Neben der Erstsynthese sollen im Folgenden ausgewählte Beispiele für technisch ausgeübte Synthesen, Syntheseoptimierungen und die wahrscheinlich eleganteste Synthese von (+)-Biotin von E. Poetsch und M. Casutt vorgestellt werden.

Tabelle 7.7 *Biotinsynthesen*

	Autor/Firma	Ausgangsmaterial	Stufen	Produkt	Bemerkung
1943–45	Harris/Merck USA	(*L*)-Cystin	11	rac-Biotin	Erstsynthese
1945	Grüssner/HLR	5-Methoxyhexansäure	13	rac-Biotin	
1945–50	Cheney/Parke Davis	Pimelinsäure	14	rac-Biotin	
1947	Baker/Lederle	Pimelinsäure	17	rac-Biotin	
1949	Sternbach/HLR	Fumarsäure	15	(+)-Biotin	techn. Synthese
1962	Nishimura	Thiophen	12	rac-Biotin	
1965	Fabrichnyi	Thiophen	12	rac-Biotin	
1968–73	Isaka/Zavyalov	Methylimidazolon	7	rac-Biotin	
1970	Gerecke/HLR	Fumarsäure	11	(+)-Biotin	techn. Synthese
1975	Marquet	Fumaräure	12	rac-Biotin	
1975	Ohrui	(*D*)-Mannose	16	(+)-Biotin	
1975	Confalone/HLR	(*L*)-Cystin	19	(+)-Biotin	
1976	Confalone/HLR	Pimelinsäure	11	rac-Biotin	
1977	Ogawa	(*D*)-Glucose	23	(+)-Biotin	längste Synthese
1977	Confalone/HLR	Pimelinsäure	13	rac-Biotin	
1977	Marx/Synthex	Hexansäuremethylester	8	rac-Biotin	
1978	Sueda	(*D*)-Glucosamin	14	(+)-Biotin	
1978	Field/HLR	Hexansäuremethylester	12	(+)-Biotin	
1980	Vogel	(*D*)-Arabinose	15	(+)-Biotin	
1980	Confalone/HLR	Cyclohepten	11	rac-Biotin	
1980	Hohenlohe-Oehringen	2H-Chromen	11	rac-Biotin	
1981	Rossy/BASF	Methylchloracetat	10	rac-Biotin	
1982	Schmidt	(*D*)-Arabinose	11	(+)-Biotin	
1982	Baggiolini/HLR	(*L*)-Cystin	11	(+)-Biotin	
1983	Whitney	Dimethylimidazolinon	11	rac-Biotin	
1983	Volkmann/Pfizer	Ethyl-7-oxoheptanoat	7	(+)-Biotin	kürzeste Synthese
1984	Ravindranathan	(*D*)-Glucose	19	(+)-Biotin	
1987	Poetsch/E. Merck	(*L*)-Cystein	9	(+)-Biotin	techn. Synthese
1988	McGarrity/Lonza	Tetronsäure	12	(+)-Biotin	techn. Synthese
1988	Corey	(*L*)-Cystin	13	(+)-Biotin	

Tabelle 7.7 *Biotinsynthesen (Forts.)*

	Autor/Firma	Ausgangsmaterial	Stufen	Produkt	Bemerkung
1990	Moran	N-Phenylglutarimid	11	rac-Biotin	
1991	Poetsch/E. Merck	(*L*)-Cystin	13	(+)-Biotin	
1993	Ravindranathan	(*L*)-Cystein	12	(+)-Biotin	
1993	De Clercq	(*L*)-Cystein	12	(+)-Biotin	
1994	De Clercq	(*L*)-Cystein	14	(+)-Biotin	
1994	Sumitomo		8	(+)-Biotin	
2000	Chen	Ethylacetacetat	10	(+)-Biotin	
2001	Ravindranathan	(*L*)-Cystin	11	(+)-Biotin	
2003	Seki/Tanabe	(*L*)-Cystein	10	(+)-Biotin	

HLR: Hoffmann-La Roche

Erste chemische Synthese

S. A. Harris vom Merck Research Laboratory, Rahway, NJ, berichtete 1943 von der ersten stereounselektiven Synthese des Biotins. Er trennte die Enantiomeren mit (–)-Mandelsäure und ermittelte den optischen Drehwert und Schmelzpunkt.[15] In den kommenden Jahren folgten insgesamt sechs Publikationen, die den vollen Umfang der Synthese darlegten. Ausgangsmaterial ist Cystin, das zunächst reduziert und geeignet derivatisiert wird. In einer Dieckmann-Zyklisierung wird der Thiophenring aufgebaut. Hierbei racemisiert das Produkt. Nach Decarboxylierung wird die Seitenkette eingeführt und das Oxim gebildet. Bei der zweistufigen Reduktion entstehen Diastereomerengemische, die sich zum Teil trennen lassen. Nach dem Entschützen mit Bariumhydroxid wird der Imidazolidinonring mit Phosgen geschlossen. Die Trennung der Enantiomeren mit (+)-Arginin liefert optisch reines (+)-Biotin.[16]

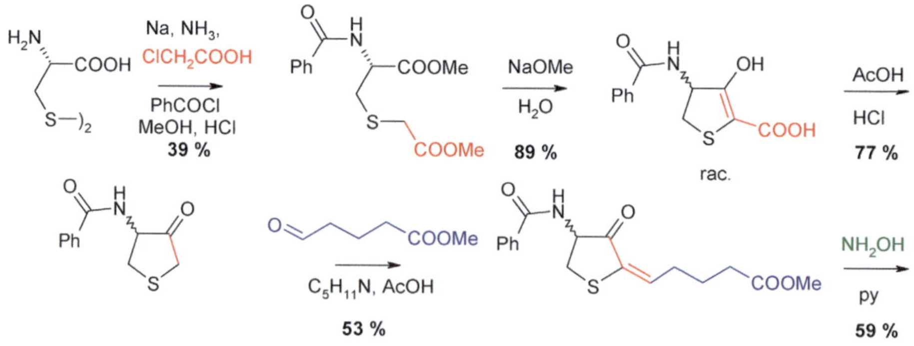

Erste technische Synthese (Hoffmann-La Roche)

M. W. Goldberg und L. H. Sternbach von Hoffmann-La Roche meldeten 1946 das erste von mehreren Patenten zur Synthese von Biotin an. Ausgangsmaterial ist Fumarsäure, die *trans*-dibromiert wird. Die nukleophile Substitution mit Benzylamin, die Zyklisierung mit Phosgen und die Behandlung mit Essigsäureanhydrid liefert das *cis*-substituierte *meso*-Imidazolidinon. Dieses wird mit Cyclohexanol in den Halbester überführt und die Enantiomeren mit (–)-Ephedrin gespalten. Alternativ kann man auch den Ethylhalbester herstellen und mit (+)-Dehydroabietylamin trennen. Das unerwünschte Isomere wird hydrolysiert und auf diesem Wege zurückgeführt. Das erwünschte dagegen wird mit Lithiumboranat reduziert und zum Lacton zyklisiert. Ein entscheidender Schritt auf dem Weg zum (+)-Biotin ist die Überführung des Lactons in das Thiolacton mit Kaliumthioacetat in DMF bei 150 °C, die von M. Gerecke 1970 publiziert wurde. Ein Teil der Seitenkette wird durch eine Grignard-Reaktion mit anschließender Dehydratisierung eingeführt. Die exozyklische Doppelbindung ist (Z)-konfiguriert.[17] Bei der anschließenden stereospezifischen Hydrierung wird das all-*cis*-Produkt erhalten. Die Behandlung mit HBr liefert ein Tetrahydrothiopheniumsalz, das mit Natriummalonat umgesetzt wird. Alternativ kann

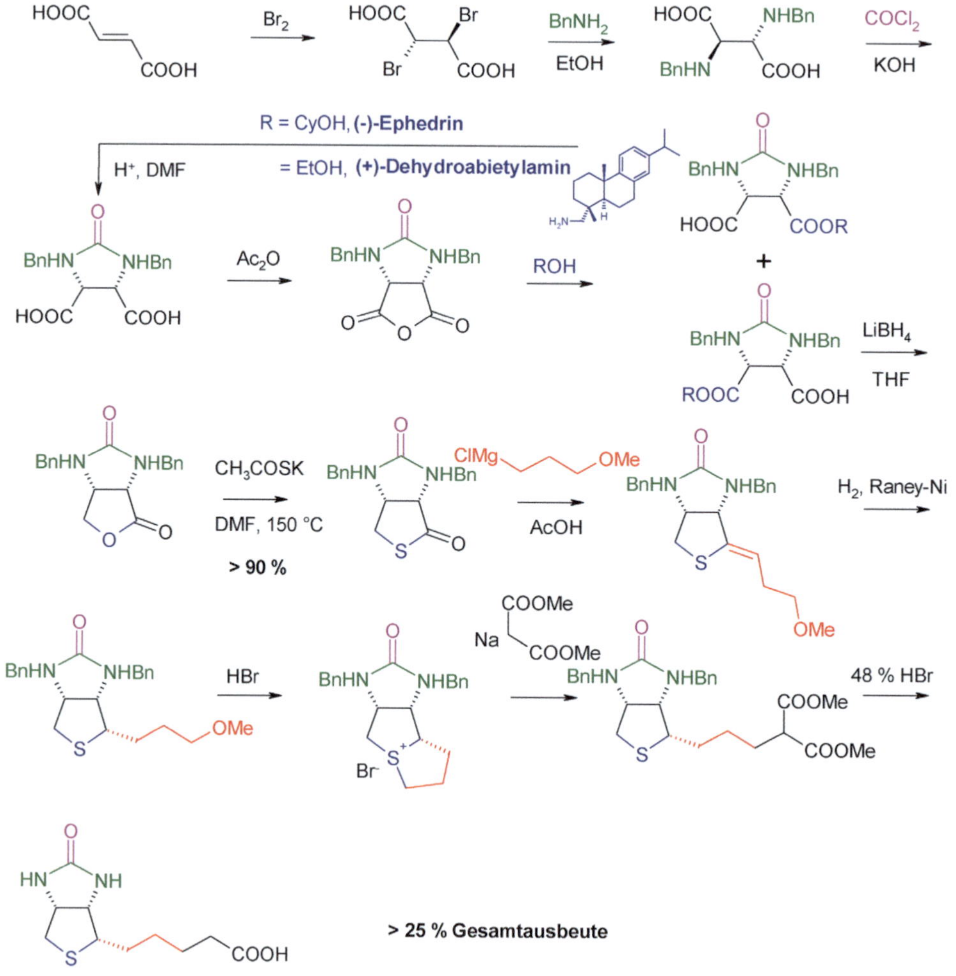

(+)-Biotin

> 25 % Gesamtausbeute

man auch die Carbonsäurefunktion durch Cyanid in das Homotetrahydrothiopheniumsalz einführen. Schließlich werden durch Kochen mit 48 %iger HBr die Ester verseift, decarboxyliert und die Benzylschutzgruppen abgespalten. Die Gesamtausbeute über alle Schritte liegt bei > 25 %.[1] [6] [14]

Die bedeutendsten Nachteile der Sternbach-Goldberg-Synthese sind die Trennung und partielle Rückführung der Enantiomeren auf der Stufe des Halbesters und eine Reihe ineffizienter Reaktionsschritte. Zunächst synthetisiert man ein Lacton, um es dann in ein Thiolacton zu überführen. Die Seitenkette wird in zwei Teilen aufgebaut, wobei anschließend wieder eine Reihe von Abbaureaktionen erforderlich sind. So muss der Ether gespalten, der Ester verseift und dann decarboxyliert werden. Das alles macht die Gesamtsynthese umständlich und schmälert die Raum/Zeit-Ausbeute.

Im Laufe der Jahre wurden von verschiedenen Firmen und Hochschularbeitskreisen wesentliche Verbesserungen oder Variationen erarbeitet, die auf der Sternbach-Synthese von (+)-Biotin basieren. So fand Gerecke, dass das *meso*-Anhydrid in den Cholesterylhalbester überführt und als Triethylammoniumsalz getrennt werden kann. Ersetzt man Cholesterol durch (*S*)-1,1-Diphenylisopropanol, erhält man das Lacton nach einmaliger Umkristallisation mit einem Enantiomerenüberschuss von 99 %.

27 %

80 %

99 %ee nach Umkristallisation

Chemiker von Sumitomo beschrieben 1975 die Bildung des Imids von Phenylethylamin und dessen enantioselektive Reduktion mit Natriumboranat. Ersetzt man Phenylethylamin durch ein Vorprodukt von Chloramphenicol, so lässt sich die Ausbeute an diastereomeren- und enantiomerenreinem Produkt auf 60–65 % steigern.

50 - 55 % nach Umkristallisation

60 - 65 % nach Umkristallisation

Der *meso*-Dipropylester kann mit Schweineleberesterase enantioselektiv hydrolysiert werden. Die Esterase spaltet selektiv den (*S*)-Aminoester.

1993 berichtete K. Matsuki, dass das Anhydrid auch enantioselektiv mit dem Binol-Aluminiumhydrid-Ethanol-Komplex von Noyori reduziert werden kann.

Optimierte Synthese nach Marquet

Einen konzeptionell zur Roche-Synthese unabhängigen Weg entwickelten A. Marquet und H. Kinoshita. Die Syntheseroute ist attraktiv, weil sie von preiswerten Edukten ausgeht und das Syntheseziel auf relativ geradlinigem Weg erreicht. Ausgangsmaterial ist Sulfolen, das mit vier Äquivalenten Sulfurylchlorid in Acetonitril umgesetzt wird. Hierbei entsteht ein Imidoylchlorid, das mit Benzylamin zyklisiert und mit Natronlauge zum Harnstoff verkocht werden kann. Nach dem Schützen des Stickstoffs, wird der Schwefel reduziert und das Tetrahydrothiophen über eine Chlorierung nach Pummerer mit einer Hydroxygruppe funktionalisiert. Chemikern bei Takeda gelang es, die isomeren Alkohole durch eine enzymatische Veresterung zu trennen. Von Nachteil ist, dass das unerwünschte Diastereomere nicht ohne großen Aufwand rückgeführt werden kann. Die Oxidation mit DMSO/Trifluoressigsäureanhydrid liefert schließlich einen Baustein der Sternbach-Synthese.

Technische Synthese (Lonza)

Die Firma Lonza entwickelte einen Syntheseweg, der von Tetronsäure[18] ausgeht. Zur Einführung des ersten Stickstoffs wird diese mit dem Diazoniumsalz
von Anilin umgesetzt. Die Ketogruppe wird mit (*S*)-Phenylethylamin in das
Enamin überführt. Nach der reduktiven Spaltung der Diazoverbindung wird
mit Chlorameisensäureester der Furoimidazolinonring geschlossen. Beeindruckend ist die enantioselektive Hydrierung mit einem Ferrocenylphosphan-Rho-
dium-Komplex. Der ungeschützte Stickstoff wird benzyliert und der Schwefel
nach Gerecke eingeführt. Die Wittig-Reaktion verkürzt erheblich den Aufbau
der Seitenkette. Die Hydrierung der *exo*-zyklischen Doppelbindung kann man
auch mit Palladium katalysiert durchführen. Schließlich werden wie bei dem
Roche-Prozess die Schutzgruppen mit HBr abgespalten.

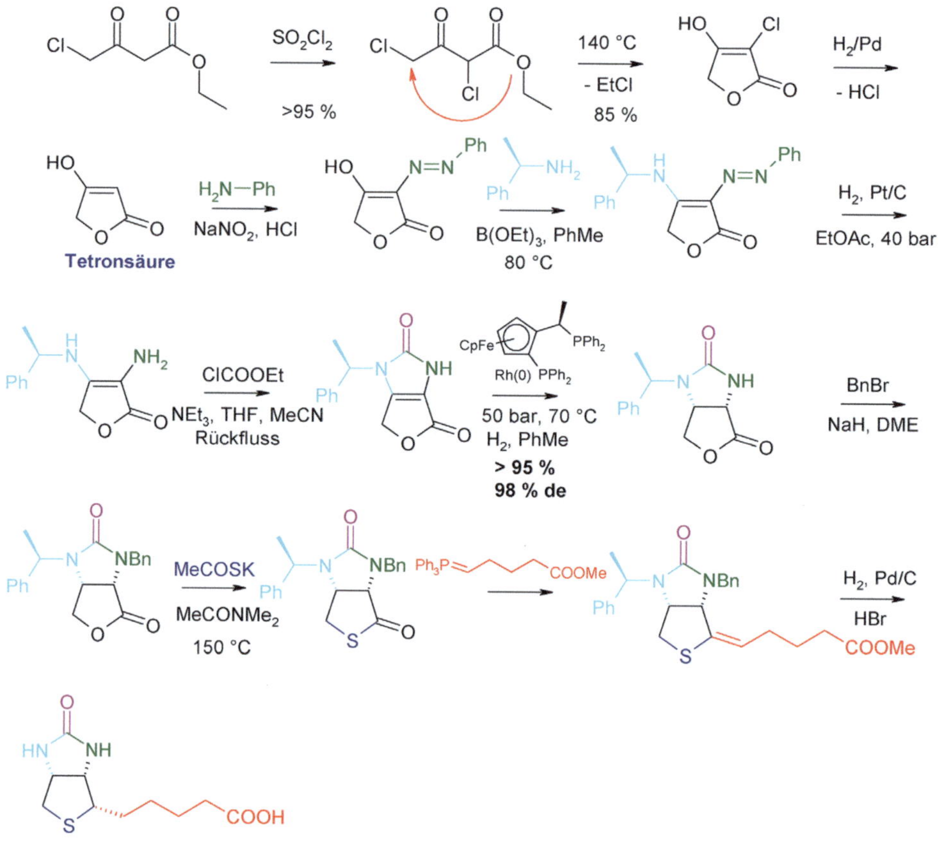

Diastereoselektive Synthese (Hoffmann-La Roche)

1982 veröffentlichten Chemiker von Hoffmann-La Roche eine elegante Synthese von Biotin, die ausgehend von Cystin durch eine intramolekularen [3 + 2]-Zykloaddition eines Nitrons, den Tetrahydrothiophen-Ring aufbaut.[19] Die Zyklisierung erfolgt an einem zehngliedrigen Ringsystem und erzeugt zwei neue Asymmetriezentren.

Ausgangsmaterial ist Cystinmethylester, bei dem die Schwefelfunktion auf elegante Weise geschützt ist. Dieses wird mit 5-Hexinsäurechlorid umgesetzt. Die Reduktion des Disulfids mit Zink erzeugt ein Thiol, das an der Luft spontan an das Alkin addiert. Die für die spätere Zykloaddition kritische (*E/Z*)-Selektivität ist 1 : 9. Nach der Abtrennung des (*E*)-Isomeren wird der Ester zum Aldehyd reduziert und mit Benzylhydroxylamin in das Nitron überführt. Beim Erwärmen in Toluol auf Rückfluss findet die stereospezifische Zykloaddition statt. Der Isoxazolidinring lässt sich leicht durch eine Zinkstaubreduktion öffnen. Das Harnstoffsystem wird dann mit Chlorformiat aufgebaut. Durch Röntgenstrukturanalyse konnte man zeigen, dass die „überflüssige" Hydroxygruppe in der Seitenkette unter netto-Retention zunächst in das entsprechende Chlorid überführt werden kann. Die Reaktion wird wahrscheinlich durch den anchimeren Effekt des benachbarten Schwefels noch erleichtert. Das Chlorid lässt sich durch Reduktion mit Natriumboranat entfernen. Biotin erhält man schließlich durch Abspaltung der Schutzgruppen mit HBr.[14][20]

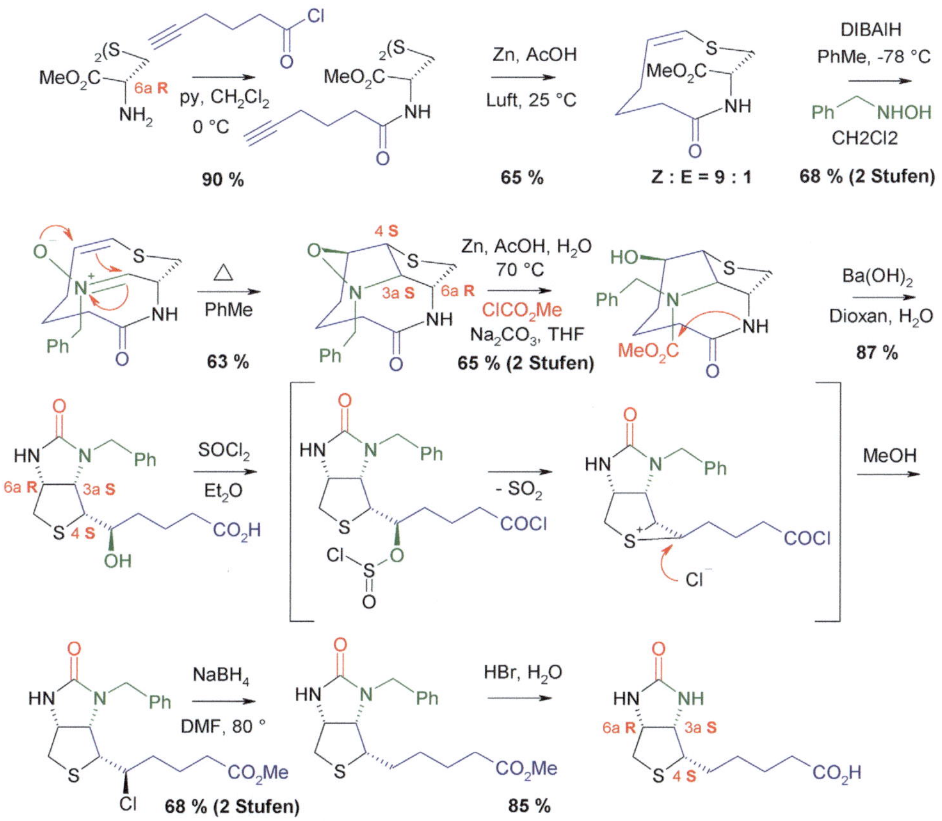

Diastereoselektive Synthese (Merck)

Einer der kürzesten Synthesewege zum enantiomerenreinen (+)-Biotin stammt von Eike Poetsch und Michael Casutt von der Firma E. Merck in Darmstadt.[21] Die Umsetzung des mit Benzaldehyd geschützten Cysteins mit Benzylisocyanat führt erstaunlicher Weise zu einem im ^{1}H NMR-Spektrum einheitlichen Hydantoin. Die Reduktion mit Natriumboranat liefert ein Halbaminal das am 6a-C-Atom konfigurationsstabil ist. D_2O-Austauschexperimente belegen, dass der Aminoaldehyd, der durch Keto/Enol-Tautomerisierung epimerisieren könnte, auch im Gleichgewicht nicht vorliegt. Zur Einführung von Cyanid wird mit Carbonyldiimidazol zum Alkoxycarbonylimidazol umgesetzt, das nach N-Methylierung am Imidazolsystem bereitwillig durch Cyanid substituiert werden kann. Die Verseifung führt zur enantiomerenreinen Carbonsäure. Die reduktive Ringöffnung des Thiazolidins liefert eine Carbonsäure, die mit Dicyclohexylcarbodiimid aktiviert wird, dabei epimerisiert und zum Thiolacton zyklisiert. Von hier aus erhält man nach dem Hoffmann-La Roche-Prozess enantiomerenreines (+)-Biotin.

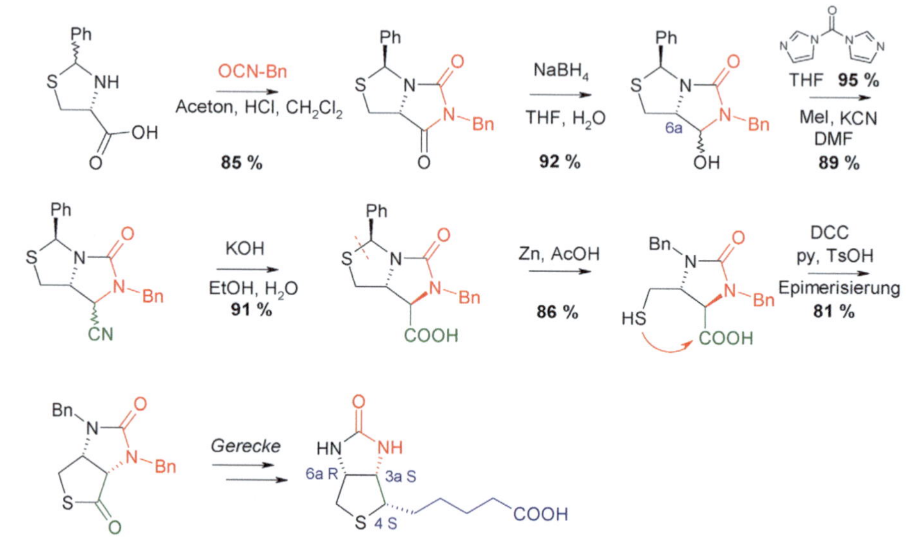

Noch eleganter ist jedoch, das Nitril in einer doppelten Grignard-Reaktion mit Dibrombutan und Kohlendioxid umzusetzen. Auch hier wird anschließend das Thiazolidin reduktiv geöffnet. Das intermediär durchlaufene Keton epimerisiert und bildet spontan das benzylgeschützte Dehydrobiotin. Die Hydrierung und Entschützung sind von Gerecke vorbeschrieben.

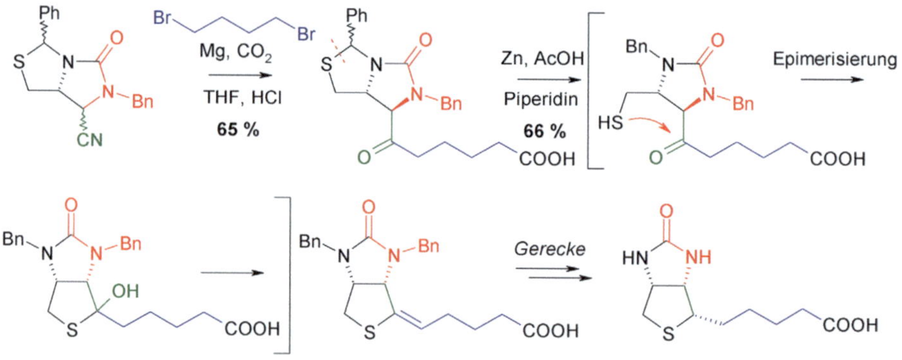

7.3.6 Wirtschaftliche Aspekte

Jährlich werden etwa 65 Tonnen Biotin hergestellt. Der größte Teil wird zur Tierernährung benutzt, gefolgt von der Verwendung in der Ernährungsindustrie (Multivitamin-Tabletten, -Dragees, -Kapseln oder -Sirup) und in der Arzneimittelherstellung (5–10 %). Ein kleiner Teil benutzt man für analytische Zwecke (Immunoassays) und zur künstlichen Ernährung und Kosmetik.

Bedeutende Hersteller sind, neben einer ganzen Reihe chinesischer Unternehmen, die DSM, Tanabe und Sumitomo. Die BASF stellt Biotin nur in Futterqualität her. Der Weltmarktpreis für reines (+)-Biotin liegt im Bereich von 400 bis 450 Dollar pro Kilogramm.[5]

Zusammenfassung in Stichpunkten

- Biotin besitzt im Lebensmittelsektor und in der Tierernährung große Bedeutung.
- Die biologische Funktion von Biotin ist die einer essenziellen, prosthetischen Gruppe für Carboxylasen.
- Die Fermentation ist bis heute kein industrielles Herstellverfahren, weil Biotin fast jeden Schritt der Biosynthese inhibiert.
- Von epochaler Bedeutung ist die technische Synthese nach Goldberg und Sternbach (Hoffmann-La Roche), mit der es zum ersten Mal möglich wurde, Biotin in großen Mengen enantiomerenrein herzustellen.
- Besonders elegante Synthesen wurden von Lonza und Merck entwickelt.

Literatur

[1] Ullmann's Encyclopedia of Industrial Chemistry, VCH, Weinheim, 5. Ed., (1996) 566.
[2] Römpp Chemielexikon, Georg Thieme Verlag, Stuttgart, Electronic Release, 2003.
[3] Lutavit® H 2, BASF Produktinformation.
[4] P. Karlson, Biochemie, G. Thieme Verlag, Stuttgart, 1970, 135.
[5] Kirk-Othmer, Encyclopedia of Chemical Technology, John Wiley & Sons, New York, 4. Ed., Vol. 25, (1998) 48.
[6] Kirk-Othmer, Encyclopedia of Chemical Technology, John Wiley & Sons, New York, 3. Ed., Vol. 24, (1984) 41.
[7] F. Escalettes, D. Florentin, B. Tse Sum Bui, D. Lesage, A. Marquet, J. Am. Chem. Soc. **121** (1999) 3571.
[8] S. A. Henderson, J. O'Connor, A. R. Rendina, G. P. Savage, G. W. Simpson, Aust. J. Chem. **48** (1995) 1907.
[9] D. Voet, J. G. Voet, Biochemie, VCH, Weinheim, 1992, 628.
[10] P. Karlson, Biochemie, G. Thieme Verlag, Stuttgart, 1970, 196.
[11] F.-E. Chen, Y.-D. Huang, H. Fu, Y. Cheng, D.-M. Zhang, Y.-Y. Li, Z.-Z. Peng, Synthesis (2000) 2004.
[12] S. P. Chavan, R. B. Tejwani, T. Ravindranathan, J. Org. Chem. (2001) 6197.
[13] M. Seki, M. Kimura, M. Hatsuda, S. Yoshida, T. Shimizu, Tetrahedron Lett. **44** (2003) 8905.
[14] P. J. De Clercq, Chem. Rev. **97** (1997) 1755 (Review, siehe dort zitierte Literatur).
[15] S. A. Harris, D. E. Wolf, R. Mozingo, K. Folkers, Science **97** (1943) 447.
[16] D. E. Wolf, R. Mozingo, S. A. Harris, R. C. Anderson, K. Folkers, J. Am. Chem. Soc. **67** (1945) 2100.
[17] K. Meyer, persönliche Mitteilung, 2006.
[18] T. Meul, R. Miller, L. Tenud, Chimia **41** (1987) 73.
[19] E. G. Baggiolini, H. L. Lee, G. Pizzolato, M. R. Uskokovic, J. Am. Chem. Soc. **104** (1982) 6460.
[20] K. C. Nicolaou, E. J. Sorensen, Classics in Total Synthesis, VCH, Weinheim, 1996, 285.
[21] E. Poetsch, M. Casutt, Chimia **41** (1987) 148.

8 | Pflanzenschutz-wirkstoffe

Pflanzenschutz ist heute notwendiger als je zuvor. Es geht in erster Linie um die Sicherstellung unserer Ernährung. Während die weltweit landwirtschaftlich genutzte Fläche in den letzten 50 Jahren nahezu konstant blieb (1,4 Milliarden Hektar)[1] aber die Menschheit im gleichen Zeitraum von 2,5 auf über 6 Milliarden anwuchs, stehen uns statistisch gesehen heute nur noch 0,2 Hektar Nutzfläche pro Mensch zur Verfügung (Abb. 8.1).

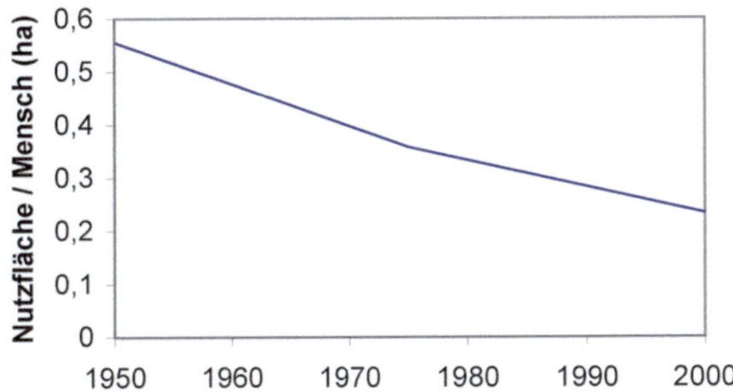

8.1 *Auf einem guten Viertel eines Fußballfeldes muss alles wachsen, was jeder von uns zum Leben braucht.*

Seit der Jungsteinzeit vor rund 10 000 Jahren betreibt der Mensch Ackerbau. Aus Wildpflanzen züchtete er die uns heute bekannten Kulturpflanzen. Eine ausgefeilte Bewässerungstechnik in Mesopotamien und Ägypten erlaubte es mehr Menschen zu ernähren. So entwickelten sich vor allem in Nordafrika und dem Vorderen Orient vor 6 000 Jahren die ersten Hochkulturen. Aus Texten der Sumerer und aus ägyptischen Darstellungen haben wir Hinweise, dass schon damals Heuschrecken, Käfer, Nagetiere und Pilzkrankheiten die Ernten bedrohten (Abb. 8.2).[2]

Auch aus chinesischen Schriftstücken aus der Shang Dynastie (1523–1027 v. Chr.) geht hervor, welche Bedrohung Insekten darstellten. So versuchte man z. B. die Wanderheuschrecke *Locusta migratoria manilensis* mit Feuer zu bekämpfen. In griechischen und römischen Schriften werden von Pflanzenschäden, Schutzmaßnahmen und Bekämpfungsmöglichkeiten berichtet. Z. B. beschreibt Plinius der Ältere zur Bekämpfung von Insekten die Verwendung von Abschreckungsmitteln wie Asche, gestoßene Zypressenblätter und verdünnter Urin.

Pilzkrankheiten stand man jedoch, da man die Ursachen nicht kannte, ziemlich hilflos gegenüber. Das Antoniusfeuer ist seit dem Mittelalter bekannt. Die Krankheit wird von einem Pilz auf Getreideähren, dem Mutterkorn, verursacht

8.2 *Heuschrecken auf den Grabmälern von Sakkara, Oberägypten, 2400 v. Chr.*

8.3 *In feuchten Sommern befällt der Pilz Claviceps purpurea (Mutterkorn) hauptsächlich Roggen, seltener Weizen, sodass im Mittelalter vor allem die ärmere Bevölkerung vom Antoniusfeuer betroffen war.*

8.4 *Flügeltafel des Isenheimer Altars von Matthias Grünewald (um 1480–1528). Das „Antoniusfeuer" ruft schwere körperliche Verunstaltungen hervor. Der aufgeblähte und verfärbte Leib ist überall mit Schwären übersät.*

8.5 *Seit 1793 benutzt man Nicotin als Wirkstoff gegen Blattläuse. Es ist das Hauptalkaloid in den Tabakarten Nicotiana tabacum und Nicotiana rustica. Der Gehalt in den Blättern beträgt 2–14 %.*

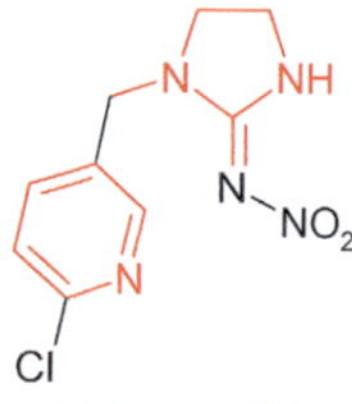

Nicotin

Imidacloprid

Neonicotinoide, eine neue [i] Stoffklasse der Insektizide, leiten sich vom Naturstoff Nicotin ab. Das bedeutendste Neonicotinoid ist gegenwärtig Imidacloprid, mit einem jährlichen Umsatz von mehr als 600 Millionen Euro.[3]

(Abb. 8.3). Auf einem Seitenflügel des Isenheimer Altars von Matthias Grünewald ist ein am Antoniusfeuer Erkrankter dargestellt (Abb. 8.4).

Erst der Anbau der Kartoffel als bedeutendes, stärkehaltiges Grundnahrungsmittel, der konsequente Einsatz von Fungiziden und ultimativ die Reinigung des Getreides haben heute zum Verschwinden des Antoniusfeuers geführt.

Um die Mitte des 17. Jahrhunderts versuchte der deutsche Apotheker Johann Rudolf Glauber (1604–1670) erstmals mit chemischen Mitteln die beiden Pilzkrankheiten Brand und Rost in Getreide zu bekämpfen. Als Beizmittel wurde 1720 Kupfersulfat und seit 1784 ein arsenhaltiges Mittel in Europa verkauft. Zur gleichen Zeit bewies M. Tillet durch Feldversuche, dass es sich bei Weizensteinbrand (*Tilletia tritici*) um eine Infektionskrankheit des Getreides handelt. Seit 1841 benutzt man pulverisierten Schwefel zur Bekämpfung des Echten Mehltaus im Obstbau und ab 1885 Nicotin als Insektizid im Weinbau (Abb. 8.5). Zehn Jahre später führte man das Beizen von Saatgut mit Quecksilberchlorid ein. Gegen Unkräuter benutzte man ätzende Metallsalze, wie Kupfer- und Eisensulfat, verdünnte Schwefel- und Salpetersäure sowie Natriumchlorat.

Die ersten synthetischen Insektizide waren Salze des Arsens. Pariser Grün, auch Schweinfurter Grün genannt[4] (Kupferacetoarsenit, $Cu(OAc)_2 \cdot 3\,Cu(AsO_2)_2$), ist ein hellgrünes Pigment, das ursprünglich als Malerfarbe benutzt wurde. In Frankreich besprühten Winzer im Herbst ihre Weintrauben mit dieser Farbe, um sich gegen Traubendiebe zu schützen. Um 1865 entdeckte man dann, dass Pariser Grün auch gegen pflanzenfressende Insekten im Weinbau wirksam ist.[5]

Neben den Nahrungsmitteln sind auch Naturfasern wichtige landwirtschaftliche Produkte. Ein bedeutender Schädling in der Baumwolle ist der Baumwollkapselkäfer. Dieser wanderte 1892 von Mexiko aus und in die Vereinigten Staaten ein. Der *Boll Weevil Song* beschreibt den erfolglosen Kampf der Farmer gegen diesen neuen Schädling, der auch mit Pariser Grün nicht zu besiegen war (Abb. 8.6).[6]

Insekten verursachen nicht nur großen landwirtschaftlichen Schaden, sie übertragen auch gefährliche Krankheiten, wie Malaria (60 Arten der Anopheles-Mücken), Schlafkrankheit (Tsetsefliege), Chagas-Krankheit (Laufwanzen), Gelbfieber (Stechmücken), Körnerkrankheit (Hausfliege) und Typhus (Flöhe und Läuse). 1944 konnte der Ausbruch einer Typhusepedemie von den Alliierten im kurz zuvor eingenommen Neapel gerade noch mit Hilfe von DDT verhindert werden. 1935 hatte Paul Müller von der Firma Geigy die insektizide Wirkung dieser schon länger bekannten Substanz[7] entdeckt. DDT war 1942 auf dem Markt gekommen und hat seit dem unschätzbare Dienste im Kampf gegen die Malaria geleistet (Tab. 8.1).[8] Weltweit erkranken heute allerdings nach wie vor jährlich 300–500 Millionen Menschen an dieser Krankheit. Die Hälfte der Malariapatienten sterben.

Jahrzehntelang wurden bis zu 100 000 Tonnen DDT pro Jahr produziert. Das 1962 erschienene Buch *Silent Spring* der amerikanischen Autorin Rachel Carson, in dem sie die Bedrohung der Vogelwelt durch DDT beschreibt, trug dazu bei, unsere Einstellung zu Pflanzenschutzmitteln grundsätzlich zu überdenken. Der sorglosen und oft leichtfertigen Verwendung folgte ein Prozess des Umdenkens, gepaart mit der intensiven Suche nach umweltverträglicheren Mitteln. Ein beachtlicher Teil der Entwicklungsarbeiten für ein neues Pflanzenschutzmittel konzentriert sich heute auf *non-target*-Organismen, zu denen nicht nur der Mensch und die Vögel gehören, sondern auch Fische und eine Vielzahl nützlicher Insekten, wie Bienen und Hummeln.

Trotz der wissenschaftlichen und gesellschaftlichen Anforderungen verzeichnete der Pflanzenschutzmarkt in den letzten 30 Jahren in allen Segmenten ein deutliches Marktwachstum. Die weltweite Produktionsmenge aller Pflanzenschutzmittel beläuft sich heute auf etwa 85 000 Tonnen pro Jahr. Hiervon sind etwa 37 000 Tonnen Fungizide, 24 000 Tonnen Herbizide und 10 000 Tonnen Insektizide.[9] Betrug der Gesamtmarkt 1970 knapp drei Milliarden US-Dollar, so waren es im Jahr 2004 knapp 31 Milliarden (Abb. 8.7).

Den größten Marktanteil weltweit haben die Herbizide, gefolgt von den Insektiziden und Fungiziden, die in 2004 fast das gleiche Marktvolumen hatten. Die Herbizide werden von den Aminosäurederivaten (*Roundup*®) dominiert.

8.6 *Die Baumwollkapselkäferpopulation kann heute sehr wirkungsvoll mit dem entsprechenden Pheromon kontrolliert werden.*

DDT

Tabelle 8.1 *Abnahme der Malariaerkrankungen nach Einsatz von DDT*

Land	Malariaerkrankungen/Jahr vor DDT-Einsatz	Malariaerkrankungen/Jahr nach DDT-Einsatz
Italien	411 602 (1946)	37 (1969)
Türkei	1 188 969 (1950)	2 173 (1969)
Indien	ca. 75 Millionen	ca. 750 000 (1969)
Sri Lanka	2,8 Millionen (1946)	110 (1961) 31 (1962) 17 (1963) 2,5 Millionen (1968/69) [a]
Taiwan	> 1 Million (1950)	9 (1969)
Venezuela	817 115 (1943)	800 (1958)

a): nach Abbruch des DDT-Einsatzes 1963

Die umsatzstärksten Fungizide sind Triazole und vor allem Strobilurine, bei den Insektiziden sind es nach wie vor Organophosphate und Pyrethroide.[5] In den 90er Jahren wurden allerdings eine Reihe insektizider Wirkstoffe aus der neuen Stoffklasse der Neonicotinoide entwickelt, die zunehmend Marktanteile gewinnen.

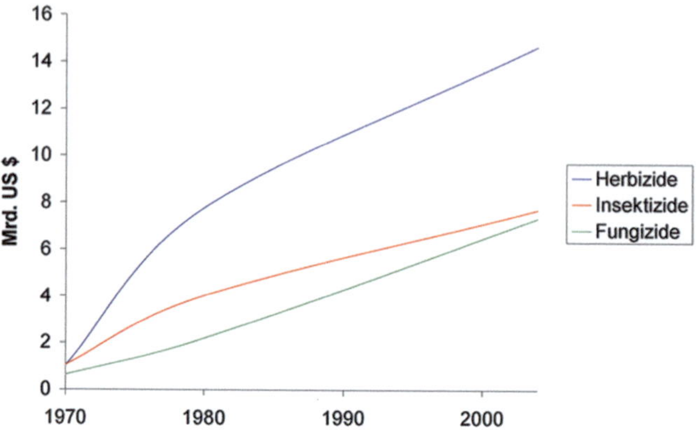

8.7 *Entwicklung des Pflanzenschutzmarktes von 1970 bis 2004.*

Literatur

[1] B. Fugmann, F. Lieb, H. Moeschler, K. Naumann, U. Wachendorff, Chemie in unserer Zeit **25** (1991) 317.

[2] W. Schwab, Pharmazie in unserer Zeit, **29** (2000) 107.

[3] Ullmann's Encyclopedia of Industrial Chemistry, 6. Ed., 1999, Electronic Release, Insect Control.

[4] The Columbia Encyclopedia, Sixth Edition, 2001–05, Electronic Release, Paris Green. www. Bartleby.com/65/pa/Parisgre.html.

[5] F. Müller in Winnacker, Küchler, Chemische Technik, Band 8, Wiley-VCH, Weinheim, 2005, 213.

[6] www.nationalhistoryday.com/03_educators/teacher/doc7.htm

[7] A. v. Baeyer, O. Zeidler, J. Weiler, O. Fischer, E. Jäger, E. Ter Mer, W. Hemilian, E. Fischer, Ber. **7** (1874) 1181.

[8] T. H. Jukes, Naturwiss. **61** (1974) 6.

[9] A. Hübenthal, Nachr. Chem. **53** (2005) 735.

8.1 Aminosäureherbizide

Mais und Soja sind Kulturen, die im Frühjahr besonders intensiver Pflege bedürfen, bis die Kulturpflanzendecke geschlossen ist. Bis vor wenigen Jahren war sehr viel Handarbeit erforderlich, um die jungen Pflänzchen von den schneller wachsenden Unkräutern frei zu halten. Totalherbizide haben in den letzten Jahrzehnten für die Landwirtschaft große Bedeutung erlangt, weil es erstmals möglich wurde, den Unkrautbestand ohne großen Arbeitsaufwand im Vorauflauf (vor dem Aufgehen der Kulturpflanzen) oder in Kulturpflanzen zu kontrollieren, die resistent gegenüber Totalherbiziden sind.

Im Folgenden soll die Entwicklungsgeschichte zweier Herbizide betrachtet werden, deren Wirkstoffstruktur eine gewisse Verwandtschaft ahnen lässt, die aber unabhängig voneinander entwickelt wurden. Beide Herbizide greifen in den Aminosäurestoffwechsel der Pflanzen ein, allerdings an unterschiedlichen Stellen. Eine der beiden Verbindungen leitet sich von einem Naturstoff ab, die andere ist eine Substanz aus einem Chemikalienkatalog (Abb. 8.8).

Glufosinat (Basta(R))   **Glyphosate (Roundup(R))**

8.8 *Aminosäure-Herbizide natürlichen und künstlichen Ursprungs.*

Die eine Verbindung ist das Produkt eines systematischen Entwicklungsprogramms, die andere eine Zufallsentdeckung ohne jede Strukturoptimierung. Breiter kann das Spektrum der modernen Pflanzenschutzforschung nicht sein.

8.1.1 *Basta*®

1972 beobachtete E. Bayer[1] an der Universität Tübingen, dass der Streptomycetenstamm Tü 494 der Art *Streptomyces viridochromagenes* mehrere nahe verwandte Antibiotika produziert. Die Hauptkomponente ist ein Peptid, das gute Wirkung gegen Gram-positive und Gram-negative Bakterien zeigt und das das Wachstum von Pilzen wie *Botrytis cinerea* hemmt. Die Strukturaufklärung ergab, dass es sich um ein Tripeptid handelt, wobei zwei Aminosäuren (*L*)-Alanin sind. Die dritte Aminosäure war neu und stellte sich als (2*L*)-Amino-4-(methylphosphino)-buttersäure (Phosphinotricin) heraus (Abb. 8.9).

((L)-Phosphinotricyl)-(L)-Ala-(L)-Ala

8.9 *Die Sequenzanalyse mittels Edman-Abbau ergab die Struktur des Peptids.*

Die antibiotische Wirkung kann durch die Gabe von (*L*)-Glutamin aufgehoben werden. Alle anderen natürlichen Aminosäuren zeigten diesen Effekt nicht. Kultiviert man *Bacillus subtilis* auf Glutamin als einziger C-Quelle, so ist auch bei 250facher Konzentration an Phosphinotricylalanylalanin keine Hemmung feststellbar. Dies ließ den Schluss zu, dass die Glutaminsynthase gehemmt wird. *In vivo* hydrolysiert das Tripetid,[2] wobei die eigentlich inhibierende Wirkung auf die Glutaminsynthase von Phosphinotricin selbst ausgeht und nicht von dem Tripeptid.

Zur Übertragung von Ammoniak wird die Carbonsäurefunktion der Glutaminsäure durch ATP aktiviert. In Anwesenheit von Phosphinotricin geschieht dies auch mit diesem. Das phosphorylierte Phosphinotricin inhibiert die Glutaminsynthase kompetitiv und ist somit ein *substrate analogue*- und *transition state analogue*-Inhibitor.[11]

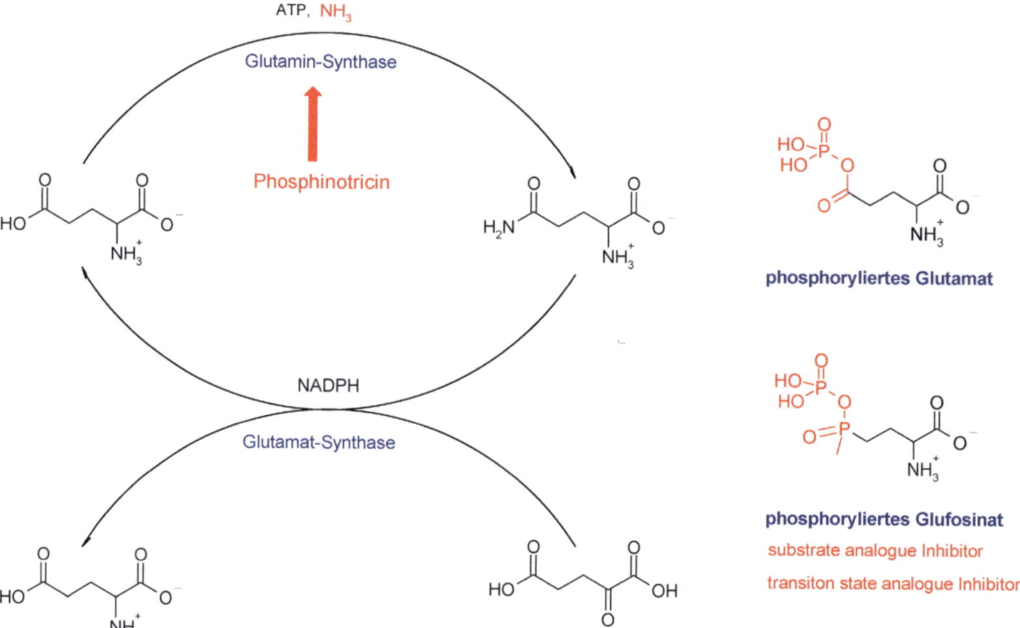

Der letale Effekt beruht darauf, dass toxischer Ammoniak akkumuliert und die Pflanze an Aminosäuren verarmt. Es kommt zu Chlorosen und Nekrosen und schließlich zum Absterben der Pflanze.

Meija Seika gewinnt das Tripetid (Bialaphos) durch Fermentation und verkauft es unter dem Handelsnamen *Herbiace*®. Hoechst entwickelte eine chemische Synthese für Glufosinat (Racemat des Phosphinotricins). Schlüsselbaustein hierfür ist der Methanphosphonigsäureester, der auf zwei Wegen gut zugänglich ist:

Nach der Addition des Methanphosphonigsäuremonomethylesters an Acrylsäureester, wird das Additionsprodukt in einer Claisen-Reaktion mit Dimethyloxalat in die entsprechende α-Ketosäure überführt und diese schließlich reduktiv aminiert.[10]

Der Schlüsselschritt einer anderen Synthese ist eine Michaelis-Arbusov-Reaktion von Methanphosphonigsäurediethylester mit der N-geschützten 2-Amino-4-brombutansäure. Diese erhält man nach einer Arbeit von der Firma Monsanto[3] aus Brombutyrolacton, das man zunächst mit Phthalimid umsetzt und nach Ringöffnung verestert.[4]

Die wohl eleganteste Synthese von Glufosinat basiert auf der von Hachivo Wakamatsu 1971 entdeckten Amidocarbonylierung von Aldehyden.[5] Erhard Jägers von Hoechst fand, dass auch 3-Oxopropylphosphinsäureester eingesetzt werden können.[6] Chemikern von Nissan gelang es Phosphinotricinester durch eine Domino-Hydroformylierung/Amidocarbonylierung herzustellen, die von den ein-

fach zugänglichen Methylvinylphosphinaten ausgehen. Trotz des Problems der
Regioselektivität bei der Hydroformylierung erhält man Glufosinat nach der
Hydrolyse in einer Gesamtausbeute von 81 %.[7]

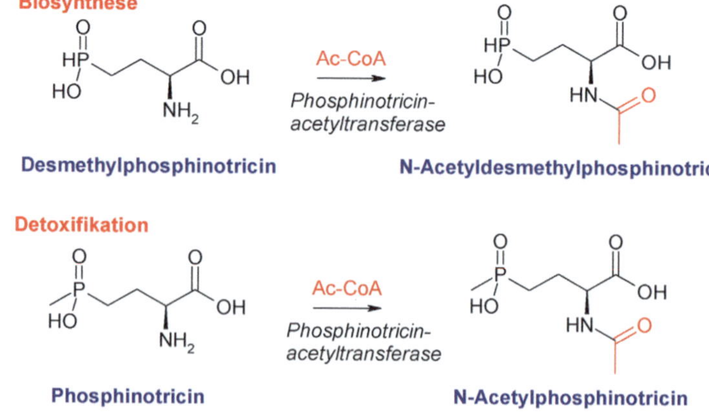

Das Produkt wird als Racemat verkauft, obwohl nur die (*L*)-Form die Glutaminsynthase inhibiert.[1] Das Breitbandherbizid *Basta*® findet Anwendung gegen
ein- und mehrjährige, breitblättrige Unkräuter und -gräser auf Bahngleisen,
in Obstplantagen, im Weinbau, auf Öl- und Kautschuk-Plantagen, beim Zier-
pflanzenanbau und im Vorauflauf in Gemüse.

Die Hauptanwendung findet *Basta*® jedoch in gentechnisch veränderten,
Glufosinat-resistenten Kulturpflanzen. Es gelang nämlich nicht nur aus dem
Bodenbakterium *Streptomyces viridochromagenes* Phosphinotricin zu isolieren, sondern man entdeckte in ihm auch das entsprechende detoxifizierende
Resistenzgen, das Phosphinotricinacetyltransferase-Gen. Dieses codiert ein
Enzym, das an der Biosynthese von Bialaphos beteiligt ist. Zunächst wird Des-
methylphosphinotricin N-acetyliert, dann werden zwei Alaninreste angeknüpft
und abschließend der Phosphor methyliert.[8] Hierdurch wird die Bildung von
freiem Phosphinotricin umgangen. Außerdem überträgt die Phosphinotricinacetyltransferase auch auf Phosphinotricin selbst einen Acetylrest, wodurch
dieses detoxifiziert wird. N-Acetylphosphinotricin bindet nicht mehr an die
Glutaminsynthase.

Obwohl Phosphinotricin ein Glutaminsäuremimetikum ist, wird Glutaminsäure wie alle anderen proteinogenen Aminosäuren nicht acetyliert. Dies ist von enormer Bedeutung für die Effizienz der Detoxifikation.

Das Phosphinotricinacetyltransferase-Gen konnte auf verschiedene Kulturpflanzen wie Raps, Mais, Luzerne, Gerste, Sojabohne, Tomate, Reis und Zuckerrübe übertragen werden. Die transgenen Kulturpflanzen synthetisieren die Phosphinotricinacetyltransferase und werden damit resistent gegen Glufosinat.

8.1.2 *Roundup*®

Roundup® wirkt gegen einjährige und mehrjährige, ein- und zweikeimblättrige Wurzelunkräuter und -gräser. Es wird in Plantagen, im Acker- und Grünland, im Forst, im Wein-, Kernobstanbau und zur Erneuerung von Grasflächen eingesetzt.[9] Heute ist *Roundup*® von Monsanto das umsatzstärkste Totalherbizid (im Jahr 2001 wurden 230 000–250 000 Tonnen[10] für etwa drei Milliarden Dollar verkauft[11]). Der Wirkstoff (Glyphosate) wird über die Blätter aufgenommen und wirkt systemisch. Dies ist von essenzieller Bedeutung, wenn es z. B. um die Bekämpfung von Quecken geht.

Die herbizide Wirkung beruht darauf, dass Glyphosate in die Biosynthese der aromatischen Aminosäuren eingreift. Glyphosate blockiert durch kompetetive Bindung ein Enzym, das Phosphoenolpyruvat auf Shikimisäure überträgt, mit der Folge, dass sich Shikimisäure anreichert und die Pflanze an Phenylalanin verarmt. Es gibt Hinweise darauf, das Glyphosate die Phosphatbindestelle des Phosphoenolpyruvats benutzt.[12] Dies wirkt sich in zweierlei Hinsicht für die Pflanze katastrophal aus. Zum einen fehlt ihr mit Phenylalanin das Ausgangsmaterial zur Synthese der phenylpropanoiden Folgeprodukte, z. B. Lignin. Zum anderen steht nicht ausreichend Phenylbrenztraubensäure zur Verfügung, um den toxischen Ammoniak von Glutamat zu übernehmen.[13]

Glyphosate ist ein unselektives Herbizid. Es schädigt Unkräuter und Ungräser genauso wie Kulturpflanzen.

Zu glyphosateresistenten Pflanzen gelangt man durch Punktmutation des Gens für 3-Schikimisäure-3-phosphat-1-carboxyvinyltransferase, wodurch eine Aminosäure im Rezeptor ausgetauscht wird und/oder durch Überexpression des Enzyms im Vergleich zum Wildtyp. Mithilfe der Gentechnologie ist es möglich, zusätzliche Kopien des 3-Shikimisäure-3-phosphat-1-carboxyvinyl-transferase-Gens auf Soja- und Maispflanzen zu übertragen. Die so genetisch veränderten Kulturpflanzen produzieren eine erhöhte Konzentration der Synthetase (Genamplifikation), was zu der künstlich erzeugten Resistenz beiträgt.[14] [15] Resistenzen bei Ungräsern und Unkräutern sind bis heute noch nicht von großer wirtschaftlicher Bedeutung.

1950 stellte Henri Martin von der Cilag in Schaffhausen Glyphosate zum ersten Mal her. Die Synthese war denkbar einfach. Martin setzte Glycin mit Chlormethanphosphonsäure und Natronlauge um und erhielt in einer Ausbeute von 47 % Aminomethylphosphonsäure-N-essigsäure.

8.10 *J. E. Franz entdeckte 1970 das erfolgreichste Herbizid aller Zeiten.*

Jüngste Forschungen [i] von Novartis belegen, dass die Struktur so einzigartig ist, dass jede strukturelle Veränderung zu herbizidem Wirkungsverlust führt.[16]

Die Substanz gelangte jedoch nicht zur biologischen Prüfung und verstaubte in den Regalen. Später glaubte Martin seine Aminomethylphosphonsäure-N-essigsäure müsste ein guter Komplexbildner sein. 1959 kaufte Johnson & Johnson die Cilag. Viele der Forschungssubstanzen der Cilag wurden von der Chemikalienfirma Aldrich aufgekauft. Auch Aminomethylphosphonsäure-N-essigsäure wurde 1966 in den Aldrich-Katalog *Library of Rare Chemicals* unter der Nummer S39,860-8 aufgenommen. Mehrere Unternehmen kauften kleine Mengen der Substanz, ohne deren biologische Eigenschaft zu erkennen.

Erst 1970 beobachtete J. E. Franz von Monsanto die überragenden herbiziden Eigenschaften (Abb. 8.10). Monsanto meldete die Verwendung der Substanz CP67573 als Herbizid weltweit an, ohne jedoch Stoffschutz beanspruchen zu können. Bemerkenswert ist, dass die Substanz von Henri Martin ohne Strukturvariation zum Verkaufsprodukt entwickelt wurde.

Bei der technischen Synthese wird phosphorige Säure und Glycin erhitzt und Formaldehyd zudosiert. Im Sinn einer Mannich-Reaktion wird die phosphorige Säure aminomethyliert. Allerdings ist das gewünschte Produkt Glyphosate der gleichen Reaktion noch einmal zugänglich, sodass das Hauptprodukt der Reaktion das doppelt phosphonomethylierte Glycin ist.

Glyphosate
Nebenprodukt

Glyphosine
Hauptprodukt

Man muss deshalb ein geschütztes Glycin einsetzen. Dieses findet man in der aus Diethanolamin kostengünstig zugänglichen Iminodiessigsäure. Nach dem Durchlaufen der gleichen Reaktionssequenz wird die Schutzgruppe oxidativ in einer vanadylsulfatkatalysierten, Polonovsky-artigen Reaktion abgespalten.[10 17 18]

Im Laufe der Jahre entwickelte sich *Roundup*® zu einem Herbizid, das heute allen anderen Pflanzenschutzmitteln bezüglich des Umsatzes mit Abstand überlegen ist.[19] Zum wirtschaftlichen Erfolg hat sicherlich auch beigetragen, dass es auf gentechnischem Weg gelang, *Roundup*®-resistente Kulturpflanzen, insbesondere Soja und Mais, herzustellen.

Zusammenfassung in Stichpunkten

- *Roundup*® von Monsanto ist wirtschaftlich gesehen das erfolgreichste Pflanzenschutzmittel aller Zeiten.
- *Basta*® von Hoechst leitet sich von dem Naturstoff Phosphinotricylalanyla-lanin ab. Dieses Tripeptid wird von *Streptomyces viridochromagenes* produziert.
- Beide Wirkstoffe greifen in den Aminosäurebiosynthesewege der Pflanzen ein.
- Beide Wirkstoffe sind durch chemische Synthese auf kurzem Weg zugänglich.

Literatur

[1] E. Bayer, K. H. Gugel, K. Hägele, H. Hagenmaier, S. Jessipow, W. A. König, H. Zähner, Helv. Chim. Acta **55** (1972) 224.
[2] J. R. Corbett, K. Knight, A. C. Baillie, The Biochemical Mode of Action of Pesticides, Academic Press, 2. Ed., 1984, 283.
[3] E. W. Logusch, Tetrahedron Lett. **27** (1986) 5935.
[4] L. Maier, P. Lea, Phosphorus Sulfur **17** (1983) 1 (weitere Synthesen).
[5] H. Wakamatsu, J. Uda, N. Yamakami, Chem. Commun. (1971) 1540.

[6] E. Jägers, H. Erpenbach, F. Bylsma, DE 3823886 (Hoechst, 1988).

[7] S. Takigawa, S. Shinke, M. Tanaka, Chem. Lett. (1990) 1415.

[8] G. Donn in R. De Prado, J. Jorrin, L. Garcia-Torres, Weed and Crop Resistance to Herbicides, Kluwer Academic Publishers, Dordrecht, 1997, 221.

[9] K.-H. König, Chemie in unserer Zeit **24** (1990) 217.

[10] K.-J. Haack, Chemie in unserer Zeit **37** (2003) 128.

[11] T. Seitz, M. G. Hoffmann, H. Krähmer, Chemie in unserer Zeit **37** (2003) 112.

[12] B. Hock, C. Fedtke, R. R. Schmidt, Herbizide, Georg Thieme Verlag, Stuttgart, New York, 1995, 190 ff.

[13] J. R. Corbett, K. Knight, A. C. Baillie, The Biochemical Mode of Action of Pesticides, Academic Press, 2. Ed., 1984, 276.

[14] W. Schwab, Pharmazie in unserer Zeit **29** (2000) 107.

[15] B. Hock, C. Fedtke, R. R. Schmidt, Herbizide, Georg Thieme Verlag, Stuttgart, 1995, 194.

[16] L. Maier, Phosphorus, Sulfur and Silicon **144** (1999) 429.

[17] D. L. Field Jr., US 5095140 (Monsanto, 1992).

[18] N. C. Aust, T. Butz, M. Fischer WO 200112639 (BASF, 2001, Katalyse mit Schwefeldioxid); N. C. Aust, T. Butz, M. Fischer WO 200112640 (BASF, 2001, Katalyse mit KSCN).

[19] A. Bader, Aldrichimica Acta **21** (1988) 15.

8.2 Strobilurine

Pilze begleiten den Menschen durch seine ganze Kulturgeschichte.[1] Sie sind unverzichtbare Hilfsmittel bei der Herstellung von Nahrungsmitteln wie z. B. Käse, Hefeteig, Sojasauce und bei der alkoholischen Gärung. Verschiedene amerikanische und asiatische Kulturkreise nutzten Pilze als Lieferanten von Halluzinogenen bei bestimmten Kulthandlungen. Seit der Antike schätzen wir die Fruchtkörper von Pilzen als willkommene Bereicherung unseres Speisezettels. Der Trüffel z. B. ist in seiner Wertschätzung kaum noch zu überbieten. Als Alexander Fleming 1928 mit Penicillin ein breit wirksames Antibiotikum entdeckte, war es ein Pilz, der bis heute unzählbar vielen Menschen das Leben rettete. Seit dieser Zeit nutzen wir Pilze vielfältig auch zur Herstellung von Arzneimitteln.

Die Basidiomyceten, zu denen z. B. auch der Steinpilz und der Fliegenpilz gehören, standen zunächst nicht im Zentrum der Forschung, vermutlich weil ihr Mycel nur langsam wächst und sie nicht so einfach zu kultivieren sind. Die ersten chemischen Arbeiten über die Basidienpilze stammen von E. R. Jones und V. Thaller, die erkannten, dass diese Pilzklasse wie einige höhere Pflanzen, insbesondere *Apiaceae* und *Astereraceae*, Polyalkine bilden.[2] In den 40er und 50er Jahren extrahierten H. Anchel, F. Kavanagh und A. Hervey Hunderte Fruchtkörper auf der Suche nach neuen Antibiotika.[3][4] Das herausragende Ergebnis dieser Arbeiten war Tiamulin, ein Antibiotikum, das von Sandoz entwickelt und in der Veterinärmedizin eingesetzt wurde.[5][6]

1969 isolierte V. Musilek aus dem Buchenschleimrübling (*Oudemansiella mucida*) eine Substanz, die er Mucidin nannte.[7] In der Tschechoslowakei fand dieses Anwendung als antimykotische Salbe (Mucidermin *Spofa*). Musilek konnte die Struktur allerdings nie zweifelsfrei aufklären.

8.11 *Kiefernzapfenrübling (Strobilurus tenacellus).*

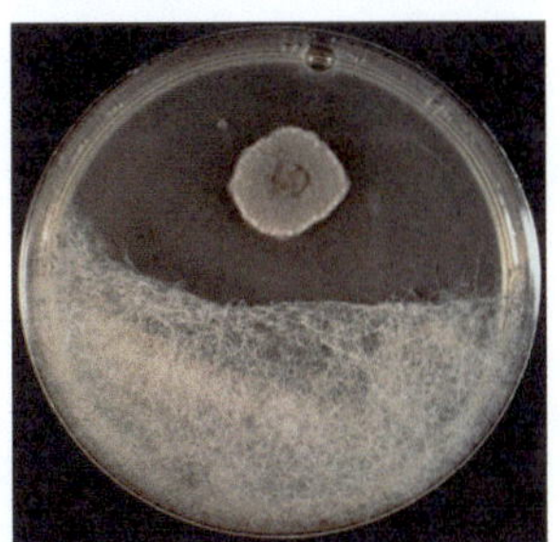

8.12 *Im Petrischalentest bildet Strobilurus tenacellus einen Hof.*

1977 isolierte Timm Anke in Tübingen aus dem Mycel des Kiefernzapfenrüblings (*Strobilurus tenacellus*) zwei Substanzen, die er Strobilurin A und B nannte (Abb. 8.11). Diese hatten eine stark fungizide Wirkung auf eine Reihe von Pilzen und eine cytotoxische Wirkung gegen Ehrlich-Ascites-Tumorzellen (Abb. 8.12). *In vivo*-Tests am National Cancer Institut (USA) erbrachten jedoch keine überzeugenden Ergebnisse. Man beobachtete aber auch keine akute Toxizität. Wolfgang Steglich gelang es schließlich, die Struktur der Strobilurine aufzuklären und war überrascht, wie einfach ihre Struktur war.

Während des Versuchs die Identität von Mucidin aufzuklären, isolierten Anke und Steglich aus dem Buchenschleimrübling neben Strobilurin A auch (−)-Oudemansin A, das ebenfalls eine stark fungizide Wirkung besitzt.

Erst 1986 konnte endgültig geklärt werden, dass Mucidin identisch mit Strobilurin A ist. Inzwischen sind eine Reihe weiterer Strobilurine und Oudemansine, zum Teil auch mit komplexer Struktur bekannt. Pilze, die Strobilurine und Oudemansine bilden, kommen in allen Klimazonen vor und gehören bis auf ganz wenige Ausnahmen zur Klasse der Basidiomyceten.

Später fand man [i] Strobilurin A auch in einer Kultur von *Cyphellopsis* und in zwei *Mycena*-Arten.

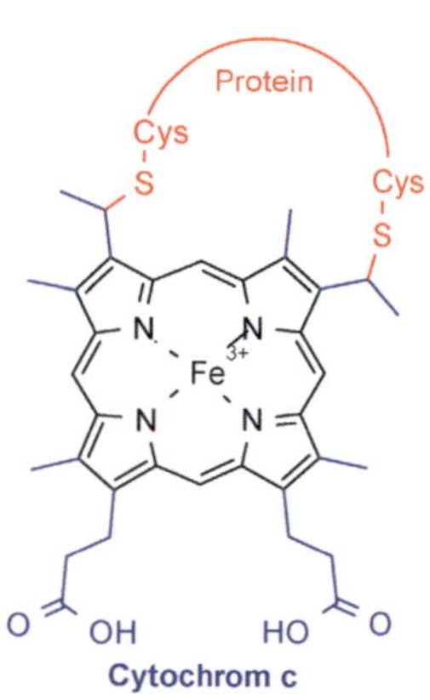

(-)-Oudemansin A

8.2.1 Biochemische Wirkung der Strobilurine und Oudemansine

An den Zellen des Ehrlich-Ascites-Carcinoms wurde nachgewiesen, dass der Wirkort der Strobilurine und Oudemansine in der Atmungskette zu suchen ist. Beim Abbau der Glucose zu Kohlendioxid und Wasser fallen zehn NADH und zwei $FADH_2$ an, deren Energie in den Mitochondrien zur Synthese von Adenosintriphosphat durch oxidative Phosphorylierung von Adenosindiphosphat genutzt wird. Die Synthese von ATP erfolgt in und an der inneren Membran der Mitochondrien.

Die in die innere Mitochondrienmembran eingebetteten Proteine sind Bestandteile der Elektronentransportkette. Jeder Komplex besteht aus verschiedenen Proteinkomponenten mit unterschiedlichen redoxaktiven prosthethischen Gruppen (Abb. 8.13).

8.13 *Die Strobilurine unterbrechen den mitochondrialen Elektronentransport am bc_1-Komplex.*

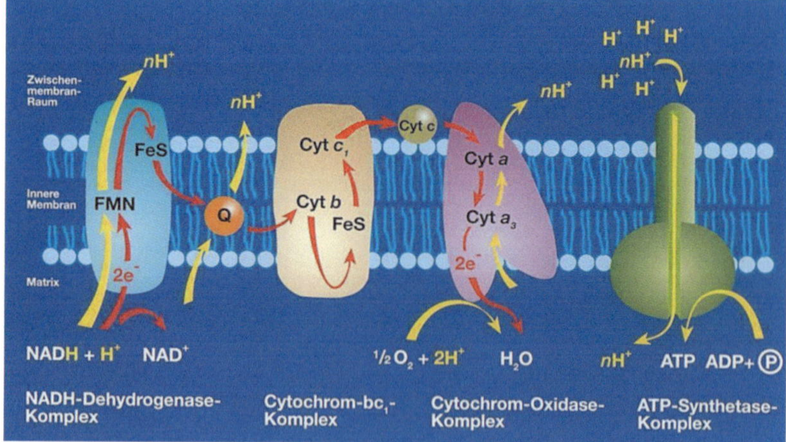

In Summe wird durch Oxidation von NADH ein Protonengradient zwischen der Matrix und dem Zwischenmembranraum aufgebaut, der letztlich den ATP-Synthetase-Komplex antreibt. Die Elektronen werden bei der Reduktion von Sauerstoff zu Wasser verbraucht. Sowohl die NADH-Oxidation wie die Sauerstoffreduktion und die ATP-Synthese finden in der Matrix des Mitochondriums statt. Der Cytochrom-bc_1-Komplex leitet Elektronen vom reduzierten Ubichinon an

Cytochrom c

Cytochrom c weiter. Er enthält selbst zwei Cytochrome[8] und einen [2Fe-2S]-Cluster. Die Cytochrome sind redoxaktive Proteine, die als prosthetische Gruppe Hämgruppen enthalten. Diese können ihre Oxidationszahl nur um eine Einheit ändern. Ubichinon übernimmt hierbei die entscheidende Aufgabe Zweielektronenschritte und Einelektronenschritte zu verbinden.

Cytochrom c (in der Größe von 86 bis 134 Aminosäuren) ist nur lose an die innere Mitochondrienmembran gebunden und transportiert die Elektronen auf der Seite des Zwischenmembranraums vom Cytochrom-bc$_1$-Komplex zum Cytochrom-Oxidase-Komplex. Hierbei bindet es abwechselnd an die beiden Komplexe. Im Cytochrom-Oxidase-Komplex wird schließlich nach mehreren Elektronenübertragungsschritten Sauerstoff durch Cytochrom c zu Wasser reduziert.

$$4 \text{ Cytochrom } c^{2+} + 4\,H^+ + O_2 \longrightarrow 4 \text{ Cytochrom } c^{3+} + 2\,H_2O$$

Durch den Protonengradienten zwischen dem Zwischenmembranraum und der Matrix angetrieben, wird im ATP-Synthetase-Komplex aus Adenosindiphosphat Adenosintriphosphat hergestellt.

ADP **ATP**

Es konnte gezeigt werden, dass Strobilurine und Oudemansine den Elektronentransport im bc$_1$-Komplex stören. Sie binden reversibel an das Ubihydrochinon-Oxidationszentrum. Der Strukturvergleich mit einer Reihe anderer Substanzen, z. B. Myxothiazol A, zeigt, dass die (E)-β-Methoxyacrylateinheit essenziell für die Wirkung ist (Abb. 8.14).

Myxothiazol A

8.14 *Myxothiazol A wurde ursprünglich aus dem Bakterium Myxococcus fulvus isoliert, das man in einer Bodenprobe aus Java fand.*

Anke konnte mit dem Pilz *Mycena tintinnabulum*, der auf Eichenholz wächst, nachweisen, dass Pilze, die Strobilurine oder Oudemansine enthalten, andere Pilze am Wachstum hindern. Die Frage war nun, wie schützen sie sich selbst vor dem, oft in beachtlichen Mengen produzierten Fungizid? Man konnte zeigen, dass im Kiefernzapfenrübling das Cytochrom b-Protein des bc$_1$-Komplexes so verändert ist, dass Strobilurine und Oudemansine nur sehr schlecht binden. Diese Resistenz wird durch den im Vergleich zu anderen Spezies ungewöhnlichen Austausch von Alanin beziehungsweise Threonin durch das sterisch anspruchsvollere Isoleucin in der Bindetasche erreicht.

Die Atmungshemmung führt dazu, dass Zellen an ATP verarmen. Physiologisch resultiert hieraus, dass besonders energieabhängige Wachstumsprozesse, sei es das Wachstum von Tumorzellen oder die Sporenkeimung bei Pilzen, unterbunden werden.

Ungewöhnlich ist die geringe Toxizität gegenüber den *non-target*-Organismen. Alle Eukaryoten benutzen in der mitochondrialen Atmungskette den bc_1-Komplex, dessen Aminosäuresequenz im Bereich der Bindetasche über viele Spezies (Pilze, Stubenfliege, Ratte, Mais) hinweg hoch konserviert ist. Hieraus ergibt sich, dass wirkortnah keine hohe Speziesselektivität zu erwarten ist. Die tatsächlich vorhandene Selektivität beruht offensichtlich auf der Pharmakokinetik und/oder Detoxifikation weit vor dem Wirkort (LD_{50} (Strobilurin A, oral): 500 mg/kg, jedoch LD_{50} (Myxothiazol): 2 mg/kg).

8.2.2 Strukturoptimierung

Zunächst suchten Anke und Steglich in Zusammenarbeit mit Hoechst nach einem Antimykotikum für die Humanmedizin. Da die erzielten Wirkungen jedoch schlechter als die der auf dem Markt befindlichen Antimykotika waren, wurden die Patente später aufgegeben. Hoechst fiel eine fungizide Wirkung im Agrobereich nicht auf. Aber auch Zeneca (damals noch ICI) begann 1982 mit der Arbeit an Oudemansin.

Bereits 1977 hatte Steglich begonnen mittels Strukturvariationen die fungizide Wirkung zu verbessern. Es entstanden eine Reihe von Verbindungen, die im Test gegenüber *Penicillium notatum* jedoch alle schlechter als Strobilurin A waren (Abb. 8.15).

8.15 *Erste Strukturvariationen von Strobilurin A.*

Dennoch ergaben sich daraus einige interessante Struktur/Wirkungsbeziehungen. Die erste Verbindung entstammte einer fehlerhaften Strukturaufklärung des Naturstoffs. Anfänglich glaubte man, Strobilurin A sei in 9-Position (*E*)-konfiguriert, sodass es logisch erschien, im Sinn einer Strukturvereinfachung (9*E*)-Norstrobilurin A herzustellen. Bei der zweiten und dritten Verbindung sparte man dann schrittweise die Doppelbindungen ein. Die vierte erbrachte Hinweise über den Einfluss der Stereochemie der Doppelbindung des Acrylat-systems. Die fünfte zeigte, dass Reste am Aromaten erlaubt sind und die sechste, dass man C-Atome im Acrylat durch Heteroatome ersetzen kann.

Auf der Suche nach neuen Wirkstoffen reicht es jedoch nicht aus, die Affinität des Wirkstoffs zum Target-Enzym zu bestimmen. Dies ist eine notwendige, aber bei weitem nicht hinreichende Voraussetzung. Von entscheidender Bedeutung sind daher auch die Resorption und der Transport in der Pflanze, der Metabolismus und die Ausscheidung des Wirkstoffs und das Umweltverhalten des Pflanzenschutzmittels. Diese Informationen sind zum Teil nur durch sehr aufwendige Untersuchungen erhältlich und können nicht für jede Testsubstanz erhoben werden. Üblicherweise behilft man sich durch ein stufenweises Vorgehen, das so angelegt ist, dass man in einem Selektionsprozess jeweils die besten Verbindungen auswählt und genauer prüft. Im Laufe der Pflanzenschutzmittelentwicklung entsteht auf diese Weise eine ausgesprochen umfangreiche Datensammlung. Pflanzenschutzwirkstoffe gehören heute neben den Arzneiwirkstoffen zu den am besten untersuchten Verbindungen.

Für die Struktur/Wirkungsanalysen von besonderer Bedeutung sind folgende Eigenschaften der Verbindungen:

- Schmelzpunkt: Die Wirkstoffe werden oft als Suspension appliziert, sodass Kristallisationsvorgänge die Anflutgeschwindigkeit und die Bioverfügbarkeit entscheidend beeinflussen können (Depotwirkung).
- Dampfdruck: Auch vergleichsweise geringe Dampfdrücke reichen für eine quasisystemische Mobilität des Wirkstoffs aus.
- Lipophilie: Die Wasserlöslichkeit und die Lipophilie sind ein wichtiges Indiz für Resorption und Transportvorgänge.
- Photostabilität: Wirkstoffe mit nicht ausreichender Photostabilität werden besonders im Freiland photochemisch abgebaut, bevor sie wirken.

Die BASF begann 1983 mit der Strukturoptimierung von Strobilurin A. Die *in vivo*-Tests mit dem Naturstoff an mit Pilzen infizierten Pflanzen im Gewächshaus waren zunächst enttäuschend. Man erkannte jedoch recht bald den photolytischen und/oder oxidativen Abbau des Diensystems. Die Idee, das Doppelbindungssystem durch einen aromatischen Ring zu stabilisieren, führte zu Stilbenderivaten:

Untersuchungen im Gewächshaus zeigten, dass es sich um eine neue Leitstruktur handelte, deren Reste nun systematisch variiert wurden. Neben den Gewächshausprüfungen fanden auch Untersuchungen im Freiland statt.

Zur gleichen Zeit hatte Zeneca ausgehend von Oudemansin die gleichen Schlüsse gezogen und im Rahmen ihres Entwicklungsprogramms eine Fülle von Verbindungen synthestisiert (Abb. 8.16). Im Vergleich zu den Stilbenderivaten waren die Bisphenylether noch photostabiler und bargen einen Vorteil, auf den hin Zeneca die Strukturen gezielt optimiert hatte: systemische Beweglichkeit im Saftstrom der Kulturpflanze. Somit konnte der Wirkstoff durch die Pflanze auch an die Stellen transportiert werden, die vom Spritznebel nicht getroffen wurden. Es traten jedoch leichte phytotoxische Schäden auf, sodass Zeneca sich bemühte, die Lipophilie der Wirkstoffe zu minimieren. Die Einführung von Stickstoffatomen erhöhte die Selektivität. Allerdings war der Phenoxydiphenylether hinsichtlich der Wirksamkeit überlegen. Andererseits war die Lipophilie dieser Verbindung so hoch, dass sie nicht mehr systemisch verfügbar war. Am Ende des Optimierungsprozesses stand Azoxystrobin (LD$_{50}$ (Ratte, oral): > 5 g/kg), das Marktprodukt von Zeneca (*Amistar*®), das einen Kompromiss beider Entwicklungsrichtungen darstellt.

8.16 *Strukturoptimierungen auf dem Weg zum Azoxystrobin.*

Die Arbeiten der BASF konzentrierten sich auf die Modifizierung des Pharmakophors, ungeachtet der Vorstellung, dass das Methoxyacrylatfragment essenziell für die Wirkung ist (Abb. 8.17). Man vermutete, dass die Variation dieses Molekülteils, die Wirksamkeit gravierend verschlechtern könnte. Da Steglich schon sehr früh Oximether hergestellt hatte, die nicht völlig wirkungslos waren, lag hierin eine Chance, die die BASF nutzte. Aufbauend auf sehr frühe Arbeiten ersetzte man das Stilbenfragment durch einen Benzylphenylether und führte den Oximether ein.

8.17 *Strukturoptimierungen auf dem Weg zum Kresoxim-methyl.*

Am Ende der Optimierung stand Kresoxim-methyl (LD_{50} (Ratte, oral): > 5 g/ kg), das unter dem Verkaufsnamen *Diskus*® (in Japan *Stroby*®) zeitgleich zu Azoxystrobin in den Markt eingeführt wurde (Abb. 8.18).

Auch Zeneca hatte den Pharmakophor variiert und Strukturen mit dem Oximethermotiv optimiert. Die Patentanmeldung erfolgte jedoch zwei Tage später als die der BASF.

Shionogi fand einen ganz anderen Zugang zu den Strobilurinen. Ausgangspunkt ihrer Optimierung waren Carbamoylisoxazole mit fungizider Wirkung gegen Pilzerkrankungen in Reis. Strukturvariationen im Isoxazolsystem führten in die unmittelbare Nähe der Strobilurinleitstruktur (Abb. 8.19).

Bei der Strukturoptimierung ist es ein übliches Vorgehen, heterozyklische Systeme probehalber einmal zu öffnen oder zu schließen, um Effekte der Rigidität zu studieren. Damit kam man zu Strukturen, die schon Steglich variiert hatte. Die Doppelbindung wird entsprechend zum Entwicklungsweg der BASF durch einen Aromaten ersetzt und nach Zeneca ein Phenoxyrest eingeführt. Metominostrobin wurde 1998 in Japan als Fungizid gegen Reiskrankheiten auf den Markt gebracht.

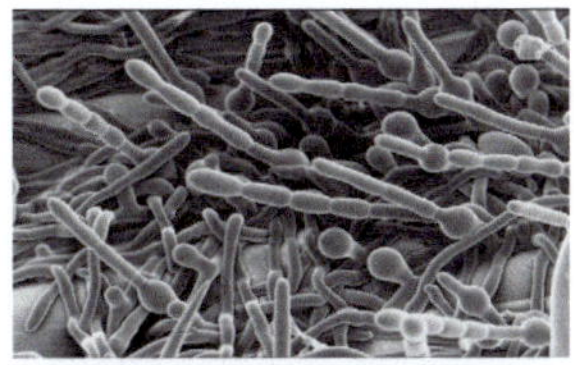

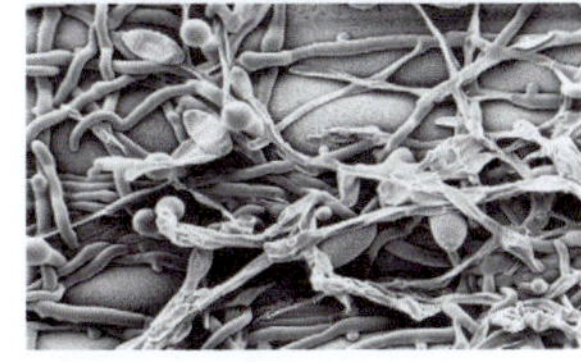

8.18 *Erysiphe graminis tritici auf einem Weizenblatt (oben). Kresoxim-methyl schädigt sowohl das Mycel (unten) wie die Exosporen (unten).*

Metominostrobin

8.19 *Der Entwicklungsweg zum Metominostrobin.*

Die Firma Dr. Maag legte den Grundstock der Strobilurine von Novartis. Die Forschungsarbeiten bei Dr. Maag konzentrierten sich entgegen der Ideen bei der BASF auf die Seitenkette. Durch Akquisition gelangten die Ergebnisse über Hoffmann La Roche zunächst zu Ciba-Geigy und gingen dann nach der Fusion mit Sandoz 1990 in der Pflanzenschutzforschung von Novartis auf. Ciba-Geigy hatte im Rahmen ihrer Fermentationsforschung in den 80er Jahren ebenfalls Strobilurine isoliert und als fungizid erkannt, das Thema aber nicht weiter verfolgt. Im Kern konzentrieren sich die Patentanmeldungen von Novartis auf die Oximether in der Seitenkette, die schließlich zu dem Wirkstoff Trifloxystrobin führten (Abb. 8.20).

Trifloxystrobin

(Kresoxim-methyl-Motiv)

8.20 *Trifloxystrobin ist ein doppelter Oximether, bei dem man deutlich auch die Verwandtschaft zu Kresoximmethyl erkennt.*

Die Strobilurine zählen zu den bedeutendsten Innovationen bei den Fungiziden in den 90er Jahren. Insgesamt beschäftigten sich mehr als 20 Firmen und Forschungsinstitute mit diesem Thema, was zu mehr als 500 Patentanmeldungen führte. Nach vorsichtigen Schätzungen wurden bis heute mehr als 30 000 Strobilurinderivate synthetisiert.

8.2.3 Naturstoffsynthesen

Die erste Synthese von Strobilurin A[9] barg eine Unsicherheit bezüglich der Konfiguration der Doppelbindung in Position 9. Schlüsselschritte der Synthese von Steglich sind eine Aldolkondensation von Zimtaldehyd und 2-Oxobutansäure und eine Wittig-Reaktion. Zum Naturstoff gelangt man, und dies wurde vermutlich anfangs übersehen, durch photochemische Isomerisierung der Doppelbindung an C-9.[10]

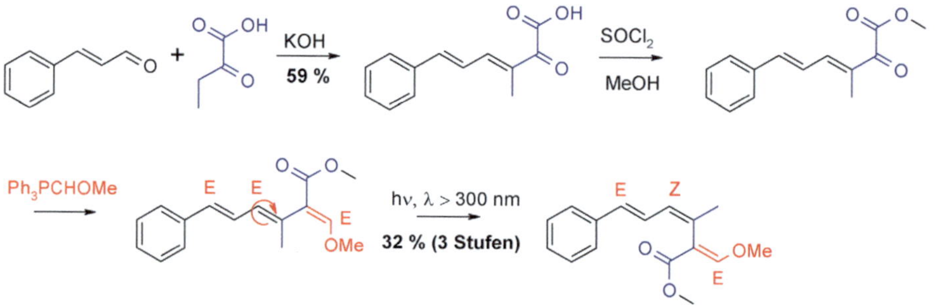

Aufgrund des hohen Interesses an den Strobilurinen bei Zeneca (damals ICI) entwickelte diese eigenständig stereoselektive Synthesen für die beiden (*E/Z*)-Isomeren.[11] Ausgehend von Cinamylphosphoniumbromid und Brenztraubensäureethylester erhält man in einer Wittig-Reaktion ein 5 : 4-Gemisch der entsprechenden (*E,Z*)- und (*E,E*)-Diencarbonsäureester. Diese werden nach chromatographischer Trennung zu Strobilurin A beziehungsweise seinem (9*E*)-Isomeren umgesetzt. Schlüsselschritte hierbei sind die Einführung der Carbonsäurefunktion mit LiC(SMe)$_3$ und eine weitere Wittig-Reaktion. Die beiden letzten Stufen der Strobilurin-A-Synthese führt man zur Vermeidung einer partiellen Photoisomerisierung im Dunklen durch, weil die photochemische Halbwertszeit von Strobilurin A nur wenige Sekunden beträgt.[12] Die abschließende Wittig-Reaktion erfolgt unmittelbar auf die Oxidation, da der *α*-Ketoester besonders leicht isomerisiert. Nach chromatographischer Reinigung erhält man spektroskopisch reines Strobilurin A, das sich auch in seinen fungiziden Eigenschaften nicht vom Naturstoff unterscheidet. Das (9*E*)-Isomere erhält man auf gleichem Weg ausgehend von dem (all *E*)-Dienester.

Sehr elegant ist das (9*E*)-Isomere durch die Abfolge von zwei Wittig-Reaktionen zugänglich.

i Das (all *E*)-Isomere von Strobilurin A besitzt keine fungiziden Eigenschaften.

Für racemisches Oudemansin A wurden mehrere Synthesen beschrieben. Das Grundgerüst erhält man in einer hoch diastereoselektiven [2,3]-Wittig-Umlagerung ausgehend von silylgeschütztem Butenylpropagylether. Das Alkin wird in einer Stephens-Castro-Kupplung aryliert. Durch palladiumkatalysierte Isomerisierung der Dreifachbindung erhält man ein vinyloges Keton, das mit Lithiumaluminiumhydrid stereoselektiv reduziert wird. Die Carbonsäurefunktion wird durch Hydroborierung mit 9-BBN und Oxidation eingeführt. Die Dieckmann-Kondensation mit Ameisensäureester und anschließender Methylierung mit Diazomethan liefert schließlich racemisches Oudemansin A.[13] [14] [15]

Alternativ kann man auch in einer diastereoselektiven Ireland-Claisen-Umlagerung des Methoxyessigsäurebutenylesters den zentrale Synthesebaustein erhalten. Die Einführung des Styrolfragments erfolgt in einer Horner-Reaktion. Der Rest der Synthese ist eng mit der zuvor beschriebenen verwandt.[16][17]

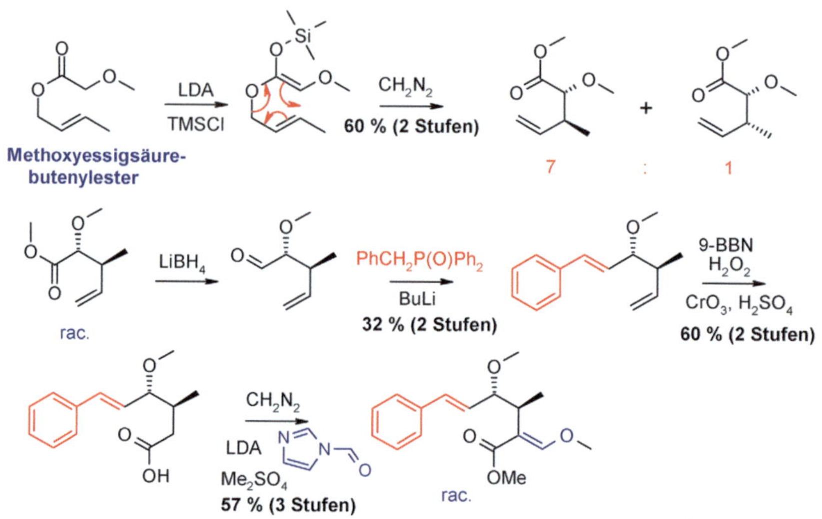

H. Akita und T. Oishi publizierten in den 80er Jahren folgende enantioselektive Synthese des Oudemansins A: Bei dieser Synthese wird ein β-Ketoester mit *Candida albicans* stereoselektiv zum β-Hydroxyester reduziert. Nach Chromatographie zur Abtrennung kleiner Mengen an Diastereomeren wird der Ester zum Alkohol reduziert und durch Cyanid substituiert. Der Rest der Synthese zum Aufbau des Acrylat-Systems folgt der zuvor beschriebenen Methodik.[18][19][20]

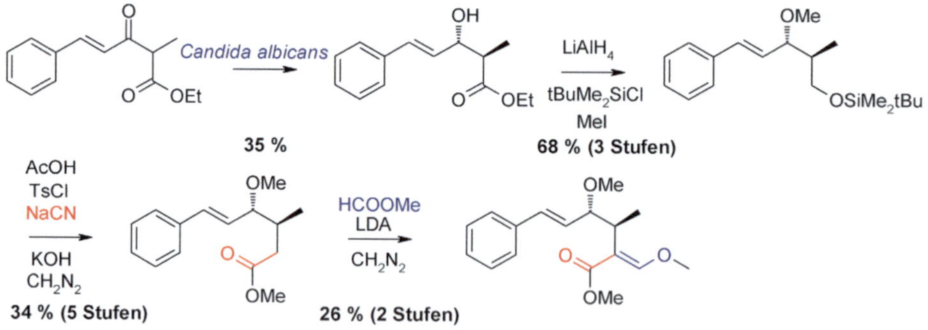

Y. Suzuki bediente sich des *chiral pools* und synthestisierte Oudemansin A ausgehend von (+)-Carvon. An die diastereoselektive Epoxidierung schließt sich eine Favorskii-Umlagerung zu einem hoch substituierten Cyclopentanol an. Nach erschöpfender Methylierung und Chlorwasserstoffaddition wird der Fünfring mit Samariumiodid reduktiv fragmentiert. Ozonolyse und Grignard-Reaktion führen dann zu dem Schlüsselbaustein, der analog zu den vorhergehenden Synthesen zu Oudemansin A umgesetzt wurde.[21]

8.2.4 Wirkstoffsynthesen

Die ersten Laborsynthesen von Kresoxim-methyl gingen von *o*-Bromtoluol aus, das in der Seitenkette mit NBS bromiert wurde. Die Substitution mit *o*-Kresol liefert den Benzylphenylether. Das C-Gerüst des Wirkstoffs erhält man durch eine Grignard-Reaktion mit 1-Imidazolyloxalsäuremethylester. Die Umsetzung mit Methoxyamin liefert ein (*E/Z*)-Isomerengemisch, das mithilfe von Säuren oder photochemisch isomerisiert werden kann. Glücklicherweise ist das thermodynamisch stabilere Isomere auch das biologisch aktive Produkt.[22] [23]

Für eine technische Realisierung ist diese Synthese aufgrund des Aufwandes, den man bei der Seitenkettenbromierung und bei der Grignard-Reaktion betreiben muss, nicht geeignet. Zum anderen sind die Ausbeuten ungenügend.

Das Ausgangsmaterial der technischen Synthese ist Phthalid, das man durch Hydrierung von Phthalsäureanhydrid erhält. Die Umsetzung mit *o*-Kresol liefert die entsprechende Carbonsäure, die man über das Carbonsäurechlorid in das Acylcyanid überführt. Die Pinner-Reaktion und die Umsetzung mit Methoxyamin ergibt schließlich Kresoxim-methyl.[24]

Trotz der großen Ähnlichkeit von Trifloxystrobin mit Kresoxim-methyl kann dieses aus patentrechtlichen Gründen nicht nach einem analogen Syntheseweg hergestellt werden. Ausgangsmaterial ist Benzyldimethylamin, das nach *ortho*-Lithiierung mit Oxalsäuremethylester umgesetzt wird. Nach der Bildung des Oximethers wird die Dimethylaminogruppe mit Chlorameisensäureester zunächst gegen Chlor ausgetauscht und dieses schließlich durch den Rest der Seitenkette substituiert. Nach Isomerisierung und Abtrennung der unerwünschten (*Z*)-Isomeren wird der Wirkstoff isoliert.[25]

Azoxystrobin wird in einer eleganten, konvergenten Synthese aus den drei Bausteinen 3-Methoxymethylenbenzo-2-(3*H*)-furanon, 4,6-Dichlorpyrimidin und 2-Hydroxybenzonitril aufgebaut.[26][27]

Zusammenfassung in Stichpunkten

- Die Fungizidklasse der Strobilurine leitet sich von einem Inhaltsstoff des Kiefernzapfenrüblings (*Strobilurus tenacellus*) ab.
- Strobilurine unterbrechen den mitochondrialen Elektronentransport am bc$_1$-Komplex.
- Charakteristisches Strukturmerkmal der Strobilurine ist die (*E*)-*β*-Methoxyacrylateinheit.
- Die Strobilurine zählen zu den bedeutendsten Innovationen der Pflanzenschutzmittel in den 90er Jahren.

Literatur

[1] H. Sauter, W. Steglich, T. Anke, Angew. Chem. **111** (1999) 1417.

[2] E. R. H. Jones, V. Thaller, Handbook of Microbiology, CRC Press, Boca Raton, Vol. 5, 2. Aufl., 1984, 83.

[3] H. Anchel, A. Hervey, W. J. Robbins, Proc. Natl. Acad. Sci. USA **36** (1950) 300.

[4] F. Kavanagh, A. Hervey, W. J. Robbins, Proc. Natl. Acad. Sci. USA **37** (1951) 570.

[5] H. Egger, J. Reinshagen, J. Antibiot. **29** (1976) 915.

[6] H. Egger, J. Reinshagen, J. Antibiot. **29** (1976) 923.

[7] V. Musilek, J. Cerna, V. Sasek, M. Semerdzieva, M. Vondracek, Folia Microbiol. (Prag) **14** (1969) 377.

[8] D. Voet, J. G. Voet, Biochemie, VCH, Weinheim, 1994, 540.

[9] J. M. Clough, Nat. Prod. Rep. 10 (1993) 565 (Review).

[10] T. Anke, G. Schramm, B. Schwalge, B. Steffan, W. Steglich, Liebigs Ann. Chem. (1984) 1616.

[11] K. Beautement, J. M. Clough, Tetrahedron Lett. **28** (1987) 475.

[12] K. Beautement, J. M. Clough, P. de Fraine, C. R. A. Godfrey, Pestic. Sci. **31** (1991) 499.

[13] C. J. Kowalski, M. S. Haque, K. W. Fields, J. Am. Chem. Soc. **107** (1985) 1429.

[14] K. Mikami, K. Azuma, T. Nakai, Chem. Lett. (1983) 1379.

[15] K. Mikami, K. Azuma, T. Nakai, Tetrahedron **40** (1984) 2303.

[16] J. Kallmerten, M. D. Wittman, Tetrahedron Lett. **27** (1986) 2443.

[17] J. Kallmerten, M. D. Wittman, J. Org. Chem. **52** (1987) 4303.

[18] H. Akita, H. Koshiji, A. Furuichi, K. Horikoshi, T. Oishi, Tetrahedron Lett. **24** (1983) 2009.

[19] T. Oishi, H. Akita, J. Synth. Org. Chem. Jpn. **41** (1983) 1031.

[20] H. Akita, A. Furuichi, H. Koshiji, K. Horikoshi, T. Oishi, Chem. Pharm. Bull. **31** (1983) 4376.

[21] T. Honda, K. Naito, S. Yamane, Y. Suzuki, J. Chem. Soc., Chem. Commun. (1992) 1218.

[22] H. Sauter, E. Ammermann, F. Roehl, Crop Protection Agents From Nature, Royal Society of Chemistry, Thomas Graham House, Science Park, Cambridge, 1996, 50.

[23] BASF, EP 0 253 213 (1987).

[24] BASF, EP 0 493 711 (1991).

[25] K.-J. Haack, Chemie in unserer Zeit **37** (2003) 128.

[26] Zeneca, WO 9208703 (1992).

[27] V. V. Zakharychev, L. V. Kovalenko, Russ. Chem. Rev. **67** (1998) 535.

8.3 Pyrethroide

Um 1800 erkannte man die insektizide Wirkung von Pyrethrum. Man stellte es aus den getrockneten Blüten der auf dem Balkan beheimateten Dalmatinischen Insektenblume (*Chrysanthemum cinerariifolium* und *Chrysanthemum coccineum*) her und verkaufte es als Insektenpulver (Abb. 8.21).

Der Wirkstoff befindet sich in dem reifen, voll geöffneten Blütenkopf. Der durchschnittliche Gehalt an toxischen Bestandteilen in Chrysanthemen aus Kenia beträgt 1,3 %, aus Japan 1,0 % und aus Dalmatien 0,7 %. Neben dem Mahlen der getrockneten Blüten gewann man ein Wirkstoffkonzentrat auch durch Extraktion der Blüten mit Petrolether, Dichlorethan, Methanol, Aceton oder Essigsäure. Der Extrakt wurde durch Adsorption auf Wachs gereinigt und erneut extrahiert mit Nitromethan oder Methanol. Die Adsorption auf Aktivkohle führte schließlich zu einem 25 %igen Konzentrat. Die so hergestellten Stäube werden als Pyrethrum bezeichnet und vor allem gegen Flöhe, Läuse und Fliegen, Moskitos im Haushalt und zum Schutz des Viehbestands eingesetzt.

Die Herstellung des Floh- und Lauspulvers begann um 1828. Nachdem 1851 die Methode publiziert wurde, verzeichnete man rasch einen weltweiten Einsatz. Bis zum Ersten Weltkrieg war Dalmatien das wichtigste Erzeugerland von Pyrethrum. Japan wurde danach aufgrund eines höheren Wirkstoffgehalts in den Blüten zum wichtigsten Exporteur. Der Anbau von Chrysanthemen in Kenia begann 1932 und schon acht Jahre später war es der größte Hersteller von Pyrethrum. 1975 betrug die Weltjahresproduktion getrockneter Chrysanthemenblüten 23 000 Tonnen, wovon mehr als die Hälfte aus Kenia kam. Seit dieser Zeit verdrängen synthetische Pyrethroide die Naturprodukte vom Markt. Insgesamt hatte der Weltmarkt an Pyrethroiden im Jahr 2000 ein Volumen von 1,64 Milliarden US-Dollar.[1]

8.21 *Chrysanthemen (Chrysanthemum cinerariifolium) gehören zur Familie der Korbblütengewächse (Asteraceae). Es handelt sich um mehrjährige, bis zu einem Meter groß werdende Pflanzen mit gefiederten und behaarten Blättern, die im Juni und Juli blühen.*

8.3.1 Biosynthese

Terpene wie z. B. Myrcen entstehen nach der Terpenregel durch eine Kopf-Schwanz-Verknüpfung zweier Isopreneinheiten. Die Schwanz-Schwanz-Verknüpfung von z. B. zwei Molekülen Geranylgeranyldiphosphat, die zu Phytoen führt, widerspricht dieser Regel ebenso, wie die mechanistisch eng verwandte Biosynthese der Chrysanthemumsäure. Diese entsteht aus zwei Molekülen Dimethylallyldiphosphat.

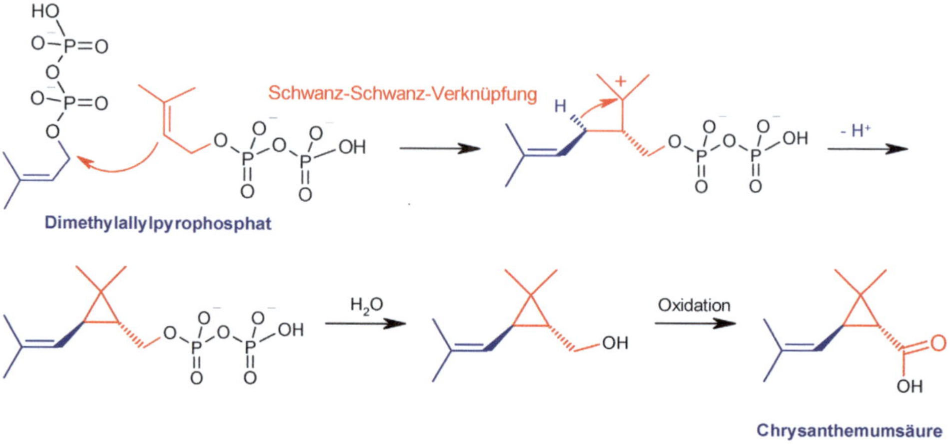

Die Startreaktion entspricht der von zwei Molekülen Geranylgeranyldiphosphat. Ein Dimethylallyldiphosphatmolekül greift ein zweites nukleophil an. Die Deprotonierung in Allylposition durch ein basisches Zentrum im Enzym führt zur Bildung des Dreirings. Während bei der Phytoensynthese unter Abspaltung von Diphosphat eine Umlagerung des Dreirings erfolgt, findet bei der Biosynthese der Chrysanthemumsäure eine schlichte Hydrolyse des Diphosphats statt, der sich dann eine Oxidation zur Carbonsäure anschließt.

8.3.2 Strukturaufklärung

Die grundlegenden Arbeiten zur Strukturaufklärung gehen auf Hermann Staudinger und Leopold Ruzicka zurück, die in den 20er Jahren aus dalmatinischem Insektenpulver (+)-*trans*-Chrysanthemumsäure[2] und Pyrethrin isolierten (Abb. 8.22).[3] [4]

Wesentliche Fortschritte erbrachten später Arbeiten von F. B. La Forge und W. F. Barthel.[5] Die Wirkstoffe bestehen aus zwei verschiedenen Säuren, (+)-*trans*-Chrysanthemumsäure und (+)-*trans*-Pyrethrinsäure, sowie aus drei verschiedenen Alkoholen, (+)-Pyrethrolon, (+)-Cinerolon und (+)-Jasmolon. Die Ester sind alle optisch aktiv. Die absolute Konfiguration im Säureteil ist (1*R*,3*R*), die Seitenkette bei der Pyrethrinsäure ist *trans*-konfiguriert. Im Alkoholteil ist die absolute Konfiguration (*S*) und die Seitenkette *cis* angeordnet.

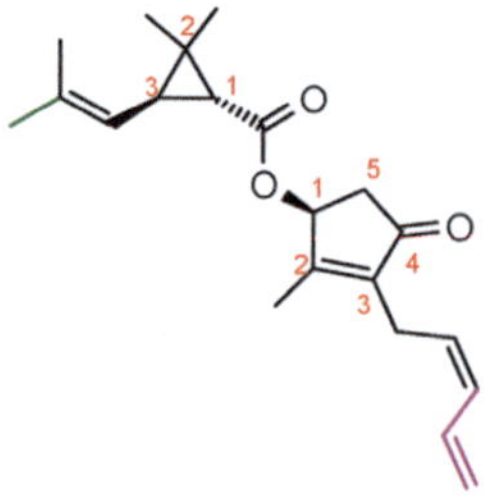

Pyrethrin I 10 %
(+)-trans-Chrysanthemumsäure
(+)-Pyrethrolon

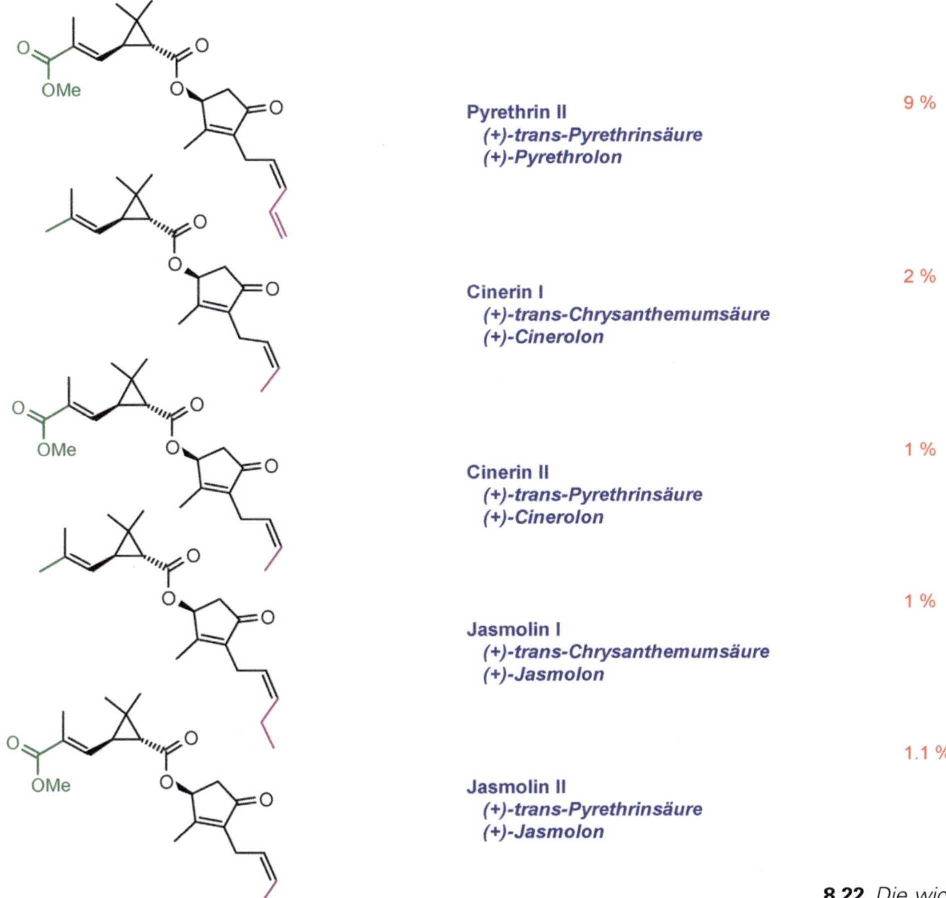

Pyrethrin II
(+)-trans-Pyrethrinsäure
(+)-Pyrethrolon

9 %

Cinerin I
(+)-trans-Chrysanthemumsäure
(+)-Cinerolon

2 %

Cinerin II
(+)-trans-Pyrethrinsäure
(+)-Cinerolon

1 %

Jasmolin I
(+)-trans-Chrysanthemumsäure
(+)-Jasmolon

1 %

Jasmolin II
(+)-trans-Pyrethrinsäure
(+)-Jasmolon

1.1 %

8.22 *Die wichtigsten Bestandteile des Pyrethrins.*

8.3.3 Struktur/Wirkungsbeziehung

Erst umfangreiche Strukturvariationen des natürlichen Pyrethrins I offenbarten Einblicke in die Struktur/Wirkungsbeziehungen der Pyrethroide (Abb. 8.23).[6]

- Der Isobutenylrest (rot) kann durch eine 2,2-Dihalogenvinylgruppe ersetzt werden.
- Die beiden Methylgruppen (grün) des Cyclopropanrings sind für die Wirkung entscheidend. Verbindungen ohne diese Substituenten haben keine Wirkung.
- Der Cyclopentenonrest (blau) kann durch Strukturen mit ähnlicher Stereochemie ersetzt werden.
- Die Alkoholkomponente sollte eine Seitenkette (magenta) tragen. Diese muss ungesättigt sein, kann jedoch von 1-Alkenyl, 1-Cycloalkenyl bis zu Aromaten variiert werden.
- Die absolute Konfiguration (braun) an C_1 und C_3 muss ($1R,3S$) oder ($1R,3R$) sein.

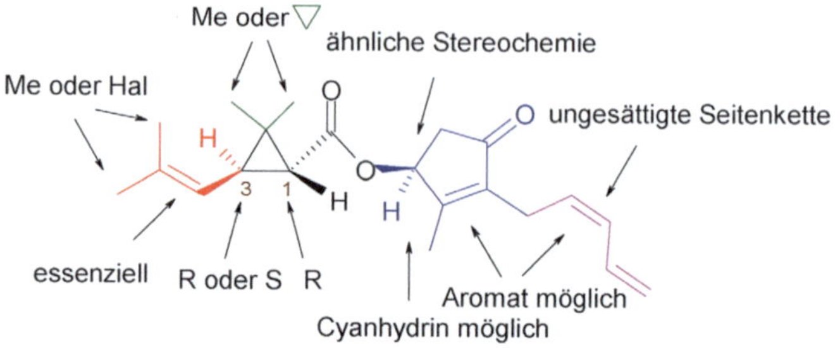

8.23 *Die ausgeprägte Abhängigkeit der biologischen Wirkung von der Stereochemie deutet auf eine dreidimensionale Wechselwirkung des Wirkstoffs mit dem neuronalen Rezeptor hin, wobei die Isobutenylgruppe, die zwei Methylgruppen des Cyclopropans und die Cyclopentenoneinheit die entscheidende Rolle spielen.*

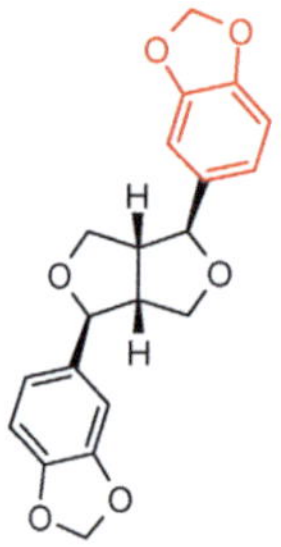

Sesamin

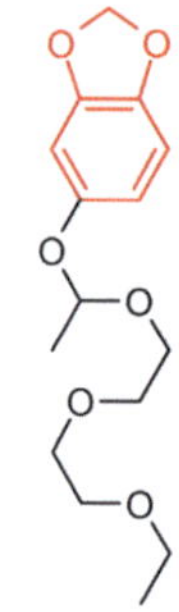

Sesamex

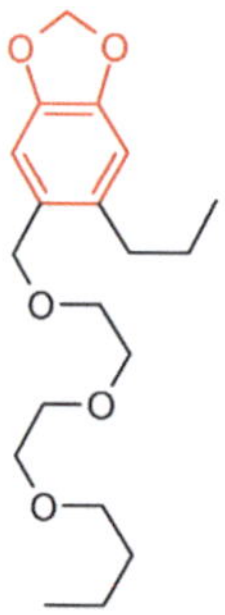

Piperonylbutoxid

Die natürlichen Pyrethroide sind Kontaktgifte. Sie durchdringen sehr schnell die Cuticulla eines Insekts. Die toxische Wirkung beruht auf einer Störung der axonischen Nervenreizleitung. Die Pyrethroide beeinflussen die Natriumkanäle der Nervenzellen. Während die natürlichen und die synthetische Pyrethroide, die keine Cyanogruppe enthalten, ein sehr langsames Schließen der Natriumkanäle der Axonen verursachen, führen nitril-substituierte Pyrethroide zu einer verlängerten Öffnung der Natriumkanäle. In beiden Fällen wird die normale Funktion einer Ca^{++}-abhängigen Proteinkinase gestört. Einem ausgeprägten Erregungszustand folgen Koordinationsstörungen der Bewegungen, schließlich Lähmung und Tod. Die Anfangswirkung setzt sehr rasch ein. Innerhalb weniger Minuten ist das Insekt bewegungsunfähig. Dieser *knock-down*-Effekt wird von nur wenigen Insektiziden erreicht. Die *knock-down*-Dosis ist in vielen Fällen nicht letal, da Pyrethrin und Cinerin rasch metabolisert und damit entgiftet werden. Die Entgiftung erfolgt durch mikrosomale Oxidasen. Cytochrom P450 oxidiert die olefinischen Doppelbindungen der Seitenketten zu Epoxiden. Terminale Methylgruppen werden zu Carbonsäuren oxidiert. Der Ester hingegen ist recht stabil. Es werden keine Hydrolyseprodukte gefunden. Man kann die Detoxifikation durch Zugabe von Synergisten retardieren, die bevorzugt oxidiert werden. Im Fall der natürlichen Pyrethroide sind dies Verbindungen, die einen Methylendioxyphenylrest enthalten.

Gegenüber Warmblütern ist Pyrethrum erstaunlich ungiftig. Allerdings gibt es auch synthetische Derivate, die sehr giftig sind und gegen die es kein Antidot für den Fall einer akuten Vergiftung gibt. Ein Nachteil ist die Giftigkeit gegenüber Bienen und Fischen (LC_{50}-Bereich: 0,001 ppm). Die Repellentwirkung hebt jedoch diese Nachteile teilweise auf.

Pyrethrum ist im Handel in Aerosoldruckflaschen erhältlich. Das Insektizid enthält 0,04–0,25 % Wirkstoff und etwa die fünf- bis zehnfache Menge Piperonylbutoxid oder andere Synergisten, Phosphorsäureester oder Carbamate. Der überwiegende Teil davon findet Verwendung im Hygienesektor. Im Pflanzenschutz ist Pyrethrum aufgrund seiner hohen Luft- und Lichtempfindlichkeit nur begrenzt einsetzbar. Durch Zusatz von Antioxidantien wie Hydrochinon oder Resorcin kann die Stabilität verbessert werden.

8.3.4 Synthetische Pyrethroide

Die hohen Herstellungskosten von Pyrethrum und die mangelnde Stabilität führten seit etwa 1940 zu einer intensiven Suche nach künstlichen Präparaten mit verbesserten Eigenschaften. Durch Strukturvariationen fand man Breitbandinsektizide, die 10- bis 20-mal wirksamer sind als viele Wirkstoffe anderer Strukturklassen. Die Pyrethroide zählen heute zu den wirtschaftlich bedeutendsten Insektiziden auf dem Pflanzenschutzmarkt. Die Weltjahresproduktion beläuft sich auf mehrere Tausend Tonnen.

Die Herstellung der Chrysanthemumsäure ist aufgrund der oben erwähnten Nachteile aus ökonomischer Sicht weniger bedeutend als die von Permethrinsäure. Wissenschaftlich sind die Synthesen beider Verbindungen von Interesse. Ziel der (meist industriellen) Forschung war es, die einfachste und billigste Synthese für diese strukturell anspruchsvolle Stoffklasse zu finden. Die Pyrethroidforschung gehört heute allerdings weitgehend der Vergangenheit an. Längst haben neue Wirkstoffklassen wie die Neonicotinoide den Markt erobert. In der Landwirtschaft werden daneben ganz andere Konzepte der Insektenkontrolle, z. B. Pheromone benutzt. Pyrethroide kennzeichnen den Beginn eines Umdenkprozesses bei der Herstellung von Agrochemikalien. Zum ersten Mal stellte sich die Frage nach dem Einsatz enantiomerenreiner Verbindungen in der Landwirtschaft, vor dem Hintergrund, dass nur die (1*R*)-Diastereomeren der Pyrethroide insektizid wirksam sind. (Abb. 8.24).[7]

Permethrinsäure

E 605

20000 t

entsprechen

Deltamethrin

200 t

8.24 *Den 20 000 Jahrestonnen E 605, herstellbar in wenigen Reaktionsstufen, stehen hinsichtlich der Wirksamkeit 200 Tonnen eines aufwendig herzustellenden aber hochwirksamen, enantiomerenreinen Pyrethroids (Deltamethrin) gegenüber.*

Enantiomerenreine Wirkstoffe

Ungeachtet der unterschiedlichen Wirksamkeit kam anfangs das (1*R*/1*S*)-Diastereomerengemisch auf den Markt. Im Zuge der gestiegenen Anforderungen an Pflanzenschutzmitteln auf der einen Seite und den Fortschritten der stereoselektiven Synthese auf der anderen Seite gewinnen heute allerdings enantiomerenreine Pflanzenschutzmittel zunehmend an Bedeutung.[8]

Die klassische Racematspaltung mittels enantiomerenreiner Amine ist eine bewährte Methodik, die man auch im technischen Maßstab einsetzt. (1*R*)-*trans*-Chrysanthemumsäure kann man beispielsweise mittels Naphthylethylamin oder Ephedrin aus dem *trans*-Racemat abtrennen.

Auch die enzymatische kinetische Resolution mittels Esterasen[9] der Leber oder aus Mikroorganismen[10] ist erfolgreich.

Ephedrin

Naphthylethylamin

Permethrinsäuremethylester   3 Diastereomere   **90 % Ausbeute**
80 %ee

Von Nachteil in beiden Fällen ist, dass die nicht erwünschten Diastereomeren racemisiert oder entsorgt werden müssen. Die Racemisierung von Verbindungen mit zwei Asymmetriezentren ist nicht einfach. Sehr schonend kann das (1*S*)-*trans*-Isomere durch diastereoselektive Protonierung des Silylenolesters in das (1*R*)-*cis*-Isomere überführt werden. Die Protonierung erfolgt bevorzugt von der sterisch weniger gehinderten Seite.

Die Isomerisierung des (1*S*)-*cis*-Isomeren ist thermodynamisch begünstigt. Sie gelingt mit einer Superbase auf festem Träger.[11]

Offensichtlich ist aber in allen Fällen, dass Enantiomerentrennung und Racemisierung immer nur Hilfskonstruktionen zur Steigerung der Effizienz und der Wirtschaftlichkeit sind. Retrospektiv und unter heutigen Gesichtspunkten ist das Ziel der Syntheseentwicklung klar: eine einfache und stereoselektive Synthese.

Synthesen der Chrysanthemumsäure

[2 + 1]-Zykloaddition

Die erste Synthese eines *cis/trans*-Isomerengemischs der Chrysanthemumsäure geht auf Staudinger zurück, der Diazoessigester mit 2,5-Dimethylhexa-2,4-dien umsetzte. Hieraus entwickelte sich 1950 der erste technische Prozess von Carbide and Carbon Chemical Corporation (USA) und von Sumitomo (Japan), der noch heute ausgeübt wird. Das Dien ist zugänglich aus Aceton und Acetylen oder aus Isobutylen und Methallylchlorid bei 500 °C. Die Zersetzung des Diazoessigesters in Gegenwart von Kupfer bei erhöhter Temperatur kann durch Verwendung von Palladiumacetat oder Rhodiumacetat bei 20 °C verbessert werden. Sterisch anspruchsvolle Diazoessigester liefern einen erhöhten Anteil an erwünschtem *trans*-Chrysanthemumsäureester.

Verwendet man anstelle von Diazoessigsäureethylester den Menthylester und benutzt man einen enantiomerenreinen Kupferkomplex, so erhält man den (1*R*)-*trans*-Chrysanthemumsäurementhylester in hoher optischer Reinheit.[12] [13] Neuere Arbeiten zeigen, dass auch Kupferkomplexe mit Bisoxazolinliganden hervorragende Ergebnisse ergeben.[14]

1,3-Zykloeliminierung

Die 1,3-Zykloeliminierung ist besonders interessant, weil sie prinzipiell der Biosynthese folgt. Sie begünstigt das thermodynamisch stabilere *trans*-Isomere. Die maßgeblichen Synthesen gehen auf Arbeiten bei Roussel-Uclaf [15] und Rhône-Poulenc[16] (J. J. Martel) zurück.[17] [18] [19] Die Senecioester werden mit einem Allylphenylsulfon umgesetzt.

Eine an Eleganz kaum zu überbietende Eintopfsynthese ist die Umsetzung von Maleinaldehydester mit zwei Äquivalenten Isopropylidentriphenylphosphoran.[20] [21] Das erste Äquivalent liefert in einer Wittig-Reaktion 5-Methylsorbinsäureester. Das zweite Äquivalent greift diese in β-Position nukleophil an. Die Zykloeliminierung führt zur Abspaltung von Triphenylphosphan.

Geht man von optisch reinem (R)-Glycerinaldehyd aus, gelingt in einer ähnlichen Sequenz die Synthese von enantiomerenreinem (1R)-*trans*-Chrysanthemumsäureethylester.[22] [23]

Eine vergleichbare Diastereoselektivität erhält man auch, wenn man die Zyklopropanierung nach E. J. Corey mit Schwefelyliden durchführt. 5-Methylsorbinsäuremethylester kann nach Barry Sharpless regio- und stereoselektiv dihydroxyliert werden. Nach dem Schützen der beiden Hydroxygruppen mit Thiophosgen wird zum Aufbau des Dreirings mit Diphenylisopropylidensulfuran umgesetzt. (1R)-*trans*-Chrysanthemumsäureester erhält man schließlich durch Abspaltung der Schutzgruppe nach Corey/Winter.[24]

Die für die Pyrethroidchemie sehr wichtige Synthesesequenz von Claisen-Umlagerung und 1,3-Zykloeliminierung wurde erstmals von Marc Julia entwickelt.[25] Methallylalkohol wird mit dem Methylenolether des Lävulinsäuremethylesters umgeethert. Nach der sich anschließenden Claisen-Umlagerung wird die Ketogruppe selektiv mit Methylmagnesiumiodid umgesetzt. Die saure Hydrolyse führt zu Isopyrocin, einem zentralen Synthesebaustein, der auch auf anderen Wegen zugänglich ist und mittels Thionylchlorid und einer Base in ein *cis/trans*-Isomerengemisch der Chrysanthemumsäure überführt werden kann.

In einer eleganten, kurzen Synthese ist Pyrocin nach der Lehmann-Traube-Synthese über das Monoepoxid von 2,5-Dimethylhexa-2,4-dien mit Malonester zugänglich. Nach Hydrolyse und Decarboxylierung erhält man Pyrocin, das wie Isopyrocin mittels Thionylchlorid und basenvermittelter 1,3-Zykloeliminierung in die Chrysanthemumsäure überführt werden kann.[26]

Zur enantiomerenreinen *cis*-Chrysanthemumsäure kommt man durch eine enantioselektive Synthese, bei der man die Tatsache ausnutzt, dass Mikroorganismen zwischen zwei enantiotopen aber chemisch gleichen Gruppen unterscheiden können (*meso*-Trick). Der Umsatz beträgt im Gegensatz zur Resolution 100 % bei einem Enantiomerenüberschuss von > 98 %. Die Tatsache, dass man von zyklischen Verbindungen ausgeht, stellt sicher, dass man zur *cis*-Konfiguration gelangt.

Cyclohexan-1,4-dion wird mit Methyliodid/Natrium-*t*-butylat tetramethyliert. Mit *Aspergillus niger*, *Aspergillus ochraceus* oder *Curvularia lunata* gelingt die enantioselektive enzymatische Reduktion. 1,3-Zykloeliminierung des entsprechenden Tosylats und die Baeyer-Villiger-Oxidation liefert ein bizyklisches *cis*-konfiguriertes Lacton, das mit Magnesiumbromid in Pyridin zur (1*R*)-*cis*-Chrysanthemumsäure geöffnet werden kann.[27]

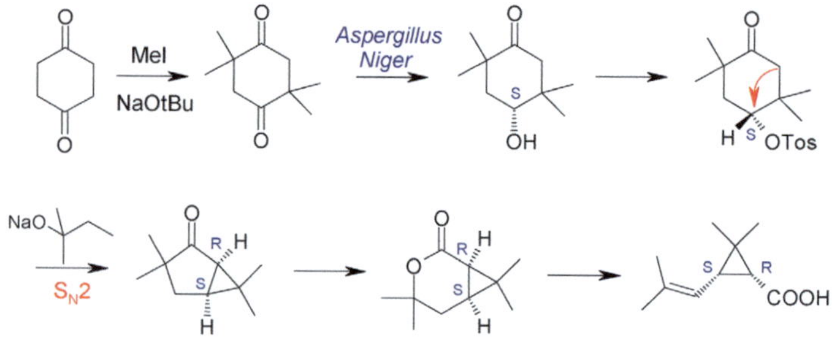

Claisen-Umlagerung

Den gleichen stereochemischen Trick benutzt man bei der Claisen-Umlagerung
zyklischer Diene zur gezielten Herstellung der *cis*-Chrysanthemumsäure. Die
Umsetzung einer ω-Alkincarbonsäure mit Aceton liefert nach dem Ringschluss
ein Lacton, dessen Silylenolether beim Erwärmen zur *cis*-Chrysanthemumsäure
umlagert.[28] [29]

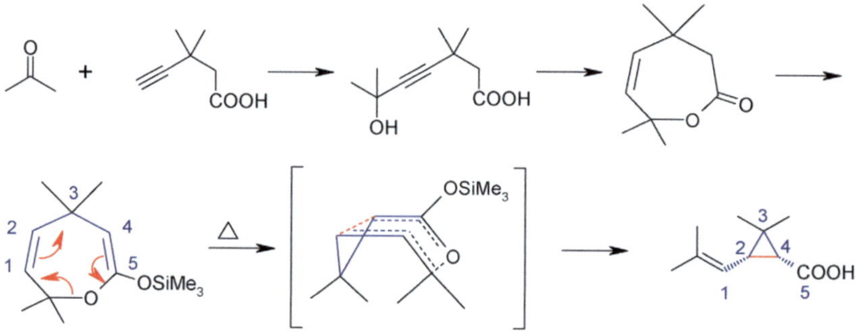

Diastereoselektive Synthese

α-Pinen ist das ideale Ausgangsmaterial zur Herstellung von (1*R*)-*trans*-Chry-
santhemumsäure. Die Ozonolyse liefert ein Cyclobutylmethylketon, das zum
Cyclobutanon abgebaut wird. Nach der Grignard-Reaktion mit Methylmagnesiumbromid erfolgt eine stereoselektive Bromierung. Die Favorski-Umlage-
rung führt schließlich zur (1*R*)-*trans*-Chrysanthemumsäure.[30]

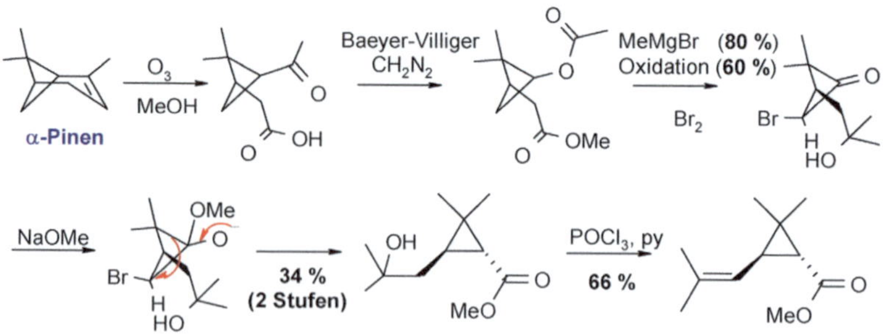

Synthesen der Permethrinsäure

Der Durchbruch der Pyrethroidforschung bei der Entwicklung von Insektiziden für die Landwirtschaft kam mit der Entdeckung, dass die Ester der Permethrinsäure hoch wirksam und lichtstabil sind. Sie wurde zum Grundbaustein vieler Pyrethroide, die in den 70er Jahren entwickelt wurden. Vor allem in der Patentliteratur finden sich eine Vielzahl origineller Beiträge, wie diese Verbindung auf möglichst einfache und preiswerte Weise herzustellen ist. Das Augenmerk im Folgenden liegt auf chemisch besonders interessanten stereoselektiven Synthesen.

Die Erstsynthese stammt von J. Farkas.[31] Als Schlüsselschritt benutzte Farkas in Analogie zu der Chysanthemumsäuresynthese die [2 + 1]-Zykloaddition ausgehend von Diazoessigester und 1,1-Dichlor-4-methylpenta-1,3-dien.

1,1-Dichlor-4-methylpenta-1,3-dien   Cu - Katalyse   **Permethrinsäureester**

Für die technische Anwendung dieser Labormethode musste ein möglichst einfacher Zugang für das Dien gefunden werden. Tetrachlormethan kann radikalisch an Isopent-1-en addiert werden, wobei die direkte Abspaltung von Chlorwasserstoff mit Kaliumhydroxid jedoch nicht gelingt. Erfolgreich ist die Abspaltung mit katalytischen Mengen Zinntetrachlorid, Lithiumchlorid in NMP oder Lithiumbromid in DMF.

In ähnlicher Weise kann Chloroform an Isoprenol (aus Aceton und Acetylen) addiert werden. Die saure Dehydratisierung führt zu 5,5,5-Trichlor-2-methylpent-2-en, das direkt für die Umsetzung mit Diazoessigester Verwendung findet oder wahlweise basisch zu dem gewünschten Dien umgesetzt werden kann.

[2 + 1]-Zykloaddition

Für die Zykloaddition mit Diazoester empfiehlt sich die Verwendung von Rhodiumbenzoat, da hierdurch die Reaktionstemperatur auf $20\,^{\circ}\mathrm{C}$ gesenkt werden kann. Das *cis/trans*-Isomerenverhältnis liegt bei 2 : 3. Aufgrund der reduzierten Reaktivität des Diens im Vergleich zur chlorfreien Verbindung ist in diesem Fall ein großer Überschuss erforderlich, um eine Reihe von Nebenreaktionen zu vermeiden. 5,5,5-Trichlor-2-methylpent-2-en ist dagegen reaktiver, sodass man auch bei der enantioselektiven [2 + 1]-Zykloaddition bevorzugt das Monoolefin einsetzt und nachträglich dehydrohalogeniert.

Kat.

(1R)-cis/(1R)-trans
9 : 1

Kat.:

Der Prozess der Firma FMC beinhaltet als Schlüsselschritt eine intramolekulare, stereoselektive [2 + 1]-Zykloaddition[32] In einer Prins-Reaktion[32] von Chloral und Isobutylen und anschließender Isomerisierung erhält man einen racemischen, trichlormethylsubstituierten Allylalkohol. Dieser wird mit dem Isocyanat von (R)-Naphthylethylamin umgesetzt und die Diastereomeren durch Kristallisation getrennt. Das Carbamat wird durch Trichlorsilan/Triethylamin gespalten und dabei das chirale Auxiliar zurückgewonnen. Der optisch reine (R)-Allylalkohol wird mit Diketen zum β-Ketoester umgesetzt. Nach Diazogruppenübertragung und Säurespaltung erhält man den Diazoessigsäureester, der mit Kupfersalz katalysiert in einer [2 + 1]-Zykloaddition zu einem bizyklischen Lacton führt. Die Boord-Reaktion[33] liefert schließlich (1R)-cis-Permethrinsäure.[34]

(1R)-cis-Permethrinsäure

Vor wenigen Jahren publizierte eine israelische Forschergruppe eine grundlegende Überarbeitung des Verfahrens.[35] Wesentliche Verbesserungen fanden sie
bei der Synthese des optisch reinen Allylalkohols, der durch eine enzymatische
kinetische Resolution hergestellt wird und bei der die Diazogruppenübertragung durch eine Diazotierung des entsprechenden Glycinesters ersetzt wird.

1,3-Zykloeliminierung

Von bestechender Kürze ist die direkte Addition von Essigsäure an 1,1-Dichlor-
4-methylpenta-1,3-dien mittels Einelektronenoxidationsmittel, wie Mangan-
(III)-acetat[36], Cer-(IV)-[37] oder Vanadium-(V)-salzen.[38] [39] Die weitere Umsetzung entspricht der von der Chrysanthemumsäure her schon bekannten Weise.

Unmittelbar nach der Entdeckung der vorteilhaften Eigenschaften der Permethrinsäure setzte in vielen Forschungslabors eine intensive Suche nach der gün-
stigsten Synthese dieser Verbindung ein. Das japanische Sagami-Forschungs-
institut fand einen auf einer Claisen-Umlagerung und 1,3-Zykloeliminierung
beruhenden Syntheseweg, den die FMC in Lizenz nahm. Die Firmen Sankyo
und Kuraray meldeten wenige Wochen später ähnliche Synthesen zum Patent
an.

Nach der Sagami-Synthese wird Isopentenol mit Essigsäureorthomethyl-
ester umgesetzt. In einer Claisen-Umlagerung erhält man 3,3-Dimethyl-4-pen-
tensäuremethylester, an den Tetrachlormethan radikalisch addiert werden kann.
Die zweifache Eliminierung von Chlorwasserstoff liefert schließlich Permethrinsäure. Hierbei haben die Base und das Lösungsmittel entscheidenden
Einfluss auf das *cis/trans*-Verhältnis. Unter günstigen Umständen (NaOtBu,
Hexan, HMPT) beträgt der *cis*-Anteil bis zu 90 %.[40] [41] [42]

Der vergleichsweise teure Orthoester kann durch den β-Ketoesterenolether ersetzt werden.

(1*R*)-*cis*-Caronaldehydhemiacetal als zentraler Synthesebaustein

Der technische Prozess zur Herstellung von Permethrinsäure bei Roussel-Uclaf
geht von racemischer *trans*-Chrysanthemumsäure aus, die man über die Martel-
Synthese erhält. Nach der Trennung der Enantiomeren mit einem Aminoalkohol
wird das (1*R*)-Enantiomere einer Ozonolyse unterworfen. Die basische Epimerisierung liefert das (1*R*)-*cis*-Caronaldehydhemiacetal. An das (1*S*)-Enantio-
mere wird schwefelsäurekatalysiert Wasser addiert. Anschließend wird die Car-

bonsäurefunktion unter Bildung eines Lactons epimerisiert. Die mit Magnesiumbromid katalysierte Ringöffnung führt zu (1*R*)-*cis*-Chrysanthemumsäure,
die in analoger Weise in das (1*R*)-*cis*-Caronaldehydhemiacetal überführt
wird.[43]

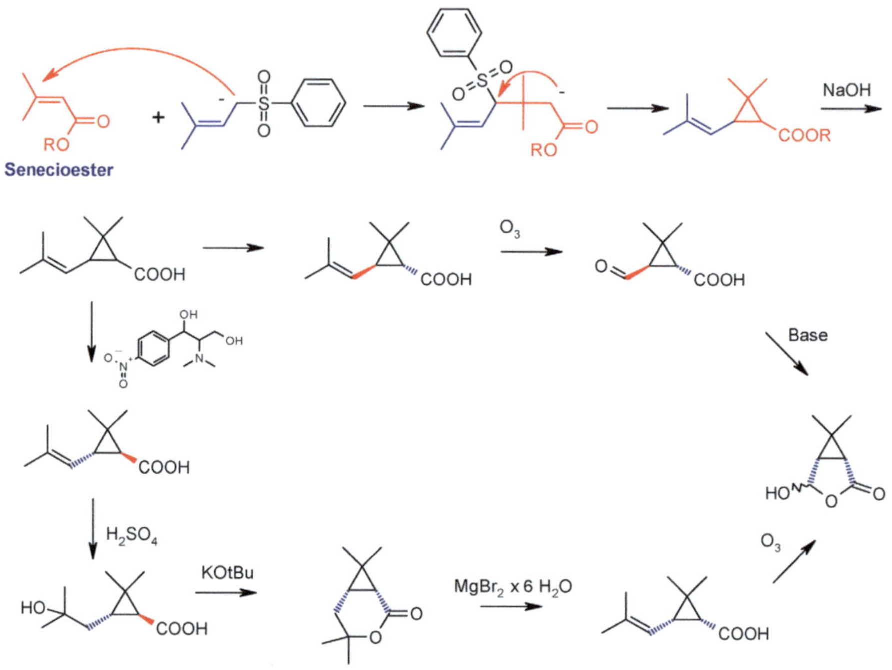

Caronaldehydhemiacetal ist auch in enantiomerenreiner Form aus Δ^3-Caren,
das in bestimmten Sorten von Terpentinöl vorkommt, in wenigen Stufen erhältlich.[44]

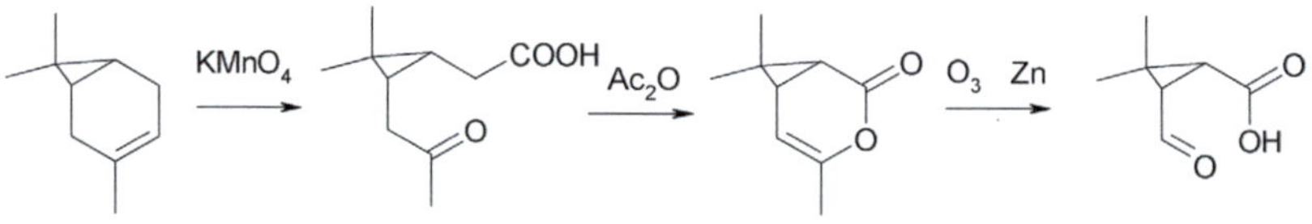

Caronaldehydhemiacetal kann durch die Corey/Fuchs-Reaktion[45] auf einfache
Weise in Permethrinsäure und z. B. Deltamethrinsäure, dem Bromanalogon,
überführt werden. Statt Triphenylphosphan kann man auch Tris-(dimethylami-
no)-phosphan verwenden.

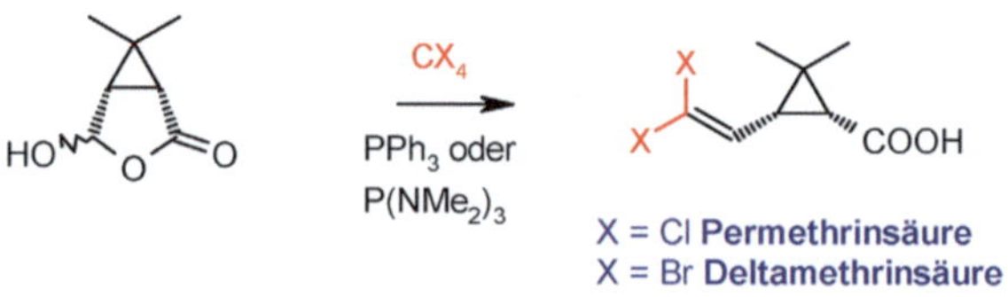

Preiswerter ist die Einführung der Dihalomethyleneinheit mittels Haloform. Die Dehalogenierung erfolgt mit Zink.

X = Cl **Permethrinsäure**
X = Br **Deltamethrinsäure**

8.3.5 Alkoholrest der synthetischen Pyrethroide

Die Alkoholreste der kommerziellen Pyrethroide besitzen eine beachtliche Vielfalt. Hier seien nur einige der Alkohole aufgelistet. Die folgenden Betrachtungen konzentrieren sich auf die chiralen Verbindungen.

Enantiomerenreine Cyanhydrine

Die insektizide Wirkung der Ester von *meta*-Phenoxymandelsäurenitril ist an dessen (*S*)-Konfiguration geknüpft. Der synthetische Reiz liegt darin, dass die Cyanhydrine insbesondere im Basischen leicht racemisieren. Phenoxymandelsäurenitril erhält man durch Ullmann-Kupplung aus Kaliumphenolat und Brombenzaldehyd gefolgt von einer Umsetzung mit Blausäure. 1980 gelang es J. J. Martel erstmals das racemische Gemisch mit (1*R*)-*cis*-Caronaldehyd-hemiacetal umzusetzen und den (*S*)-Lactolether chromatographisch abzutrennen.[46]

Ausgesprochen elegant ist die enzymatische kinetische Resolution und *in situ*-Racemisierung des Cyanhydrins (dynamische, kinetische Resolution).[47][48] Hierbei nutzt man die leichte Racemisierung der Cyanhydrine aus, um mit Lipasen stereoselektiv das (*S*)-Enantiomere zu verestern. In einem nachgeschalteten Schritt wird dann der Ester enzymatisch hydrolysiert.

Oxynitrilasen sind Enzyme [i] des Verteidigungssystems bestimmter Pflanzen wie Bittermandel (*Prunus amygdalus*), Gummibaum (*Hevea brasiliensis*), Maniok (*Manihot esculenta*) und Sorghumhirse (*Sorghum*) gegen Herbivore. Diese setzen im „Verteidigungsfall" aus Glycosiden, z. B. Amygdalin, Blausäure frei.

Die Addition von Cyanwasserstoff an Aldehyde mittels Oxynitrilasen liefert Cyanhydrine in hohen Ausbeuten und hoher optischer Reinheit. Hierbei ist es oft nicht nötig, mit freier Blausäure zu arbeiten. Man setzt das Cyanhydrin von Aceton ein, wobei der *in situ* gebildete Cyanwasserstoff mit dem Aldehyd umgesetzt wird. Die Oxynitrilasen sind kompatibel mit organischen Lösungsmitteln oder mehrphasigen Lösungsmittelgemischen.[49] [50]

DSM entwickelte eine rekombinante Oxynitrilase aus dem Gummibaum (*Hevea brasiliensis*), mit der es möglich ist, das Cyanhydrin des (*S*)-3-Phenoxybenzaldehyds mit einem Enantiomerenüberschuss von 98,5 % und einer Raum/Zeit-Ausbeute von 1000 g/l/d zu produzieren.[51]

Eine der interessantesten Entwicklungen in den letzten Jahren ist die nichtenzymatische, enantioselektive, organokatalytische Addition von Cyanwasserstoff an Aldehyde. Die Reaktion wird beispielsweise durch optisch reine Diketopiperazine, z. B. cyclo-(*R*-Phe-*R*-His), die aus den entsprechenden Aminosäuren leicht zugänglich sind, sehr wirkungsvoll katalysiert.[52] [53] [54]

Auch die enantioselektive Autoinduktion wurde untersucht (Abb. 8.25).[55] Die Umsetzung des Aldehyds mit Blausäure in Gegenwart des chiralen Diketopiperazins, dessen Enantiomerenreinheit zwischen 12 und 100 % variiert, führt

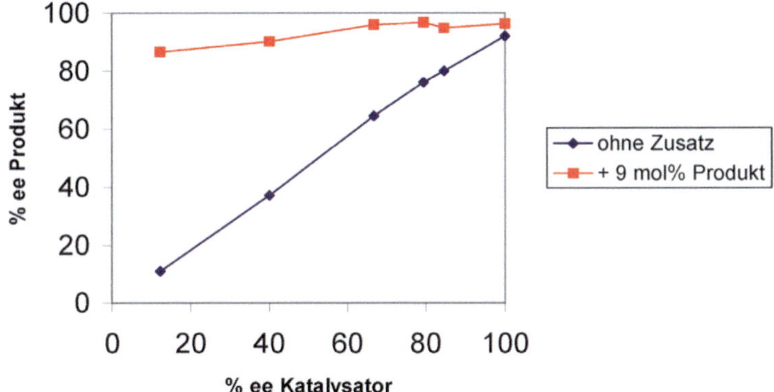

8.25 *Autokatalytische Bildung eines enantiomeren-reinen Cyanhydrins.*

zu dem Cyanhydrin in der gleichen optischen Reinheit wie die des Katalysators (blaue Kurve). Setzt man jedoch dem Gemisch aus Aldehyd und dem Diketo-piperazin, mit unterschiedlicher optischer Reinheit, 9 mol % (*S*)-Produkt mit einer optischen Reinheit von 92 % ee vor der Zugabe der Blausäure zu, so ist der Enantiomerenüberschuss des Produkts fast unabhängig von der optischen Reinheit des Katalysators.

Benutzt man fast racemisches Diketopiperazin unter diesen Bedingungen, so erhält man immerhin noch einen Enantiomerenüberschuss von 81 % ee. Versucht man jedoch die Reaktion in Abwesenheit des Diketopiperazins durchzuführen, so beobachtet man keinen Umsatz. Der aktive Katalysator ist vermutlich ein Adukt aus Diketopiperazin und Cyanhydrin, das katalytisch aktiver ist als das Diketopiperazin allein.

Cyclopentenolone

Die technische Synthese des Allethrolons erfolgt nach der Synthese von La Forge.[56] [57] Acetessigester wird mit Allylalkohol verethert. Nach der Dekonjugation der Doppelbindung erfolgt eine Claisen-Umlagerung. Der β-Ketoester wird mit Methylglyoxal in Gegenwart eines Amins umgesetzt. Die intramolekulare Aldolkondensation führt zu racemischem Allethrolon.

Allethrolon

Führt man die abschließende Aldolkondensation in Gegenwart von Cinchonin durch, so wird ein Enantiomer bevorzugt gebildet.[58] Die höheren Homologen und das entsprechende Alkin können auf analoge Weise hergestellt werden.

Zu optisch reinem Allethrolon kommt man auf klassischem Weg. Der Bernsteinsäurehalbester kann mit Ephedrin getrennt werden und der Phthalsäurehalbester mit (–)-1-Phenyl-2-p-tolylethylamin. Das (R)-Enantiomere kann in Form des Mesylats auch mit Chrysanthemumsäure zum gewünschten Produkt umgesetzt werden.

Auch die enzymatische kinetische Resolution führt zu praktisch enantiomerenreinem Allethrolon.[59]

Zusammenfassung in Stichpunkten

- Pyrethrum gewann man lange Zeit aus den Blüten der Chrysanthemen.
- Die Biosynthese erfolgt entgegen der Terpenregel durch Schwanz-Schwanz-Verknüpfung aus zwei Molekülen Dimethylallyldiphosphat.
- Die toxische Wirkung beruht auf einer Störung der axonischen Nervenreizleitung. Die Pyrethroide beeinflussen die Natriumkanäle der Nervenzellen.
- Nur die (1R)-Diastereomeren sind insektizid wirksam.
- Der Durchbruch der Pyrethroidforschung im Bereich der Insektizide für die Landwirtschaft kam mit der Entdeckung, dass die Ester der Permethrinsäure hoch wirksam und lichtstabil sind.

- Wichtige Syntheseprinzipien sind die [2 + 1]-Zykloaddition und die 1,3-Zykloeliminierung.

Literatur

[1] F. Müller in Winnacker, Küchler, Chemische Technik, Band 8, Wiley-VCH, Weinheim, 2005, 213.
[2] H. Staudinger, L. Ruzicka, Helv. Chim. Acta **7** (1924) 177.
[3] H. Staudinger, L. Ruzicka, Helv. Chim. Acta **7** (1924) 201, 212, 236, 245, 448.
[4] H. Staudinger, O. Muntwyler, L. Ruzicka, S. Seibt, Helv. Chim. Acta **7** (1924) 390.
[5] F. B. La Forge, W. F. Barthel, J. Org. Chem. **12** (1947) 199.
[6] M. Elliot, N. F. Janes, in J. E. Casida, Pyrethrum, the Natural Insectizide, Academic Press, New York, 1973, 90.
[7] K. Naumann, Chemistry of Plant Protection, Vol. 5, Springer Verlag, Berlin, 1990.
[8] N. Kurihara, J. Miyamoto, Chirality in Agrochemicals, Wiley, New York, 1998.
[9] M. Schneider, Angew. Chem. **96** (1984) 52.
[10] Bayer, DE 3418374 (1984).
[11] G. Suzukama, M. Fukao, M. Tamura, Tetrahedron Lett. (1984) 1595.
[12] Sumitomo, DOS 2223331 (1971).
[13] H. Nozaki, H. Takaya, S. Moriuti, R. Noyori, Tetrahedron **24** (1968) 3655.
[14] M. Itagaki, K. Masumoto, Y. Yamamoto, J. Org. Chem. **70** (2005) 3292.
[15] FR 975870 (1964).
[16] FR 1506425 (1966).
[17] J. J. Martel, G. Nomine, C. R. Akad. Sci. Paris (1969) 2199.
[18] J. J. Martel, C. Huynh, Bull. Soc. Chim. Fr. (1967) 985.
[19] M. Julia, A. Guy–Rouault, Bull. Soc. Chim. Fr. (1967) 1411.
[20] Roussel-Uclaf, BE 827651 (1975).
[21] A. Krief, M. J. Devos, Tetrahedron Lett. (1979) 1511.
[22] BASF DOS 3229537 (1984).
[23] J. Mulzer, M. Kappert, Angew. Chem. **95** (1983) 60.
[24] A. Krief, L. Provins, A. Froidbise, Tetrahedron Lett. **43** (2002) 7881.
[25] Rhône-Poulenc, FR 1356954 (1962).
[26] M. J. Devos, A. Krief, Tetrahedron Lett. (1978) 1845.
[27] J. d'Angelo, G. Revial, R. Azerad, D. Buisson, J. Org. Chem. **51** (1986) 40.
[28] R. L. Funk, J. D. Munger, J. Org. Chem. (1985) 707.
[29] A. G. Cameron, D. W. Knight, Tetrahedron Lett. (1985) 3503.
[30] R. B. Mitra, A. S. Khan, Synth. Commun. **7** (1977) 245.
[31] J. Farkas, F. Sorm, P. Kourim, Coll. Czech. Chem. Commun. **24** (1959) 2230.
[32] J. March, Ad. Org. Chem., John Wiley, New York, 1992, 968.
[33] J. March, Ad. Org. Chem., John Wiley, New York, 1992, 1034.
[34] K. Naumann, Chemistry of Plant Protection, Vol. 5, Springer Verlag, Berlin, 1990, 64.
[35] A. Fishman, D. Kellner, D. Ioffe, E. Shapiro, Org. Proc. Res. Dev. **4** (2000) 77.
[36] Mobil Oil, US 4328363 (1968).
[37] Mobil Oil, US 4285868 (1968).
[38] ICI, DOS 2630981 (1975).
[39] Kuraray, JA 5257163 (1975).
[40] N. R. Norton, R. D. Dillard, J. Org. Chem. **27** (1962) 3602.
[41] Sagami, DOS 2538895 (1974).
[42] Sagami, FMC, EP 3683 (1978).
[43] K. Naumann, Chemistry of Plant Protection, Vol. 5, Springer Verlag, Berlin, 1990, 73.
[44] K.-J. Haack, Chemie in unserer Zeit **37** (2003) 128.
[45] E. J. Corey, P. L. Fuchs, Tetrahedron Lett. **36** (1972) 3769.
[46] J. J. Martel, J. P. Demoute, A. P. Teche, J. R. Tessier, Pestic. Sci. **11** (1980) 188.

[47] M. Inagaki, J. Hiratake, T. Nishioka, J. Oda, J. Org. Chem. **57** (1992) 5643.

[48] M. Inagaki, J. Hiratake, T. Nishioka, J. Oda, J. Am. Chem. Soc. **113** (1991) 9360.

[49] H. Griengl, Tetrahedron **54** (1998) 14477.

[50] H. Griengl, H. Schwab, M. Fechter, Trends in Biotech. **18** (2000) 252.

[51] P. Poechlauer, W. Skranc, M. Wubbolts in H. U. Blaser, E. Schmidt, Asymmetric Catalysis on Industrial Scale, Wiley-VCH, Weinheim, 2004, 151.

[52] EP 109681 (1984).

[53] A. Mori, Y. Ikeda, K. Kinoshita, S. Inoue, Chem. Lett. (1989) 2119.

[54] K. Tanaka, A. Mori, S. Inoue, J. Org. Chem. **55** (1990) 181.

[55] H. Danda, H. Nishikawa, K. Ohtaka, J. Org. Chem. **56** (1991) 6740.

[56] H. J. Sanders, A. W. Taff, Ind. Eng. Chem. **46** (1954) 414.

[57] US 2574500 (1950).

[58] Sumitomo, JA 601148 (1983).

[59] S. Mitsuda, S. Nabeshima, H. Hirohara, Appl. Microbiol. Biotechnol. **31** (1989) 334.

8.4 Pheromone

In Vosne Romanée, einem kleinen Dorf südlich von Dijon im Burgund, wächst einer der besten Rotweine Frankreichs. Neuerdings spielt sexuelle Konfusion eine wichtige Rolle bei der Erzeugung dieses hochpreisigen Produkts. Es geht um nichts Geringeres als um das Liebesleben der Schmetterlinge in den Weinbergen. Diese nutzen, wie viele andere Insekten, chemische Verbindungen zur Kommunikation.

Insekten kommunizieren miteinander über Geschlechtsfindung, sexuelle Reife, Partnerwahl und Fortpflanzung, über das Aufspüren von Beute, das Markieren von Territorien, von Wegen, Futter- und Nistplätzen und über das Wehr- und Alarmgehabe sowie über die Regulation des Sozial- und Kastenwesens.[1]

Chemische Botenstoffe (engl. *semiochemicals*; griech. *semeon*: Zeichen, Signal) gehören phylogenetisch gesehen zu einem sehr alten Kommunikationssystem (Abb. 8.26). Botenstoffe, die innerhalb der selben Art wirken, nennt man Pheromone. Man unterteilt sie hinsichtlich ihrer biologischen Wirkung in Primer und Releaser. Primer verursachen eine bestimmte physiologische Reaktion, während Releaser ein bestimmtes Verhalten auslösen.[2] Interspezifische Botenstoffe (Allelochemicals) wirken dagegen zwischen Organismen unterschiedlicher Art. Man spricht von Allomonen, wenn die Botenstoffe vorteilhaft für den Sender und von Kairomonen, wenn sie vorteilhaft für den Empfänger sind.

ℹ Vosne Romanée liegt am Côte de Nuit. Die fünf bedeutendsten Grand-Cru-Weinlagen in diesem Gebiet sind Richebourg, La Romanée, Romanée-Conti, Romanée-Saint-Vivant und La Tâche.

ℹ Interessanterweise benutzen läufige Hündinnen das selbe Sexualpheromon wie einige Schwalbenschwanz-Falter: p-Hydroxybenzoesäuremethylester. (7*Z*)-Dodecenylacetat ist nicht nur das Pheromon einer Reihe von Schmetterlingen, sondern auch das des weiblichen asiatischen Elefanten (*Elephas maximus*). Dies deutet darauf hin, dass Pheromone zu den ältesten Kommunikationssystemen in der Geschichte der Evolution gehören.

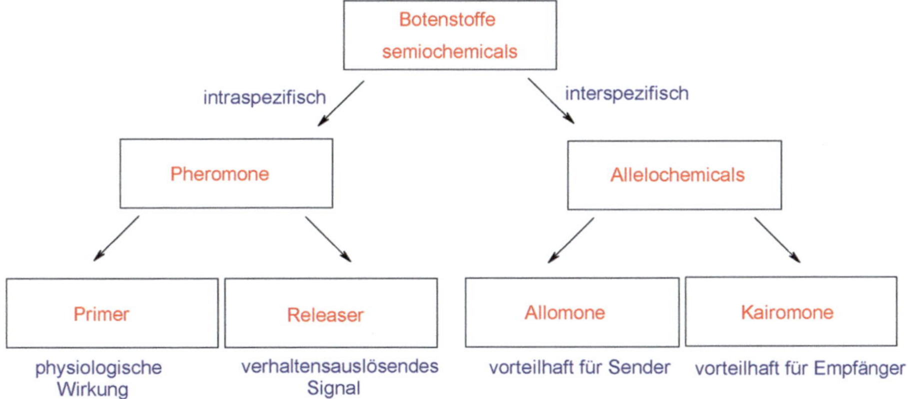

8.26 *Chemische Kommunikationssysteme.*

Ein Primer-Pheromon ist z. B. die Königinnensubstanz der Honigbiene, die hierdurch die Entwicklung der Ovarien von Arbeiterinnen unterdrückt. Releaser dagegen lösen bei anderen Individuen der gleichen Art ein ganz bestimmtes Verhalten aus. Durch die Verwendung unterschiedlicher Duftstoffbouquets kann das Insekt verschiedene Botschaften aussenden. Über den Dampfdruck lässt sich auch die Reichweite der Botschaft beeinflussen. Obwohl Releaser-Pheromone in der Klasse der Insekten (*Hexapoda*) am weitesten verbreitet sind, spielen sie auch bei Protozoen (tierischen Einzellern), Arthropoden (Gliederfüßern), bei höheren Tieren wie Fischen, Kriechtieren und Säugetieren (z. B. Schwein, Rind, Schaf, Ziege, Hund, Hausmaus, Antilope, Elefant, Gorilla) eine wichtige Rolle. Auch beim Menschen wird ihre Wirkung diskutiert (siehe hierzu das Kapitel Riechstoffe).

Als Allomon benutzen südamerikanische Bolaspinnen den Sexuallockstoff (9Z)-Tetradecenylacetat von Schmetterlingen, mit dem sie Falter „unter Vorspiegelung falscher Tatsachen" anlocken, um sie dann mit einem gezielt geschleuderten Klebefaden zur Strecke zu bringen.

Bei der Besiedlung von Bäumen sezerniert der Kiefernborkenkäfer (*Dendroctonus brevicomis*) verschiedene Pheromone, die auch als Kairomone wirken. Exo-Brevicomin lockt nicht nur Kiefernborkenkäfermännchen an, sondern auch den Jagdkäfer (*Tennochila virescens*). Die Kiefernborkenkäfermännchen geben, um Weibchen anzulocken, Frontalin ab, locken damit aber auch die Kamelhalsfliege (*Raphidia* sp.) an. Der Buntkäfer (*Enoclerus lectontei*) wird durch das *trans*-Verbenol des Kiefernborkenkäferweibchens und das Ipsdienol des Buchdruckermännchens (*Ips typographus*) angelockt. Alle Räuber legen ihre Eier in die Brutgänge des Kiefernborkenkäfers ab, mit dem Ziel, dass sich ihre Larven von denen des Kiefernborkenkäfers ernähren.

8.4.1 Historie

Für den Menschen [i] ist Bombykol geruchlos.

Die Bedeutung von Botenstoffen ist seit sehr langer Zeit bekannt. Intensive Forschungstätigkeiten auf diesem Gebiet begannen jedoch erst 1959 mit den Arbeiten von Adolf Butenandt über den Sexuallockstoff Bombykol des weiblichen Seidenspinners (*Bombyx mori*). Er benötigte 750 000 Tiere, um daraus die Struktur des Lockstoffs aufzuklären. Es handelt sich um ein Gemisch aus (10*E*,12*Z*)-Hexadecadienol und (10*E*,12*Z*)-Hexadecadienal (Abb. 8.27).

(10E,12Z)-Hexadecadienol **(10E,12Z)-Hexadecadienal**

8.27 *Sexuallockstoff des Seidenspinners (Bombyx mori).*

Die Substanzen werden von den Hinterleibsdrüsen der weiblichen Tiere an die Luft abgegeben. Sie gelangen auf die Antennen der Männchen und lösen in deren Zentralnervensystem eine spezifische Verhaltenssequenz aus. Das Pheromon ist noch in Konzentrationen von 10^{-13} bis 10^{-15} g/l Luft wirksam. Die Tiere bewegen sich entgegen der Windrichtung auf das Weibchen zu und kopulieren.

Vor 40 Jahren prägten P. Karlson und M. Luscher den Begriff Pheromon (griech.; *pherein*: tragen, bringen; *hormon*: reizen, stimulieren), für Substanzen, die ein Tier aussendet, um eine Verhaltensänderung oder eine physiologische Antwort in einem anderen Tier der gleichen Spezies zu erzielen.[3]

8.4.2 Beispiele

Bei den Sexuallockstoffen von Schmetterlingen und Motten (*Lepidoptera*) handelt es sich meist um langkettige, ungesättigte Alkohole und deren Acetate oder Aldehyde, die die Weibchen zur Anlockung von Männchen aussenden. Bei eini-

gen Falterarten (*Geometridae, Arctiidae, Noctuidae*) hat man auch Polyene und
Polyenmonoepoxide entdeckt (Abb. 8.28).

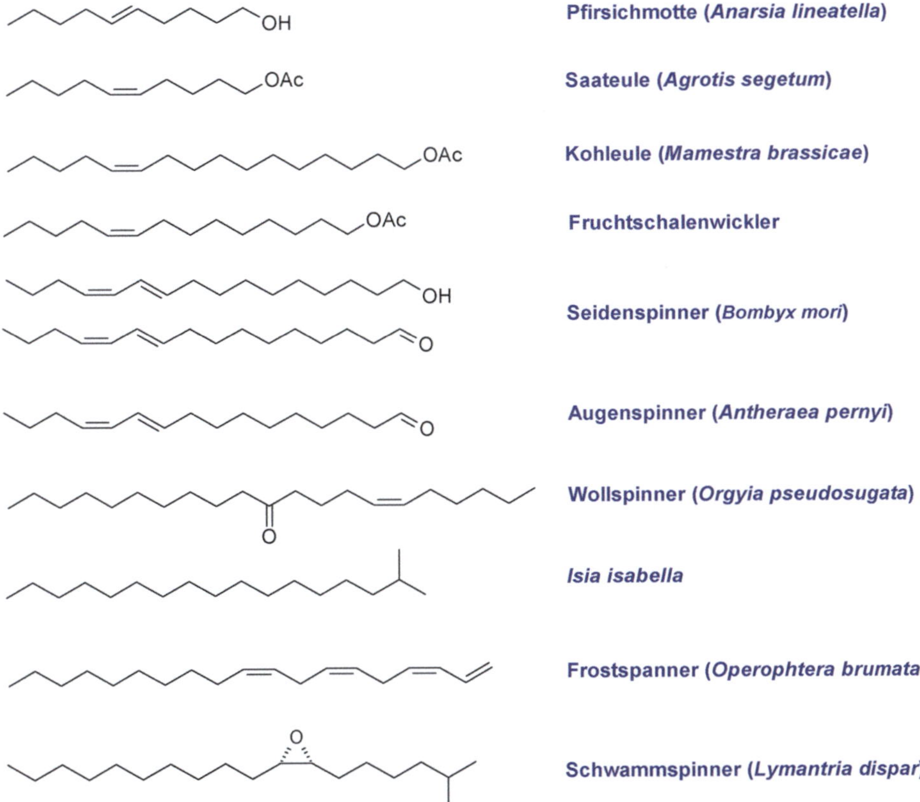

8.28 *Sexualpheromonkomponenten weiblicher Schmetterlinge (Lepidoptera).*

Aufgrund der Artenvielfalt (weltweit etwa 150 000) benutzen Schmetterlinge
oft Substanzgemische definierter Zusammensetzung (Pheromonkomplexe),
um die Artspezifität zu gewährleisten und Kreuzattraktion auszuschließen. Bemerkenswert ist in diesem Zusammenhang die Wirkung von (11Z)-Hexadecenol
auf die Männchen der Kohleule. Während das entsprechende Acetat der Sexuallockstoff des Weibchens ist, handelt es sich beim freien Alkohol um den entsprechenden Inhibitor. Dieser wird aber nicht von dem Weibchen produziert,
das gerade nicht in Kopulationslaune ist, sondern von einer evolutionär verwandten Schmetterlingsart, die auf diese Weise vor dem „Fremdgehen", d. h.
einer Überkreuzkopulation warnt. Diese Methode der Artentrennung ist bei Insekten weit verbreitet.

Auch bei Käfern (*Coleoptera*), der größten Insektenordnung (rund 350 000
Arten), sind für Männchen und Weibchen spezifische Pheromone weit verbreitet. Beispielsweise führen Aggregationspheromone Borkenkäfer (*Scolytidae*)
zur Kolonisierung geeigneter Wirtsbäume (Abb. 8.29). Strukturell sind Käfer-
pheromone schwer zu klassifizieren. Oft handelt es sich um Terpenderivate. Es
sind sauerstoffhaltige Verbindungen, gelegentlich von komplexer polyzykli-
scher Struktur.

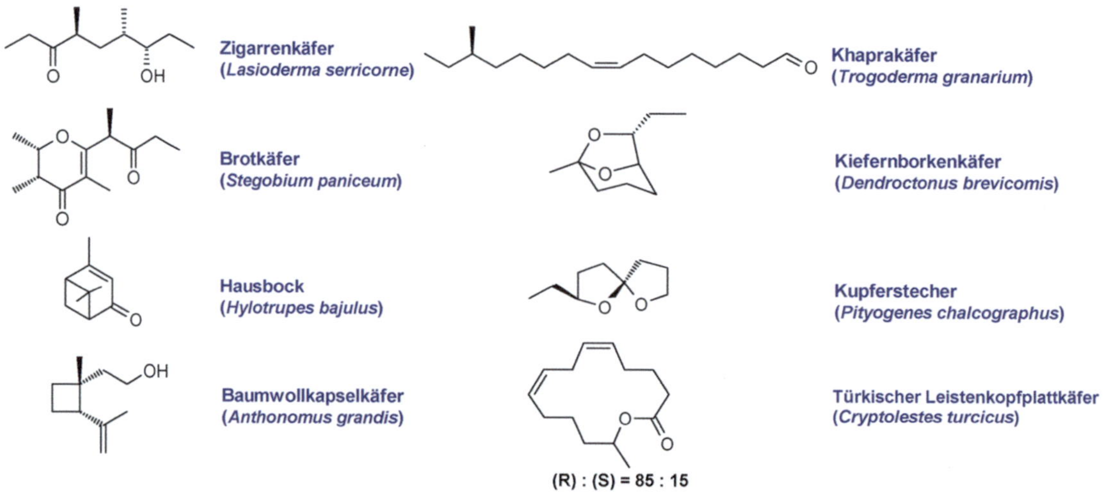

Zigarrenkäfer
(*Lasioderma serricorne*)

Khaprakäfer
(*Trogoderma granarium*)

Brotkäfer
(*Stegobium paniceum*)

Kiefernborkenkäfer
(*Dendroctonus brevicomis*)

Hausbock
(*Hylotrupes bajulus*)

Kupferstecher
(*Pityogenes chalcographus*)

Baumwollkapselkäfer
(*Anthonomus grandis*)

Türkischer Leistenkopfplattkäfer
(*Cryptolestes turcicus*)

(R) : (S) = 85 : 15

8.29 *Aggregations- und Sexualpheromone von Käfern (Coleoptera).*

Die Hautflügler (*Hymenoptera*), zu denen die artenreichen Familien der Ameisen, Bienen, Wespen und Hummeln gehören, leben oft in Staatengemeinschaften und benutzen zur Aufrechterhaltung ihrer Sozialordnung Pheromone.

Einige Ameisenarten (*Formicidae*) benutzen Stickstoffheterozyklen als Spurpheromone, andere jedoch Kohlenwasserstoffe oder Alkohole (Abb. 8.30). In den Rektaldrüsen einiger *Lasius*- und *Formica*-Arten identifizierte man 3,4-Dihydroisocumarine. Die Duftstoffe werden aus dem Giftapparat oder der Sternaldrüse abgegeben. Das Spurfolgepheromon der Blattschneiderameise (*Atta texana*) ist noch in extrem kleinen Konzentrationen von 80 fg/cm (1f = 10^{-15}) wirksam. Ein Milligramm von 3-Methylpyrrol-2-carbonsäuremethylester reicht aus, um eine Spur dreimal um die Erde zu legen.

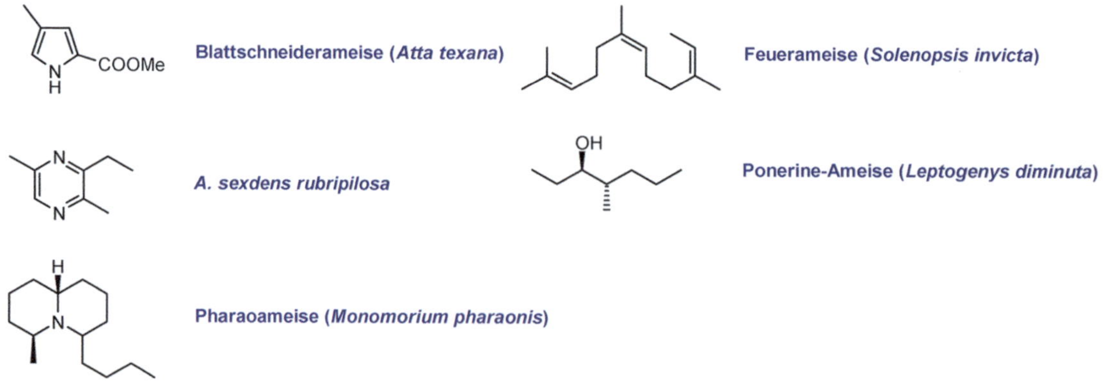

Blattschneiderameise (*Atta texana*)

Feuerameise (*Solenopsis invicta*)

A. sexdens rubripilosa

Ponerine-Ameise (*Leptogenys diminuta*)

Pharaoameise (*Monomorium pharaonis*)

8.30 *Spurpheromone von Ameisen (Hymenoptera).*

Ein anschauliches Experiment zur „Enantioselektivität" von Ameisen sind Spurfolgeversuche mit der Ponerine-Ameise (*Leptogenys diminuta*). Trägt man auf Kreisbogen die vier Diastereomere von 4-Methyl-3-heptanol (5 ng/cm) auf, so folgen die Ameisen konsequent nur dem (3*R*,4*S*)-Diastereomeren (Abb. 8.31). Die Grenzkonzentration an (3*R*,4*S*)-4-Methyl-3-heptanol liegt bei 50 fg/cm.

8.31 *Spurfolgeexperiment mit Leptogenys diminuta.*

Die Pheromone der Honigbiene (*Apis mellifera*), die sie in der Mandibeldrüse, der Nassanoff-Drüse und im Stachelrinnenpolster produziert, sind gut bekannt (Abb. 8.32). Die Königinnensubstanz lockt Schwarmbienen aus weiter Entfernung an und veranlasst sie zu einer stabilen Schwarmtraube. Oberhalb einer Mindestflughöhe wirkt sie als Distanzlockstoff attraktiv auf Drohnen und ist an der Regulation des Paarungsablaufs beteiligt. Gleichzeitig unterdrückt (*E*)-9-Oxodec-2-ensäure als Primerpheromon die Entwicklung der Ovarien bei den Arbeiterinnen. Die Honigbiene produziert in der Nassanoff-Drüse den koloniespezifischen Sterzelduft, der zur Futter- und Nesteingangsmarkierung sowie zur Schwarmstabilisierung dient. Im Stachelrinnenpolster sezerniert die Honigbiene das Alarmpheromon Isopentylacetat.

(E)-9-Oxodec-2-ensäure — Königinnensubstanz

Geraniol

Geraniumsäure — Sterzelduft

Citronellal

Nerolsäure

Isopentylacetat — Alarmpheromon

8.32 *Pheromone der Honigbiene (Apis mellifera).*

Die südamerikanische, staatenbildende Biene *Lestrimelitta limao* stiehlt Nektar und Pollen aus den Nestern verwandter Bienenarten. Dazu sezernieren sie beim

Angriff als Allomon große Mengen Citral, was die eigene Aggressivität steigert, die Opfer aber verwirrt und wehrlos macht.

Obwohl Fliegen (*Brachycera*) Augentiere sind, benutzen auch sie Pheromone. Bemerkenswert ist das Sexualpheromon der Tsetsefliege (Abb. 8.33). Es handelt sich um einen symmetrischen, gesättigten Kohlenwasserstoff mit einer Kettenlänge von 37 C-Atomen, der aus der Insektencuticula extrahiert wurde. Das Weibchen der Kirschfruchtfliege (*Ceratitis cerassi*) markiert die Kirschen, auf denen es seine Eier abgelegt hat, mit einem Glucosid, um andere Artgenossinnen davon abzuhalten, gleiches zu tun.

8.33 *Sexualpheromone von Fliegen (Brachycera).*

Termiten (*Isoptera*) sind mit den Schaben und Fangheuschrecken (jedoch nicht mit den Ameisen) verwandt. Es handelt sich um eine meist in den Tropen vorkommende Ordnung sozialer, oft flügelloser und blinder Insekten, die mit Spurfolgepheromonen ihre Wege markieren. Dies sind in der Regel ungesättigte Alkohole oder makrozyklische Kohlenwasserstoffe (Abb. 8.34).

8.34 *Spurpheromone von Termiten (Isoptera).*

Das Sexualpheromon der amerikanischen Schabe ist ein Gemisch zweier Sesquiterpene. Blattläuse benutzen Kohlenwasserstoffe als Alarmstoffe, und gereizte oder verletzte Bettwanzen sondern 2-Hexenal als Alarmstoff ab (Abb. 8.35).

Amerikanische Schabe
(*Periplaneta americana*)

Blattlaus
(*Therioaphis maculata*)

Bettwanze
(*Cimex lectularius*)

8.35 *Botenstoffe von Schaben (Blattodea), Läusen (Homoptera) und Wanzen (Heteoptera).*

Auch Spinnen (*Arachnidaea*) verwenden Pheromone zur chemischen Kommunikation (Abb. 8.36). Lardolure ist das Aggregationspheromon der Milbe *Lardoglyphus konoi* und Bolaspinnen benutzen ein Falterpheromon als Allomon.

Lardoglyphus kanoi

Lardolure

Bolaspinnen

8.36 *Botenstoffe von Spinnen (Arachnidaea).*

Bemerkenswert sind die Pheromone von Algen (Abb. 8.37). Weibliche Gameten (Geschlechtszellen) zahlreicher Algen geben Lockstoffe ins Wasser ab, um männliche Gameten anzulocken. In der Regel handelt es sich um mehrfach ungesättigte Kohlenwasserstoffe, die auch noch in extremer Verdünnung wirksam sind. (+)-Multifiden wirkt noch in Konzentrationen von 6×10^{-12} M.[2]

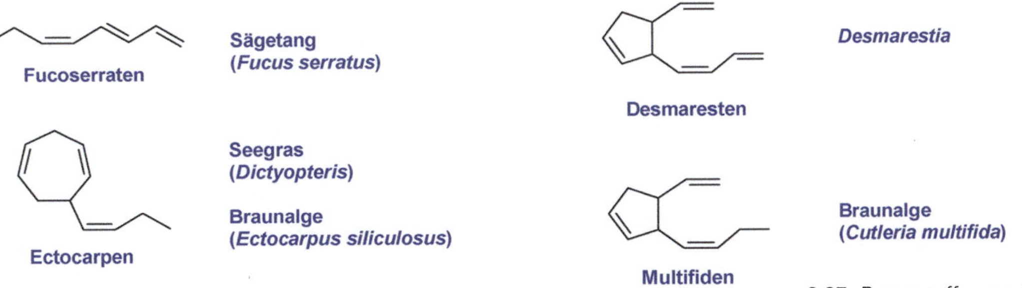

Fucoserraten

Sägetang
(*Fucus serratus*)

Ectocarpen

Seegras
(*Dictyopteris*)

Braunalge
(*Ectocarpus siliculosus*)

Desmaresten

Desmarestia

Multifiden

Braunalge
(*Cutleria multifida*)

8.37 *Botenstoffe von Algen.*

8.4.3 Biosynthese

Die Pheromonbiosynthese der meisten Schmetterlingsweibchen erfolgt *de novo* ausgehend von Acetat aus dem Kohlenhydratstoffwechsel an einem Multienzymkompex nach dem allgemeinen Fettsäurebiosyntheseweg.

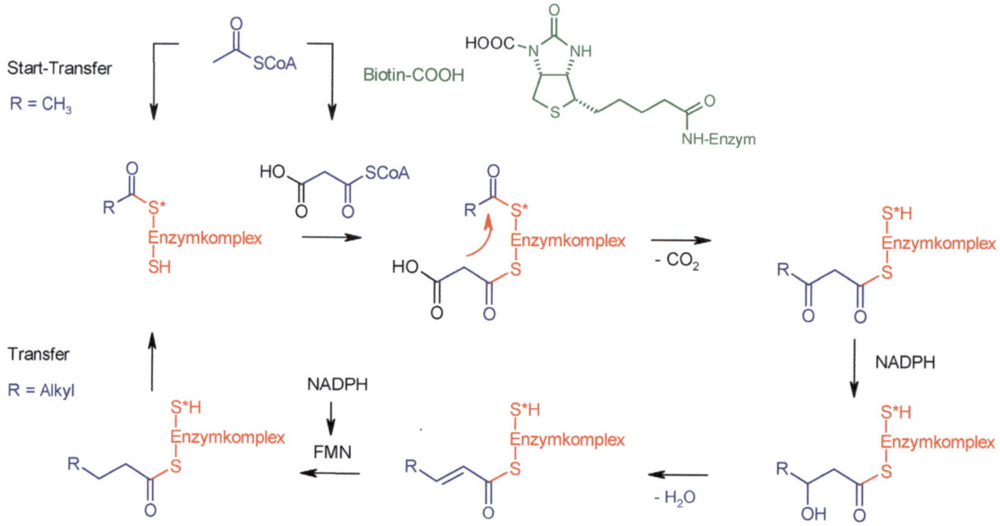

Start-Transfer
R = CH₃

Biotin-COOH
NH-Enzym

Transfer
R = Alkyl

Enzymkomplex
SCoA
NADPH
FMN
- CO₂
- H₂O
NADPH

Dass auch Säugetiere zur Fettsäure-*de novo*-Synthese in der Lage sind, beweist das Schwein, das auch fett wird, wenn man es nur mit Kartoffeln und Kleie mästet.

Durch spezielle Enzymsysteme werden Fettsäuren dehydriert, anschließend zu den Aldehyden oder Alkoholen reduziert und gegebenenfalls verestert. Diese Schritte sind nicht substratspezifisch. Trägt man topikal andere Fettsäuren auf die Pheromondrüse des Schmetterlings auf, so werden auch diese zu den Acetaten umgesetzt, was wissenschaftlich interessant ist, die Botschaft des Weibchens aber zunichte macht, denn keiner versteht sie mehr.

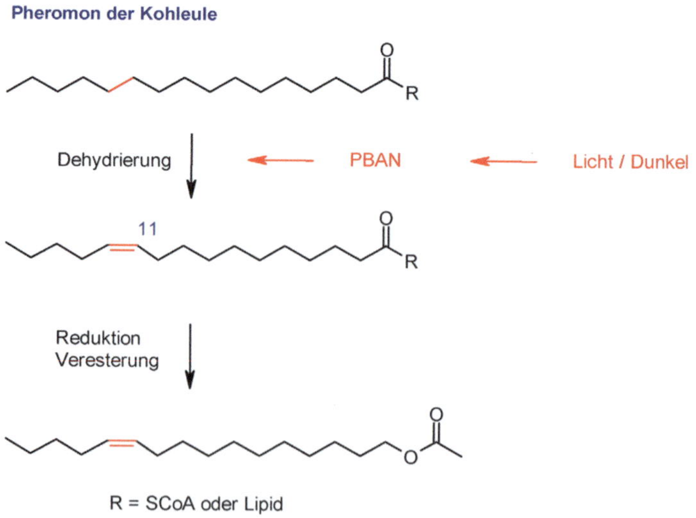

Pheromon der Kohleule

Dehydrierung ← PBAN ← Licht / Dunkel

11

Reduktion
Veresterung

R = SCoA oder Lipid

Bei einigen Schmetterlingen wie dem Seidenspinner (*Bombyx mori*), der Heliothiden-Art *Heliothis zea* und der Kohleule (*Mamestra brassicae*) hat man nachgewiesen, dass sie einen Neurohormonfaktor (PBAN, *pheromone biosynthesis activating neuropeptide*) in Abhängigkeit des Tag/Nacht-Rhythmus in ihrem Kopf synthetisieren. Dieser beeinflusst die Biosynthese des Pheromons.

Andere Insektenarten wandeln Pflanzeninhaltsstoffe in Pheromone um. Raupen bestimmter Bärenspinner (*Arctiidae*)- und *Danaidae*-Arten[5] verwenden Pyrrolizidinalkaloide z. B. aus Futterpflanzen, die auch noch im fertig entwickelten Insekt (Imagines) vorhanden sind. Das Männchen (auf dem Bild rechts) metabolisiert diese zu Signalstoffe. Bei der Kopulation werden sie auf das Weibchen und die Eier übertragen und dienen diesen als Schutz vor Feinden (Abb. 8.38).[6]

8.38 *Bärenspinner (Utetheisa ornatrix).*

i *Arctiidae*: Schmetterlingsfamilie mit rund 5 000 Arten. Es sind meist kleine bis mittelgroße Falter, deren Hinterflügel bunt, gelb oder rot mit schwarz gezeichnet sind. Die Raupen sind oft stark behaart (Bärenraupe) und sehr schädlich durch Fraß an über 50 Pflanzenarten.
Danaidae: Familie tropisch-subtropischer Schmetterlinge mit nur wenigen Arten. Ihre Spannweite beträgt 7–10 Zentimeter. Die Danaiden führen regelmäßig Massenwanderungen durch wie der nordamerikanische Monarchfalter (*Danaus plexippus*), der im Herbst vom südlichen Kanada bis nach Mexiko und Florida fliegt.

Der Bärenspinner *Utetheisa ornatrix* frisst als Raupe die Blätter von *Crotalaria*-Arten (Klapperschote) und nimmt dabei Monocrotalin auf. Dieses metabolisiert er zu (*R*)-Hydroxydanaidal.[7] *Creatonotos transiens*, eine asiatische Bärenspinnerart, nimmt mit der Nahrung Heliotrin auf, dessen Hydroxyfunktion in Position 7 jedoch (*S*)-konfiguriert ist. Durch einen Redoxschritt wird dieser „Fehler" korrigiert und letztlich auch (*R*)-Hydroxydanaidal hergestellt.[8] *Danaidae*-Arten wie *Danaus gillippus* nehmen als erwachsene Tiere Pyrrolizidinalkaloide von ihren Futterpflanzen auf und metabolisieren sie zu Danaidon, einem strukturell verwandten Pheromon.

Borkenkäfer oxidieren die toxischen Monoterpenkohlenwasserstoffe in ihrer Atemluft, die sie aus dem Harz des Baumes aufnehmen, den sie besiedeln und der sich auf diese Weise zu wehren versucht, und wandeln sie hierdurch zu weniger toxischen Sekundärmetabolite um, mit denen sie dann Artgenossen beiderlei Geschlechts anlocken. Die Sauerstofffunktion wird hierbei oft artspezifisch stereoselektiv eingeführt. Buchdrucker oxidieren (–)-α-Pinen zu (*S*)-*cis*-Verbenol, Kiefernborkenkäfer dagegen zu (*R*)-*trans*-Verbenol. Myrcen setzt der Buchdrucker *Ips paraconfusus* zu (*S*)-Ipsdienol und (*S*)-Ipsenol um. *Ips pini* und *Ips paraconfusus* sind aber auch in der Lage, ihre Pheromone über den klassischen Mevalonsäurebiosyntheseweg *de novo* aufzubauen.

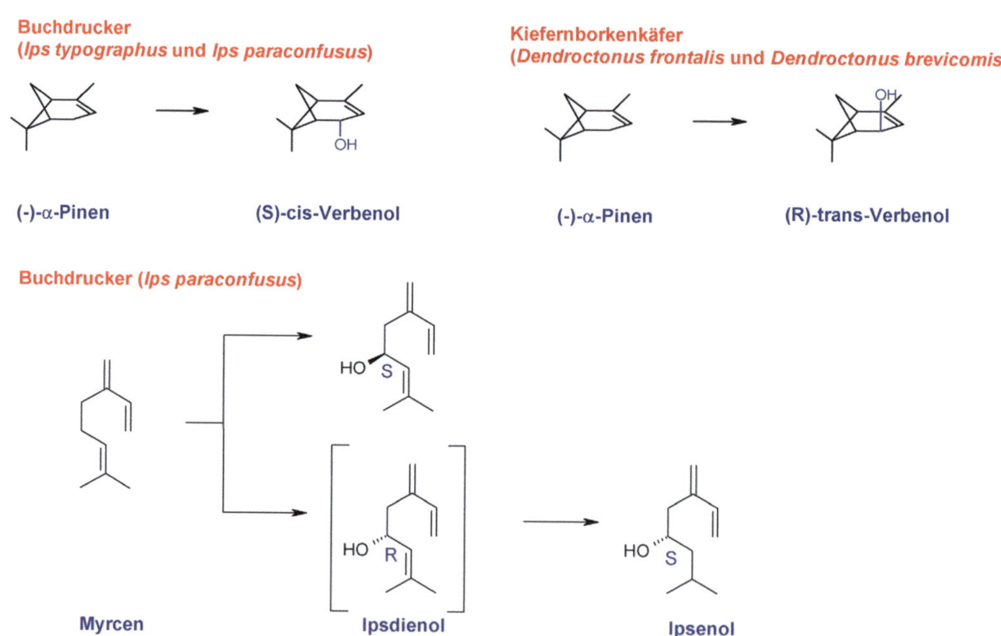

8.4.4 Stereochemie und biologische Wirkung

Generell erwartet man, dass die biologische Wirkung stark von der Stereochemie einer Verbindung abhängt. Oft ist dies auch bei Pheromonen so. Doch es gibt eine Reihe von Ausnahmen, bei denen die Zusammenhänge wesentlich komplexer sind (Abb. 8.39).[9]

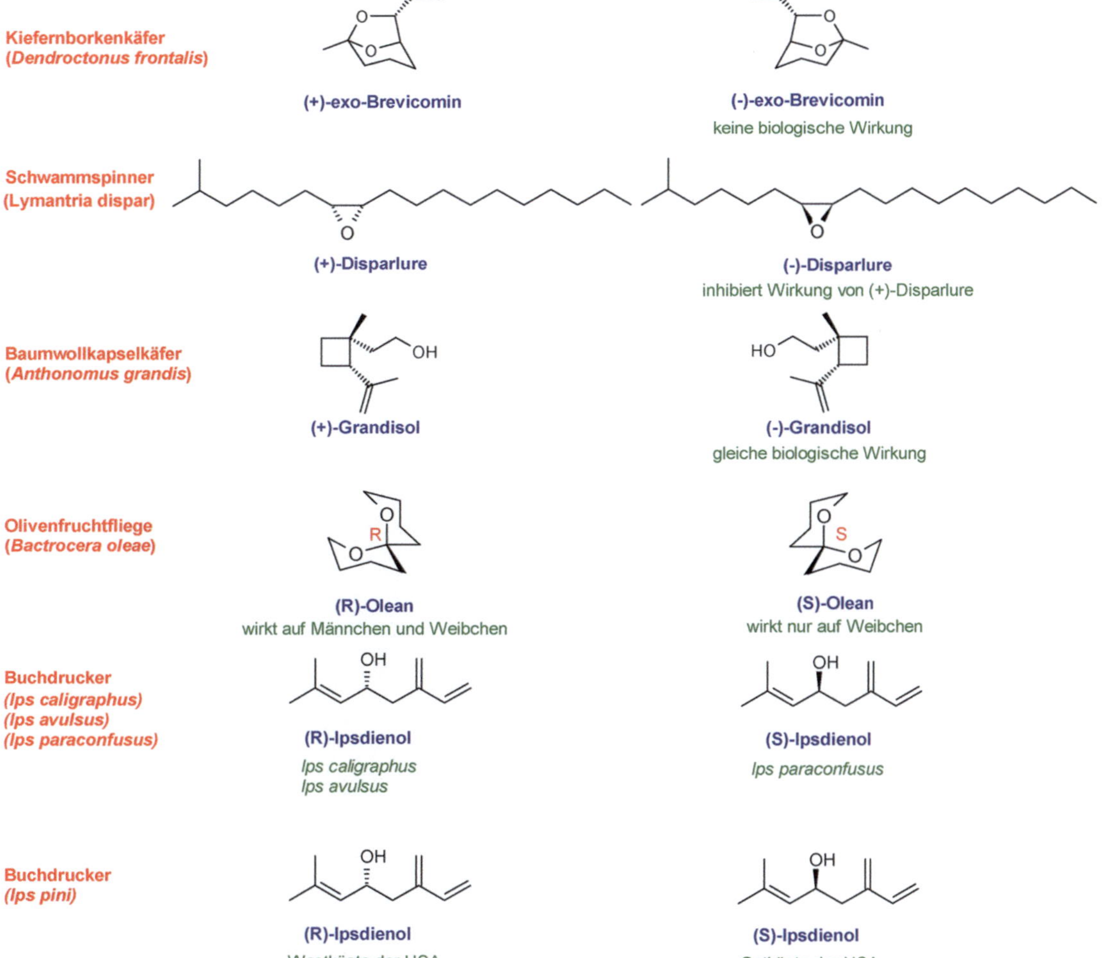

8.39 *Stereochemische Struktur/Wirkungsbeziehungen.*

1. Zum einfachsten Fall gehört z. B. *exo*-Brevicomin. Nur ein Enantiomer ist biologisch wirksam. Der Antipode stört die biologische Wirkung nicht.
2. Bei Disparlure ist auch nur ein Enantiomer wirksam. Der Antipode jedoch inhibiert die Wirkung.
3. Grandisol ist ein Beispiel dafür, dass alle Stereoisomere vergleichbare biologische Wirkung besitzen können.
4. Einen interessanten Zusammenhang beobachtet man im Fall von Olean, dem Pheromon der Olivenfruchtfliege. Während das (*R*)-Enantiomere auf Männchen wirkt, ist das (*S*)-Enantiomere bei diesen unwirksam. Das Weibchen, das das Racemat produziert, spricht auf beide Antipoden an und stimuliert sich damit auch selbst.
5. Es kommt vor, dass innerhalb einer Gattung bestimmte Arten das gleiche Enantiomere, andere Arten jedoch das entgegengesetzte Enantiomere benutzen. Beispielsweise ist Ipsdienol ein wichtiges Pheromon der Buchdrucker. *Ips calligraphus* und *Ips avulsus* benutzen (*R*)-Ipsdienol als Lockstoff, *Ips*

paraconfusus dagegen das (*S*)-Enantiomere. Das (*R*)-Enantiomere inhibiert sogar dessen Wirkung.[10]

6. Eine der ungewöhnlichsten Fälle sind geographische Unterschiede. Die *Ips pini* an der Ostküste der USA benutzen (*S*)-Ipsdienol als Pheromon, die *Ips pini* an der Westküste dagegen das (*R*)-Enantiomere. Die gleiche Art benutzt zur Kommunikation somit zwei unterschiedliche Pheromonrezeptoren.

8.4.5 Kommunikation

Die Reichweite der Pheromonduftspur von Schmetterlingen beträgt oft mehrere hundert Meter. Zur Ortung des Weibchens ist leichter Wind erforderlich. Das Männchen bewegt sich dann gegen die Windrichtung. Die Insekten nehmen die Pheromone mit speziellen olfaktorischen Zellen auf, die man meistens auf ihren Antennen findet (Abb. 8.40).

8.40 *Der aus Südostasien stammende Atlasspinner (Attacus atlas) gehört zu den größten Schmetterlingen der Welt. Er erreicht Spannweiten von bis zu 30 Zentimeter.*

Der Duftstoff wird auf den Riechhaaren adsorbiert, wandert in Poren durch die Cuticula in die so genannten Porenkessel. Von da aus gelangen die Pheromone über Tubuli in die Rezeptorregion, wo sie durch das kurzzeitige Öffnen von Ionenkanälen eine Potenzialänderung in den Nervenzellen verursachen. Diese Potenzialänderung kann man als Elektroantennogramm registrieren. Hierzu wird die abgeschnittene Antenne, die für bestimmte Zeit noch weiter lebt, mit Mikroelektroden verbunden und das Signal nach Verstärkung aufgezeichnet. Dies ist die einzige Methode, die es erlaubt, Pheromone in den natürlichen Konzentrationen zu messen (Abb. 8.41).

8.41 *Elektroantennogramm.*

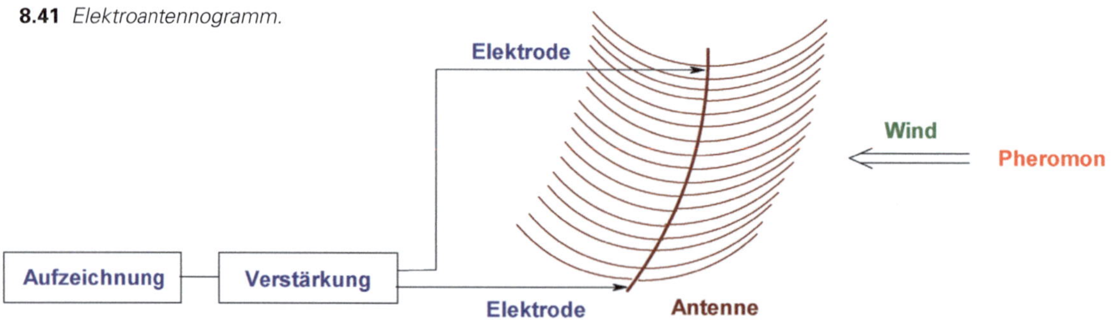

Im Insekt verursacht das Riechstoffbouquet an bestimmten Rezeptorstellen ein spezifisches Erregungsmuster, das im Zentralnervensystem zu einer eindeutigen Reaktion verarbeitet wird und letztlich zu einem charakteristischen Verhalten des Insekts führt.

8.4.6 Anwendungsmöglichkeiten im Pflanzenschutz

Die Idee, Pheromone im Pflanzenschutz einzusetzen, geht auf Adolf Butenandt zurück. Das diffizile Arbeiten mit Naturstoffen im Nanogrammmaßstab, angefangen von der Isolierung, über die Strukturaufklärung bis hin zur eindeutigen Bestimmung der biologischen Funktion, führte dazu, dass es zwei Jahrzehnte dauerte, bevor Pheromone im größeren Stil als Pflanzenschutzmittel Anwendung fanden.

Seit Jahrhunderten kennt man in der Forstwirtschaft das Fangbaumverfahren, bei dem man Buchdrucker mit gefällten, entasteten Fichten anlockt. Durch das Schälen und Verbrennen der Rinde konnte man viele der Käfer und Larven vernichten. Man ging dann zum Giftfangbaumverfahren über, indem man den Fangbaum mit einem Insektizid behandelte. 1979 kam es in Norwegen mit 600 000 Pheromonfallen zum ersten Großeinsatz zur Bekämpfung des Buchdruckers mit künstlichen Lockstoffen. Hoechst entwickelte für die Forstwirtschaft Monitoring-Fallen (*Biotrap*®) und Cela Merck/Shell und Borregaard stellten Massenfangfallen (*Pheroprax*®) zum Kappen von Populationsspitzen von Forstschädlingen her. Ende der 80er Jahre entwickelte die BASF die ersten technischen Synthesen von Pheromonen für die Landwirtschaft. Mit der Verwirrmethode konnte zum ersten Mal mit natürlichen Mitteln die Vermehrung von Trauben- und Apfelwickler kontrolliert werden. Heute nutzt man alle drei Anwendungsmethoden auf vielfältige Weise:

- Monitoring: In Obstplantagen und im Wald benutzt man Leimfallen zur Diagnose (Abb. 8.42). Man kann auf diese Weise artspezifisch Schmetterlingsmännchen fangen, deren Raupen als Schädlinge wirken. Erscheinen die Tiere in den Fallen, so kann man daraus den exakten Zeitpunkt für den Insektizideinsatz bestimmen und unnötige Spritzungen vermeiden.

- Massenfang: Der Massenfang zielt darauf ab, durch den Einsatz von Sexualpheromonen möglichst viele Männchen einer Spezies rechtzeitig gezielt zu vernichten, sodass diese nicht mehr zur Kopulation kommen und die Folgegenerationen klein gehalten werden können. Durch Verwendung von Aggregationspheromonen lässt sich auf diese Weise auch der Borkenkäfer wirkungsvoll bekämpfen. Landefallen sind perforierte Plastikrohre, die außen rau und innen glatt sind. Die Käfer landen auf dem Rohr, dringen durch die käfergroßen Öffnungen in das Rohr ein und fallen in den Sammelbehälter. Unerwünschte Beifänge an indifferenten oder nützlichen Insekten sind selten. Vieltrichterfallen sind in der Fangleistung überlegen (Abb. 8.43). Die Insekten fallen schon beim Anflug in die Trichter. Beifänge lassen sich minimieren, wenn man der Falle eine dunkle Farbe gibt, sodass blütensuchende Insekten nicht angelockt werden.[11]

8.42 *Monitoring-Falle.*

8.43 *Vieltrichterfalle.*

8.44 *Pheromonampulle.*

- Verwirrtechnik: Die Verwirrmethode greift unmittelbar in das Kommunikationssystem zwischen Männchen und Weibchen ein. Durch das großflächige Ausbringen einer Duftstoffwolke verwirrt man die männlichen Insekten. Sie finden nicht mehr zu den Weibchen, was ebenfalls die Größe der nächsten Generation reduziert. Hierbei wird der Duftstoff in Pheromonampullen großflächig ausgebracht. Der Sexuallockstoff diffundiert langsam und gleichmäßig durch den Kunststoff und erzeugt so eine Pheromonwolke. Mehrkammerdispenser erlauben es, verschiedene Schadinsekten gleichzeitig zu bekämpfen (Abb. 8.44).[12]

Einige für die Land- und Forstwirtschaft relevanten Schädlinge und deren Pheromone, die sich nach der Verwirrmethode und durch Massenfang bekämpfen lassen, sind in Abbildung 8.45 aufgelistet.[13]

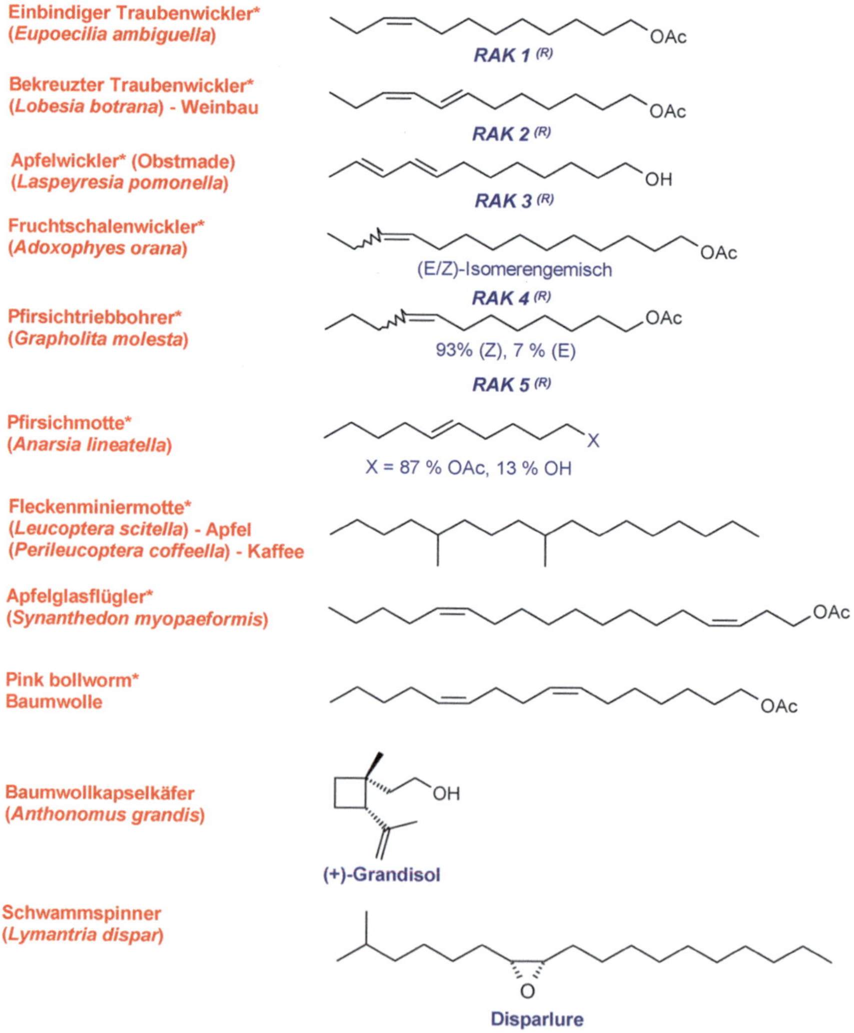

Einbindiger Traubenwickler*
(*Eupoecilia ambiguella*)

RAK 1 (R)

Bekreuzter Traubenwickler*
(*Lobesia botrana*) - Weinbau

RAK 2 (R)

Apfelwickler* (Obstmade)
(*Laspeyresia pomonella*)

RAK 3 (R)

Fruchtschalenwickler*
(*Adoxophyes orana*)

(E/Z)-Isomerengemisch

RAK 4 (R)

Pfirsichtriebbohrer*
(*Grapholita molesta*)

93% (Z), 7 % (E)

RAK 5 (R)

Pfirsichmotte*
(*Anarsia lineatella*)

X = 87 % OAc, 13 % OH

Fleckenminiermotte*
(*Leucoptera scitella*) - Apfel
(*Perileucoptera coffeella*) - Kaffee

Apfelglasflügler*
(*Synanthedon myopaeformis*)

Pink bollworm*
Baumwolle

Baumwollkapselkäfer
(*Anthonomus grandis*)

(+)-Grandisol

Schwammspinner
(*Lymantria dispar*)

Disparlure

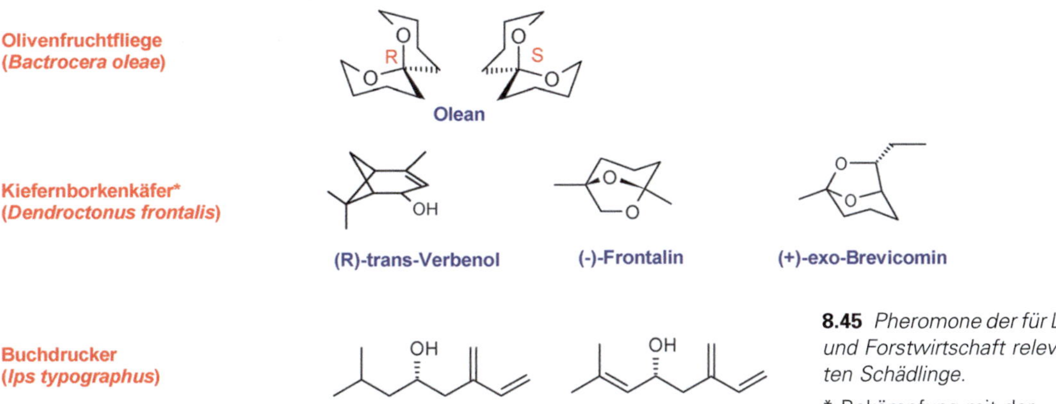

8.45 *Pheromone der für Land- und Forstwirtschaft relevanten Schädlinge.*

* Bekämpfung mit der Verwirrmethode

8.4.7 Chemische Synthese

Seit Butenandt erfreut sich die Pheromonforschung eines regen und wachsenden Interesses. Es sind nicht zuletzt die ungewöhnlichen und vielfältigen Strukturen, die dieses Arbeitsgebiet am Leben erhalten.[14] Bis heute sind über 800 Pheromone bekannt. Die folgenden Abschnitte konzentrieren sich auf die Synthese der für Land- und Forstwirtschaft relevanten Lockstoffe.

Traubenwickler (RAK 1+2®)

Die Pheromone des einbindigen und bekreuzten Traubenwicklers (*Eupoecilia ambiguella* und *Lobesia botrana*) sind typisch für die Sexuallockstoffe der Wickler (*Tortriciden*) und Eulenfalter (*Noctuiden*) (Abb. 8.46).

Die Schlüsselreaktionen für die Herstellung dieser Lockstoffe mit (Z)-konfigurierten Doppelbindungen sind Alkinsynthesen in Kombination mit Lindlar-Hydrierungen und Wittig-Reaktionen. Die α,ω-funktionalisierten Ausgangsmaterialien erhält man in wenigen Schritten aus Cyclooctadien oder aus ungesättigten Fettsäuren.

8.46 *Bekreuzter Traubenwickler (Lobesia botrana).*

Die (Z)-selektive Wittig-Reaktion mit nicht stabilisierten Yliden unter Ausschluss von Lithiumsalzen bietet die Möglichkeit, die thermisch oft labilen Alkine zu vermeiden.

Apfelwickler (Codlemon, RAK 3®)

Der Apfelwickler (*Laspeyresia pomonella*) ist ein weltweit auftretender Schädling (Abb. 8.47). Sein Pheromon kann in wenigen Schritten ausgehend von Sorbinsäure mit einer Grignard-Reaktion als Schlüsselschritt aufgebaut werden.[2]

8.47 *Apfelwickler (Laspeyresia pomonella).*

Codlemon ist auch zugänglich ausgehend von Crotonaldehyd mittels einer eleganten palladiumkatalysierten Eliminierung von Kohlendioxid unter Erzeugung des Dien-Systems.[15]

Schwammspinner (Disparlure)

Der Schwammspinner (*Lymantria dispar*, *gypsy moth*) ist ein gefährlicher Forstschädling (Abb. 8.48). Von den beiden Enantiomeren besitzt nur das (+)-Disparlure biologische Aktivität.

Eine interessante, stereoselektive Laborsynthese greift auf den *chiral pool* zurück. Ausgangsmaterial ist die preiswerte (S)-Glutaminsäure. Durch Umsetzung mit salpetriger Säure erhält man ein γ-Lacton. Die Reaktion verläuft unter Erhalt der absoluten Konfiguration, da die benachbarte Carbonsäurefunktion stereofacial differenzierend wirkt und den (Si)-facialen Angriff der γ-ständigen Carbonsäurefunktion auf das Carbeniumion steuert. Schlüsselschritte sind im Folgenden die Anknüpfung der Seitenkette mit Didecylcadmium und die Wittig-Reaktion des Lactols. Der Epoxidring wird schließlich durch Eliminierung von Tosylat geschlossen. Die optische Reinheit beträgt 94 %.

8.48 *Schwanmspinner-Männchen (oben) und -weibchen (unten) (Lymantria dispar).*

(+)-(7R,8S)-Disparlure
94 %ee

Die technische Synthese ist wesentlich eleganter. Es handelt sich hierbei um eine der wenigen, nichtenzymatischen, enantioselektiven Synthesemethoden, die in breiterem Umfang in den technischen Maßstab übertragen werden konnte: die Sharpless-Epoxidierung. Durch die Verwendung von Molsieb gelang es K. B. Sharpless, die Reaktion mit katalytischen Mengen des enantiomerenreinen Titankomplexes durchzuführen. Erst hierdurch wurde die Reaktion industriell anwendbar.

Die Reaktion verläuft wahrscheinlich über den von E. J. Corey vorgeschlagenen zweikernigen Titankomplex, bei dem die Alkoholfunktionen der Weinsäureester die äquatorialen Positionen des oktaedrisch koordinierten Titans besetzen. Das *t*-Butylhydroperoxid überspannt eine axial-äquatoriale Kante, der Allylalkohol ist axial komplexiert. Die C_2-äquivalenten Positionen am benachbarten Titan sind durch Alkoholate und eine Carbonylfunktion abgesättigt. Bei der Epoxidierung wird der Sauerstoff „von unten" auf die allylische Doppelbindung übertragen.[16]

Beim Einsatz von (*E*)-Allylalkoholen entstehen (*E*)-Epoxide und bei der Verwendung von (*Z*)-Allylalkoholen (*Z*)-Epoxide. Je nach Wahl des Weinsäureesters, erhält man ein Diastereomer im Überschuss.

Während man primäre Allylalkohole zu 100 % umsetzen kann, benutzt man bei sekundären Alkoholen die kinetische Resolution, um ein Diastereomer im Überschuss zu erhalten. Die J. T. Baker Company griff auf originäre Arbeiten von Sharpless[17] zurück und entwickelte daraus einen technischen Prozess für die Herstellung von (+)-Disparlure.

Kenji Mori publizierte im gleichen Jahr einen ähnlichen Aufbau von (+)-Disparlure.[18] Da Disparlure quasi vom anderen Ende her aufgebaut wird, benutzt man für die Sharpless-Epoxidierung statt (D)-Diethyltartrat das (L)-Enantiomere. Durch Umkristallisation mit 3,5-Dinitrobenzoesäure reichert man das gewünschte Enantiomere an. Enantiomerenreines (+)-Disparlure erhält man schließlich durch Kettenverlängerung mit Lithiumdinonylcuprat.

Ebenfalls von Mori ist eine enzymatische Methode zur Herstellung von (+)-Disparlure.[19] Ausgehend von Butin-1,4-diol nutzt sie den *meso*-Trick, um in guter Ausbeute und Enantiomerenreinheit das monogeschützte Diol zu erzeugen. Den Lockstoff erhält man dann durch sukzessiven Aufbau der Seitenketten mit Lithiumcupraten.

Männlicher Kiefernborkenkäfer (Frontalin)

Einer der bedeutendsten Schädlinge in den Kiefernwäldern im Südosten der USA ist der Kiefernborkenkäfer (*Dendroctonus frontalis Zimmermann*, Southern Pine Beetle) (Abb. 8.49).

1969 isolierte G. W. Kinzer[20] eine wichtige Komponente aus dem Aggregationspheromon dieser Käferart, das Frontalin.[21] 1998 publizierte Mori eine enantioselektive Synthese dieses Pheromons.[22] Schlüsselschritte sind die enantioselektive Reduktion des β-Ketoesters, die diastereoselektive Methylierung und die Baeyer-Villiger-Oxidation. Die Methylierung erfolgt unter Chelatkontrolle und liefert mit beachtlicher Diastereoselektivität das gewünschte Methylierungsprodukt.

8.49 *Kiefernborkenkäfer (Dendroctonus micans).*

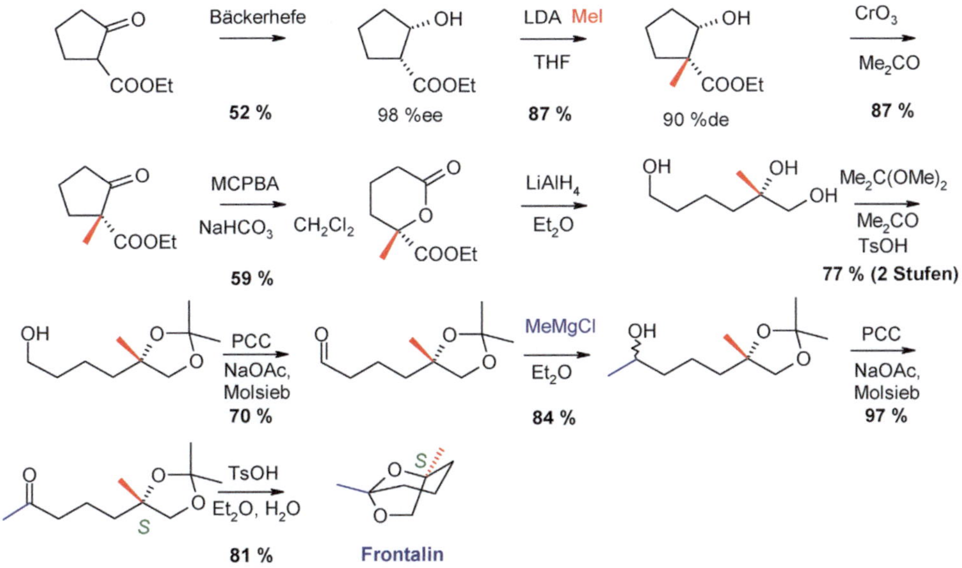

Bäckerhefe

52 % 98 %ee

LDA Mel

THF

87 % 90 %de

CrO₃

Me₂CO

87 %

MCPBA

NaHCO₃ CH₂Cl₂

59 %

LiAlH₄

Et₂O

Me₂C(OMe)₂

Me₂CO

TsOH

77 % (2 Stufen)

PCC

NaOAc,
Molsieb

70 %

MeMgCl

Et₂O

84 %

PCC

NaOAc,
Molsieb

97 %

TsOH

Et₂O, H₂O

81 % **Frontalin**

Eine der elegantesten Synthesen stammt von J. A. Turpin und L. O. Weigel. Ausgangsmaterial ist das aus Isobutylen, Formaldehyd und Aceton zugängliche 6-Methylhept-6-en-2-on, das auch bei der Synthese von Jonon Verwendung findet. Durch Sharpless-Dihydroxylierung und saurem Ringschluss erhält man Frontalin mit einem Enantiomerenüberschuss von 60–70 %.[23]

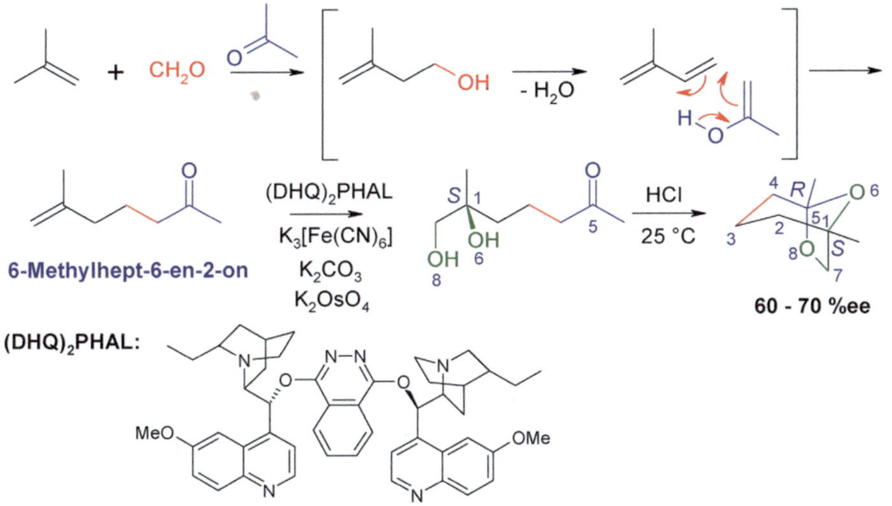

CH₂O

− H₂O

6-Methylhept-6-en-2-on

(DHQ)₂PHAL

K₃[Fe(CN)₆]

K₂CO₃

K₂OsO₄

HCl

25 °C

60 - 70 %ee

(DHQ)₂PHAL:

MeO

OMe

Der männliche Kiefernborkenkäfer produziert ein 85 : 15-Enantiomerengemisch[24] an (1*S*,5*R*)- und (1*R*,5*S*)-Frontalin. Er „besitzt" also auch nur eine Enantioselektivität von 70 %, sodass die Sharpless-Dihydroxylierung genau das richtige Gemisch liefert.

Weiblicher Kiefernborkenkäfer ((+)-*exo*-Brevicomin)

Der Sexuallockstoff der weiblichen Kiefernborkenkäfer ist das enantiomerenreine (1*R*,5*S*,7*R*)-(+)-*exo*-Brevicomin. Das (−)-Enantiomer ist biologisch nicht wirksam. Brevicomin und Frontalin wirken synergistisch bei der Aggregation von Kiefernborkenkäfern. Eine der ersten Synthesen von enantiomerenreinem Brevicomin stammt ebenfalls von Mori.[25] Ausgangsmaterial ist (*D*)-(−)-Weinsäure. Nach C-Kettenverlängerung wird selektiv ein Carbonsäureester verseift und in drei Stufen zum Ethylrest reduziert. Mit Acetessigester wird die Ketofunktion eingeführt. Die Methylether werden oxidativ abgebaut und die Ringe sauer katalysiert zum Brevicomin geschlossen.

Männlicher Buchdrucker (*cis*-Verbenol, (*S*)-Ipsenol, (*R*)-Ipsdienol)

Der bedeutendste Schädling in Fichtenaltbeständen ist der Buchdrucker (*Ips typographus*) (Abb. 8.50). Bei der Besiedlung einer Fichte sekretiert er zunächst 2-Methyl-3-buten-2-ol und (*S*)-*cis*-Verbenol. Nach dem Anlegen einer Rammelkammer lockt das polygame Männchen mit Ipsenol und Ipsdienol Weibchen an.[11]

8.50 *Buchdrucker (Ips typographus).*

cis-Verbenol erhält man aus α-Pinen durch Oxidation mit Bleitetraacetat und anschließender Hydrolyse.

α-Pinen

cis-Verbenol

Für Ipsenol publizierte Benjamin List 2001 eine Synthese ausgehend von 3-Methylbutanal und Aceton.[26] Prolin katalysiert die enantioselektive Aldolreaktion. Das Hydroxyketon wird in einem Enantiomerenüberschuss von 73 % erhalten. Nach dem Schützen der Alkoholfunktion bildet man regioselektiv das Enoltriflat. Durch eine Stille-Kupplung wird der Vinylrest eingeführt und schließlich entschützt.

1979 synthetisierte Mori enantiomerenreines (*S*)-Ipsenol auf Basis von (*S*)-Leucin.[27] Dieses wird in wenigen Schritten zu einem enantiomerenreinen Epoxid umgesetzt, das in einer Grignard-Reaktion aus Chloropren (*S*)-Ipsenol ergibt.

(R)-Ipsdienol erhält man aus (+)-Verbenon in wenigen Schritten. Schlüsselschritt hierbei ist eine Thermolyse bei 550 °C.[28]

(+)-Verbenon   88 %   71 %   40 %   (R)-Ipsdienol

(R)-Ipsdienol ist wie Ipsenol auch aus einer Aminosäure, (S)-Serin, zugänglich. Nach Erzeugung des enantiomerenreinen Epoxypropansäureesters wird das C-Gerüst durch eine Grignard-Reaktion und eine Wittig-Reaktion aufgebaut.[10]

53 %   78 %   66 %

58 % (3 Stufen)

94 %   > 96 %ee   (R)-Ipsdienol

8.51 *Baumwollkapselkäfer (Anthonomus grandis).*

Männliche Baumwollkapselkäfer (Grandlure)

Das Aggregationspheromon Grandlure des männlichen Baumwollkapselkäfers (*Anthonomus grandis, boll weevil*) (Abb. 8.51) besteht aus vier Komponenten. Im Feldversuch erkannte man die anziehende Wirkung von Grandlure auf beide Geschlechter.[29]

Die Dimethylcyclohexane erhält man in einer Horner-Reaktion aus dem Dimethylcyclohexanon und anschließender Reduktion. Als Ausgangsmaterialien kommt *m*-Kresol[30] ebenso in Frage wie Aceton und Methylvinylketon[31]. Die zweite Methylgruppe kann vorteilhaft mit Trimethylaluminium[32] eingeführt werden.

Grandlure:

Racemisches Grandisol ist ebenfalls ausgehend von 3-Methylcyclohexenon durch photochemische [2 + 2]-Zykloaddition mit Ethylen zugänglich. Hierbei bildet sich der *cis*-verknüpfte Bizyklus. Durch Bromierung und Dehydrobromierung wird im Sechsring eine Doppelbindung eingeführt. Der Angriff von Methyllithium wird durch das Vierringsystem gesteuert, was jedoch für die weitere Umsetzung unerheblich ist, weil durch die anschließende Ozonolyse in Gegenwart von Periodat das Stereozentrum wieder eingeebnet wird. Im Zuge einer Wittig-Reaktion und Reduktion entsteht dann racemisches Grandisol.[29]

(+)-Grandisol

(+/-)-Grandisol

Enantiomerenreines (+)-Grandisol ist aus (−)-β-Pinen erhältlich.[33][34] Man nutzt hierbei die Tatsache aus, dass Pinen einen Vierring mit dem auch stereochemisch gewünschten Substitutionsmuster enthält. Nach Ozonolyse wird das Keton mit Methylmagnesiumchlorid umgesetzt. Die Addition erfolgt aus sterischen Gründen hoch diastereoselektiv. Durch die Nitritesterphotolyse nach Barton wird eine nichtaktivierte C-H-Bindung der *endo*-Methylgruppe angegriffen und diese zum Aldoxim abgebaut. Die Hydrolyse führt über ein intramolekulares Halbacetal, das in einer Wittig-Reaktion ein Olefin ergibt. Die weiteren Schritte sind Hydroborierung mit oxidativer Aufarbeitung, Allyloxidation und Hydrierung. Schlüsselschritt ist die Norrish-Typ-2-Reaktion, die die Isopropylidengruppe erzeugt. Die Formylgruppe wird mit stöchiometrischen Mengen Wilkinson-Komplex entfernt und der Essigsäureester durch Reduktion mit Lithiumaluminiumhydrid gespalten. Eine basische Hydrolyse ist aufgrund der Isomerierung an C-6 zum stabileren *trans*-Grandisol nicht möglich.

(+)-Grandisol

Olivenfruchtfliege (Olean)

Die Olivenfruchtfliege (*Bactrocera oleae*) kommt in den Mittelmeerländern, in Südafrika, im Mittleren Osten, Pakistan und Nordindien vor. Seit 1998 bedroht sie auch Olivenplantagen in Kalifornien (Abb. 8.52).

Das Pheromon der Olivenfruchtfliege ist Olean, ein Spiroketal (1,7-Dioxaspiro[5.5]undecan). Philip Kocienski publizierte für das racemische Olean eine elegante Synthese. Ausgangsmaterial ist der THP-Ether des 4,4-Dibrombutanols. Dieser bildet, trotz der Säureempfindlichkeit des Acetals, mit Titantetrachlorid/Zink einen Carbenkomplex. Die Umsetzung mit einem entsprechenden Ester führt zu einem Enolether, der unter sauren Bedingungen zu Olean zyklisiert.[37]

8.52 *Olivenfruchtfliege (Bactrocera oleae).*

Schlüsselschritt einer enantioselektiven Synthese von Mori[38] ist die mit Schweineleberesterase katalysierte Hydrolyse des entsprechenden Acetoxyderivates. Bedauerlicherweise ist die Selektivität nicht ausreichend, sodass die Resolution zweimal durchgeführt werden muss, bevor man enantiomerenreines Material erhält. Im letzten Schritt wird die Alkoholfunktion reduktiv entfernt.

Exkurs: Absolute Konfiguration von Olean
Das Asymmetriezentrum von Olean hat nur zwei verschiedene Reste. Die C_2-Symmetrie basiert auf der Spiroverknüpfung der beiden gleichen Ringe. Zur Festlegung der absoluten Konfiguration braucht man die für Asymmetriezentren seltene Regel „vorne vor hinten". Zunächst orientiert man das Molekül so, dass es einen vorderen und einen hinteren Ring gibt. Der Substituent mit der geringsten Priorität ist der Kohlenstoff im hinteren Ring. Die drei restlichen Substituenten lassen sich dann in gewohnter Weise priorisieren. Der Sauerstoff im hinteren Ring hat eine geringere Rangfolge, weil er im Ring mit dem Rest der geringsten Priorität verknüpft ist. Auf diese Weise ergibt sich die (R)-Konfiguration für die gezeichnete Struktur.[36]

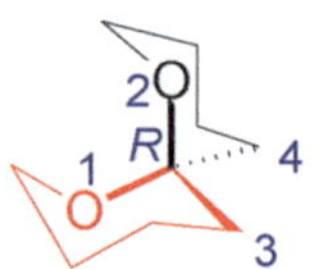

Zusammenfassung in Stichpunkten

- Chemische Botenstoffe gehören phylogenetisch gesehen zu einem sehr alten Kommunikationssystem.
- Obwohl Pheromone in der Klasse der Insekten am weitesten verbreitet sind, spielen sie auch bei Protozoen, Arthropoden, bei höheren Tieren, wie Fischen, Kriechtieren und Säugetieren eine wichtige Rolle.
- Heute nutzt man in Land- und Forstwirtschaft drei Anwendungstechniken, Monitoring, Massenfang und Verwirrmethode, zur Kontrolle von Schädlingen.
- Die Wirkstoffe werden meist in vergleichsweise kleinen Mengen von Unternehmen der chemischen Industrie, zum Teil auch von Forschungsinstituten, hergestellt und in den Handel gebracht.

Literatur

[1] H. J. Bestmann, O. Vostrowsky, Chemie in unserer Zeit **27** (1993) 123.
[2] O. Vostrowsky, www.organik.uni-erlangen.de/vostrowsky/natstoff/naturstoffe.html
[3] P. Karlson, M. Luscher, Nature **183** (1959) 55.
[4] P. Karlson, Biochemie, Georg Thieme Verlag, Stuttgart, 1970, 197.
[5] Bibliographisches Institut & F. A. Brockhaus AG, 2001.
[6] M. Hesse, Alkaloide, Wiley-VCH, Weinheim, 2000, 63 und 295.
[7] K. Roth, Chemie in unserer Zeit **39** (2005) 72.
[8] J. A. Tillman, S. J. Seybold, R. A. Jurenka, G. J Blomquist, Insect Biochem. Mol. Bio. **29** (1999) 481.
[9] K. Mori, Mitteilungsblatt, Chem. Ges. DDR **34** (1987) 194.
[10] K. Mori, H. Takikawa, Tetrahedron **47** (1991) 2163.
[11] J. P. Vité, W. Franke, Chemie in unserer Zeit **19** (1985) 11.
[12] RAK1 Plus, BASF-Firmenschrift Limburgerhof.
[13] K.-H. König, Chemie in unserer Zeit **24** (1990) 292.
[14] K. Mori, Topics Curr. Chem. **239** (2004) 1.
[15] G. Habermehl, P. E. Hammann, H. C. Krebs, Naturstoffchemie, 2. Aufl., Springer Verlag, Berlin, 2002, 607.
[16] T. Katsuki, V. S. Martin, Org. React. **48** (1996) 1.

[17] B. E. Rossiter, T. Katsuki, K. B. Sharpless, J. Am. Chem. Soc. **103** (1981) 464.

[18] T. Ebata, K. Mori, Tetrahedron Lett. **22** (1981) 4281; T. Ebata, K. Mori, Tetrahedron **42** (1986) 3471.

[19] J.-L. Brevet, K. Mori, Synthesis (1992) 1007.

[20] G. W. Kinzer, A. F. Fentiman, T. F. Page, R. L. Foltz, J. P. Vite, G. B. Pitman, Nature **221** (1969) 447.

[21] http://www.faidherbe.org/site/cours/dupuis/fronta2.htm

[22] Y. Nishimura, K. Mori, Eur. J. Org. Chem. (1998) 233.

[23] J. A. Turpin, L. O. Weigel, Tetrahedron Lett. **33** (1992) 6563.

[24] K. Mori in N. Kurihara, J. Miyamoto, Chirality in Agrochemicals, Wiley, New York, 1998, 208.

[25] K. Mori, Tetrahedron **30** (1974) 4223.

[26] B. List, P. Pojarliev, C. Castello, Org. Lett. **3** (2001) 573.

[27] K. Mori, T. Takigawa, T. Matsuo, Tetrahedron **35** (1979) 933.

[28] G. Ohloff, W. Giersch, Helv. Chim. Acta **60** (1977) 1496.

[29] G. Habermehl, P. E. Hammann, H. C. Krebs, Naturstoffchemie, Springer Verlag, Berlin, 2002, 613.

[30] Kotlarek, Wojciech, Pol. J. Chem. **57** (1983) 809.

[31] IG Farbenindustrie, DE 714314 (1938).

[32] L. Bagnell, Aust. J. Chem. **28** (1975) 801.

[33] P. D. Hobbs, P. D. Magnus, J. Am. Chem. Soc. **98** (1976) 4594.

[34] P. D. Hobbs, P. D. Magnus, J. Chem. Soc., Chem. Commun. (1974) 856.

[35] J. March, Advanced Organic Chemistry, J. Wiley, New York, 1992, 243.

[36] Persönliche Mitteilung Prof. H. Kunz, Mainz, 2004.

[37] M. Mortimore, P. Kocienski, Tetrahedron Lett. **29** (1988) 3357.

[38] Y. Yokoyama, H. Takikawa, K. Mori, Bioorg. Med. Chem. **4** (1996) 409.

Abkürzungsverzeichnis

Abkürzung	Erklärung
acac	Acetylacetonat
AIBN	2,2'-Azobis-(2-methylpropionitril)
BBN (9-BBN)	9-Borabicyclo[3.3.1]nonan
BINAP	2,2'-Bis-(diphenylphosphano)-1,1'-binaphthyl
BINOL	2,2'-Dihydroxy-1,1'-binaphthyl
Bu_2BOTf	Di-n-butylboryltrifluormethansulfonat
CAN	Cerammoniumnitrat
CBS-Reduktion	Corey-Bakshi-Shibata-Reduktion
CSA	Campher-10-sulfonsäure
DABCO	1,4-Diazabicyclo[2.2.2]octan
DBN	1,5-Diazabicyclo[4.3.0]non-5-en
DCC	Dicyclohexylcarbodiimid
DEAD	Azodicarbonsäurediethylester
DHP	Dihydropyran
DIAD	Azodicarbonsäurediisopropylester
DIBAlH, DIBAl	Diisobutylaluminiumhydrid
DIC	Diisopropylcarbodiimid
DIGLYME	Diethylenglycoldimethylether
DIPEA	N,N-Diisopropylethylamin
DMAP	4-Dimethylaminopyridin
DME	1,2-Dimethoxyethan
DMF	Dimethylformamid
DMSO	Dimethylsulfoxid
HMPT	Hexamethylphosphorsäuretriamid
HOMO	höchstes besetztes Molekülorbital
IC_{50}	Inhibitorkonzentration, bei der 50 % der Enzymaktivität blockiert wird
ICI	Imperial Chemical Industries
jato	Tonnen pro Jahr
LD_{50}	Letale Dosis, bei der 50 % der Versuchstiere sterben
LDA	Lithiumdiisopropylamid
LUMO	niedrigstes unbesetztes Molekülorbital
MCPBA	m-Chlorperbenzoesäure
Mesylat	Methansulfonat
NBS	N-Bromsuccinimid

NMO	N-Methylmorpholin-N-oxid
NMP	N-Methylpyrrolidon
PEA	1-Phenylethylamin
PEG	Polyethylenglycol
PLE	Schweineleberesterase
py	Pyridin
Red-Al	Natriumbis-(2-methoxyethoxy)-aluminiumhydrid
TBAF	Tetra-n-butylammoniumfluorid
TBS	t-Butyldimethylsilyl
TEMPO	2,2,6,6-Tetramethylpiperdin-1-oxyl
THF	Tetrahydrofuran
THP	Tetrahydropyran
TIPSOTf	Triisopropylsilyltrifluormethansulfonat
TMSOiPr	Isopropoxytrimethylsilan
TMSOTf	Trimethylsilyltrifluormethansulfonat
Tosylat	4-Toluolsulfonat
TPAP	Tetra-n-propylammoniumperruthenat
TPP	Triphenylphosphan
TPPO	Triphenylphosphanoxid
Triflat	Trifluormethansulfonat
Trityl	Triphenylmethyl
TsOH	p-Toluolsulfonsäure
Z-Schutzgruppe	Benzyloxycarbonyl-Schutzgruppe

Bildnachweise

1.2: NASA, Apollo 17 Mission; 1.3: Rizzoli Editore, Mailand; 1.4: Levi Strauss & Co., San Franzisko, Kalifornien; 1.5: BASF Aktiengesellschaft; 1.6: BASF Aktiengesellschaft; 1.7: Pater Joh. Thum, Franziskanerkloster München.

2.2: BASF Aktiengesellschaft; 2.4: Spektrum, Akademischer Verlag, Heidelberg; 2.5: Textilmuseum Neumünster; 2.6: Dr. Roswitha Neu-Kock, Wallraf-Richartz-Museum, Köln; 2.7: BASF Aktiengesellschaft; 2.8: Levi Strauss & Co, San Franzisko, Kalifornien; 2.9: BASF Aktiengesellschaft; 2.10: Dr. Ansgar Schäfer, BASF Aktiengesellschaft; 2.11: Lexikon der Naturwissenschaftler, Spektrum Akademischer Verlag/Elsevier, 1996; 2.12: Magrit Prussat, Deutsches Museum, München; 2.13: Prof. Roland Melzer, Universität München; 2.14: Museo Diocesano dÁrte Sacra, Rossano; 2.16: BASF Aktiengesellschaft; 2.17: Dr. Sabine Struckmeier, Universität Hannover, Institut für Textil- und Bekleidungstechnik und ihre Didaktik, Hannover; 2.18: Kunsthistorisches Museum, Wien; 2.19: Thomas Seilnacht, Bern; 2.20: Ministry of Defence, London.

3.1: Anselm Schäfer, Dierbach; 3.3: Prof. F. Xu, Yale University, New Haven, Connecticut; 3.5: BASF Aktiengesellschaft; 3.6: C. Annegarn, Procter & Gamble; 3.8: Gernot Katzer, Graz; 3.9: BASF Aktiengesellschaft; 3.10: Robert Seidel, The Essential Oil Company; 3.11: BASF Aktiengesellschaft; 3.13: Thomas Braunbeck, Heidelberg; 3.15: Claudia Hermanns, Guerlain; 3.17: BASF Aktiengesellschaft; 3.19: Claudia Hermanns, Guerlain; 3.25: W. Eisenreich, A. Handel, U. E. Zimmer, BLV Tier- und Pflanzenführer, BLV Verlagsgesellschaft, München, Wien, Zürich; 3.26: Dr. Roman Kaiser, Givaudan; 3.28: Rizzoli Editore, Mailand; 3.29: Die Rheinpfalz, IWZ; 3.30: Die Rheinpfalz, IWZ; 3.32: Sebastian Müller, Symrise GmbH & Co KG, Holzminden; 3.34: Julia Kruse, SHISEIDO Deutschland GmbH, Düsseldorf; 3.35: André Schüle, Zoologischen Garten, Berlin; 3.36: Claudia Hermanns, Guerlain.

4.1: BASF Aktiengesellschaft; 4.2: Spektrum Akademischer Verlag/Elsevier, Heidelberg; 4.3: Claus A. Gössl, Arno Riffesser, Universitätssternwarte München, Observatorium Wendelstein, 80cm-Teleskop + CCD-Kamera MONICA, 23.01. 1999; 4.5: Prof. Ian Dance, School of Chemical Sciences, University of New South Wales, Sydney; 4.7: BASF Aktiengesellschaft; 4.8: Marina Seabra, Atomium asbl., SABAM, Belgium; 4.9: BASF Aktiengesellschaft; 4.13: Horst-Oliver Buchholz, Degussa Aktiengesellschaft; 4.14: Horst-Oliver Buchholz,

© Springer-Verlag GmbH Deutschland, ein Teil von Springer Nature 2006
B. Schäfer, *Naturstoffe der chemischen Industrie*,
https://doi.org/10.1007/978-3-662-61017-6

Degussa Aktiengesellschaft; **4.16**: Dr. Hartwig Schröder, BASF Aktiengesellschaft; **4.18**: Prof. C. R. Landis, Department of Chemistry, University of Wisconsin-Madison, Madison, Wisconsin; **4.19**: BASF Aktiengesellschaft; **4.20**: Sebastian Müller, Symrise GmbH & Co KG, Holzminden.

5.4: Prof. Manfred Schubert-Zsilavecz, Dr. Bettina Loycke, Institut für Pharmakologische Chemie, Universität Frankfurt; **5.6**: Bildarchiv Preußischer Kulturbesitz, Berlin; **5.16**: Prof. K. Ravi Acharya, University of Bath; **5.17**: Deutsches Filmmuseum, Frankfurt; **5.20**: Lexikon der Naturwissenschaftler, Spektrum Akademischer Verlag/Elsevier, 1996; **5.21**: Priv.-Doz. Dr.-Ing. habil. Konrad Soyez, Universität Potsdam; **5.22**: Prof. Ulrich Kück, Dr. Birgit Hoff, Lehrstuhl für Allg. u. Mol. Botanik, Universität Bochum; **5.24**: Prof. Ulrich Kück, Dr. Birgit Hoff, Lehrstuhl für Allg. u. Mol. Botanik, Universität Bochum; **5.26**: Lexikon der Naturwissenschaftler, Spektrum Akademischer Verlag/Elsevier, 1996; **5.30**: Prof. Ulrich Kück, Dr. Birgit Hoff, Lehrstuhl für Allg. u. Mol. Botanik, Universität Bochum; **5.31**: Rizzoli Editore, Mailand; **5.32**: Rizzoli Editore, Mailand; **5.40**: BASF Aktiengesellschaft; **5.43**: Prof. M. H. Zenk, Biozentrum, MLU Halle-Wittenberg, Halle; **5.44**: Prof. M. H. Zenk, Biozentrum, MLU Halle-Wittenberg, Halle; **5.47**: Lexikon der Naturwissenschaftler, Spektrum Akademischer Verlag/Elsevier, 1996; **5.48**: Katja Glock, Merck-Archiv, Darmstadt; **5.49**: Katja Glock, Merck-Archiv, Darmstadt; **5.52**: BASF Aktiengesellschaft; **5.57**: Prof. Willi Alfermann, Heinrich-Heine-Universität Düsseldorf, Institut für Entwicklungs- und Molekularbiologie der Pflanzen, Düsseldorf; **5.58**: Rudi Steiner, Billigheim, 2003; **5.59**: Dr. Ansgar Schäfer, BASF Aktiengesellschaft; **5.60**: Michael Frings, Bayer Aktiengesellschaft; **5.61**: Michael Frings, Bayer Aktiengesellschaft; **5.62**: Michael Frings, Bayer Aktiengesellschaft; **5.63**: Michael Frings, Bayer Aktiengesellschaft; **5.64**: Michael Frings, Bayer Aktiengesellschaft; **5.65a**: A. Faller, Der Körper des Menschen, Thieme, Stuttgart, 14. Aufl., 2004; **5.65b**: Prof. Dietrich Grube, Medizinische Hochschule Hannover; **5.66**: Dr. Ansgar Schäfer, BASF Aktiengesellschaft; **5.68**: Prof. Gary Williams, California Academy of Sciences; **5.70**: Museo del Prado, Madrid; **5.71**: Museo del Prado, Madrid; **5.73**: Dr. Ansgar Schäfer, BASF Aktiengesellschaft; **5.76**: Hoffmann La Roche, Basel; **5.77**: Deutscher Kaffeeverband; **5.78**: Deutscher Kaffeeverband; **5.79**: Deutscher Kaffeeverband; **5.80**: Lexikon der Naturwissenschaftler, Spektrum Akademischer Verlag/Elsevier, 1996; **5.83**: Prof. Matthias W. Haenel, Max-Planck-Institut für Kohlenforschung, Mülheim an der Ruhr.

6.3: Evangelischer Pressedienst, Frankfurt; **6.7**: Deutsches Filmmuseum, Frankfurt; **6.8**: University of Pennsylvania; **6.9**: Subways, Fort Collins, 2003; **6.10**: Andrea Potts, Jock McDonald Film, San Franzisko; **6.11**: Sobotta, Atlas der Anatomie des Menschen. Hrsg.: R. Putz, R. Pabst. 22. Auflage. Elsevier, Urban & Fischer, München 2006; **6.13a**: Kauffmann/Moser/Sauer, Radiologie, 3. Aufl., Elsevier GmbH, Urban & Fischer Verlag, München; **6.13b**: Lexikon der Naturwissenschaftler, Spektrum Akademischer Verlag/Elsevier, 1996; **6.14**: Prof. Dietrich Grube, Medizinische Hochschule Hannover; **6.16**: Dr. Ansgar Schäfer, BASF Aktiengesellschaft; **6.17**: BASF Aktiengesellschaft; **6.18**: Rizzoli Editore, Mailand; **6.19**: Prof. S. Aoki, Gunma University, Maebashi, Japan; **6.20**: The Dr. Takamine Jokichi Memorial Foundation; **6.29**: Laurie Devine, McGill University, Montreal.

7.1: Serges Medien, Köln; **7.2**: BASF Aktiengesellschaft; **7.3**: Lexikon der Naturwissenschaftler, Spektrum Akademischer Verlag/Elsevier, 1996; **7.4**: BASF Aktiengesellschaft; **7.5**: BASF Aktiengesellschaft; **7.7**: Dr. Karl Meyer, Hoffmann-La Roche; **7.8**: BASF Aktiengesellschaft; **7.9**: BASF Aktiengesellschaft; **7.13**: BASF Aktiengesellschaft; **7.14**: BASF Aktiengesellschaft; **7.15**: Museum für Hamburgische Geschichte, Hamburg; **7.16**: BASF Aktiengesellschaft; **7.17**: Dr. Hyun Soo KO, pädiatrische Radiologie Universitätsklinikum Heidelberg; **7.21**: BASF Aktiengesellschaft; **7.23**: Sebastian Müller, Symrise GmbH & Co KG, Holzminden.

8.2: R. Gutsch, Eine Geschichte des Pflanzenschutzes – Die Pflanzen schützen – den Menschen nützen, Industrieverband Agrar, Frankfurt, 1987; **8.3**: BASF Aktiengesellschaft; **8.4**: Octave Zimmermann, Museum Unterlinden, Colmar; **8.5**: Deutsches Weinbaumuseum, Oppenheim; **8.6**: BASF Aktiengesellschaft; **8.10**: Monsanto Company; **8.11**: BASF Aktiengesellschaft; **8.12**: BASF Aktiengesellschaft; **8.13**: BASF Aktiengesellschaft; **8.18**: BASF Aktiengesellschaft; **8.21**: Dr. Benno Bös, Siegen; **8.38**: Maria Eisner, Cornell University; **8.40**: Dr. Joachim Rheinheimer, BASF Aktiengesellschaft; **8.42**: BASF Aktiengesellschaft; **8.43**: BASF Aktiengesellschaft; **8.44**: BASF Aktiengesellschaft; **8.46**: BASF Aktiengesellschaft; **8.47**: BASF Aktiengesellschaft; **8.48**: Dr. Joachim Rheinheimer, BASF Aktiengesellschaft; **8.49**: Dr. Joachim Rheinheimer, Johannes Reibnitz, Naturkundemuseum Stuttgart; **8.50**: Dr. Joachim Rheinheimer, BASF Aktiengesellschaft; **8.51**: Dr. Joachim Rheinheimer, BASF Aktiengesellschaft; **8.52**: Dr. Gerhard Walther, BASF Aktiengesellschaft, Spanien.

Sachverzeichnis